【新装版】

生物の動きの事典

東 昭 ❖ 著

朝倉書店

アホウドリ——絶滅の危機から抜け出せるか
（朝日新聞，宮田　実氏のご好意による）

はしがき

生物一般についての図鑑や事典は国の内外を問わず数多く出版されている．しかし，その多くは生物学者あるいは生物愛好家の手で書かれたものである．

生物を力学的・工学的見地から眺めると，いわゆる生物学的見地からの理解とは異なり，その環境への適応の仕方，つまりその生態とか，それにふさわしい形態や運動の仕方について，かなり新しい理解あるいは解釈が生まれてくる．

本書ではそのうち特に，飛行，遊泳および歩行または走行についての力学的考察を百科事典風にまとめて記述する．各章は運動の仕方で分けられているので，いわゆる生物の種の分類とは異なり，力学的に類似の動きのものが同一の章に収められている．それによって，どういう流体力あるいは地面反力が生物にどのように利用されているか，生物がどういう環境下でどのように生きているかということが，種を越えて明らかになろう．

最近子供達の周りの自然がどんどん破壊され，彼等が自然の中で生きもの達と共に遊ぶ機会が失われつつある．子供達は綺麗なカラー刷りの本や天然色のテレヴィ画面で，知識として生物を知っている．しかし，我々が子供の頃味わったように，子供達自身で自然に溶け込み，その多彩な眺めを賞で，多様な香りを嗅ぎ，多種の音を聞き分け，そして降り注ぐ太陽の光や吹く風の肌触りの四季による違いを感じとって欲しいものである．本書を読まれた大人達が，子供達を連れて自然の中に入り，そこで共に遊びながら違った目でものを見ることを伝えて下さるようお願いしたい．

本書では図を多用して皆さんの理解に努めたが，実は静止画で見るより，映画かテレヴィの動画で見る方がより理解が深まるものと思う．何れ機会があれば，そういったものを作ってみたいものである．

なお，本書の基盤となる力学(流体力学，飛行力学など，例えば東，1989a,b，1993)や応用数学についての詳細は，拙書 “The Biokinetics of Flying and Swimming” (Springer-Verlag 社刊，Azuma，1992b)を参照されたい．

1997年4月

東　　昭

目　　　次

記　　号

A	式(7.5-17)で定められるパラメタ
A, B, C, D	式(3.2-23)または式(4.2-50)で定められるパラメタ
$\bar{A}, \bar{B}$	無次元空気力とモーメント，式(3.4-9と3.4-11)
A_{ij}	付加質量
$\bar{A}_{ij}=A_{ij}/m$	無次元付加質量
AR	アスペクト比
AR_e	有効アスペクト比，等価アスペクト比
$\mathit{AR}_{e,g}$	地面効果による有効アスペクト比
A_Φ	式(4.4-5)で表される付加質量
$\bar{A}_\Phi$	無次元付加質量$=A_\Phi/m$
$\boldsymbol{a}$	加速度ヴェクトル
a	円または球の半径，3次元揚力傾斜，フェザリング軸の無次元位置，温度逓減率，波の振幅，楕円長軸の半径，式(5.1-9)の定数，頭部の振幅
a, a'	図7.1-4における観測者の偏光の変わる角度
a_0	2次元揚力傾斜，球状頭部の直径
a, b, c, d	表6.2-2で示されるパラメタ
$\boldsymbol{B}$	浮力(ヴェクトル表示)
B	浮力
$\bar{B}$	無次元パラメタ式(3.4-11)
B	(i=3,4)空気力の計数(表4.4-4)
b	翼幅，半翼弦$=c/2$，ブレード枚数，楕円の短軸半径，振幅増大率，半体高
b_0	最大翼幅，最大半体高
b_e	有効翼幅
b_1, b_2	内翼と外翼の翼幅
$\bar{b}$	無次元翼幅$=b/b_0$
b_m	最小高さの半分幅$=c/2$
b_t	尾端の高さの半分幅
b'	ヒンジからの翼要素位置
C	テオドルセン関数，減衰係数，波の速度，音速，光速$=C_0/n$，塩分濃度，積分定数
C_0	真空中での光速
C_D	3次元抗力係数
$C_{D,f}$	最大断面積を基準とした抗力係数
C_{Di}	誘導抗力係数
$C_{Di,solo}$	特に単独飛行時の誘導抗力係数
$C_{D,p}$	パラサイト抗力係数
$C_{D,W}$	濡れ面面積に基づく抵抗係数
$C_{D,w}$	翼の抗力係数
$C_{D,w_{min}}$	最小沈下率の抗力係数
$C_{D,\|\gamma\|min}$	最小滑空角時の抗力係数
C_d	2次元抗力係数
C_{d_0}または$C_{d_{min}}$	2次元最小抗力係数
$C_{d_{max}}$	2次元最大抗力係数
C_f	摩擦抵抗係数
C_L	3次元揚力係数
$C_{L_{max}}$	3次元最大揚力係数，操舵可能な最大揚力係数
$C_{L_{min}}$	操舵可能な最小揚力係数
$C_{L,(L/D)max}$	最大揚抗比の揚力係数
$C_{L,w_{min}}$	最小沈下率時の揚力係数
$C_{L,\|\gamma\|min}$	最小滑空角時の揚力係数
C_{L_α}	揚力傾斜$=\partial C_L/\partial\alpha$
C_l	2次元揚力係数
$C_{l_{max}}$	2次元最大揚力係数，2次元最大空力係数$=1.4\sqrt{C_l^2}$
$C_{l,(l/d)max}$	2次元揚抗比最大の揚力係数
$C_{l,r/R=0.75}$	半径方向$r/R=0.75$点の揚力係数
C_M	モーメントの係数
C_N, C_T	垂直と接線方向の抗力係数
C_m	縦揺れモーメント係数，波の最小伝播速度
$C_{m,ac}$	空力中心回りのモーメント
$C_{m,c/4}$	$c/4$弦線回りのモーメント係数
C_{m_α}	モーメント傾斜$=\partial C_m/\partial\alpha$
C_n	(2次元)垂直力係数
C_P	パワ係数
$C_{P,t}, C_{T,t}$	表5.2-3で与えられるパラメタ
C_p	圧力係数$=p/\{(1/2)\rho U^2\}$，2次元パワ係数
C_Q	トルク係数$=Q/\{\rho SR(R\Omega)^2\}$
C_R	流力係数$=\sqrt{C_L^2+C_D^2}$
$C_{R_{max}}$	最大流力係数
C_T	推力係数$=T/\{\rho S(R\Omega)^2\}$接線力係数
C_t	2次元推進力係数
$C_{t,given}$	与えられたC_t
$C_{t_{\theta\theta}}, C_{t_{\theta h}}, C_{t_{hh}}$	推進力係数のパラメタ
c	翼弦長，体高，燃料消費率
$\bar{c}$	平均翼弦
c_f	フラップ張出したときの全弦長
c_i	表5.1-1で見られるパラメタ
c_l, c_t	前縁と後縁のy方向の位置
c_r	翼付根の翼弦長
$\boldsymbol{D}$	抗力ヴェクトル
D	抗力，プロペラ直径，冠毛全体の径
D_f	3次元摩擦抵抗

記号	意味
D_i	誘導抗力
$D_\mathrm{N}, D_\mathrm{T}$	法線抗力と接線抗力
D_0	形状抗力
D_p	圧力抵抗
d	直径，2次元抗力，可視距離
d_c	胸囲
E	エネルギ，ヤング率，第2種楕円積分，飛行時間，単位分子量当たりのエネルギ，位置エネルギ，運動エネルギ，歪みエネルギ
E_{CM}	全機械的仕事 $=E_V+E_H$
E_D	抗力で失う(負のとき)エネルギ
$E_M{}'$	単位距離当たりのエネルギ消費率
$E_\mathrm{V}, E_\mathrm{H}$	垂直および水平方向の機械的仕事
E_W	比酸素代謝エネルギ
E_c	輸送コスト，エネルギコスト
$E_\mathrm{p}, E_\mathrm{k}$	位置と運動のエネルギ
E_r	間欠飛行のエネルギ
E_w	風から得るエネルギ
e	減少係数
e_h	翼性能修正係数 $=\mathit{AR}_{\mathrm{e,h}}/\mathit{AR}$
$\boldsymbol{F}$	外力 $=(F_X, F_Y, F_Z)^T$，空気力 $=(F_x, F_y, F_z)^T$
$\boldsymbol{F}_\mathrm{A}$	空気力または流体力 $=(F\boldsymbol{A}_{X_\mathrm{S}}, F\boldsymbol{A}_{Y_\mathrm{S}}, F\boldsymbol{A}_{Z_\mathrm{S}})$
$\boldsymbol{F}_\mathrm{D}$	抗力による推進力
$\boldsymbol{F}_\mathrm{G}$	重力
$\boldsymbol{F}_\mathrm{I}$	慣性力 $=(F\mathrm{I}_{X_\mathrm{S}}, F\mathrm{I}_{Y_\mathrm{S}}, F\mathrm{I}_{Z_\mathrm{S}})^T$，慣性力による推進力
F	摩擦抵抗，脚で作る上向きの力，テオドルセン関数の実部，式(4.2-32)または式(7.5-9)で定まる被積分関数，外力
F, G	テオドルセン関数の実部と虚部，式(3.3-10)で定まるパラメタ
F, G, H	式(7.5-9または7.5-14，7.5-20，および7.5-21)で与えられる被積分関数
$F_\mathrm{N}^\mathrm{A}, F_\mathrm{N}^\mathrm{I}$	空気力と慣性力の翼面に垂直な成分
Fr	フルード数 $=V/\sqrt{lg}$
$\boldsymbol{f}$	単位質量当たりの外力 $=\boldsymbol{F}/m$
$\boldsymbol{f}_\mathrm{ce}, \boldsymbol{f}_\mathrm{co}$	単位質量当たりの遠心力とコリオリ力
$\boldsymbol{f}_\mathrm{D}$	単位長さ当たりの抗力
$\boldsymbol{f}_\mathrm{I}$	単位長さ当たりの慣性力
$\boldsymbol{f}_\mathrm{I}^\mathrm{B}, \boldsymbol{f}_\mathrm{I}^\mathrm{W}$	体自体の要素および周りの流体の要素の作る慣性力
f	周波数，抵抗面積，任意関数，時間応答関数，揚力減少係数
f_t	同調周波数
f_tot	体全体の抵抗面積
G	テオドルセン関数の虚部，重力定数
G, H	式(7.5-2)と式(7.5-21)で定まる関数
$\boldsymbol{g}$	重力の加速度ヴェクトル
g	重力の加速度，水面と帆の下面との間隔
g_0	加速度限界 $=W_0/m$
H	大気の厚み，流れのもつエネルギレヴェル，高度，ジオポテンシャル高度，揚力，波高 $=2a$，横力
H_limit	高度上限
H_min	最低飛行高度
H_n, J_n, Y_n	ベッセル関数
h	液面の高さ，ヒーヴィング運動の振幅，無次元高度 $=H/b$ または $=Z_\mathrm{max}/l$，翼の反り，底の深さ，無次元変位量，重心の高さ，質量比
h_c, h_s	ヒーヴィングの余弦と正弦の振幅
h_Y	縦揺れ慣性半径
$\boldsymbol{I}$	慣性モーメントのテンソル
I	慣性モーメント，断面2次モーメント，無次元最大高度 $=Z_\mathrm{max}/l$，評価関数
I_β	フラッピング・ヒンジ回りのブレード慣性モーメント
$\bar{I}_\beta$	無次元慣性モーメント，式(3.4-9)
I_θ	フェザリング軸回りの慣性モーメント
$\bar{I}_\theta$	無次元慣性モーメント，式(3.4-11)
$\bar{I}_x, \bar{I}_y$	無次元慣性モーメント $=(I_x, I_y)/(m_wR^2)$
I^*	式(4.3-1)で定まる慣性モーメントの相対値
i	虚数 $=\sqrt{-1}$
J_n	ベッセル関数
K	重量パラメタ，式(7.5-17)で定まる係数，運動エネルギ，比有効パワ $=P_\mathrm{a}/m_\mathrm{m}$
K_p	プロファイル抗力パラメタ
k	無次元振動(周波)数，遷移曲線の定数，面積比 $S_\mathrm{c}/S_\mathrm{f}$，カルマン定数，ばね係数(弾性率)，慣性半径，比例定数，無次元翼幅位置，
k_e	等価ばね係数
k_G	突風軽減因子
k_i	表5.1-1，2で与えられる付加質量のパラメタ，式(3.3-2)；$i=1$，式(3.3-7a, b)；$i=2$ と $i=3$ で定められるパラメタ
k_s	歩数
k_β	ばね係数
$\boldsymbol{L}$	揚力ヴェクトル
L	3次元揚力
$L_\mathrm{H}, L_\mathrm{V}$	重心から水平，垂直尾翼空力中心迄の距離
L_h	ホヴァリング時の揚力
L_0	局所揚力
L_s	表面張力の上向き成分
L_v	渦揚力
l	細長物体の長さ，基準長さ $=V_\mathrm{B}/S$，流体と接する長さ，横揺れモーメント，2次元揚力，翼幅方向揚力分布(2次元揚力)

l_0	脚長
l_1, l_2	重心から尾柄までおよび尾鰭までの距離
l_a	翼長(翼端から手首の関節までの長さ，手の長さ)
l_c, l_T	胸部，尾部長さ
l_f, l_h	前翅，後翅ヒンジ位置
l_j	歩幅，胴体長，フォーク長
l_S	ストライド長
l_m	種子のみの大きさ，極小高(尾柄)の位置
l_r	細長体の先端位置
l_t	尾端の位置
$l_{T\max}$	筋力最大時の長さ
l_w	翼長(翼端から肩の関節までの長さ)
$\boldsymbol{M}$	外力の作るモーメント$=(M_x, M_y, M_z)^T=(l, m, n)^T$
$\boldsymbol{M}_\mathrm{A}$	流体力の作るモーメント$=(M_{\mathrm{A,X_S}}, M_{\mathrm{A,Y_S}}, M_{\mathrm{A,Z_S}})^T$
$\boldsymbol{M}_\mathrm{I}$	慣性力の作るモーメント$=(M_{\mathrm{I,X_S}}, M_{\mathrm{I,Y_S}}, M_{\mathrm{I,Z_S}})^T$
M_N^A, M_N^I	ヒンジ回りの空気力と慣性力のモーメント
M_B, M_T	曲げと振りのモーメント
M_β	フラッピング軸回りのモーメント
M_θ	フェザリング軸回りのモーメント
$\bar{M}$	無次元モーメント
m	質量，2次元モーメント，付加質量，流入空気の質量
m_b	機体質量
m_C, m_T	胸部，尾部質量
$m_{c/4}$	$c/4$翼弦位置の回りの2次元モーメント
m_l	脚と足の質量
m_m	筋肉の質量
m_y	縦揺れ(y軸回り)モーメント
m_w	片翼の質量
m_θ	フェザリング軸回りのモーメント
N	垂直力または法線力，固体密度
$\boldsymbol{n}$	単位法線ヴェクトル
n	2次元垂直力または法線力，荷重倍数，逓減指数，屈折率，毛の数，波の数，編隊飛行の鳥の数
P	総圧，パワまたは動力，横揺れ角速度，翅の数
P_0	プロファイル・パワ
$P_{0,1}$, $P_{0,2}$	プロファイル・パワの成分
P_a	有効パワ
P_ab	酸素代謝パワ
P_ae	水平飛行時の空気力によるパワ
P_B	基礎代謝パワ
P_c	上昇パワ
$P_\mathrm{D,i}$	抗力によるパワ
P_h	ホヴァリング・パワ
P_i	誘導抗力によるパワ，誘導パワ
$P_\mathrm{i,in}$, $P_\mathrm{i,out}$	地面効果のありとなしのときの誘導パワ
$P_\mathrm{I,i}$	慣性力によるパワ
P_j	関節点jにおけるパワ
P_min	最小必要パワ
P_n	必要パワ
P_p	パラサイト・パワ
P_t	全パワまたは代謝パワ
p	圧力(静圧)垂直力$\cong l+d\phi$，無次元パワ$=P_0/(W_0V_0)$
p_a, p_b	空中と水中の圧力
pH	水素イオン濃度の対数値
p_i, p_o	内と外の圧力
Q	トルク，縦揺れ角速度
Q_0	プロファイル・トルク
Q_A	空気力の作るトルク
Q_E	弾性力の作るトルク
Q_head	頭部の作る反トルク
Q_I	慣性力の作る反トルク
Q_j	関節点jに働くトルク
Q_θ, Q_β	フェザリング軸およびフラッピング軸回りのトルク
q	動圧，水平力$\cong l\phi-d$，胴部の体高の割合
$\boldsymbol{R}$, $\boldsymbol{R}_\mathrm{I}$	動座標，慣性座標系における位置のヴェクトル
R	気体定数，曲率半径，円柱や球の半径，回転翼半径，翅の長さ，地球の半径，飛行距離，間隔比$=b/(b+s)$，円柱座標系の半径，地面反力，横揺れ角速度
R_1, R_2	曲率半径，地面反力
Re	レイノルズ数
$R_\mathrm{max,u}$	非定常滑空の最大飛行距離
$R_\mathrm{max,s}$	定常滑空の最大飛行距離
R_β	フラッピング・ヒンジ位置
r	距離，半径方向距離$=Rx$，羽ばたき飛行または煽ぎの時間的割合，曲率半径，関節の半径，前縁からの重心位置
$\bar{r}$	片翼の重心までの距離
S	表面積，基準面積，翼面積，回転翼円板面積，ストローハル数
S_0	基準面積，最大面積
$\bar{S}$	無次元面積$=S/S_0$
S_c	断面積，ジェット流最小断面積
S_e	作動円板のストローク面積またはスイープ面積
S_f	正面面積
S_H, S_V	水平，乗直尾翼面積
S_W	濡れ面面積，表面積
S_w	翼面積
$\boldsymbol{s}$	線ヴェクトル

s　作動に沿う長さ，移動距離，間欠煽ぎの減速時間の割合，2 翼間の隙間

$\boldsymbol{T}_i$　座標変換のマトリックス(i=A, B, C, I)

$\boldsymbol{T}_i^{-1}$　逆変換マトリックス(i=A, B, C, I)

T　絶対温度 $=t+273.15$，推進力，推力，1 周期の時間，接線力，外壁の張力，張力

T_{a}, T_{b}　流体と物体の運動エネルギ

$T_{\mathrm{D,i}}$　抗力による推進力

T_{h}　ホヴァリング時の推力

T_j　j 区間の張力

$T_{\mathrm{I,i}}$　慣性力による推進力

T_{s}　先端吸引力による推進力，1 ストライドの時間

$T_{1/2}$　振幅半減時

t　時間，2 次元推進力または接線力，厚み，温度(セ氏)，隔壁の張力，無次元推進力

t^*　渦の放出された時間(遅延時間)

$\boldsymbol{U}$　速度または相対速度 $=(U_x,\ U_y,\ U_z)^T$ $=(U_X,\ U_Y,\ U_Z)^T$

$\boldsymbol{U}_{\mathrm{I}}$　慣性空間における速度または相対速度

U　速度，流体の速度，流体粒子の速度

$\bar{U}$　無次元速度 U/U_0

$U_{(L/D)\max}$　最大揚抗比の速度または定常飛行速度

U_{limit}　速度上限

$U_{\min}$　最小着陸速度 $=U_{C_R,\max}$

U_{N}, U_{T}　法線速度と接線速度

U_{opt}　最適対気速度

U_{w}　風の速度

$U_{\mathrm{w_0}}$　平均風速

U_{w}^*　摩擦速度

$U_{\mathrm{w,max}}$　台風の最大風速

$U_{w\min}$　最小沈下率時の速度

$U_{|\gamma|\min}$　最小滑空時の速度

$\boldsymbol{u}$　速度ヴェクトル $=(u_x,\ u_y,\ u_z)^T=(u,\ v,\ w)^T$

$\boldsymbol{u}_{\mathrm{w}}$　風速のヴェクトル $=(u_{\mathrm{w}},\ v_{\mathrm{w}},\ w_{\mathrm{w}})^T$

$\boldsymbol{u}_{\mathrm{w},o}$　風速の定常値 $=(u_{\mathrm{w},o},\ 0,\ w_{\mathrm{w},o})^T$

u　速度の x 成分，無次元速度 $=U/U_0$

$\boldsymbol{V}$　速度ヴェクトル $=(V_x,\ V_y,\ V_z)^T=(V_{\mathrm{N}},\ V_{\mathrm{E}},\ 0)^T$

V　対地速度，降下(滑空)速度

V_{B}　排除容積

V_c　巡航速度

V_{E}, V_{N}　東向きと北向きの速度

V_{H}　水平尾翼容積

V_{limit}　限界歩行速度，$=u_w/V_0=U_w/V_0$

$V_{\mathrm{N}}V_{\mathrm{T}}$　相対流速の垂直と接線成分

$\dot{V}_{\mathrm{O_2}}$　酸素需要量

$\dot{V}_{\mathrm{O_2,rest}}$　休止時の酸素需要量

$V_{P\min}$　最小パワの飛行速度

$V_{r(P/V)\min}$　間欠羽ばたきの巡航速度

V_t　先端速度 $=R\beta_s\omega$

V_r　間欠羽ばたき飛行の速度

V_{top} または $V_{\max}$　最大水平速度

V_{V}　垂直尾翼容積

V_1　接続羽ばたき速度 $=V_r$ $(r=1)$

$\boldsymbol{v}$　速度ヴェクトル

v　比容積，吹き下ろし速度，無次元風速 $=u_{\mathrm{w}}/V_0$

v_c　変動誘導流の振幅

W　重量または重力，または推力，仕事

$\bar{W}$　無次元重量 $=W/\{(1/2)\rho_0U_0^2S_0\}$

W_0　地面反力の限界値

w　重心の上下速度または降下率 $=m/m_0$，変位速度 $=\partial h/\partial t$

w^*　遅延時刻 t^* の位置 x^* における変位速度 $=w(x^*,\ t^*)$

w_{f}　燃料比 $=W_{\mathrm{f}}/W_0$

$w_{\min}$　最小沈下率

w_{w}　上下方向の風速

X　X 座標，力の X 方向係数，X 方向距離

X, Y, Z　右手直交座標系

X', Y', Z'　左手直交座標系

X_{I}, Y_{I}, Z_{I}　慣性座標系

X_i, Y_i, Z_i　中間座標系(i=A, B)

$X_{\max}$　最大飛行距離

X_{s}, Y_{s}, Z_{s}　ストローク面の座標系

x　x 座標，x 方向距離，無次元半径方向距離，速度比 $=U_{z,0}/U_0$，滑空角の正弦 $=\sin\gamma$

x, y, z　座標系，平均根に固定した座標系

x_j　関節 j の挺子の腕の長さ

x_{ac}　空力中心(翼弦方向)

x_{cg}　重心位置(x 方向)

x_{cp}　風圧中心(翼弦方向)

x_β　フラッピング・ヒンジの無次元半径位置 $=R_\beta/R$

x^*　渦の放出される場所

x_1, x_2　地面反力，着力点

x_{le}, x_{t}　前縁および後縁の前後位置，ヒンジから翼端までの距離

Y　Y 座標，横力，力の Y 方向係数

Y_n　ベッセル関数

y　y 座標，y 方向距離，無次元距離 $=X_{z=0}g/U_0^2$

$\bar{y}$　y 方向重心位置

y_{ac}　空力中心の高さ

y_{l}, y_{u}　翼型の下面と上面の座標

Z　圧縮性因子，Z 座標，Z 方向距離，力の Z 方向係数，幾何学的高度，変位量

$Z_{\max}$　最高高度

z　z 座標，z 方向距離，無次元高さ $=Z_0g/U_0^2$ または $=Z/l$

z_{w}　水面の高さ

α	迎え角，加速度，風速減少指数，流体境界面の傾き，膜と隔壁とのなす角，翼形状パラメタ，パワの速度比に対する傾斜$=\bar{P}/(V/C)$	θ	接触角，ピッチ角，フェザリング角，脚の回転角，偏角，経度，要素の傾斜角，太陽と花の角度
α_1	失速迎角，迎角の振幅	θ^*	表 5.2-3 で定義される角度のパラメタ
α_0	零揚力迎角$=\alpha_{c_l=0}$，迎角の定常値	θ_s	ストローク面に対するフェザリング角
$\alpha_{C_L max}$	最大空力係数の迎角	θ_o	コレクティヴ・ピッチ
$\alpha_{C_L=0}$, $\alpha_{C_l=0}$	零揚力迎角	θ_c, θ_s	フェザリング角の余弦と正弦の振幅
α_1, α_2	翼平面形のパラメタ，表 3.2-2，内角	θ_I, θ_R, θ_D	光の入射角，反射角および屈折角
$\alpha_{(l/d)max}$	$(l/d)_{max}$ の迎角	θ_n	n 次のフェザリング振動の振幅
α_c	迎角の振動振幅	θ_{root}, $\theta_{0.75R}$	翼のつけ根と $r=0.75R$ 点でのピッチ角
α_{max}	非定常最大迎角	κ	波数，円周比，平均根の角周波数
α_s	失速開始の迎角	Λ	らせん波の波長 $=\lambda\sqrt{1+(2\pi a/\lambda)^2}$，フェザリング軸周りの角速度，後退角
β	フラッピング角またはコニング角，見かけの風に対する船の経路角，翼形状パラメタ，式(5.2-27)で定義されているパラメタ	λ	波長，流入比，式(3.4-2)
		λ_m	最小伝播速度時の波長
		μ	粘性係数，摩擦係数
β_0	コニング角	μ_g	質量因子$=2m/\rho SC_{L\alpha}$
β_1, β_2	2 点ヒンジのフラッピング角	μ_b, μ_c	質量因子$=m/\rho Sb$, $m/\rho S\bar{c}$
β_{1c}, β_{2c}	内翼と外翼の振幅	ν	動粘性係数 μ/ρ
β_c, β_s	フラッピング角の振幅の余弦と正弦成分	ν_w	水の動粘性係数
		ξ	流体粒子の水平位置
$\beta_{0,1}$, $\beta_{0,2}$	内翼と外翼の定常フラッピング角	π	円周率
β_f, β_r	前翅，後翅のフラッピング角	ρ	密度，空気の密度
β_s	ストローク面内のフラッピング角	ρ_0	標準状態(海面上で温度 15°C)の空気密度
Γ	循環，上反角		
γ	付加質量の修正係数，経路角，表面張力，負の滑空角，抗力比 $=C_N/C_T$，外壁の開き角	ρ_{ij}	付加質量の密度
		ρ_m	物体の密度
		ρ_w	水の密度
γ_x	曳航渦	σ	ソリディティ，密度比 $=\rho/\rho_0$，応力，筋肉強度，長さに基づく無次元周波数 $=2\pi fl/U=2(l/\bar{c})k$
γ_y	吐出渦		
γ_j	間接点 j における屈折角		
$\lvert\gamma\rvert_{min}$	最小滑空角	σ_1, σ_2, σ_3	翼の形状パラメタ
Δ	微小量	τ	剪断力，摩擦応力，接地時間
δ	境界層の厚み，規定高度，平均抗力係数	τ_0	地面での摩擦応力
		Φ	横揺れ(バンク)角(オイラ角の一成分)
δ_0	粗さ因子	ϕ	誘導流入角，緯度
δ_f	フラップ角	ϕ_{12}	外翼と内翼の位相差
δ_β	フラッピング角の位相差	ϕ_c, ϕ_s	式(5.3-6)で与えられる角
ζ	減衰比，リード・ラグ角，波面の高さ，粒体粒子の垂直位置	ϕ_n	n 次のフェザリング振動の位相
		ϕ_v	吹き下ろし流の位相差
ζ_s	リード・ラグ角の変動振幅	ϕ_β, ϕ_θ, ϕ_h, ϕ_α	フラッピング，フェザリング，ヒーヴィングおよび迎角の位相差
η	フルード効率，無次元距離 $=y/(b/2)$，隙間比 $=s/b$		
		$\phi_{\theta h}$	式(4.1-20)で与えられる位相差
η_0, η_h	単独のフェザリング運動と単独のヒーヴィング運動の効率	Ψ	偏揺角(オイラ角の一成分)
		Ψ	円柱座標系の偏角，ストローク面上のアジマス角
η_{ac}	空力中心の η 座標		
η_E	機械的効率	ψ_c, ψ_s	アジマス角の振幅
η_F	システムの効率	$\psi_{\theta h}$	式(4.1-20)で与えられる位相差
η_{max}	最大の効率	ψ^*	式(4.2-49)で定まるアシマス角の臨界値
Θ	縦揺れ角(オイラ角の一成分)		
Θ_c, Θ_t	胸部，尾部の姿勢角	$\boldsymbol{\Omega}$	角速度ヴェクトル $=\boldsymbol{\Omega_i}$ $(i=1, 2, 3)$
Θ_s	ストローク面の傾き面	Ω	公転角速度，角速度，プロペラ回転数

$\boldsymbol{\omega}$	角速度ヴェクトル
ω	角速度，自転角速度，鞭毛の回転速度，固有振動数，共振周波数
ω_b	相対角速度
$\omega_{e,j}$	間接点jの等価角速度
ω_n	不(非)減衰角速度
$(\ )_0$	標準状態，初期値，定常値
$\overline{(\ )}$	平均値，無次元量
$(\ )_{ac}$	空力中心の( )
$(\ )_{cg}$	重心における( )
$(\ )_{cp}$	風圧中心における( )
$(\ )_f$	最終値
$(\ )_h$	ホヴァリング時の( )
$(\ )_l$, $(\ )_u$	翼の上，下面の( )
$(\ )_{max}$	( )の最大値
$(\ )_{min}$	( )の最小値
$(\ )_N$ または $(\ )_P$, $(\ )_T$	( )の法線および接線成分
$\|(\ )\|$	( )の絶対値
$\dot{(\ )}$	( )の時間微分＝d( )/dt
$(\ )'$	( )の長さ微分＝d( )/ds
$(\ )^R$, $(\ )^L$	( )の右，左の量
$(\ )^T$	( )の転置ヴェクトルまたは行列

第1章 序　　論

たぶん原始の海水から産まれた生物は，暖かい太陽の恵みと，ダイナミックな海水の動きの中で，多様に進化しつつ，川へ，陸地へ，そして空へと進出していった．

進化は実に巧妙で，四季を通じて，地球上のいたるところで，その環境の変化に応じて，そこでの生活の仕方を選択し，それにふさわしい形態と運動の仕方とを身につけていった．大事なことは，どういうところに棲み(“環境”)，そこでどんな形の体に育って(“形態”)，それをどう動かして(“運動”)，どんな暮らしをしているか(“生態”)といったことを見きわめることである．

生きとし生けるものすべての中のほんの一部にしか過ぎないが，彼らの生活を科学の目でかいまみていくと，今日彼らのもつ多様な形態と動きとは，自然淘汰の適者生存による結果というよりは，すべてをお見通しの神の手になる創造ではないかと思えるほどに，みごとに最適なもののようである．

沖ノ山自然林，紅葉の頃（11月上旬）（鳥取県智頭町）
標高 850～1200 m ぐらい（橋詰隼人氏のご好意による）
天然のままの山の緑は治山治水の源である．広葉樹林を針葉樹林に植え替えてから，日本の自然は破壊されていった．生命を育む森の生態系が崩されるとともに，沿岸の環境までが破壊され豊かな漁場が失われた．いまや，日本の海岸がすべてテトラポットの護岸なしでは生きていけないところまで追い込まれている．白砂青松をこれ以上失うことのないように，まず森から守ろうではないか．

1.1　環境と進化

太陽系における惑星の1つ，われわれの住む“地球”は約46億年前に生まれ，星としての発達を遂げながら，現在は折り返し点にあって，もう45億年は太陽の惑星として，存在し続けるだろうといわれている．現在の地球では，生物の棲息する“生物圏”は“岩石圏”,“水圏”,および“気圏”より成り，あらゆる生物は，そのいずれか1つの圏(領域)，または複数個の圏にまたがって生活している．

これら3つの圏における環境は，常に不変の状態にあったわけではない．太陽のエネルギの出力や地球の軌道，あるいは地軸の傾きなども変わってきた．小惑星や隕石も降り注いだ．活発な造山活動や大陸の移動もあり，気候の変動は激しかった．

内嶋(1989)によれば，生物の“環境”とは，(i)全生物が生命活動を営み，次世代を育てる空間であり，(ii)生物活動に必要なエネルギと物質が貯えられる貯蔵空間であり，(iii)生物の生理的な必要程度に応じて，エネルギと物質とが貯蔵空間から生物へ運ばれる通路であり，そして(iv)生物の老廃物が排出・分解され，再利用のために準備される空間であるとしている．

そのような環境の，あまりにも急激な変化に対応しきれない生物は自然に亡び，対応できた生物のみが栄えてきた．いわゆる“適者生存”とは，生物がそこで生活していける“生態”にふさわしい“形態”を備え，その形態にみあった効率のよい“運動”を身につけ，その結果，そこでの生活を続行し，それを伝えていく子孫を代々育成することができるということを意味している．すなわち，生物はその環境にかなった“進化”を成功させてきたのであり，そして現在も進化しつつある存在といえよう．さらに生物は，その存在によって環境そのものを変えており，生物と環境は，互いに干渉しあうダイナミックな相互作用を行っているシステムである．

1.1.1　植物と動物の進化

38億年前に，主として二酸化炭素(炭酸ガス，95～98％程度)，水蒸気，窒素(2％程度)，一酸化炭素，硫化水素および水素からなる“大気”が出来上がった．当時の地表面の温度は，図1.1-1aに示されように，鉄が熔けるような高温であったが，やがて水が沸騰する温度と凍る温度との中間くらいに下がっていった．農業の始まった1万年ほど前から年平均気温は現在の値に落ち着いたが，それ以前の数万年は平均気温が今より7℃低く，かつ数年ごとに数度の変動を示していた(Broecker, 1995)．生物の出現と，その発達の過程において，また，生物の体の形成そのものにおいて，水と炭酸ガスの占める重要さは測り知れない．

水分が98～99％の水母(くらげ)と，多くとも3～13％の水しか含まない植物の種子とを両極端な例として，生物は常に水を必要としてきた．われわれの人体も常時59％の水を含んでいる．生物に

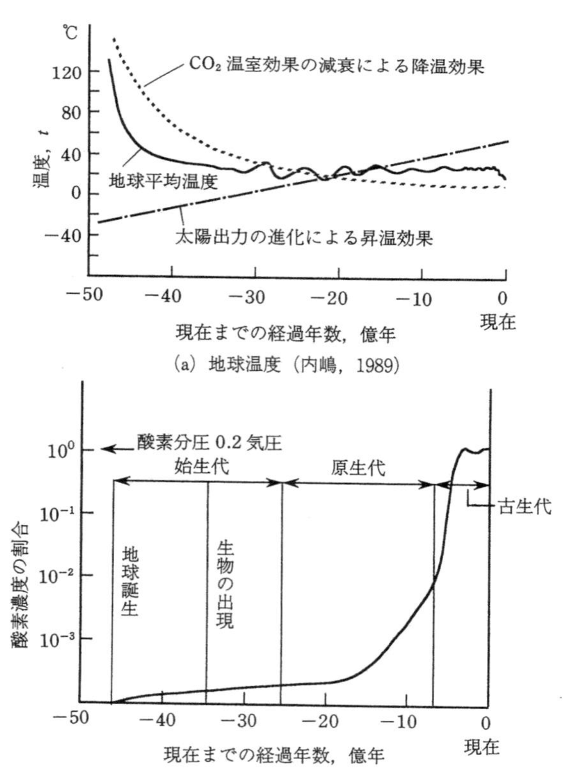

(a) 地球温度（内嶋，1989）

(b) 地表面における酸素濃度（資料：駒林，1976；湯浅，1992など）

図1.1-1　地球表面の環境

とって水はいつでもその新陳代謝の担い手なのである．

一方炭酸ガスは，それを分解して，その成分の炭素Cと酸素O_2とが利用される．後述のように葉緑素をもった植物の出現で，このような"炭酸同化作用"("光合成")が可能になったのである．地球上の有機物質の約10％は炭素から成り立ち，その量は大気中に炭酸ガスとして含まれる炭素の約1/3に相当するといわれている．酸素の増加は図1.1-1bに示されるように，はじめは徐々に始まったが数億年前から急増した．ただし，古生代末2億4500万年前には酸素欠乏によると思われる非常に多数の種の大絶滅が起こっている(磯崎，1994)．そして炭酸ガスは，今世紀

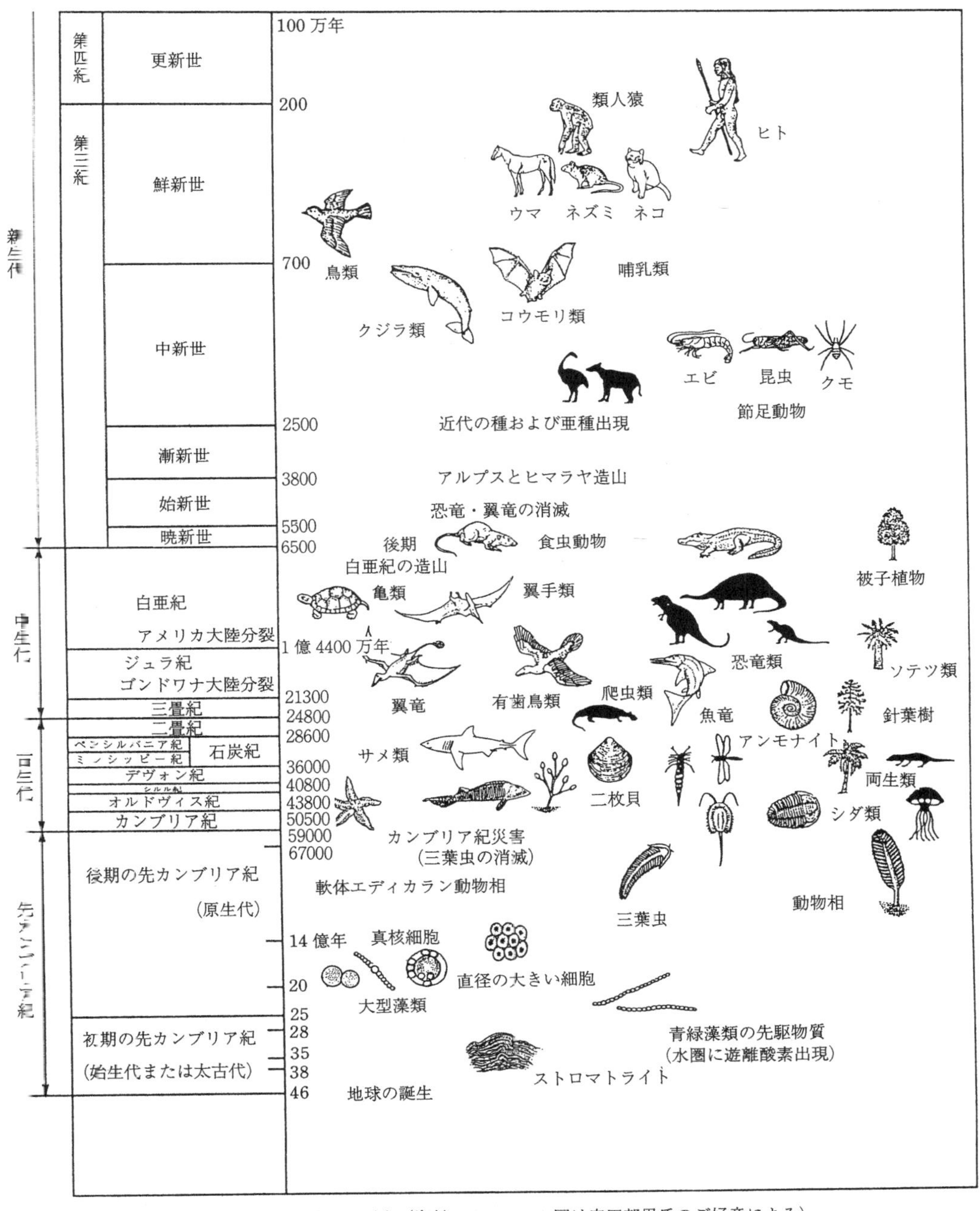

図 1.1-2　生物の歴史（資料：Cloud,1983,図は安田邦男氏のご好意による）

に入ってから，化石燃料の消費で300 ppm以下の状態から再び急激に増えつつあり，現在350 ppm(0.035 %)に達している．

生命の源とみなせるような複雑な分子構造の物質が地球の海の中に生まれてから，それらは集積し，また互いに干渉しあいながら，“デオキシリボ核酸”(“DNA”)をもった生物へと発展していった．この結果，生物はアミノ酸の製造に対する青写真をもち，ある確率で不完全さがあるものの，それ自身の複製を作ることができるようになった．こうして生物は，互いどうしや周囲の環境との厳しい相互作用を通じて，“自然淘汰”によると思われる進化を始めた．

図1.1-2には，“化石”によって明らかにされてきた生物の進化の様子が示されている．豊富な二酸化炭素と水を材料とし，太陽の光をエネルギ源として，“光合成”を行う“葉緑体”をもった“原核細胞”は，他の細胞と共生し，同化しあいながら発展していった．

DNAを傷つける有害な酸素から隔離するために，DNAを含む核膜ができ，原核細胞は“真核細胞”へと進化する．地表に降り注いでいた紫外線で，初期の生物は水中にしか棲めなかったが，やがて，藻類が出現し，光合成による酸素が少しずつ大気の組織を変えていった．それが，古生代に入って今の10 %程度に達したころ，生物は爆発的に進化を開始し，動物の種類が急激に増えだす．

カンブリア紀は生物進化の試行錯誤のみられる新種の多発時代のようで，“バージェス頁岩動物群”のような特異なものまで出現した．オルドヴィス紀には有孔虫や放散虫といった微小生物，それに温暖な気候に助けられて海面や床板(しょうばん)サンゴなどが繁栄し，他の生物たちに食と住を提供した．そしてシルル紀には陸上植物が出現し，動物の一部も上陸した．デヴォン紀になると陸には昆虫が，そして海にはアンモナイトが誕生し，ついで無顎類が繁栄し，やがて絶滅した．

やがて，これらに代わって，三畳紀には恐竜が現れる．そして湿潤で安定した気候の続いたジュラ紀に，恐竜は巨大化する．

約6500万年前に恐竜をはじめとする大型の陸上・海中動物が絶滅する．巨大隕石の衝突による気候の激変が原因といわれている．地形がほぼ現在の形になるころ(2000万年～3000万年前)，現在見られる近代の種の生物が新たに出現する．彼らは，与えられた環境のもとで，多様に進化し，それぞれの生態に合った外形と運動とをわれわれに見せてくれる．そして400万年前ごろには，大気は現在の酸素レヴェルに達した．300万年前に現れた人類は，現在この美しく豊かな地球の生物圏を支配し，今やそれを破壊しようとさえしている．

1.1.2　動物の動き

生物の運動を促すものに，4つの種類がある．(i)結婚し，子を産み，育て，そして分散するといった種族保存のための行動，(ii)食を得るための探索，狩猟および帰巣の行動，(iii)敵からの逃避行動，および(iv)たぶん上の(i)と(ii)をより効率よく行うための渡りの行動である．当然その行動における移動速度は重要で，環境，形態および運動の仕方で異なる．

水中を動く動物は，通常縦に細長いか垂直(まれに水平)方向には平たく，低抵抗であるばかりでなく，駆動のために体は十分たわむことができ，少ない“パワ”(“動力”)で低速で移動する．

一方，空中を動く生物は，横に平たく，一般に横幅の大きい翼をもち，水に比べて密度の低い空中でも，それが作る空気力(1.2.2参照)の揚力成分で重力を支えるとともに，抵抗成分に逆らって，翼を羽ばたいて推進力を作り，水中よりも高速で移動する．

これらに対して，陸上を走行する生物は，通常，重力を脚や足などで支え，飛行と遊泳の中間の速度で動く．

しかし生物の動きの速度を正確にある一定値にこうであると定めることは，実は容易でない．それは以下の理由による：(i)生物はそのときの置かれた状況で速度を変えること，例えば危険が差し迫っていれば高速で逃げるし，長距離の渡りでは経済速度で移動する．また目的が何であれ短時間なら高速を出せるが長時間だと遅く動くといった具合に，どういうときの速度かを決めないといけない．(ii) 空中なら風，水中なら流れの影響で対地速度が変わるので，風や流れの速度がわからないと無風時の速度が決定できない．そして (iii) 速度を測定する方法，道具をどうするかで著しく精度に差が出てくるといった問題があるからである．

図 1.1-3 にいくつかの文献にみられる動物の最大速度を，その体長の関数として示した．値の信頼度は上述のように必ずしも高いものではない．一般にいえることは，(i) 動物は大型になるほど移動速度は速くなるということ，そして (ii) 遠距離を行くには，短距離に比べて低速度になることである．

移動速度を別の見方でまとめてみよう．単位質量 (1 kg) の物を単位距離 (1 m) 運ぶのに要する“エネルギ”を“エネルギコスト”または“輸送コスト”と呼び，動物の場合，それは例えば酸素消費量から測定される．図 1.1-4 は，空中飛行，水中遊泳，および地上走行の各動物の体の質量に対する輸送コストを左の縦軸で示した (Schmidt-Nielsen, 1972)．もしエネルギコストとして単位重量 (1 N) 当たりの物を単位距離運ぶのに要するエネルギとすると (重力の加速度を $g \cong 10\ \mathrm{m/s^2}$ で近似)，左側の縦軸は無次元量となって，その値は 1 桁落ちる (詳しくは 7.5 参照)．質量が十分小さい生物は遊泳が最も経済的で，ついで飛行，そして走行の順となる．鳥は質量 10 kg を越すあたりで飛行をやめ走行動物に移行する．質量が十分大きくなると走行が有利になるが，きわめて大型のものは水中遊泳に限られる．

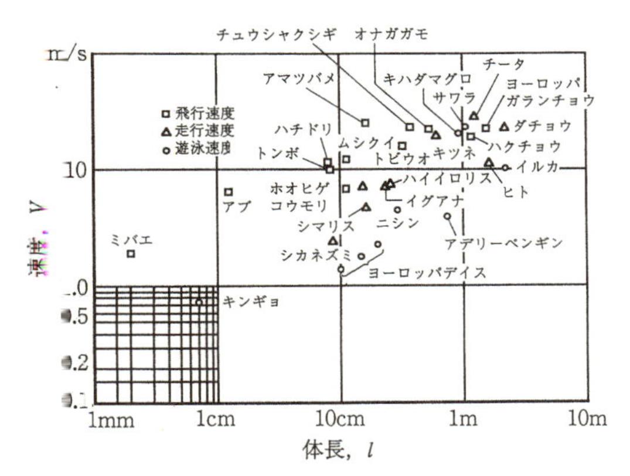

図 1.1-3　動物の移動速度（資料：McMahon & Bonner, 1983）

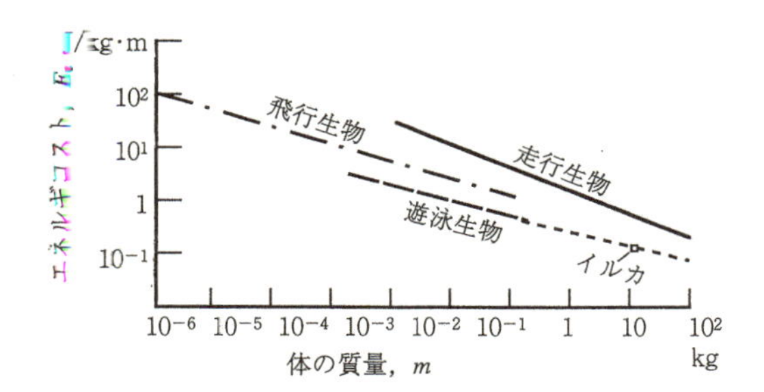

図 1.1-4　生物の移動の輸送コスト（Schmidt-Nielsen, 1972；Goldspink, 1977a）

体表面積に比例する放熱のことを考えると，体積に比例するであろう発熱量を冷却するためには，大型生物は低いエネルギコストでないと困るであろう．

1.1.3　食物連鎖

一般に，小型の生物はより大型の生物の餌となる．もっとも植物の場合には，それが大型でも小型の餌となることはよく知られている．このように，あるものが生存競争でそれより上位のものの餌となり，なおまたそれが，さらに上位のものの餌となるという具合に，順次上位へと食物の採取が及んでいくことを“食物連鎖”という．

海洋生物でいえば，食物連鎖の最下位にある小型生物は，太陽の光のエネルギを化学エネルギとして貯えた微小生物，すなわち“植物プランクトン”で，他の小型の魚や“動物プランクトン”の餌となる．さらにこれらの“プランクトン”は小魚の餌となり，小魚は中魚の，そして中魚は大魚あるいは鳥や陸上生物の餌となる (Isaacs, 1969)．陸上の食物連鎖でも，小さい生物は植物に頼り，それらはより大きい昆虫や鳥に食べられ，さらにまた上位の陸上生物の餌となる．

しかし物質循環という目でみると，生物は (i) 無機物から有機物を合成する緑色植物のような生産者，(ii) その有機物を消費して生活している動物のような消費者，(iii) さらにその有機物を分解または還元するバクテリアや菌類といったいわば掃除屋に分けられる．そしてこのとき，いずれの段階でもエネルギを消費していくが，その根源は最初の生産者により取り込まれた太陽からのエネルギなのである．

1.2 流体の性質

空気や水のように，一定の形をもたず，わずかな外力に対して無限の変形を起こして容易に形を変えることができ，かつ方向によってその性質が変わらない連続した等方性物質を“流体”と呼ぶ．生物は空気か水のいずれかまたはその両方に囲まれて生きているので，これらの流体が生物の生活とくにその運動に与える影響は決定的である．

1.2.1 液体と気体

水のように，その体積がほぼ一定で形の定まらない流体を“液体”，そして空気のように体積も形も一定しない物体を“気体”と呼ぶ．液体から気体への変化は，ある温度以下では進行せず，この温度を“臨界温度”という．臨界温度以上の温度では，圧力の低下とともに液体の一部が気化して混合状態となり，さらに圧力が下がると，やがて気体のみとなる．

今度は圧力を一定にしたままで温度を下げていくと，液体は一般に，気体の状態から液体の状態へと変わるが，さらに温度が低下すると，ちょうど水における氷のように，形の変わらない“固体”の状態へ移る．適当な圧力下では，気体から直接固体へと変わる物質もある．こういった物質の状態変化を“相転移”と呼び，等圧・等温の状態で可逆的な相転移に伴って放出または吸収される熱量を“潜熱”という．水に相転移を起こさせるには，外部から水に対して仕事をするか，熱を与えることが必要であるが，氷の溶融に必要なエネルギ（“融解熱”）と，水の蒸発に必要なエネルギ（“気化熱”）とを表1.2-1に示した．ある物質1 g（10^{-3} kg）の温度を1℃上げるのに必要な熱量を“比熱”と呼ぶが，水は物質中最大の比熱（約4.2 J/g·K）をもつ．

表1.2-1 水の融解熱と気化熱

項目	必要エネルギ	
	J/kg	kcal/kg
融解熱（氷の溶解，0℃）	3.34×10^5	79.7
気化熱（水の蒸発，100℃）	2.26×10^6	540

状態方程式

気体の状態における流体の圧力pと，密度ρまたはその逆数の“比容積”$v=1/\rho$，および温度（“絶対温度”）$T(=t+273.15°$，ここにtはセ氏温度）との間には，“状態方程式”と呼ばれる次の関係式が成り立つ．

$$pv = ZRT \quad (1.2\text{-}1a)$$

$$p = Z\rho RT \quad (1.2\text{-}1b)$$

ここにRは“気体定数”で$R=287$ J/kg·K，またZは“圧縮性因子”で，一般には1以下のある値をとるが（Daugherty，1961），それが1のとき，この気体を“完全気体”という．式（1.2-1）は，(i)ある与えられた温度Tで，圧力pと比容積vとは互いに反比例の関係にあり，また圧力pと密度ρは互いに比例関係にあり，そして(ii)積で与えられる仕事pvは温度Tと比例関係にあることを示している．

密度と比重

流体の単位容積当たりの質量である密度ρと，“重力の加速度”$g=9.80665$ m/s^{2}を掛けた，単位容積当たりの重量$w=\rho g$を“比重量”という．また水銀柱で76 cm，水中で約10 mの高さの圧力に相当する1気圧（0.76 mHg = 1.013×10^5 N/m^2）のもとでは，真水（蒸留水）の密度は4℃のとき最大になるが，その密度ρ_wに対する他物質の密度ρの比，ρ/ρ_wを“比重”という．

表1.2-2に1気圧下における水と空気の密度が示されているが，次の点に注意していただきたい．(i)水も空気も温度が上がると密度が減少し，(ii)水は空気の820倍（オーダとして1000倍）も密度が大きく，そして(iii)海水は真水に対して比

表1.2-2 水と空気の密度，粘性係数および表面張力（1気圧以下）

項目		密度	粘性係数	動粘性係数	表面張力
		ρ，kg/m^3	μ，P	ν，m^2/s	γ，N/m
水	4℃	1000	1.59×10^{-2}	1.59×10^{-6}	7.51×10^{-2}
	15℃	999	1.14×10^{-2}	1.14×10^{-6}	7.35×10^{-2}
海水	4℃	1028	1.66×10^{-2}	1.62×10^{-6}	———
	15℃	1025	1.22×10^{-2}	1.19×10^{-6}	———
空気	15℃	1.225	1.76×10^{-4}	1.46×10^{-5}	———

注1 1 P（poise）= 1×10^{-1} N·s/m^2 = 1×10^{-1} kg/ms
2 より詳しい温度変化に対する上記諸量の変化は文献（例：東，1993）を参照のこと

重が約 2.7 % 大きい．

粘　性

流体内部で速度が異なり，ある微小距離 dy 距たった 2 点間に速度差 du があるとき，その速度差と距離との比 du/dy を“速度勾配”という．そのような速度勾配があるとき，遅い側の流体が速い側の流体に引きずられ，その間に“剪断力”τ が働く．剪断力は速度勾配に比例し，

$$\tau = \mu(du/dy) \qquad (1.2\text{-}2)$$

で与えられ，比例定数 μ を“粘性係数”と呼ぶ．つまり，粘性係数は流体のもついわゆる“粘っこさ”，物理的表現では“粘性”の程度を示す物理量である．

流体に働く力は，このほかに後述の表面張力とか，重力や加速度に比例して働く慣性力がある．慣性力は流体の密度に比例するので，粘性係数 μ と密度 ρ との比は“動粘性係数”ν としてしばしば大事な物理量となる．

$$\nu = \mu/\rho \qquad (1.2\text{-}3)$$

表 1.2-2 は 1 気圧下における水と空気の粘性係数と動粘性係数も与えられている．ここで次のことは大事である．(i) 水は温度とともに粘性係数も動粘性係数も下がるが，空気はその傾向が逆でともに上がる．(ii) 水と空気とで粘性係数を比較すると，水は空気より 2 桁も粘っこいが，しかし密度が約 1000 倍も大きいので，(iii) 動粘性係数で比較すると，空気の方が相対的に粘性の程度が 1 桁は大きい．

表面張力

液体には，その表面積をできるだけ小さくしようとする性質があるので，液体の表面積を増加させるには仕事をしなくてはならない．そこで，単位面積だけ表面積を増加させるのに必要な仕事，すなわち液体の表面に宿る単位面積当たりのエネルギを“表面張力”という．このときの表面積の変化は温度一定のもとで行われるので，実は熱の出入りが伴い，厳密には，表面張力は単位面積当たりの自由エネルギである．表面張力 γ は，したがって，次元でいえば仕事 W を面積 S で割った $[\gamma] = [W/S] = \mathrm{Nm/m^2} = \mathrm{N/m}$ の単位をもつ．

一般の弾性体の薄膜(2 次曲面)表面の内圧 p_i と外圧 p_o との差 $\Delta p = p_i - p_o$ は，図 1.2-1a に示されるように，2 つの直交する曲線に沿う張力を γ_1 と γ_2，その曲線の曲率半径を R_1 と R_2 としたとき，次式で与えられる．

$$\Delta p = \gamma_1/R_1 + \gamma_2/R_2 \qquad \text{(一般の 2 次曲面)} \quad (1.2\text{-}4)$$

膜が平面であるとき，2 つの曲率半径は無限大となって，圧力差はなくなる．

$$\Delta p = \gamma_1/R_1 + \gamma_2/R_2 = 0 \qquad (1.2\text{-}5)$$

また，膜が円柱状であるときは，一方の半径 R_2 が無限大となるので，

$$\Delta p = \gamma/R \qquad \text{(円柱面)} \quad (1.2\text{-}6)$$

を得る(図 1.2-1b)．また，例えばシャボン玉のように，重力などの外力が無視できるほど膜が薄く，大きさも小さく，かつ膜が一様な材料でできていて等方性であるとき張力は一定の γ となり，曲率半径も同一の値の球となり，

$$\Delta p = 2\gamma/R \qquad \text{(球面)} \quad (1.2\text{-}7)$$

となる(図 1.2-1c)．

薄膜の代わりに，流体 2 層の境界面でも表面張力が働くので同様のことがいえる．例えば大気中にある液滴では，p_i は液滴内の圧力で，p_o は大気圧，また液体内にある気泡では，p_i は気泡の圧力，p_o は液体の圧力である．

式(1.2-6)と(1.2-7)から次のことがわかる．圧

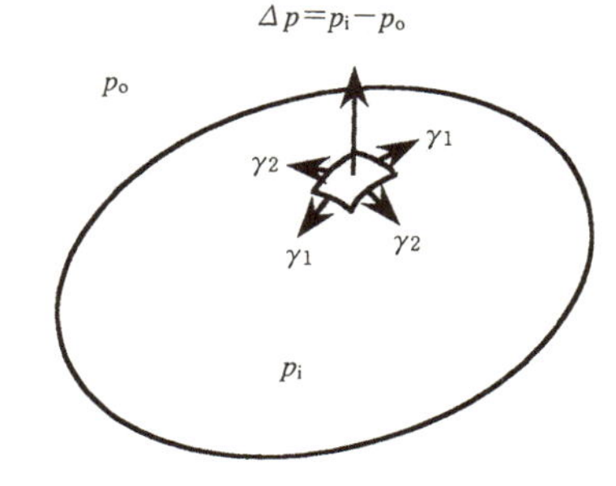

(a) 一般の 2 次曲面

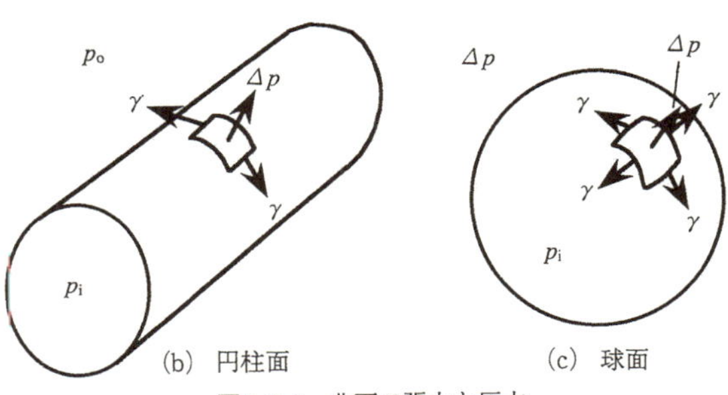

(b) 円柱面　　(c) 球面

図 1.2-1　曲面の張力と圧力

力差 Δp は表面張力 γ に比例し，曲率半径 R に逆比例する．すなわち半径 R が小さくなればなるほど内圧が高まる．表 1.2-2 には，空気に対する水の表面張力も示されている．

吸　着

2 種の気体，液体あるいは固体の均一相が相接しているとき，その境界領域(接触界面)ではその組成が異なり，分子間引力の弱い分子の濃度が高まる現象を“吸着”という．

限られた空間に閉じ込められた気体の分子集団を“泡”または“泡沫”というが，それはきわめて高い吸着能力をもち，例えば洗剤の洗浄作用とか金属の採取(浮遊選鉱)に利用される．

毛細管現象

液体の中に細管を挿し込むと，図 1.2-2a, b に示されるように，液体が管内を高さ h だけ上昇または下降する．これを“毛(細)管現象”という．(a) はガラス管を水またはアルコール内に入れた場合で，液体がガラス壁に吸着して管面がぬれると管内の液面は凹面となって管外の液面より高くなる．また (b) はガラス管を水銀内に入れた場合で，管内の水銀は，壁面と反発しあって管はぬれずに自身の表面張力で凸面となり，管外の水銀面より低くなる．

図 1.2-2c を参照して，このとき直径 d の管内の液柱に働く流体力の釣り合いを求めると，周囲の表面張力が $\pi d\gamma\cos\theta$ の上向き(水銀のときは下向き)の力で，重力が $(1/4)\pi d^2\rho gh$ の下向きの力

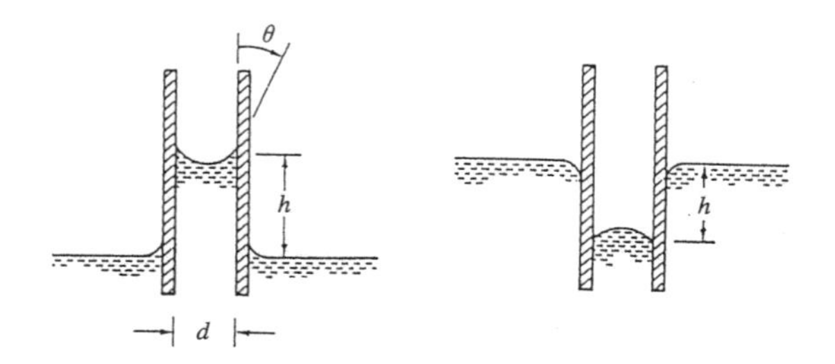

(a) 管がぬれる場合　　(b) 管がぬれない場合

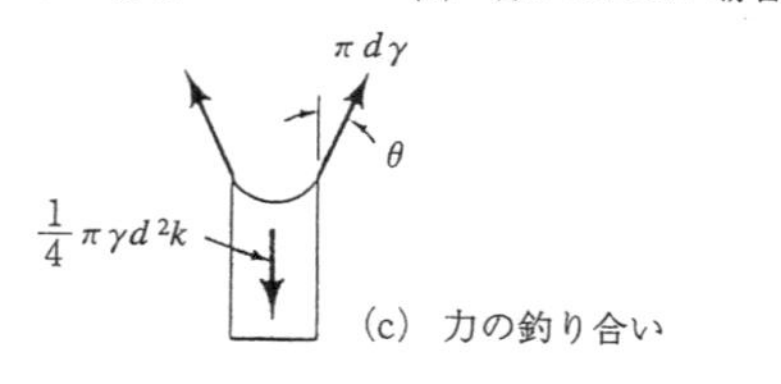

(c) 力の釣り合い

図 1.2-2　毛細管現象

(水銀のときは上向きの浮力)となるので，両者を等置すると

$$h = 4(\gamma/\rho gd)\cos\theta \qquad (1.2\text{-}8a)$$

を得る．管がガラスの場合，接触角 θ の値は，水やアルコールではほぼ 0 ($\theta\cong 0$)，また水銀の場合では $\theta = 130° \sim 150°$ である．したがって，管径 d と高さ h を mm で表したとき，高さ h は水で $h\cong 30/d$，アルコールで $h = 12/d$，そして水銀では $h = -10/d$ で近似される．生体内の細管にも毛細管現象は働いている．

管でなく，2 枚の板が狭い間隔 d で並んでいる場合も，その間隔が狭いほど中の液面と外の液面との高低差は増す．ただし，そのときの高さと隙間 d との間の関係は

$$h = (\gamma/\rho dg)\cos\theta \qquad (1.2\text{-}8b)$$

で与えられる．

静圧と動圧

静止している流体には，高度または深度に応じて上部の液体の重量分の圧力である“静圧”p_0 が働く．流体中にある物体には深度に応じて高い静圧が物体表面に働くので，物体には上向きの“浮力”B が働く．その大きさは，物体と流体との密度差 $\rho - \rho_w$ にその物が排除した容積 V_B との積に比例する(“アルキメデスの原理”)．

$$B = (\rho - \rho_w)V_B \qquad (1.2\text{-}9)$$

そのような静止流体中を物体が速度 U_0 で動くと，流体の周りに流れが生じ，静圧 p が変化する．すなわち，物体の前方と後方の 2 か所では流体が物体とともに動いて，流体と物体との相対速度が 0 となる．そこを“岐点”と呼ぶが，岐点では流体の圧力が上がって，“総圧”P は，先の静圧 p_0 に加えて，速度の 2 乗に比例した“動圧”$=(1/2)\rho U_0^2$ が働き，$P = p_0 + (1/2)\rho U_0^2$ となる．上記岐点以外のところでは，流体の粘性を無視すると(次節参照)，一般に相対流 U が加速されて $(U > U_0)$，静圧 p は下がり $(p < p_0)$，そこでは次の“ベルヌーイの式”が成り立つ．

$$P = p_0 + (1/2)\rho U_0^2 = p + (1/2)\rho U^2 \qquad (1.2\text{-}10)$$

1.2.2　大きさの影響

物体が流体中を動くと，それにより周りの流体

も動き，流体内の物体の表面には流体の粘性に基づく“摩擦(抗)力”が，また物体が2種類以上の流体内にわたっているときは表面張力が働き，さらに圧力を介して“慣性力”が働く．それに加えて，物体自身には，質量 m と加速度 α との積に相当する慣性力 $m\alpha$ や，直接地球引力に基づく“重力”mg が働く．重力は物体の質量に働き掛ける“外力”の1種であるが，重力を加速度 $g=9.80665\ \mathrm{m/s^2}$ の加速度場の運動と考えると，これは1種の慣性力ともみなせる．

流体内を等速度で動く物体に働く流体力の中，浮力と重力とのほかに進行方向と反対の後ろ向きに働く力の成分を“抗力”または“抵抗”といい，垂直上向きに働く成分を“揚力”と呼ぶ．

ところで物体が小さくなるにつれて，長さの3乗に比例してこれらの外力や慣性力は減っていく．これに対して長さの2乗に比例して減少する摩擦力や，長さに比例する表面張力は，その減り方が慣性力ほどではないので，例えば流体中を運動する微小物体の周りの流れは，粘性力が相対的に慣性力より増した，いわゆる粘っこいものとなる．このような流れをわれわれのような体の大きさのものからみると，水や空気を，あたかも蜂蜜のように感ずる．これに対して，十分大きいものは慣性力が摩擦力を凌駕するので，粘性の影響は物体表面のごく近傍に限られ，その他の領域では粘性を無視して取り扱うことができる．

相似則

流体内の物体の運動にかかわりあう物理的諸量を，適当な物理量で無次元化して得られるパラメタは，その運動の特徴を記述するのに大事な量となる(Pankhurst，1964)．これらのパラメタは，運動を記述する方程式を無次元化した際に現れ，方程式に一般性をもたせてやるとともに，例えば大きさなどの直接的な影響は消えて，運動の違いは，そのパラメタの値が異なったものとして与えられる．代表的なものを列挙すると次のようになる．

$$\left.\begin{aligned}\text{“レイノルズ数”} &= \text{慣性力/粘性力}\\ &= Ul/\nu \equiv Re\\ \text{“フルード数”} &= \sqrt{\text{慣性力/重力}}\\ &= U/\sqrt{gl} \equiv Fr\\ \text{“無次元周波数”} &= \text{角速度・長さ/速度}\\ &= l\omega/U \equiv k\end{aligned}\right\} \tag{1.2-11}$$

ここに U と ω はそれぞれの物体の流体に対する相対速度と角速度，l は物体の基準長さ，そして g は重力の加速度である．

レイルノズ数が小さいということは，小さい物体がゆっくり動くことに相当し，前述したように，慣性力に比べて粘性力が強く現れる．流体力 F を単位容積の流体のもつ運動エネルギ，すなわち動圧 $q=(1/2)\rho U^2$ と面積 S との積で無次元化したものを流体力の係数とすると，例えば平板の表面に平行で後方(下流)向きの剪断力による“摩擦抗力”D_f を無次元化した“摩擦抵抗係数”$C_f=D_f/\{(1/2)\rho U^2 S\}$ は図1.2-3に示されるように，レイノルズ数 Re が大きくなると減少する．特に低速では，摩擦抵抗 F は速度 U に比例し，したがって摩擦抵抗係数は $1/U$ に比例する．

レイノルズ数が 10^4 を越すと，2種の摩擦抵抗係数に分かれる．流れが層をなしている“層流”状態では，そのまま値が低くなっていき，他方，流れが乱れていて層をなさない“乱流”状態では，値の低下が緩くなる．表面が十分平滑な場合，レイノルズ数が 10^5 を越しても層流状態が保たれ低抵抗であるが，レイノルズ数が大きくなると，あるところで，図の“遷移曲線”を経て乱流に移り抵抗が急に増大する．乱流では係数の低下は速度に対してわずかなので，摩擦抵抗がほぼ速度の2乗に比例しているとみてよい．

フルード数は，慣性力と重力との比であるから，この値が小さいときは，重力の影響が強い．例えば水上を浮いて走行する物体の作る波は，速度が遅いとき重力の影響が強く現れるが，速度が

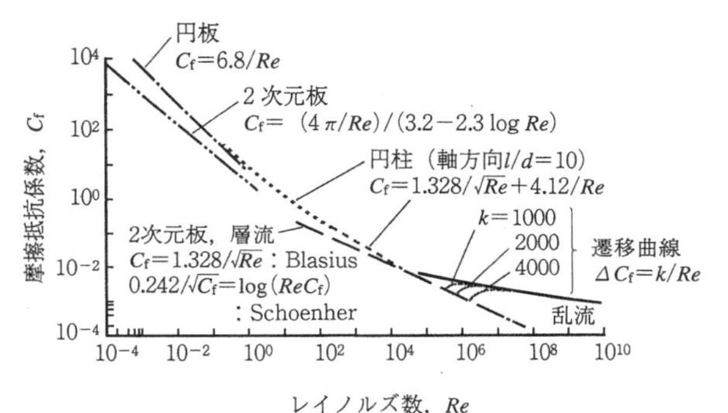

図1.2-3　摩擦抵抗係数（Hoerner, 1965；Newman, 1977）

速くなってフルード数が増すと慣性力が勝って抗力の影響が急増するので，物体に大きい“造波抵抗”を与える．水中生物では，フルード数の増加につれて，静的な流体力の浮力の割合が減って，動的流体力の揚力が増えてくることを示している．

無次元周波数は角速度 ω の影響が移動速度 U に対してどの程度であるかを示すパラメタである．前進速度が遅くて素早く羽ばたく鳥や昆虫の離着陸時，あるいは魚が急激に尾鰭をあおぐ発進時には，この無次元周波数は大きくなり，流れに非定常効果が現れる．しかし空中飛行であれあるいは水中遊泳であれ，巡航状態では，式中の分母の速度 U が増してこの値は小さくなり，流れの非定常効果は減少する．また式の分子の角速度 $\omega = 2\pi f$ を周波数 f で置き換えたもの，$S = fl/U$ を“ストローハル数”と呼ぶ．

生物の運動において，その種類が異なり，したがって大きさ，形態，あるいは運動の方法が違っていても，上記3つのパラメタの値で，その運動の特徴が同一に論じることができる．またたとえ大きさが異なっても形状が相似であれば，パラメタの値を同じにすることで，同じ流体力係数が得られる．本書では，常に上記パラメタの値を紹介し，運動の特徴を理解しやすくする．

1.2.3　抗　　力

鈍頭物体の抵抗

図1.2-4に典型的な非流線形の“鈍頭物体”として，(a)円柱，(b)球，(c)円板と正方形板，および(d)矩形板(流れに垂直)を取り上げ，それぞれの抗力を動圧 $=(1/2)\rho U^2$ と基準面積 S との積で無次元化した“抗力係数”(または“抵抗係数”)を示した．図中“アスペクト比”(Æ)とあるのは，ここでは長さと幅の比を意味する．長さの基準として例えば直径 d を使ったレイノルズ数 $Re = Ud/\nu$ が，10を越すあたりで抵抗係数が平坦になり，円柱と球では $Re = 10^5 \sim 10^6$ の間のある値(“臨界レイノルズ数”)で係数が急減する．これは頭部を回った流体が，円柱や球の表面に沿って回り切れず，遠心力で外側に剥離する場所(“剥離点”)が層流の場合，断面最大の場所より少し前方にあるが(“層流剥離”)，乱流では流れに乱れのエネルギが供給されて，断面最大の場所より少し後方にくる

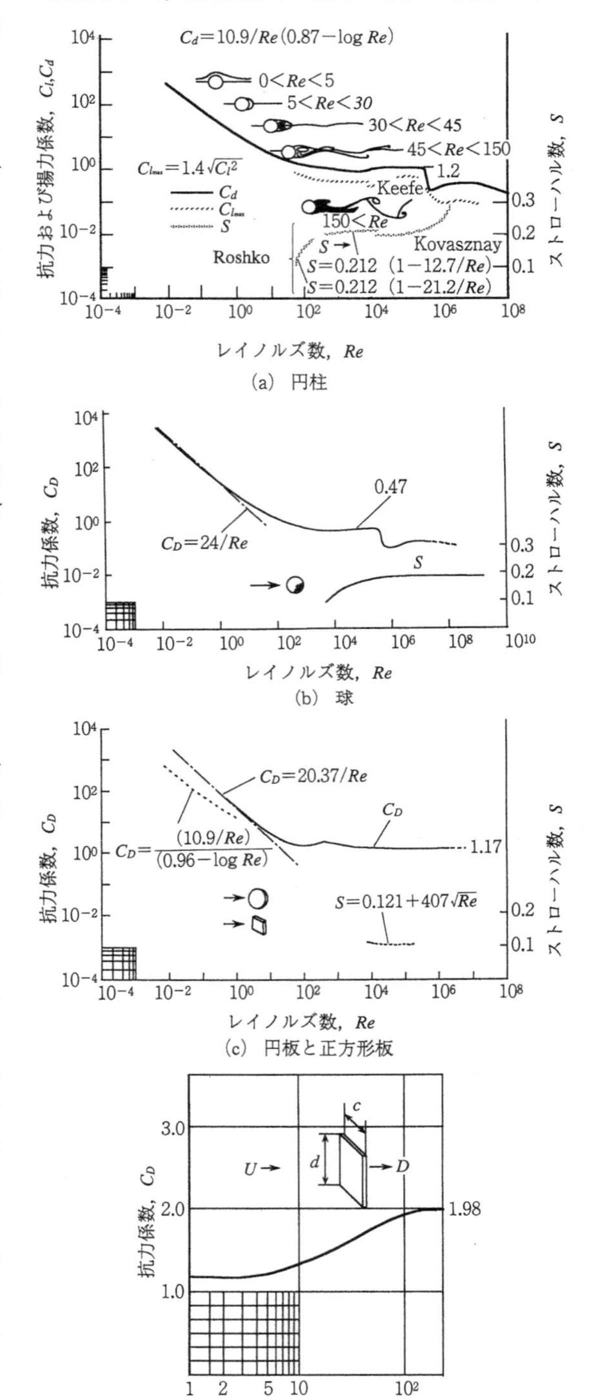

図1.2-4　抗力係数の例 (Hoerner, 1965 ; Achenbach, 1974 ; Strickland ら, 1980)

(“乱流剝離”)ことで剝離領域が減少し，抗力が減少することに由来する．

2次元と3次元の典型的な形状についての抗力係数をHoerner (1965)の表1.2-3で示した．表の下段に示した凹みが前方を向いているおわん状の物体では，抗力係数が同じ平面形の平板より増しているのは興味深い．

剝離は，図1.2-4を参照して(a)の円柱の例に見られるように，実は$Re=10$を越すあたりから始まるが，その形は図で上下対称で，その後方では流れが閉じている．しかし$Re=45$を越すあたりから剝離は非対称になり，交互に渦が放出され，それは“カルマン渦列”と呼ばれるきちんとした間隔の渦列となる．そのときは図に示された円柱では上下に交互に変動する揚力が発生し，その周波数を無次元化したストローハル数$S=fd/U$は，図に示されているようにReの関数として定まる．Reが10^3～10^6の間では$S=0.2$で近似される．そしてそのときの抗力係数は，半径Rの円柱では単位幅当たりの抗力をdとしたとき，$C_d=d/\{(1/2)\rho U^2(2R)\}=1.2$，半径$R$の球では抗力を$D$としたとき，$C_D=D/\{(1/2)\rho U^2(\pi R^2)\}=0.5$，そして円板や正方形板では正面面積を$S_f$として，$C_D=D/\{(1/2)\rho U^2 S_f\}=1.2$で与えられる．そして前述の臨界レイノルズ数を越すと円柱と球では，値が急減する．なお図1.2-3aには変動する揚力lと“揚力係数”$C_l=l/\{(1/2)\rho U^2(2R)\}$で表したときの$C_{d\max}=1.4\sqrt{C_l^2}$も記入してある．

表1.2-3　抗力係数

2次元		3次元	
形状	C_d	形状	C_D
	1.17		0.47
	1.20		0.38
	1.16		0.42
	1.60		0.59
	1.55		0.80
	1.55		0.50
	1.98		1.17
	2.00		1.17
	2.30		1.42
	2.20		1.38
	2.05		1.05

(Hoerner, 1965)

流線形物体の抵抗

物体の形状が，流れ方向の軸に沿って細長く，最大断面積の位置が前方寄りにあって，後方が鋭く閉じている滑らかな形状の“流線形物体”であるときは，流れが軸に対して平行に近い限り流れの剝離はなく，抵抗は摩擦抗力のみとなる．このため最大断面積を基準とした抗力係数$C_{D,f}$は，摩擦抵抗係数C_fに比例して次式で与えられる．

$$C_{D,f}=D/\{(1/2)\rho U^2 S_f\}=C_f\{3(l/d)+4.5(d/l)^{1/2}+21(d/l)^2\} \quad (1.2\text{-}12)$$

図1.2-5に流線形物体の長さlと直径dとの比，“細長比”l/dの関数とした抗力係数$C_{D,f}$をレイノルズ数$Re=Ul/\nu$をパラメタにして示してある．これから(i)あるRe数に対して，抗力係数が最小になる細長比l/dがあって，それは$l/d=3$あたりであること，および(ii) Reが大きくなるにつれて，全l/d領域にわたって抗力係数は減少することがわかる．

球や円柱では，流れに垂直な揚力成分は変動値としては存在するが，平均値としては0である．

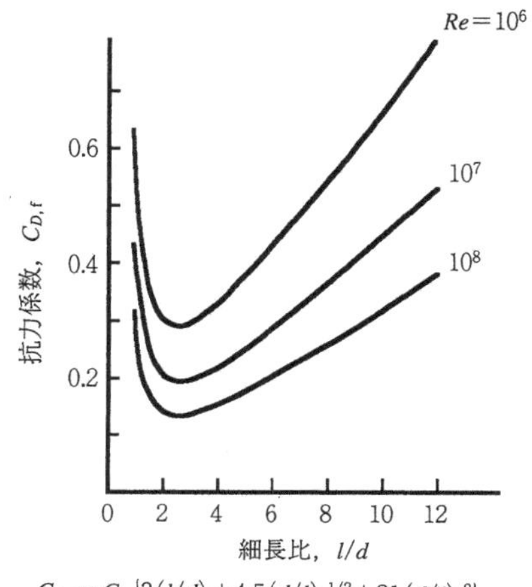

図1.2-5　流線形物体の抗力係数（正面面積に基づく）

しかし円柱や正方形板が流れに斜めに置かれた場合や，細長物体の軸が流れにある角度(“迎角”)をもって置かれた場合には，揚力の平均値は0でなくなり，一般に迎角の増しとともに揚力成分が増大する．それに伴い，抗力もその最小値から，揚力の増加とともに誘導抗力成分(3.1.2参照)が追加されて増えていく．とくに平板あるいはそれに近い薄い板や膜は，第3章で後述されるように，“翼”として積極的に揚力が利用される．

1.3 大気と海水

太陽系の惑星の1つとして運動する地球は，中心の太陽からの放射エネルギで長い間生物を育ててきた．そして現在も，生物にとって棲みよい環境を海洋，大気および大地の中に与えてくれている．生物の進化は，そういった環境の変化とともに進展してきたもので，それらの理解なくして生物の生態，形態，運動を議論できない．

1.3.1 地球の運動

地球は，太陽を焦点とする楕円(長円)軌道上を1年間で回る(“公転”)とともに，その軌道(“黄道”)面に対して，約66.6°傾いた軸の周りに，1日の周期で“自転”する．これらの運動を決める諸量を衛星である月の分も含め表1.3-1に示す．

表に示されるように，地球が若干扁平であることと，その自転軸が黄道面に対して傾いていることから，常に自転軸を黄道面に直角な黄道の極の方向に戻そうとするように，引力によるモーメントが働く．このため地球は，ちょうど独楽(こま)の“歳差運動”のように，自転軸が黄道の極に対して，約26000年の周期で(50秒/年)，天体上を時計の針と反対向きに回転する．この歳差運動のほかに太陽や月がからむ細かい振動(“章動”)が重なる．その主なものの周期には，18.6年，1年，0.5年などがある．

自転軸の空間に対する上述の動きのほかに，実は地球自体に対しても自転軸は運動する．それは地球が剛体ではなく，また一様にはできていないことによるもので，最大の慣性モーメントをもつ軸(“形状軸”)の周りに自転軸が章動する．よく知られているのが約430日の“チャンドラー周期”である．これは角度振幅が10^{-5} radのオーダの微小量で生物の生活に直接影響することはないが，海洋の潮汐運動や大気にもチャンドラー周期が観測されているようである．

自転軸の極がぎくしゃくしながら揺れ動く(“秤動”)とともに非周期運動で動いていくのを“永年運動”という．これは地球内部のマントル対流に起因するものとみられている．過去の極の移動は，図1.3-1に示されるように，(a)古気候学により推定されるものと，(b)古地磁気学により推定されるものとの2つがある．前者は植生の地域別変化から，そして後者は地殻に残された磁気変化から求められた．両者は必ずしも一致しないが，極が長い間に渡って移動していったことがわかろう．地球が磁石であるのは，たぶんマントル対流による発電機とみなせる．図中2つの曲線

表1.3-1 太陽，地球，月の諸元(例：理科年表，1993)

項目	記号	単位	太陽	地球	月
質量	m	kg	1.989×10^{30}	5.974×10^{24}	7.348×10^{21}
公転周期	Ω^{-1}	—	———	365.242日 (太陽の周り)	地球と同じ (共通重心の周り)
自転角速度	ω	rad/s	2.865×10^{-6}	7.292×10^{-5}	2.660×10^{-6}
黄道面に対する傾き	λ	deg	———	23.4	5.09
軌道平均半径	R	km	———	1.495×10^{8}	3.850×10^{5}
重量パラメタ* (重力定数×質量)	K	km^3/s^2	1.325×10^{11}	3.986×10^{5}	0.0489×10^{5}
半径	r	km	6.960×10^{5}	赤道 6378 極 6356	1.738×10^{3}

*重量定数 $G=6.672\times10^{-11}\ m^3/kg\cdot s^2$, $K=mG$

(実線と点線)のずれは，例えば(b)の磁極でいえば，大陸が移動していったために生じたずれと考えることができ，北米大陸を西へ約 30° ずらせばヨーロッパ大陸と隣接することから，後述の大陸移動説の根拠の１つとなっている．

1.3.2 気　　象

太陽からのエネルギ

太陽は核融合エネルギを毎秒 1×10^{26} cal の割で，すなわち 4.2×10^{23} kW のパワを放出している．それが 1.5×10^{8} km 離れている地球に向かって 8 分 20 秒かけて到達したとき，地球大気の外側の位置では毎秒毎平方センチメートル当たり 0.0327 cal，すなわち 1.37 kW/m² となる．これを“太陽定数”という．緯度 $\phi=45°$ では光が斜めに当たるため，大雑把にみて入射パワは 1 kW/m² に相当する．地球を球とみなせば，その表面積は断面の円板面積の 4 倍で，その単位表面積当たりの平均日射量は，図 1.3-2 および表 1.3-2 を参照して，外表面で 0.0083 cal/cm²s = 350 W/m² となる．このうち約 35 % は反射して宇宙へ逃げ，残りの約 65 % が中に入ってくる．周波数別のエネルギ分布の割合は，図 1.3-3 のようになる．

太陽入射光は，図 1.3-2 にみられるように，赤道付近では表面に直角に降り注ぐが，極近くではひどく傾き，かつ大気中を長く通過する．このため赤道付近の地表面または海表面は極付近のそれより強く加熱されて，結局大気も海水も赤道付近

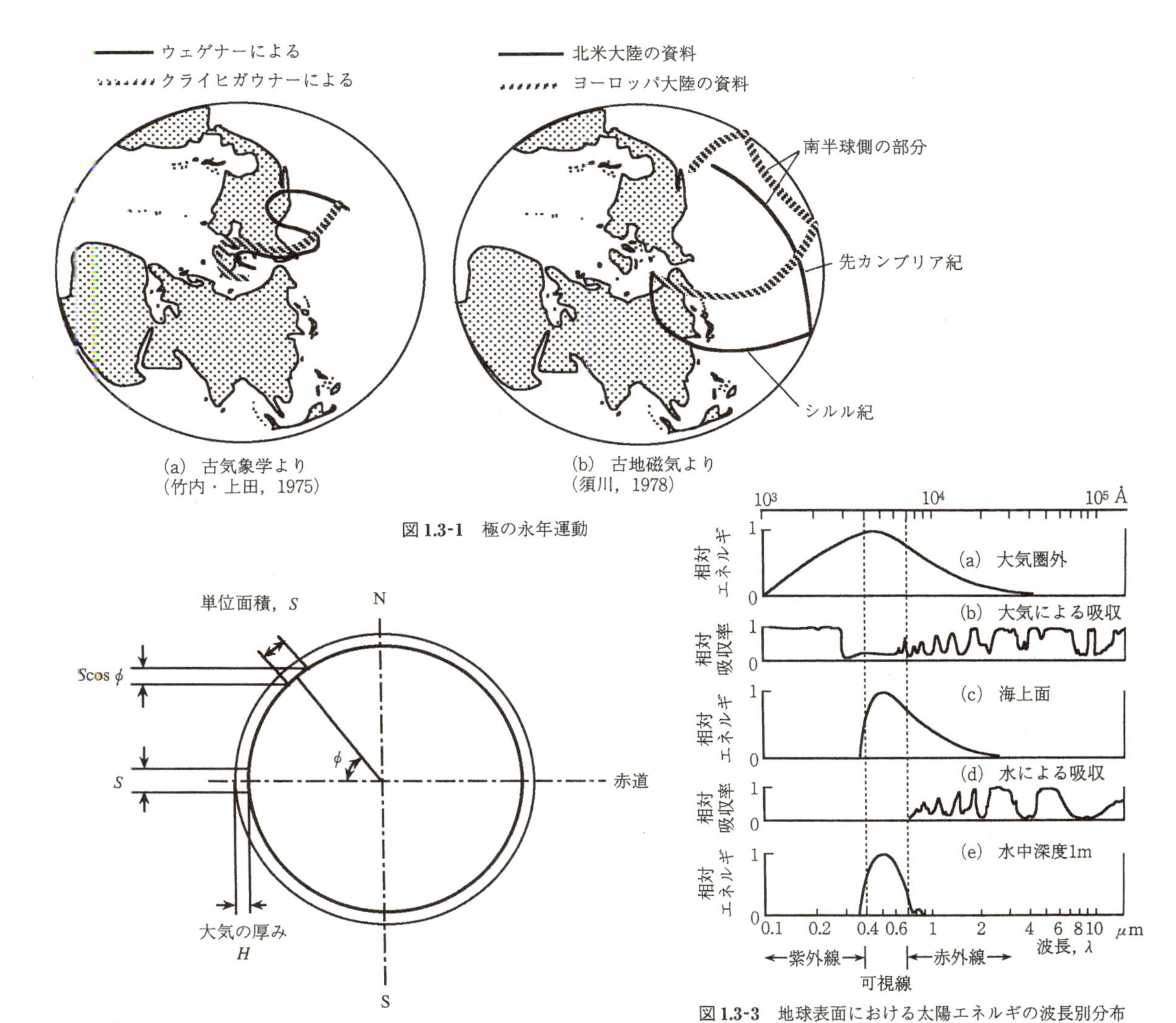

図 1.3-1　極の永年運動

図 1.3-2　太陽光の緯度による差

図 1.3-3　地球表面における太陽エネルギの波長別分布 (Anikouchine & Sternberg, 1973)

のほうが極付近より高温となる．この温度差から生じる密度差したがって圧力差が，大気や海洋に循環という流体運動をもたらし，結果として温度差を減らすように極に向かって熱を運ぶ複雑な流れが形成される．もちろんこの流れの様相は，大気と海洋との間の物理的な違い（密度，粘性，表面張力）や境界条件の差（地表面の粗さ，大洋の大陸や島による外周条件）で異なってくる．

大気の流れ

赤道付近では図1.3-4に示されるように，太陽に暖められた大気は上昇し，その低気圧帯（“赤道無風帯”）の後を埋めるように冷気が下から入り込む．平均大気高度より高く上昇した暖気は断熱膨張で冷やされて，大気の高さの低い極地方へ流れていく．図を参照して，地球自転の回転軸からの距離（回転半径）の遠い赤道上にあった空気が，回転半径の小さい，例えば北半球の極地方へ移動すると，赤道付近の東進速度による運動量を保持したまま北進するので，地表面近くに降りてきたあたり（“亜熱帯無風帯”）では，地球表面の東進速度より速く，東向きの風となる．後述のようにこれはコリオリ力が働いた結果とみてもよい（東，1993）．一方，後を埋めるために南進してきた空気は，東進速度の遅い運動量で，表面の東進速度の速い赤道付近にやってくるので，表面に対して西進する．前者の東進の風が“中緯度偏西風”で，また後者の西進の風が“貿易風”（北半球のは“北東貿易風”，南半球のは“南東貿易風”）と呼ばれる．冷たい極から吹き出す“極の風”は“偏東風”で，北極では南進しつつ西に向きを変える“北偏東風”となり，また南極では北進しつつ西に向きを変える“南偏東風”となり，その先端は“寒帯前線”を作る．なお，赤道を挟んでできる渦は，“ハドレイ循環”または“直接循環”と呼ばれている．このように地球規模で吹く風は公転に伴い季節とともに変化するので，“季節風”という．

遠心力とコリオリ力

回転している地球上で生じた気流（海流も同じ）は，回転している系すなわち地表面でみているとき，図1.3-5に示されているように，見かけの力である“遠心力”$\boldsymbol{f}_{\mathrm{ce}}$と“コリオリ力”$\boldsymbol{f}_{\mathrm{co}}$とが働く．単位質量当たりの力はそれぞれ次式で与えられる．

$$\boldsymbol{f}_{\mathrm{ce}} = -\boldsymbol{\omega}\times(\boldsymbol{\omega}\times\boldsymbol{R}) = \left\{\begin{array}{l}\text{東に向かって；}0\\ \text{南に向かって；}3.38\times10^{-2}\cos\phi\sin\phi\\ \text{真上に向かって；}3.38\times10^{-2}\cos^2\phi\end{array}\right\} \quad (\mathrm{m/s^2}) \quad (1.3\text{-}1)$$

$$\boldsymbol{f}_{\mathrm{co}} = -2\boldsymbol{\omega}\times\boldsymbol{V} = \left\{\begin{array}{l}\text{東に向かって；}1.46\times10^{-4}V_{\mathrm{N}}\sin\phi\\ \text{南に向かって；}1.46\times10^{-4}V_{\mathrm{E}}\sin\phi\\ \text{真上に向かって；}1.46\times10^{-4}V_{\mathrm{E}}\cos\phi\end{array}\right\} \quad (\mathrm{m/s^2}) \quad (1.3\text{-}2)$$

表1.3-2　地球の諸元

項目	単位	諸量
質　量	kg	5.974×10^{24}
容　積	$\mathrm{km^3}$	1.08×10^{12}
極半径	km	6.356×10^3
赤道半径	km	6.378×10^3
円周（極・赤道平均）	km	4.00×10^4
自転角速度	rad/s	7.29×10^{-5}
全表面積	$\mathrm{km^2}$	5.10×10^8
陸地面積	$\mathrm{km^2}$	1.49×10^8
海洋面積	$\mathrm{km^2}$	3.61×10^8
海洋容積	$\mathrm{km^3}$	1.37×10^9
海洋平均深度	km	3.80
海洋平均温度	℃	3.90

（Anikouchine & Sternberg，1973）

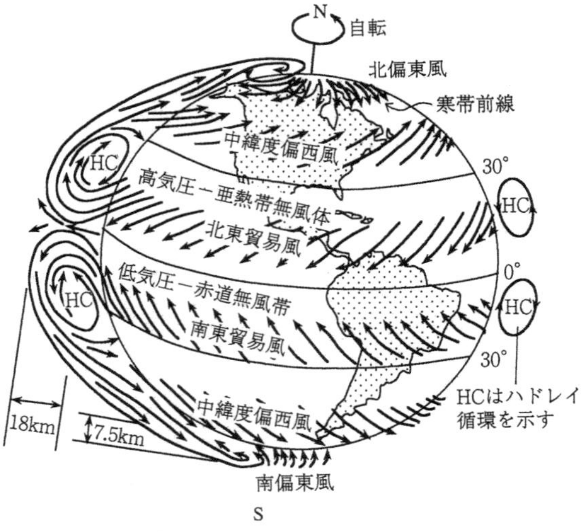

図1.3-4　大気の流れ（大気の厚みは誇張されている）
（*Pop. Sci.*, 1964；Neiblurgerら, 1971）

ここに $\boldsymbol{R}$ は位置のヴェクトル，$\boldsymbol{\omega}$ は自転角速度，$|\boldsymbol{\omega}|=\omega=7.29\times10^{-5}$ rad/s，$\boldsymbol{V}=(V_E,\ V_N,\ 0)^T$ は地表面における V_E が東向き，V_N が北向きの成分をもった移動速度，そして ϕ は緯度である．式(1.3-1)からわかるように，遠心力は南向き成分が中緯度で大きく，上向き成分は重力の加速度 g の中に含まれる．またコリオリ力は地表面内の成分は極付近で大きく，移動速度に比例し，その上向き成分はやはり g の中に含まれる．

風の種類

気圧 p の傾き（“圧力勾配”）で駆動される風を“傾度風”と呼ぶ．特に，r を等圧線に垂直な距離としたとき，圧力勾配 $\mathrm{d}p/\mathrm{d}r$ が穏やかで等圧線が垂直に近いとき，図 1.3-6 にみられるように，コリオリ力が圧力勾配の力と釣り合い，風は等圧線に沿って吹く．これを“地衡風”といい，緯度 ϕ の位置の風速 U_w は

$$U_w=(\mathrm{d}p/\mathrm{d}r)/2\rho\omega\sin\phi \qquad (1.3\text{-}3)$$

で与えられる．低気圧の周りの流れは，上から見て，北半球では左回り（反時計方向）に，南半球では右回り（時計方向）となる．

圧力勾配が急で，等圧線が曲がっていて風速が大きいとき，摩擦力や慣性力が効いてきて，特に遠心力が圧力と釣り合うようになる．

$$U_w=\sqrt{r(\partial p/\partial r)/\rho} \qquad (1.3\text{-}4)$$

そのような低気圧を囲む強い循環流を“サイクロン”と呼ぶ．

夏から秋にかけて熱帯で発生する“熱帯低気圧”は，貿易風に運ばれて極に向かう．その移動の間に，水蒸気が上層大気で冷えて雨滴になるとき放出する“潜熱”で大気を暖めて成長し，時に数百 km にも及ぶ大きい直径の嵐となる．その中では等圧線がほぼ円形で，中心の圧力は通常値よりは 100 hPa $=10^4$ Pa $=0.1$ atm も低い．通常“目”と呼ばれる中心近くは晴れているが，周りは厚い雲で覆われ，雷雨を伴い，強風が回っている．海上を移動中はなかなか勢力が衰えないが，上陸すると摩擦などでエネルギを失い急激に消滅に向かう．このような熱帯低気圧の嵐は，アメリカでは“ハリケーン”，アジアでは“タイフーン”（“台風”），そしてインドでは“サイクロン”である．

台風の最大風速は，中心気圧の p_0 を hPa で表したとき，次の経験式で与えられる（和達，1989）．

$$U_{w,\max}=6\sqrt{1015-p_0} \qquad (1.3\text{-}5)$$

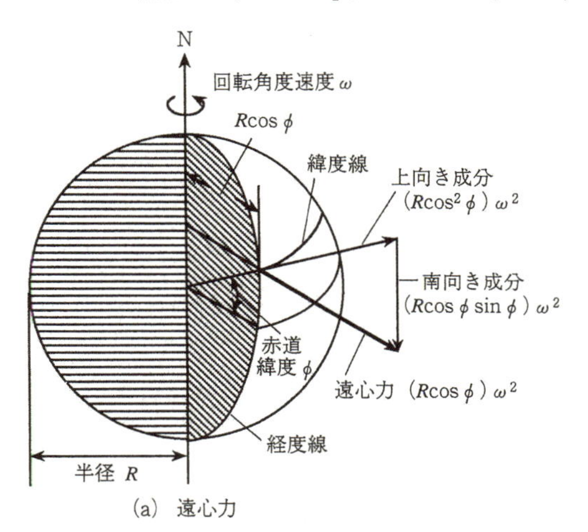

(a) 遠心力

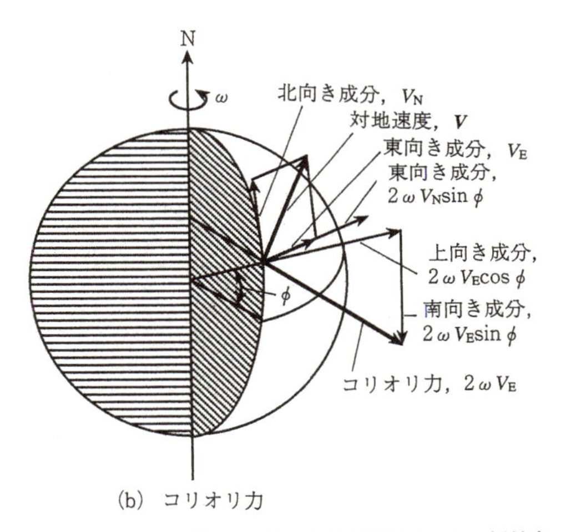

(b) コリオリ力

図 1.3-5 地球自転に基づく単位質量当たりの慣性力

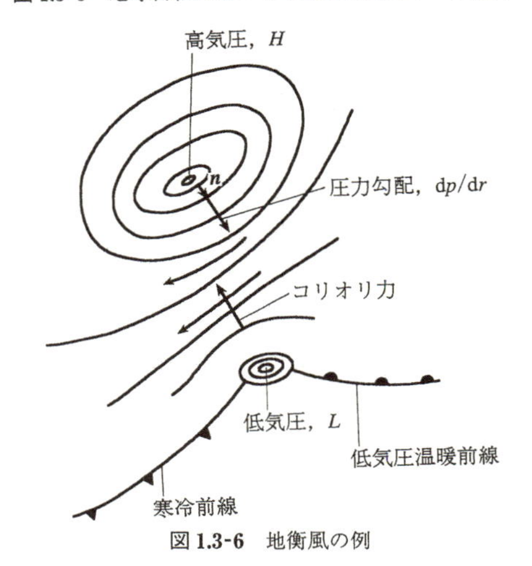

図 1.3-6 地衡風の例

高気圧を囲む循環流の"アンタイサイクロン"は北半球では右回り(時計方向)，南半球では左回り(反時計方向)となる．

図1.3-7に月平均の気圧分布と風速分布とを，(a)1月と(b)7月の例について示した．これらの"季節風"が鳥や昆虫の渡りに利用されていることはいうまでもない．

一般に陸と海とを熱の吸収・放出の面からみると，陸は海に比べて，日光を吸収しやすいうえに熱容量が小さいので，熱しやすく冷めやすい．日中，陽光が強いと，陸は海より温度が上がり，夜間は逆に海より冷える．この結果，季節風の強い場合を除いて，日中は陸の上昇気流を埋めるように海から陸に向かって，夜間は逆に陸から海に向かって風が吹き("海陸風")，朝と夕との2回"凪(なぎ)"といって風がやむ．

表1.3-3に，風速を"風力"の階級として表した"ビューフォート風力階級"が示されている．

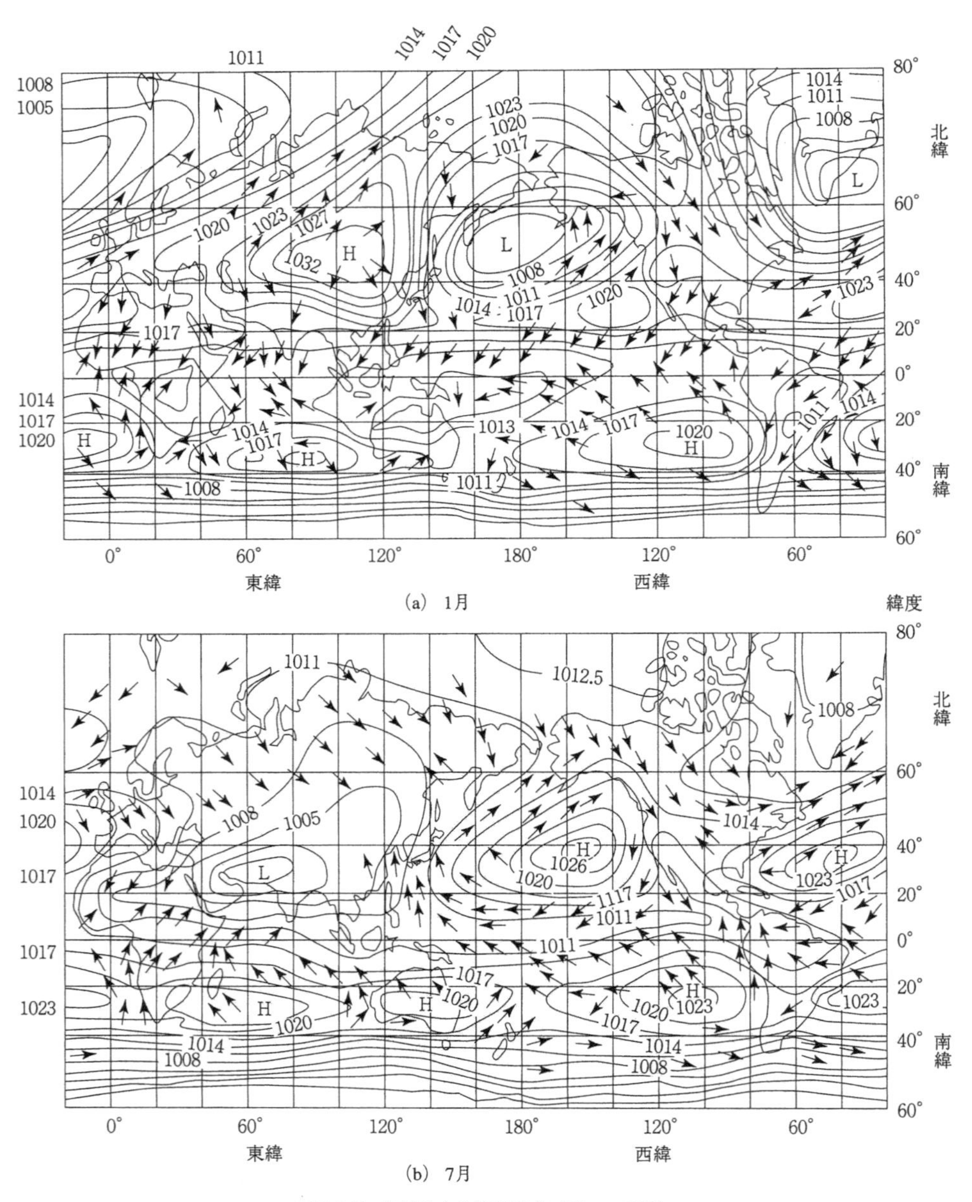

図1.3-7　気圧分布と風速分布（Weyl, 1970）

大気の乱れ

山岳地を除いて，地表からおよそ1km以上の空では，地表の影響がほとんど及ぶことがなく，大気は“自由大気”と呼ばれる．地表近くでは，本来，層をなして流れる(“層流”の)はずの季節風や海陸風も，地表面の粗さによって乱れて“乱流”となる．太陽によって地表がより暖められるので，局所的な温度差が生じ，上昇気流が発生し，さらに風の乱れを誘う．

地面または，海面近くの風は，図1.3-8にみられるように，地表面に接近するほど風速が減少する．高さZによるこのような風速U_wの変化は，指数関数として

$$U_w/U_{w,0} = (Z/\delta)^\alpha \qquad (1.3\text{-}6)$$

または対数関数として

$$U_w/U_w{}^* = (1/k)\log(Z/\delta_0) \qquad (1.3\text{-}7)$$

で与えられる．ここにδとδ_0はそれぞれ“規定高度”と“粗さ因子”で，前者のδは通常$\delta = 10$ mで，そこにおいて$U_w = U_{w,0}$となり，また後者のδ_0は，指数αと同様に，地表面の粗さを表す．また$U_{w,0}$と$U_w{}^*$はそれぞれ“平均速度”と“摩擦速度”で，前者は前述のように10 mの高度での値を，そして後者は地表面での“摩擦応力”τ_0を使って，

$$U_w{}^* = \sqrt{\tau_0/\rho} = \sqrt{\mu(\mathrm{d}U_w/\mathrm{d}Z)_{Z=0}/\rho} \qquad (1.3\text{-}8)$$

表1.3-3　ビューフォート風力階級(陸上，海上においての状況の説明は簡略にしてある)

階級	風速(m/s)	陸上	海上	記号
0	0～0.2	煙がまっすぐのぼる	鏡のよう	
1	0.3～1.5	煙がなびく	さざなみ	
2	1.6～3.3	顔に感じ，木の葉が動く	小波，波頭はなめらか	
3	3.4～5.4	細い枝が動き，旗が開く	小波，ところどころ白波	
4	5.5～7.9	砂ほこりがたち，小枝が動く	白波かなり多い	
5	8.0～10.7	細かい木がゆれ，池に波頭ができる	中くらいの波，たくさんの白波	
6	10.8～13.8	大枝が動き，かさをさしにくい	大きい波もあり，しぶきができる	
7	13.9～17.1	樹がゆれ，風に向かって歩きにくい	波頭からできた白い泡がすじになる	
8	17.2～20.7	小枝が折れ，風に向かって歩けない	波頭がくだけて水けむり	
9	20.8～24.4	瓦がはがれ，煙突が倒れる	大波，波頭がくずれおちる	
10	24.5～28.4	樹が根こそぎ，人家に大被害	高い大波，海面はまっ白	
11	28.5～32.6	まれに起こるような被害	山のような大波，水けむりでよく見えない	
12	32.7～		しぶきでほとんど見えない	

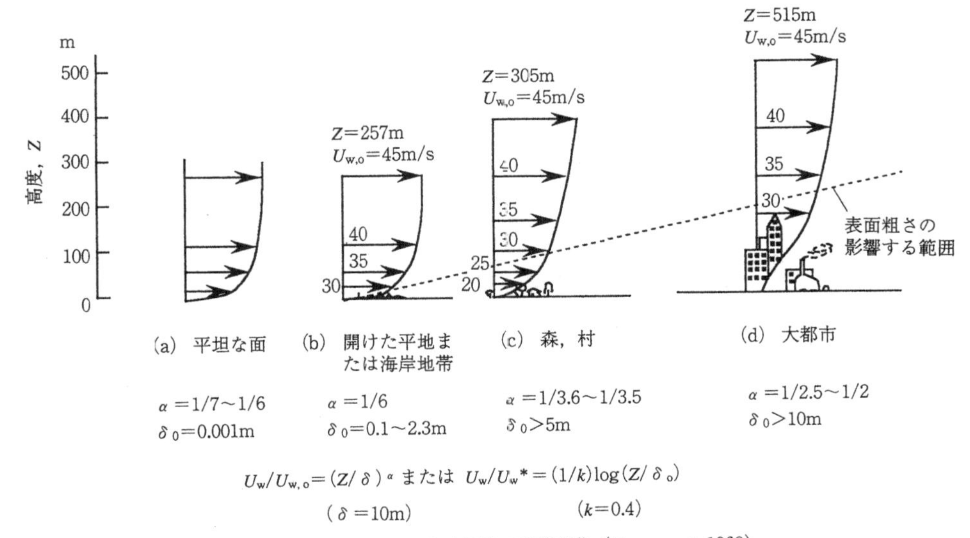

図1.3-8　表面の粗さによる風速の高度変化 (Davenport, 1960)

で与えられる．さらにkは“カルマン定数”と呼ばれ，通常$k=0.4$が使われる．

大気の特性

現在の大気は，図1.3-9に示されるように，高度に対して，いくつかの層に分類され，(a)各層に特有の平均温度分布と(b)一様に逓減する密度分布をしている．普通の天気現象は底部の“対流圏”で起きる．しかし“成層圏”といえども，そこは必ずしも静穏ではなく，風速，温度の変化が観測される．

標準状態(地上において15℃，1気圧)の空気の組成が表1.3-4に示されている．そのような大気(“標準大気”)の高度変化に対する温度，気圧，密度，音速，動粘性係数などの諸数値は例えば航空宇宙工学便覧(日本航空宇宙学会編，1992)に与えられている．

低高度における密度，圧力および温度の表式は次式で示される(ICAO，1964)．

$$p/p_0 = \{1-(aH/T_0)\}^n \qquad (1.3\text{-}9a)$$

$$\rho/\rho_0 = \{1-(aH/T_0)\}^{n-1} = \sigma \qquad (1.3\text{-}9b)$$

$$T/T_0 = \{1-(aH/T_0)\} \qquad (1.3\text{-}9c)$$

ここにnは“逓減指数”，aは“温度逓減率”で，次の値が用いられる．

$$\left.\begin{array}{l} n = 5.2561,\ a = 0.0065\ \mathrm{K/m} \\ p_0 = 760\ \mathrm{mmHg} = 1.013\times10^5\ \mathrm{N/m^2} \\ \quad = 1.013\ \mathrm{hPa} \\ \rho_0 = 1.225\ \mathrm{kg/m^3},\ T_0 = 288.15\ \mathrm{K} \end{array}\right\} \qquad (1.3\text{-}10)$$

なおHは“ジオポテンシャル高度”と呼ばれるもので，“幾何学的高度”Zに対して

$$H = \int_0^Z g\,\mathrm{d}Z/g_0 \qquad (1.3\text{-}11)$$

で定められる．ただし平均海面で$Z=H=0$である．

高高度における温度の変化は，宇宙線や太陽からの紫外線とそれを吸収する高層大気の存在とである平衡状態に達しているようである．中でもオゾン(O_3)の多い“オゾン層”の役割などについては後述(1.5.1)する．

1.3.3　海　　　象

地球表面の水の総量は，氷や水蒸気も含めて，1.69×10^{21} kgで，その約97％は海水，そして20％あまりは南北両極の氷である．気象や海象に及ぼす海の影響は大きい．例えば南米エクアド

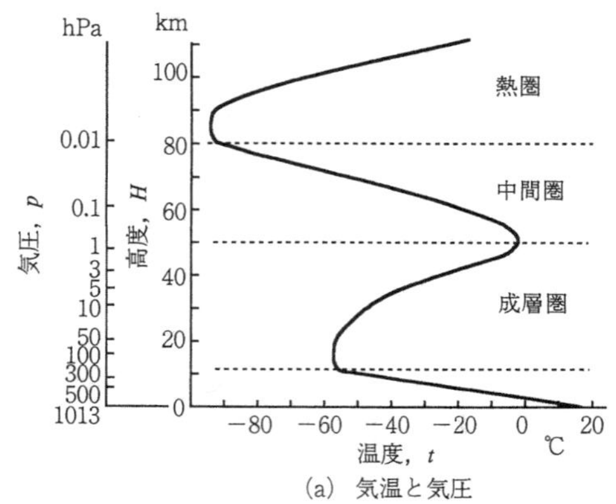

(a)　気温と気圧

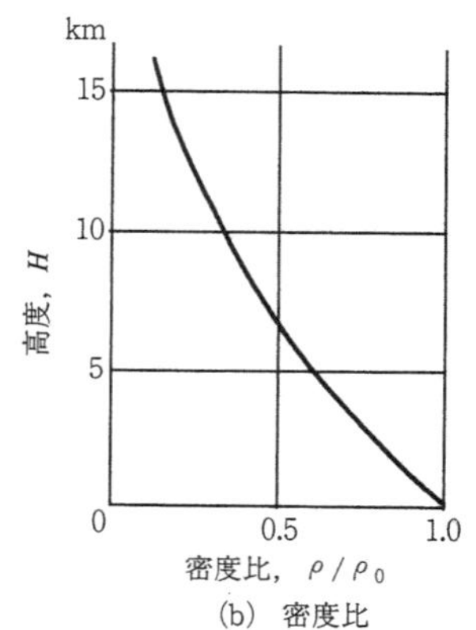

(b)　密度比

図1.3-9　標準大気の温度，気圧および密度比

表1.3-4　標準大気の組成と分子量

気体の組成と記号		成分(容積の％)	分子量*
窒　素	(N_2)	78.084	28.0134
酸　素	(O_2)	20.9476	31.9988
アルゴン	(Ar)	0.934	39.948
二酸化炭素	(CO_2)	0.0314	44.00995
ネオン	(Ne)	0.001818	20.183
ヘリウム	(He)	0.000524	4.0026
クリプトン	(Kr)	0.000114	83.80
キセノン	(Xe)	0.0000087	131.30
水　素	(H_2)	0.00005	2.01594
メタン	(CH_4)	0.0002	16.04303
一酸化窒素	(N_2O)	0.00005	44.0128
オゾン	(O_3)	夏：0 to 0.000007	47.9982
		冬：0 to 0.000002	47.9982
亜硫酸ガス	(SO_2)	0 to 0.0001	64.0628
二酸化窒素	(NO_2)	0 to 0.000002	46.0055
アンモニア	(NH_3)	0 to trace	17.03061
一酸化炭素	(CO)	0 to trace	28.01055
ヨウ素	(I_2)	0 to 0.000001	253.8088

*　炭素12を基にしている($C^{12}=12$)．　　(ICAO，1964)

ルからペルー沖で発生する異常な(2～5℃)水温上昇を"エルニーニョ"と呼ぶが，この現象はその地域のプランクトンの減少をきたしてアンチョヴィ(カタクチイワシ)を不漁にし，これを原料とする飼料の相場を急騰させる．またそればかりでなく付近の水分の蒸発を活発にして雲の配置を変え，黒潮の蛇行を促して日本近海に冷水塊を作るなどの影響を与えるという．このようにエルニーニョは世界に異常気象をもたらす1因とも考えられている．その成因は，貿易風と深い関係にあるようだが，まだよくわかっていない．大気が主として暖まった下部の地表から加熱されるのに対して，海洋は海底までなかなか太陽光が届かないため，下の海底からではなく海表面の方から加熱されるので，海面近くを除いては大気のような大規模な乱れは少ない．海底は温度が低く密度の高い"底水"で占められ，そこでの安定度はきわめて高い．

海　流

海水の流れである"海流"を引き起こす駆動力の主たるものは，図1.3-10に示されるような，温度差と塩分濃度に基づく圧力と，大気の圧力勾配および風の力である．季節風同様に，低緯度域の温かい海水が高緯度域に向かって流れていて，それがコリオリ力を受けて向きを変えるのであるが，このとき大陸の海岸線や海底の地形に強く影響される．風の影響は，はじめは剪断力を介して"漣"を作るが，それを風の圧力が増幅して表面波を高くし，流れを風下に加速するという形をとる．この流れは図1.3-11に示されるように，剪断力とコリオリ力との影響で，北半球では，海表面において風に対して45°の角度の方向に向かうが，深くなるにつれて，対数螺旋の形で右へ右へとずれた"エクマン螺旋"となる(Ekman, 1905)．

海流は，気流ほどに夏と冬で差がなく，かつ，後述の，潮の干潮差に基づく鳴門海峡の渦といった局所的な流れを例外とすると，熱帯低気圧のよ

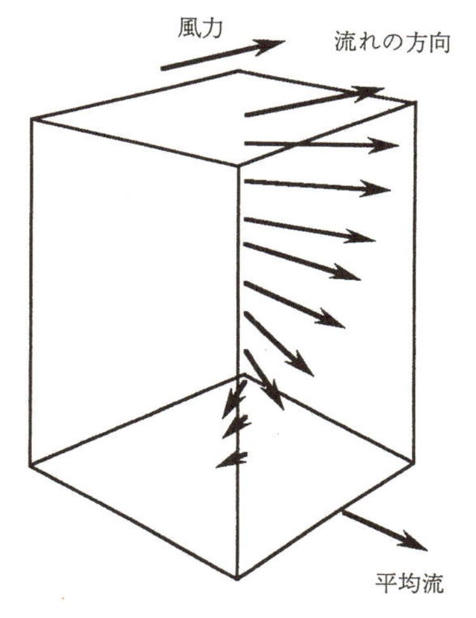

図1.3-11　エクマン螺旋 (Stewart, 1969)

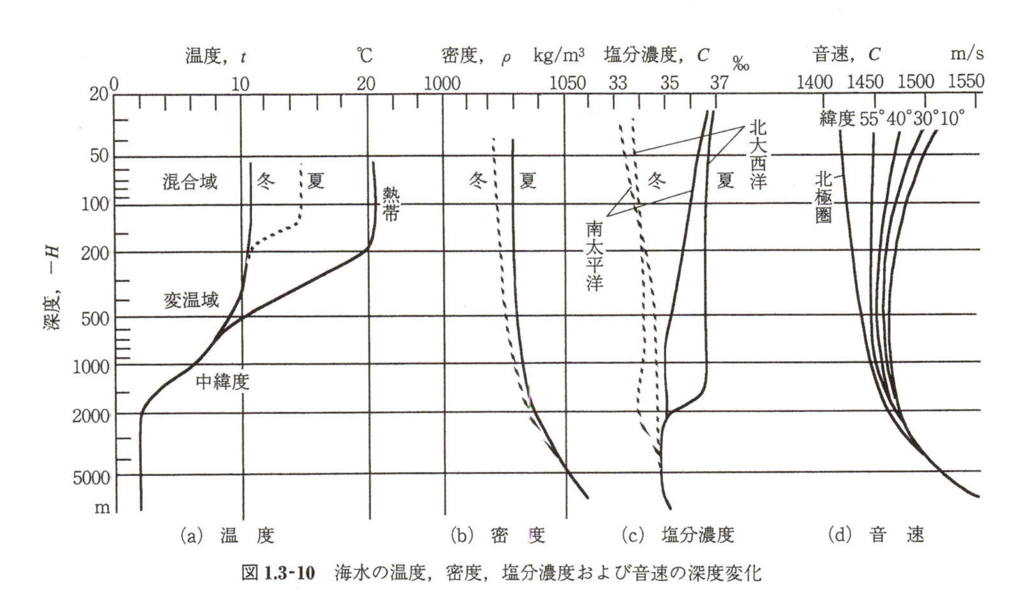

図1.3-10　海水の温度，密度，塩分濃度および音速の深度変化

うな渦は存在しない．図1.3-12に(a)冬と(b)夏の海流の様子を示した．大雑把にいって，夏と冬とで赤道付近を除いて大差はなく，一般に流れは北半球では時計回り，南半球では反時計回りとなっている．

大洋の西側では強い(時に5 kt≅2.5 m/sを越す)海流があって，太平洋においては“黒潮”，大西洋においては“メキシコ湾流”と呼ばれる．前者の幅は100～200 km，深さは400～800 mで毎秒(2～5)×10^7 tonの流れが，熱と稚魚とを北へ運んでいる．プランクトンが少ないため黒く見えるその流れは北からの栄養豊富な寒流“親潮”とぶつかりあって，稚魚を育て，日本近海によい漁場を提供してくれる．

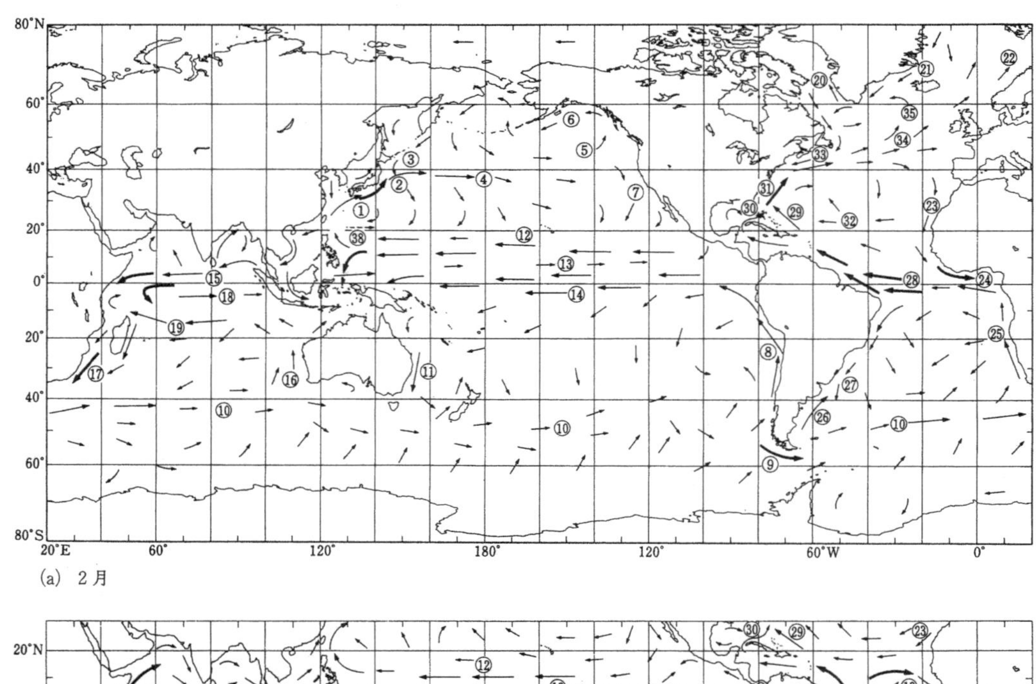

(a)　2月

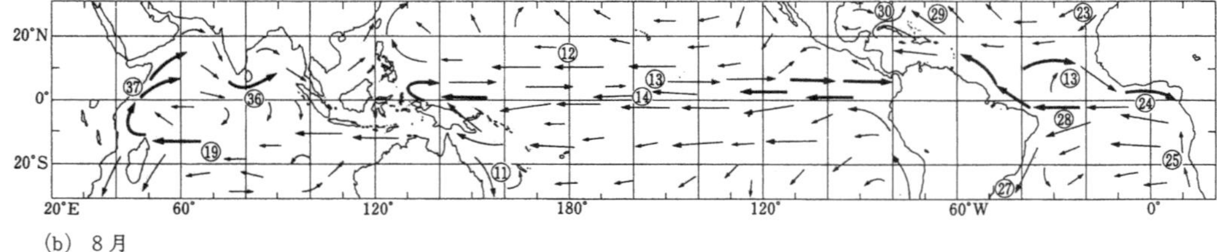

(b)　8月

1)　8月の上記部分以外は年間を通じて大きな変化はない．
2)　⟵0.5ノット未満，⟵0.5～1.0ノット，⟵1.0ノット以上
3)　㊳は弱い東向流として存在するといわれている亜熱帯反流．

番号	海流名	番号	海流名	番号	海流名
①	黒　潮	⑭	南赤道海流	㉗	ブラジル海流
②	黒潮続流	⑮	北東季節風海流	㉘	南赤道海流
③	親　潮	⑯	西オーストラリア海流	㉙	アンチール海流
④	北太平洋海流	⑰	アグリアス(モザンビーク)海流	㉚	フロリダ海流
⑤	アリューシャン海流	⑱	赤道反流	㉛	メキシコ湾流
⑥	アラスカ海流	⑲	南赤道海流	㉜	北赤道海流
⑦	カリフォルニア海流	⑳	西グリーンランド海流	㉝	ラブラドル海流
⑧	ペルー海流	㉑	東グリーンランド海流	㉞	北大西洋海流
⑨	ホルン岬海流	㉒	ノルウェー海流	㉟	イルミンガー海流
⑩	南極環流(周極流)	㉓	カナリー海流	㊱	南西季節風海流
⑪	東オーストラリア海流	㉔	ギニア海流	㊲	ソマリー海流
⑫	北赤道海流	㉕	ベングエラ海流	㊳	亜熱帯反流
⑬	赤道反流	㉖	フォークランド海流		

(c)　主な海流

図1.3-12　世界の海流図(理科年表,1993)

図1.3-10に示されたように，海水の(湖水も同様)水面近くには“混合層”があって，そこでは水が十分掻き回されて，ほとんど等温状態に保たれている．この層の下では“変温層”と呼ばれるように，温度が急激に低下する．さらにその下では，水温が徐々に変わってやがて再び等温に近づく．すべての海洋の下半分の層では水温は一様に冷たく，海洋の水の50%は，2.3℃以下の温度である(Knauss，1978)．

海水の成分は表1.3-5に示されている．塩分濃度は1kgの海水に対する塩分の質量gで与えられ，平均して34.48 g/kg前後で，これを34.48‰と書く．そのときの凍結温度は－2℃である．一般に中緯度で塩分濃度は高く，赤道付近と両極では低い．

気体の大気と異なり液体の海水は，深度の変化に対する密度の変化がわずかである．このため深度に関係なく深さが約10m増すごとに1気圧(約1000 hPa)の圧力増加となる．例えば深度1000mでは大気の1気圧が加わって101気圧である．

溶存酸素と炭酸ガス

水は空中の気体を吸収するが，その溶存量には限界があって，水1lに対するガスの最大溶解量をmlあるいはmgで表したものを水の“ガス飽和量”という．後者の場合，1気圧0℃の水は1lが質量1kgに相当するので，mg/lは“ppm”に相当する．1気圧0℃，1lの水に対するガス飽和量は，例えば窒素と酸素でそれぞれ18.90 mlおよび10.22 mlである．なお液体のガス飽和度は，水温の上昇とともに減少する．その様子を，生物にとって大事な酸素の場合について，図1.3-13に淡水と海水とに分けて示した．

溶存酸素の拡散は，水が静止しているときはきわめて悪く，1年間に6m程度といわれるが，実際には水の移動により十分早く一様化する．ただし湖底のような，流れの緩いところでは，微生物による有機分解が進むと，無酸素層ができる．川(例えば多摩川)でも大雨の後の濁流によるヘドロの攪拌で，酸欠を引き起こすことがある．

表1.3-5 海水の主な成分

成 分	イオンまたは塩類	パーセント %	海水1kg中のg，‰
塩 素	Chloride (Cl)	55.04	18.98
硫酸塩	Sulphate (SO_4)	7.68	2.65
重炭酸塩	Bicarbonate (HCO_3)	0.41	0.14
ブロマイド	Bromide (Br)	0.19	0.06
硼酸塩	Boric acid (H_3BO_3)	0.08	0.03
ナトリウム	Sodium (Na)	30.62	10.56
マグネシウム	Magnesium (Mg)	3.69	1.27
カルシウム	Calcium (Ca)	1.15	0.40
カリウム	Potassium (K)	1.10	0.38
ストロンチウム	Strontium (Sr)	0.04	0.01
		100.00	34.48
塩化ナトリウム	Sodium chloride ($NaCl$)		23.48
塩化マグネシウム	Magnesium chloride ($MgCl_2$)		4.98
硫酸ナトリウム	Sodium sulphate (Na_2SO_4)		3.92
塩化カルシウム	Calcium chloride ($CaCl_2$)		1.10
塩化カリウム	Potassium chloride (KCl)		0.66
重炭酸ナトリウム	Sodium bicarbonate ($NaHCO_3$)		0.19
硼酸塩カリウム	Potassium bromide (KBr)		0.10
硼 酸	Boric acid (H_3BO_3)		0.03
塩化ストロンチウム	Strontium chloride ($SrCl_2$)		0.02
			34.48

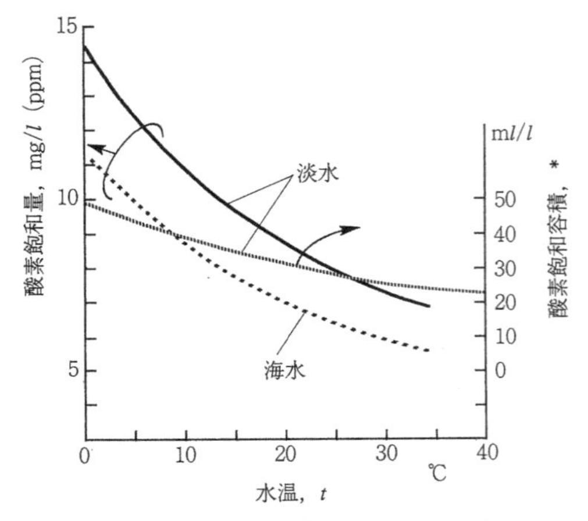

図 1.3-13　水の酸素飽和量（阿部，1975；理科年表，1978）
*：1気圧の酸素が水中に溶解するときの容積を0℃，1気圧のとき容積に換算した値．

横　波

2つの流体，空気と水の間の自由表面の動きを，図1.3-14に示される最も簡単な深さ一様な直線の溝を例にとって考えてみよう．

加速度 g の重力が作る，振幅 a，波長 λ の正弦波を"重力波"という．その波の表面の位置 ζ は

$$\zeta = a\sin\{(2\pi/\lambda)(x-Ct)\} \quad (1.3\text{-}12)$$

で，その伝搬速度は

$$C = \sqrt{(g\lambda/2\pi)\tanh(2\pi h/\lambda)} \quad (1.3\text{-}13)$$

で与えられる．ここに h は底の深さで，そこでは上下方向の速度が0である．

波長 λ が深さ h より十分大きいと，$\tanh(2\pi h/\lambda) \cong 2\pi h/\lambda \ll 1$ と近似され，速度 C は

$$C = \sqrt{gh} \quad (1.3\text{-}14)$$

となる．これを"長波"という．

逆に波長が十分小さくて，$2\pi h/\lambda \gg 1$，したがって $\tanh(2\pi h/\lambda) \cong 1$ の場合には，速度は

$$C = \sqrt{g\lambda/(2\pi)} \quad (1.3\text{-}15)$$

で与えられる．これを"表面波"という．

重力波の位置（ポテンシャル）エネルギは単位面積当たり

$$E = (1/2)\rho g\zeta^2 \quad (1.3\text{-}16)$$

で，また波のもつ運動エネルギは，単位面積当たり

$$K = (1/2)(\rho/\kappa)\zeta^2 \quad (1.3\text{-}17)$$

で与えられる．ここに κ は"波数"で，

$$\kappa = 2\pi/\lambda \quad (1.3\text{-}18)$$

である（東，1993）．

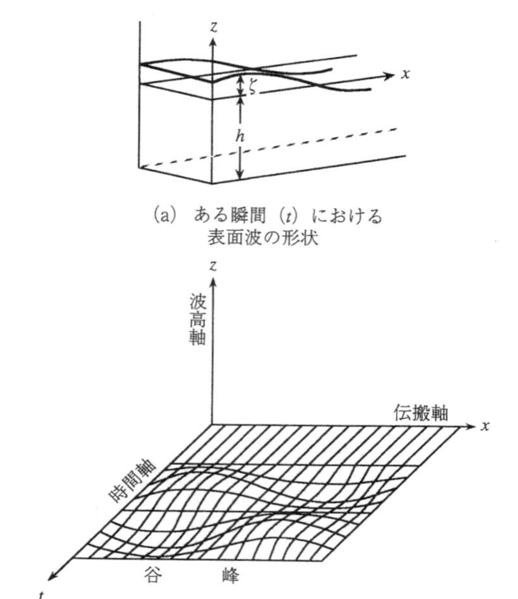

図 1.3-14　一様な深さの直線構内の表面波

重力波における流体粒子の運動は，その位置が

$$\left.\begin{aligned}\xi &= \xi_0 + a\coth(2\pi h/\lambda)\cdot \\ &\quad \cos\{(2\pi/\lambda)(\xi_0 - Ct)\} \\ \zeta &= a\sin\{2\pi/\lambda)(\xi_0 - Ct)\}\end{aligned}\right\} (1.3\text{-}19)$$

で与えられる．これから粒子が，楕円形の軌跡を画き，その長軸と短軸が，それぞれ $2\pi h/\lambda$ と a で与えられることがわかる．実際に観測される軌跡は，図1.3-15に示されるように，軸が傾いた形状となる．

表面波では，粒子の速度は

$$U = aC(2\pi/\lambda)e^{(2\pi/\lambda)z} \quad (1.3\text{-}20)$$

で与えられる．すなわち波は高い（z の大きい）ところほど粒子の速度が速い．波の峰と谷との上下

表 1.3-6　長波と表面波の比較（Knauss，1978）

	深い底（表面波）	浅い底（長波）
波　形 ζ	$a\cos(\kappa x-\omega t)$	$a\cos(\kappa x-\omega t)$
伝搬速度 C	$\sqrt{\dfrac{g\lambda}{2\pi}}$	$\sqrt{gh}$
粒子速度成分 U_x	$\omega a e^{-\pi z}\cos(\kappa x-\omega t)$	$\dfrac{\omega}{\kappa}\dfrac{a}{h}\cos(\kappa x-\omega t)$
U_z	$\omega a e^{-\pi z}\sin(\kappa x-\omega t)$	$\omega a\left(1-\dfrac{z}{h}\right)\sin(\kappa x-\omega t)$
差圧　Δp	$\rho g a e^{-\pi z}\cos(\kappa x-\omega t)$	$\rho g a\cos(\kappa x-\omega t)$
楕円軌道の長軸	$ae^{-\pi z}$	$2\pi h/\lambda$
短軸	$ae^{-\pi z}$	a

ここに h は深度，また ω は $\omega = 2\pi f = 2\pi C/\lambda = C\kappa$

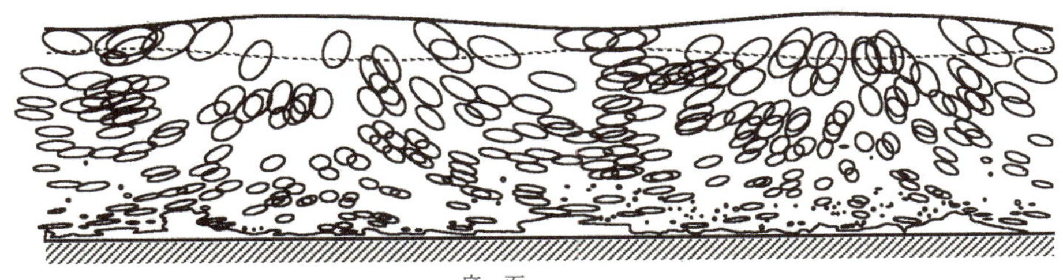

図 1.3-15　長波の波形（Manson ら,1994 参照）

の差，すなわち“波高”H は $H=2a$ で，また速度 U と伝搬速度 C との比は $U/C=\pi H/\lambda \cong 3H/\lambda$ で与えられる．表 1.3-6 に長波と表面波の比較を示した．

実際の波は，上述の正弦波ではなく，図 1.3-16a に示されるような余擺線（よはいせん）の形をした“トロコイド波”に近い (Lamb, 1932)．また波高が高いときは，図 1.3-16b に示されるような擺線の形のサイクロイド波となり，極端な場合，波の峰は角度 0 の尖点をもつ．激しい風でできる波は波頭が砕けて“砕波”となる．

最も速い伝搬速度をもつ波は地震で誘発される長波で，“津波”と呼ばれる．津波は大きいものでは速度が 200 m/s を，そして波長は数百 km を超える．沖では周期の長いわずかな波高でも，海岸に近づくと数十 m の波高となる．

台風で発生した波は，伝搬中に高い波数のものが減衰して，波の峰に丸味が出て，波高の割に波長の長い“うねり”が残る．表 1.3-7 と 1.3-8 にそれぞれ波とうねりの階級を示した．

波は海岸に近づくと底が浅くなり長波となる．前述のように長波の速度は $C=\sqrt{gh}$ で与えられるので，浅いところほど伝搬速度が遅く，したがって波は，海岸線に平行になる．そして岸辺では，図 1.3-17 に示されるように，底の形状と深度により異なった崩れ方の砕波となる．空気の泡を多量に含む砕波は，川のせせらぎ同様，酸素を多量に含み，周りから見難いこともあって小型の生物に好まれる．

表 1.3-7　波の階級

階級	説　明		波高 (m)
0	dead calm	鏡のようである	0
1	very smooth	わずかに漣がある	0 ～ 0.5
2	smooth	漣が立つ	0.5～ 1.0
3	slight	細かい白い波が見える	1.0～ 2.0
4	moderate	全部白波となる	2.0～ 3.0
5	rather rough	白波が高い	3.0～ 4.0
6	rough	大波となる	4.0～ 6.0
7	high	大波高く，波の山の前傾急	6.0～ 9.0
8	very high	怒とうが非常に高い	9.0～14.0
9	phenomenal	怒とうが山のように高い	14.0～

表 1.3-8　うねりの階級

階級	説　明		波高 (m)
0	no swell	うねりなし	0
1	slight swell	うねり軽し	0 ～ 2.0
2	moderate swell	うねりあり	2.0～ 4.0
3	rather rough swell	うねりやや大なり	2.0～ 4.0
4	rough swell	うねり大なり	2.0～ 4.0
5	heavy swell	うねり高し	4.0～
6	very heavy swell	うねりすこぶる高し	4.0～
7	abnormal swell	うねりことに巨大	4.0～

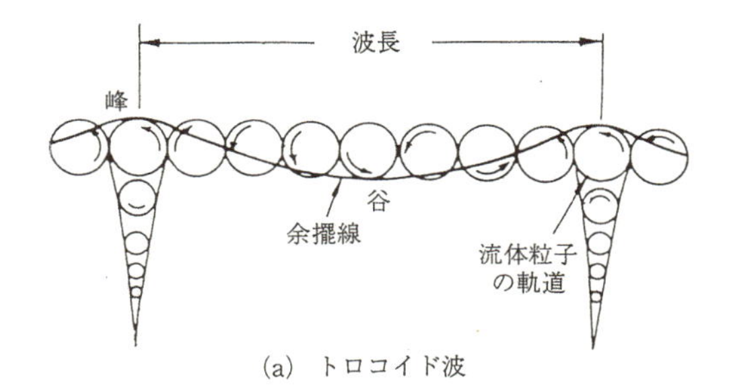

(a) トロコイド波

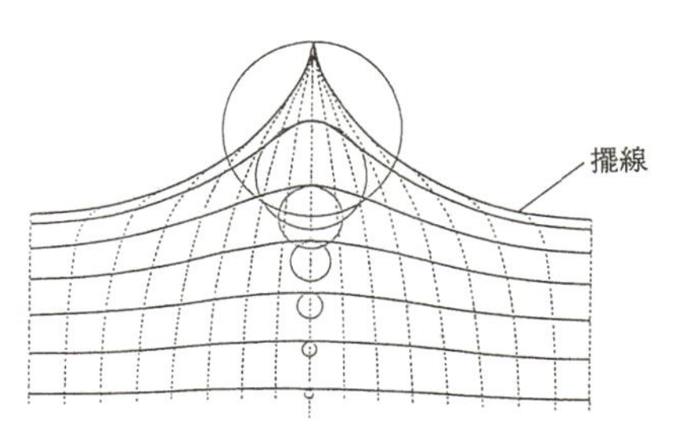

(b) サイクロイド波

図 1.3-16　自由表面（等圧面）の形状

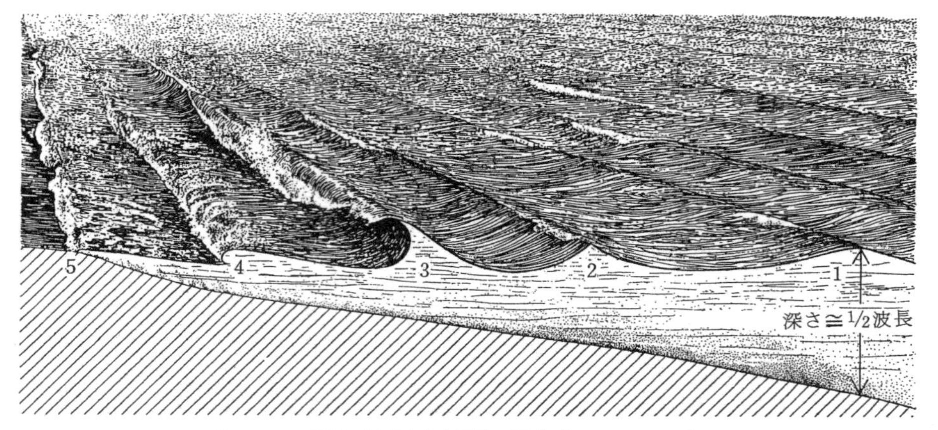

図 1.3-17 岸辺の深度変化と砕波の形状 (Bascom, 1959)
1. $h \cong \lambda/2$, 2. 底が浅くなるにつれて波長が短くなり,
3. 波頭が崩れて, 4. 水の粒子は前進を続け,
5. 泡を混じえて上りつめたあげくに, 逆流して戻す.

表面張力波

静かな水面に雨滴や木の葉が落ちたときにできる表面の波は, 重力よりも表面張力が強く働いてできる波で, "表面張力波"と呼ばれる. 表面張力 γ と圧力 p との関係は, 図 1.3-18 を参照して, 次式で与えられる.

$$p_a - p_b = \gamma(\mathrm{d}^2\zeta/\mathrm{d}x^2) \tag{1.3-21}$$

粘性と熱伝達のない"完全流体"では, 波面の高さ ζ が波長 λ または波数 $\kappa = 2\pi/\lambda$ の調和関数で表され, その伝搬速度 C は,

$$C = \sqrt{(2\pi/\lambda)(\gamma/\rho) + g(\lambda/2\pi)} = \sqrt{(\kappa/\rho)\gamma + g/\kappa} \tag{1.3-22}$$

となる. これは波長 λ の大小により次の2式で近似される.

$$C = \sqrt{g(\lambda/2\pi)}$$

(λ が十分大きいとき, 重力波) (1.3-23a)

$$= \sqrt{(2\pi/\lambda)(\gamma/\rho)}$$

(λ が十分に小さいとき, 表面張力波) (1.3-23b)

図 1.3-19 に波長の関数として上記速度が示されている. 図中の記号の下指標 m は波長で異なる表面張力波の最小速度と, そのときの波長を示すものである.

湖面や海面上で作られる波の多くは, 風により誘起されるが, その元は風の摩擦で生じた漣(さざなみ)から発達したものである.

潮汐波

潮の干満による"潮汐波"に影響する太陽, 地球, および月の諸元はすでに表 1.3-1 に示されている. この表から, 月と地球の"共通重心"周りの回転による遠心力の影響および太陽と地球の共通重心周りの回転による遠心力の影響を計算すると, 前者は地球表面上一様とみなすことができ, また後者は無視できるほど小さい. しかし3つ

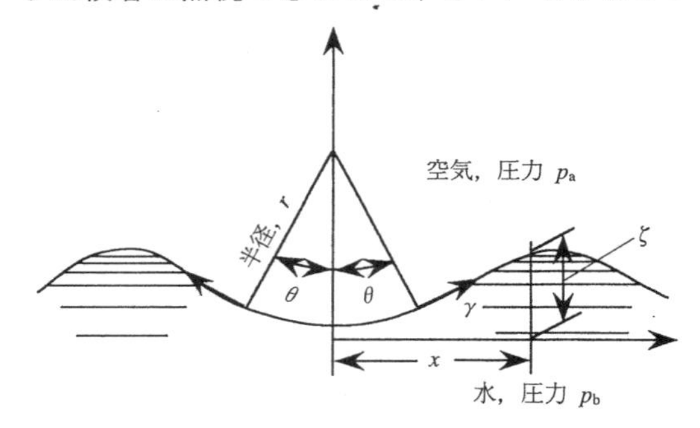

図 1.3-18 表面張力と圧力の釣り合い

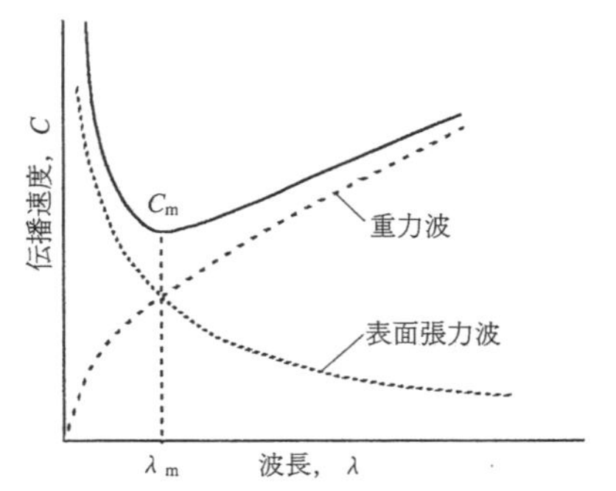

図 1.3-19 表面張力の伝搬速度

の星の配列によって，それらの引力は強く地球上の水の運動に影響を及ぼす．月の引力と地球・月系の共通重心周りの回転に基づく遠心力との関係で，基本的には12時間25分の周期の潮の干満と，約2週間に1度の干満の差の激しい“大潮”と差の緩い“小潮”とが生ずる．さらに，実際には地形が，局地的な干満の程度に大きく影響する(東，1993)．

1.3.4 珊 瑚 礁

“珊瑚礁”は“造礁珊瑚”と呼ばれる種類の珊瑚虫を主体とする石灰質分泌生物の遺骸が堆積してできた石灰岩の岩礁である．すなわち，今から2億年前から，原始地球の大気に多量に存在していた二酸化炭素(CO_2)のかなりの部分が，この珊瑚虫により骨格に採り入れられて核となり，その間隙を石灰藻類，貝類，ウニ類，甲殻類，有孔虫類などの骨格片が埋め，それら全体が無節サンゴモ類によって接着・固化されて形成されたものである(山田，1983)．

したがって，珊瑚礁のできる海域は造礁珊瑚類の分布に依存し，(i)赤道を中心に南北緯30°の間で水温が18.5℃以下に下がらないこと，(ii)水深が40 m未満の透明な浅海で日光がよく通り，(iii)適度の水流もあって光合成をして酸素や栄養分を補給する褐虫藻が共生できることが必要である．

珊瑚礁には特定の型があって，陸地の海岸に沿う“裾礁”，ある距離隔てて形成される“堡礁，外洋に孤立して作られる“環礁”，円卓状に発達した“卓礁”などである．その形成の過程で，ダーウィンの陸地沈降説がある．すなわち大陸や島の沈降(1000年に数cmという速度)に応じてサンゴが上へ上へと礁を作っていったというのである(本川，1985)．つまり生きたサンゴは礁の最上部に近い水面下でしか見つからないという訳である．

1.4 大　　地

海洋に生まれた生物は，やがて，大気組成の変化に伴って紫外線が減ったために安全に住めるようになった大地へと進出する．大地では山が作られ，雨が降り，水が流れ，森ができ，生物に多彩な環境を提供した．しかしその生活域は，海洋に比べきわめて薄い層に限られていて，土壌内の生存範囲も深度はそれ程深くない．

1.4.1 大地の形成

大陸地域の土台となっている白っぽい花崗岩質(“シアル”)は比重が小さく，海水同様，海洋底の黒っぽい玄武岩質(“シマ”)の上に浮いて，ともに地殻(“プレート”)となって，それより下にある流動的な超塩基性の岩石である“マントル”の上に乗って移動する．そのエネルギの源は，地球内部の熱エネルギと重力であるといわれている．

大陸移動

ウェゲナー(A. Wegener)に始まった大陸移動

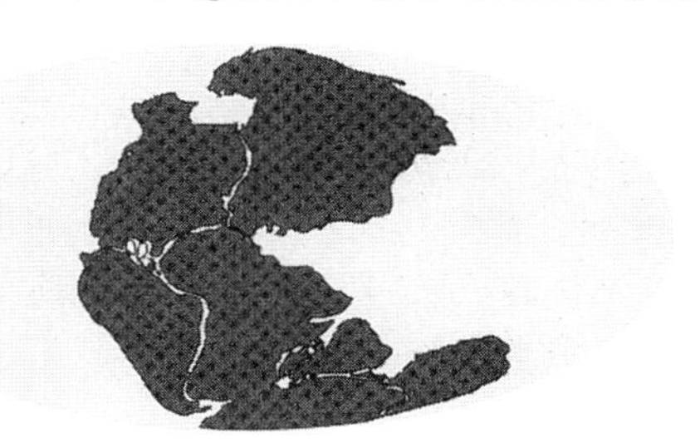

(a) 2億年前

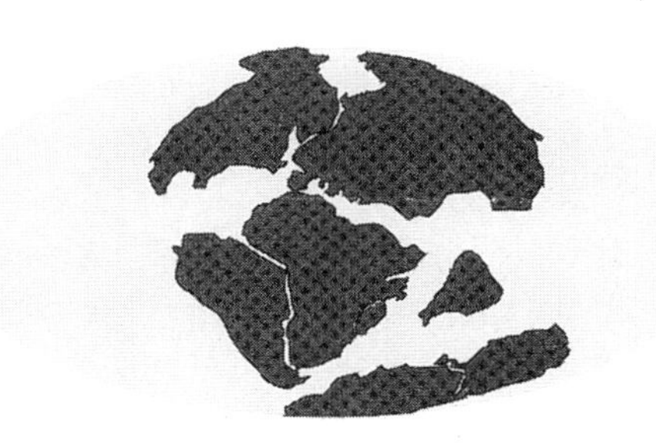

(b) 1億3500万年前

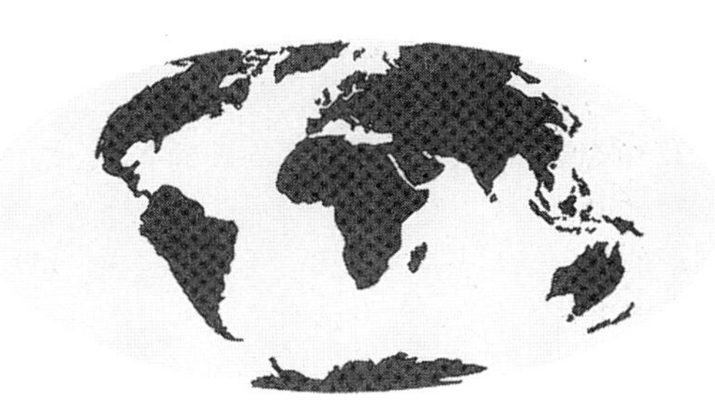

(c) 現　在

図1.4-1 大陸移動の歴史（科学朝日，Jan. 1991 参照）

説(Wegener, 1915)によれば，すでに各種の生物が地球上に現れたのち，すなわち今から約3億年前の石炭紀の終わりごろから，1つにまとまっていた大陸が，図1.4-1に示されているように，分裂移動して現在の形となった．1.3にも述べたように，古気象学や古地磁気学からも，大陸移動説は裏づけられている．さらに極も移動していて，現在の酷寒地もジュラ紀には熱帯植物が繁茂していたことがわかっている．これらのことは，生物相ばかりでなく，後述されるように，生物の生態にも影響してくる大事な事跡である．

造山活動

大陸は移動していく側に，高い"褶曲山脈"をもつ．例えば南北アメリカ大陸の西岸のコルディラ・アンデス大山脈がそうである．さらに2つの大陸，例えばインドとアジアの両大陸が衝突すると，より高いヒマラヤ山脈が形成される．

一方火山は，地殻の割れ目にある大西洋の中央海嶺や太平洋の東南海丘で生まれ，プレートに乗って移動する．さらにプレートが別のプレートの下に沈み込むあたり，例えば日本海溝の前面でも火山活動がさかんである．白亜紀から第三紀の初めにかけて，図1.1-2に示されたように，海底火山も含めて造山活動がさかんであった．

火山島と珊瑚礁

海面に頭を出した海底火山は島あるいは群島を作る．それらはプレートに乗って移動しつつ浸食を受け，時に沈降する．1.3に述べたように，島の周りにできた珊瑚礁は，裾礁から，海岸から少し離れて平行に発達する保礁を経て，島の沈没とともに環礁となる．大陸の周りにも裾礁や保礁が作られるが，一般に河川の影響で発達が阻害されるうえに，寒流の入り込む西岸は特に造礁によくない．オーストラリア東岸の2000 kmにもわたる"大堡礁"は壮大である．

日本は多くの島から成る島国であるが，火山が主で，山が高く，降水量が多いことと相まって，地形はきわめて複雑である．そして，山も谷も緑したたる豊かな森林に覆われている．

火山灰

火山の噴火で生じた噴出物は，粒径の大きいものほど早く落下するが，粒径の小さい"火山灰"は風に乗って遠方まで運ばれ，長い間にわたって日光を遮る．1782年の浅間山の爆発は，1783～84年の天明の飢饉と関係があり，また1884年の凶作は前年のスンダ列島のクラカトア火山の爆発によるものとされている．

1982年の4月初めに起こったメキシコのエルチチョンの噴火は，多くの火山灰を成層圏に噴き上げた．噴煙は東風に乗って太平洋を渡り，10日後にはフィリッピンに達し，そして20日後には地球を1周して再びメキシコに戻った．硫酸性の微粒子は，地表面の1/4を覆い，その後長く(数年間にわたって)大気にとどまった．日本では日射量が20％減少し，北半球に異常気象をもたらした．まだ完全には明らかにされていないが，高度10～50 kmあたりにある"オゾン層"に対する影響も無視できないであろう．

降り積もった火山灰は，火山別に，また年代ごとに層となって地表に残る．有名な赤土の"関東ローム層"は，南関東では富士，箱根など，また北関東では浅間，男体などの諸火山からもたらされたものである．

森　林

環境が高温・多湿なところでは，海岸には塩水や潮風に強い，例えばマングローヴのような木の群落ができ，またヤシが高くそびえる．内陸では植物は多層社会を形成する．広葉樹の高木の茂る森林には，一般に丈の低い草木が多様に存在し，広葉樹の落葉が水を蓄えるとともに朽ちて養分となり，昆虫を育て，鳥や獣を養い，安定化した生態系を形成する．

森林の現状を"植生"に対応するいくつかのタイプに分けて図1.4-2に示す(Sommer, 1976；Walter, 1985；Mather, 1990；Repetto, 1990)．現在の森林面積は地球表面積の約10％，陸地面積の約33％で，植物の約90％はこの森林に繁茂している．この結果，森林は大気中の二酸化炭素の5％あまりを吸収している(佐々木, 1990)．

日本列島では，南西部の暖かい地方に常緑広葉のクスノキ，シイ，ツバキなどの通称照葉樹林帯が，中央部から本州の北部にかけてブナ，ナラ，トチなどの広葉の落葉樹林帯が，そして北海道の寒冷地では常緑の針葉樹林帯がそれぞれ存在する．

武蔵野の雑木林は，天然林から有用な樹を残した人工林であるが，カエデ，ケヤキ，コナラ，クヌギ，クリ，ヤナギ，ミズキなどが混ざり，多様性に富んだ林で，湧水とともに武蔵野の景観を特徴づけていた．残念ながら，現在その面影を残す場所はきわめて限られている．また本州全般にみられる竹林の美しさも日本の景色の特色であるが，いつまでそれが保たれるやら心もとない．

わが国の海岸沿いの砂地には，クロマツが防風林あるいは防砂林として植えられ，また乾燥している酸性の強い山地ではアカマツが茂る．しかし，これらの針葉樹林は生態的に不安定で，人為的に保護を必要とする．貧しい砂地に導入されたマメ科植物のニセアカシアなどは，窒素を固定して土地に養分を与える．そのおかげで，見なれたツキミソウやキクの仲間の雑草が繁茂する．

山地では，高度が上がると，ちょうど北方に向かうのと同じように，針葉樹林帯が現れる．その上にはダケカンバ帯が現れ，その上限が“森林限界”である．森林限界のあたりの年平均気温は0℃付近である．それより上は強風に耐えるハイマツのような低木か高山植物のお花畑となって終わる．

森林は前述のように二酸化炭素から酸素を作るという大気浄化作用をもつほかに，軟らかい土壌が水を貯え，流れを平滑化して洪水を抑え，気象を緩和し，都市にあっては防音，海岸にあっては防風作用がある．また生物を育むよい環境を提供している．

盆地・平野・草原

山に囲まれた山間の低地を“盆地”という．平野には，永い間に氷河や川によって削られ，すり減らされてできた侵食の平野と，山地から氷河や川で運び出された土砂の堆積で作られる堆積平野とがある．日本の平野は後者に限られる．

低温度帯とか，乾燥地帯とかいった極端な環境の下では，生物は画一化していて貧しい．例えば北国では“ツンドラ”のような地衣類の単層社会となり，また沙漠では草類の層となる．高温・多湿でも湿原では，例えば葦原のように画一化される．放牧，採草，演習といった人為的干渉の入った草原としては，阿蘇，箱根，富士山麓，釧路などがあげられる．

また日本の田園風景は，クヌギやコナラの雑木林，スギ，マツ，ケヤキなどに囲まれた神社の森，少し高いところにあるススキやシバの草地や雑草と競合する畑，少し低いところにあるアシの茂る沼か水田といった人手の入った植生で特徴づけられる．

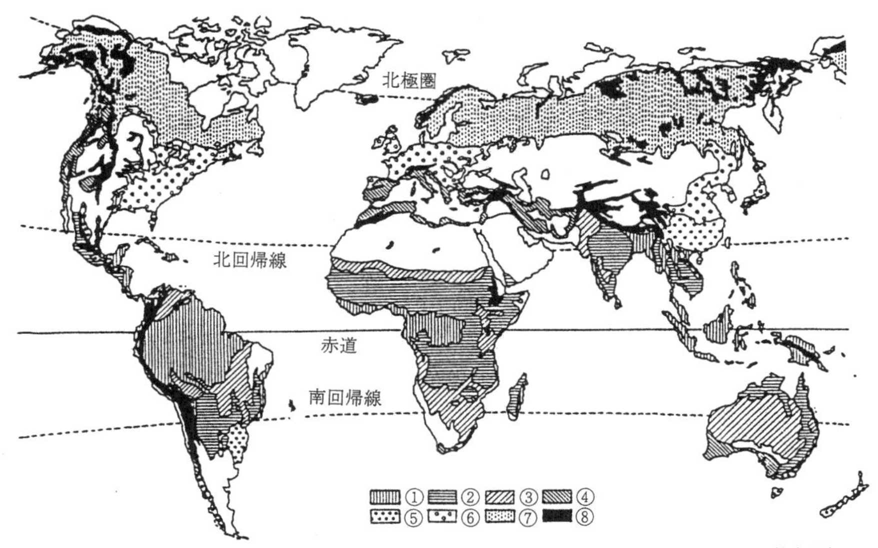

図 1.4-2　世界の森林タイプと分布（Sommer, 1976；Walter, 1985；Mather, 1990 等参照）
1：熱帯多雨林，2：熱帯季節林，3：熱帯の疎林，サバンナおよび草地，4：硬葉樹林（冬雨型），5：温暖帯常緑樹林，6：冷温帯落葉樹林，7：亜寒帯針葉樹林（北方林），8：高山植生

沙　漠

“沙漠”とは，降雨量が少なく，蒸発量の高い，乾燥した岩石または砂からなる山麓地域または平原である(小堀，1973)．そのような乾燥地帯は，赤道を中心に緯度にして約60°くらいまでの範囲にある．沙漠の気候の特色の1つに気温の変化の激しさが上げられる．例えばシリア沙漠では，夏の日中の気温は40℃にもなるが，日の出直前では10℃以下と寒い．また雨が降ったときは集中豪雨になることが多い．

このような沙漠に棲む生物の特徴として，(i)水の蒸発を防ぎ渇きに耐える体であること，(ii)少ない水の採取が巧みであること，(iii)隠れる場所が少ないので保護色であること，などが上げられる．

現在地球の沙漠化が進んでいて，例えばエジプト文明の盛えたサハラ沙漠は，特に南側一帯の緑地を飲み込みつつ増大し，4000年前の面積より2倍も増えているという．

1.4.2 湖　　沼

海水は水の総量(1.69×10^{21} kg)の99%に対して，陸上の水の量はわずかに0.00148%の2.5×10^{16} kgでしかない．したがって，地球規模での陸水の影響は少ないが，局地的な気象に及ぼす影響や，生物の活動に与える効果は大きい．

湖　水

世界最大の湖はカスピ海で，面積が371000 km²，最大水深が1000 mであるのに，日本のそれは琵琶湖で，面積が671 km²，最大水深が100 mである(理科年表，1993)．島国の日本の湖沼は，大陸のものに比べて桁が違って小さい．

海と同様に湖沼の日光がよく届く浅い表層は，植物プランクトンの炭酸同化作用がさかんで，酸素の生産が消費より多く，“栄養生成層”と呼ばれる．これに反して日光のよく届かない下層はプランクトンも少なく，酸素の生産も低く，“栄養分解層”と呼ばれる．ちょうど酸素の生産と消費が釣り合う水深が“補償水深”である．それは後述の透明度の約2倍の深さで，プランクトンの垂直分布の下限であるとみなされる．

火山付近にできる窪地の“カルデラ”内部に水がたまってできた“カルデラ湖”は一般に水深が深く，その湖底における冬季の水温は淡水の密度が最大になる4℃に近い．そして，水温がこれより高くても低くても淡水の比重は小さくなるので，その水は表層に集まり，時に表面は氷結する．また，それによって湖水の静謐が保たれ，冬季停滞期となる．

春になって太陽が高くなり，日の長さが増すと，暖かい水が下層に動き，冷たい水は表層へと動く対流が起こり，春風の影響もあって，全層の水がほぼ同じ温度に近づく．この時期は春季循環期と呼ばれる．

夏は表面水温が海水のそれと似てますます高くなるが，ある深さまでの表水層では，水の混合があって水温が変わらない．それ以下の深度にいくと，水温は急激に変わるので，海水の変温層に対してこちらは“変水層”または“水温躍層”とも呼ばれる．そこでは，水の運動，熱の伝搬，栄養塩の移動，酸素の混合といった活動が妨げられ，夏期停滞期と呼ばれる．一般的な温度分布は図1.4-3に示されている．水温躍層の下端から湖底までの深水層では，海水の場合同様(図1.3-10)，低温がほとんど変化せずに保たれる．

秋は再び表面の水が冷えて上下の水の循環が起こり，表面と湖底とで温度の差が少なくなる．これを秋季循環期という．しかし，湖が深ければ底まで届く混合はない．

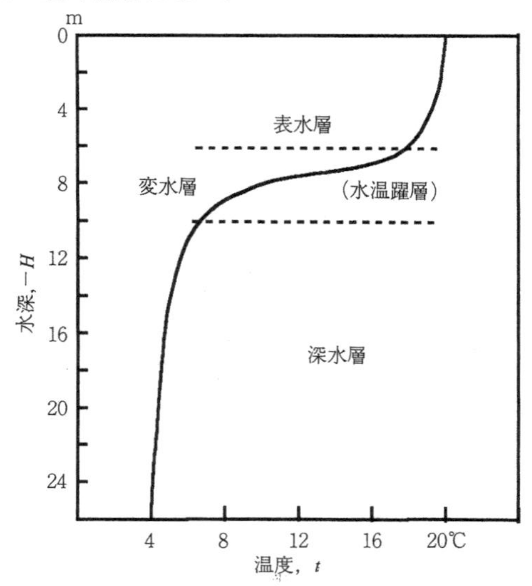

図1.4-3　湖の水温変化の例（夏期）

透明度

水が澄んでいるかどうかを測定するのに，直径25～30 cm の白塗りの円板が利用される．円板を水中に沈めていって見えなくなった深さと，逆に見えないところから引き上げてきて見えたときの深さとの平均の深度を“透明度”という．

透明度の最高値は，北大西洋の藻の海“サルガッソ海”の60～70 m で，湖水では北海道の摩周湖の41.6 m があった．後者の現在はもっと濁っていて1952年には25～30 m に下がった．

水素イオン濃度

水中に解離している水素イオン(H^+)と水酸イオン(OH^-)の濃度の割合は，水の酸性度あるいはアルカリ性度を決定する．水素イオン濃度の逆数の対数を“pH”と呼ぶ．

$$pH = \log(1/H^+) \qquad (1.4\text{-}1)$$

これがpH＝7のときは“中性”，pH＞7で“アルカリ性”，そしてpH＜7では“酸性”である．ふだん家庭が使っている酢はpH＝2.5～3.0とみてよい．天然の湖沼のpHは普通6～8程度で，まれに(例えば火山地方の湖で)pH＝1～2である．

普通の雨でもpH＝5.5くらいまでは特に問題はない．しかし最近は大気が硫酸や硝酸で汚染されているので，次第にpH値が下がって，酸性の湖が増えている．

溶解塩類

自然水は純粋な水(H_2O)ではなく，上述のようにH_2Oがイオン化したものをはじめとして，多くの塩類およびそられのイオンを含む．水中でイオン化した物質の総量は，水の電気伝導度で数量化できる．

海水では塩分が主で，海水1 kg 当たり約35 g の塩類が含まれていることはすでに述べた．湖水では，通常溶解物質の全量が，100～200 ppm の程度であるが，流入水が少なく蒸発のさかんな湖では，“塩水湖”と呼ばれるように，海水の35000 ppm を上回って10万 ppm となることもある．

カルシウムとマグネシウムは淡水中に最も多く存在するイオンで，このイオンに対応する炭酸カルシウム($CaCO_3$)または石灰(CaO)を ppm で表した数値により，水の“硬度”が決まる．すなわち，1 l の水に10 mg の石灰(日本，ドイツ)または炭酸カルシウムが増すごとに，1°ずつ硬度が増えるものとしている．硬度15以上の水を“硬水”，それより小さいものを“軟水”と呼ぶ．日本の水は硬度の小さい軟水で，ヨーロッパのそれは硬水である．硬度が上がるにつれて，水はpHの調節作用が進むので，生物生産の能力が増す．

植物の細胞の呼吸酵素として，その生育にかかわったり，動物の血液の酸素運搬に関係する鉄は，第一鉄塩として水に溶けているが，水中の酸素を奪って酸化すると第二鉄塩となり，赤褐色に沈澱する．

地殻を作っている岩石や土壌の60 % 以上が無水珪酸(SiO_2)からできているので，自然水における珪酸の濃度は高い．珪藻はその被殻を珪酸から作るので，珪藻が多量に発生する地域の珪酸の消耗は激しい．

窒素はリンとともに，動植物の体を作るタンパク質の成分となるので，生物生産に大きくかかわりをもっている．したがって，これらは“栄養塩”とも呼ばれている．

1.4.3 河　　川

山地渓流

地面に降った雨や雪は，一部が陸地に浸透し，“地下水”となって山を下る．他の水の一部は枯れ葉や土壌に貯えられ，雪は積もって水資源となる．そして残りは，“表面流水”として重力の影響で川を下る．この流水は，地下水の湧き出しである“泉”の水も加わって，“山地渓流”となる(図1.4-4a)．日本は雨も雪も多いうえに山の傾斜が急なので，浸食の進んだ渓谷は複雑で美しい．

渓流の流速が重力波(長波)の速度より大きいときは“急流”と呼ばれ，その速度は山の傾斜に依存するが，通常2～3 m/s を越え，まれに10 m/s にも達する．この速さの流れは，土を削り，大きな岩を下流に押し流す．したがって山地渓流中には小さい石はほとんど見当たらず，ゴツゴツした巨岩のみが取り残されている．滝が作られると，いったんその底の水は速度を緩めるが，再び速い流れとなって下流へ下る．

そのような急流では，森の木が上空を覆い，水温は一般に10℃以下と低く，豪雨の後を除いて，普段は水はきれいに澄み，水中に岩屑，有機堆積物，プランクトンなどは少ない．そのような厳しい環境下では，流れに棲む生物の種類も限られている．しかし森林，特に水源地付近の広葉樹林は，前にも述べたように，優れた貯水効果とともに流水量の安定化に役立つばかりでなく，多様な生物種の生態系を育てていて，下流の河川のみならず，それが注ぐ沿岸の水産資源にも強く影響しているのである．

川

高地から低地へと向かう流れの旅程で，いくつかの山地渓流は少しずつ合わさってより大きな“渓流”となり，山の麓では，傾斜の減少とともに流速は衰える(図1.4-4b)．そこでは，流れを下る間に転がって角のとれた丸い石が巨岩の間に混じり，あるところでは流れの速い“浅瀬”が，そしてあるところでは流れの遅い“淵”ができる．

流れが遅くなると，“川”と呼ばれるようになり，さらに下るにつれて底石の径も小さくなり，空は開けて日射量も増え，また日光が川底までよく届くようになり，水温は上昇する．したがって藻が石に着きやすくなり，昆虫の幼虫も含めて，そこに棲む生物の種類が急増する．

図1.4-4 河川の各種様相
(a) 山地渓流
(b) 渓 流
(c) 河の中流
(d) 河の下流の中州

低地の平野に出たところで流れはさらに遅くなり，流出物の沈澱はいちだんと進んで底石は小さくなり，粗い砂が混じって“扇状地”ができる．

河

平野も下流になると流れは大きい“河”となり(図 1.4-4c)，次第に沈澱物が細かくなるとともに，河は集まって大河となる．曲がった河の外側の岸は土砂の混ざった速い流れで削られていく．

特に質量の大きい浮遊粒子は，大きい遠心力で外側に寄せられ，浸食作用を激しくする．内側の流速の遅いところには沈澱物がたまり，次第に曲折を大きくする．そして一部で河は再び短絡し，そばに“三日月湖”を残す．

海に入るころには，塩分の溶けている潮の影響もあって，析出した沈澱物が増えるとともに，土砂などの径はさらに細かくなり，河の底は浅くなって，河幅は広がる．時に中州ができて河筋は何本にも分かれ，何個もの“扇状三角州”を作る(図 1.4-4d)．世界最長の河はアマゾンで 6300 km，日本では利根川の 320 km が最も長い．

図 1.4-5 には，球とみなしたときの河の浮遊粒子の径と沈降速度および 1 m 沈むのに要する時間との関係を示した．

海水と淡水とが混ざる，いわゆる“汽水域”では，析出沈澱物や上流からの微細な土砂で覆われた沼が形成され，汚水の浄化能力に富むアシなどの水草が生え，水生生物も豊かであり，また，これを餌とする水鳥が多く集まる．潮の干満で，河は時に上流に向かって流れるところも生じる．

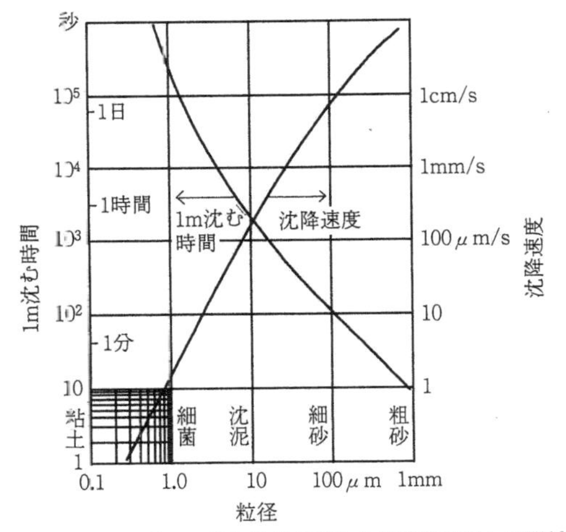

図 1.4-5　丸い粒子の径と沈降速度および沈降時間との関係(小泉，1978の資料による)

湧き水と温泉

地下水脈から地表に水が湧き出したのが“泉”であり，その温度が 25 ℃ 以上の場合“温泉”と呼ぶ．

湧き水の作る小川は，一般に酸素が豊富でかつ水温が一定であるために，マスのような川魚の最適なすみかとなる．また温泉の流れ込む川は，冬でも水温が高いので，昆虫やそれを餌とする魚の生育がよい．

1.5　環境の変化

われわれを含む生物の棲んでいる地球の環境が，人間の活動により急激に変化しているようである．地球の長い歴史からみて，それはたいしたことでない変化かもしれないが，人類が誕生してからの変化としては，やはり相当大きい変わりようであろう．

1.5.1　大気の汚染

二酸化炭素とオゾン

後述の酸性雨や酸性霧の源となるガス汚染に加えて，最近地球温暖化の元凶といわれる二酸化炭素(炭酸ガス)CO_2 の増加は著しい．ハワイ島のマウナロアにある観測所の記録によると，図 1.5-1 に示されるように，特に大気中の炭酸ガス CO_2 の濃度は，年 1.0～1.5 ppm の割で増え，これに伴うと思われる気温上昇はここ 100 年で 0.5～0.6℃ といわれている．このままで伸びていくと，21 世紀の中ごろには CO_2 濃度が産業革命前の約 2 倍の 550～600 ppm に到達し，地球の気温が低緯度地方で約 3～4℃，高緯度地方で 7～8℃ 上昇することが予測されている．これにより極地の氷が溶けて海面が約 1 m は上昇し，異常気象の振幅はさらに増すものと思われる．また極北の永久凍土の溶解に伴うメタンガス(CH_4)の放出が，地表の温暖化をなおいっそう加速するともいわれている．

生物にとって危険な宇宙線や太陽からの紫外線の地表面への浸透は，大気によってその強度が弱められているが，特に成層圏にある“オゾン層”

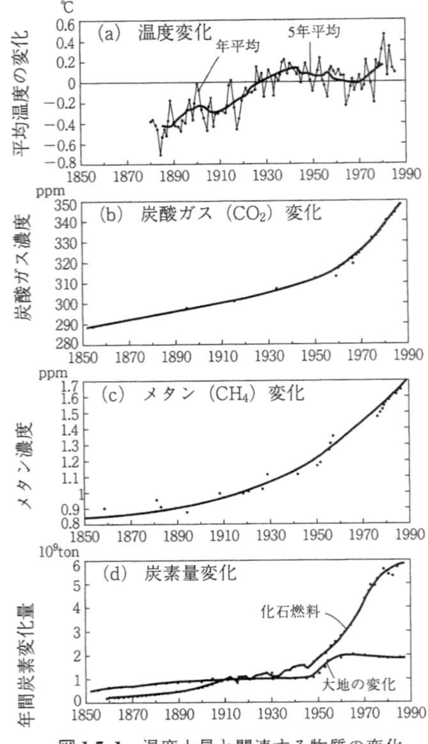

図 1.5-1 温度上昇と関連する物質の変化 (Houghton & Woodwell, 1989)

は，紫外線を著しく吸収して，地表面の生物を保護している．しかし最近，前節でも述べたように，例えば火山の噴煙からかあるいはフロンガスの多用からか，特に南極付近のオゾン層に孔が開き，オゾン濃度の(例えば10% 以上も)低い“オゾンホール”が年々他地区へも広がって，紫外線の遮蔽効果が薄れ，生態系に及ぼす危害が心配されている．もともと紫外線の少ない海中に生まれた生物が陸地へ進出できたのは，このオゾン層のおかげであったといわれているのである．

その他のガス汚染

18世紀の産業革命から始まった燃料としての石炭や，それに化学製品を加えた石油の大量使用は，亜硫酸ガス(SO_2)や酸化窒素(NO_x)の大気への大量排出をもたらした．これらのガスは大気中のオゾンなどと反応して“オキシダント”を生成して“光化学スモッグ”となったり，水と反応して硫酸や硝酸となって広く霧や雨の酸性が増えていった．

雨の pH が下がって($pH<5.6$)いわゆる“酸性雨”となり，例えばヨーロッパでは，初めは湖沼の魚が被害を受けて問題になっていたのが，やがて1970～80年代にかけて，森林の被害が進行しはじめた．わが国でも，初めに朝顔の脱色現象としてガス汚染の直接的被害が表れ，やがて酸性雨が土壌に滲み込んで，スギやサクラに枯損が生ずるという間接的被害が現れはじめた．

森林の破壊

これまでにいろいろな方法で森林が破壊された．特に(i)熱帯林が焼き畑や伐採のために傷つけられているようで，毎年1000万ha (10^{11} m^2/year)の森が消滅しているといわれている．ちなみに，化石燃料の消費による大気中への炭酸ガスの放出量を炭素で換算すると，年間約50億t(トン)，これに対して森林破壊による炭酸ガスの増加が，年間約20億tであると推算されている．さらに前述のように(ii)酸性雨によって，温帯林や寒帯林が枯れている．わが国では，情けないことに，美しいブナの森が，自然に対して無配慮な開発のために，無秩序に伐採されてきた．

水の供給が局地化し，一時的なものへと変化するにつれて，大地の沙漠化が進行する．森林の破壊による生物への直接の影響は，生物類の半分程度が棲んでいる彼らのすみかが消失することであるが，次に述べるように，その間接的影響ははかりしれない．

1.5.2 水 の 汚 染

河川から始まって湖沼，海岸の水の汚染は著しく進んでいる．前述したように，石炭，石油，プロパンガスなどの化石燃料の燃焼に伴う酸性雨は森林を破壊するばかりでなく，生命の水を生物にとって有害なものに変えていく．さらに，水の貯蔵庫であった森林，特に広葉樹林の破壊が，(i)洪水による土砂の流出を招き，(ii)河口から海洋を汚染して魚のすみかを奪い，さらには，例えば，(iii)珊瑚礁を死滅させる．

逆に河川にダムを建設すると，自然の川やそれが注ぐ湾の浄化作用が失われて，生物の棲む水が死滅することにもなる．またタンカの座礁などによる原油の流出は，流れついた海岸を汚染し，そこに棲む生物を死滅させる．

第 2 章　微小生物の分散と運動

生物は，小さいものではマイクロメートル($1\ \mu m = 10^{-6}\ m$)のオーダの，例えばバクテリアのようなものから，大はクジラの 10 m のオーダの大きさのものまで，広い長さの範囲にわたって分布している．

微小な生物の周りの流体は，その生物の移動に伴って体の周りに粘りつき，慣性力より大きい粘性力をつくる．したがって，流れに垂直に働く上向きの揚力は小さく，例えば飛行用具の翼は役立たない．

体に働く重力も小さいので，体形は単に球形でも，降下率は小さく，風や水流に乗って流される．通常円柱状の突起物を出して体形を複雑にすると，流体に対する相対速度がわずかでも大きい抗力を発生するので，空中であれ水中であれ，さらに降下率は下がる．

また積極的な突起物の変形運動で，主として粘性力を使った遊泳となる．中でも細長い円柱状の鞭毛や繊毛の単独または組織的な鞭打ち運動は単純で効率もよくないが，例えば，大事な精子の運動などに利用されている．しかしそれは局所的な移動で，日中と夜間とで深度を変えるプランクトンにも多用されるが，グローバルな移動・分散は季節風や海流に乗った受動的なものである．

晩秋の小春日和の暖かい日に見られるクモの旅立ち（錦　三郎氏のご好意による）

2.1 飛　　散

微小生物の空中および水中での浮遊飛行である飛散について見てみよう．これらの生物では，微小であるがゆえに，外力の流体力に対して重力が小さく，したがって，空中であれ水中であれ重力による落下速度は微小で，空気あるいは水の流れのままに移動する．

2.1.1 花粉と胞子

花粉は植物の雄の遺伝子情報を，そして胞子は菌類の遺伝子情報を運ぶだけのもので，受け入れる側の雌しべの柱頭や，湿った成育場所に到達すれば，受精あるいは発芽できるので，体の大きさは，表2.1-1にみられるように，数十μmのオーダ以下である．その代わり，数多くの個体を風の中あるいは水流中にまき散らし，その中のわずかな個体数でも，受け入れ側に到達して，成長の次の段階へ進んでくれれば成功というきわめて単純なシステムを採用し，生殖・分散を行っている．したがって，いずれの個体も，目的地を発見する検出器や，そこに向かって移動する運動器官をもちあわせていない．飛行のための用具は小さい体のみであり，体全体が飛行用具であるといってもよい．そこで，図2.1-1a～cにみられるように，単に球状の容積の割に表面積が最小の個体が多い．比較のために虫につきやすい刺(とげ)のある虫媒花のセイタカアワダチソウの例を図2.1-1dに示してある．

表2.1-1 主な空中浮遊物質の大きさ(等価直径)

項　目	直径，d(μm)
煙	0.001～0.1
凝縮核	0.1～20.0
塵	$0.1～1\times10^4$
霧	1～100
ウイルス	0.015～0.45
バクテリア	0.3～10
藻　類	$0.5～1\times10^4$
菌類の胞子	1～100
原生動物	$2～1\times10^4$
蘚類胞子	6～30
シダ胞子	20～60
花　粉	10～100

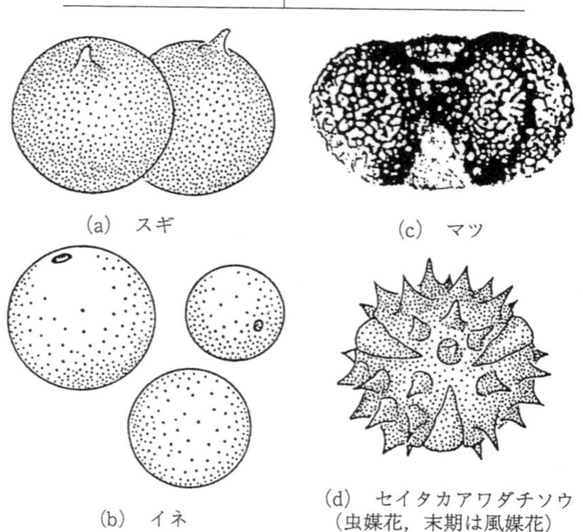

図2.1-1 風媒花の花粉（岩波，1977）

発進装置

風で花粉を飛散させる風媒花は，もともと雌雄に花が分かれている(マツ，イチョウ)か，あるい

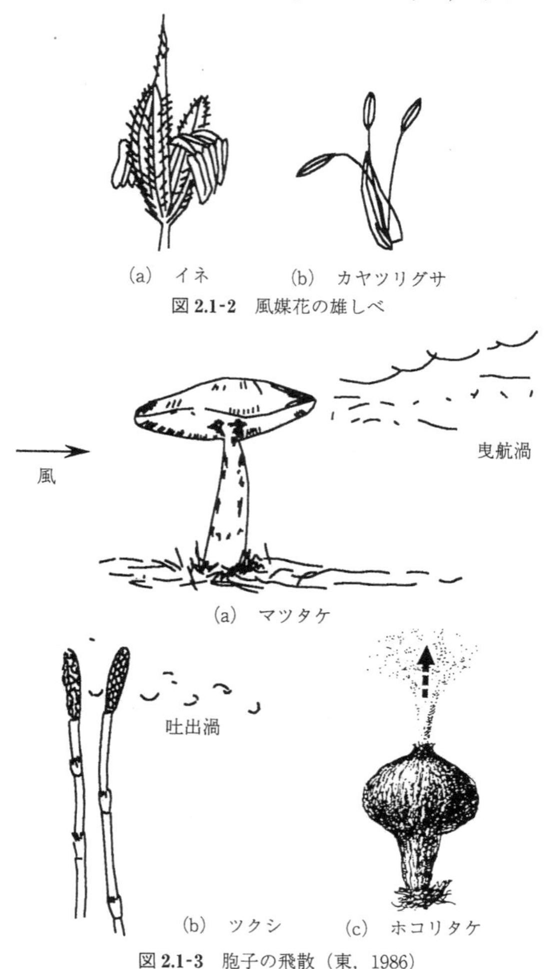

図2.1-2 風媒花の雄しべ

図2.1-3 胞子の飛散（東，1986）

は花は一緒でも，その発進装置の雄しべは長く，図2.1-2にみられるように，花の外に出て風を受けやすい形状になっている．胞子の例はもっと顕著で，図2.1-3に(a)マツタケ，(b)ツクシ，そして(c)ホコリタケの発進装置の例が示されている．(a)と(b)は，風でできる渦の強い局所流の中に胞子を乗せて高い位置から飛ばし，そして(c)はジェット噴射を利用して上方に吹き上げることにより飛距離を伸ばす努力をする．ジェットは，袋の中の内圧が高まって，異物が触れたり(例えば雨滴の落下)，湿度が変わって噴射口が開いたときに噴出され，多数の胞子は黄色い煙のジェット流となって発進する．

落下速度

図2.1-4を参照して，密度ρの流体中の平均密度ρ_mの物体(“抵抗面積”$f=SC_D$，“排除容積”V_B)が，速度Vで定常降下するとき，上下の力の釣り合いは次式で与えられる．

$$(1/2)\rho V^2 SC_D = (\rho_m - \rho) g V_B \qquad (2.1\text{-}1)$$

この式の左辺は，物体の運動に基づく流体力のうち，運動に平行に後ろ向きに働く“抗力”$D=(1/2)\rho V^2 SC_D$で，また右辺は“重力”$W=\rho_m g V_B$と“浮力”$B=\rho g V_B$との差である．

物体がきわめて小さい直径dの球形であるとき，断面積を基にした抗力係数C_Dは，“ストークスの近似”，

$$C_D = 24/Re = 24/(Vd/\nu) \qquad (2.1\text{-}2)$$

で与えられるので(東，1993)，降下速度Vは

$$V = (\rho_m - \rho) g d^2 / 18\mu \qquad (2.1\text{-}3)$$

となる．前章の図1.2-4bに球の抵抗係数がより大きいレイノルズ数域まで示されているので，式

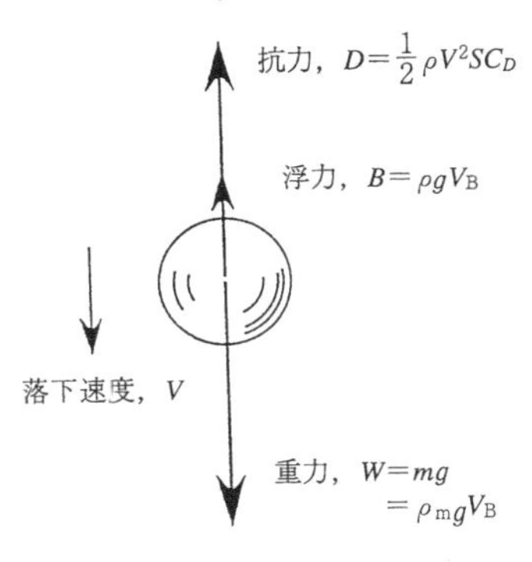

図2.1-4　定常落下

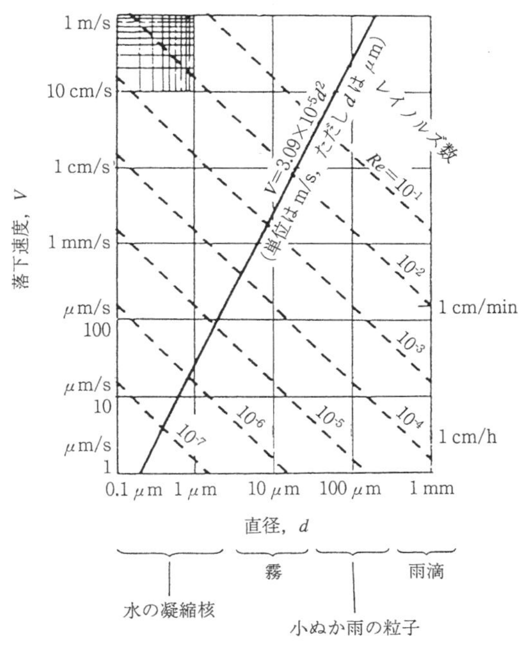

図2.1-5　比重1の球の空中落下速度（東，1979）空気は1気圧，15℃．

(2.1-1)と組み合わせると，あるレイノルズ数域における落下速度を求めることができる．

図2.1-5に，比重が1の物体(例えば水滴)が，標準状態の大気(海面上，15℃)中を落下する場合の落下速度が直径を基にしたレイノルズ数(破線)に対して実線で画かれている．ただし比重1の現実の水滴では，形状がくずれたり，内部流があったりして抵抗が増し，落下速度はこの値よりやや小さくなる．

図2.1-5からわかるように，直径が20～30 μm，大きくても数十μmの花粉や胞子は，霧と同程度の，高々1 cm/sの速度で落下する．1 mの高さから落下して，風に上下方向の成分がないとすると100秒は浮いていることになる．この間に水平風が5 m/sもあれば，対気速度はほとんど0なので，500 mも遠方まで飛んでいける．上昇気流があればこの距離はさらに増える．こうして，浮遊飛行中に，花粉の場合は相当離れたところにある花の雌しべの柱頭に遭遇する場合があり，また胞子もかなり遠くまで飛んで子孫が分散する機会をもつ．

エアロバイオロジー

花粉や胞子と同様に，小型の昆虫や微小病原菌

なども空中に飛散して飛行する(Lewisら，1983；Nilson，1983)．このような微小生物の飛行を扱う学問を“エアロバイオロジー”(aerobiology)という．特に季節風に乗っての病原菌の地球規模での分散は，火山灰や酸性雨の雲同様，自国のみならず他国にも多大の影響をもたらすもので，互いにできる限り汚染源とならぬ努力をしないといけない．さらにこの種の飛行で興味深いものに，例えば水中のバクテリアが空気の泡に密着し(1.2.1)，水面に達したのち，その泡の破裂により空中に放出され飛行していく場合がある(Baylerら，1977)．

2.1.2　種　　子

種子は，好ましい土壌と水分が得られるまである程度の逆境に耐えられる保護装置と，時と場所を得て根を張り発芽するために必要な貯蔵養分を備える必要から，その大きさは一般にミリメートル(mm)のオーダとなる．そうすると落下速度はm/sのオーダとなって，そのままでの分散は困難になる．そこで，落下速度を小さくするための何らかの“飛行用具”が必要である．ここでは流体力として進行方向に平行でかつ後ろ向きに働く“抗力”を作り出す飛行用具をもった種子の飛行について論ずる．進行方向に垂直で上向きに働く“揚力”を作り出す翼をもった種子については，次章で詳述する．

弾道飛行

図2.1-6に発射装置から種子が飛び出す様子が示されている．(a)はカラスノエンドウ，(b)はツリフネソウの例で，種子を包んでいる莢(さや)が，乾燥してくるにつれて内部に“歪みエネルギ”を貯え，ある限界値で突然それがさけて外部にそり返り，種子をはじく．飛び出した種子は後述の“弾道飛行”を画いて飛散する．似たものに，同じマメ科ではスイートピーやダイズ，ほかにもアメリカマンサク，カタバミ，ゲンノショウコ，ホウセンカ(英名はtouch-me-not)などがある．(c)はテッポウウリの種子が，実が離れるときに果汁のジェットで噴出するのを示した．種子の噴射角は葉を避けて50〜55°程度，初速度は10 m/sにも達するので，飛距離は10 m以上にもなるという．

図2.1-7を参照して，初期高度Z_0から初速度$(U_{X,0}, U_{Z,0})$で飛び出した物体が抗力0の真空中を飛行する場合の飛距離Xと高度Zとの関係は，次の“放物線”の式，

$$Z = Z_0 + (U_{Z,0}/U_{X,0})X - (1/2)(g/U_{X,0}^2)X^2 \tag{2.1-4}$$

で与えられ，最大高度Z_{max}，およびその距離$X_{Z_{max}}$は

$$Z_{max} = Z_0 + U_{Z,0}^2/2g \tag{2.1-5a}$$

$$X_{Z_{max}} = U_{X,0}U_{Z,0}/g \tag{2.1-5b}$$

となり，また着地点までの距離$X_{Z=0}$と滞空時間$t_{Z=0}$はそれぞれ

$$X_{Z=0} = (U_{X,0}U_{Z,0}/g)\{1 + \sqrt{1+2(Z_0 g/U_{Z,0}^2)}\} \tag{2.1-6a}$$

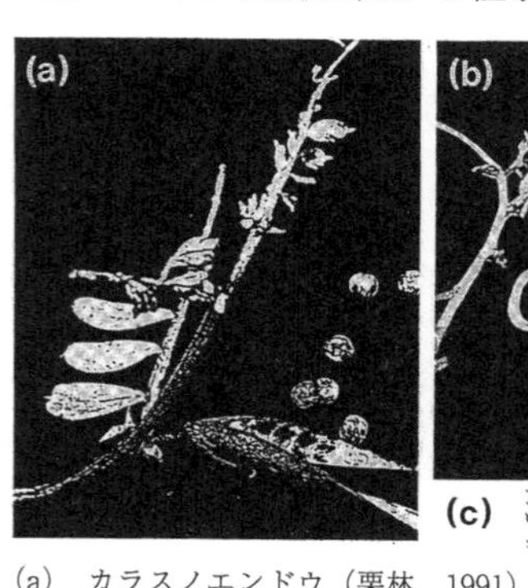
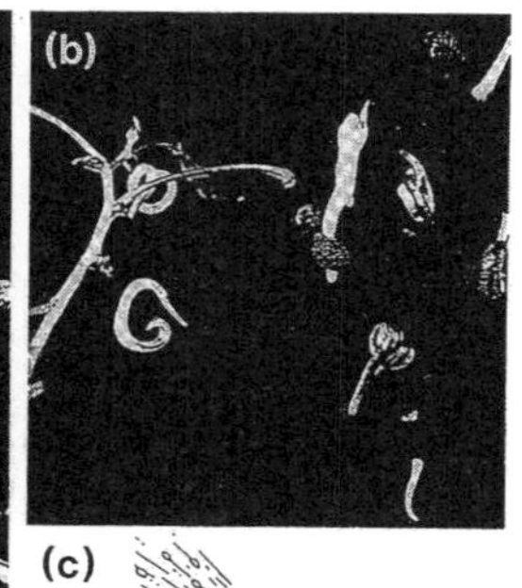

(a)　カラスノエンドウ（栗林，1991）
(b)　ツリフネソウ（栗林，1991）
(c)　テッポウウリ（Paturi，1974）

図2.1-6　弾道飛行の種子

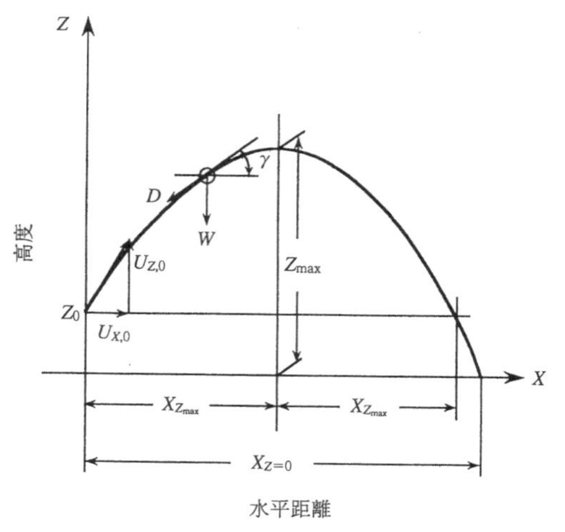

図2.1-7　弾道飛行

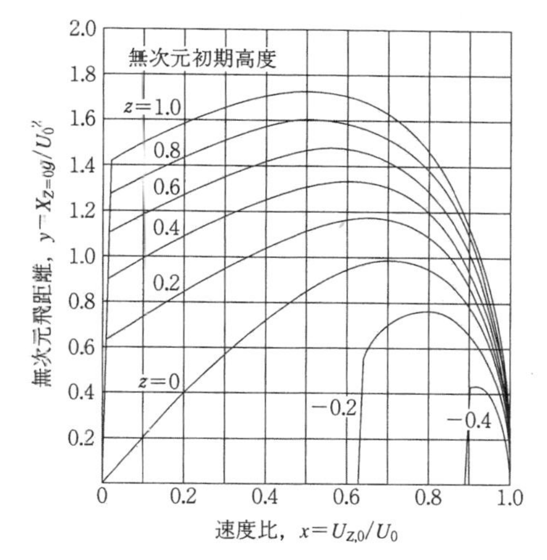

図 2.1-8 高度差のあるときの飛距離の変化（河内啓二氏のご好意による）

$$t_{Z=0} = (U_{Z,0}/g)\{1+\sqrt{1+2(Z_0 g/U_{Z,0}{}^2)}\} \quad (2.1\text{-}6b)$$

となる．

さて，初速度の大きさ U_0 を一定にして発射角だけを変化させると，初期高度 Z_0 が 0 のとき，図 2.1-7 の放物線は，$U_{X,0}=U_{Z,0}$ すなわち発射角 45° のとき最大の飛距離となる．初期高度があると飛距離も最大高度の位置も変わってくる．図 2.1-8 に式(2.1-6a)を無次元化した無次元距離，

$$y = x\sqrt{1-x^2}\{1+\sqrt{1+2z/x^2}\} \quad (2.1\text{-}7)$$

を示した．ここに

$$\left.\begin{aligned} x &= U_{Z,0}/U_0 \\ y &= X_{Z=0}g/U_0{}^2 \\ z &= Z_0 g/U_0{}^2 \\ U_0 &= \sqrt{U_{X,0}{}^2+U_{Z,0}{}^2} \end{aligned}\right\} \quad (2.1\text{-}8)$$

である．

流体力が働くときの弾道は上式とは変わってくる．典型的な鈍頭物体の抗力係数はすでに第 1 章の図 1.2-4 に示されている．抗力のある場合には，速度 $\boldsymbol{U}=(U_{X,0}, U_Y)^T$ で動く質量 m の物体の力の釣り合い式は次のようになる．

$$m\dot{U}_X + D\cos\gamma = 0 \quad (2.1\text{-}9a)$$

$$m\dot{U}_Z + D\sin\gamma + W = 0 \quad (2.1\text{-}9b)$$

$$\gamma = \tan^{-1}(U_Z/U_X) \quad (2.1\text{-}9b)$$

ここに γ は経路角，そして重力 W と抗力 D は

$$\left.\begin{aligned} W &= mg \\ D &= (1/2)\rho U^2 SC_D \end{aligned}\right\} \quad (2.1\text{-}10)$$

である．先の式(2.1-4)は $D=0$ のときの上式の解である．上式を与えられた初期条件について解き，さらに速度を時間につき積分することで弾道が定まる．

垂直上昇または降下の場合は，解が解析的に求まる．抵抗係数したがって抵抗面積 $f=SC_D$ が一定のとき，速度 U と最大高度 $Z_{\max}$ は無次元量 (u, h) で次のように与えられる．

$$u = \sqrt{1\pm\{2(\rho_m/\rho)/C_D Fr^2\}[1-\exp\{(\rho/\rho_m)C_D z\}]}\ \exp\{-(1/2)(\rho/\rho_m)C_D z\}$$

（+ は U_0 が上昇，− は U_0 が降下）

$$(2.1\text{-}11)$$

$$\left.\begin{aligned} h &= \{(\rho_m/\rho)C_D\}\ln\{1+(1/2)(\rho/\rho_m)C_D Fr^2\} \\ &= (1/2)Fr^2\{1-(1/2)(\rho/\rho_m)C_D Fr^2\} \end{aligned}\right\} \quad (2.1\text{-}12)$$

$$\text{ここに}\quad \left.\begin{aligned} &u = U/U_0,\ h = Z_{\max}/l,\ z = Z/l \\ &l = V_B/S,\ \rho_m = m/V_B,\ C_D = f/S \\ &Fr = \sqrt{U_0{}^2/lg} = \sqrt{2E/mgl} \end{aligned}\right\} \quad (2.1\text{-}13)$$

また，Fr はフルード数，そして式(2.1-11)の±は，初速度 U_0 に向かって投げ上げられたときに+を，下に向かって投げ下ろされたときは−をとることを意味する．もちろん最大高度は投げ上げのときにのみ意味をもつ．

冠毛による飛行

多くの草木の種子が，“冠毛”と呼ばれる多数の細毛を飛行用具に用いる．細くて表面が滑らかな 1 本の円柱が，その軸に垂直に動くときの抗力係数は，すでに第 1 章の図 1.2-4a に示されている．さて，細毛の 1 本 1 本を円柱と考えると，直径 d が長さ l に比べて十分小さいので，毛の軸に平行な“接線抗力”D_T と垂直な“法線抗力”D_N とは次式で与えられる．

$$\begin{aligned} D_T &= (1/2)\rho U_T{}^2 SC_D \\ &= (1/2)\mu U_T l\{4/(2.5-2.3\log Re)\} \end{aligned} \quad (2.1\text{-}14a)$$

$$\begin{aligned} D_N &= (1/2)\rho U_N{}^2 SC_D \\ &= (1/2)\mu U_N l\{10.9/(0.87-\log Re)\} \end{aligned} \quad (2.1\text{-}14b)$$

つまり抗力は，円柱の長さと速度との積に比例する．円柱の直径 d が変化すると，それを基にしたレイノルズ数 Re が変化して抗力係数が変わ

表 2.1-2　冠毛のある種子の例

項目	記号	単位	タンポポ	ノゲシ	イヌコリヤナギ	ハコヤナギ（ポプラ）
学　名	—	—	*Taraxacum platycarpum* Dahlst.	*Sonchus oleraceus* L.	*Salix integra* Thunb.	*Populus sieboldi* Miq.
形　状	—	—				
冠毛全体の径	D	mm	11	9	8	8*
毛の直径	d	μm	20	18	7.5	7.5
毛の長さ	l	mm	5.5	7	5	5
毛の数	n	—	120	20	50	100*
種子のみの大きさ	l_m	mm	—	3	0.8	3
降下速度	U	m/s	0.30	0.3	0.1	0.5〜1.5*

*　バラツキが大きい．　（河内啓二氏のご好意による）

り，間接的に抗力に関与する．

図 2.1-9 に，細毛を円柱としたときの，単位長さ当たりの接線抗力 D_T と法線抗力 D_N とをそれぞれ実線と破線で示した．また図 2.1-10 と表 2.1-2 にいくつかの冠毛のある種子とその諸元を示した．図からどの種子も周りの草よりも高く，風通しのよいところに実がついている様子が見てとれる．一般に落下速度は約 30 cm/s と低く，弱い風のときでも，陽光にキラキラ輝く種子は，十分遠方まで飛んでいく．

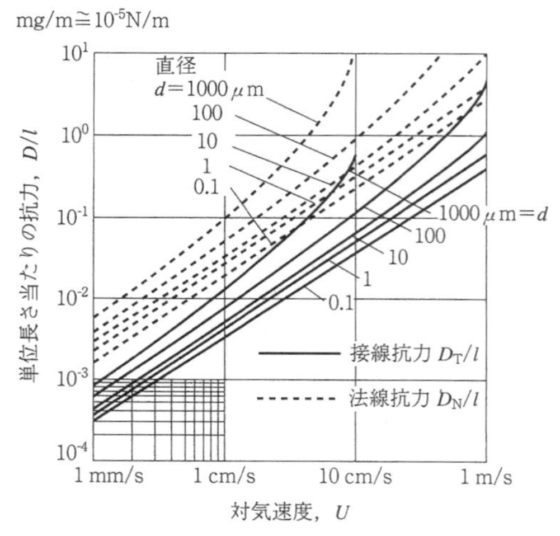

図 2.1-9　細い円柱（細毛）の抗力（東，1979）

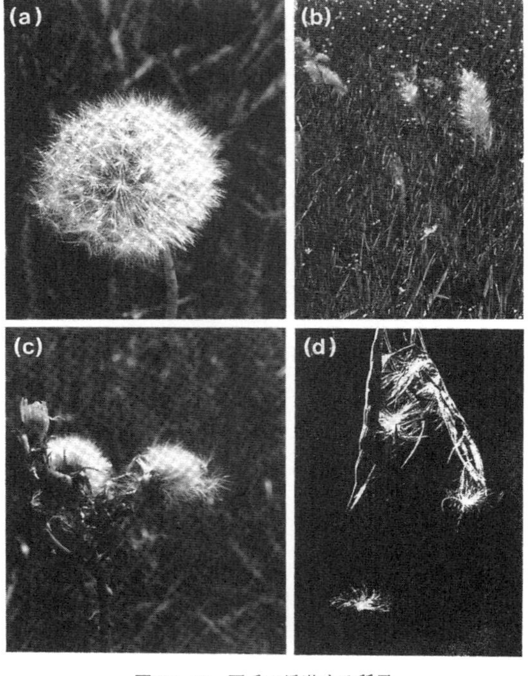

図 2.1-10　冠毛で浮遊する種子
(a)　タンポポ　(b)　チガヤ
(c)　ハルノノゲシ　(d)　テイカカズラ（栗林，1977）

2.1.3　昆　　虫

飛行用具の翅をもつもたないにかかわらず，昆虫が風に乗って飛行する場合がある．特に体長が 1 mm 前後かそれ以下の昆虫，例えばダニとかカイガラムシなどは容易に風に飛ばされて“空中プランクトン”として浮遊する．ある種の節足動物は風のあるときに立ち上がって境界層の外に身を曝し，風に飛ばされて移動する（Washburn & Washburn, 1984）．

タンポポと似た飛行をするのが同翅類のベッコウハゴロモの幼虫である．図2.1-11aに示されるように，広げられた細毛が飛行用具である．

クモの飛行

小春日和の暖かい日に，クモ（主に子グモ）が草の上端や木の梢に上がって尻から糸を流す．糸は上昇気流に乗って図2.1-11bのようにたなびく．やがてそこに働く接線抗力がクモの重量に打ち勝つと，クモは手足を離して空中に飛び出し，風に乗って遠くまで運ばれる（錦，1972）．このような飛行は“バルーニング”と呼ばれ，日本では飛ぶクモを，雪の降る前に見られることから，“雪迎え”と呼ぶ．

このときクモの糸に働く力は，糸が細いので，図2.1-9の実線の接線抗力であり，クモの重量と風速とで糸の長さは異なる．着陸は糸がどこかに引っかかったときか，時にクモ自身が糸を切り離して自然落下するようである．クモは小さいので落下速度は遅く，体を傷つけることはない．なお，糸の生成される安定問題については後述する．

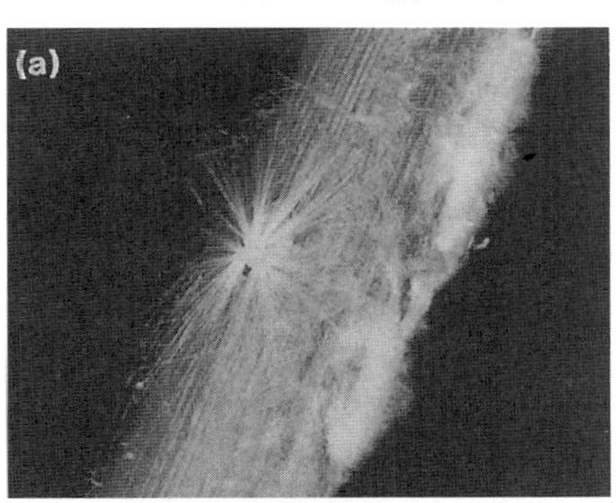

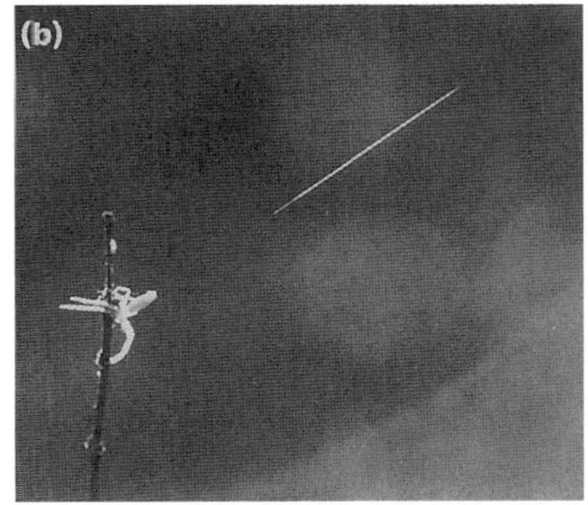

図 2.1-11　細毛で浮遊する昆虫
(a)　ベッコウハゴロモの幼虫
(b)　離陸直前のクモ（錦　三郎氏のご好意による）

跳　躍

昆虫の脚の代表的な例が図2.1-12に示されている．このような長い脚には，筋肉を縮めることで，跳躍に必要な歪みエネルギEを十分作り出すことができる．それが運動エネルギに変換されるとき，質量mの体の動く速さUは，

$$U=\sqrt{2E/m} \qquad (2.1\text{-}15)$$

で与えられる．この運動エネルギがすべて跳躍後の高度の位置エネルギに変換されるものとすると（すなわち真空中での跳躍と思うと），その高度$Z_{max}=H$は

$$H=E/(mg)=U^2/(2g) \qquad (2.1\text{-}16)$$

通常，体に貯えられるエネルギは大雑把にいって，

$$E/m=20\,\mathrm{J/kg}=20\,\mathrm{m^2/s^2} \qquad (2.1\text{-}17)$$

で与えられるので（Bennet-Clark, 1977, 1980），跳躍の初速度Uと，獲得高度Hの上限は大きさ（質量）に関係なく次式で与えられる．

$$\left.\begin{aligned}U&\cong 6.3\,\mathrm{m/s}=U_{limit}\\ H&\cong 2\mathrm{m}=H_{limit}\end{aligned}\right\} \qquad (2.1\text{-}18)$$

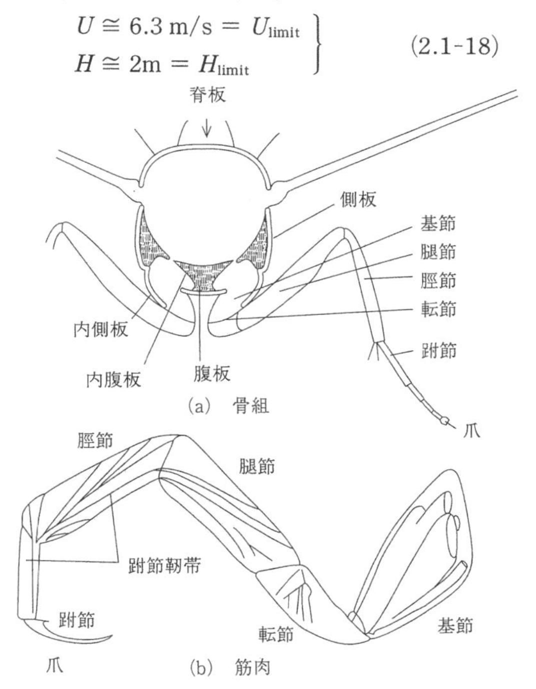

図 2.1-12　昆虫の脚（Chinery ら，1979）

跳躍に当たって，脚で生ずる上向きの力 F が時間 t の間一定にかかっていたとすると，重心が動く加速度 $\dot{U}$ と速度 U は，

$$\left.\begin{aligned} \dot{U} &= U/t = F/m = U^2/(2s) \\ U &= Ft/m \end{aligned}\right\} \quad (2.1\text{-}19)$$

となる．ここに s は力が働いている間の上方向への重心の移動距離である．このときの単位時間当たりのエネルギの変化すなわち“パワ”(または“動力”) P と最高高度 H およびその他の諸量との関係は次のようになる．

$$\left.\begin{aligned} P &= FU = m\dot{U}U \\ P/m &= \dot{U}U = U^2/t \end{aligned}\right\} \quad (2.1\text{-}20)$$

$$\left.\begin{aligned} t &= 2s/U = \frac{U^2}{P/m} = \frac{2(E/m)}{P/m} \\ s &= tU/2 = \frac{U^3}{2(P/m)} = \frac{(2E/m)^{3/2}}{2(P/m)} \\ H &= \frac{(2sP/m)^{2/3}}{2g} = \frac{E/m}{g} \end{aligned}\right\} \quad (2.1\text{-}21)$$

表2.1-3に昆虫の跳躍性能が示されている．後述されるように，鳥類，哺乳類などの単位質量当たりのパワである“比パワ” P/m は，通常10～40 W/kg，単位筋肉当たりで P/m_m = 200 W/kg といった値と考えられている(Bainbridge, 1961；Weis-Fogh, 1964；Bone, 1975；Goldspink, 1980)．これに対して，表に与えられている昆虫のそれが1桁高い理由は，筋肉のエネルギを貯えることができ，それを跳躍時に急速に解放しているからであろう．つまり昆虫の跳躍は，筋肉の瞬間的な収縮のみならず，事前に収縮で貯えた弾性エネルギの急速解放にも依存していると思われる．哺乳類では筋肉を骨に固定する腱や靱帯がその役を担う．

表2.1-3　昆虫の跳躍性能

項目	記号	単位	バッタの成虫	バッタの第1齢	ノミ
高　度	H	m	0.45	0.17	0.10
加速距離	s	m	4×10^{-2}	7×10^{-3}	5×10^{-4}
加速時間	t	s	2.6×10^{-2}	8×10^{-3}	7×10^{-4}
平均加速度	$\dot{U}$	m/s²	110	240	2000
対重力加速度	$\dot{U}/g$	G	11	24	200
速　度	U	m/s	3.07	1.85	1.43
比パワ	P/m	W/kg	338	444	2800
比エネルギ	E/m	J/kg	4.40	1.67	0.98

(Brown, 1963による)

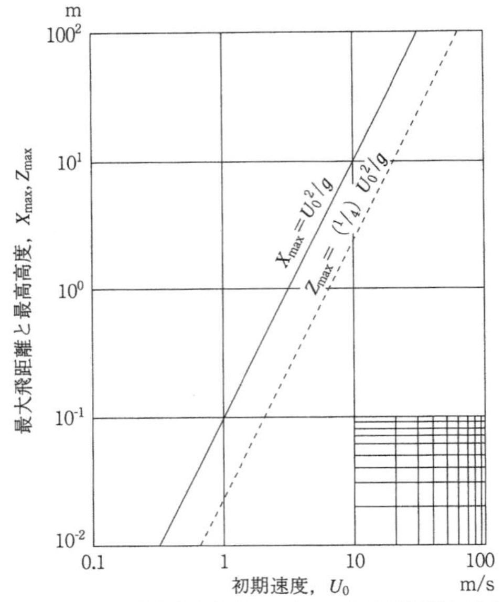

図2.1-13　空気力を無視したときの最大飛距離と最高高度

平地での跳躍で，上方のみでなく前方へも加速されたとすると，空気抵抗を無視し，斜め45°に飛び出したとき($U_{X,0}=U_{Z,0}=U_0/\sqrt{2}$)，最高高度 $Z_{max}=H$ と最大飛距離 X_{max} は，式(2.1-5)から

$$\left.\begin{aligned} Z_{max} &= (1/4)(U_0^2/g) \\ X_{max} &= 4Z_{max} = U_0^2/g \end{aligned}\right\} \quad (2.1\text{-}22)$$

となる．図2.1-13は上の結果を初期速度 U_0 に対して示したものである．

円柱形の液体の安定

2相の流体の接触面には，表面張力が働き，弾性膜面に似た性質をもつことが1.2.1に述べられた．

気泡なり液滴なりを，図2.1-14aに見られるように1方向に引き伸ばして直円柱を作ると，その軸方向の長さ l が直径 d の3倍以上に達する

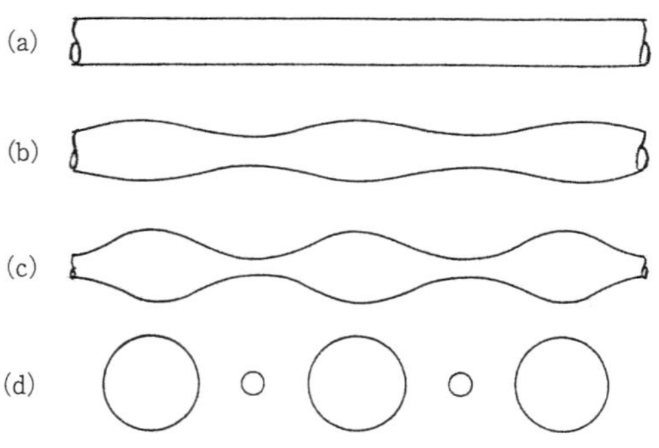

図2.1-14　円柱形の液体の安定 (Thompson, 1942)

と，実は円柱は図2.1-14b, cのようにくびれてしまうか，さらに，図2.1-14dに示されているように，千切れて大小の球に分かれる．Plateauはそれが理論的に$l/d \geqq \pi$であることを示した(Thompson, 1942)．ただし粘性と表面張力とを考慮すると，液柱表面の安定はより長い円柱でも成り立つ(Rayleigh, 1892)．

クモの糸は，腹の分泌腺から粘性の高い液体を空中へ放出することで作られる．糸の放出と同時に，別の腺からより流動性に富んだ物質が一緒に放出され，生乾きの糸の表面に注がれて，Plateauの限界より長い糸が作られたものである(Thompson, 1942)．

2.2 遊　　泳

水中での無動力飛行，すなわち浮遊も，その力学に前節の飛散と特に変わることはない．ただ，すでに第1章の1.2で説明したように，空気の密度ρと動粘性係数νとが標準状態(15℃，1気圧)で，それぞれ$\rho = 1.225\,\mathrm{kg/m^3}$と$\nu = 1.46 \times 10^{-5}\,\mathrm{m^2/s}$であるのに対し，水のそれらは同じ温度と圧力下でそれぞれ$\rho_w = 999.1\,\mathrm{kg/m^3}$と$\nu_w = 1.14 \times 10^{-6}\,\mathrm{m^2/s}$である．すなわち水は密度が約800倍も大きいので，水中速度が空中速度の約1/30で動圧がほぼ等しい大きさとなる．一方動粘性係数は空気のほうが1桁大きいので，水に比べて空気のほうが相対的に粘っこく，水中では空中の場合より体が1桁小さくないと粘性の効果は表れてこない．後述するように，空中では大型昆虫のトンボにみられる形状に対する粘性の効果が，水中では小型の魚のメダカ以下で顕著である．

微小生物の動力を使っての遊泳は，水の粘性を利用した，単純な用具による簡単な遊泳法となる．本節では単なる浮遊と，積極的に動く鞭毛運動と繊毛運動について述べる．仮足を使ってのアメーバ運動は6.1で概説する．

2.2.1 浮　　遊

水中や水面に浮遊して，主として水の動きのままに生活する浮遊生物を“プランクトン”という．

藻　類

図2.2-1aに“植物プランクトン”の例が示されている．代表的な“藻類”は，淡水中にも海水中にも，そして湿った石，木，その他の物の表面，あるいは土壌の中にも生息する．彼らの種類は豊富で，大きさもマイクロメートルからセンチメートルの範囲の単一の細胞のものから，30 mにも及ぶ褐藻類まで存在する．

単細胞の藻類では，後述(2.2.2)の鞭毛で泳ぐものもいるが，植物として浮遊している時代には，自ら周りの水に対して動くものは少ない．有名な北大西洋の褐色藻類のサルガッソは，その名を海の名前に残している海藻集団である．

沈降速度Vは，式(2.1-1)で与えられた釣り合い式から，形式的に

$$V = \sqrt{2\{(\rho_m/\rho) - 1\} g V_B / (SC_D)} \quad (2.2\text{-}1)$$

で求められる．ただし上式はC_Dがレイノルズ数(したがって速度)の関数であるので，完全に閉じた形で解かれている訳ではない．

光合成のために，太陽光の強い水面近くに棲む植物プランクトンは，養分の吸収のためと速く沈むことのないようにするために，大きい抵抗面積$f(=SC_D)$が必要である．そのため図に示されるように多くの張り出し部分をもっている．時に，マリモのように泡をつけて密度を減らして浮くこともある．

珪藻類の中の球形のものは，その直径を100 μm以下にして表面積の割に容積V_Bを減らすことで沈降速度を下げている．また一部の種では丈夫な細胞壁が突出して付属物を作り，これが抵抗体となる．

サンゴの卵

多くの“サンゴ”は春の満月の後4～5日目の夜中に，いっせいに卵と精子を海中に放出する．水中で受精した無数の卵は球形で，海水とほぼ同じか若干小さめの比重をもち，水中を漂いながら水流に乗って分散し，2～3日で刺胞動物に共通の幼生形の“プラヌラ”となる．プラヌラは体長1～2 mmの西洋梨形で体表面に繊毛をもち，それで水中を遊泳する(次節参照)．もうこの時点で褐虫藻を共生させ，重力に逆らって泳ぎ，やがて受精後1週間もすると光のくる方向とは逆に泳ぎ海

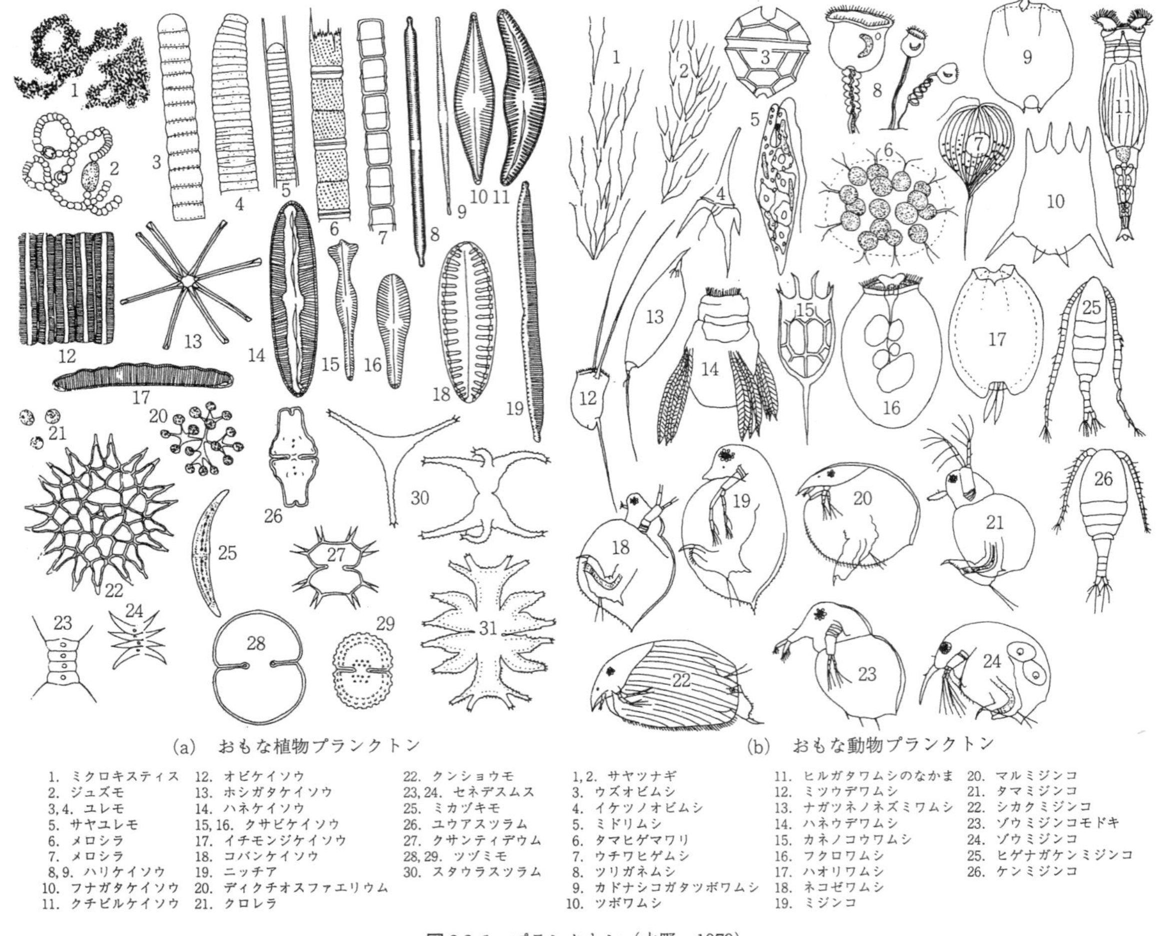

(a)　おもな植物プランクトン

1. ミクロキスティス　2. ジュズモ　3,4. ユレモ　5. サヤユレモ　6. メロシラ　7. メロシラ　8,9. ハリケイソウ　10. フナガタケイソウ　11. クチビルケイソウ　12. オビケイソウ　13. ホシガタケイソウ　14. ハネケイソウ　15,16. クサビケイソウ　17. イチモンジケイソウ　18. コバンケイソウ　19. ニッチア　20. ディクチオスファエリウム　21. クロレラ　22. クンショウモ　23,24. セネデスムス　25. ミカヅキモ　26. ユウアスツラム　27. クサンティデウム　28,29. ツヅミモ　30. スタウラスツラム

(b)　おもな動物プランクトン

1,2. サヤツナギ　3. ウズオビムシ　4. イケツノオビムシ　5. ミドリムシ　6. タマヒゲマワリ　7. ウチワヒゲムシ　8. ツリガネムシ　9. カドナシコガタツボワムシ　10. ツボワムシ　11. ヒルガタワムシのなかま　12. ミツウデワムシ　13. ナガツネノネズミワムシ　14. ハネウデワムシ　15. カネノコウワムシ　16. フクロワムシ　17. ハオリワムシ　18. ネコゼワムシ　19. ミジンコ　20. マルミジンコ　21. タマミジンコ　22. シカクミジンコ　23. ゾウミジンコモドキ　24. ゾウミジンコ　25. ヒゲナガケンミジンコ　26. ケンミジンコ

図 2.2-1　プランクトン（水野，1979）

底に沈んで定着し，変態してポリプとなる．体の周りに石灰を分泌しはじめるとともに，体の一部が分かれて次々と新しいポリプを周りに作ってサンゴの群体を形成する（本川，1985）．

動物プランクトン

図 2.2-1b に示される“動物プランクトン”は植物プランクトンを食物としているので，当然その近くに棲むことになる．植物プランクトンと同じように沈降速度を低く抑えるために，体を小さくして容積 V_B を減らすとともに，その出っ張りを増して抵抗面積を大きくする．自らの遊泳力で移動する動物は“ネクトン”と呼ばれる．例えば橈脚類のカイアシは，短い剛毛，冠毛，刺条，アンテナなどをもち，体表面を大きくするとともに，泳ぎの能力を高めている．泳ぎ方については種ごとに特色があって，個別に後述するが，彼らは一般に日中と夜間とで垂直に移動する．

プランクトンや浮遊生物の多くは，水面上に広くランダムに漂っているのではなく，図 2.2-2 に

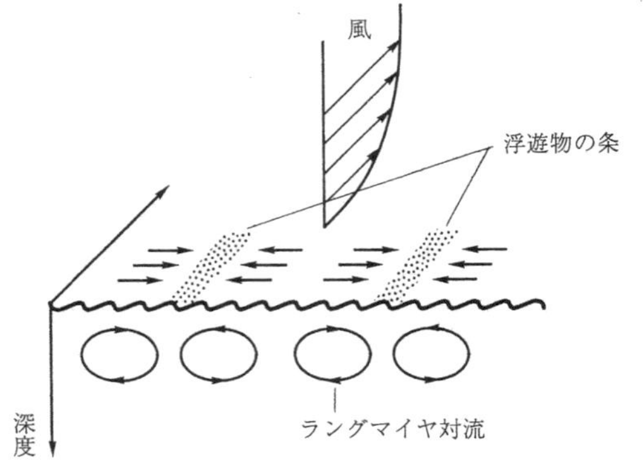

図 2.2-2　ラングマイヤ対流に乗る浮遊物

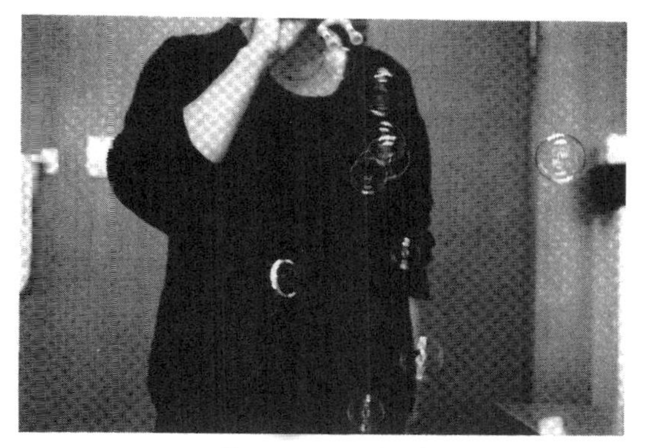

図 2.2-3　シャボン玉

示されるように，一般に長い条を作って流れていく．これは，広い水面に風が吹くと風路に平行な軸をもつ渦状の流れ“ラングマイヤ対流”ができて　浮遊物を条状に集めるからである (Langmuir, 1938)．そこにはプランクトンを求めて小魚も集まり，それを餌にする大きい魚も寄ってくる．

巨視的にみれば，浮遊藻類は海流で流される．したがって，そこに産みつけられた魚の卵も，そこに棲む昆虫も，それを安全な傘の覆いと心得る小魚も，海藻とともに漂流する．例えば黒潮はそういう魚類を北方に運び，栄養豊富な親潮と交わるところで彼らを育てる．

放散虫の骨格

海洋性のプランクトンで微小な放散虫の骨格の形成について，興味ある見方を紹介しよう (Thompson, 1942)．液体には，1.2.1 に説明したように，その表面積をできるだけ小さくしようとする性質があって，その強さを示す量が“表面張力”であった．重力などの外力が無視できる場合には，例えば液滴や泡の形状は，図 2.2-3 のシャボン玉の例にみられるように，表面張力のために，体積一定の条件下で，エネルギ最小，したがって表面積最小形状の球である．

図 2.2-4 は，(a) は立体的な枠の中に張られた石けん膜で，(b) は (a) の石けん膜の形をした針金の枠内にもう 1 つの泡を入れた場合で，そして (c) はそれによく似たカリミトラの骨格を示したものである．また図 2.2-5 は，(a) に同じく立方体の形の針金の枠内に張られた石けん膜で，(b) はそれに似た放散虫リトキューブスの骨格，また (c) は三角柱の形の針金の枠内に張られた泡で，(d) は放散虫プリスマチウムの骨格を示したものである．

以上いずれも珪酸質の膜面への“吸着”という界面現象 (1.2.1) で骨格が形成される様子を示しているようである．

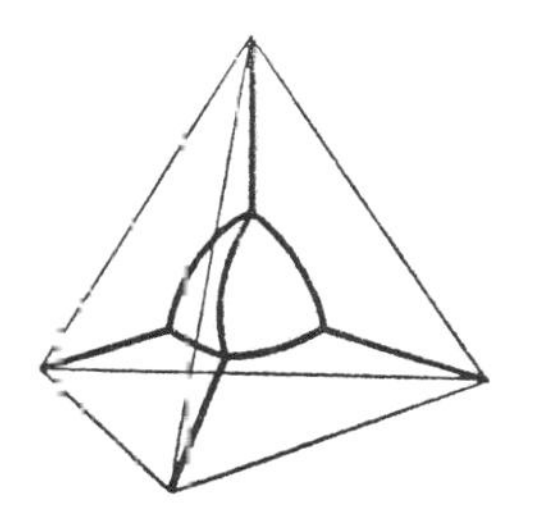

(a)　正四面体の枠の中の泡

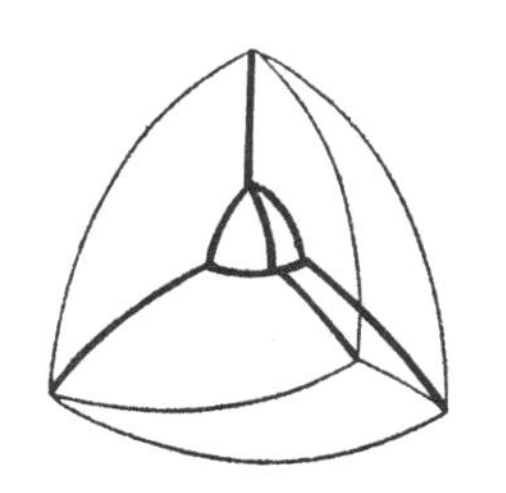

(b)　泡形の枠の中の泡

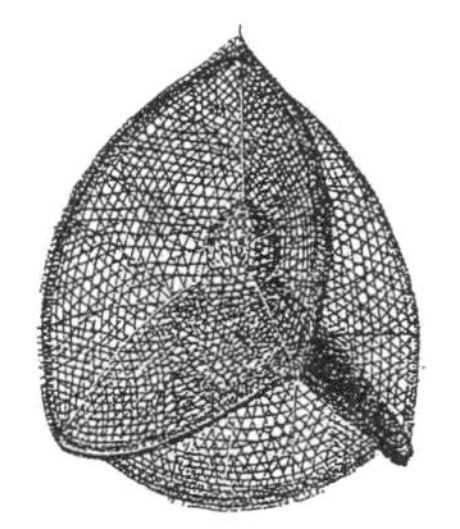

(c)　カリミトラの骨格

図 2.2-4　四面体の針金枠の石けん膜の泡とカリミトラの骨格 (Thompson, 1942)

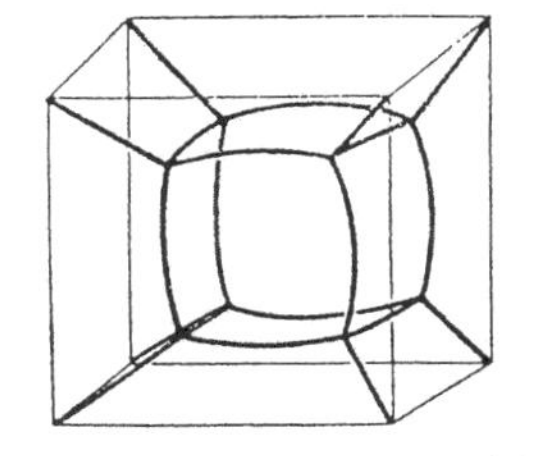

(a)　立方体の枠の中の泡　(b)　放散虫リトキューブスの骨格

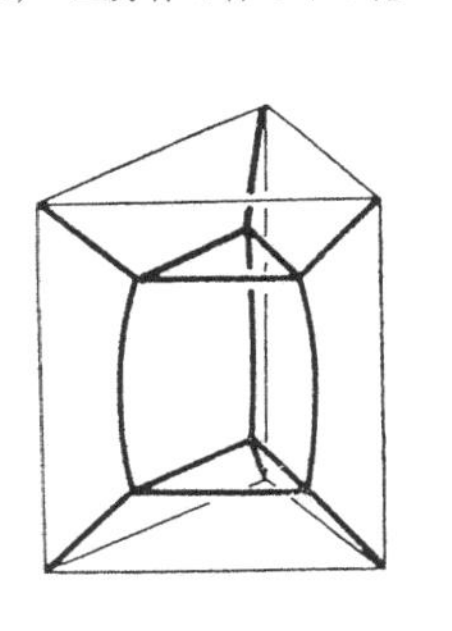

(c)　三角柱の枠の中の泡

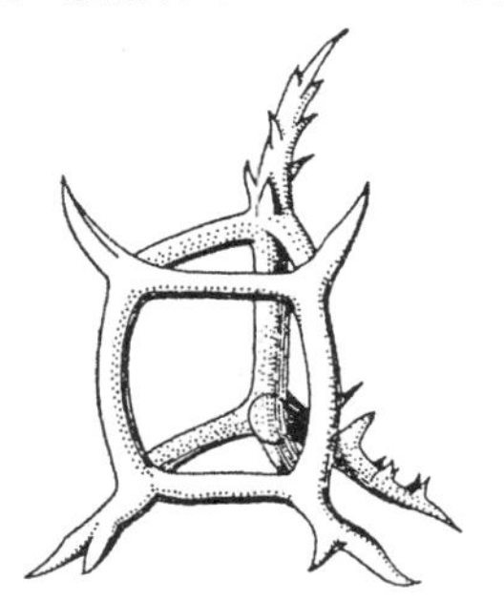

(d)　放散虫プリスマチウムの骨格

図 2.2-5　立方体と三角柱の針金枠の中の石けん膜の泡と放散虫の骨格 (Thompson, 1942；柳田ら，1973)

なお，海綿類のある種がやはり種々の形の骨片を作ることが知られている．

2.2.2　鞭 毛 運 動

微小生物，例えば原生動物の鞭毛虫類，ある種の細菌，藻類や菌類の遊走子や配偶子，あるいは動物の精子などが，水中を運動するのに用いる細長い円柱状の突起を“鞭毛”という．鞭毛は一般にどの種にも共通の大きさと構造をもっている．図2.2-6に示されるように，鞭毛は直径が約0.2 μmで長さが約数μm～数十μmの細胞膜の中に，2本の中心小管があり，それを取り巻くようにスポークで結ばれた9本の小管がある．

鞭毛は微小管の相互の滑り運動により，通常，1平面内に周期的に屈曲変形する．このような“鞭打ち運動”の変形波(屈曲波)は，鞭毛の先の頭部から始まって後方に伝わっていく．このとき図2.2-7のヒトデの精子の例に示されるように，変形波は振幅がほぼ一定の“蛇行運動”となり，精子は頭部を振りながら前進する．これを“鞭毛運動”という．その力学はTaylor (1953)，Hancock (1953)，Cox (1970)，Holwill (1977)，Lighthill (1976)，Wu (1977) などによって研究されてきた．

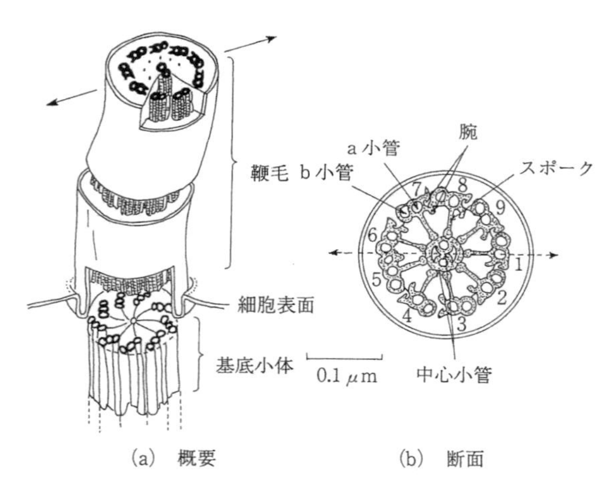

図2.2-6　鞭毛の構造（平本，1979参照）

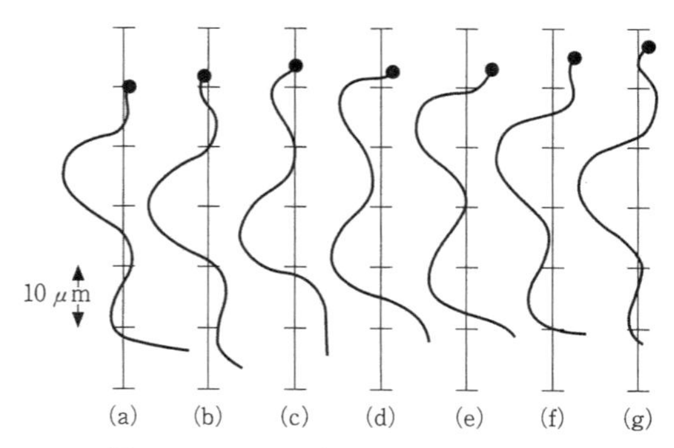

図2.2-7　ヒトデの精子の運動（平本，1979）
4.2 ms 間隔で投影した顕微鏡映画記録をもとにトレースしたもの．

平面波

鞭毛の根元付近の一部を除いて定常波となっている変形波は数学的な正弦波ではない(Hiramoto & Baba, 1978)．しかしそれをフーリエ級数に展開した基本波は，図2.2-8にみられるように，振幅a，波長λ，および伝搬速度Cとしたとき，次式で与えられる．

$$Y = a\sin\{(2\pi/\lambda)(X \mp Ct)\} \qquad (2.2\text{-}2)$$

ここに∓は波を後方に送るときに－を，前方に送るときに＋をとる．この波の動きを，図2.2-9にみられるように，体とともに速度Uで動く座標系に乗って，(a)垂直のスリットと(b)水平のスリットを通して見てみよう．(a)では実際の鞭毛の一部である“実質要素”が，そのスリット内を傾きを変えながら，速度$\dot{Y}$で上下に動く．一方(b)では，鞭毛の“見かけの要素”が一定の傾きを保ちながら後方へ速度Cで動いていく．見かけの要素の後方への動きは，注目している点が鞭毛に沿って後方へ移っていくのである．(a)のスリットで見た実質要素で考えると，上下の対称

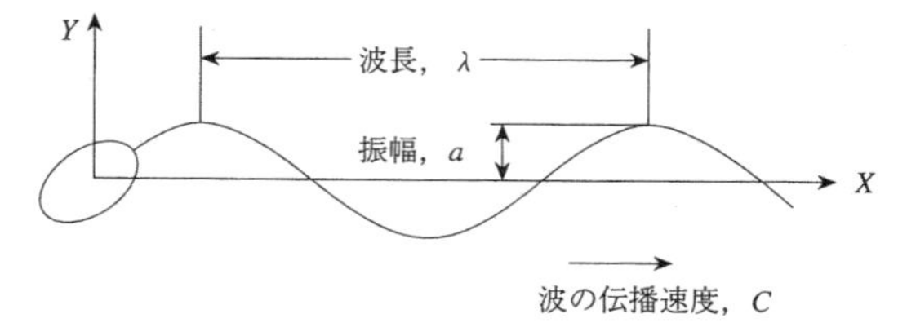

図2.2-8　基本調和振動の波

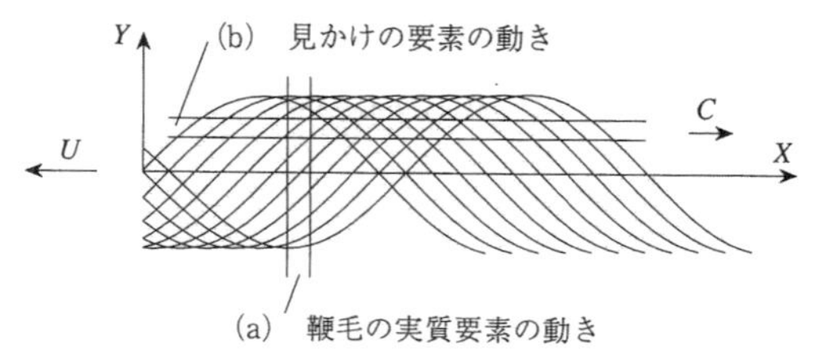

図2.2-9　スリットで見た波の動き（東，1980 a）

の動きでは慣性力による推力を発生しないが，抗力が前向きの成分の推進力を作るとともに，抗力に逆らう動きなのでパワが必要なことがわかる．一方(b)のスリットで見た見かけの要素では，それが後進することで，要素の滑りによる摩擦抗力が小さいと，そこに働く垂直抗力が前向きの推進力を作ることが見てとれる．

鞭毛とともに一様の速度 U で座標系が左に動いていくとき，X 点にある実質要素 $\mathrm{d}s$ の対水速度成分を要素に垂直な成分 V_N と平行な成分 V_T とに分けると，

$$\left.\begin{aligned} V_N &= \dot{Y}\cos\theta + (U-\dot{X})\sin\theta \\ &\cong 2(\mp C+U)(\pi a/\lambda)\cos\{(2\pi/\lambda)(X\mp Ct)\} \\ V_T &= \dot{Y}\sin\theta + (U-\dot{X})\cos\theta \\ &\cong U \pm 4C(\pi a/\lambda)^2\cos^2\{(2\pi/\lambda)(X\mp Ct)\} \end{aligned}\right\} \tag{2.2-3}$$

となる．ここに近似式は変形量が波長に比べて小さいときに成り立つ．このとき傾斜角 θ に対して

$$\left.\begin{aligned} \cos\theta &= \mathrm{d}X/\mathrm{d}s \cong 1 \\ \sin\theta &\cong \theta = \mathrm{d}Y/\mathrm{d}s \\ &\cong 2(\pi a/\lambda)\cos\{(2\pi/\lambda)(X\mp Ct)\} \end{aligned}\right\} \tag{2.2-4}$$

の近似が成り立つものとする．

図 2.2-10 を参照して，要素に垂直な抗力の成分 $\mathrm{d}D_N$ と平行な成分 $\mathrm{d}D_T$ を考えると，レイノルズ数がきわめて小さいので，それぞれの速度成分に比例し，

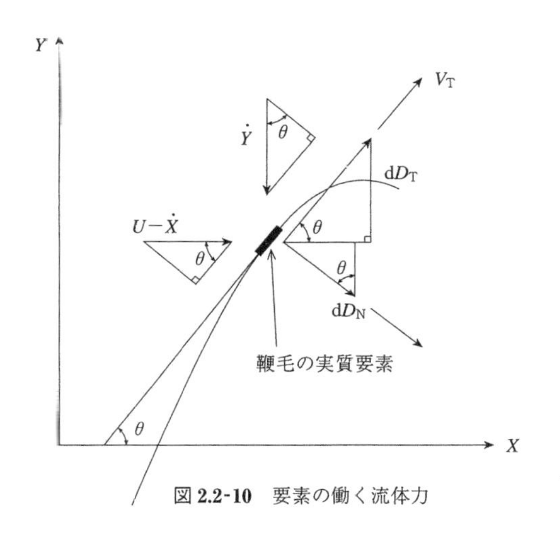

図 2.2-10　要素の働く流体力

$$\left.\begin{aligned} \mathrm{d}D_N &= C_N V_N \mathrm{d}s \\ \mathrm{d}D_T &= C_T V_T \mathrm{d}s = \gamma C_N V_T \mathrm{d}s \end{aligned}\right\} \tag{2.2-5}$$

と与えられる．ここに $\gamma = C_T/C_N$ で，また Chwang & Wu (1974) によれば

$$\left.\begin{aligned} C_T &= 2\pi\mu/\{\ln(4\lambda/d) - (1/2)\} \\ C_N &= 4\pi\mu/\{\ln(4\lambda/d) + (1/2)\} \end{aligned}\right\} \tag{2.2-6}$$

である．全長 l がちょうど n 波長，すなわち $l=n\lambda$ のとき，鞭毛全体の作る推進力 T とパワ P とは，

$$\left.\begin{aligned} T &= -\int_0^{n\lambda}\{(\mathrm{d}D_N/\mathrm{d}s)\sin\theta \\ &\quad + (\mathrm{d}D_T/\mathrm{d}s)\cos\theta\}\mathrm{d}s \\ &= C_N C n\lambda[2(\pi a/\lambda)^2\{\pm 1-(U/C)\} \\ &\quad -\gamma\{U/C\}\pm 2(\pi a/\lambda)^2\}] \end{aligned}\right\} \tag{2.2-7}$$

$$\left.\begin{aligned} P &= \int_0^{n\lambda}\{(\mathrm{d}D_T/\mathrm{d}s)V_T + (\mathrm{d}D_N/\mathrm{d}s)V_N\}\mathrm{d}s \\ &= C_N C^2 n\lambda[2\{1\mp(U/C)\}^2\{\pi a/\lambda\}^2 \\ &\quad +\gamma\{(U/C)^2 \pm 4(U/C)(\pi a/\lambda)^2 \\ &\quad +6(\pi a/\lambda)^4\}] \\ &\cong |T|C\{1\mp(U/C)\} \end{aligned}\right\} \tag{2.2-8}$$

となる (Azuma，1992b)．第 1 項は見かけの要素の動きで生ずる垂直抗力の成分で，第 2 項は鞭毛に平行な抗力の成分である．抗力比 $\gamma=C_T/C_N$ が，平滑表面で $0<\gamma<1$ か剛毛などのある粗表面の $\gamma>1$ であるかで，正の推進力を得るための変形波の伝搬速度 C は，

$$\left.\begin{aligned} C &> U\{2(\pi a/\lambda)^2+\gamma\}/2(\pi a/\lambda)^2(1-\gamma) \\ &\qquad\qquad 0<\gamma<1 \\ C &> U\{2(\pi a/\lambda)^2+\gamma\}/2(\pi a/\lambda)^2(\gamma-1) \\ &\qquad\qquad \gamma>1 \end{aligned}\right\} \tag{2.2-9}$$

となる．以上の諸式から次のことがわかる．(i) 正の推進力を得るためには，抗力比 γ が $\gamma<1$ のときは波を後方へ送り，$\gamma>1$ のときは前方へ送る．またそのときの変形波の伝搬速度は式 (2.2-9) で与えられる．(ii) 推力は $\gamma<1$ のときに速度 $|C\mp U|$，波数 n，および振幅比の 2 乗 $(\pi a/\lambda)^2$ との積にほぼ比例する．(iii) パワはほぼ推進力と速度 $|C\mp U|$ との積に比例する．

頭部が直径 a_0 の球とみなせるとき，それが速度 U で進行する場合の抗力 D は，粘性の強い流体中では

$$D = 6\pi\mu U a_0 \quad (2.2\text{-}10)$$

で与えられる(東，1993)．定常遊泳では推進力Tはこれと釣り合うので，$T=D$である．頭部の抗力が無視できるときは$T=0$である．

生態内のパワ損失を考えない力学的な"フルード効率"ηは

$$\eta = |T|U/P = (U/C)/\{1+(U/C)\} \quad (2.2\text{-}11)$$

となる．この効率は(i)流体の粘性μ，波長λおよび体の大きさすなわち波の数nには無関係で，(ii)波を後方へ送るときは，UがCに近づくにつれて大きくなる．

全体がちょうどn波で終わっていないときは，その差の補正が必要である(Azuma，1992b)．

らせん波

バクテリアなどでは，図2.2-11に示されるように，鞭毛は平面運動ではなく，根元がモータで振り回されたらせん波が伝搬される．鞭毛自体に回転運動が伴わなくても，直交する2平面内に，変形波を位相をずらして送ると，やはりらせん波が得られる．根元付近の一部を除いて定常波となった部分を考えると，図2.2-12を参照して，らせん波は円柱座標系(X, R, ψ)において

$$R = a,\ \psi = (2\pi/\lambda)(X \mp Ct) \quad (2.2\text{-}12)$$

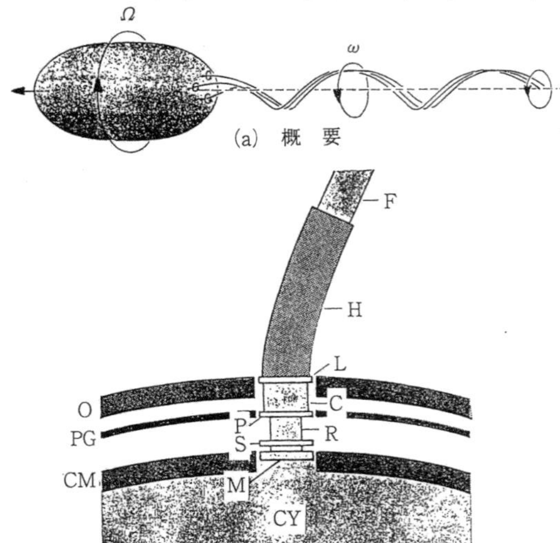

C：シリンダ，CM：細胞膜，CY：細胞質，F：フィラメント，H：フック，L：L環，M：M環，O：外表膜，P：P環，PG：ペプチドグリカン層

図2.2-11　らせん運動をする鞭毛の模式図(平本，1979)

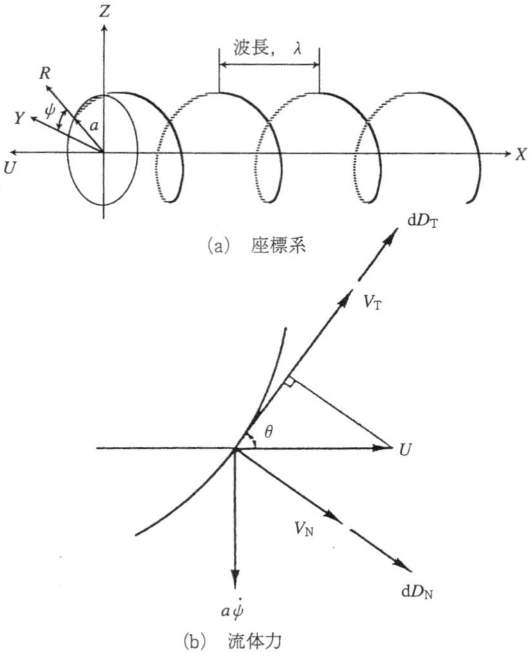

図2.2-12　らせん運動の座標系と流体力

と表される．記号$\mp$は波を後方へ送るときが$-$で前方へ送るときは$+$である．接線および法腺方向の速度成分(V_T, V_N)は後ろ向きを正とし，それぞれ

$$\left.\begin{aligned} V_T &= \{U \pm (2\pi a/\lambda)^2 C\}/\sqrt{1+(2\pi a/\lambda)^2} \\ V_N &= \{U \mp (2\pi a/\lambda)/\sqrt{1+(2\pi a/\lambda)^2} \end{aligned}\right\} \quad (2.2\text{-}13)$$

となり，そしてn波長分の推力TとパワPは次のようになる．

$$\left.\begin{aligned} T &= -\int_0^{n\Lambda}\{(\mathrm{d}D_N/\mathrm{d}s)\sin\theta \\ &\quad +(\mathrm{d}D_T/\mathrm{d}s)\cos\theta\}\mathrm{d}s \\ &= C_N C n\Lambda[\{\pm 1-(U/C)\}(2\pi a/\lambda)^2 \\ &\quad -\gamma\{(U/C)\pm(2\pi a/\lambda)^2\}]/ \\ &\quad \{1+(2\pi a/\lambda)^2\} \end{aligned}\right\} \quad (2.2\text{-}14)$$

$$\left.\begin{aligned} P &= \int_0^{n\Lambda}\{(\mathrm{d}D_N/\mathrm{d}s)V_N+(\mathrm{d}D_T/\mathrm{d}s)V_T\} \\ &= C_N C^2 n\Lambda[\{1\mp(U/C)\}^2(2\pi a/\lambda)^2 \\ &\quad +\gamma\{(U/C)\pm(2\pi a/\lambda)^2\}^2]/ \\ &\quad \{1+(2\pi a/\lambda)^2\} \end{aligned}\right\} \quad (2.2\text{-}15)$$

ここに

$$\Lambda = \lambda\sqrt{1+(2\pi a/\lambda)^2} \cong \lambda \quad (2.2\text{-}16)$$

である．これから推力が正であるためには式

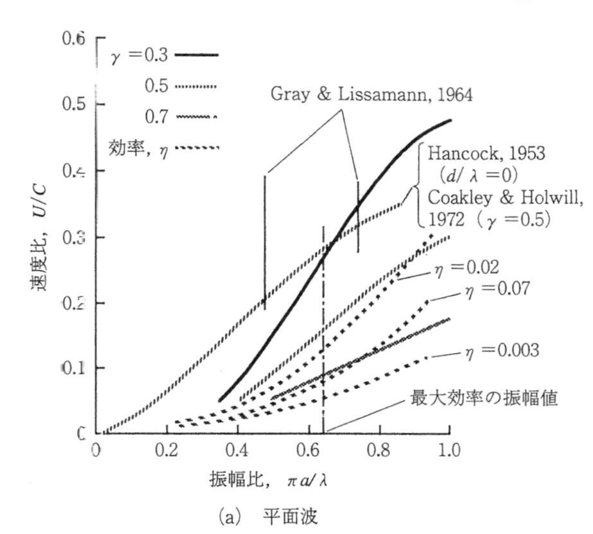

(a)　平面波

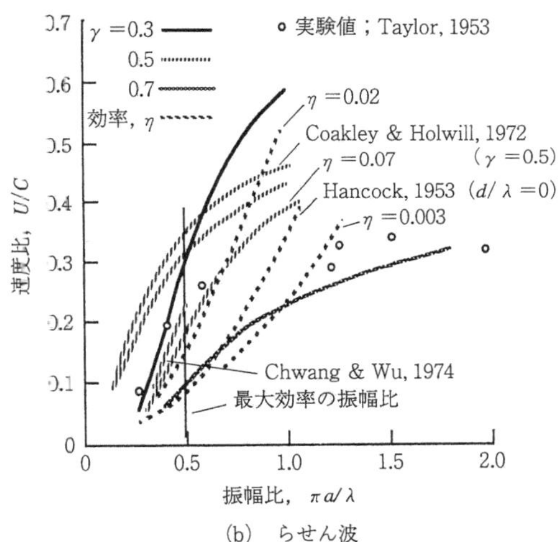

(b)　らせん波

図 2.2-13　極大効率を与える速度比（Azuma，1992 b）

(2.2-9) と似た

$$\left.\begin{array}{ll} C > U\{(2\pi a/\lambda)^2+\gamma\}/(2\pi a/\lambda)^2(1-\gamma) & \\ & 0<\gamma<1 \\ C > U\{(2\pi a/\lambda)^2+\gamma\}/(2\pi a/\lambda)^2(\gamma-1) & \\ & \gamma>1 \end{array}\right\} \tag{2.2-17}$$

が得られる．頭のある場合は推力 T はその抗力 D と釣り合ったとき ($T=D$)，定常遊泳となる．

ところで，鞭毛に回転によるらせん波を起こしたときには，頭部のほうが同じ反トルク $Q_{\rm head}$

$$Q_{\rm head}=8\pi\mu a_0{}^3\Omega \tag{2.2-18}$$

を受けて逆方向に角速度 Ω で回転する．鞭毛の回転速度 ω は，それの頭部に対する相対的な角速度 ω_b と頭部の回転速度 Ω との差で

$$\omega=\omega_b-\Omega=(2\pi/\lambda)C \tag{2.2-19}$$

で与えられる．したがって，頭部の抗力 D を速度 U で推進するための効率 η は

$$\left.\begin{array}{l} \eta=(DU+Q_{\rm head}\Omega))/P=TU/P+\Omega/\omega \\ \quad =(U/C)[\{\pm1-(U/C)\}(2\pi a/\lambda)^2 \\ \qquad -\gamma\{(U/C)\pm(2\pi a/\lambda)^2\}]/ \\ \qquad [\{1\mp(U/C)\}^2(2\pi a/\lambda)^2+\gamma\{(U/C) \\ \qquad \pm(2\pi a/\lambda)^2\}^2] \\ \qquad +P/8\pi\mu a_0{}^3(2\pi C/\lambda)^2 \end{array}\right\} \tag{2.2-20}$$

となる．

効率 η は各振幅比 $\pi a/\lambda$ および抗力比 γ に対して極大値があって，最大値でも，平滑表面では $\gamma=0.4\sim0.5$，$\pi a/\lambda=0.5\sim0.6$ あたりで，10% 以下に過ぎない (Azuma，1992b)．図 2.2-13 には観測値とともに理論計算した極大効率を与える速度比 U/C を，抗力比 γ をパラメタに，振幅比 $\pi a/\lambda$ の関数として示した．大雑把にいって，大きい振幅比では，速度比は $U/C\cong0.5$ に近づく．

前進波を送る生物

体はそれほど微小ではないが，前進波を送って前進する生物を紹介する．図 2.2-14 には植物性鞭毛虫が (a) 平面波を送るときと，(b) らせん波を送るときとが模式的に示されている．細長い体に剛毛が生えているために体長方向の抗力が大きく $\gamma>1$ と思われる．ほかにも例えばゴカイが，水中では平面波を進行方向に送って泳ぐことが知

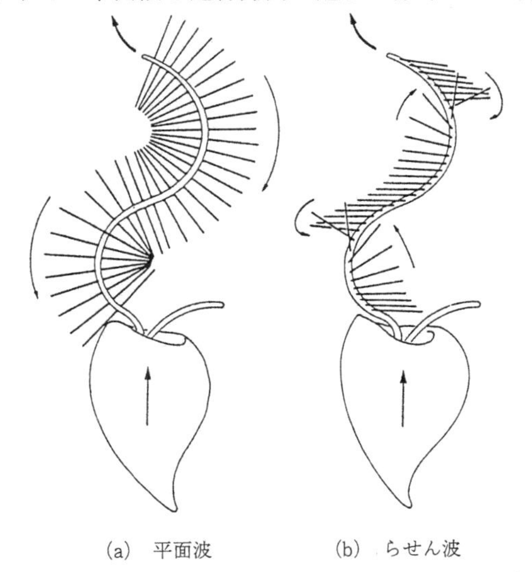

(a)　平面波　　　(b)　らせん波

図 2.2-14　植物性鞭毛虫のサヤウナギ（Holberton，1977）

られている(Lighthill, 1975b；東, 1980a). 代表的な例として, 例えば$\gamma=1.5$のとき, 大きい振幅比では, 波の方向は逆であるが前述の平滑表面の場合($\gamma\cong 0.5$)同様に, 速度比はやはり$U/C\cong 0.5$に近づく(Holwill & Sleigh, 1967).

剛毛は波の前進に伴って, 図2.2-14内の曲線の矢印で示した空いている部分で, ちょうどボートのオールを漕ぐように動いて推進力を作っていることが, 図から理解できる.

2.2.3 繊毛運動

単独または複数個の鞭毛を束ねて, 平面波またはらせん波を送って推進するのと違って, 動物がその体表面にある多くの細い"繊毛"の列に順に屈曲の変形波, すなわち鞭打ち運動を送って泳ぐ方法を"繊毛運動"という. 図2.2-15に繊毛運動で泳ぐ繊毛虫類や軟体動物の幼生形を例示した.

図2.2-16にある繊毛の動きの時間経過が示され, 動きの前後進に応じて, (a)正常流を作る場合と(b)逆流を作る場合との両者について, 個々の繊毛が数字の増しとともに変形していく様子がわかるようになっている. 例えば鞭打ちをアクティヴに行う"パワ・ストローク"では, 1の番号の繊毛は, 広い空間を, 十分伸び切って, 矢印のように強力に後方に向かって鞭打たれて推力を作りつつ, 2から3と変形していく. しかし戻しの"リカヴァリ・ストローク"では, 繊毛は, 負の推力を作らぬように十分寝かされて前方へ戻され, 次のパワストロークに備える. 体表面に並んでいる繊毛全体の動きは, 図2.2-17にみられるように, 時間が少しずつずれた同期状態で制御され, 繊毛の先端の破線で示された波状の包絡面が, 時間の経過とともに, 進行方向と同じ方向に進む. この動きで繊毛に働く粘性の強い流体力が生物本体を目的の方向に運ぶのである.

なお, 動物の体内の諸器官には, 流体を輸送する目的の繊毛の列があって, 例えばわれわれの体の気管も肺の汚物除去のために繊毛が働いている. 有櫛動物のウミフクロウの櫛状の板の列も図2.2-16のような変形運動で流体を動かす(Barlow & Sleigh, 1993).

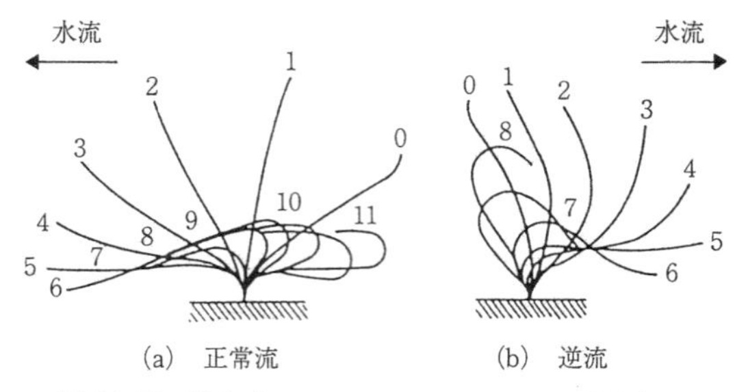

図2.2-16 繊毛(*Hemicentrotus pulcherrimus* の幼生)の鞭打ち運動(Baba, 1974)

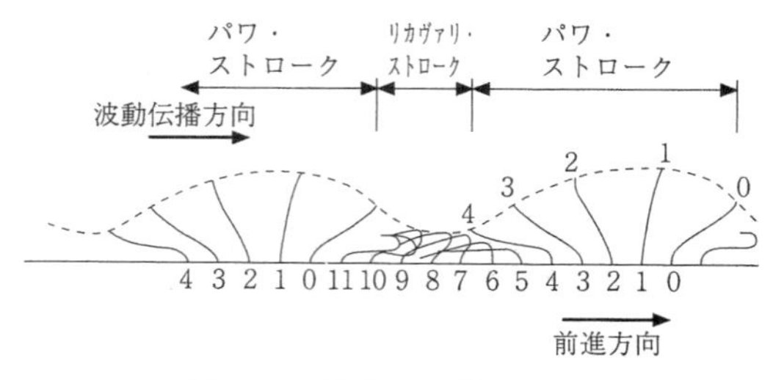

図2.2-17 繊毛運動(東, 1986)

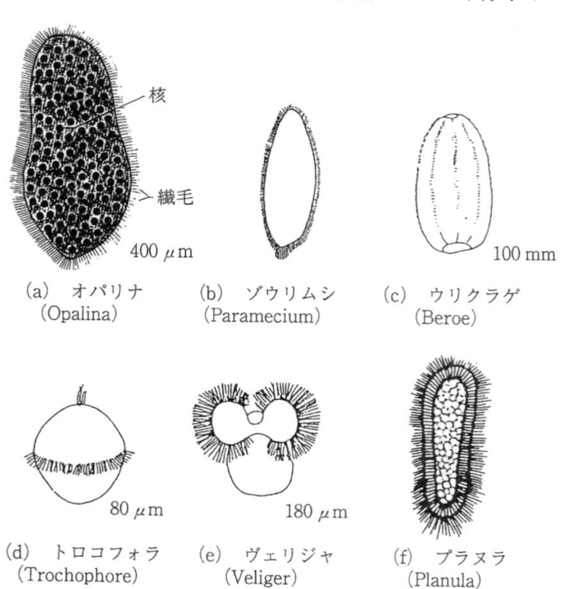

図2.2-15 繊毛で動く生物

第 3 章 無動力飛行

もともと水から産まれた生物の比重は約 1 なので，それより大雑把にいって 1/1000 も比重の小さい空気中での飛行は，まず空中に体を浮かせるための工夫が要求される．微小生物では，重力の影響が小さかったので，差し当たり飛行用具は不要であったが，体が大きくなると，重力に逆らっての飛行には最も優れた“翼”が使われる．

翼は，進行方向後ろ向きに働く抗力の，何倍あるいは何十倍もの上向き揚力が働くという大変ありがたい飛行用具なのである．揚力と抗力の比が大きいことは，無動力の滑空に当たって飛距離と高度落差との比が大きいことで，翼は翼弦に対して翼幅が大きいほど滑空性能がよくなる．そこで上昇風の利用しやすい陸上での陸鳥の滑空よりは，それのしがたい海上での滑空にたよる海鳥の翼は，陸鳥のそれよりはるかに細長い．

滑空の代わりに翅果の多くは，自動回転で降下率を下げ，着地までの間に風に乗りやすくして遠距離の分散をはかる．おかげで回転円板面面積は大きいが翼面積は小さくて済む．

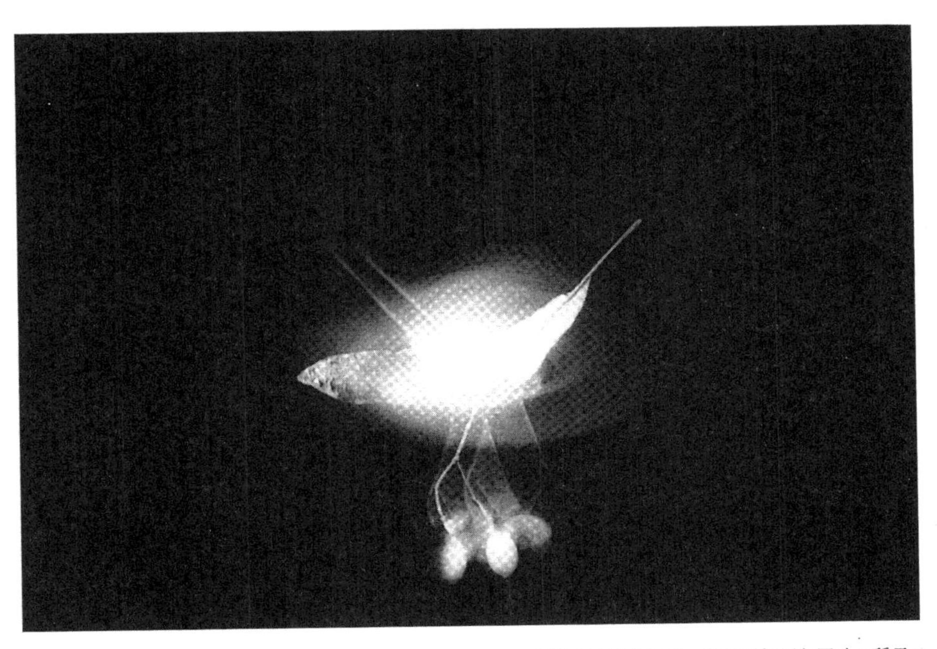

ボダイジュの種子の自動回転降下（ストロボ・フラッシュの下での撮影なので，回転円板面と同時に種子の形状も判る；安田邦男氏のご好意による）

3.1　翼

翼というのは，一般に進行方向に垂直な長さが平行な長さより大きく，上下に薄い板状のもので，その前縁を上に傾けて前進したとき，そこに働く流体力の，進行方向に対して垂直上向きに働く成分，すなわち"揚力"が，平行後ろ向きに働く成分である"抗力"より大きいもの，すなわち，揚力と抗力との比"揚抗比"が1より大きいものをいう．本節では，まずその翼のもつ性質をしばらく考えてみよう．

3.1.1　2 次 元 翼

翼の進行方向に対して垂直方向の横の幅，"翼幅"が，進行方向に平行な縦の長さ，"翼弦"より十分大きく，翼端の影響が流体力にほとんど影響しないような翼を"2次元翼"という．2次元翼の空力特性は，したがって，翼の断面形である"翼型"で定まる．

対称翼

翼型が，図3.1-1bの中に見られるように，上下対称の流線形であるとき，流速Uに対する翼弦の角度，"迎角"，αを0の状態から徐々に"頭上げ"(正の方向)に変えていくと，2次元翼の単位翼幅当たりに働く揚力lと抗力dとは増加していくが，前縁から翼弦長cの1/4だけ後方の点($c/4$)周りのモーメント$m_{c/4}$は不変である．

この力やモーメントを，前者は"動圧"(1/2)ρU^2と翼弦長cとの積で，後者は動圧と翼弦長の2乗との積で割って，それぞれ無次元化した係数，すなわち"揚力係数"C_l，"抗力係数"C_d，および"モーメント係数"$C_{m,c/4}$，

$$\left.\begin{aligned} C_l &= l/\{(1/2)\rho U^2 c\} \\ C_d &= d/\{(1/2)\rho U^2 c\} \\ C_{m,c/4} &= m_{c/4}/\{(1/2)\rho U^2 c^2\} \end{aligned}\right\} \quad (3.1\text{-}1)$$

は，図3.1-1に示されるように，(a)迎角の関数または(b)揚力係数の関数として表すことができる．特に揚力係数と抗力係数との関係を示した図は"揚抗曲線"または"極曲線"と呼ばれる．なお図には，(b)の翼型の点線で示されるように，翼の下向き後方に，後述の"スプリットフラップ"と呼ばれる板を取り付けて，(A)それを閉じたままにしておいたとき($\delta_f = 0°$)，(B)それを下面に折曲

(a)迎角に対して

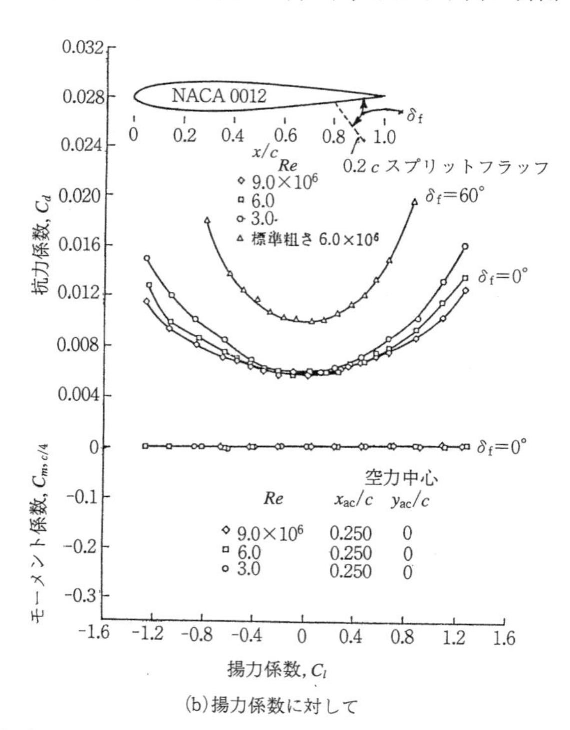

(b)揚力係数に対して

図3.1-1　対象翼の翼型特性（Abott & Doenhoff, 1949）

げて開いた形にしたとき($\delta_f=60°$)および(C)フラップは閉じたままで翼形表面を粗くした"標準粗さ"(61 cm の翼弦長の横型で実験したときに，翼型上下面に沿って前縁から翼弦長の 8 % のところまで，面積にして 5～10 % の範囲に，研磨材の粒径 0.27 mm のカーボランダムを薄く貼布したもの)のあるときの各係数の変化が示されている．その特色は次の通りである．(i)揚力係数 C_l は迎角に対して線形に増え，その傾斜("揚力傾斜") $a_0=\partial C_l/\partial\alpha$ は理論値 $2\pi=6.28$ に近い $a_0=6.21$ である．実用的には，この傾斜はどの翼型に対しても共通に，少し低い値の $a_0=5.73$ がよく使われる．(ii)迎角がある範囲，本例の $\delta_f=0°$ では，7° を越すあたり($\alpha<7°$)で揚力係数 C_l の直線性がくずれ傾斜が減少し，(C)の場合最大値 $C_{l\max}=1.0$ ($Re=6.0\times10^6$，標準粗さ)または(A)の場合 1.6 ($Re=9.0\times10^6$)を経て，揚力係数は急減する．この状態を"失速"と呼ぶ．(iii)揚力係数が 0 のときの迎角，"零揚力角" $\alpha_{C_l=0}$ は 0 である，$\alpha_{C_l=0}=0$，(iv)迎角が 0 から増加すると，抗力係数 C_d は徐々に増え，失速後は急激に増大する．(v)"最小抗力係数" C_{d_0} は揚力係数 0 のときで，その値は，滑らかで粗さがないと $C_{d_0}=0.006$ を少し切るくらいの値であるが，標準粗さで $C_{d_0}=0.010$ に近くなる．(vi)モーメント係数 $C_{m,c/4}$ は失速以下の迎角，$\alpha<\alpha_s$ では $C_{m,c/4}=0$ であるが，失速後は負(頭下げ)に増す．(vii)フラップ操作で，揚力係数は平行移動して増え，本例($0.2c$, $\delta_f=60°$)では $\alpha=0$ における揚力係数の増加は $\Delta C_l=1.4$ である．すなわち $\partial C_l/\partial\delta_f=1.34$ である．(viii)フラップ操作により，モーメント係数 $C_{m,c/4}$ も急激に減って，ほぼ $C_{m,c/4}=-0.23$ 前後の値となり，しかも失速後はさらにそれが負(頭下げ)に増大する．

反りのある翼型

翼型の上下面の座標(y_u, y_l)は，翼弦方向の位置 x の関数で与えられるが，それを図 3.1-2 のように分解して，"厚み" $t=y_u-y_l$ と"反り"(または"キャンバ") $h=(1/2)(y_u+y_l)$ との和としても与えることができる．

$$\left.\begin{aligned} y_u &= h+(1/2)t \\ y_l &= h-(1/2)t \end{aligned}\right\} \quad (3.1\text{-}2)$$

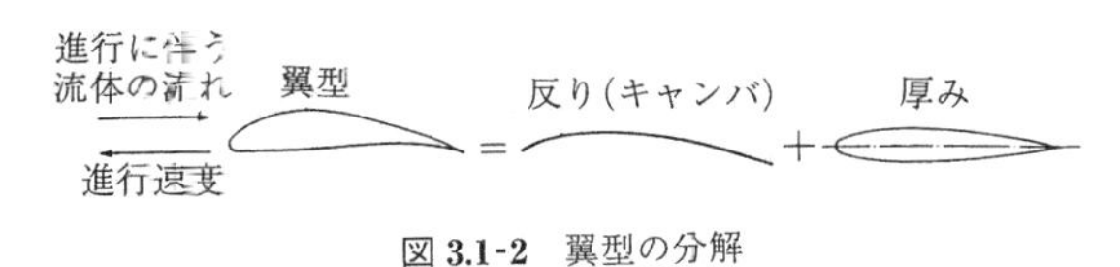

図 3.1-2　翼型の分解

図 3.1-1 に示された翼型 NACA0012 は，反りがなく($h=0$)，厚みが 12 % ($t/c=0.12$)の対称翼であった．図 3.1-3 には，反りのある($h>0$)他の翼型についての特性を示した．これらの翼型の特色を述べると次のようになる．(i)揚力傾斜はいずれも 2π に近く，翼型によりそれほど変わらないが，(ii)零揚力角は上に凸の反りの大きい翼型ほど負で大きくなる($\alpha_{C_l=0}<0$)，いい直すと反りに応じて迎角 0 のとき($\alpha=0$)の揚力係数は正で大きくなる．(iii)"最大揚力係数" $C_{l\max}$ も反りの大きいほど大きい．(iv)失速後の揚力の落ちは翼型により異なる．(v)モーメントは失速していなくても 0 でなく，上に凸に反りのある普通の翼型では負の値($C_{m,c/4}<0$)となる．しかし(iv)後縁に反り上がりの"リフレクション"があると(E340)正の値($C_{m,c/4}>0$)となる．(vi)翼面の前半を層流状態に保持する"層流翼型"の NACA63$_3$-018 や FX61-184 では，ある迎角範囲で顕著に抵抗係数が低下する．

このような翼型では，流線形の厚み分布が，ある迎角範囲内で流体を表面に沿って滑らかに流すために利用されているのに対して，反りが零揚力

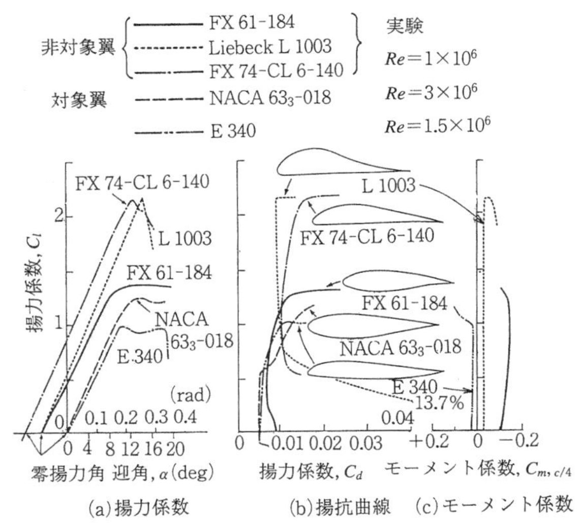

(a)揚力係数　(b)揚抗曲線　(c)モーメント係数

図 3.1-3　2 次元翼型特性(Friedmann & Yuan, 1977；Liebeck, 1978；Greenberg, 1947；Loftin & Bursnall, 1946)

角の移動，最大揚力係数およびモーメント係数に影響を与えている．ある点周りのモーメント係数 C_m が，迎角 α の変化に対して不変であるような点，

$$\partial C_m/\partial \alpha = 0 \tag{3.1-3}$$

を“空力中心”acと名づけ，座標 $(x_{ac},\ y_{ac})$ と表す．通常 x_{ac} は $c/4$ に近く，$y_{ac} \cong 0$ とみなせる．これに対して，ある点周りのモーメントが0であるような点，

$$C_m = 0 \tag{3.1-4}$$

を“風圧中心”cpと呼ぶ．つまり風圧中心は流体力の働く中心点とみなせる．薄い翼では，近似的に

$$x_{cp} = x_{ac} - C_{m,ac}/C_l \tag{3.1-5}$$

の関係が成り立つ．

後縁が上方へ反る翼型

翼型の反りを負 $(h<0)$ すなわち下に凸にするか，またはリフレクションをつけるかすると，前述のように $C_{m,c/4}$ が正になり，したがってそれに釣り合う $(c/4$ より$)$ 前方の重心回りのモーメントの傾斜が，零揚力角より大きい迎角範囲で負 $(\partial C_{m,c/4}/\partial \alpha < 0)$ となり，迎角が大きくなるとこれを打ち消すような頭下げのモーメントが働く．つまりこのような翼は単独で復元モーメントをもつ安定化された翼型といえる．円弧翼型では，迎角の変化に対して，モーメントは，上に凸のものは負の一定値，下に凸のものは正の一定値となる．

図3.1-4は(a)後縁に反り上がりのある翼型と(b)そうでない上に凸の翼型の風圧中心cpが，迎角変化に対してどう変化するかを示したものである．(a)では零揚力角より大きい迎角，$\alpha > \alpha_{C_l=0}$ すなわち $C_l>0$ で迎角が増すと，はるか前方から風圧中心が後方に移動してくるので，迎角を減らすように働く，つまり安定化の特性をもっている．ところが零揚力角より小さい迎角，$\alpha < \alpha_{C_l=0}$ すなわち $C_l<0$，では迎角の増しに対して，負の揚力が働く風圧中心が後退するので，頭上げのモーメントとなって不安定化の特性となる．これに対して(b)では，$\alpha > \alpha_{C_l=0}$，$C_l>0$ の範囲で，迎角の増しに対して正の揚力の風圧中心が，はるか後方から前進してくるので不安定化，

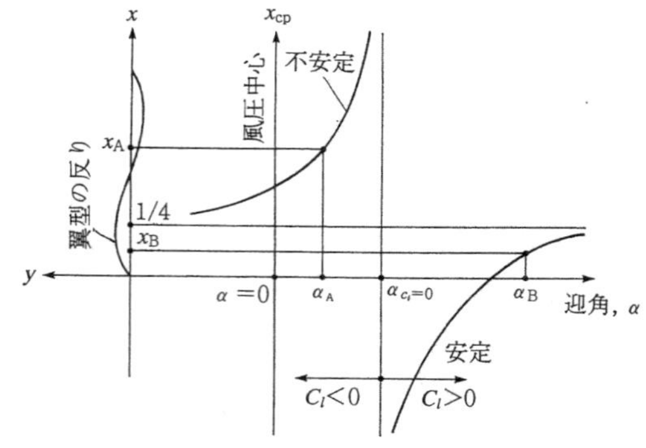

(a) 後縁に反り上がりのある翼型

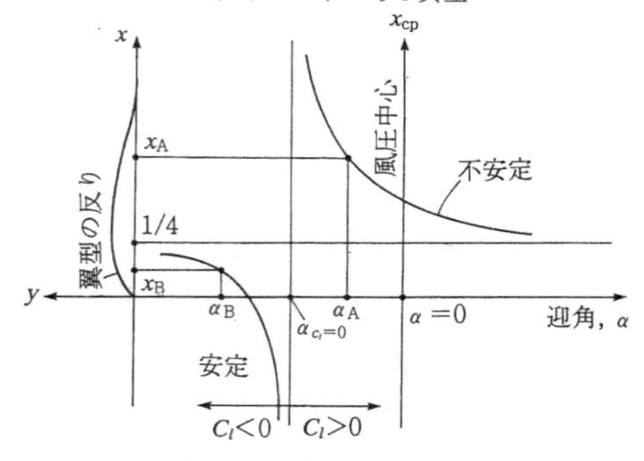

(b) 普通の上に凸の翼型

図 3.1-4　迎角に対する風圧中心の位置 (Azuma, 1992b)

また，$\alpha < \alpha_{C_l=0}$，$C_l<0$ の範囲で，迎角の増しに対して，負の揚力の風圧中心が前進するので，安定化の特性をもつ．

厚みの影響

翼型に流線形を与える厚みの翼型特性に与える影響は，最大揚力係数 $C_{l\max}$ に対するものが大きい．すなわち普通の翼型では，$t/c=0.12$ 程度が，そして層流翼型では $t/c=0.14$ 程度が最大値を与える．それより薄くてもまた厚くても最大値は若干減少する．

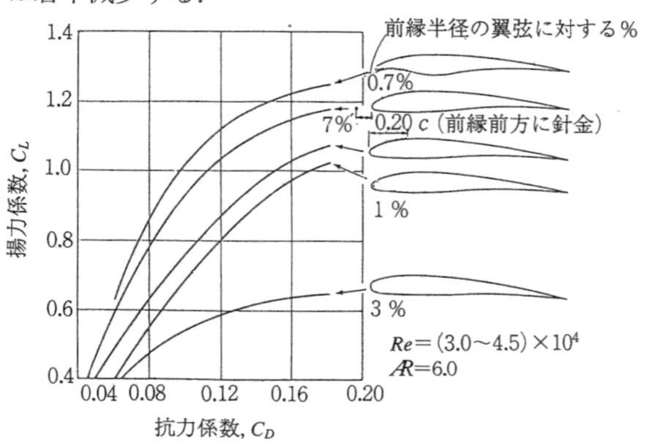

図 3.1-5　低レイノルズ数における揚抗曲線 (Pope & Harper, 1966)

レイノルズ数の影響

ある程度以上大きい“レイノルズ数”($Re>10^5$)に対しては，一般に Re の増しとともに最大揚力係数 $C_{l\max}$ は大きくなり，最小抗力係数 C_{d_0} または $C_{d\min}$ は小さくなる．しかしレイノルズ数が小さくなると($Re<10^4$)，3次元翼の例ではあるが図3.1-5に示されているように，いわゆる流線形の翼型よりも先の尖った翼型，あるいは先に粗さのある翼型のほうが揚抗比は大きくなる(3.4.2および4.4.1参照)．

粗さの影響

上述のように，低レイノルズ数では，ある程度の前縁の鋭さや表面粗さが，翼の揚抗比を増加させることがある（岡本ら，1996；安田・東，1997)．また，翼弦を基にしたレイノルズ数が大きくても，粗さの高さや境界層の厚みを基にしたレイノルズ数が小さい範囲では，粗さが抵抗減につながることも知られている(Walsh，1982；Lin & Walsh，1984)．

フラップ

低速飛行では，翼弦 c を大きくして翼面積 S を増し，同じ揚力係数 C_L でも“揚力面積”SC_L を大にするか，翼の上に凸のキャンバ(反り)を大きくして，最大揚力係数 $C_{L\max}$ を大きくするとよい．その両方の条件を満たす方法が，図3.1-6に示されるような“フラップ”を張り出すことである．フラップには大きく分けて(a)“後縁フラップ”と(b)“前縁フラップ”があって，そのいくつかが図に例示されている．

“スプリットフラップ”の場合には，翼弦 c が変わらないが，その他のフラップでは一般に翼弦 c が，したがって翼面積 S が増えるので，元の翼弦または翼面積で無次元化した空力係数はそのぶん増大する．例えば2次元翼でいえば，フラップなしの翼弦 c とフラップを張り出してそれが c_f になったときの揚力傾斜 $a_0=\partial C_l/\partial\alpha$ と最小抗力係数 C_{d_0} はそれぞれ$(c_f/c)a_0$ と $(c_f/c)C_{d_0}$ とになる．

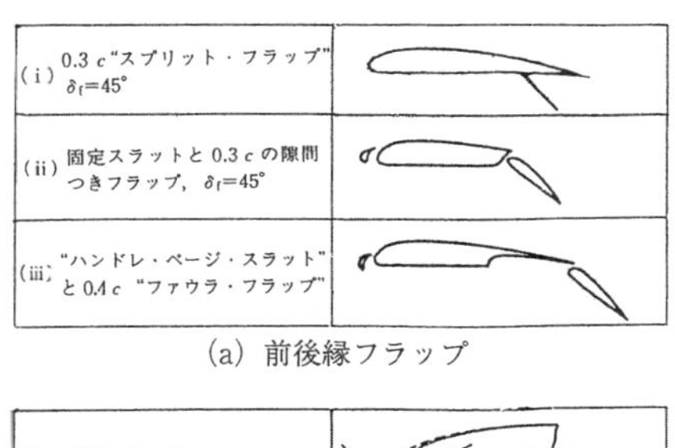

(a) 前後縁フラップ

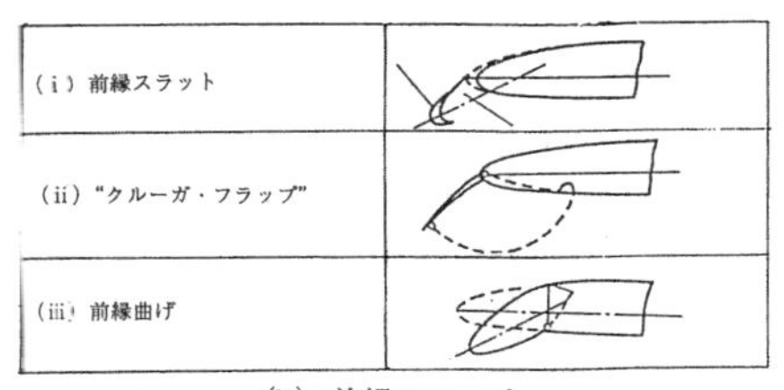

(b) 前縁スラット

図 3.1-6 各種フラップ

3.1.2 3次元翼

運動量理論

鳥や飛行機にみられる普通の翼のように，翼幅が翼弦に対してそれほど大きくない場合は，翼幅方向の流体力の分布が異なり，翼端の影響が現れてくる．平面形が楕円形である有限翼幅の翼，すなわち“楕円翼”が速度 U で前進しているとき，翼とともに動く人からみると，図3.1-7に示されるように，前方から速度 U の流れが入ってきて，翼面通過の際に，翼幅方向に一様な下向き速度 v の“吹き下ろし”により下方に曲げられ，十分後方では速度 $2v$ の吹き下ろしとなる．このように翼の影響を受けて下方に曲げられる単位時間当たりの流体の質量 $\dot{m}$ は，翼幅 b を直径とする円板面積$(1/4)\pi b^2$ を断面積とし，軸長 U をもつ円柱の容積内の流体に等しい．

$$\dot{m}=(1/4)\rho\pi b^2 U \qquad (3.1\text{-}6)$$

下方に曲げられたために生じた流体の運動量変化は，圧力が十分上流と十分下流で等しくなる場合には，上述の質量 $\dot{m}$ に速度の増分 $2v$ を掛けた値となり，それが翼に働く流体の運動量変化に対する反力として“揚力”L に釣り合っている．すなわ

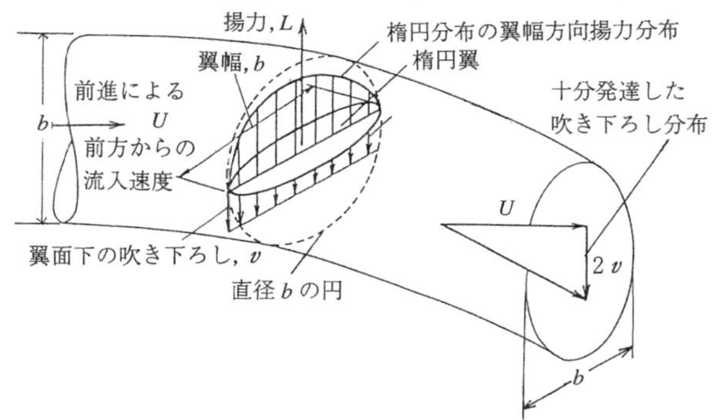

図 3.1-7 楕円翼周りの流れ（翼に乗って流れを見た場合）

ち，

$$L = 2\dot{m}v = (1/2)\rho\pi b^2 Uv \qquad (3.1\text{-}7)$$

これを動圧$(1/2)\rho U^2$と翼面積Sの積で無次元化した揚力係数C_Lは

$$C_L = \pi(b^2/S)(v/U) \qquad (3.1\text{-}8)$$

で与えられる．逆に吹き下ろしvは

$$v/U = C_L/(\pi \mathit{AR}) \qquad (3.1\text{-}9)$$

ここにARは翼幅と翼弦との比に相当する“アスペクト比”で，

$$\mathit{AR} = b^2/S \qquad (3.1\text{-}10)$$

である．結局，流速Uが，翼の存在のために，図3.1-8に示されるように，“誘導流入角”$\phi=\tan^{-1}(v/U)\cong v/U$だけ下方に傾いたことになる．このため，流れに垂直な揚力Lが後方に同じ角ϕだけ倒れ，後方への“誘導抗力”$D_{\rm i}$を作る．

$$D_{\rm i} = L\sin\phi \cong L\phi \cong L(v/U) \qquad (3.1\text{-}11)$$

これを無次元化した“誘導抗力係数”$C_{D_{\rm i}}$は，

$$C_{D_{\rm i}} = C_L^2/(\pi \mathit{AR}) \qquad (3.1\text{-}12)$$

となる．面積の割に翼幅の大きい，つまりアスペクト比の大きい翼の吹き下ろしは小さく，誘導抗力も小さい．

3次元翼では“揚力傾斜”$a=\partial C_L/\partial\alpha$も2次元翼の揚力傾斜$a_0$に比べて，吹き下ろしのために小さくなり，迎角の小さい範囲で，

$$a=a_0/\{1+a_0/(\pi \mathit{AR})\} \qquad (3.1\text{-}13)$$

となる(Anderson, 1936ではさらにfがかかっているが，近似的に$f\cong1$とした)．なお，フラップを下ろしたときは前述のようにa_0が$(c_{\rm f}/c)\,a_0$に変わる．さらに，アスペクト比が$\mathit{AR}<1$以下の翼になると，揚力傾斜は

$$a = (1/2)\pi \mathit{AR} \qquad (3.1\text{-}14)$$

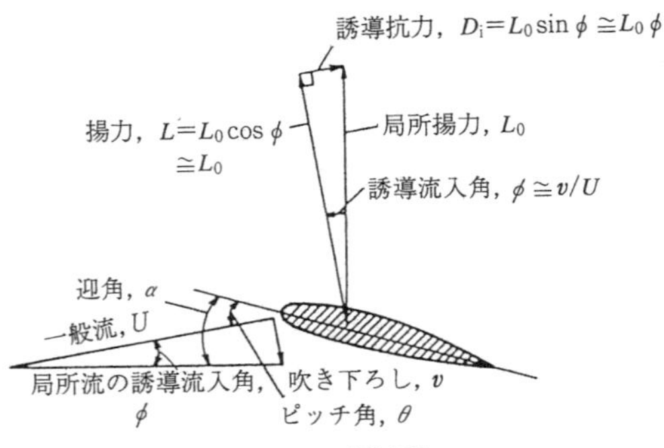

図 3.1-8　誘導抵抗

で与えられる(Jones, 1946)．

等価楕円翼

翼を流体力学的な渦(“束縛渦”)で置き換えたとき，その周りの速度$\boldsymbol{U}$の一巡線積分の翼幅方向$(\eta=2y/b)$分布

$$\Gamma(\eta) = \oint \boldsymbol{U}\cdot d\boldsymbol{s} \qquad (3.1\text{-}15)$$

を“循環”分布という．前述の楕円翼では，この循環分布は楕円形であり，したがって“渦理論”(東, 1989a, 1993)からは次式で与えられる揚力分布lも楕円形となる．

$$l(\eta) = \rho U\Gamma(\eta) \qquad (3.1\text{-}16)$$

平面形が楕円形でないときや，翼面にねじりがあるときには，図3.1-9にみられるように，揚力分布$l(\eta)$，揚力係数分布$C_l(\eta)$，および循環分布$\Gamma(\eta)$が楕円分布ではなくなり，したがって，そのような翼の通過時に，吹き下ろし分布$v(\eta)$は一様でなくなる．そして，そのような場合には，誘導抗力が式(3.1-11～12)で与えられるものより増大するので，ちょうど翼幅bが(すなわちアスペクト比ARが)減少したのと等価になる．そのような“等価楕円翼”の翼幅やアスペクト比

—— 揚力，$l(\eta)$
------- 揚力係数，$C_l(\eta)$

平面形

(a) 楕円翼　　(b) 矩形翼

平面形

(a) テーパ翼　　(d) テーパつき後退翼

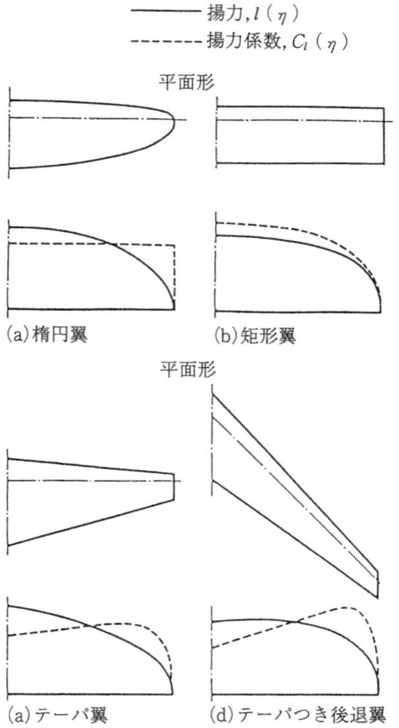

図 3.1-9　揚力と揚力係数の分布 (Azuma, 1989a)

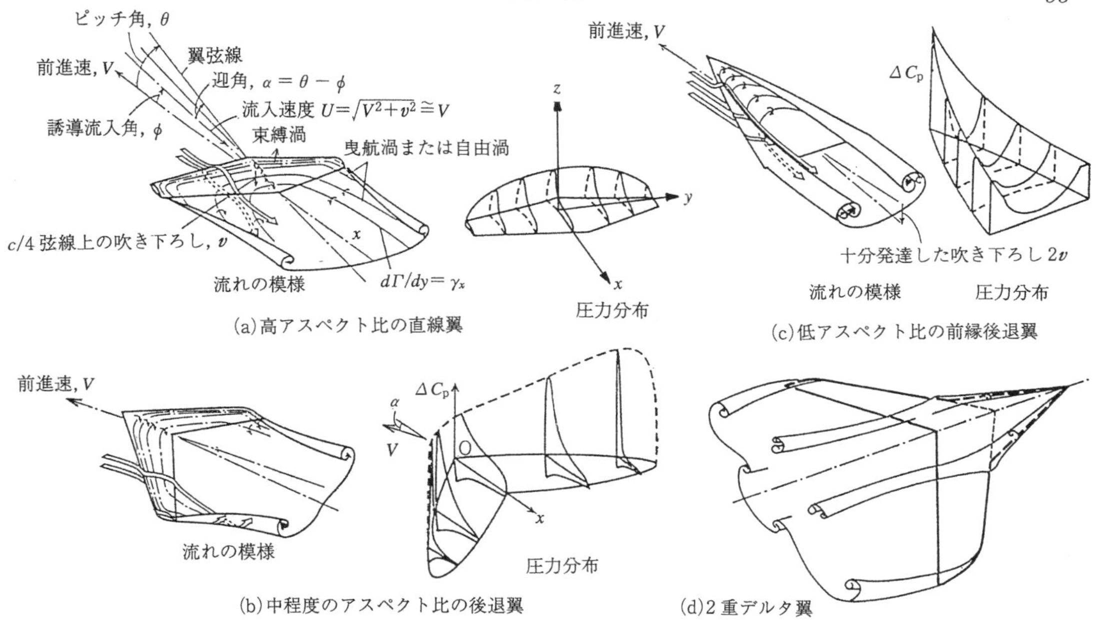

図 3.1-10 翼の渦系と圧力分布（山名・中口，1968；Küchemann, 1978）

を，それぞれ b_e や $\mathit{A\!R}_e$ で表して，

$$\mathit{A\!R}_e = b_e{}^2/S = (b_e/b)^2(b^2/S) = e\mathit{A\!R} \tag{3.1-17}$$

とすれば，これまでの諸式が $\mathit{A\!R}$ を $\mathit{A\!R}_e$ に換えるだけで使える．もちろん $b_e<b$, $\mathit{A\!R}_e<\mathit{A\!R}$ である．このとき b_e は“有効翼幅”そして $\mathit{A\!R}_e=e\mathit{A\!R}$ は“有効アスペクト比”または“等価アスペクト比”と呼ばれる．

圧力分布と渦

図 3.1-10 に 3 次元翼の圧力分布と後流渦の例を示した．いずれの翼でも，翼面内の束縛渦の，翼幅方向のスパンに沿った変化分

$$\gamma_x = \partial\Gamma/\partial y \tag{3.1-18}$$

が後方へ流れて“曳航渦”または“随伴渦”と呼ばれる“自由渦”となり，“後流渦面”を形成し，それが翼端では強く集中して，“翼端渦”となっている．圧力分布は，周りの静圧との差が前縁で高く，また翼幅方向の分布では，(a)の“直線翼”(非後退翼)では翼の中央部で大きくなり，翼端に向かって減少していくのに対し，(b)の翼端側が後退している“後退翼”では，翼端側で大気圧との差圧が大きくなり，圧力の高い翼の下方から上方への流れの巻き込みが烈しい．また(c)の低アスペクト比の前縁後退翼では，前縁で静圧との差が大きく，しかも一般の前縁が鋭いほど早くから流れが剥離して，“渦揚力”と呼ばれる“非線形揚力”L_v が発生する．

さらに(d)のように翼のつけ根に“ストレイク”がついていたりして，つけ根付近でさらに後退角が大きくなる 2 段後退角の翼(図の例は“2 重デルタ翼”)だと，迎角が小さいときからそこでできる剥離渦が安定していて，翼全体の失速が大きい迎角のほうにずれ込み，最大揚力係数が増大するという利点がある．

このため低アスペクト比翼の揚力係数は，剥離が始まるとともに迎角に対して線形でなくなり，一般に図 3.1-11a に示されるように，迎角の増しとともに非線形に増大する．このような非線形の渦揚力と全揚力との比 L_v/L をアスペクト比 $\mathit{A\!R}$ の関数で表したものが図 3.1-11b である．このように低アスペクト比の翼は，翼型よりも翼の平面形がその流力特性を左右する．

揚抗比と流力係数

揚力と抗力の係数 C_L と C_D を，図 3.1-12 にみられるように，それぞれ縦軸と横軸に画いた“揚抗曲線”(または“極曲線”)でみると，その曲線上の任意の点における C_L と C_D との比，C_L/C_D が“揚抗比”を与える．揚抗比の値が最大になる“最大揚抗比”$(C_L/C_D)_{\max}=(L/D)_{\max}$ は，原点から揚抗曲線に引いた接線の接点における値として与え

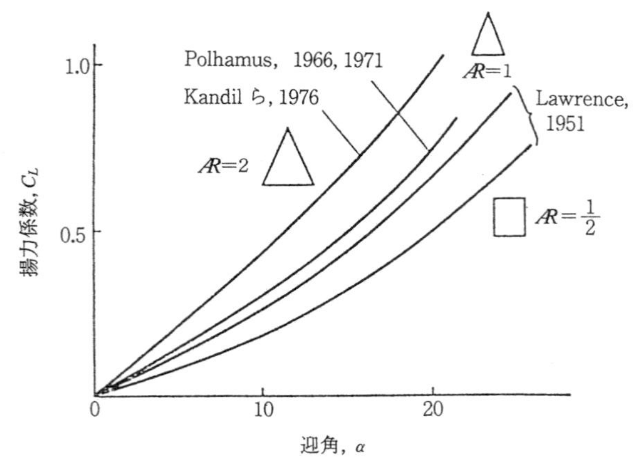

(a) 揚力係数（東, 1989a）

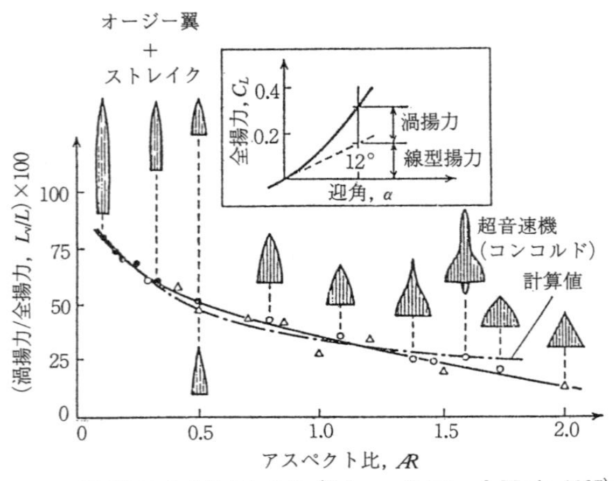

(b) 渦揚力と全揚力との比（Poisson-Quinton & Werle, 1967）

図 3.1-11　低アスペクト比翼の特性

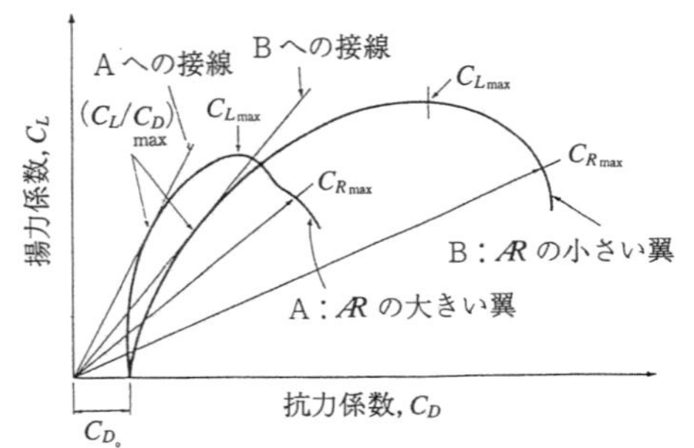

図 3.1-12　揚抗曲線

られる．アスペクト比の大きい翼Aは，その最大揚抗比が大きいが，最大揚力係数 $C_{L\max}$ は小さい．これに対してアスペクト比の小さい翼Bは，最大揚抗比は小さいが，最大揚力係数も，また次式で与えられる"流力係数" C_R

$$C_R = \sqrt{C_L{}^2 + C_D{}^2} \qquad (3.1\text{-}19)$$

の最大値，$C_{R\max}$ も大きい．このことは，航空機の

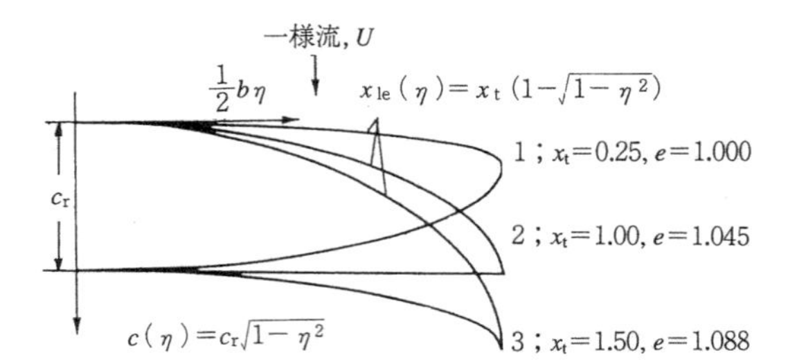

図 3.1-13　楕円翼から三日月翼への変形（Dam, 1987a）

低速飛行や追い風時の帆船の帆には，低アスペクト比翼のほうが有利であることを物語っている．

三日月翼

翼面が平面内にあって，その後流渦面も同一平面内にあるとき，揚抗比が最大になる翼の平面形は楕円形である（Prandtl, 1921；Munk, 1921）．しかし翼面あるいは後流渦面が，前述の図 3.1-10 または後述の図 3.1-15 に示されるように，巻き上がった曲面であるときに，揚抗比が最大になる翼の平面形は，次式に示されるように，前縁 x_{le} が後方にずれて後退角が増し，

$$\left.\begin{aligned} x_{le}(\eta) &= x_t(1-\sqrt{1-\eta^2}) \\ c(\eta) &= c_r\sqrt{1-\eta^2}, \end{aligned}\right\} \qquad (3.1\text{-}20)$$

図 3.1-13 に示されるような三日月型の翼（"三日月翼"または"鎌型翼"）になったものである（Zimmer, 1979；Maskew, 1982；Dam, 1987a, b；Smith & Kroo, 1993）．

三日月翼は有効アスペクト比が若干増えるので（Zimmer, 1987），後述されるように，長距離を高速で巡航するツバメ類の羽ばたき翼（4.2.2 および 4.3.2）やカジキ類の尾鰭の煽ぎ翼（5.3.2）に用いられている．なお大迎角時の特性については 5.3.2 に後述される．

地面効果

翼が地面に近づくと，翼の周りの流れが地面または水面によって影響を受ける．これを"地面効果"という．図 3.1-14 に示されるように，地面は下方への誘導吹き下ろし流を遮るが，そこでの流れの境界条件は，ちょうど地面が鏡面になっていることに相当する．鏡面の下に写っている像の翼が上に向かって吹き下ろし流を作り，それが鏡面で実際の翼からの吹き下ろし流と合わさって，上下の流速がちょうど0になる（後述の 4.2.5 参

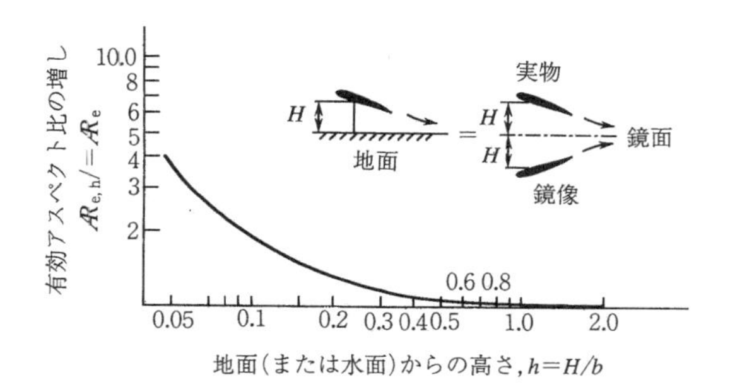

図 3.1-14　地面効果による有効アスペクト比の変化

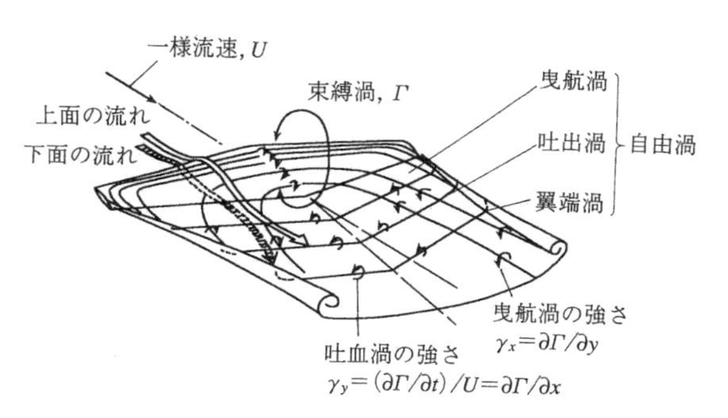

図 3.1-15　非定常翼周りの渦系

照). したがって, このとき, "渦理論"によればそれは実際の翼の翼面上でも地面がないときに比べて誘導吹き下ろしが減少し, 翼の有効アスペクト比$AR_{e,h}$が増大したことに相当する. その程度は高度Hと翼幅bとの比$h=H/b$の関数として

$$AR_{e,h}/AR_e = (1+33h^{3/2})/33h^{3/2} \quad (3.1\text{-}21)$$

で与えられる(Hoerner & Borst, 1975). つまり, 翼幅bに対して高度Hが小さくなればなるほど, 地面効果により, 有効アスペクト比は増大する. ただしあまり地面(または水面)に近づき過ぎると, その効果が減少する(Langford, 1989). 羽ばたき翼を含むより一般的な翼の地面効果については, 4.2.5 で再び取り上げる.

粘性の影響

レイノルズ数が小さく, 粘性が強いと, 流れに層流剥離を伴い, 翼全体の抗力係数C_Dから誘導抗力係数$C_{D_i}=C_L^2/\pi AR_e$を差し引いた"プロファイル抗力"の係数, "プロファイル抗力係数"C_{D_0}も迎角, したがってC_Lの関数として変化する. すなわち

$$\left.\begin{aligned} C_D &= C_{D_0}(\alpha)+C_L^2/\pi AR_e \\ C_{D_0}(\alpha) &\cong K_p C_L^2 \end{aligned}\right\} \quad (3.1\text{-}22)$$

となる. ただし, K_pは"プロファイル抗力パラメタ"で, 主としてレイノルズ数と翼型で異なった値をとる(3.3 および 4.3).

3.1.3 非定常翼

翼が一定速度, 一定迎角で動くのではなく, 急激に上下に運動したり, ピッチ角が急変したりすると, "定常空気力"とは異なった"非定常空気力"が働く. そのような翼を"非定常翼"と呼ぶが, そこでは, 図 3.1-15 に示されるように, 翼の後縁から"吐出渦"が放出されて, 流れの様相が定常状態の場合とは異なってくる. 放出される吐出渦の強さγ_yは, 翼内の束縛渦の強さΓの変動分に相当する.

$$\gamma_y = (\partial\Gamma/\partial t)\,U = \partial\Gamma/\partial x \quad (3.1\text{-}23)$$

吐出渦は, 誕生後はそれを吐き出した翼の後縁にほぼ平行であり, 時間の経過とともに, 流れに乗って後方へ流されていく"自由渦"である. 吐出渦が翼に働く空気力に影響を与えるのは, その渦の誘導流が流れ場を変えるからで, したがって, 吐出時の後縁直後にその効果は著しい. しかし時間の経過とともに後方へ流れ去ったものの効果は弱い. つまり, 直前にある翼に大きく働きかけるという 2 次元翼としての影響は強いので, たとえ有限の翼幅の 3 次元翼であっても, その翼の非定常特性は, 2 次元翼特性として表現される.

2 次元非定常翼

非定常翼理論(Brisplinghoff ら, 1955)によれば, 図 3.1-16 に示されるように, 板状の 2 次元振動翼が翼面に垂直な"ヒーヴィング運動"hと, ba軸周りの(ここではbは半翼弦長$b=c/2$)ピッチ変化の"フェザリング運動"θとの調和振動(角速度ω),

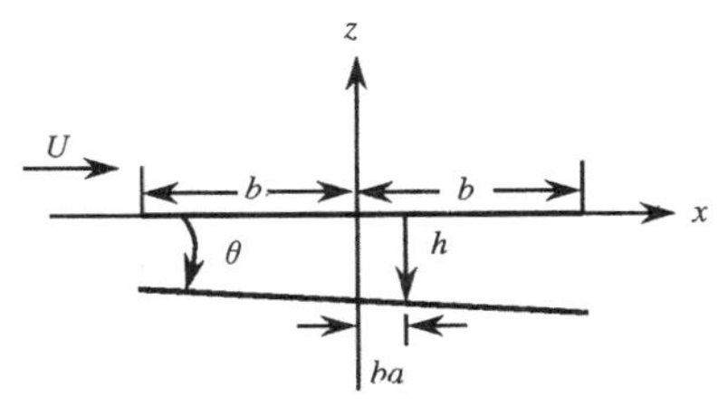

図 3.1-16　2 次元振動翼の座標

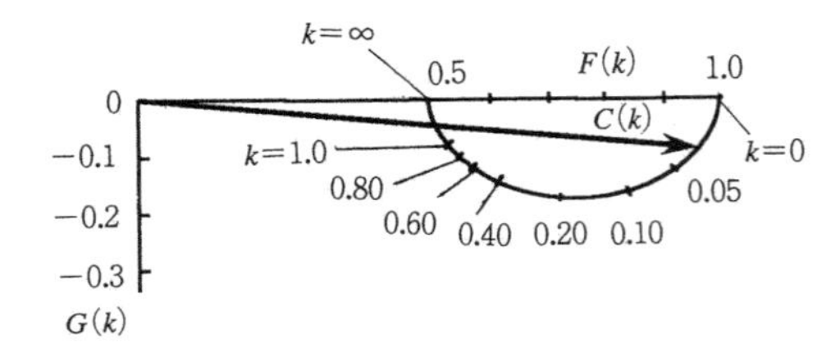

図 3.1-17　テオドルセン関数（Bisplinghoff ら, 1955）

$$\left.\begin{aligned} z &= -h-\theta(x-ab) \\ \theta &= \theta_0+\theta_c\cos(\omega t+\phi_\theta) \\ h &= h_c\cos(\omega t+\phi_h)/c \end{aligned}\right\} \quad (3.1\text{-}24)$$

をしているときは，この翼に働く2次元揚力 l とモーメント m_y は次式で与えられる．

$$\left.\begin{aligned} l &= \pi\rho b^2[\ddot{h}+U\dot{\theta}-ba\ddot{\theta}]+2\pi\rho UbC(k) \\ &\quad \left[\dot{h}+U\theta+b\left(\frac{1}{2}-a\right)\dot{\theta}\right] \\ m_y &= \pi\rho b^2\left[ba\ddot{h}-Ub\left(\frac{1}{2}-a\right)\dot{\theta}- \right. \\ &\quad \left. b^2\left(\frac{1}{8}+a^2\ddot{\theta}\right)\right]+2\pi\rho Ub^2\left(a+\frac{1}{2}\right) \\ &\quad C(k)\left[\dot{h}+U\theta+b\left(\frac{1}{2}-a\right)\dot{\theta}\right] \end{aligned}\right\} \quad (3.1\text{-}25)$$

ここに $C(k)$ は“テオドルセン関数”と呼ばれる複素数で，“無次元振動数” $k=\omega b/U$ の関数として与えられる．

$$\left.\begin{aligned} C(k) &= F(k)+iG(k) \\ &= H_1^{(2)}(k)/\{H_1^{(2)}(k)+iH_0^{(2)}(k) \end{aligned}\right\} \quad (3.1\text{-}26)$$

ここに i は虚数で $i=\sqrt{-1}$，また $H_n^{(2)}$ は“ベッセル関数”(吉田耕作ら編，1958)で

$$H_n^{(2)} = J_n-iY_n \quad (3.1\text{-}27)$$

と与えられる．テオドルセン関数は，図 3.1-17 に，その実部 F と虚部 G とが示されている．式 (3.1-24, 25) および図 3.1-15 から次のことがわかる．揚力 l もモーメント m_y も $C(k)$ のかからない第1項は(i)付加質量による慣性力の項で，揚力 l は翼弦の2乗に，モーメント m_y は3乗に比例し，(ii)ヒーヴィングの効果は k^2 として効くが，フェザリングは k の1乗と2乗に比例する項からなる．$C(k)$ のかかる第2項は(iii)吐出渦による項で，揚力 l は翼弦と速度との積 bU に，そしてモーメント m_y は翼弦の2乗と速度との積 b^2U にそれぞれ比例し，(iv)いずれも迎角 $\alpha=\{\dot{h}+U\theta+b(1/2-a)\dot{\theta}\}/U$ の1次関数として与えられる．$C(k)$ は(v)無次元振動数 k の増しとともに，位相も絶対値も変わって，揚力にもモーメン

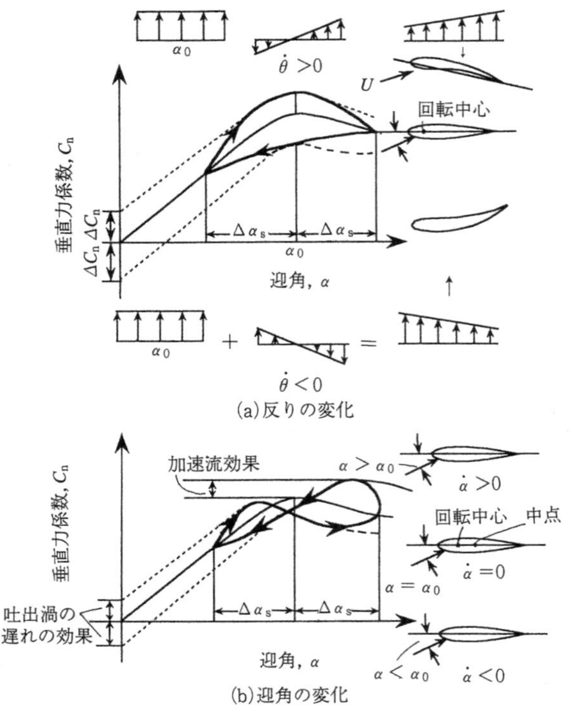

図 3.1-18　フェザリングとヒーヴィングの振動付加の効果

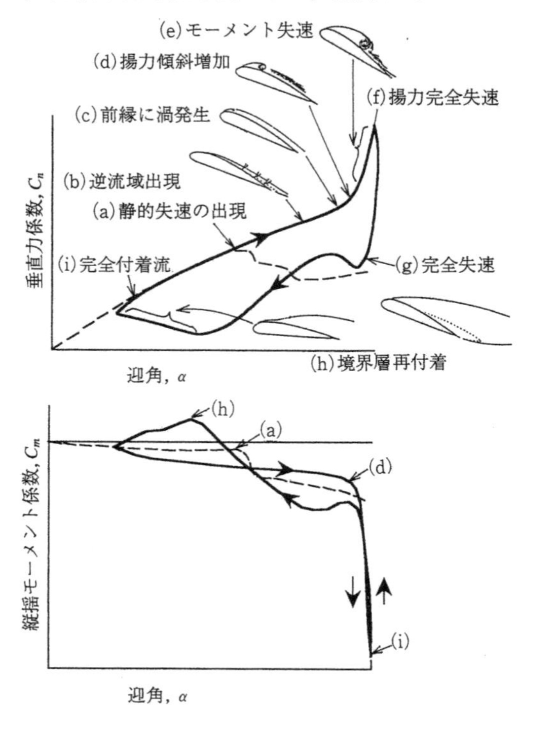

図 3.1-19　垂直力とモーメント変化の例（Carr ら, 1977）

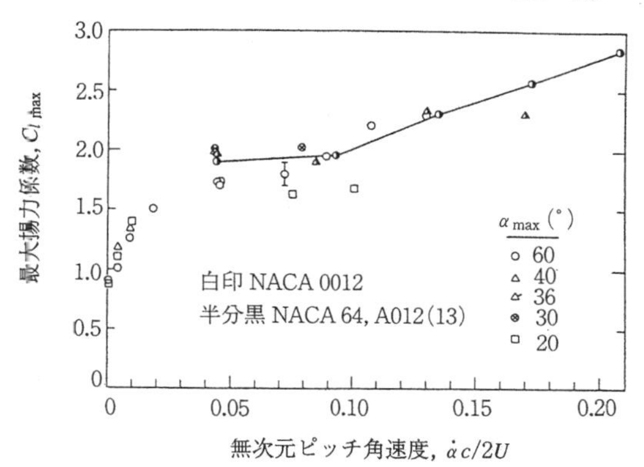

図 3.1-20 最大揚力係数の変化 (Francis & Keesee, 1985)

トにも,"ゲイン"の減少と"位相遅れ"とをもたらす.

なお非定常翼に働く推進力や,動きに伴うパワについては,4.1 に詳述する.その他の詳細は Azuma (1992b) または東 (1993) を参照されたい.

動的失速

翼に烈しい ($k>0.3$) フェザリング運動やヒーヴィング運動を加えると,図 3.1-18 に示されているように,翼に等価的な反りと迎角の変化を誘導し,その結果,定常翼の失速付近で,翼弦に直角な方向の"垂直力"の係数("垂直力係数")に,模式的に太い実線で示されるような定常翼と異なった変化を生ずる.このような現象を"動的失速"という.反りと迎角の変化が合わさり,具体的には,図 3.1-19 に示されるように,振動の 1 周期間の流れの場変化(特に剝離)に対応し,垂直力係数 C_n とモーメント係数 C_m に閉じた曲線で画かれる変動が生まれる.特に C_n の 1 周期間の平均値の極大値,$C_{n\max}$ は,図 3.1-20 にみられるように,角速度(または無次元振動数)の増大とともに著しく大きくなる.

3.2 鳥の滑空

中生代の三畳紀 (2.5 億年~2.1 億年) に空に飛ぶ恐竜の中から"翼竜"が生まれ,ついでジュラ紀 (2.1 億年~1.4 億年) に,小型恐竜と現在の鳥類とをつなぐものと思われる"始祖鳥"が出現した.

前者については 3.3 に述べられるが,後者は,図 3.2-1 にみられるように,大型のハト類の大きさで,歯の生えた顎と,爪のある前脚の翼と,そして比較的小さい胸骨とをもっていた.したがって飛行は力強い羽ばたき飛行ではなかったであろう.ただし,始祖鳥は,"冷血性"の爬虫類と異なり,寒い条件下でも活発に動き回れる"温血性"だったといわれている.

図 3.2-1 始祖鳥想像図 (Wellnhofer, 1990)

現在の鳥類の祖先は始祖鳥とは別なもののようであるが,白亜紀 (1.4 億~6500 万年) の前期に出現したものの適応分散が起こったのは第三紀に入ってからで,現存の種の数は,哺乳類の約 2 倍の 8000~9000 種であるといわれる.空中での飛行がつらい大型の鳥類は省エネルギの滑空飛行を好む.主として空中で,時に水中では,各種の滑空生物が活動しているが,本節では一般の滑空理論の解説と,それを移動の主要部分として生活する鳥の滑空飛行の特色を述べる.その他の滑空生物は次節で扱う.

3.2.1 定常滑空の力学

定常滑空

質量 m の飛行生物が,一定速度 U の"定常滑空"の飛行状態にあるとき,図 3.2-2 を参照して,

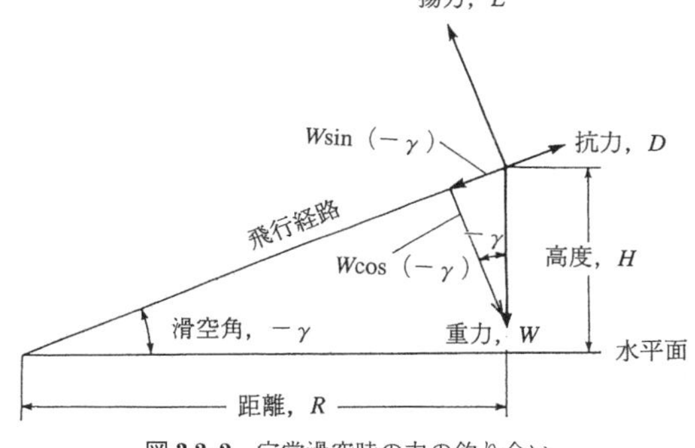

図 3.2-2 定常滑空時の力の釣り合い

力の釣り合い状態は次のようになる．

$$W\sin(-\gamma) = D = (1/2)\rho U^2 SC_D \quad (3.2\text{-}1a)$$

$$W\cos(-\gamma) = L = (1/2)\rho U^2 SC_L \quad (3.2\text{-}1b)$$

ここに W は重量で $W=mg$，$-\gamma$ は飛行経路の負の経路角（“滑空角”）で，今の場合 γ は上向きを正にとってある．上式からただちに対気速度 U と下向き経路角 $-\gamma$ は

$$U = (W/S)\Big/\frac{1}{2}\rho\sqrt{C_L{}^2 + C_D{}^2} = (W/S)\Big/\frac{1}{2}\rho C_R \quad (3.2\text{-}2a)$$

$$-\gamma \cong \tan(-\gamma) = C_D/C_L = D/L \quad (3.2-2b)$$

となり，飛行距離 R は

$$R = H/\tan(-\gamma) = H(C_L/C_D) = H(L/D) \quad (3.2\text{-}3)$$

で与えられる．

抗力係数 C_D を，揚力に無関係な“摩擦・形状抗力”成分 C_{D_0} と“誘導抗力”の成分 C_{D_i} とに分けたとき，

$$C_D = C_{D_0} + C_{D_i} \quad (3.2\text{-}4)$$

となる．前者はさらに翼以外の“抵抗面積”f による成分（“パラサイト抗力”または“有害抗力”）$C_{D,p} = f/S$ と，翼の主として摩擦抵抗による成分（“プロファイル抗力”）$C_{D,w}$ とに分けられる．また後者の翼は有効アスペクト比 $A\!\!\!R_e$ の関数となるので，それぞれ次式で与えられる．

$$C_{D_0} = C_{D,p} + C_{D,w} = f/S + C_{D,w} \quad (3.2\text{-}5)$$

$$C_{D_i} = C_L{}^2/\pi A\!\!\!R_e \quad (3.2\text{-}6)$$

最大滑空比

滑空角の絶対値 $|\gamma|$ を最小にする，すなわち揚抗比 L/D を最大にする“最大滑空比”（“最小滑空角”）の解は，$\partial|\gamma|/\partial C_L = (\partial/\partial C_L)(C_D/C_L) = 0$ から求まる．得られる関係は次のようになる（東，1989b）．

$$C_{D_0} = C_L{}^2/\pi A\!\!\!R_e = C_{D_i} \quad (3.2\text{-}7a)$$

または

$$C_L = \sqrt{\pi A\!\!\!R_e C_{D_0}} \equiv C_{L,|\gamma|\min} \quad (3.2\text{-}7b)$$

および

$$C_D = 2C_{D_0} = 2C_{D_i} = 2C_{L,|\gamma|\min}^2/\pi A\!\!\!R_e \equiv C_{D,|\gamma|\min} \quad (3.2\text{-}8)$$

$$(C_L/C_D)_{\max} = \frac{1}{2}\sqrt{\pi A\!\!\!R_e/C_{D_0}} = \frac{1}{2}\sqrt{\pi b_e{}^2 f_{tot}} = \frac{1}{2}\pi A\!\!\!R_e/C_{L,|\gamma|\min} \cong 1/|\gamma|_{\min} \quad (3.2\text{-}9a)$$

または

$$|\gamma|_{\min} \cong 2\sqrt{C_{D_0}/\pi A\!\!\!R_e} = 2\sqrt{(f_{tot}/b_e{}^2)/\pi} \quad (3.2\text{-}9b)$$

ここに f_{tot} は揚力に無関係な体全体の摩擦・形状抵抗を面積で表した抵抗面積で

$$f_{tot} = C_{D_0}S = f + SC_{D,w} \quad (3.2\text{-}10)$$

である．最大滑空比のときの飛行速度 $U_{|\gamma|\min}$ は

$$\left.\begin{aligned} U_{|\gamma|\min} &= U_{(L/D)\max} \\ &= \left[(2/\rho)(W/S)/C_{L,|\gamma|\min}\} \times \{1/\sqrt{1+(2C_{L,|\gamma|\min}/\pi A\!\!\!R_e)^2}\}\right]^{1/2} \\ &\cong \{(2/\rho)(W/S)\}^{1/2}/\{\pi A\!\!\!R_e C_{D_0}\}^{1/4} \\ &= \{(2/\rho)(W/b_e)\}^{1/2}/\{\pi C_{D_0}S\}^{1/4} \\ &= \sqrt{2W/\rho}\Big/\sqrt[4]{\pi b_e{}^2 f_{tot}} \end{aligned}\right\} \quad (3.2\text{-}11)$$

となる．この速度は，与えられた重量（すなわち揚力）に対して抗力最小の飛行速度でもある．そして速度が，“翼面荷重”W/S または“翼幅荷重”W/b_e の平方根に比例すること，また流体密度の平方根に反比例することは大事である．

最小沈下率

下向きの速度成分である“沈下率”w は

$$\left.\begin{aligned} w &= U\sin(-\gamma) = U(C_D/C_L)/\sqrt{1+(C_D/C_L)^2} \\ &\cong U(C_D/C_L) = U\{C_{D_0} + C_L{}^2/\pi A\!\!\!R_e\}/C_L \end{aligned}\right\} \quad (3.2\text{-}12)$$

または

$$\left.\begin{aligned} w &= \sqrt{2/\rho}\sqrt{(W/S)}(C_D/C_L{}^{3/2})/\{1+(C_D/C_L)^2\}^{3/4} \\ &\cong \sqrt{2/\rho}\sqrt{(W/S)}(C_D/C_L{}^{3/2}) \end{aligned}\right\} \quad (3.2\text{-}13)$$

で与えられる（東，1989b）．したがってこの沈下率を最小にする“最小沈下率 $w_{\min}$”は，式(3.2-13)において ρ や (W/S) が定数なので，$(\partial/\partial C_L) \times (C_D/C_L{}^{3/2}) = 0$ の解として与えられ，このとき次の関係が成立する．

$$C_{D_i} = C_L{}^2/\pi A\!\!\!R_e = 3C_{D_0} \quad (3.2\text{-}14)$$

$$\left.\begin{aligned} C_{D,w\min} &= 4C_{D_0} = (4/3)C_{D_i} \\ &= (4/3)C_L{}^2/\pi A\!\!\!R_e \\ C_{L,w\min} &= \sqrt{3C_{D_0}\pi A\!\!\!R_e} \\ &= \sqrt{3}\,C_{L,(L/D)\max} \end{aligned}\right\} \quad (3.2\text{-}15)$$

最小沈下率 $w_{\min}$ とそのときの速度 $U_{w\min}$ は

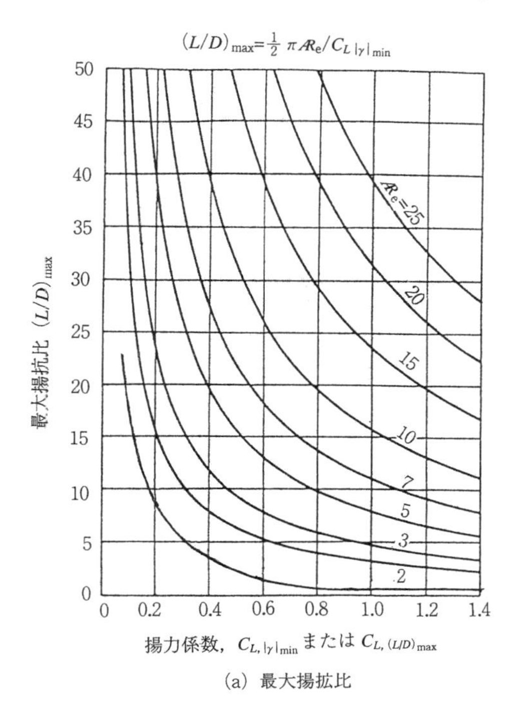

(a) 最大揚拡比

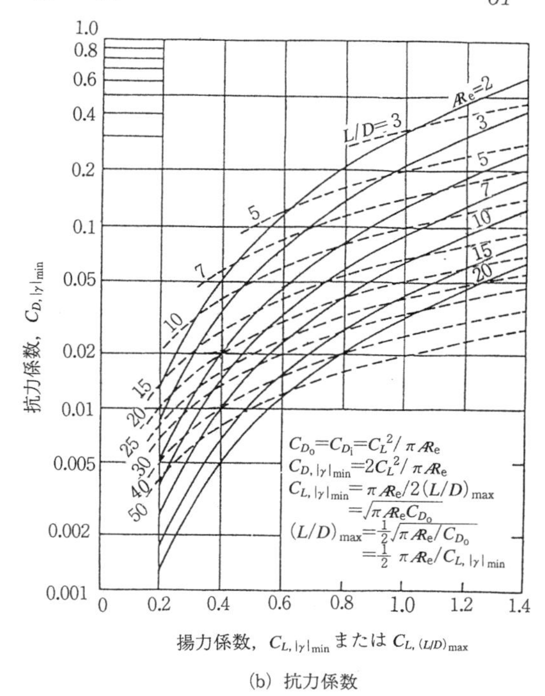

(b) 抗力係数

図 3.2-3 最大滑空比の飛行特性

$$
\left.\begin{aligned}
w_{\min} &= 4\sqrt{2/\rho}\sqrt{(W/S)}\,C_{D_0}{}^{1/4}/(3\pi\mathit{AR}_e)^{3/4}\\
&= \{4\sqrt{2/\rho}/(3\pi)^{3/4}\}\times\sqrt{W/b_e{}^2}\,(f_{\mathrm{tot}}/b_e{}^2)^{1/4}\\
&= (4/3)\sqrt{2/\rho}\sqrt{(W/S)}\times\sqrt{C_{L,w\min}}/\pi\mathit{AR}_e
\end{aligned}\right\}\quad(3.2\text{-}16)
$$

$$
\begin{aligned}
U_{w\min} &= \{(2/\rho)(W/S)\}^{1/2}/\{3C_{D_0}\pi\mathit{AR}_e\}^{1/4}\\
&= U_{|\gamma|\min}/3^{1/4}\cong 0.760\,U_{|\gamma|\min}
\end{aligned}\quad(3.2\text{-}17)
$$

となる．最後の表式から，最小沈下率の飛行速度は最大滑空比の飛行速度の約 76 % であることがわかる．

図 3.2-3 には，最大滑空比で飛行するときの (a) 揚抗比 $(L/D)_{\max}=(C_L/C_D)_{\max}$ の値と (b) そのときの抗力係数 $C_{D,|\gamma|\min}$ とが，揚力係数の関数として与えられている．これからアスペクト比が大きいほど，そして揚力係数が小さいほど，揚抗比は大きく，抗力係数は小さくなることがわかる．

図 3.2-4 には，最小沈下率で飛行するときの (a) 抗力係数と (b) 最小沈下率とが，揚力係数に対して示されている．これから，最大滑空比の飛行同様，アスペクト比が大きいほど，そして揚力係数が小さいほど，揚抗比は大きく，抗力係数は小さく，そして沈下率も小さいことがわかる．また前述したように，翼面荷重が小さくなると，その平方根に比例して沈下率が減少する．図や式中，密度 ρ は標準状態の値 $\rho_0=1.225\ \mathrm{kg/m^3}$ を使って $\rho=\rho_0\sigma$ と表せる．このとき“密度比”σ は高度や温度に応じて変化するので，流体力の係数がそれとともに変わる．

具体的な抵抗面積や翼の摩擦抵抗についての値は，鳥の場合には，Pennycuick (1969) や Tucker (1973) により，質量 m に対して，

$$
f=(2.85\sim3.34)\times10^{-3}m^{2/3},\quad [f]=\mathrm{m^2},\ [m]=\mathrm{kg}\quad(3.2\text{-}18a)
$$

で与えられる．また翼の抵抗係数は，翼の表面積(“濡れ面面積”) S_{W} が翼面積 S に対して，$S_{\mathrm{w}}\cong 2.04\,S$ で近似されるものとすると，摩擦抵抗係数 C_{f} を使って次式で与えられる．

$$
C_{D,\mathrm{W}}=C_{\mathrm{f}}(S_{\mathrm{W}}/S)\cong 2.04\,C_{\mathrm{f}}\quad(3.2\text{-}18b)
$$

一般に，鳥のような高性能の滑空生物の飛行揚力係数は，最大滑空比のときで $\sigma C_{L,|\gamma|\min}\cong 0.50$，そして最小沈下率のときで，$\sigma C_{L,w\min}=0.87$ で近似できる．

風の影響

前進速度 U を横軸に，沈下率 w を縦軸に画い

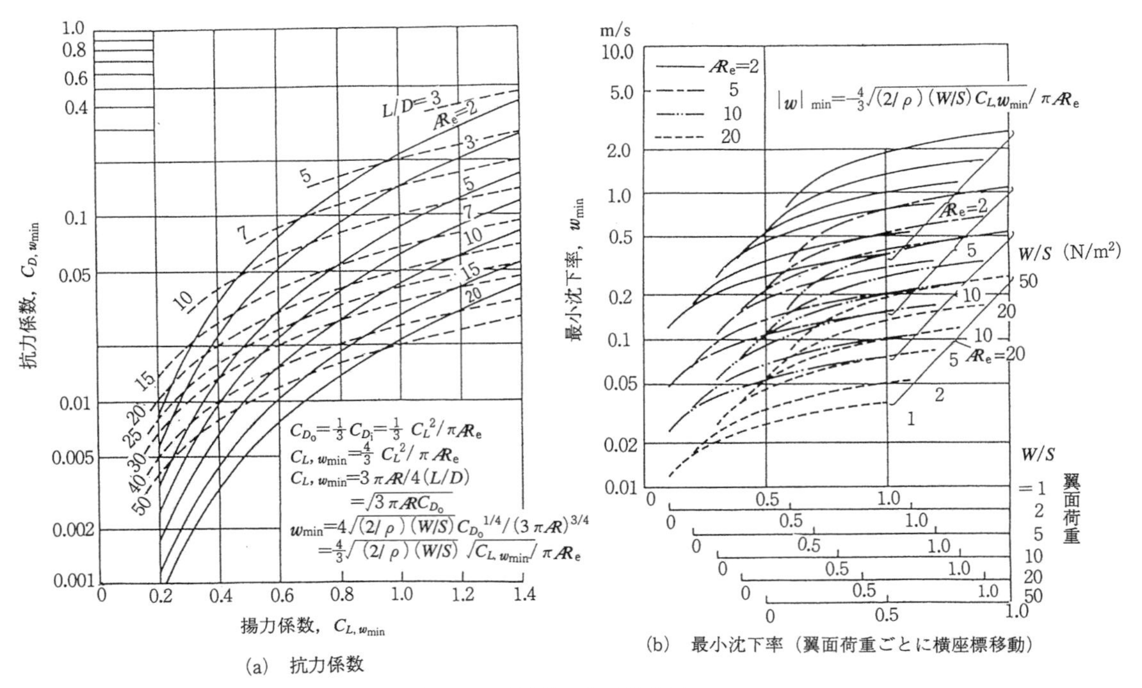

(b)　最小沈下率（翼面荷重ごとに横座標移動）

(a)　抗力係数

図 3.2-4　最小沈下率の飛行特性

た“性能曲線”(図3.2-5)で風の影響を見てみよう．

(a)　水平風のあるときは，原点が左右にずれたことに相当し，追い風 $U_w>0$ で左へ対地速度 $(U+U_w)$ が増し，また向かい風 $U_w<0$ で対地速度 $U+U_w$ が減少する．このため原点から性能曲線へ引いた接線で得られる最大滑空比を与える最良滑空点は，無風時の A 点から追い風で B 点へ，そして向かい風で C 点へと移動する．それに応じて，追い風では滑空比が伸び，向かい風では減ることになる．また最良滑空のための対気速度は，追い風で $-\Delta U_B$，向かい風で ΔU_C 増して飛び，したがって揚力係数もそれに対応して追い風で ΔU_B に相当する分 ΔC_L 増し，向かい風で ΔU_C に相当する分 ΔC_L 減らすことになる．

(b)　垂直風のあるときは，原点が上下にずれたことに相当し，上昇風 $w_w<0$ で沈下率 $(w+w_w)$ が下がって飛行距離が伸び，下降風 $w_w>0$ では沈下率 $(w+w_w)$ が増して飛行距離が減る．上昇風の風速が無風時の沈下率を越える $(-w_w+w)$ と，動力を使わない滑空飛行でも高度を上げることができる．最良滑空点 A は，上昇風で D に移って対気速度を $-\Delta U_D$ 減らし，また下降風では E に移って対気速度を ΔU_E 増すことになる．

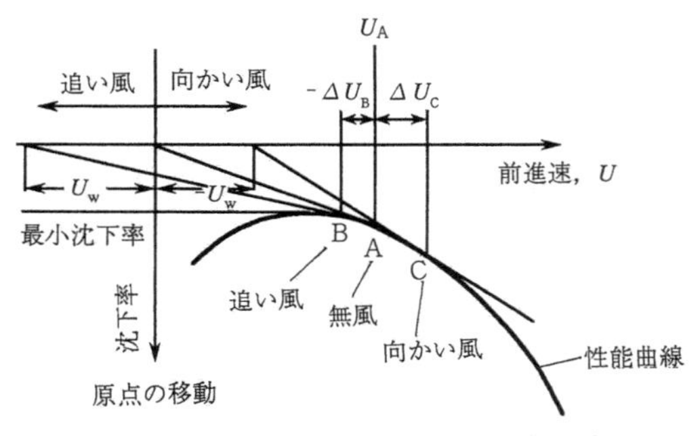

(a)　水平風のときの最良滑空点（B，C）

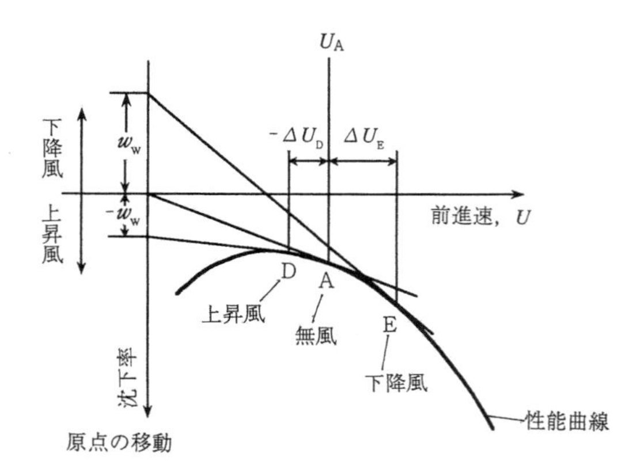

(b)　垂直風のときの最良滑空点（D，E）

図 3.2-5　風のあるときの最大滑空比の飛行

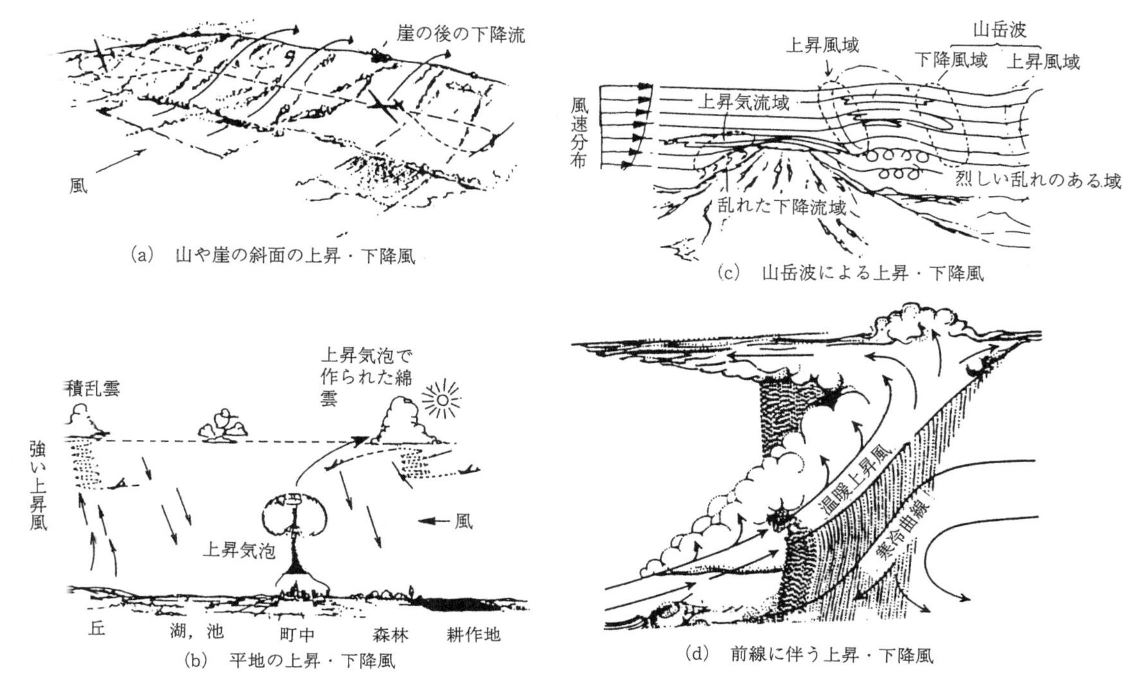

(a) 山や崖の斜面の上昇・下降風

(c) 山岳波による上昇・下降風

(b) 平地の上昇・下降風

(d) 前線に伴う上昇・下降風

図 3.2-6 上昇気流のあるところ（東，1986）

図 3.2-6 には，上昇気流のある場所が示されている．滑空生物は，それらをうまく利用して飛行を続けていく．山地に棲むワシタカ類が (a) の“斜面上昇風”や(c)の“山岳波”と呼ばれる波状のある間隔を置いて現れる“ロータ”を利用するのに対して，街にも進出しているトビはそのほかに(b)の熱気泡内の“熱上昇風”で滑空しているのがみられる．また(d)の不連続線に伴う“温暖上昇風”はグライダのパイロットにより利用される．

なお季節風の影響については後に 7.5 で詳述される．

3.2.2 鳥　　類

鳥は飛ぶことを生態の中の主たる行動としている動物で，飛ばない特殊な鳥を除いて，その形態も構造も，すべて飛ぶことに専念したものとなっている．

鳥の形態

表 3.2-1 に鳥の分類と，主としてそれが飛行しているときの形態とを示した．個々の形態の特徴とその生態，環境および運動の仕方についての関係は，追々各項目ごとに説明する．一般的にいえることは，(i)飛べない鳥はきわめて大型の巨鳥，すなわちダチョウ，レア，ヒクイドリ類に集中していること，(ii)次の大きさの大型・中型の鳥の多くは，もっぱら滑空飛行を行い，(iii)だんだん小型になるとともに羽ばたき飛行が主となり，後述するように，その羽ばたきの周波数は小型になるほど高くなる．

飛べないために走行を移動手段とする“走鳥類”については 6.1.1 で言及する．

飛行のためには，まず何よりも体が軽量であることと，重心近くに質量が集中していることが大事である．また空中での比較的速い移動速度に応えるために，優れた(色覚を含む)視覚のための大きい眼球をもっている．

翼や体を滑らかに覆う羽毛も軽量で防水性に富み，必要に応じて熱の放散を遅らせるように多量の空気を抱え込むことができる．しかも傷んだ羽は“換羽”で取り替えることができる．色彩も豊かで，環境に応じあるいは時期に応じて，求愛のディスプレイのために派手になったり，隠蔽のために地味になったりする．

その他の形態的特色については 4.1.3 で述べ

表 3.2-1 鳥の分類

	目	種	目	種	目	種
走鳥類（飛翔力のない鳥）	駝鳥	ダチョウ	鸛鷺	サギ, コノウトリ, トキ, フラミンゴ	梟	ミミズク
走鳥類（飛翔力のない鳥）	レア	アメリカダチョウ	雁鴨	マガモ, ハクチョウ	夜鷹	ヨタカ
走鳥類（飛翔力のない鳥）	火食鳥	ヒクイドリ, エミュー	鷲鷹（昼行性猛禽類）	コンドル, トビ, オオタカ, ミサゴ	雨燕	アマツバメ, ハチドリ
走鳥類（飛翔力のない鳥）	キーウィ	キーウィ	鶉鶏	ライチョウ, ウズラ	鼠鳥	ネズミドリ
	阿比	オオハム	鶴	タンチョウ, クイナ	咬嘴鳥	キヌバネドリ
	かいつぶり	カイツブリ	千鳥（水辺に適合した中型鳥）	オオジシギ, カモメ, アジサシ	仏法僧	ブッポウソウ, カワセミ
	人鳥	コウテイペンギン	鳩	ハト, サケイ	啄木鳥	ヤマゲラ
	管鼻（上腕骨が長く飛翔力に優れる）	アホウドリ, オオミズナギドリ, ヒメクロウミツバメ, モグリウミツバメ	鸚鵡	インコ	燕雀	スズメ, マヒワ, ホシガラス, カケス, ヒバリ, ツグミ, モズ, ヒタキ, ツバメ
	全蹼類（足指が4本すべて蹼でつながっている．ただしグンカンドリでは蹼がかなり退化している）	ネッタイチョウ, カツオドリ, カワウ, ヘビウ, ペリカン, グンカンドリ	杜鵑	カッコウ		

（小林，1973；Scott，1974；Farrand，1988 参照）

る．また図 3.2-7 には飛行性能に大事な影響を及ぼす (a) 飛行生物の翼面積 S（翼面荷重 W/S）と (b) 翼竜や人力機と比較した鳥の翼幅 b（翼幅荷重 W/b）の質量 m に対する統計値を示した．これから，鳥を含めて生物は一般に (i) 大型になるほど翼面荷重も翼幅荷重も増すこと，(ii) 飛ぶより歩くことを主体にしているニワトリやクイナ類は大きさの割に翼幅荷重が異常に大きいことがわか

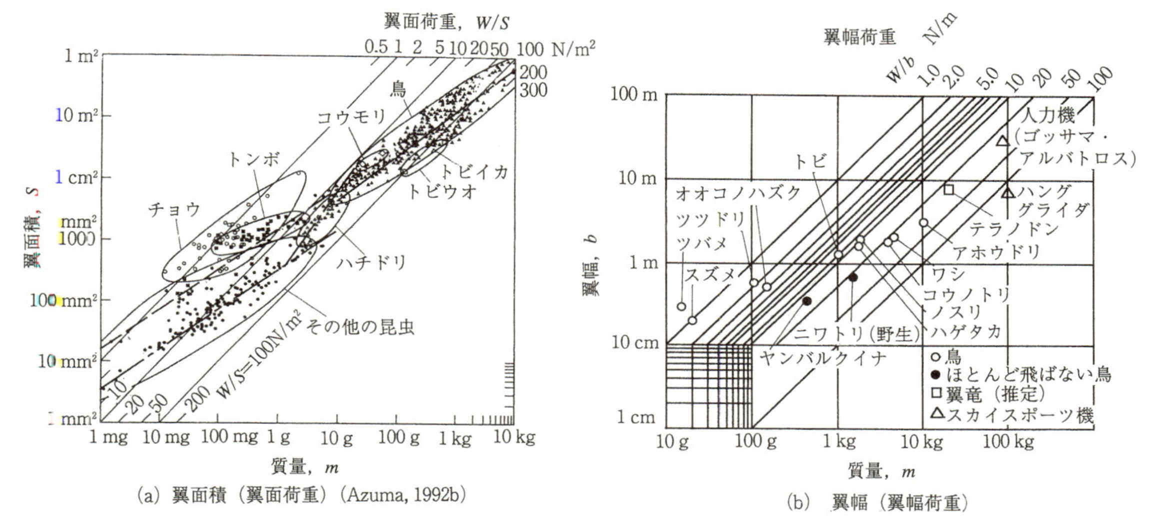

(a) 翼面積（翼面荷重）(Azuma, 1992b)　(b) 翼幅（翼幅荷重）

図 3.2-7　質量に対する翼面積と翼幅

る

翼の構造

一般に鳥の翼は，図 3.2-8 に見られるように，われわれの腕や手の骨に似た骨組みをもち，それに多くの羽を重ね合わせて作られている“羽根翼”である．このため飛行状態に応じて，その平面形も翼型も，ある程度の範囲内で自由に変えられるという利点がある．

翼は大きく分けて人間の手の平に当たる部分に“初列風切り羽”，下腕に当たる部分に“次列風切り羽”，そして上腕に当たる部分に“3 列風切り羽”が配置されている．翼断面は，図 3.2-9 に見られるように，いわゆる流線形の翼型をしている．

1 枚の羽の構造は，図 3.2-10 の陸鳥の初列風切り羽に示されているように，実に巧妙にできている．まず芯になる根元の“羽柄”から，先の“羽軸”にかけて，その断面形は楕円から四角形へと変わっていき，羽にかかる空気力による“曲げ”と“捩り”に耐える構造になっている．途中羽軸の下側は中へ向かって凹みがあるので，羽が空気力で上方に曲げられると，凹みの部分が下に張り出してきて剛性を上げて曲げモーメントに対抗し，一

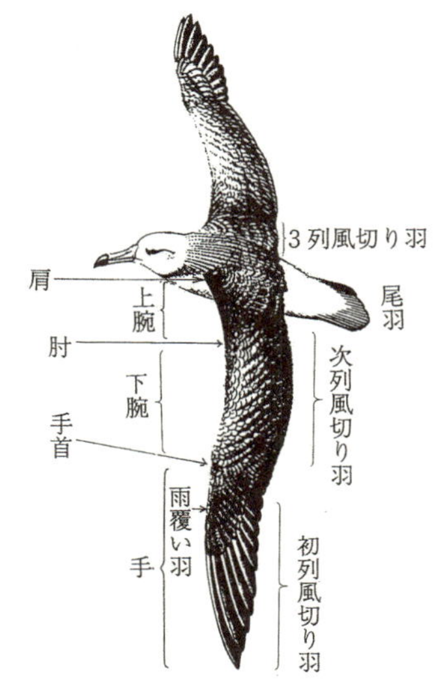

図 3.2-8　大型海鳥（アホウドリ）の翼 (Perrins & Middleton, 1985)

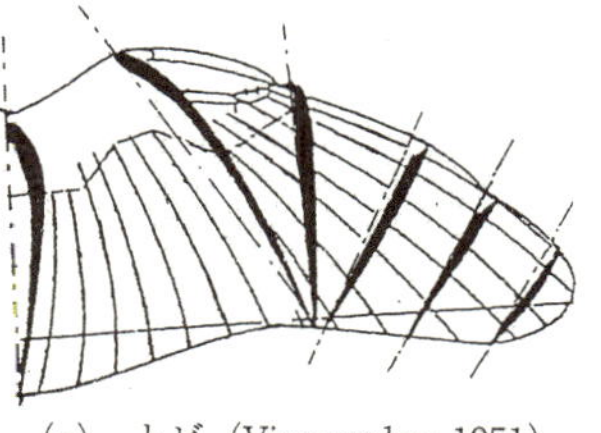

(a)　トビ (Vinogradov, 1951)

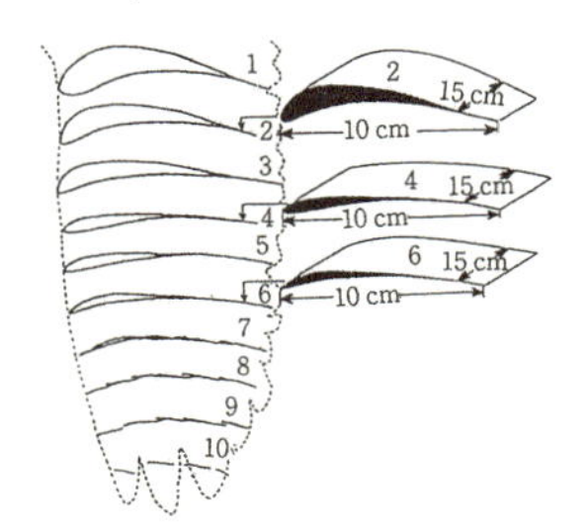

(b)　ハト (Nachtigall, 1979)

図 3.2-9　鳥の翼の断面形

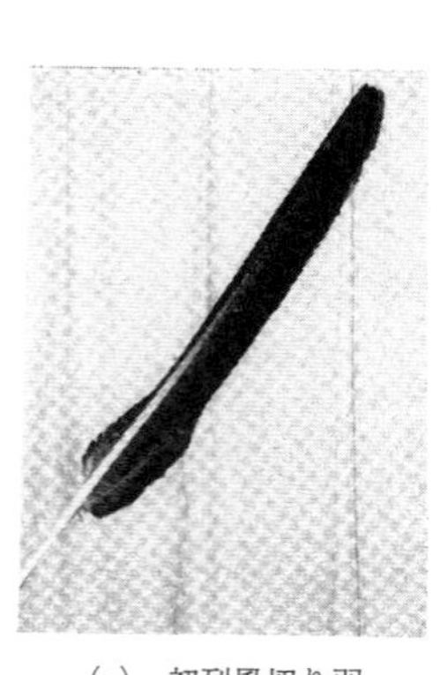
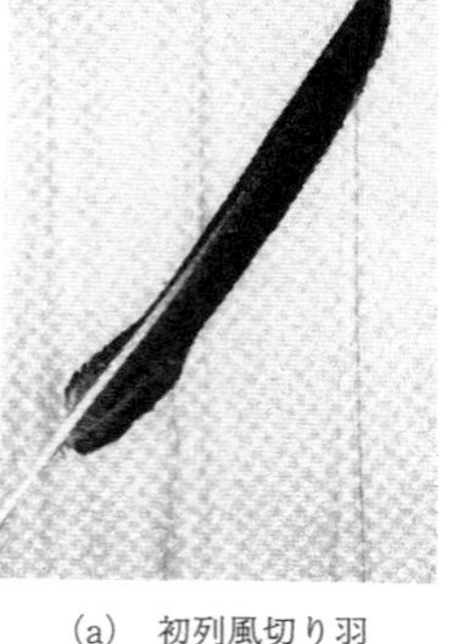

(a) 初列風切り羽　(b) 羽板(笹川, 1995)

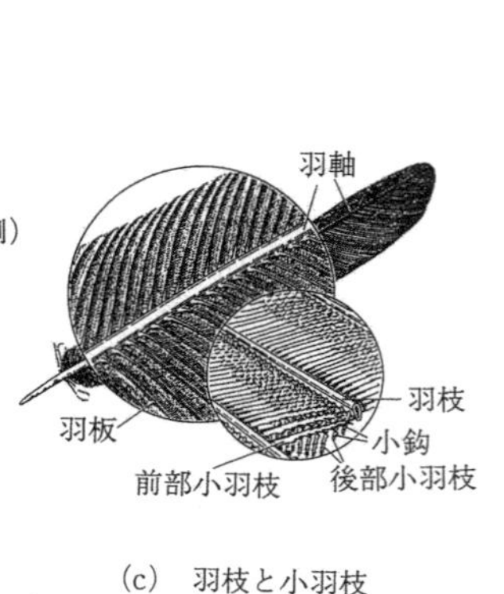

(c) 羽枝と小羽枝 (Berger, 1961)

図 3.2-10 羽の構造 (Berger, 1961)

図 3.2-11 大型陸鳥 (イヌワシ) の翼の平面形

方, 例えば羽ばたきの打ち上げ時のような逆の負荷に対しては, 凹みは中へ引き込んで剛性を下げ, 負荷によるたわみを増して, 柳に風と受け流す.

羽軸の上面から前後に張り出している“羽枝”は, 羽軸が上面に突き出さないようにして, 滑らかな翼表面を形成する. 羽枝が集まって作る“羽板”は, 図 3.2-10b に見られるように, 後縁が上方に反り上がっている. そのような翼型の空気力学的特性についてはすでに 3.1.1 に詳述した. さらに羽板は大型陸鳥の初列風切り羽では, 先のほうが削がれていて羽の弦長が縮小し, 何枚かを並べたとき, それらは互いに“隙間翼”を形成する. 後述するように, 羽板の中に占める羽軸の位置は大事で, 外翼を形成する初列風切り羽では, 前方の羽ほど, 羽軸の前方にある.

羽枝は, 図 3.2.-10c に示されるように, 羽軸から斜めに出, さらにそこから“小羽枝”がこれも斜交して張り出している. 小羽枝は互いにからみ合って“小鈎”で止められているので, ちょうどマジックテープのように, 無理すれば引き剝がされて隙間ができるが, 鳥が嘴で毛づくろいをすると, 簡単にくっついて隙間のない羽板となる. このため羽板はそのつけ根に向かう力に強くまた羽板は上方への力に対して剛く耐えるようになっている (Ennos ら, 1995).

内翼を形成する次列および 3 列風切り羽は, それぞれの長さがほぼ一様で, 羽軸は羽板のほぼ中央を走る. 翼全体にわたって, 雨覆い羽が重なり合って翼を覆い, 図 3.2-9 に示されたように, 翼の前縁に厚みと丸味を与えて翼型を形作る. なお, 雨覆い羽は例えば流れの剝離で持ち上げられるので, 失速の検出器として用いられるし, また羽によっては速度の検出器としても利用されている (Brown & Fedde, 1993).

主として滑空に頼る大型の海鳥の代表例として, すでに図 3.2-8 にアホウドリを示したが, 陸鳥の代表として, 図 3.2-11 にイヌワシの平面図を示す. 前者は, 長い翼幅 (大きいアスペクト比) で先の尖った翼, 小さい尾翼, 洗練された小型の胴体が特色であり, 後述するように, 高性能で海上を滑空し続ける. 尖った先端の先細翼は, 翼のつけ根の曲げモーメントを減らすために有効である. 小さい尾翼は, 海上の乱れの少ない風に適しているが, 若干の安定性・操縦性の不足を, 水掻きのある足が補う.

後者は, 翼端に隙間のある, ほどほどの翼幅の矩形翼と, 大きい尾翼とに特色がある. 乱れた風の中でも, 翼のつけ根のモーメントはそれほど大きくならないし, わざわざ削いであるように作られた初列風切り羽により構成される隙間翼は, 飛行機の“多段フラップ”に似て, 大きい迎角での剝離を減らし失速しにくくする. さらに, 初列風切り羽は上方に反り, 後述のウイングレットを形成する. 低速飛行中の鳥の翼の打ち上げ時に見られる羽の捩りの逆転については, 後で詳述される. また大きい尾翼は, 陸上に多い烈しい風の乱れの中での飛行で安定を保持し, 逃げる餌を追うための良い運動性をも与える.

滑空性能

滑空性能は, 翼のアスペクト比に著しく左右さ

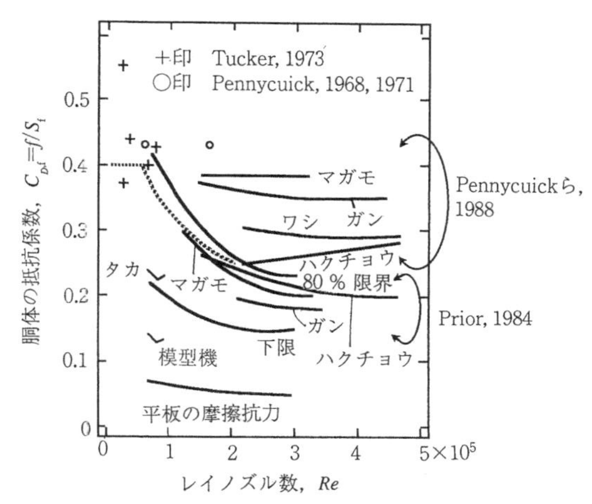

図 3.2-12 鳥の胴体の抗力係数（Tucker, 1990）

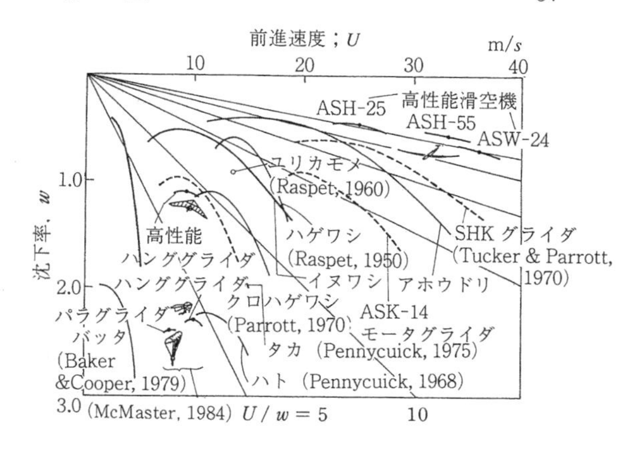

図 3.2-13 滑空性能

れる．したがって，ほとんど上昇気流のない海上を飛ぶ大型海鳥のアスペクト比は 10 を越すが，大型陸鳥のそれは 5 から 10 の間になる．陸鳥のアスペクト比がほどほどなのは，陸上で多い上昇気流が利用できること，大きい翼幅では，山や森でそれがかえって邪魔になること，その上突風であおられたりしたとき，翼のつけ根の曲げモーメントがつらくなることなどの理由からであろう．

図 3.2-12 は幾種かの鳥の，翼を除いた体の正面面積 S_f に基づく抗力係数（$C_{D,f}=f/S_f$）を，レイノルズ数の関数として示した．

図 3.2-13 には鳥を主に，他の生物やグライダの性能曲線の推定値を記入した．最も高性能であると思われる海鳥のアホウドリは，滑空比が約 40 前後で，高性能グライダと同じくらいの値をもつ．遠距離飛行に優れているばかりでなく，沈下率も 0.4 m/s 程度と低く，滞空時間も長いことがわかる．滑翔する陸鳥のハゲワシやイヌワシも，滑空比は 20 前後と低いが，沈下率は 0.6 m/s 以下で，わずかな上昇気流でも長く空中に浮いていられることがわかる．

図 3.2-14 には各種飛行生物の翼面荷重（横軸）とアスペクト比（縦軸）について，(a) はその概略を，そして (b) は鳥の典型的な例について具体的に画いたものである．高翼面荷重は高速飛行を，そして低翼面荷重は低速飛行をすることを意味し，さらに後者は低い降下率を保証するものである．また高アスペクト比は遠距離飛行を，しかも

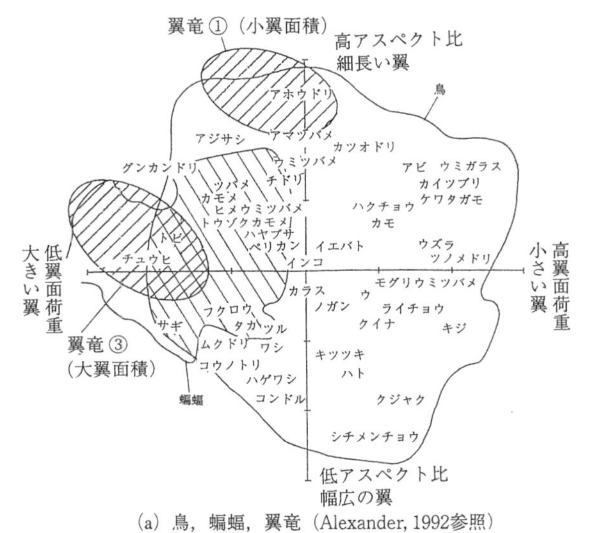

(a) 鳥，蝙蝠，翼竜（Alexander, 1992参照）

(b) 鳥の典型的な例

図 3.2-14 飛行生物の翼面荷重とアスペクト比

どちらかというと滑空飛行に頼ることを主とし，低アスペクト比は短距離のどちらかというと羽ばたき飛行を主とする生物を示している．

海鳥と水鳥

例えば広い海洋を滑翔するアホウドリ，カツオドリ，アジサシ，それに遠距離の渡りをするツバメなどは，縦軸の上方(高アスペクト比)に位置する．また烈しい羽ばたき飛行をするウミガラスやツノメドリなどは，横軸の右方(高翼面荷重)にある．一方，主として上昇気流内の滑空に頼るトビやチュウヒは横軸の左方(低翼面荷重)に寄る．グンカンドリは熱帯海洋の上昇風域を飛行するので，アスペクト比は大きいが翼面荷重は小さい．

斜線で囲った部分は蝙蝠(こうもり)と翼竜のグループで，前者ならびに翼面積を大きめに推定した後者(番号③；4.3.2参照)は，翼面荷重が小さく速度が遅く，あまり遠距離まで飛ぶことはしないことに対応する．一方，翼竜の翼面積を小さく推定したほう(番号①；4.3.2参照)は，大型海鳥なみあるいはそれ以上の高アスペクト比をもち，高性能の滑翔飛行を行っていたものと推定される．19世紀の後半に，オットーとガスタフのリリエンタール兄弟がハンググライダを開発し，翼による空中飛行に成功したが，彼らが参考にしたのは，夏のヨーロッパ大陸で多く見られ人家の近くに巣を作るコウノトリであった．この鳥は羽ばたき飛行も行うが，翼面積の大きい(翼面荷重の小さい)翼は上昇気流を利用しての滑空飛行に向いている．

サギ，コウノトリ，トキ，ヘラサギといった種類の鳥は餌の種類が多様なので，彼らの生息域は広い．ただし山林の伐採や毒性の強い農薬の多用に頼る農業形態下ではその数を減らし続け，日本でも自然の状態でのトキは見られなくなった．

同じ仲間のフラミンゴは，昔は広く分布していたようであるが，今は熱帯と温帯の一部に限られ，アルカリ塩や炭酸塩に富む湖に発生する微小な藍藻(らんそう)，珪藻(けいそう)，無脊椎動物を餌としている．集合性が強いので，集団での飛行は見事である．

可変翼

鳥の翼は，図3.2-15a, bに示されるように，いろいろな速度で最適滑空性能を得るためにちょうどパンタグラフの動きに相当する平面形変化のできる“可変翼”である(Whitfield & Orr, 1978；Nachtigall, 1985)．Tucker (1987)によれば，可変翼の面積Sと翼幅bは，もともとの値には下指標0をつけて，次のように表すことができる．

$$\left.\begin{aligned}\bar{S} &= S/S_0 = \alpha\bar{b}+\beta\\ \bar{b} &= b/b_0\end{aligned}\right\}\qquad(3.2\text{-}19)$$

具体的なパラメタα, βについては表3.2-2に示されている．翼のプロファイル抗力と誘導抗力，それに翼以外のパラサイト抗力を加え，全抗力を抵抗面積で表すと

$$\begin{aligned}SC_D &= SC_{D_\mathrm{w}}+SC_{D_\mathrm{i}}+f\\ &= 2.04C_\mathrm{f}S_0(\alpha\bar{b}+\beta)+\{S_0(\alpha\bar{b}+\beta)^2\\ &\quad\times C_L{}^2/\pi \mathit{Æ}_{\mathrm{e},0}\bar{b}^2\}+f\qquad(3.2\text{-}20)\end{aligned}$$

となる．ここに

$$\mathit{Æ}_{\mathrm{e},0} = (b_0{}^2/S_0)_\mathrm{e}\qquad(3.2\text{-}21)$$

である．力の釣り合い式(3.2-1a, b)と一緒にして，次の式が得られる．

$$\begin{aligned}&x^2+(\bar{u}^2\bar{b}^2/B)x-\{1+(A/B)\bar{u}^4\bar{b}^2(\alpha\bar{b}+\beta)\\ &+(c/B)\bar{u}^4\bar{b}^2\} = 0\qquad(3.2\text{-}22)\end{aligned}$$

ここに

$$\left.\begin{aligned}&x = \sin(-\gamma)\\ &\sigma = \rho/\rho_0,\ \ u = U/U_0,\\ &\bar{W} = W/(1/2)\rho_0U_0{}^2S_0,\\ &A = 2.04\sigma C_\mathrm{f}/\bar{W},\ \ B = \bar{W}/\sigma\pi \mathit{Æ}_{\mathrm{e},0},\\ &C = \sigma\bar{f}/\bar{W}\end{aligned}\right\}$$

(3.2-23)

上式の解の1つは

$$\begin{aligned}x = &-(1/2)(\bar{b}^2/B)\bar{u}^2+\\ &\sqrt{(1/4)(\bar{b}^2/B)^2\bar{u}^4+(A/B)(\alpha\bar{b}+\beta)\bar{b}^2\bar{u}^4+(C/B)\bar{b}^2\bar{u}^4+1}\end{aligned}$$

(3.2-24)

で与えられる．

最大滑空比および最小沈下率の飛行は，それぞれ$\partial x/\partial u=0$および$\partial(ux)/\partial u=0$から求められる．結果は，図3.2-16にみられるように，翼幅を短くするにつれて飛行速度は増大していくが，その様子はほとんど鳥の種別に無関係である(Azuma, 1992b)．

ハヤブサ類は南極大陸を除く全大陸に分布している．体の質量が1～2 kgといった中型の鳥は，自在な運動性に富んだ高速飛行に適した大きさである．実際ハヤブサは，主に小型または中型の鳥を餌とし，図3.2-17に示されるように，(a)尾

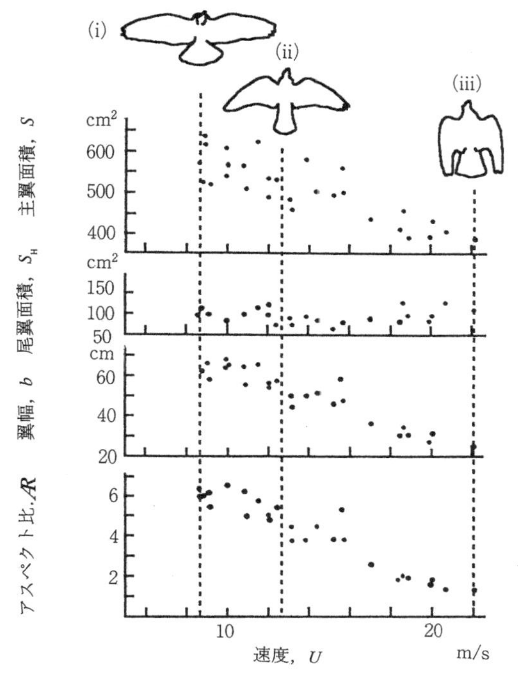

(a) ハトの速度に対する諸量の変化（Pennycuick, 1968）

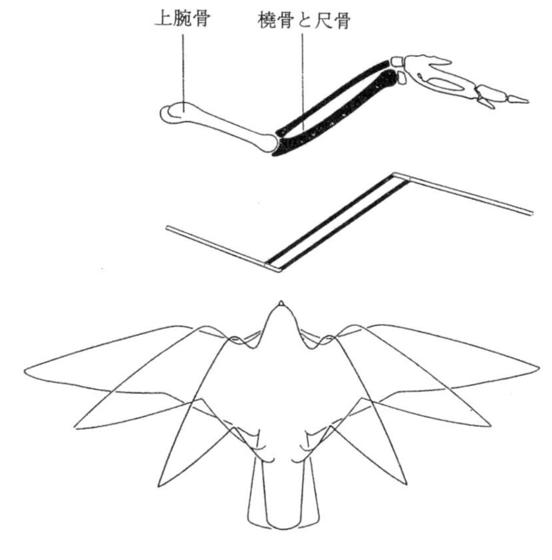

(b) パンタグラフ機構（Whitfield & Orr, 1978）

図 **3.2-15** 鳥の平面形の変化

表 3.2-2 滑空する鳥の諸元

項目 / 種	重量 W(N)	最大翼幅 b_0(m)	最大翼面積 S_0(m²)	アスペクト比 Æ	翼形状 α	翼形状 β	抗力係数 胴体 C_{D_p}	抗力係数 翼 C_{D_w}	摩擦抵抗係数 C_f	速度 U_0(m/s) $\lvert\gamma\rvert_{min}$	速度 U_0(m/s) w_{min}
タカ	5.60	1.01	0.132	7.73	0.857	0.144	0.0162	0.00906	0.444×10^{-2}	9.40	7.15
クロハゲワシ	17.5	1.37	0.336	5.59	1.060	−0.060	0.0145	0.00602	$.0295\times10^{-2}$	11.9	9.04
アフリカハゲワシ	52.8	2.18	0.689	6.90	1.060	−0.060	0.0147	0.00492	0.241×10^{-2}	13.9	10.5
フルマカモメ	7.20	1.09	0.144	10.42	0.700	0.299	0.0237	0.00922	0.452×10^{-2}	8.87	6.74

（資料は Tucker，1987 参照）

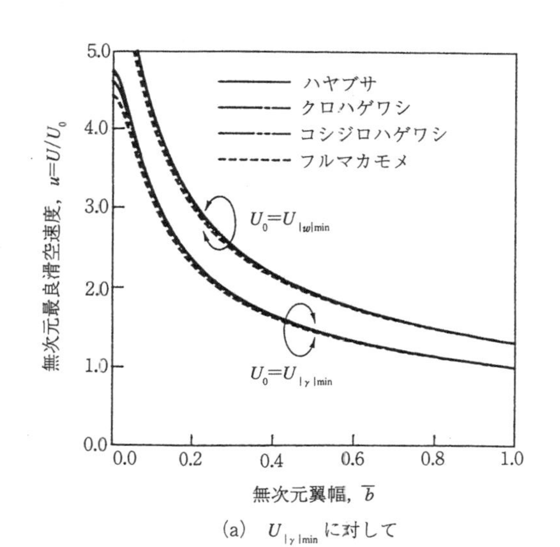

(a) $U_{|\gamma|min}$ に対して

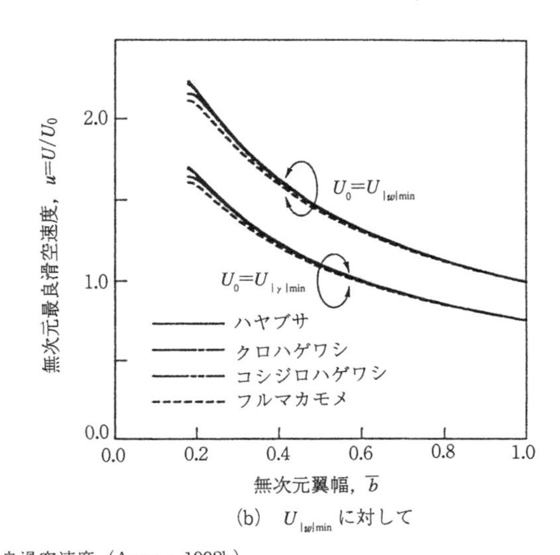

(b) $U_{|w|min}$ に対して

図 **3.2-16** 翼幅変化に伴う最良滑空速度（Azuma, 1992b）

図3.2-17　ハヤブサの飛行（小林正之：科学朝日，July 1982）
(a)　追尾，(b)　急降下，(c)　餌物捕獲後の帰投．

翼をすぼめ，足を引っ込め，翼端の尖った，したがって，高速の羽ばたき飛行に優れた翼で餌を追尾し，(b)時に翼を折り畳んで急降下し，重力を利用してさらに加速して餌に迫り，足指の鋭い爪に引っかけてそれを捕らえて(c)主翼も尾翼もいっぱいに開いて餌を持ち帰る．

鳥の翼はさらに，前縁の“靱帯”と羽の動きを使って，図3.2-18aのミサゴの例に見られるように，上への反り（キャンバ）を与えることができる．これで3.1.1で説明したように，揚力係数，特に最大揚力係数を増して，より低速の飛行ができるようになっている．飛行機では，離着陸時の低速飛行に当たって，図3.2-18bに示されるように，多段フラップを利用する．

ウイングレット

陸鳥の王者のワシ・タカ類といった大型の猛禽類に共通している特色は，(i)適度なアスペクト比の矩形翼で，(ii)その外翼の初列風切りが分離して翼端を形成し，(iii)尾翼を広げると団扇のように大きく，(iv)鋭い視覚と嗅覚を有し，(v)鍵状に曲がった嘴，強力な脚と鋭利に湾曲した鍵爪を備えた足をもつことなどが上げられる．いずれも他の動物を餌とするために発達した特色である．一般に海鳥に比べてアスペクト比同様翼面荷重も小さく，陸地に多くあるちょっとした上昇気流で滑空飛行が続けられる．

中でもコンドル類は，空を飛ぶ陸鳥の中では最大級で翼幅が3mを越すものもある．飛行中の翼の形状を前から見ると，図3.2-19に見られるように，翼端が上方に反り上がっている．コンドルに限らず，初列風切り羽に隙間のある翼は一般に翼端が上方に反る．図3.1-15に示されたような翼端から出る渦による吹き上げ域の中に，陸鳥の翼端に似せて，小さい翼“ウイングレット”を斜め上方（または下方）に配置すると，水平に配置した場合よりは翼の曲げモーメントをあまり増さないで揚抗比を上げることができる．実はウイングレットを平面翼の翼端に装着しなくても，翼端が上方（または下方）に反った非平面翼でも，有効アスペクト比が増え，また，翼端が中心に入ってきたぶんだけ，曲げモーメントは少なくなる(Cone, 1962)．大型の陸鳥のこのような特性をまねて，図3.2-18bに見られたように，一部の飛行機にウイングレットが装着されている(Kuhlman & Liaw, 1988)．

しかし曲げモーメントについて配慮しないのだったら，翼面積もアスペクト比もウイングレットつきの翼全体のそれと同じ楕円翼と比べて，Tucker(1993, 1995)がいっているようには揚抗比が必ずしもよくなるとはかぎらない．鳥の翼のウイングレットは隙間翼として流れの剝離を防ぐ（失速防止）効果のほうがはるかに大きい．

3.2.3　非定常滑空

定常滑空でない“非定常滑空”には，(i)以下に述べるような水平風を利用して高度も速度も変え

(a) ミサゴ（Milson, 1985）　(b) 飛行機

図 3.2-18 フラップの例

図 3.2-19 コンドルの滑空

つつ飛ぶ滑空法と，(ii)次節で述べるように高度をほぼ一定に保持したまま速度を変える滑空法とがある．

ダイナミックソアリング

陸鳥は上昇気流を利用して高度を獲得することができる．しかし海洋を滑空する海鳥は，島や船あるいは大波に沿ってというきわめて限られた場所での上昇気流しか利用できない．このために，アホウドリ，オオミズナギドリなどの大型の海鳥は，海面上の低い風速から，上方に上がるにつれて風速の増える水平風の，“風速勾配”を利用して，抗力により失われたエネルギを補い，長時間羽ばたき運動に頼らないで，滑空飛行を行う．この飛行のことを“ダイナミックソアリング”と呼ぶ．この飛行は図 3.2-20 に示すように，風上に向かって上昇し，10～20 m あたりで旋回して，次に風下に向かって下降する．海面すれすれで高速旋回して再び風上に向かう．この一連の 1 巡上下運動で，以下に示すような飛行に必要なエネルギを風から取り出せるのである（Azuma, 1992b）．

質量 m の海鳥が空気力 $\boldsymbol{F}_A$ と重力 $\boldsymbol{F}_G$ の外力を受けながら，速度 $\boldsymbol{V}$ で並進運動すると，運動方程式は

$$\boldsymbol{F}_A + \boldsymbol{F}_G = m\mathrm{d}\boldsymbol{V}/\mathrm{d}t \tag{3.2-25}$$

となる．これに速度を掛けて積分し，エネルギ E を求めると次式のようになる．

$$\int \boldsymbol{F}_A \cdot \boldsymbol{V}\mathrm{d}t + \frac{1}{2}m\boldsymbol{V}^2 + WZ + C = E$$

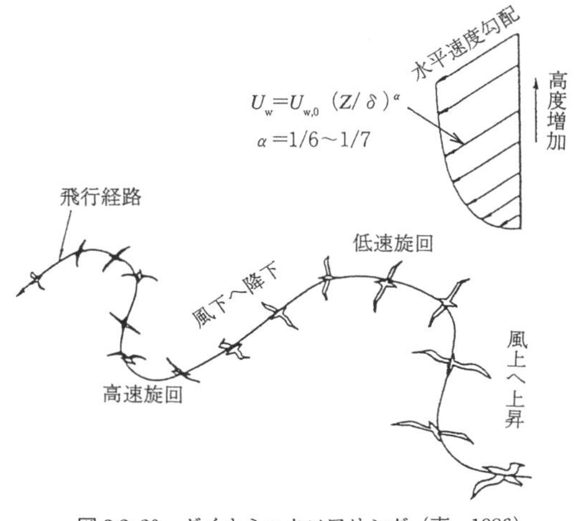

図 3.2-20 ダイナミックソアリング（東，1986）

(3.2-26)

ここに $W=mg$ は重量，Z は高度，そして C は積分定数である．速度は対気速度 $\boldsymbol{U}$ と風の速度 $\boldsymbol{U}_\mathrm{w}$ との和，$\boldsymbol{V}=\boldsymbol{U}+\boldsymbol{U}_\mathrm{w}$ として与えられるので，上式の左辺は

$$\int \boldsymbol{F}_\mathrm{A}\cdot\boldsymbol{V}\mathrm{d}t=\boldsymbol{F}_\mathrm{A}\cdot\boldsymbol{U}\mathrm{d}t+\int\boldsymbol{F}_\mathrm{A}\cdot\boldsymbol{U}_\mathrm{w}\mathrm{d}t = \boldsymbol{E}_D+\boldsymbol{E}_\mathrm{w} \qquad (3.2\text{-}27)$$

となる．右辺第1項は，揚力 $\boldsymbol{L}$ と抗力 $\boldsymbol{D}$ とが対気速度 $\boldsymbol{U}$ に対してそれぞれ垂直と平行であることから，

$$\left.\begin{aligned} E_D &= \int \boldsymbol{F}_\mathrm{A}\cdot\boldsymbol{U}\mathrm{d}t=\int\boldsymbol{L}\cdot\boldsymbol{U}\mathrm{d}t \\ &\quad +\int\boldsymbol{D}\cdot\boldsymbol{U}\mathrm{d}t \\ &= -\frac{1}{2}\int\rho U^3SC_D\mathrm{d}t \end{aligned}\right\} \qquad (3.2\text{-}28\mathrm{a})$$

であり，また，右辺第2項は，水平風 U_w のみを考慮し，それも図3.2-20に見られるように，高度 $Z=0$ で $\boldsymbol{U}_\mathrm{w}=0$ とすると，

$$E_\mathrm{w}=\oint\left[\frac{1}{2}\rho US\int^Z C_L\mathrm{d}z(\mathrm{d}U_\mathrm{w}/\mathrm{d}z)+s(Z)\times\frac{\mathrm{d}}{\mathrm{d}Z}\{D(U_\mathrm{w}/U)\}\right]\mathrm{d}Z \qquad (3.2\text{-}28\mathrm{b})$$

となる．ただし，$s(Z)$ は飛行経路に沿った距離である．以上のように，式(3.2-27)が前述の1巡運動で正または0であれば($E_D+E_\mathrm{w}\geqq 0$)，風それも風の勾配 $\mathrm{d}\boldsymbol{U}_\mathrm{w}/\mathrm{d}Z$ からエネルギを引き出して，滑空飛行を続けることができることになる．それができるのは，(i)揚抗比 C_L/C_D が大きく，(ii)抗力 C_D が小さく，したがって飛行速度が風速に対して速く，$\boldsymbol{U}_\mathrm{w}/U\ll 1$，そして(iii)風の勾配 $\mathrm{d}\boldsymbol{U}_\mathrm{w}/\mathrm{d}Z$ が大きいことが必要である．

広大な海洋上での滑翔がたくみなアホウドリ類やミズナギドリ類は，図3.2-8に見られたように，翼端の尖った細長い(アスペクト比の大きい)主翼と小さい尾翼が特徴である．

前者は南緯40°から70°の範囲にわたる風の強い，したがってダイナミックソアリングに有利な海域で多く見られる大型海鳥で，後者と違って外鼻孔が嘴の両側に分かれていることで区別される．後者は似た形状ではあるがいくぶん小型で，より広い海域に棲み，飛行は同じ滑翔法に加えて，羽ばたきにも頼る．低空での急旋回は，下がったほうの翼端が水を薙(な)ぐように見えるので，その名がついたといわれる．

餌は主として外洋の海面近くの魚類，甲殻類およびイカ類で，滑翔飛行で広い棲息域をカヴァーする．そのため専ら単独飛行となるが，繁殖期には天敵のいない島に集まる．ともに長命であるが，アホウドリの平均寿命は約20年といわれる．

温暖な海洋で，同じような長命で生活する大型のペリカン類も滑翔が得意である．特に翼面荷重の小さい近隣のグンカンドリは，海洋の島礁付近で得られるわずかな熱上昇風を利用して飛行を続けることができる．

アンカソアリング

海鳥の中で最も小さいウミツバメ類は，汽水域や北極海を除いてより広い海域に棲む．脚の長いヒメウミツバメは，質量が30～40 gと小型であるが，彼らは翼を広げてそれを羽ばたくことなく，ときどき足を水に漬けて，海面のすぐ上に浮いたままで，餌となる小魚を捕獲する．すなわち，彼らの重量は翼に働く揚力で支えられるが，翼と体に働く抗力は彼らの足に働く水の力でほぼ釣り合わされている．つまり，鳥は水の上をゆっくりと後方へ吹き流されるので，足の抗力が前へ向き，図3.2-21に見られるように，ちょうど凧を揚げた格好で滑翔する．これを"アンカソアリング"と呼ぶ(Alexander，1992)．この方法は，風が必ずしも定常ではないので，完全な釣り合い

図3.2-21　アンカソアリング（Alexander, 1992 またはその日本語訳　東，1992c）

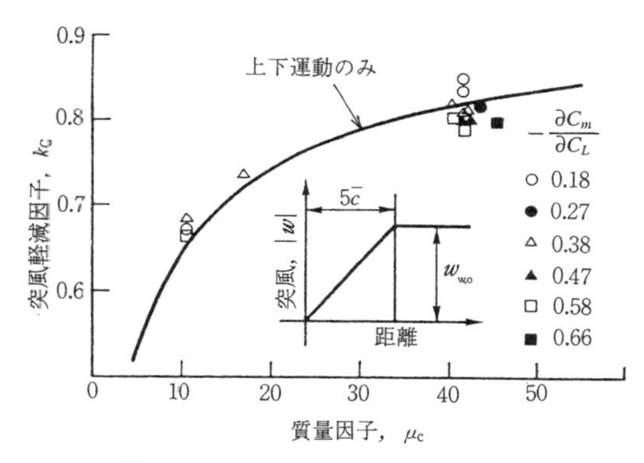

図 **3.2-22** 突風軽減因子（Zbrozek, 1953）

をとるのは難しく，風速に応じて流される速度も異なってくる．

突風応答

上向きの垂直突風($w_w<0$)の中に鳥が飛び込んだときには，揚力が急増し荷重倍数 n が増加する．この増加分 Δn は，飛行機の場合と同様，“突風軽減因子”k_G を使って

$$\Delta n = (C_{L\alpha}/C_L)k_G(-w_w/U) \quad (3.2\text{-}29)$$

（上昇風 $w_w<0$，下降風 $w_w>0$）

で与えられる．ただし $C_{L\alpha}=\partial C_L/\partial\alpha$ である．図 3.2-22 には，台形状の突風に対する突風軽減因子 k_G を，“質量因子”$\mu_g=2m/\rho SC_{L\alpha}$ の関数として示してある(Zbrozek, 1953)．なお，$\bar{c}$ は次式で定義される“平均翼弦”である．

$$\bar{c} = \int_{-b/2}^{b/2} c^2 \mathrm{d}y/S \quad (3.2\text{-}30)$$

ここに b は翼幅，S は翼面積である．

3.3 その他の滑空生物

鳥以外の滑空生物について紹介する．鳥以外の生物は，飛行昆虫やコウモリを除いて，一般に飛行することは必ずしも彼らの生活のすべてではない．したがって，翼は飛行用具ではあるが，必ずしも高性能滑空能力をもつものではなく，例えばそのアスペクト比は鳥ほど大きいものではない．

3.3.1 膜翼の滑空生物

伸びた腕や脚の間に張った飛膜を利用して，“膜翼”で飛行するものには，図 3.3-1 に示すように，古くは(a)翼竜，そして今では(b)ムササビのほかに(c)フクロモモンガや(d)ヒヨケザルなどがいる．(a)の翼竜は 4.3.2 で後述されるように，アスペクト比が大きく，これは明らかに飛ぶことが生活の大部分を占めていた形態である．これに対して(b)のムササビや(c)のフクロモモンガはアスペクト比が 1 前後で，滑空比はたかだか 3 程度なので，飛行は補助的移動手段である．しかし，(d)のヒヨケザルは後述のようにもっとよい滑空比をもっているらしい．さらに(e)のトビガエル(アオガエル)，および(f)のトビヤモリは，指の間の水掻きの膜や体の一部の膜を利用し，飛行というほどのものではないけれども，多少着地の衝撃緩和に役立つ程度の制動をそれで行う．これに対して，(g)のトビトカゲの胴から張り出した膜翼は，揚抗比は小さいが明らかに滑空の期待できるものである．なお膜翼の動力飛行については 4.3 参照．

すでに 3.1 の図 3.1-11 に関連して説明したように，翼の揚力はアスペクト比が小さくない限り，迎角の増しとともに，失速角までは線形に増える．しかし，アスペクト比が小さいと，早くから剥離が始まり，それとともに渦による非線形の“渦揚力”が増して，揚力傾斜 $a=\partial C_L/\partial\alpha$ は線形の値より増えていく．そして翼が全面にわたって剥離するまで揚力係数は増え続け，最大揚力係数 $C_{L\max}$ はアスペクト比の大きい翼より，小さい翼のほうが大きい．これを揚抗曲線でみると，図 3.1-12 に示したように，最大空力係数 $C_{R\max}$ も，アスペクト比の小さい翼のほうが大きい値となる．滑空速度は式(3.2-2a)で与えられるので，最小着陸速度 $U_{\min}$ は $C_{R\max}$ のときに実現する．したがって，低アスペクト比の翼は揚抗比，つまり滑空比は悪いが，接地には着陸速度を遅くできるので，降下着陸には有利となる．

ムササビ類

空を飛ぶ大型リスの仲間にムササビ類やモモンガ類がいる．いずれも，森に棲み，主にそこで得られる種子や果実を食べるほかに，それらを得難いときは若葉や花も食べる．

そこで木から木へと移動しなければならないが，図 3.3-2 に示されているように，いったん木

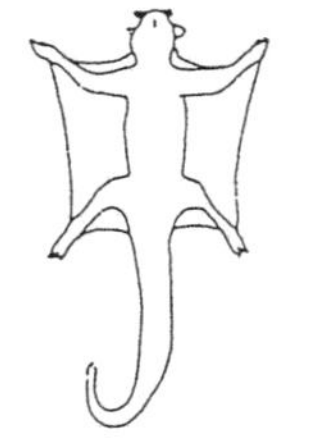

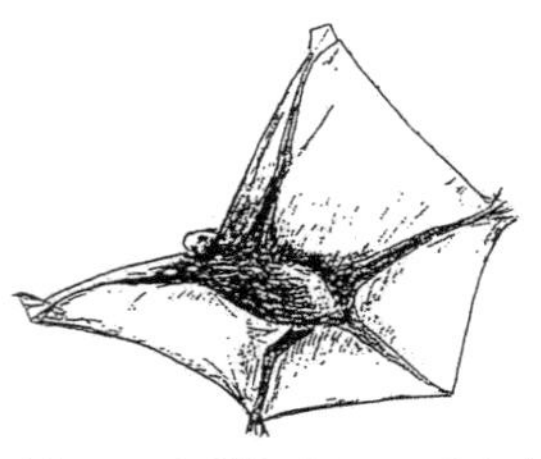

(a) 翼竜 (*Rhamphorhynchoidea*)　(b) ムササビ (*Petaurista*)　(c) フクロモモンガ (*Petaurus*)　(d) ヒヨケザル (*Cynocephalus*)

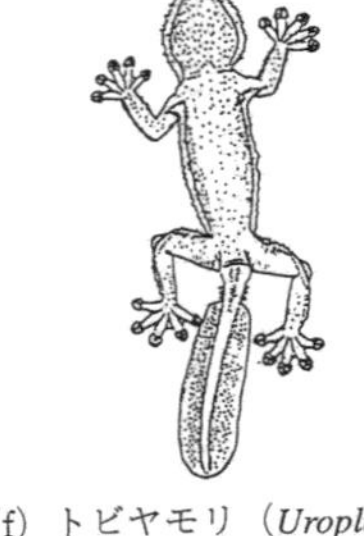

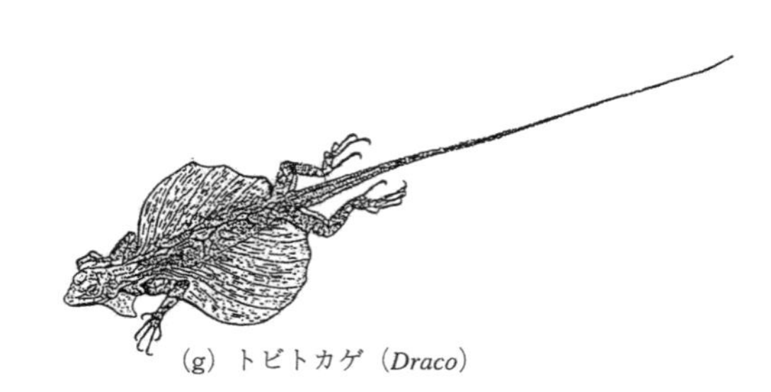

(e) トビガエル (*Rhacophorus*)　(f) トビヤモリ (*Uroplatus*)　(g) トビトカゲ (*Draco*)

図 3.3-1　膜翼で飛行する生物 (Mertens, 1960；Langston, 1981 参考)

から降りて地上を走っていく行程Aと木から木へと滑空していく行程Bと比べた場合，どちらが省エネルギ的であるかは明らかであろう．天敵に襲われる危険度もAのほうが大きかろう．

膜翼で飛ぶ生物は，翼竜とコウモリを除いて一般に低アスペクト比の翼で，このため飛距離と高度落差との比の滑空比(または揚抗比)は小さく，ムササビやモモンガで3前後である．つまり樹上10 mのところから飛び出しても，飛距離は30 m前後と短い．ただし発進点の木が山の上で，例えば100 mの落差のある麓へ向かえば，途中に邪魔物がない限り，着陸点までの飛距離は300 m程度にもなるのである．

細かく図3.3-2を見ると，(i) ムササビが勢いよく飛び出した場合には，初めは上へ凸の山なりの飛行経路となり，(ii) 逆に初速が小さいと初め下降して加速する下へ凸の経路となる．そして (iii) 初速が定常滑空速度と一致している場合には定常滑空経路の飛行となる．

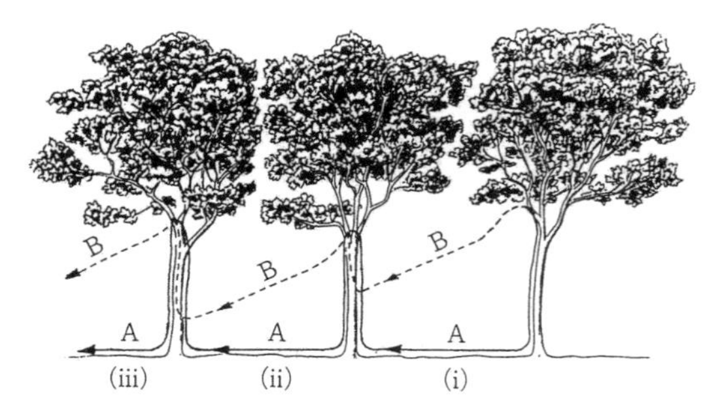

図 3.3-2　地上走行 (A) と滑空飛行 (B) の違い (Alexander, 1992 参照)

(i) 勢いよく飛び出した場合，(ii) 落下で加速した場合，(iii) 初速度が定常滑空速度と一致した場合．

大事なことは，垂直に立っている木の幹へ着陸できることである．これはアスペクト比の大きい翼では不可能なことで，体を垂直に立てると失速してしまう．これはムササビが低アスペクト比の翼をもつからこそ可能なのである．

ヒヨケザル

皮翼目ヒヨケザルの飛膜は顎の両側から始まって，前後の足の指先を経て尾の先端にまで五角形の形に張られている．彼らは熱帯の多雨林の中で植物を餌に樹上生活をしている．このため，ムササビ類同様省エネルギの滑空飛行が主たる移動手段であるが，実は滑空比が，低アスペクト比の膜翼であるにもかかわらず，どうもはるかに高い(10近い)ようなのである．それは，飛行中，三角状に張り出した翼の後部を尾とともに煽いでいるので，後述(5.3.1)の煽ぎの力学に述べられているように，それで多少なりとも推進力を作り，体の抵抗を減らし，それで滑空比を上げているようである．水平飛行ができるほど推進力は大きくないようなので，動力飛行というほどではなく，やはり滑空飛行の部類に入れておいてよかろう．

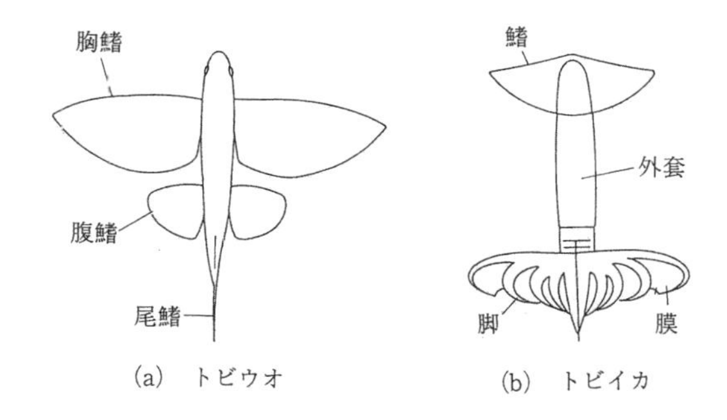

図 3.3-3 トビウオとトビイカ

トビウオ

体が細長いダツの仲間にトビウオ類がいる．彼らは大きい目と大きい浮き袋をもっているが，口も胃も小さく，腸は短い．これはよぶんな食料を体内にためることなく，重量を節減するためである．

図 3.3-3a に見られるように，トビウオは，その大きい胸鰭と腹鰭を左右一杯に広げてそれぞれ主翼と水平尾翼にし，尾鰭を垂直尾翼として滑空している．主翼同様，水平尾翼も上向きの揚力を出していることは，飛行中の翼の反り具合からわかる．両翼とも揚抗比の大きい完全な楕円翼ではなく，翼端が少し尖っていることは，それにより空気力を内側にもってきて，鰭のつけ根にかかる曲げモーメントを減らしていることを示している．

尾鰭は上下非対称で下葉が大きい．離水に当たって、高速での抗力減少をねらって体全体を空中に出し，密度が小さい空気(水の約 1/820)の抗力のみとし，下葉のみ水中につけて烈しく煽ぎ，推進力を水から得る．速度が速く，例えば 15 m/s 程度になった時点で空中にジャンプして，ほぼ水平の滑空に入る．形態からみて，最大の揚抗比は約 15 程度と推定される．この程度の性能では，初めに高度をとってから定常滑空に入るよりは，後述するように速度を失いつつも地面効果を利用した一定の低高度滑空をしたほうが得策なのである．

離水の目的はたぶんシイラなどの大型魚に餌として追われるからで，種によっては飛行距離は 100 m を越す．高度を失ってもまだ危険なときは，尾鰭の下葉だけを水につけて煽ぎ，再離水する．

トビイカ

軟体動物のイカ類やタコ類といった頭足類は，活発な肉食性で，前者は主に外洋に棲み，8 本の腕と 2 本の触腕をもち，第 5 章で述べられるように，左右 1 対の鰭に波を送るか羽ばたいて泳ぐか，漏斗からの水のジェットの噴出で推進する．後者は主に海底で生活し，8 本の腕で這(は)うか，時にやはりジェットで泳ぐことも可能である．

なかでもトビイカは，図 3.3-3b に見られるように，鰭を前方の先尾翼とし，開いた足に膜を張り後方の主翼として滑空する．先尾翼の鰭は，大きい後退角のつけ根から，前縁が凹んだ形で，先の尖った翼端に向かって後退角を減らしている．この形状だと，つけ根近くに発生した剥離渦が，非線形の渦揚力を作り，骨のない翼端を大きく上方に反らせる(東，1994)，一方足の作る主翼は，つけ根が太くて丈夫なためか，平面形は揚抗比が最大になる楕円形である．

膜は，本来足に付属しているものであるか，あるいは体内から浸出する“粘”をちょうど石けん膜のように張ったものであるか，今の時点では不明である．沖縄近海で獲れるトビイカは，4 対の足のそれぞれの片側に薄い膜があって，どうやら飛行に当たって，それを張り出しているようである．ただし，翼面を形成するためには，張出した膜が片持ちで曲げに耐えるか，隣り合う脚の吸盤が膜の自由端を吸って，膜を張らないといけない．しかし，触腕には膜がないし，膜の面積もあまり大きくないので，たぶん粘が手伝って不足分を補っているのではないだろうか．幸いに圧力の最もかかる前縁は，太い腕や膜がそれを支えてくれるので，粘の膜は破壊されないだろう．腕の先端が膜の張りやすいように内側に向いて曲がっていることも大事で，もしぴんと伸びていたら，粘の膜は表面張力でつけ根のほうに縮んでしまうであろう(東，1981)．

離水は，外套にため込んだ水をノズルより烈しく噴き出す水のジェット推進による．速度は不明だが，飛行距離は 50 m を越すらしい．

最大滑空距離

滑空距離を最大にする“定常滑空”は，3.2.1 に述べたように，速度が一定で$(L/D)_{\max}$を与える揚力係数$C_{L,(L/D)\max}=C_{L,\gamma_{\min}}$で飛行することである．しかし，水面から飛び出して高度を取り定常滑空する代わりに，トビウオやトビイカのように，そのまま海面近くを“水平非定常滑空”するとどうなるかを以下に考える．ここで非定常といったのは，水平飛行をする限り，高度が一定で抗力によって飛行速度が徐々に減少していくことを意味している．

まず，高度Hからの定常滑空の最大飛行距離$R_{\max,s}$は，3.2.1から，

$$R_{\max,s}=H(C_L/C_D)_{\max}=\frac{1}{2}\sqrt{\pi Æ_e/C_{D_0}}H=\frac{1}{2}k_1H \qquad (3.3\text{-}1)$$

となる．ここに

$$k_1=\sqrt{\pi Æ_e/C_{D_0}} \qquad (3.3\text{-}2)$$

であり，またそのときの飛行速度は

$$U_{(L/D)\max}\cong\sqrt{2(W/S)/\rho\sqrt{\pi Æ_e C_{D_0}}} \qquad (3.3\text{-}3)$$

である．

さて，図3.3-4を参照して，海面から高度差Hまで上昇して，上記定常飛行速度$U_{(L/D)\max}$を得るためには，運動エネルギと位置エネルギの変換を考えると離水時の初速度U_0は，

$$U_0=\sqrt{2gH+(U_{(L/D)\max})^2} \qquad (3.3\text{-}4)$$

である（ただし上昇の際の抗力による速度減少を無視）．そこで同じ初速度U_0で離水後ただちに水平滑空に入るとすると，そのときの運動方程式は，

$$\left.\begin{aligned}m\dot{U}&=-D=-\frac{1}{2}\rho U^2S(C_{D_0}+C_L{}^2/\pi Æ_e)\\0&=\frac{1}{2}\rho U^2SC_L-W\end{aligned}\right\} \qquad (3.3\text{-}5)$$

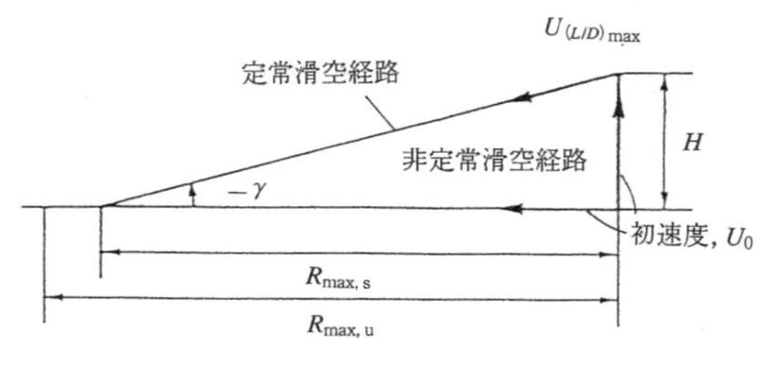

図3.3-4 定常滑空と非定常滑空の経路

となる．上式を結合すると，

$$\mathrm{d}U/\mathrm{d}t=-(k_2U^2+k_3/U^2) \qquad (3.3\text{-}6)$$

を得る．ただし，

$$k_2=\frac{1}{2}(\rho SC_{D_0}/m) \qquad (3.3\text{-}7a)$$

$$k_3=2mg^2/\rho S\pi Æ_e \qquad (3.3\text{-}7b)$$

である．独立変数を時間tから速度Uに変え，式(3.3-7)を初速度U_0から最終の同一速度$U_{(L/D)\max}$まで積分すると，非定常滑空の最大距離$R_{\max,u}$として

$$\left.\begin{aligned}R_{\max,u}&=\int_0^{R_{\max,u}}\mathrm{d}R\\&=-\int_{U_0}^{U(L/D)\max}\{U/(k_2U^2+k^3/U^2)\}\mathrm{d}U\\&=(1/4)k_2\ln[(k_2U_0{}^4+k_3)/\\&\qquad\{k_2(U_{(L/D)\max}{}^4+k_3\}]\end{aligned}\right\} \qquad (3.3\text{-}8)$$

を得る．

そこで先に述べた定常滑空の最大距離$R_{\max,s}$との比を作ると，

$$\left.\begin{aligned}&R_{\max,u}/R_{\max,s}\\&\quad=(\mathbf{1/4})k_2\ln[(k_2U_0{}^4+k_3)/\\&\qquad\{k_2(U_{(L/D)\max})^4+k_3\}]/\{(1/2)k_1H\}\\&\quad=\ln[(k_2U_0{}^4+k_3)/\\&\qquad\{k_2(U_{(L/D)\max})^4+k_3\}]/\ln e^{2k_1k_2H}\\&\quad=\ln F/\ln G\end{aligned}\right\} \qquad (3.3\text{-}9)$$

となる．ここに

$$\left.\begin{aligned}F&=1+\sqrt{\pi Æ_e C_{D_0}}(h/\mu_b)\\&\quad+\frac{1}{2}\pi Æ_e C_{D_0}(h/\mu_b)^2\\G&=\exp\{\sqrt{\pi Æ_e C_{D_0}}(h/\mu_b)\}\end{aligned}\right\} \qquad (3.3\text{-}10)$$

$$\left.\begin{aligned}h&=H/b\\\mu_b&=m/(\rho Sb)\end{aligned}\right\} \qquad (3.3\text{-}11)$$

であり，μ_bはμ_c同様“質量因子”と呼ばれる．

上式のFとGを比較すると，パラメタ$h/\mu_b=\sigma gH/(W/S)$に対して，(i)それが小さいとき，例えばトビウオやトビイカの滑空の場合，その差はほとんどなく，したがって定常滑空をしようと非定常滑空をしようと飛距離に大差がないといえる．しかし，(ii)パラメタh/μ_bが大きいとき，つまり初期速度が大きく，したがって高度差Hが

高くとれ，かつ(または)翼面荷重 W/S が小さいときは，G のほうが大きく定常滑空が非定常滑空に優る．表3.3-1に3種のトビウオと1種のトビイカについて，上述のパラメタと定常滑空性能とを示した．

さて以上の結論は，3.1.2に述べた“地面効果”のないときであった．実際には，海面すれすれの飛行は，地面効果が利用できる．ただしここでは，式(3.1-21)の代わりに，計算の容易さから次式を用いる．

$$\begin{aligned} \mathcal{R}_{e,h} &= \mathcal{R}_e : \quad 0.35<h\text{；地面効果外（“OGE”）} \\ &= \mathcal{R}_e/\{1-(1/0.35^2)(h-0.35)^2\} : \\ &\quad 0<h<0.35\text{；地面効果内（“IGE”）} \end{aligned} \tag{3.3-12}$$

以下では，簡単なエネルギの考察から得た前述の結論を，もう少し一般的な形で表し，距離最大の変分問題として扱ってみる．運動方程式は速度 U，経路角 $-\gamma$，そして高度 H に対して，

$$\left.\begin{aligned} \dot{U} &= -g\sin(-\gamma)-(1/2)(\rho S/m) \\ &\quad \times U^2(C_{D_0}+C_L^2/\pi\mathcal{R}_{e,h}) \\ \dot{\gamma} &= -(g/U)\cos(-\gamma) \\ &\quad +(1/2)(\rho S/m)UC_L \\ \dot{H} &= U\sin(-\gamma) \end{aligned}\right\} \tag{3.3-13}$$

となる．入力を揚力係数 C_L とすると，C_L と H に対する拘束条件は，

$$C_{L\min} \leqq C_L \leqq C_{L\max} : \begin{Bmatrix} C_{L\min} = -0.5 \\ C_{L\max} = 1.4 \end{Bmatrix} \tag{3.3-14}$$

$$H \geqq H_{\min} : \begin{Bmatrix} H_{\min} = 0,\ \text{地面効果外,} & \text{OGE} \\ H_{\min} = b/10,\ \text{地面効果内,} & \text{IGE} \end{Bmatrix} \tag{3.3-15}$$

で与えられる．ここに $H_{\min}$ は安定な最低高度と考えた．さらに，速度 U，経路角 $-\gamma$ および最低高度 $H_{\min}$ の初期値(0)と端末値(f)をそれぞれ $(U_0, -\gamma_0, H_{\min})$ および $(U_f, -\gamma_f, H_{\min})$ とする．

さて，最大にすべき汎関数または評価関数(例えば応用数学便覧，1958参照)は距離

$$I = \int_{t_0}^{t_f} U\cos(-\gamma)\,dt \tag{3.3-16}$$

であるので，この条件に当てはまりかつ運動方程式(3.3-13)を満足するものを，表3.3-1のツクシトビウオについて求めた(河内・稲田・東，1989またはAzuma，1992b)．その結果，図3.3-5に示されるような(a)最適飛行経路とそのような経路で飛ぶための姿勢変化，すなわち(b)最適揚力係数の変化量とが得られた．まとめると，(i)初期飛び出し角 γ_0 を変えても最大距離がさほど変わらない，(ii)地面効果を考慮するほう(“IGE”)が飛距離は約30％程度伸びる，(iii)地

表3.3-1 トビウオとトビイカの定常滑空性能

項目	種	トビウオ			トビイカ
		ツクシトビウオ *Cypselurus heterurus doederleini*	ホントビウオ *Cypselurus agoo agoo*	ハマトビウオ *Cypselurus pinnatibarba-tuss japonics*	*Symplectoteutis oualaniensis*
質量因子	$\mu_b = m/(\rho Sb)$	23.6	19.7	17.5	28.6
最小抗力係数	C_{D_0}	0.020	0.018	0.020	0.025
有効アスペクト比	$\mathcal{R}_e$	6.28	6.43	5.75	6.35
最大揚抗比	$(L/D)_{\max}$	15.0	15.6	15.0	12.2
最大揚抗比の速度	$U_{(L/D)\max}$ (m/s)	16.9	16.6	16.3	18.6
最大揚抗比の揚力係数	$C_{L,(L/D)\max}$	0.56	0.54	0.54	0.66
最小沈下率	$\lvert w\rvert_{\min}$ (m/s)	1.06	0.97	1.06	1.34
最小沈下率の速度	$U_{\lvert w\rvert\min}$ (m/s)	12.85	12.60	12.36	14.13
最小沈下率の揚力係数	$C_{L,\lvert w\rvert\min}$	0.97	0.93	0.93	1.14

(Azuma，1992b)

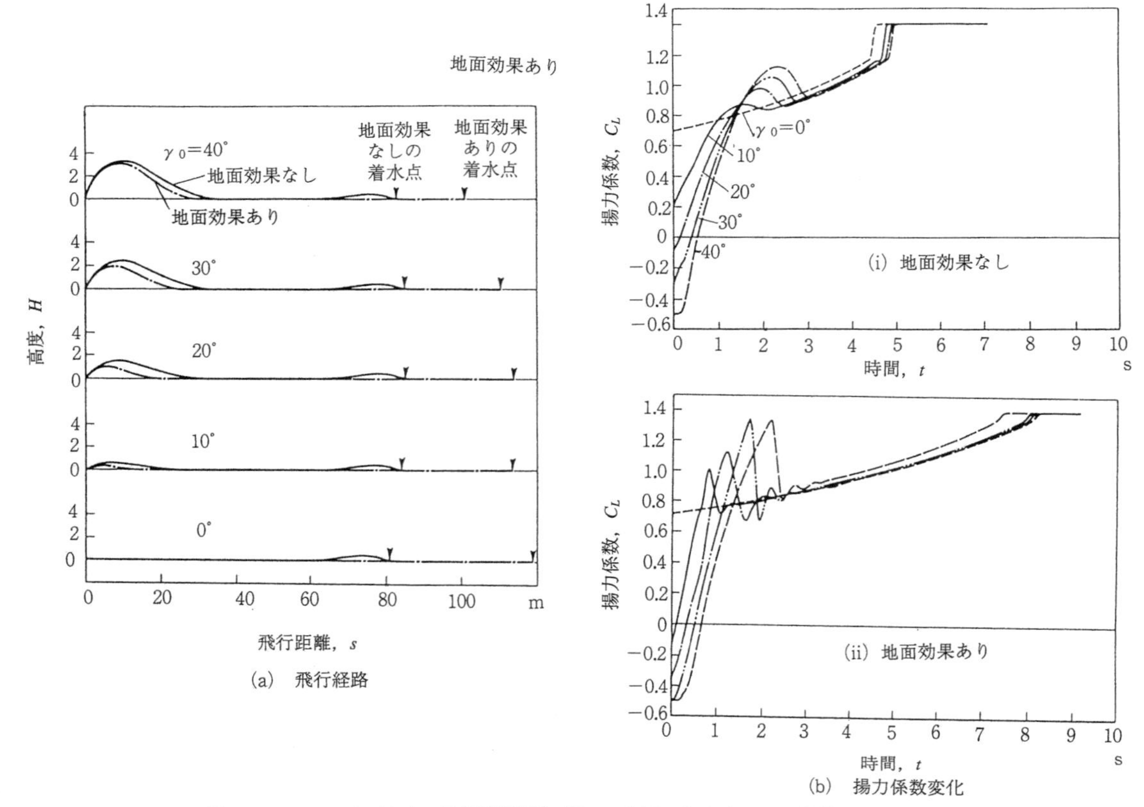

(a) 飛行経路　　(b) 揚力係数変化

図 3.3-5 ツクシトビウオの最適飛行経路（Kawachi, Inada & Azuma, 1993）
初速 U_0=15 m/s，終速 U_f=10.1 m/s（地面効果あり）=9.6 m/s（地面効果なし）

面効果を無視すると（“OGE”），着水直前にいったん上昇してから着水する，そして(iv)初速度 15 m/s では，最大飛行距離は OGE でほぼ 80 m，IGE ではほぼ 110 m 前後となる．

なお，評価関数を滞空時間にして，最大滞空時間の得られる経路は実際見られるトビウオの滑空法とは異なったものとなる（Kawachi, Inada & Azuma, 1993）．

3.3.2 滑空する翅果

“翅果”と呼ばれる植物の種子の分散法の1つに，風に乗せて飛ばすという方法がある．多くの種子の飛行は，しかしながら，後述の回転翼の利用であって，わずかな例が本節で述べる固定翼利用の滑空飛行である．

アルソミトラ・マクロカルパ

種子のうち，最も鮮やかな滑空をみせる“アルソミトラ・マクロカルパ”の種子は，図 3.3-6a および表 3.3-2 に示すように，若干の後退角のある，薄くて大きい翼をもっている．飛行中は，後縁が上に反り上がるので，後退翼であることと相まって，安定な定常滑空を行う（3.1.1 参照）．

いくつかの種子の滑空比，したがって揚抗比は $L/D=3\sim4$ 程度で，そのときの揚力係数は $C_L=$

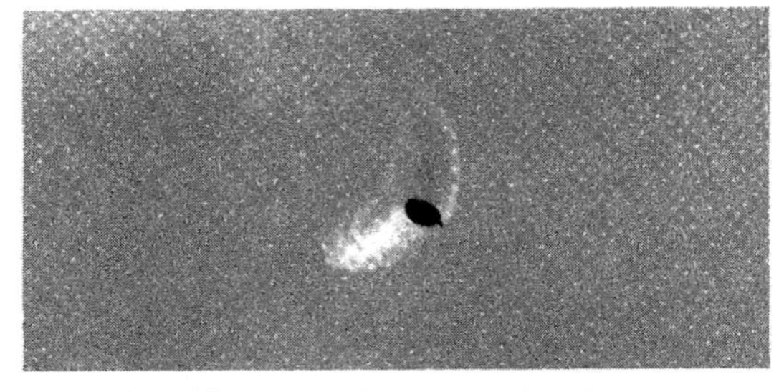

(a) アルソミトラ・マクロカルパ

(b) ヤマノイモ　(c) シラカンバ　(d) ノーゼンカズラ

図 3.3-6 滑空する翅果

表 3.3-2 アルソミトラ・マクロカルパの形状

項目 ＼ 資料数	典型的な例 1	2	3	10個の資料の平均値	標準偏差 s.d.
質量 m(mg)	264.0	314.1	289.1	212.1	70.9
翼幅 b(cm)	14.1	13.8	14.6	14.3	0.9
翼面積 S(cm^2)	60.3	66.9	55.3	59.7	8.7
アスペクト比 $\mathcal{R}$	3.3	2.8	3.9	3.5	0.4
幾何学的後退角 Λ(deg)	11.3	11.5	21.6	13.7	3.1
翼面荷重 mg/S(N/m^2)	0.438	0.461	0.512	0.357	0.115
重心(前縁からの距離)x_{cg}	1.6	1.8	1.6	1.6	0.1
空力中心 x_{ac}	2.3	2.1	2.4	2.2	0.1

(Azuma & Okuno, 1987)

0.2～0.4 前後と低く，かつそこでの沈下率は w =0.3～0.7 m/s と小さい．

アルソミトラ・マクロカルパのある種子について，わざと重心を変えて，その釣り合い飛行の揚力係数を，したがって飛行速度を変える滑空試験を行った．その結果，図 3.3-7 に示されるような性能由線を得た．最良滑空比は $(L/D)_{\max}=4.6$ で，実際の飛行もその付近で行われていることがわかった．この資料をもとに，この翅果の 2 次元翼としての空気力学的特性を求めたのが図 3.3-8 である．2 次元(2D)翼でも C_{d_0} が増加しているのは，3.1 に示した粘性効果のためである．この空気力学的特性のため，この翅果は広い C_L の範囲にわたって，沈下率が最小沈下率に近い．実際この種子が $C_L=0.34$ で飛ぶとき，それは最大揚抗比にも，また最小沈下率にも近い滑空性能となる(Azuma & Okuno, 1987)．

驚くべきことにどの種子も，このように最適な揚力係数を取るように重心がトリムされていて，他の重心位置に変えてみると性能は若干低下す

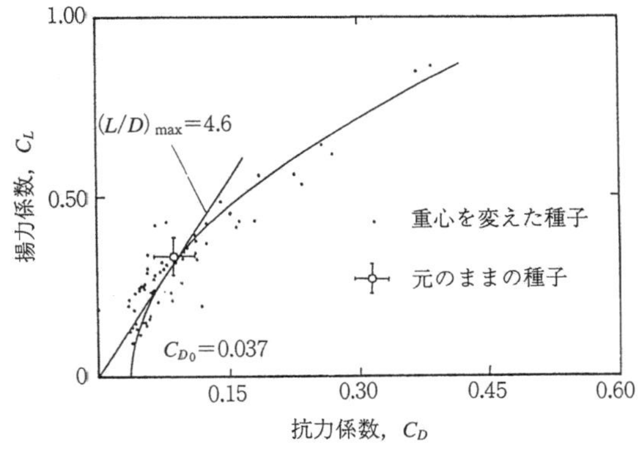

図 3.3-7 アルソミトラ・マクロカルパの性能曲線 (Azuma & Okuno, 1987)

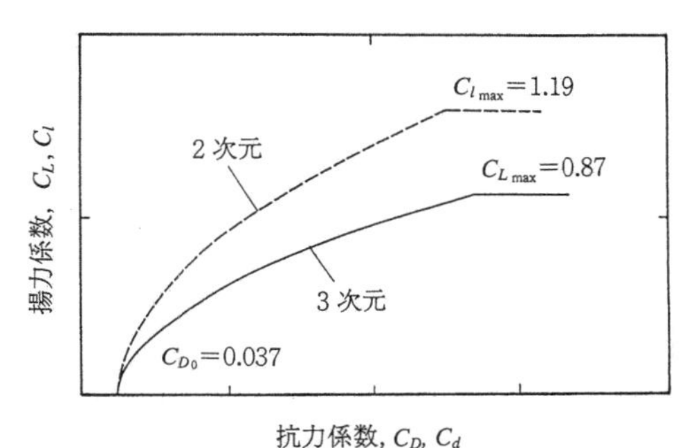

(a) 計測された揚抗曲線（3 次元と 2 次元）

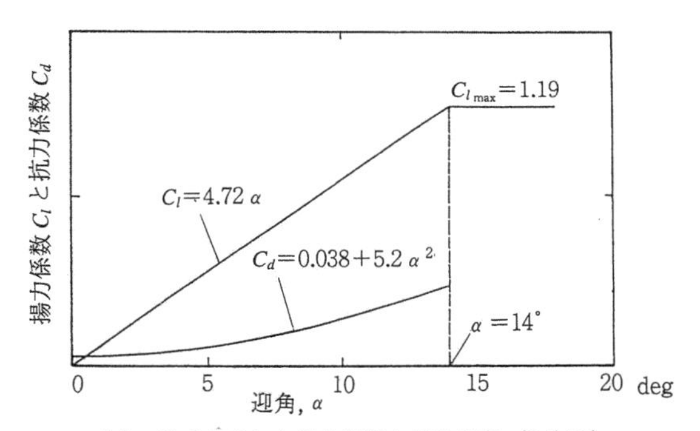

(b) 数式化された揚力係数と抗力係数（2 次元）

図 3.3-8 アルソミトラ・マクロカルパの 2 次元翼特性 (Azuma & Okuno, 1987)

る．さらに，翼がたわみやすいことが安定に寄与していて，後縁の上方への反りにより迎角に対する安定性を増し，また翼端は上方へたわんで上反角をもち，特に横に滑るとその方向のたわみが増して滑りを抑える．したがって多少翼が左右非対称にできていても，安定した飛行を行うことができる．

種子は約 400 枚ほどが，1 個の実に入っている．実は，図 3.3-9 に示されるように，巨木に巻

図 3.3-9　アルソミトラ・マクロカルパの実
(a)　蔓を支える木，(b)　ぶら下る実，(c)　実を下側から眺める．

きついた蔓にぶら下がった人間の頭大の鈍頭物体で，数十 m の高さから，風によるカルマン渦(1.2.2 参照)に揺られて，種子を下の穴から払い出す．したがって種子は，着地するまでの 2～3 分間の滑空飛行中に，十分遠方まで飛んでいく．

ヤマノイモ，シラカンバ，ノーゼンカズラ

図 3.3-6 に，(b) ヤマノイモ，(c) シラカンバおよび (d) ノーゼンカズラの種子の形状を示した．前述のアルソミトラ・マクロカルパに比べて，これらの翅果は小型でアスペクト比も小さいので，滑空比はよくない．ただし軽くて翼面荷重が小さいので，風に乗って十分遠方まで飛んでいける．将来もっとアスペクト比が大きく変わっていくのか，あるいはもうこれで十分と思っているのかは不明である．いずれも重心が滑空飛行に適した位置にあるのは興味深い．

3.4　自 動 回 転

前節の固定翼による翅果の滑空飛行は，実は珍しい飛行方法で，多くの翅果は，本節で述べるように，自動回転により落下速度を抑える回転翅果である．本節では，自動回転のメカニズムとその性能を含めた特色について解説する．

3.4.1　自動回転翼

翼の重心が一方の翼端側の少し前方または後方へ片寄ると，落下に伴って対気速度をもったとたんに，翼は“自動回転”を始める．そのような翼を“自動回転翼”と名づける．回転を与える駆動トルクは，図 3.4-1 に示されるように，下からの流入速のために揚力が前傾して与えられる．この“駆動トルク”が，ある回転速度で抗力の作るトルクと釣り合って，翼は一定の落下速度 V，一定の回転速度 Ω で飛行する．

回転中心からの半径 R の翼が，上向きに，“コニング角”(または“フラッピング角”)β，“フェザリング角”(または“ピッチ角”)θ の角度をもち，

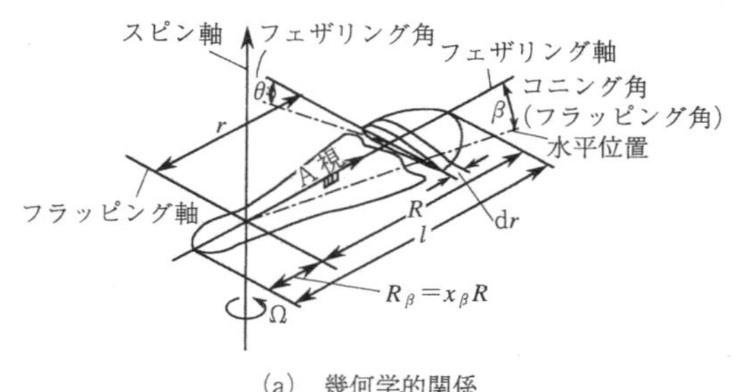

(a)　幾何学的関係

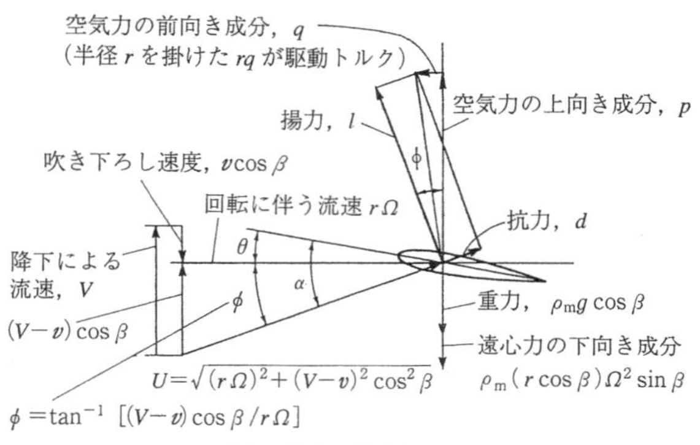

(b)　翼素に働く力と相対流速（A 視）

図 3.4-1　回転翼の形態と翼素に働く空気力と相対流速
(Azuma & Yasuda, 1989 参考)

また角速度 Ω で回転している場合，半径方向 $r=Rx$ 点上の翼素 $\mathrm{d}r=R\mathrm{d}x$ に空気力（すなわち揚力 $l=(1/2)\rho U^2 cC_l$ と抗力 $d=(1/2)\rho U^2 cC_d$）が働き，回転翼全体では上向きの“推力”T を作る．推力 T とそれを無次元化した“推力係数”$C_T=T/\rho S(R\Omega)^2$ は，それぞれ次式で与えられる（Azuma & Yasuda，1989；Azuma，1992a）．

$$T=\int_{-R_\beta}^{R}(l\cos\phi+d\sin\phi)\cos\beta\mathrm{d}r$$
$$\cong\int_{-R_\beta}^{R}(l+d\,\phi)\mathrm{d}r=W \qquad (3.4\text{-}1\text{a})$$
$$C_T=T/\rho S(R\Omega)^2=\frac{1}{2}\sigma\int_{-x_\beta}^{1}(U/R\Omega)^2 \times(c/\bar{c})\{C_l(\alpha)+(\lambda/x)C_d(\alpha)\}\mathrm{d}x$$
$$=W/\rho S(R\Omega)^2 \qquad (3.4\text{-}1\text{b})$$

ここに R_β は翼の他端の半径，そして右辺の W は回転翼全体の重量で，等号はそれが推力と釣り合うことを示している．さらに，β が小さいとすると，回転円板面積 S は $S=\pi R^2$ であり，また S_w を翼面積とすると，σ，λ，ϕ，および α はそれぞれ次式で与えられ，“ソリディティ”，“流入比”，“流入角”および“迎角と呼ばれるものである．

$$\left.\begin{aligned}\sigma&=S_\mathrm{w}/S\cong\bar{c}/\pi R\quad(\bar{c}\text{は平均翼弦})\\ \lambda&=(V-v)\cos\beta/R\Omega\cong(V-v)/R\Omega\\ \phi&=\tan^{-1}\{(V-v)\cos\beta/r\Omega\}\cong\lambda/x\\ \alpha&=\theta+\phi\cong\theta+\lambda/x\\ U&=\sqrt{(V-v)^2+(r\Omega)^2}\end{aligned}\right\} \qquad (3.4\text{-}2)$$

同様に空気力の回転面内成分の力に半径位置を掛けた“トルク”Q と，その無次元量の“トルク係数”C_Q は次式となる：

$$Q=\int_{-R_\beta}^{R}(l\sin\phi-d\cos\phi)\cos\beta r\mathrm{d}r$$
$$\cong\int_{-R_\beta}^{R}(l\phi-d)r\mathrm{d}r=0 \qquad (3.4\text{-}3\text{a})$$
$$C_Q=Q/\rho SR(R\Omega)^2=\frac{1}{2}\sigma\int_{-x_\beta}^{1}(U/R\Omega)^2 \times(c/\bar{c})\{(\lambda/x)C_l(\alpha)-C_d(\alpha)\}x\mathrm{d}x=0 \qquad (3.4\text{-}3\text{b})$$

右辺の $=0$ は，駆動力によるトルクと抗力によるトルクがちょうど釣り合った，定常回転を意味する．

さらに，上下の運動量の釣り合いから，

$$T=2\rho S(V-v)v \qquad (3.4\text{-}4\text{a})$$

または

$$(V/R\Omega)=\left\{\frac{1}{2}C_T/(v/R\Omega)\right\}+(v/R\Omega) \qquad (3.4\text{-}4\text{b})$$

であるので，最小の下降速度は，

$$V=\sqrt{(2/\rho)(W/S)}\quad\text{または}$$
$$V/R\Omega=\sqrt{2C_T} \qquad (3.4\text{-}5\text{a, b})$$

で与えられる．また，そのときの平均“吹き下ろし”速度 v と先端速度 $R\Omega$ は次式で与えられる．

$$v/R\Omega=\sqrt{C_T/2} \qquad (3.4\text{-}6)$$
$$R\Omega=2^{5/6}\sqrt{W/S}/\sqrt{\rho}(\sigma\delta)^{1/3} \qquad (3.4\text{-}7)$$

ここに δ は“平均抵抗係数”である．

回転する翅果は，降下速度を小さくしようとして回転翼をもっているのであるから，以上の式から次のことがわかる．(i) 落下速度 V および先端速度 $R\Omega$ は“円板荷重”W/S の平方根に比例し，また (ii) 先端速度はソリディティ σ と抗力係数 δ との積の 1/3 乗根に反比例する．

一方，フラッピング（上下）方向のモーメント M_β の安定した釣り合いは，図 3.4-2a を参考に，空気力，遠心力の外向き成分，および重力の各成分を考慮して，

$$\left.\begin{aligned}M_\beta=&-\int_{-R_\beta}^{R}(l\cos\phi+d\sin\phi)r\mathrm{d}r\\ &+\int_{-R_\beta}^{R}\rho_\mathrm{m}r^2\mathrm{d}r\Omega^2\cos\beta\sin\beta\\ &+g\int_{-R_\beta}^{R}\rho_\mathrm{w}r\mathrm{d}r\cos\beta=0\end{aligned}\right\} \qquad (3.4\text{-}8\text{a})$$

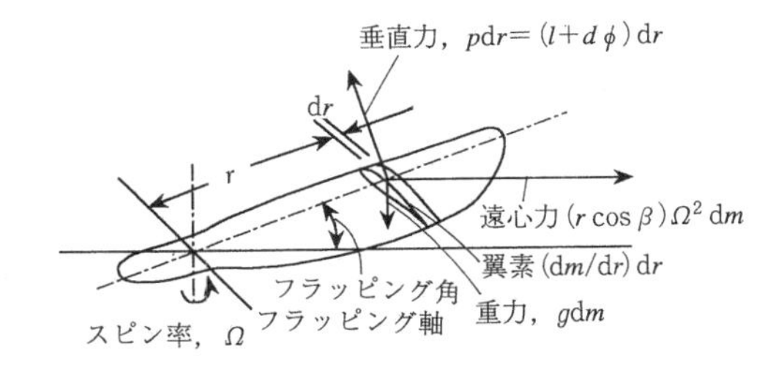

(a)　フラッピング軸周りに働く諸力

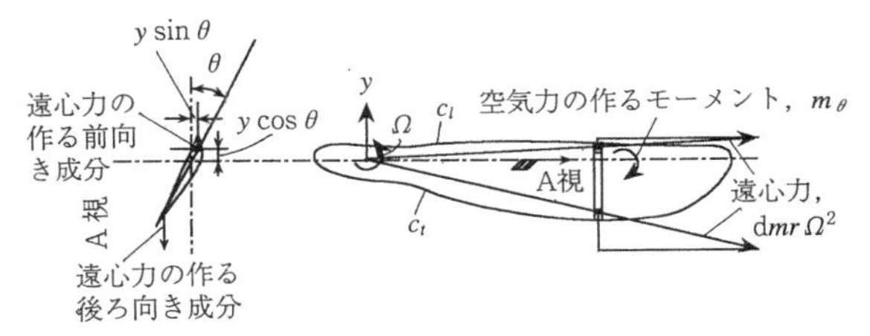

(b)　フェザリング軸周りに働く諸力

図 3.4-2　モーメントを作る諸力

または

$$\beta \cong \frac{1}{2}(\rho R^2\bar{c}/m_w)(\bar{A}/\bar{I}_\beta)-(g/R\Omega^2)(\bar{M}/\bar{I}_\beta) \tag{3.4-8b}$$

で与えられる．ここに ρ_w を翼素の密度としたとき，

$$\left.\begin{aligned}\bar{A}&=\int_{-x_\beta}^{1}(c/\bar{c})(U/R\Omega)^2[C_l(\alpha)\\&\quad+C_d(\alpha)\phi]x\mathrm{d}x\\\bar{M}&=\int_{-x_\beta}^{1}(R\rho_m/m_w)x\mathrm{d}x\\\bar{I}_\beta&=\int_{-x_\beta}^{1}(R\rho_m/m_w)x^2\mathrm{d}x\\m_w&=\int_{-x_\beta}^{1}R\rho_m\mathrm{d}x\end{aligned}\right\} \tag{3.4-9}$$

同様にフェザリング(振れ)方向のモーメント M_θ の安定した釣り合いは図3.4-2bを参照して，空気力のモーメントおよび前後向きの遠心力の前後向き成分を考慮して

$$\left.\begin{aligned}M_\theta&=\int_{-R_\beta}^{R}m_\theta\mathrm{d}r-\int_{-R_\beta}^{R}\int_{-c_t}^{c_l}(\mathrm{d}\rho_w/\mathrm{d}y)\\&\quad\times y^2\cos\theta\Omega^2\mathrm{d}y\mathrm{d}r\\&=0\end{aligned}\right\} \tag{3.4-10a}$$

または

$$\theta \cong \frac{1}{2}(\rho R^2\bar{c}^2/m_wR)\bar{B}/\bar{I}_\theta \tag{3.4-10b}$$

で与えられる．ここに

$$\left.\begin{aligned}\bar{B}&=\int_{-x_\beta}^{1}(c/\bar{c})(U/R\Omega)^2C_m\mathrm{d}x\\\bar{I}_\theta&=\int_{-x_\beta}^{1}\left\{\int_{-c_t}^{c_l}(\mathrm{d}\rho_w/\mathrm{d}y)y^2\mathrm{d}y/m_\beta R\right\}\mathrm{d}x\end{aligned}\right\} \tag{3.4-11}$$

このような遠心力の前後成分による安定を“テニスラケット効果”という*.

“局所循環法” (Azuma, Nasu & Hayashi, 1981)を使って，揚力 l，“垂直力” p＝揚力 l＋抗力の上向き分 $d\phi$，“水平力” q＝駆動力 $l\phi$－抗力 d，迎角 α の翼幅方向分布を計算した結果(Azuma & Yasuda, 1989)の1例を図3.4-3に示す．垂直力は翼端側で大きいのに対し，水平力 q は根本側で正となり翼を駆動し，また，翼端側では負となり抗力が翼を減速している．もちろん，垂直力 p の翼幅方向に積分した力に釣り合う外力は重力で，モーメントではそれに遠心力の下向き成分が加わる．

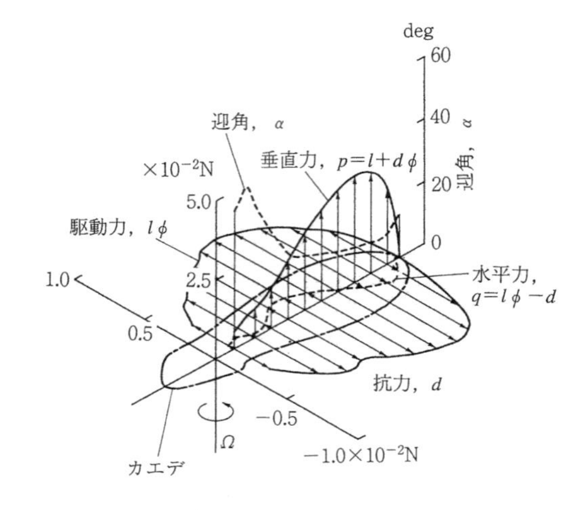

図3.4-3　回転翅果に働く空気力（Azuma & Yasuda, 1989）

3.4.2　回転する翅果の例

表3.4-1に，何種類かの回転する翅果の形状諸元と，垂直風洞で観察した自動回転の降下特性とを示した．図3.4-4に(a)降下速度 V と(b)先端速度 $R\Omega$ とを，円板荷重 W/S に対して画いた．図の中の曲線は，最小降下速度を与える式(3.4-5a)および式(3.4-7)を示している．図の実験値から(i)降下率 V や先端速度 $R\Omega$ が，円盤荷重 W/S の平方根に比例していること，(ii)最小降下速度を与える式(3.4-5)は計測値の最低限界を示すこと，そして(iii)ソリディティと平均抗力係数との積 $\sigma\delta$ が増加すると，先端速度が低下する傾向はみられるものの，簡単な運動量理論による計算値が必ずしも実験値とは一致しないことがわかる．

トネリコ，およびユリノキの種子の平面形は，表3.4-1に示すように，フェザリング軸を真中にして，ほぼ前後対称である．このため回転が始まると，前縁に働く揚力が翼の中央を走るフェザリング軸に頭上げの回転トルクを作り，表3.4-1に示すように，スピン軸周りの回転速度 Ω と同程度の回転速度 Λ の回転が，フェザリング軸の周りにも誘起される．この結果，翼要素に働く上下

* テニスラケットを烈しく振ると，ネットの面が動きの方向に平行になろうとする効果がある．

表 3.4-1　回転する翅果の形状・諸元と観察された降下特性

種 / 項目	カエデ			クロマツ	ツクバネ	ボダイジュ	イヌシデ	アオギリ	トネリコ	ユリノキ
	カジカエデ	ヤマツツジ	タカオモミジ							
	Acer diabolicum Blume	*Acer palmatum* Thunb. var. *matsumurae* Makino	*Acer palmatum* Thunb.	*Pinus thunbergii* *Parl.*	*Buckleya Joan* Makino	*Tilia miqueliana* Maxim.	*Carpinus tschonskii* Maxim.	*Firmiana platanifolia* Schitt et Endl	*Fraxinus japonica* *Blume*	*Liriodendron tulipifera* L.
平面図										
$r/R=0.75$ での断面										
質量, $m\times10^4$(kg)	0.58	0.38	0.13	0.23	2.29	1.39	0.23	6.98	0.58	0.50
翼面積, S_w(cm²)	3.04	1.67	0.56	1.09	3.91	5.57	1.40	21.97	1.84	3.39
スパン, l(cm)	3.62	2.52	1.48	2.19	2.55	5.24	2.30	9.01	3.64	4.51
半径, R(cm)	2.84	2.09	1.20	1.79	2.65	3.69	1.76	6.73	2.66	3.44
円板面積　S(cm²)	25.5	13.8	4.49	10.1	22.3	43.6	9.73	142.9	22.4	37.4
翅数, B	1	1	1	1	4	2	1	1	1	1
ソリディティ, σ	0.12	0.12	0.12	0.11	0.18	0.13	0.15	0.15	0.08	0.09
アスペクト比, AR	4.33	3.83	3.96	4.43	6.70	5.07	3.79	3.73	7.22	6.04
平均翼弦, $\bar{c}=S_w/l$(cm)	0.84	0.66	0.38	0.50	0.38	1.08	0.61	2.43	0.51	0.75
最大厚み, $t_{max}\sqrt{c}$	0.05	0.03	0.04	0.02	0.05	0.03	0.03	0.01	0.05	0.05
翼面荷重, W/S_w(N/m²)	1.87	2.24	2.32	2.05	5.76	2.51	1.61	3.13	3.10	1.46
円板荷重, W/S(N/m²)	0.22	0.27	0.29	0.22	1.02	0.32	0.23	0.48	0.26	0.13
回転速度 スピン軸, Ω(rpm)	977.0	1101.5	1805.8	1472.8	1517.8	832.6	965.0	717.7	888.7	498.3
回転速度 フェザリング軸, Λ(rpm)	—	—	—	—	—	—	—	—	877.4	493.9
降下速度, V(m/s)	0.82	1.04	1.09	0.98	1.58	1.34	1.02	1.14	1.72	1.19
コニング角, β(deg)	23.7	27.6	15.0	20.8	15.6	16.5	12.9	17.2	31.7	34.2
ピッチ角, $0.75R$, θ(deg)	−1.17	−1.39	−0.90	−1.43	−1.34	—	−2.16	−2.67	—	—
推力係数, $C_T\times10^2$	2.11	3.84	4.76	2.47	5.18	3.00	6.59	1.70	3.72	3.51
レイノルズ数, $Re\times10^{-3}$	1.37	0.97	0.50	0.75	0.85	1.81	0.63	5.91	0.79	0.88
先端速度, $R\Omega$(m/s)	2.91	2.41	2.26	2.75	4.21	3.19	1.77	5.05	2.48	1.79
降下速度比, $V/R\Omega$	0.28	0.44	0.49	0.36	0.38	0.43	0.58	0.23	0.69	0.66
無次元パラメタ C_T/σ	0.18	0.32	0.38	0.23	0.29	0.23	0.45	0.11	0.44	0.38
無次元パラメタ $\rho R^2c/m$	0.15	0.12	0.05	0.10	—	—	0.11	—	—	0.23
無次元モーメント, $M\times10^2$	6.69	6.88	5.99	4.52	—	—	7.19	—	—	15.3
無次元慣性モーメント $\bar{I}_y\times10^2$	4.04	3.98	3.64	2.73	—	—	4.05	—	—	9.48
無次元慣性モーメント $\bar{I}_z\times10^2$	—	—	—	—	—	—	—	—	—	0.37

(Azuma & Yasuda, 1989)

方向の力の成分を考えると，揚力，重力，遠心力の下向き成分に加えて，“コリオリ力”が生ずる．このうち，揚力は，翼がフェザリング軸周りにも回転しているので，“マグナス力”として発生する．抗力は，翼弦を直径とする円柱の抵抗にほぼ等しい．コニング角βは，これらの力が作る重心周りのモーメントが0になる角度として定められる(Azuma & Yasuda, 1989)．

スピン軸周りの回転の速いカエデやクロマツでは，コニング角βは小さい．一方，フェザリング軸周りにも回転するトネリコやユリノキでは，抗力が大きいので，スピン軸周りの回転が遅く，したがって遠心力の下向き成分が小さくなるうえに，コリオリ力成分が助けるので，コニング角は大きい．

安定性

カエデなどの平板状の翅果は，落下と同時に回転に入り，高速で回転する．まだ回転数の小さい初期に，フェザリング軸周りの安定が保たれスピンを加速していくことができるのは，翅の外側(半径方向75％より翼端にかけて)では上に凸のキャンバがついていて揚力を作り出すようになっているのに対して，翅の内側(半径方向75％より翼根にかけて)では下に凸のキャンバがついていて，3.1.1の図3.1-4に関連して説明したように，フェザリング軸周りのピッチングモーメントが正の迎角に対して負のモーメントを与えるようになっているからである．

高速回転になってからの安定は，前述のように，翅の前縁に近い要素と後縁に近い要素とに回転に伴う遠心力のそれぞれ前後成分が働いて，互

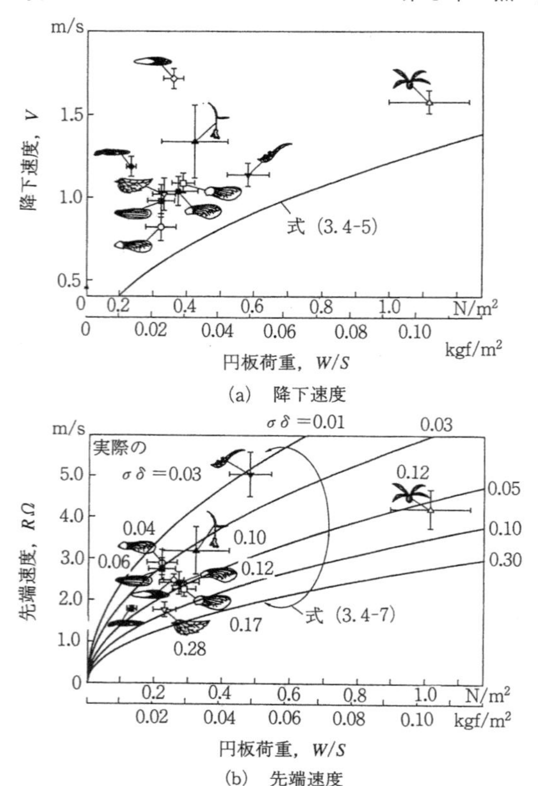

(a)　降下速度

(b)　先端速度

図 3.4-4　降下速度と先端速度（Azuma & Yasuda, 1989）
（標準大気密度；ρ ＝1.225 kg/m³ の場合）

いに翅面を平らにして回転軸に直角に保持しようとする，いわゆるテニスラケット効果により得られている．

アオギリ，ボダイジュおよびツクバネはもっと立体的な形状の翅果であるが，いずれも重心が十分下にあることが運動の安定にとって大事であるとともに，やはり翅の内側のキャンバが下に凸であることが，フェザリングの安定化に寄与している（Azuma, 1992b）．

駆動特性

翅の片側に重心があるだけで自動回転に入るといっても，例えばバルサの薄板でカエデの平面形をまねした模型を作ってみても，模型の翅果は容易には高速の自動回転に入らない．重心が後縁に近いときに遅いスピンをする．そこで，翅の内側を下に凸にするとともに，翅の前縁側に，例えば糸を何本も貼ってカエデの翅の表面に似せて表面粗さをつけてやると，重心が前縁に近いところで高速回転する．そこで今度は天然の高速回転をするカエデの表面の葉（翅）脈による表面粗さをやすりで削って平滑にしてしまうと，カエデはよく回らなくなる．つまり翅果の程度の大きさの翼の自動回転にとって，前縁に近い翼表面の粗さと重心位置とは，キャンバの反りとともにきわめて大事な要素なのである（Yasuda & Azuma, 1992, 1997）．後述（4.4.1）されるように，翼前縁の鋭さや，翼表面の粗さは，最大揚力係数 $C_{l\max}$ を大きくするのみならず，最大揚抗比 $(C_l/C_d)_{\max}$ とその点での揚力係数 $C_{l,(l/d)\max}$ を増加させるので，自動回転をする翅果にとって，翅脈は大変大事な働きをしているといえる．

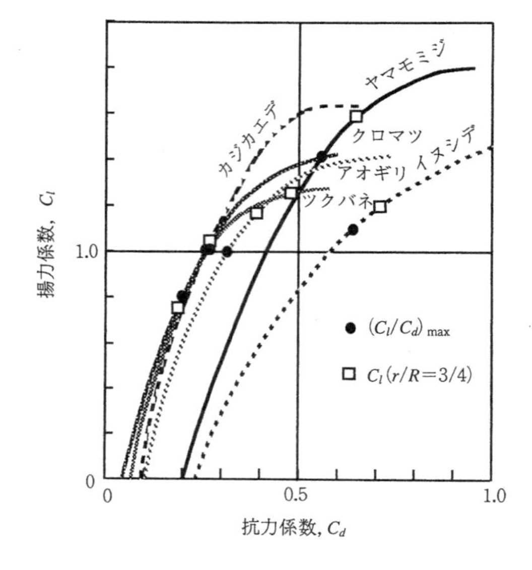

図 3.4-5　翅果の揚抗曲線

図 3.4-5 に，局所循環法で求めた平均空力係数の揚抗曲線を示した．各種ごとに異なった性能を示しているが，原点から各曲線に引いた接線である最大揚抗比を与える揚力係数 $C_{l,(l/d)\max}$ は，計算から求めた半径方向 r/R＝0.75 点における揚力係数 $C_{l,r/R=0.75}$ に近いことがわかる．

トネリコやユリノキでは，前述のように翼型がほぼ前後対称なので，前縁側に働く空気力のために，中央の重心を通るフェザリング軸の周りにも回転する．このためマグナス力により揚力係数は $C_l \cong 1.6$ 程度になるが，抗力係数がちょうど翼弦を直径とする円柱並に増してほぼ同程度の値 $C_d \cong 1.5$ に増大する（Azuma & Yasuda, 1989）．

輪転する翅果

前述のトネリコやユリノキ同様に，水平の軸周

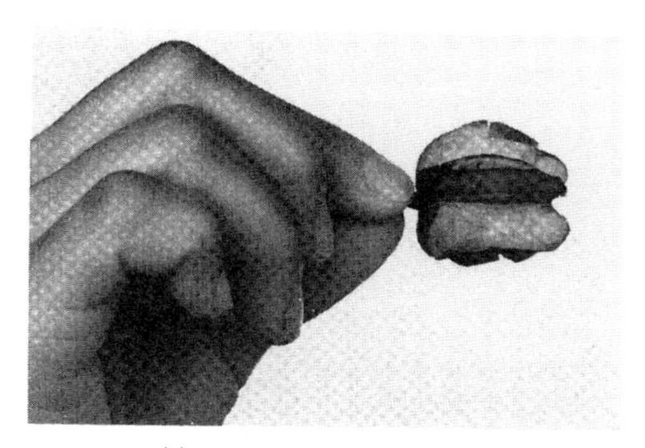

(a) *Caconia trizoliatum* Vent.

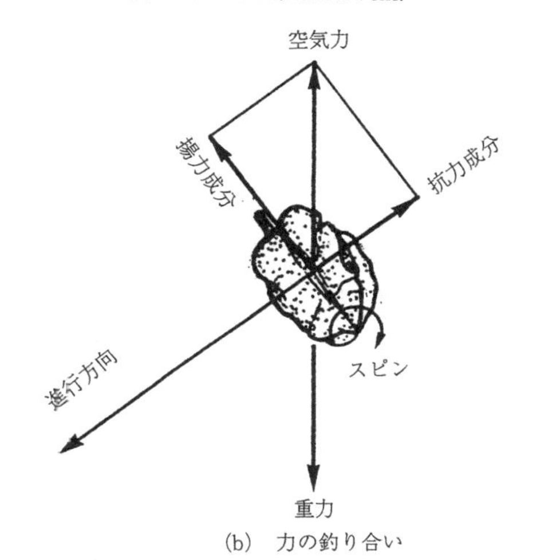

(b) 力の釣り合い

図 3.4-6 輪転翼の例

りに輪転して滑空していく翅果もある．例えば図3.4-6 に示される *Caconia trifoliatum* Vent. は，ちょうど車が転がるように回転しながら落下するので，マグナス力による揚力が生まれる．ただし抗力も大きいので揚抗比はそれほど大きくはなく，斜めに降下していく．少しでも分散範囲を広げようとする努力の現れであろうか．

ウリミバエ

果実を駄目にする害虫のミバエを排除する方法の１つに，集めた雄のミバエにコバルトの放射線を当てて，雄としての機能を失わせ，その後繁殖地に散布してやり，やがて子孫を絶やすという

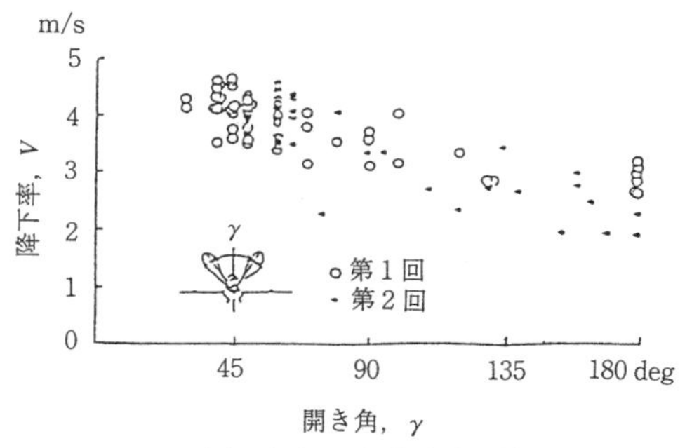

(a) 左右の翅の開き角に対して

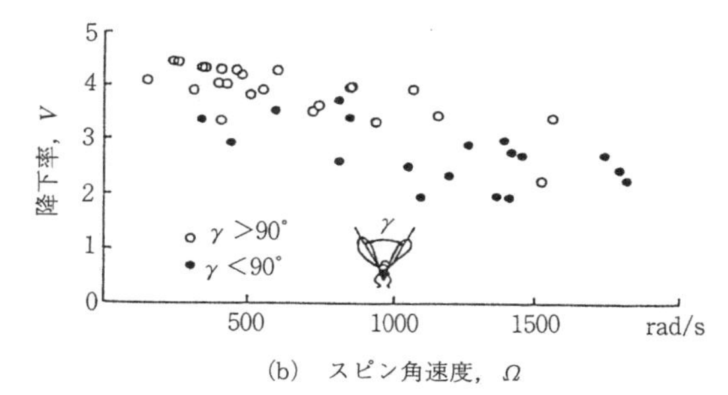

(b) スピン角速度，Ω

図 3.4-7 メロンフライ (*Dacus cucurbital* Conquillett) の自由落下 (Azuma, Onda & Ichikawa, 1986)

ものがある．低温にして眠らせた不妊処理済みの雄ミバエを航空機からまくとき，その高度，速度，および風速に対して，どんな散布域に広がるかは，ミバエの降下速度，すなわちその抵抗係数による．(社)農林水産航空協会の依頼でその散布状況を予測するために，このミバエの自由落下の抵抗係数を計測した．このとき低温で眠らせたミバエが，実は自動回転のスピンをしていることがわかった．図3.4-7 はメロンフライ (*Dacus cucurbitae* Conquillett) の定常降下速度 V を，(a)左右の翅の開き角 γ と(b)自動回転速度 Ω との関数として示した実験値である．このときの平均等価抵抗係数は $C_D = f/S_w = 1.36$ ($S = 2.44 \times 10^{-7}$ m^2) で，抵抗面積と質量の比は $f/m = 2.56$ m^2/kg であった (Azuma, Onda & Ichikawa, 1986)．1968 年に始めたこの駆除法で，琉球列島のミバエは17 年後の 1985 年に消滅した．

第4章 動力飛行

飛行用具の翼は，それが前進中に上下に羽ばたくと，揚力に加えて，前向きの“推進力”が発生する．体がひっくり返ることのないように，ちょうど重心近くで揚力と抗力とをつくりだせる翼の運動としては，この“羽ばたき”以外には考えられない．そこで，鳥も昆虫も羽ばたき翼で空中を自由に飛び回る．

鳥は翼を羽の集合で作り上げた．個々の羽のもつ空気力学的および構造力学的特性をうまく利用して，低速飛行時の流れの剝離を抑えることに成功した．

コウモリは指骨に膜を張った膜翼を羽ばたく．鳥同様，肩，肘，手首の関節を利用して飛行の多様性に備える．今は絶えた翼竜の翼は，前縁の小骨と後縁の靭帯のみで細長い膜を保持する．

昆虫は2対または1対の膜翼で羽ばたき飛行をする．体が小さいので，粘性の効果を利用するために，鳥と違って翅の翼型は，体同様，流線形ではない．翅を動かす関節もただ1つで，羽ばたきの周波数に高く，流れの制御は翅の弾性変形にたよる．

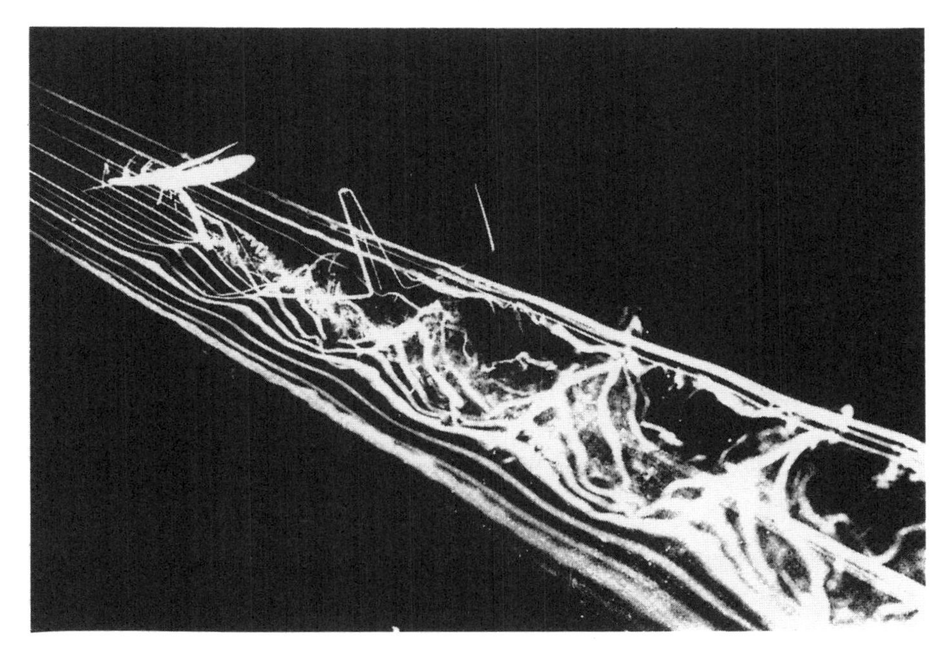

トンボの後流

ギンヤンマの羽ばたき飛行に伴う後流の渦を見るために，これは煙風洞で流れを可視化したものである．渦は，翼が揚力を出しているために，主に翼端から後方に向かって伸びる曳航渦と羽ばたきに伴う揚力の変動に応じて放出される翼に平行な吐出渦とからなる．翼の通過に伴って，これらの渦がつくる下向きの流れ（吹き下ろし）が周期的な後流渦面の凹みをつくっているのが見られる．

4.1　羽ばたき翼

回転を利用出来ない生物が唯一の動力飛行法として，羽ばたきを利用した．そのメカニズムを探ってみよう．

4.1.1　羽ばたきの力とモーメント

Marey (1894) は，鳥の羽ばたき運動をよく観察して，翼の動きをフィルム画像に残し，また Lilienthal 兄弟 (1911) は，それを適格なスケッチに画き上げた．彼らの結果は図 4.1.1 に示されるが，巡航時の鳥の飛行の翼の動きがよくわかって面白い．すなわち翼を上下に動かすとき，(i)“打ち下ろし”では翼をいっぱいに伸ばし，“打ち上げ”では縮めること，そして(ii)打ち下ろしでは翼の前縁を下方に向けるように振り，逆に打ち上げでは前縁を上方に向けるように振ることが示されている．

では，翼が進行しつつ上下すると，翼にどんな流体力が働くのだろうか．図 4.1-2 は，翼の翼幅方向 2 箇所の要素に対する周りの空気の相対的な流速と，そこに働く流体力の成分，すなわち，流れに垂直である揚力成分がどういう方向に働くかを示したものである．ここでは揚力発生に伴う誘導吹き下ろし流は，前進飛行の故に小さいものとして省略してある．図からわかるように，(a) 打ち下ろしでは揚力が前傾して前向きの推進力成分をつくり，しかもそれが翼端ほど大きく，また (b) 打ち上げでは揚力成分が後傾し，翼端側ではそれをあまり大きくしないように翼を折り曲げるとともに迎角を小さくする，結果として重量を支える揚力をつくるのは主として翼の内翼部分で，推進力をつくるのは翼の外翼部分である．打ち上げ時の翼端側では，場合によっては迎角を負にして，揚力を下向きにして(つまり負にして)，推進力を正にすることもできる．

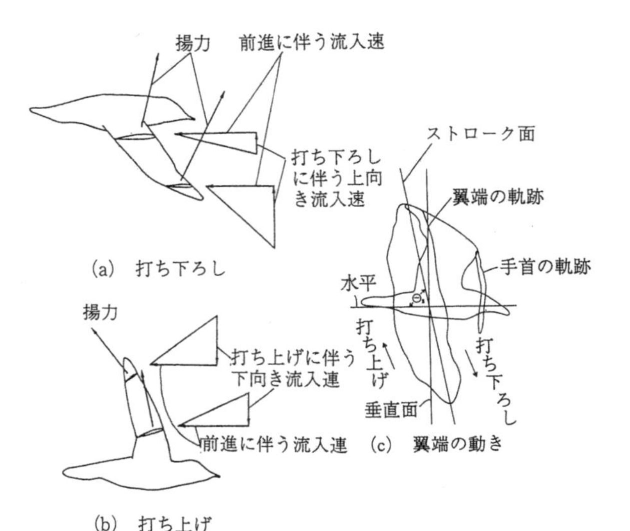

図 4.1-2　巡航時の羽ばたきのメカニズム（誘導流は小さいものとしてこの図では無視）

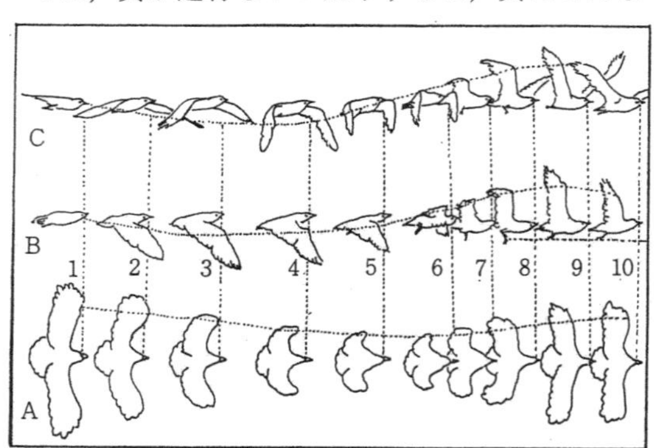

(a)　カモメ（Marey，1894の写したもの）

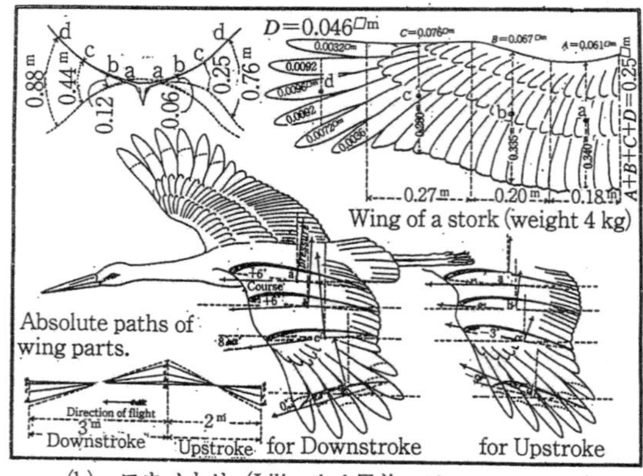

(b)　コウノトリ（Lilienthal 兄弟，1911 のスケッチ）

図 4.1-1　羽ばたき運動

ストローク面

翼端の描く軌跡は，図 4.1-2c に見られるように，一般に垂直方向に縦長の楕円形で，その長軸は“ストローク面”と呼ばれる．そして打ち下ろしでは翼端はストローク面に対して前方にはずれ，打ち上げでは後方にはずれる．

翼に働く流体力の，打ち上げ・打ち下ろしの 1 周期間の平均値は，おおざっぱにいって，ストローク面にほぼ直角向きである．したがって，翼端側，つまり外翼では，巡航時に大きい前向きの推進力と，比較的小さい上向きの揚力とをつくっている．内翼は，羽ばたきの影響が少なく固定翼としての働きが主で，したがってほぼ上向きの揚力を受け持っている．当然，飛行速度がより速くなると，外翼のストローク面の傾き Θ_s (図 4.1-2c) は，もっと垂直に近くなり，飛行速度がより遅くなれば，ストローク面はより水平に近づく．

運動量理論

図 4.1-3 を参照して，ストローク面内に，羽ばたき翼の動きの範囲を示す“作動円板”(厳密には円板でなく，上下のある範囲は欠けているもの)を設定し，これを通過する流れの前後の運動量変化を考えよう．飛行速度 V の作動円板面を通過する流れの質量 m は，

$$m = \rho S\sqrt{(V\cos\Theta_s)^2+(V\sin\Theta_s+v)^2}$$
$$= \rho S\sqrt{V^2+2Vv\sin\Theta_s+v^2} \qquad (4.1\text{-}1)$$

で与えられる．ここに S は固定翼と同様に，翼幅 b を直径とする円柱の断面積で，$S=(1/4)\pi b^2$ である．また v は，作動円板を通過する誘導流の“吹き下ろし速度”で，ここではそれが時間に対しても，また場所に対しても(作動円板上で)一様であると仮定している．

作動円板を通過する流れの十分前方と十分後方の端面では，圧力が大気圧と同じ p_0 となっているので，“運動量理論”によると，十分前方と十分後方の流れの運動量の差が，この作動円板の作る推力 T となる．さらに，十分後方では吹き下ろし速度が $2v$ になるので(東，1989a)，T は

$$T = 2mv = 2\rho S(\sqrt{V^2+2Vv\sin\Theta_s+v^2})v \qquad (4.1\text{-}2)$$

で与えられる．上式は吹き下ろし速度 v と推力 T の関係を示す．

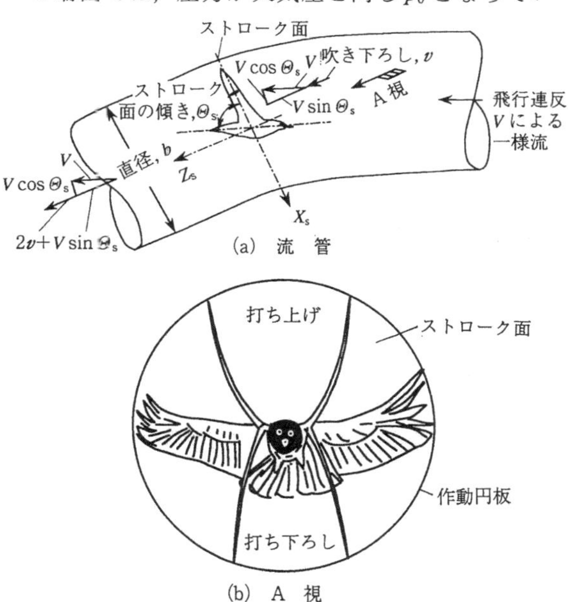

図 4.1-3 前進飛行時の作動円板と流れ

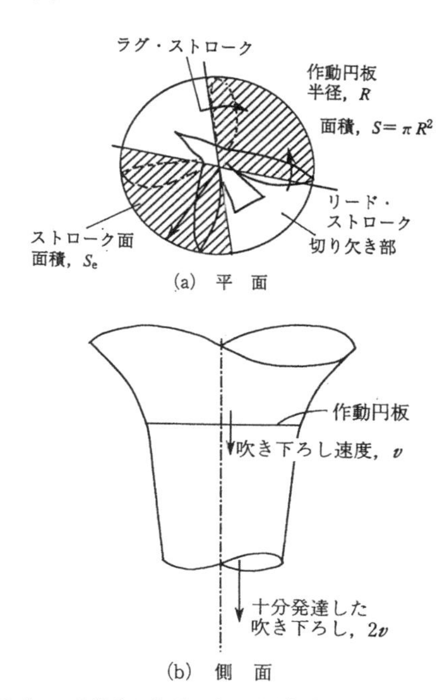

図 4.1-4 ハチドリのホヴァリング飛行時の作動円板と流れ

飛行速度が 0 の“ホヴァリング”飛行時では，$V=0$ のほかに，一般にはストローク面が水平に近づき，$\Theta_s=0$ となる．そのとき作動円板の周りの流れは，図 4.1-4 のハチドリの例にみられるようになり，前後の欠けている部分を考慮して有効な“ストローク面積”または“スイープ面積” S_e ($S_e < S$) を使って，

$$T = 2\rho S_e v^2 \qquad (4.1\text{-}3a)$$

または v を求めて

$$v = \sqrt{(T/S_e)/(2\rho)} \qquad (4.1\text{-}3b)$$

となる．ここに T/S_e は実質の“円板荷重”で，上式に示されたように，吹き下ろし速度はその平方根に比例する．

飛行速度 V が大きくなると，作動円板への流入質量 m が増加するので，ホヴァリングと同じ推力 T を出すために必要な吹き下ろし速度 v は

小さくなる．

推力 T と吹き下ろし速度 v との積 Tv は“誘導パワ”と呼ばれ，次式で定義される．

$$P_i = Tv \tag{4.1-4}$$

ボヴァリング時にはこの値が最大となり，

$$P_i = T\sqrt{(T/S_e)/(2\rho)} \tag{4.1-5}$$

となる．飛行速度が増加するとともに，この値は減少する．実はホヴァリングを除いて式(4.1-2)から v を解析的に求めることは困難で，通常繰り返し計算で求めてそれを式(4.1-4)に代入して P_i を計算する．

翼素理論

羽ばたき運動を簡単化して，1枚の翼がそのつけ根の周りに，ストローク面内を上下(または前後)する“フラッピング”運動と*，翼のピッチを変える“フェザリング”運動とを行うものとする．図4.1-3と4.1-5を参照して，飛行速度 V に対して Θ_s の傾きをもつストローク面(座標軸 X_s，Y_s，Z_s)を考える．

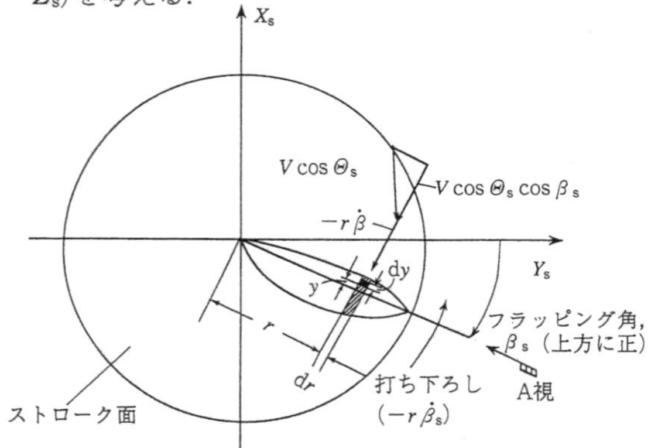

(a)　作動円板上の翼素

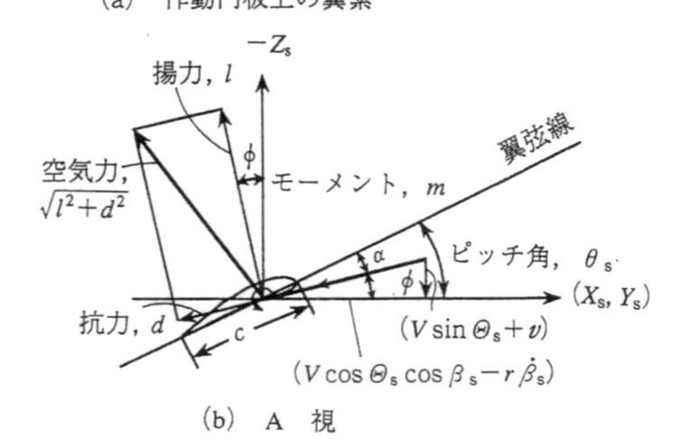

(b)　A　視

図 4.1-5　ストローク面の翼素の動き

このストローク面上を，“フラッピング角”β_s(水平線より上に正，打ち上げで $\dot{\beta}_s>0$)と“フェザリング角”θ_s で，半径方向 r の位置の“翼素”dr が羽ばたいている．この翼素に流入する流れの速度成分を考えると，前方からは前進に伴う分 $V\cos\Theta_s\cos\beta_s$ と打ち上げによる分 $-r\dot{\beta}_s$ が，そして上方からは $V\sin\Theta_s+v$ が流入してくるので，前者を主成分としたとき，流速 U，“流入角”ϕ，および迎角 α は，それぞれ次式で与えられる：

$$\left.\begin{aligned}
U &= \sqrt{(V\cos\Theta_s\cos\beta_s-r\dot{\beta}_s)^2+(V\sin\Theta_s+v)^2}\\
&\cong V\cos\Theta_s-r\dot{\beta}_s\\
\phi &= \tan^{-1}\{(V\sin\Theta_s+v)/\\
&\qquad (V\cos\Theta_s\cos\dot{\beta}_s-r\dot{\beta}_s)\}\\
&\cong (V\sin\Theta_s+v)/U\\
\alpha &= \theta_s-\phi
\end{aligned}\right\} \tag{4.1-6}$$

したがって，迎角 α の関数として2次元翼の揚力係数 C_l，抗力係数 C_d，およびモーメント係数 C_m が与えられれば，片方の翼に働く流体力 $\boldsymbol{F}_A$ とモーメント $\boldsymbol{M}_A$ が計算でき，(X_s，Y_s，Z_s)成分はそれぞれ次式で与えられる：

$$\begin{pmatrix} F_{A,X_S}\\ F_{A,Y_S}\\ F_{A,Z_S}\end{pmatrix} = \frac{1}{2}\rho\int_0^R U^2 c\times \begin{pmatrix} -(C_l\sin\phi+C_d\cos\phi)\cos\beta_s\\ -(C_l\sin\phi+C_d(\phi)\sin\beta_s\\ -(C_l\cos\phi-C_d\sin\phi)\end{pmatrix}dr \tag{4.1-7}$$

$$\begin{pmatrix} M_{A,X_S}\\ M_{A,Y_S}\\ M_{A,Z_S}\end{pmatrix} = \frac{1}{2}\rho\int_0^R U^2 cr \begin{pmatrix} -(C_l\cos\phi-C_d\sin\phi)\cos\beta_s-(c/r)C_m\sin\beta_s\\ -(C_l\cos\phi-C_d\sin\phi)\sin\beta_s+(c/r)C_m\cos\beta_s\\ (C_l\sin\phi+C_d\cos\phi)\end{pmatrix}dr \tag{4.1-8}$$

前述のように流体力がストローク面に垂直な成分のみを考えたときは，式(4.1-7)で $-F_{A,Z_S}$ のみを取り上げたことに相当する．

同様に，翼素の重力加速度を含む加速度の作る

*詳しくは，胴体に固定された前後軸に垂直に，上下に動く運動を“フラッピング”運動，そして平行に，前後に動く運動を“リード・ラグ”運動という．したがって，ストローク面内の運動はそれらが重なり合った運動であるが(Azuma, 1992b)，ここでは簡単に，ストローク面内の運動をフラッピング運動と呼ぶことにし，リード・ラグ運動は考えない．

質量 m_w の片翼の慣性力 $\boldsymbol{F}_I$ と慣性モーメント $\boldsymbol{M}_I$ は次式で与えられる：

$$
\begin{pmatrix} F_{I,X_S} \\ F_{I,Y_S} \\ F_{I,Z_S} \end{pmatrix} =
\left\{
\begin{aligned}
&\int_0^R \begin{pmatrix} -r\dot{\beta}_s^2\sin\beta_s + r\ddot{\beta}_s\cos\beta_s + y(\dot{\theta}_s^2\cos\theta_s \\ \quad + \ddot{\theta}_s\sin\theta_s)\cos\beta_s + g\sin\Theta_s \\ r\dot{\beta}_s^2\cos\beta_s + r\ddot{\beta}_s\sin\beta_s \\ \quad + y(\dot{\theta}_s^2\cos\theta_s + \ddot{\theta}_s\sin\theta_s)\sin\beta_s \\ y(\ddot{\theta}_s\cos\theta_s - \dot{\theta}_s^2\sin\theta_s) + g\cos\Theta_s \end{pmatrix} \times (\mathrm{d}^2 m/\mathrm{d}r\mathrm{d}y)\,\mathrm{d}y\,\mathrm{d}r \\
&= \begin{pmatrix} m_w\{\bar{r}(-\dot{\beta}_s^2\sin\beta_s + \ddot{\beta}_s\cos\beta_s) + g\sin\Theta_s\} \\ m_w\{\bar{r}(\dot{\beta}_s^2\cos\beta_s + \ddot{\beta}_s\sin\beta_s)\} \\ m_w(g\cos\Theta_s) \end{pmatrix}
\end{aligned}
\right. \tag{4.1-9}
$$

$$
\begin{pmatrix} M_{I,X_S} \\ M_{I,Y_S} \\ M_{I,Z_S} \end{pmatrix} = \int_0^R \int_{-c_t}^{c_l}
\left\{
\begin{aligned}
&\begin{pmatrix} ry\{(\ddot{\theta}_s\cos\theta_s - \dot{\theta}_s^2\sin\theta_s + \dot{\beta}_s^2\sin\theta_s)\cos\beta_s \\ \quad + \ddot{\beta}_s\sin\theta_s\sin\beta_s\} + y^2(\dot{\theta}_s^2\sin\beta_s) + g\cos\Theta_s \\ \quad \times (r\cos\beta_s + y\cos\theta_s\sin\beta_s) \\ ry\{(\dot{\beta}_s^2\sin\theta_s + \ddot{\theta}_s\cos\theta_s - \dot{\theta}_s^2\sin\theta_s)\sin\beta_s \\ \quad - \ddot{\beta}_s\sin\theta_s\cos\beta_s\} - y^2(\ddot{\theta}_s\cos\beta_s) \\ \quad - yg\{\sin\Theta_s\sin\theta_s + \cos\Theta_s\cos\theta_s\cos\beta_s\} \\ \quad + rg\cos\Theta_s\sin\beta_s \\ \quad - r^2\ddot{\beta}_s + ry(-\dot{\theta}_s^2\cos\theta_s - \ddot{\theta}_s\sin\theta_s \\ \quad + \dot{\beta}^2_s\cos\theta_s) - g\sin\Theta_s \\ \quad \times (y\cos\theta_s\sin\beta_s + r\cos\beta_s) \end{pmatrix} \\
&(\mathrm{d}^2 m/\mathrm{d}r\mathrm{d}y)\,\mathrm{d}y\,\mathrm{d}r \\
&= \begin{pmatrix} I_\theta(\ddot{\theta}_s\sin\beta_s) + m_w\bar{r}g\cos\Theta_s\cos\beta_s \\ I_\theta(-\ddot{\theta}_s\cos\beta_s) + m_w\bar{r}g\cos\Theta_s\sin\beta_s \\ -I_\beta\ddot{\beta}_s - m_w\bar{r}g\sin\Theta_s\cos\beta_s \end{pmatrix}
\end{aligned}
\right. \tag{4.1-10}
$$

ここに c_l と c_t は前縁と後縁までの長さで，フェザリング軸は通常空力中心 ac に沿うが，ここではそれが重心を通るものとしている．すなわち

$$
\left.
\begin{aligned}
\bar{y} &= \int_{-c_t}^{c_l} y(\mathrm{d}^2 m/\mathrm{d}r\mathrm{d}y)\,\mathrm{d}y = 0 \\
\bar{r} &= \int_0^R r\int_{-c_t}^{c_l} (\mathrm{d}^2 m/\mathrm{d}r\mathrm{d}y)\,\mathrm{d}y\,\mathrm{d}r/m_w \\
m_w &= \int_0^R\int_{-c_t}^{c_l} (\mathrm{d}^2 m/\mathrm{d}r\mathrm{d}y)\,\mathrm{d}y\,\mathrm{d}r \\
I_\theta &= \int_0^R\int_{-c_t}^{c_l} y^2(\mathrm{d}^2 m/\mathrm{d}r\mathrm{d}y)\,\mathrm{d}y\,\mathrm{d}r \\
I_\beta &= \int_0^R r^2\int_{-c_t}^{c_l} (\mathrm{d}^2 m/\mathrm{d}r\mathrm{d}y)\,\mathrm{d}y\,\mathrm{d}r
\end{aligned}
\right\} \tag{4.1-11}
$$

である．

さらにフェザリング軸およびフラッピング軸周りのトルク，Q_θ と Q_β，および片翼が消費する機械的なパワ $(1/2)P$ はそれぞれ次式で与えられる：

$$
\left.
\begin{aligned}
Q_\theta &= (M_{A,Y_S} + M_{I,Y_S})\cos\beta_s \\
&\quad - (M_{A,X_S} + M_{I,X_S})\sin\beta_s \\
&= \frac{1}{2}\rho\int_0^R U^2 c^2 C_m \mathrm{d}r - I_\theta\ddot{\theta}_s
\end{aligned}
\right\} \tag{4.1-12}
$$

$$
\left.
\begin{aligned}
Q_\beta &= M_{A,Z_S} + M_{I,Z_S} = \frac{1}{2}\rho\int_0^R U^2 c(C_l\sin\phi \\
&\quad + C_d\cos\phi) r\,\mathrm{d}r \\
&\quad - I_\beta\ddot{\beta}_s - m_w\bar{r}g\sin\Theta_s\cos\beta_s
\end{aligned}
\right\} \tag{4.1-13}
$$

$$
\left.
\begin{aligned}
\frac{1}{2}P &= Q_\theta\dot{\theta}_s + Q_\beta\dot{\beta}_s = \left\{\frac{1}{2}\rho\int_0^R U^2 c^2 C_m \mathrm{d}r \right. \\
&\quad \left. - I_\theta\ddot{\theta}_s\right\}\dot{\theta}_s + \frac{1}{2}\left\{\rho\int_0^R U^2 c(C_l\sin\phi \right. \\
&\quad + C_d\cos\phi) r\,\mathrm{d}r - I_\beta\ddot{\beta}_s \\
&\quad \left. - m_w\bar{r}g\sin\Theta_s\cos\beta_s\right\}\dot{\beta}_s
\end{aligned}
\right\} \tag{4.1-14}
$$

具体的な飛行生物についての“パワ”の評価は次節以降で詳述される．

4.1.2 フラッピングとフェザリングの位相

フラッピング運動は，翼素の翼弦に対しては上下の“ヒーヴィング”運動となり，そしてフェザリング運動は，翼素の翼弦のピッチ角を変える運動となる．両運動ともほぼ周期的な正弦波状の“調

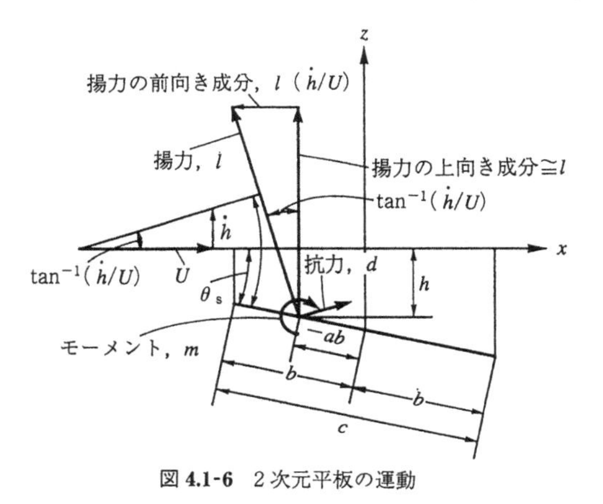

図 4.1-6　2次元平板の運動

和振動”と見なせるが，互いの位相差ϕをどうすべきかを考えてみよう．

図4.1-6を参照して，翼弦長$c=2b$の2次元の平板が，ヒーヴィング運動$h(t)$と，ある点$(-ba)$周りのフェザリング運動$\theta(t)$を行うものとする．このときの運動は，両者が角速度ωの調和振動を行うものとすると，すでに，3.1.3において式(3.1-24)で与えられている．ここでは，θ_0は“コレクティヴ・ピッチ”，そしてθ_cとh_cはそれぞれフェザリングとヒーヴィングの振幅である．フェザリング角と翼幅方向x点における翼素のヒーヴィングhとフラッピング角βとの関係は

$$\left.\begin{aligned} \theta &= \theta_0+\theta_c\cos(\omega t+\phi_\theta) \\ h &= -x\beta_s=h_c\cos(\omega t+\phi_h) \\ &\text{または} \\ \beta_s &= -h/x=\beta_c\cos(\omega t+\phi_\beta) \end{aligned}\right\} \quad (4.1\text{-}15)$$

であり，また迎角αは翼弦の中点で

$$\alpha = \alpha_0+\alpha_0\cos(\omega t+\phi_\alpha) \quad (4.1\text{-}16)$$

と記述すると，迎角の振幅α_cと位相差ϕ_αは，

$$\left.\begin{aligned} \alpha_c &= \sqrt{\theta^2{}_c+(h_c\omega/U)^2+2\theta_c(h_c\omega/U)\sin(\phi_\theta-\phi_h)} \\ \phi_\alpha &= \tan^{-1}[\{\theta_c\sin\phi_\theta+(h_c\omega/U)\cos\phi_h\} \\ &\quad /\{\theta_c\cos\phi_\theta-(h_c\omega/U)\sin\phi_h\}] \end{aligned}\right\} \quad (4.1\text{-}17)$$

となる．

図4.1-5では上向き(z)の力F_zと前向き$(-x)$の力$-F_x$は，ヒーヴィングの速度$\dot{h}$が小さいと$(\dot{h}\ll U)$，

$$\left.\begin{aligned} F_z &\cong l \\ -F_x &\cong l(\dot{h}/U)-d\cong t \end{aligned}\right\} \quad (4.1\text{-}18)$$

が与えられる．つまり上向きの成分は揚力そのもので，また前向き成分の“推進力”tは，翼素のヒーヴィング運動に基づく揚力の前傾成分$l(\dot{h}/U)$が抗力dに優ったときに生み出されることがわかる．ただしヒーヴィングの振動数が十分大きいときは，翼前縁の吸引力が効いて，式(4.1-18)の近似は成り立たない(東，1980a,b；Azuma，1992b)．

このとき得られる1周期平均の“揚力係数”$\bar{C}_l=\bar{l}/(1/2)\rho U^2c$，モーメント係数$\bar{C}_{m,c/4}=\bar{m}_y/(1/2)\rho U^2c^2$，“推進力係数”$\bar{C}_t=\bar{t}\,(1/2)\rho U^2c$，および“パワ係数”$\bar{C}_p=\bar{P}/(1/2)\rho U^3c$は，それぞれ次式で与えられる(Azuma，1992b)：

$$\left.\begin{aligned} \bar{C}_l &= 2\pi\theta_0 \\ \bar{C}_{m,c/4} &= 0 \\ \bar{C}_t &= (kh_c/c)^2(C_{t_{\theta\theta,0}}\{\theta_c/(kh_c/c)\}^2 \\ &\quad +c_{t_{\theta h,0}}\{\theta_c/kh_c/c)\}\cos(\phi_h-\phi_\theta-\phi_{\theta h}) \\ &\quad +c_{thh,0}] \\ \bar{C}_p &= (kh_c/c)^2[(\pi/2)k^2\{\theta_c/(kh_c/c)\}^2 \\ &\quad +2\pi\sqrt{\{-F+kG)^2+\{G+k(1/2+F)\}^2} \\ &\quad \cdot\{\theta_c/k(h_c/c)\}\cos(\phi_h-\phi_\theta-\psi_{\theta h}) \\ &\quad +4\pi F] \end{aligned}\right\} \quad (4.1\text{-}19)$$

ここに

$$\left.\begin{aligned} \phi_{\theta h} &= \tan^{-1}\left[\frac{F-2F^2-2G^2+kG}{G+k(2F^2+2G^2-F+1/2)}\right] \\ \psi_{\theta h} &= \tan^{-1}\left[\frac{-F+kG}{G+k(F+1/2)}\right] \end{aligned}\right\} \quad (4.1\text{-}20)$$

$$\left.\begin{aligned} C_{t_{\theta\theta,0}} &= \pi\Big\{F^2+G^2-F \\ &\quad +k^2\Big(F^2+G^2-F+\frac{1}{2}\Big)\Big\} \\ C_{t_{\theta h,0}} &= 2\,\pi\Big[\Big\{G+k\Big(2F^2+2G^2-F+\frac{1}{2}\Big)\Big\}^2 \\ &\quad \{2F^2+2G^2-F-kG\}^2\Big]^{1/2} \\ C_{thh,0} &= 4\pi(F^2+G^2) \end{aligned}\right\} \quad (4.1\text{-}21)$$

またFとGは，すでに3.1.3で述べた“テオドルセン関数”の実部と虚部で，“無次元振動数”$k=b\omega/U$の関数として与えられる．

最大の推進力係数$\bar{C}_{t\max}$は

$$\left.\begin{aligned} \bar{C}_{t\max} &= (kh_c/c)^2\Big[\pi\Big\{F^2+G^2-F \\ &\quad +k^2\Big(F^2+G^2-F+\frac{1}{2}\Big)\Big\}\,\{\theta_c/(kh_c/c)\}^2+2\pi\times \\ &\quad \sqrt{\Big\{G+k\Big(2F^2+2G^2-F+\frac{1}{2}\Big)\Big\}^2+\{2F^2+2G^2-F-kG\}^2} \\ &\quad \cdot\,\{\theta_c/(kh_c/c)\}+4\pi(F^2+G^2)\Big] \end{aligned}\right\} \quad (4.1\text{-}22)$$

で与えられ，そのときの位相差$\phi_h-\phi_\theta$は式(4.1-20)で与えられた$\phi_{\theta h}$と同値である．

$$\phi_h-\phi_\theta = \phi_{\theta h} \quad (4.1\text{-}23)$$

式(4.1-22)からわかるように，推進力を大きくするには，無次元振動数kと無次元振幅h_c/cとの積を大きくするとよい．また位相差は，式(4.1-19)と(4.1-20)からわかるように，最大推進力を得るには(a)kの小さいときは$\phi_h-\phi_\theta=-$

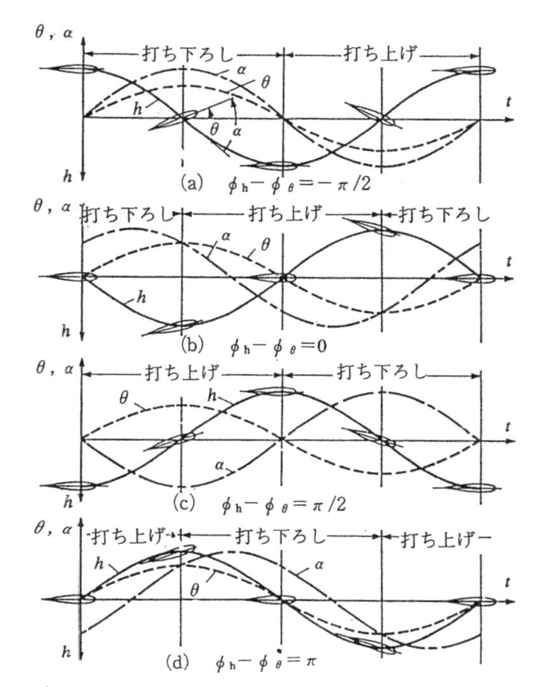

図 4.1-7　各種位相差に対する翼の動き（Azuma, 1992 b）

$\pi/2$，そして(b) k が大きくなるにつれて $\phi_h-\phi_\theta=0$ にするとよい．

図 4.1-7 には，上の(a)と(b)に相当する翼の動きが同じ(a)と(b)に対応して示されている．図の(a)では，打ち下ろし・打ち上げともにヒーヴィングによる上下速度の速いところで迎角を大にして推進力を大きくしていることがわかる．ただし本解析では流れの剥離は考えられていないので，実際の問題を考えるときには迎角に制限を設けてやればよい．

機械的な効率である“フルード効率”は

$$\eta=\bar{C}_t/\bar{C}_p \qquad (4.1\text{-}24)$$

で与えられるが，$\bar{C}_t$ も $\bar{C}_p$ も $(kh_c/c)^2$ に比例しているので，$\bar{C}_t/(kh_c/c)^2=$ 一定という条件の下に最大効率 η_{max} を求めることができる．すなわち λ を“ラグランジュの未定係数”(応用数学便覧，1958)として，

$$\eta_{max}=\min[\{\bar{C}_p-\lambda(\bar{C}_t-\bar{C}_{t,given})\}/(kh_c/c)^2] \qquad (4.1\text{-}25)$$

を求める．

その結果，無次元振動数 k が十分小さいとき(c)位相差 $\phi_h-\phi_\theta$ は $-3\pi/2$（または $\pi/2$），また十分大きいときは(d) $\phi_h-\phi_\theta$ は $\pi/2\sim\pi$ にするとよい(Azuma, 1992b)ことが得られる．そして中間の $k=0.5$ から 2.0 では，$C_t/(kh_c/c)^2$ の値の変化で位相差は大きく変わる．上の(c)と(d)に対応する翼の動きが，図 4.1-7 の(c)と(d)に示されている．図(c)では，翼はヒーヴィングの上下の動きによる迎角の変動を打ち消すようにピッチをとる，つまり打ち上げでは前縁が上に向き，打ち下ろしでは前縁が下に向く．

図 4.1-8 に最大効率 η_{max} が無次元振動数 k の関数として示されている．k が小さいほど効率が高く，それが大きくなるにつれて $\eta_{max}=0.5$ に近づく．本解析では，フラッピングとフェザリングの連成運動を考えて解析したが，比較のために，Wu (1971)の解析したそれぞれ別々の単一運動の効率が，同図に点線で与えられている．k が大きいときの傾向は連成運動のそれとよく似ている．

以上の解析は周期運動をする 2 次元平板についての結果であるが，一般の 3 次元翼にほとんどそのまま応用できる．それは翼の非定常運動特性は，翼型にはあまり関係せず，また放出渦で代表される非定常特性は，後縁近辺の渦の影響が強く，3 次元翼特性にほとんど左右されないからである(3.1.3 参照)．

4.1.3　羽ばたき機構

鳥

鳥の一般的形態については 3.2.2 に述べておいた．鳥の骨格と筋肉の概要が，図 4.1-9 に示されている．(a)にみられるように，鳥の大きい眼球を入れる眼窩は頭骨前部の大部分を占め，顎は縮小して軽くなり，歯はない．また尾骨は短く，骨の大部分は空洞状で軽い割に剛性は高い．(b)と

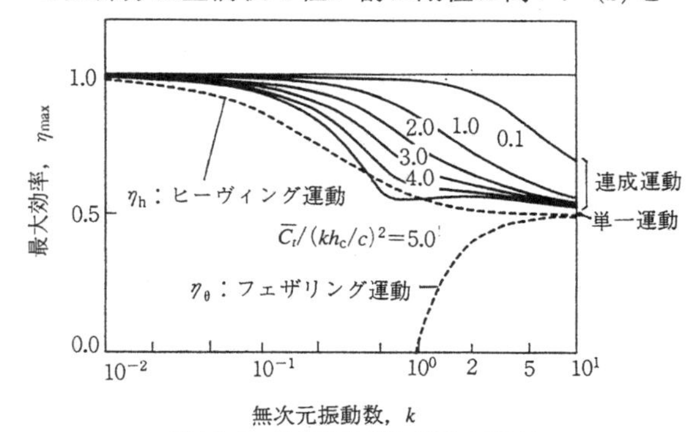

図 4.1-8　最大効率（東, 1979, 1980 b）

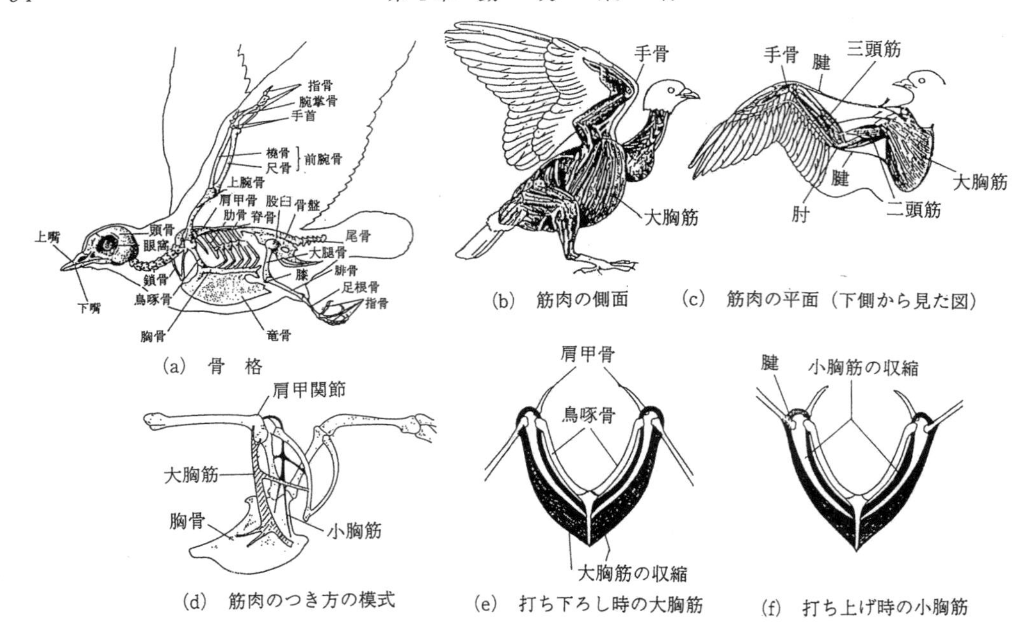

(a) 骨　格　(b) 筋肉の側面　(c) 筋肉の平面（下側から見た図）
(d) 筋肉のつき方の模式　(e) 打ち下ろし時の大胸筋　(f) 打ち上げ時の小胸筋

図 4.1-9　鳥の構造（Dalton, 1977；Perrins & Cameron, 1976；Perrins & Middleton, 1985）

(c)には筋肉が示され，そして(d)には胸筋の骨格への取り付けの様子が示されている．

しっかりした“竜骨”の走る頑丈な胸骨に支えられて，打ち下ろし用の“大胸筋”と打ち上げ用の“小胸筋”とが上下に配置され，それらが交互に収縮することで(弛緩は力を出さない)，それぞれ打ち下ろしと打ち上げの羽ばたき運動が行われる．翼は肩(上)翼として脊側につき，打ち上げ用の小胸筋は鳥啄骨上部のプーリ代用の小間隙を通って翼の下側につながる構造になっているのは面白い．

上部の羽ばたき運動を行う翼のつけ根の肩甲関節に加えて，鳥には，図 3.2-15 または図 4.1-9 に示されたように，肘の関節と手首の関節とがある．肘では主として前後に翼を曲げてその長さを変え，また，翼を捻って追加のフェザリング運動を行う．手首では，今までのすべての動きに追加して，上下に動かすフラッピング，前後に動かすリード・ラグ，そして翼を捻るフェザリングを行う．こうしたいくつかの関節のおかげで，図 4.1-1 に示されたような複雑な翼の動きが実現される．特に低速時の翼端側の外翼の捩れは大きく，打ち下ろしではちょうどプロペラのブレード面のように手の甲側の翼面が前方に向いて，流れを剥離させることなく大きい推進力を発生する．

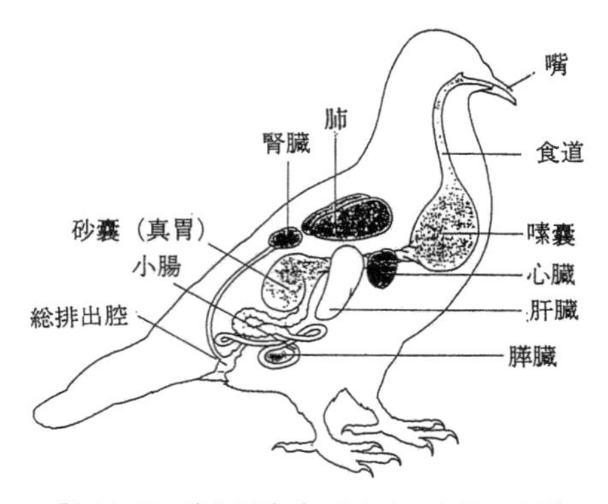

図 4.1-10　消化器系（マクドナルド編，1986）

消化器系が図 4.1-10 に示されている．食物を長く体内に留めておかないよう，穀食性の鳥の砂嚢はよく発達し，腸は短く，水の摂取が少なく，膀胱はもたない．生殖器官も繁殖期のみ大きく，子供は卵として体外に生み，哺乳類のように体内で育てることはしない．

羽ばたきに伴う酸素の補給も，鳥の場合はきわめて巧妙に行われる．図 4.1-11a に示されるように，鳥の体内には，内臓の隙間を利用して，いくつかの気嚢が用意されていて，体の外形の流線形化をはかるとともに，呼吸の際に，連続して空気を送り続ける(ちょうどスコットランドの民族楽器のバグパイプのような)役目をする．さらに，図 4.1-11b と 11c に見られるように，羽ばたき

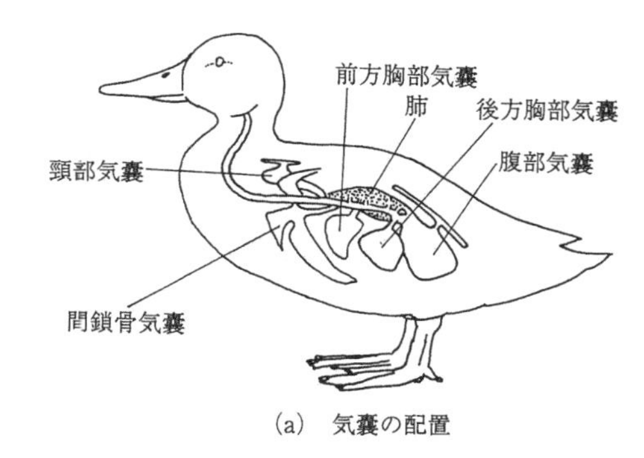

(a) 気嚢の配置

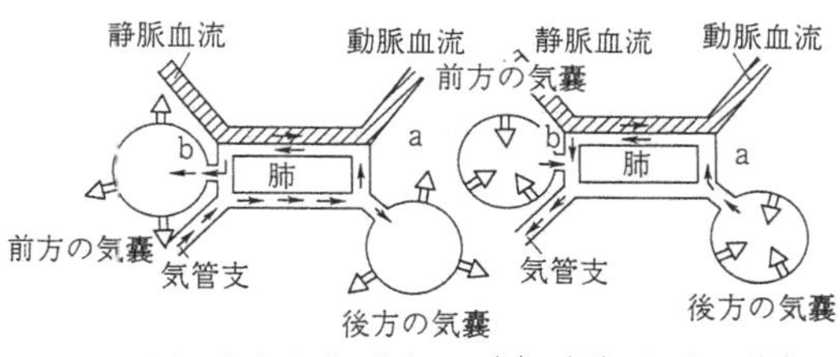

(b) 打ち上げに伴う気嚢の膨脹　(c) 打ち下ろしに伴う気嚢の圧縮

図 4.1-11 気嚢の働き (Schmidt-Nielsen, 1971)

の打ち上げと打ち下ろしに伴う気嚢の膨張と圧縮で，気管支を通って空気の入出が行われる．このとき，肺における血流と気流とは互いに逆行していて，図中の(a)に近い側では，酸素濃度の濃い新鮮な空気は，酸素の補給のすでに行われた血液にさらに酸素を送り込み，また(b)に近い側では，いまだ酸素の少ない血流に対してすでに酸素が一部失われた気流から酸素を送り込むようになっている(Schmidt-Nielsen, 1971)．もちろん鳥類のガス交換面積は哺乳類より大きい．

おかげで鳥は，高空を飛んでも，ちょうど航空用ピストン・エンジンの過給器のように，十分な酸素の補給を受けて，飛行を継続できるのである．例えば，後述(4.2.5)されるようにヒマラヤ越えをするツルは，7000 m 以上の高度(密度が地上の50%以下)を編隊飛行で渡っていく．

蝙蝠と翼竜

後に図 4.3-1 と 4.3-4 に，蝙蝠(こうもり)と翼竜の翼の平面形が示される．そこには羽ばたきの筋肉の詳細は示されていないが，図から翼の骨格の構造は，鳥やわれわれ人間とそれほど変わっていないことがわかる．ただ翼面は鳥の羽毛と異なる膜構造で，蝙蝠の場合は指に相当して小骨が入っているが，翼竜の場合には小骨はなく，前後縁の“靱帯”の張力で，ちょうど帆のように翼面が形成され

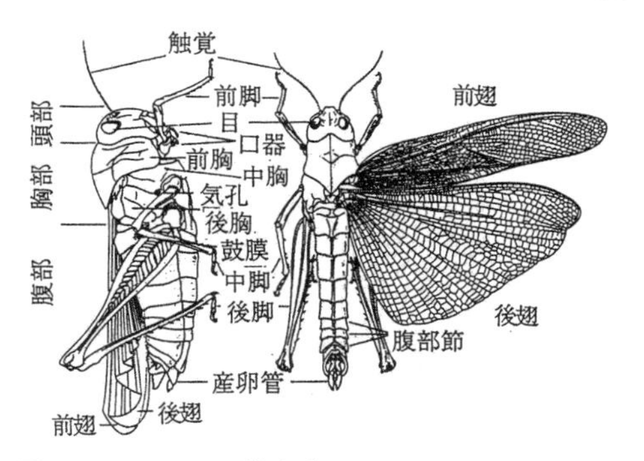

図 4.1-12 バッタの構造 (Waterhouse, 1967；Fisner & Wilson, 1977)

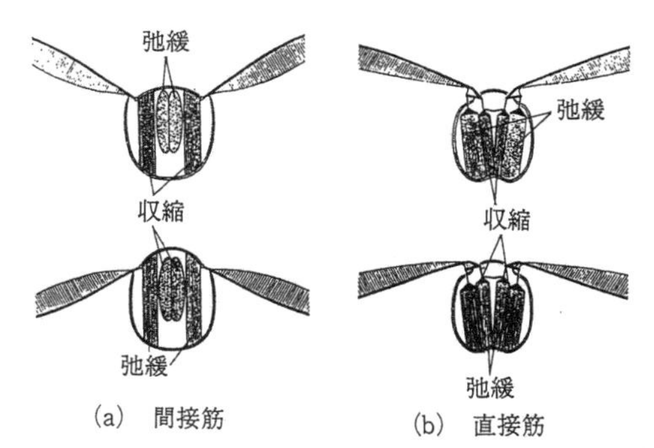

(a) 間接筋　(b) 直接筋

図 4.1-13 昆虫の羽ばたき機構 (Smith, 1965)

る．羽ばたきかたは，鳥の場合とそれほど変わらないようである．

昆 虫

昆虫の構造を，バッタを例に示したのが，図 4.1-12 である．通常 2 対の翅が胸部に取り付けられていて，そこで前後が一緒になって，あるいは前後が別々に独立して羽ばたく．前者の場合は“間接筋”に相当する羽ばたきで，図 4.1-13a に見られるように，上下に走る筋肉の収縮と，前後に走る筋肉の弛緩とで，胸部の背板が下へ下がって，梃子(てこ)の原理で翅は打ち上げられ，次いで前後に走る筋肉の収縮と，上下に走る筋肉の弛緩とで，胸部が前後に圧縮されて背板が上方に跳ね上がり，翅は下に打ち下ろされる．後者の場合は“直接筋”による羽ばたきで，図 4.1-13b に示されるように，胸部に支えられた支点の両側に直接上下に走る筋が取り付けられていて，内側の筋肉の収縮と外側の筋肉の弛緩とで翅は打ち上げられ，また外側の筋肉の収縮と内側の筋肉の弛緩とで翅が打ち下ろされる．

いずれの場合も，翅のフェザリング運動もあわせて行われるが，直接筋の場合は各翅が独立して

動かせるので，飛行は関節筋のそれより巧みである．

周波数

羽ばたきの単位時間当たりの回数すなわち"周波数"fは，大型の生物では小さく，小型の生物ほど大きいことが，鳥や昆虫の飛行の観察からわかっている．ではその程度は数量的にどうかとなると，これはなかなか単純な答は出しにくい．

図4.1-14は，羽ばたき飛行をする鳥と昆虫を主とした幾つかの動物の周波数fを，その動物の翼長l_hに対して画いたものである．"翼長"とは片翼の手の長さで，鳥では手首の先から翼端までの長さである．図の座標系で表すと，計測資料は一般に右下がりの傾向を示すが，種によって散らばりが多く，周波数fの翼長l_hに対する傾向は容易には決め難い．

羽ばたき飛行に必要な空気力を得るためのパワは，次節で述べるように(式(4.2-6)参照)，長さの5乗と周波数fの3乗との積$l_h^5 f^3$に比例するのに対して，筋肉の出しうるパワは質量と周波数との積mfすなわち$l_h^3 f$または後述の式(4.2-29)を参照して$l_h^{2.2} f$に比例するので，この関係を等置すると

$$f \propto l_h^{-1} \sim l_h^{-1.4} \qquad (4.1\text{-}26)$$

を得る．実際には上式にその他の影響が絡みあっていて図4.1-14のようになっているわけである．

鳥の場合は，慣性力より空気力のほうが大きく

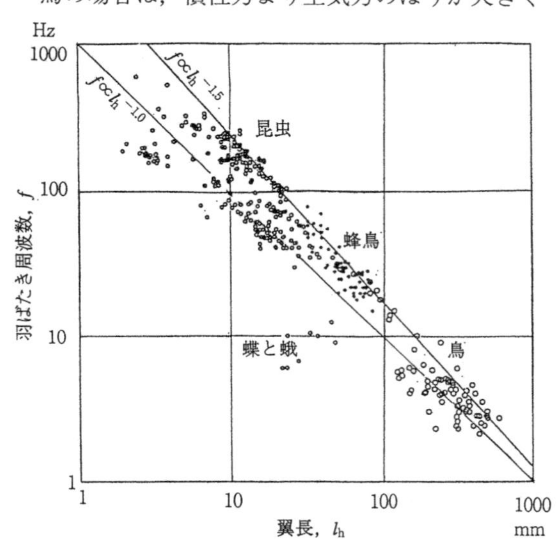

図4.1-14 羽ばたき周波数（Greenwalt, 1962 参照）

影響するが，昆虫の場合には振動周波数が高く，慣性力の影響も大きい．そこで4.2.6で述べられるように，鳥や昆虫の羽ばたきの機構において，トルクやパワから慣性力成分を減らすことが工夫されている．そのための方法は，羽ばたきの振動システムの中にばねを取り入れてシステムを共振させ，その周波数で空気力に対抗するパワだけを補う方法である(東，1979；Azuma，1992b)．間接筋による場合には，ばねは胸部の箱型構造の弾性変形に対応し，弾性係数と翅を含む系全体の質量(詳しくは慣性モーメント)で定まる共振周波数で，背板の上下が行われ，翅の羽ばたき周波数は，その共振周波数に"ロック・イン"される．後述(4.2.6)されるように，このとき慣性力に対する仕事はしなくて済む．

以下にその間の関係を数式で表現してみよう．

慣性モーメントI_βの翼が上下の正弦波状フラッピング運動$\beta=\beta_0+\beta_c\cos(\omega t)$を行うとき，慣性力が翼のつけ根に作る"慣性力モーメント"Q_Iは

$$Q_I = I_\beta \ddot{\beta} = I_\beta \beta_c \omega^2 \cos(\omega t) \qquad (4.1\text{-}27)$$

で与えられる．羽ばたき機構の中に(ばね係数"k_βのばねがあると，ばねの作る"弾性力モーメント"Q_Eは

$$Q_E = k_\beta(\beta-\beta_0) = k_\beta \beta_c \cos(\omega t) \quad (4.1\text{-}28)$$

両者の和Q_I+Q_Eが0となる周波数$f=\omega/2\pi$が"同調周波数"(または"共振周波数")f_tで，それは

$$f_t = (1/2\pi)\sqrt{k_\beta/I_\beta} \qquad (4.1\text{-}29)$$

で与えられる．このとき翼のつけ根に働くトルクは，空気力の作る"空気力モーメント"Q_Aと間接に働く若干の(通常は無視)"摩擦モーメント"のみとなる．

直接筋の場合には，筋肉に特別な弾性材が入っていて，やはり周波数はほぼ一定に保たれる．鳥の場合は，慣性力の割合が少ないが，それでも，筋肉の両端に(人間の足のアキレス腱のような)腱や靭帯といった弾性材が入っている(Goldspink, 1977b)．しかし，鳥の羽ばたき周波数は，昆虫のそれほど一定値ではなく，ある程度変えることができる．大型の鳥では，翼の平面形を変えることが容易で，その結果翼の慣性モーメントも変わり，したがって同調周波数も変えられるのであ

る．小型の鳥は，腕の発達が悪くて短く，羽ばたきは主として手首から先の翼の振動となるので，飛行は昆虫の羽ばたき飛行に近づく．

羽ばたきでは，式(4.1-15)に示されているように，基本的にはフラッピングによるヒーヴィング運動が1次の調和関数で表される．しかしフェザリングは通常式(4.1-15)の基本波に加えて，高次の運動が含まれている．これは翼の上下のフラッピング方向の慣性モーメント I_β に対して，翼の捩れのフェザリング方向の慣性モーメント I_θ が十分小さいので，フェザリングの高次振動が可能になっているのである．

4.2 鳥の飛行

生物の中で，最も飛ぶことに専念してきた鳥，蝙蝠と翼竜，および昆虫の飛行法の特色を，その体の構造，その棲む環境，そこでの生態に関連して本節以下で順に述べる．なお渡りについては別に第7章で記述する．

4.2.1 ホヴァリング

小型の鳥はときどき空中停止の“ホヴァリング”

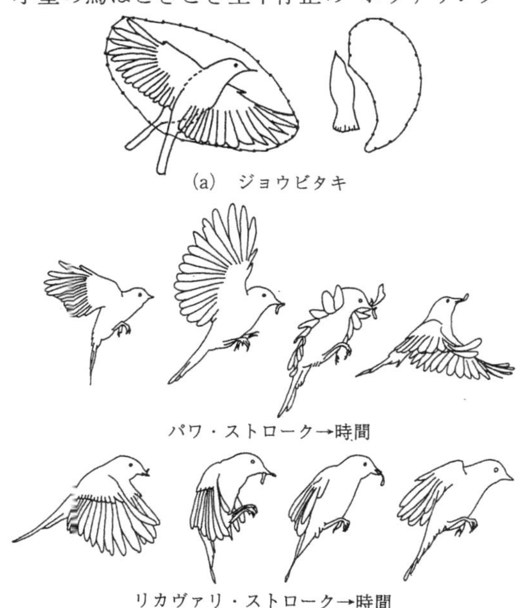

図 4.2-1 小鳥のホヴァリング飛行時の翼の動き
(Rüppell, 1977 参照)

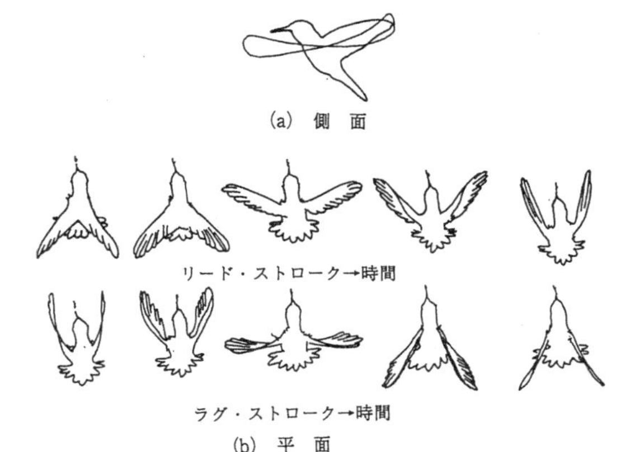

図 4.2-2 ハチドリのホヴァリング飛行時の翼の動き
(Rüppell, 1977 参照)

飛行をみせる．そのやり方に2通りあって，その第1は図 4.2-1 に示されるような，シジュウカラに代表される普通の小鳥のホヴァリングで，打ち下ろしでは翼をいっぱいに広げて後上方から斜前方に動かす“パワ・ストローク”を行い，そして，打ち上げでは翼を畳んで戻すという“リカヴァリ・ストローク”を行い，それらを交互に繰り返す．

その第2は図 4.2-2 に示されるように，鳥の中ではハチドリだけにみられるもので，昆虫の飛行に似て，体を立て，翼は打ち下ろし・打ち上げともにほぼ水平に動かし，打ち下ろしでは手の甲が上になる“リード・ストローク”で揚力を出し，また打ち上げでは翼を裏返し手の平が上になる“ラグ・ストローク”を行い，打ち上げでも揚力を出し，いずれもがパワ・ストロークともいうべき飛行を行う．

前者のホヴァリング飛行では，ストローク面が上前方を向いているので，打ち下ろしでは，重量を支える上向きの揚力のほかに，前向きの推進力が発生する．しかし，この推進力は，リカヴァリ・ストロークで発生する後向きの(負の)推進力と1周期平均で釣り合っている．一方，後者のホヴァリング飛行では，ストローク面はほとんど水平なので，重量と釣り合う上向きの揚力のみが発生している．抗力が作る水平力はリード・ストロークとリカヴァリ・ストロークでやはり1往復(1周期)で互いに消し合う．いずれが有利かといえば，ホヴァリング飛行に限れば後者が有利である．しかし，常にホヴァリング飛行を行うハチドリと異なり，多くのほかの小鳥は，水平飛行が主たる飛行法であって，たまにそれを行う場合，体を立てて次の行動に素早く移るのが難しいのは考えものである．もちろんハチドリも他の飛行をよく行うが，ハチドリの場合は，体の大きさが昆虫と鳥との境界に属しているので，体の慣性モーメントは小さく，昆虫同様容易に次の姿勢に移れるのである．

誘導パワ

すでに図4.1-4に示したハチドリの例でわかるように，翼の羽ばたきのリード・ラグ・ストロークの作る扇形状の“ストローク面積”(または“スイープ面積”)をS_e，そして円と考えたストローク面である作動円板の面積を$S=(\pi/4)b^2$(ここではbは翼幅)としたとき，通常$S_e \cong (2/3)S$である．

羽ばたき運動によって吹き下ろし流が，恒常的にストローク面積S_eを上から下に速度vで流れていくものとすると，単位時間に通過する空気の流量mは$m=\rho S_e v$で与えられるので，吹き下ろし速度vは前節の式(4.1-3b)と同様に，

$$v=\sqrt{(T/S)/2\rho(S_e/S)} \qquad (4.2\text{-}1)$$

となる．

図4.2-3に円板荷重W/Sを変化させて求めた吹き下ろし速度vの値が，S_e/Sをパラメタとして示されている．連続したホヴァリングのできる鳥の質量は20gどまりといわれている．図では，翼面荷重でいって20N/m²以下の鳥や昆虫に相当する．吹き下ろし速度vはハチドリで2～3m/sの範囲に，そして昆虫ではそれ以下となる．普通の小型あるいは中型の鳥(例えばセキレイ，

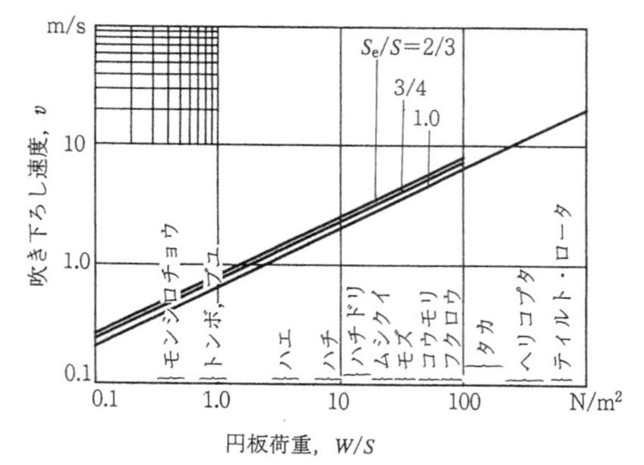

図4.2-3　吹き下ろし速度（大気標準状態，$\rho=1.225\,\mathrm{kg/m^3}$，$t=15$℃）

(a)　セグロセキレイ（内田，1983）

(b)　ツバメ（Perrins & Middleton, 1985）

図4.2-4　ホヴァリング飛行と巡航飛行との吹き下ろしの違い

ツバメ，アジサシ，ミサゴなど)も短時間のホヴァリングは可能で，これらの鳥の十分下流での吹き下ろし速度$2v$は数m/s程度にはなるであろう．したがって，図4.2-4に見られるように，(a)水面近くで小鳥(セグロセキレイ)がホヴァリングを行うと，水面に波紋ができる．しかし前進飛行では式(4.1-2)からわかるように，吹き下ろし速度が小さくなるので，(b)ツバメの例に見られるように，嘴を水中に入れたための波以外の吹き下ろしによる波紋は認められない．

吹き下ろし速度を誘導するために使われるパワ(“誘導パワ”)は，ホヴァリング時に時間的に一定の$\bar{P}_i$とすると式(4.1-5)を書き直して

$$\bar{P}_i=Tv \cong W\sqrt{(W/S)/2\rho(S_e/S)} \qquad (4.2\text{-}2)$$

で与えられる．このパワは推力T(したがって重量$W=mg \cong T$)の3/2乗に比例し，後述のように，翼を羽ばたくのに使われる後述のプロファイ

ル・パワと合計した全“必要パワ”の約75%を占める．

ホヴァリング飛行というのは，このように，体の貯蔵エネルギを変換して生ずる“供給パワ”のうち，実際の飛行に役立つ筋肉の“有効パワ”の大部分を誘導パワが占めてしまうので，飛行が最大速度の飛行と同じように大変つらい飛行となる．

プロファイル・パワ

ホヴァリングであれ，前進飛行であれ，形状抗力に逆らって翼を動かすのに必要なパワを“プロファイル・パワ”と呼び，P_0で表す．ホヴァリング時の翼の形状抗力係数C_dを一定の平均値δと見なし，翼がストローク面を調和振動のリード・ラグ角

$$\beta=\beta_0+\beta_c\cos(\omega t) \qquad (4.2\text{-}3)$$

で振動するものとすると，そのときのトルク$\mathrm{d}Q_0$およびパワ$\mathrm{d}P_0$は，式(4.1-13)から$V=\Theta_s=0$として

$$\left.\begin{aligned}\mathrm{d}Q_0&=\frac{1}{2}\rho(r\dot{\beta})^2c\delta r\,\mathrm{d}r\\ \mathrm{d}P_0&=\frac{1}{2}\rho(r\dot{\beta})^3c\delta\,\mathrm{d}r\end{aligned}\right\} \qquad (4.2\text{-}4)$$

で与えられる．これから片翼の作るパワ$(1/2)P_0$は，

$$\frac{1}{2}P_0=\frac{1}{2}\rho\delta(\beta_c\omega)^3\cdot\int_0^R r^3c\,\mathrm{d}r\cdot|\sin^3(\omega t)| \qquad (4.2\text{-}5)$$

となる．両翼の1周期$T=2\pi/\omega$の平均P_0はしたがって

$$\left.\begin{aligned}\bar{P}_0&=\rho\delta(\beta_c\omega)^3\int_0^R r^3c\,\mathrm{d}r\cdot\\ &\quad(2/T)\int_{-T/4}^{T/4}\sin^3(\omega t)\,\mathrm{d}t\\ &=\frac{1}{2}\rho(\beta_cR\omega)^3S_w\delta,(8/3\pi)\sigma_3\end{aligned}\right\} (4.2\text{-}6)$$

ここにS_wとσ_3は

$$\left.\begin{aligned}S_w&=2\int_0^R c\,\mathrm{d}r\\ \sigma_3&=\frac{1}{2}\int_0^R r^3c\,\mathrm{d}r/R^3\int_0^R c\,\mathrm{d}r\\ &=\int_0^R r^3c\,\mathrm{d}r/S_wR^3\end{aligned}\right\} \qquad (4.2\text{-}7)$$

でS_wは両翼の面積である．

以上の式からプロファイル・パワは，翼の最大先端速度の3乗$(R\beta_c\omega)^3$，翼の抵抗面積$S_w\delta$および形状で決まる定数σ_3の積に比例する．

ハチドリ類は，花蜜の得られるアラスカ以南のアメリカ大陸とその周辺の島々に棲む多種多様の，金属光沢の羽毛の美しい小鳥である．すでに図3.2-6に示されたように，鳥と昆虫との中間の大きさで，体の質量が小さいキューバ産のマメハチドリで約2g(1円玉2個分)，大きいオオハチドリで約20gどまりである．このため体温が外気温に応じて変化しやすく，寒いときに仮死することがある．

この大きさだと，連続したホヴァリング飛行が可能で，そうして細い嘴と長い舌ですぐエネルギに変換される花の蜜を吸い，烈しいエネルギ消耗に耐える．例えば前述のマメハチドリは，気温の高い熱帯に棲み，1日に自分の質量の約半分の食料を取っているといわれる．なお，脚や足は比較的小さく，木に止まることにのみ使われる．

ホヴァリング中の移動は，羽ばたきのストローク面を望む方向に傾けることで，推力の水平成分を利用して行う．例えばストローク面を後方へθ傾けると，重力Wにほぼ釣り合っている推力Tの後向き成分$T\sin\theta\cong T\theta$が後向きの力となり，それが作る後向き加速度は重力の加速度gを単位として

$$T\theta/mg\cong W\theta/mg=\theta \qquad (4.2\text{-}8)$$

で与えられる．つまり約$6°\cong0.1$ radの傾きで$0.1G$の加速度となるのである．もっともこのとき，推力の上向き成分$T\cos\theta(\cong T)$が若干減るので，その分Tは増さねばならない．

羽ばたきの周波数がハチの羽音に似て唸るほど高いので，ストローク面の傾きは素早く達成される．このため回転翼の回転面を傾けるヘリコプタの操縦同様，望む方向への制御力が瞬時に得られ，花の前での位置の制御は容易である．高い周波数は，ほとんど手のみからなる翼面の羽ばたきによるものである(Greenewalt, 1960)．それでいて翼のアスペクト比は図3.2-14bに見られるように，結構大きいほうで，その平面形はきれいな楕円形で，また翼型は裏表とほぼ平等に使うので対称翼に近い．

小さいくせに，巡航速度は数十km/hと速く，1000kmを越える遠距離の渡りを行う．

4.2.2 前進飛行

誘導パワ

前進速度 V で飛行中の翼の羽ばたきは，すでに4.1に詳述されている．1周期平均の誘導パワ $\bar{P}_i$ は，式(4.1-2)と(4.1-4)から

$$\bar{P}_i = TV = 2\rho S(\sqrt{V^2+2Vv\sin\Theta_s+v^2})v^2 \cong 2\rho SVv^2 \qquad (4.2\text{-}9)$$

と与えられる．上式の近似は，巡航時のように $V \gg v$ の場合に成り立つ式で，その場合の v は固定翼と同じ

$$v \cong (W/S)/2\rho V = (W/S_w)(S_w/S)/2\rho V = 2(W/S_w)/\rho\pi \mathit{AR} V \qquad (4.2\text{-}10)$$

となる．したがって式(4.2-9)の $\bar{P}_i$ は

$$\bar{P}_i \cong W(W/S_w)(S_w/S)/2\rho V = 2W(W/S_w)/\rho\pi \mathit{AR} V \qquad (4.2\text{-}11)$$

と近似される．

以上の式から，誘導パワは重量 W と翼面荷重 W/S_w との積に比例し，速度 V とアスペクト比 AR の積に逆比例することがわかる．

プロファイル・パワ

ここではストローク面が前進速に垂直な簡単な場合を考えることにする．羽ばたきにより，翼素に働く流速 U は，前進速度による分 V，羽ばたきによる分 $r\dot{\beta}$，および吹き下ろしによる分 v とのヴェクトル和であるが，吹き下ろし速度 v を十分小さいと見なす $(v \ll V)$ と，

$$U \cong \sqrt{V^2+(r\dot{\beta})^2} \qquad (4.2\text{-}12)$$

となる．抗力によるトルク dQ_0 およびこのトルクのためのパワ $dP_{0,1}$ は，それぞれ

$$\left.\begin{aligned} dQ_0 &= \frac{1}{2}\rho U^2 c\delta \sin\phi r dr \\ dP_{0,1} &= \frac{1}{2}\rho U^2 c\delta \sin\phi r\dot{\beta} dr \end{aligned}\right\} \qquad (4.2\text{-}13)$$

となる．ここに

$$\sin\phi = r\dot{\beta}/U \cong (r\dot{\beta}/V)/\sqrt{1+(r\dot{\beta}/V)^2} \qquad (4.2\text{-}14)$$

である．片翼のパワはしたがって

$$\frac{1}{2}P_{0,1} = \frac{1}{2}\rho V(R\dot{\beta})^2 S_w\delta\sigma_2 \qquad (4.2\text{-}15)$$

となる．ここに

$$\sigma_2 = \frac{1}{2}\int_0^R cr^2 dr/R^2\int_0^R c dr \qquad (4.2\text{-}16)$$

で，近似は $r\dot{\beta} \ll V$ のとき成り立つ．フラッピング運動が調和振動であるとき，式(4.2-3)を使って1周期の平均の両翼のプロファイル・パワ $\bar{P}_{0,1}$ は，

$$\bar{P}_{0,1} \cong \frac{1}{2}\rho V(R\beta_c\omega)^2 S_w\delta\sigma_2 \qquad (4.2\text{-}17)$$

で与えられる．これから，速度の十分大きいとき，羽ばたきに要する反トルク用プロファイル・パワは，速度 V と羽ばたきの最大先端速度の2乗 $(R\beta_{c,}\omega)^2$，翼の抵抗面積 $S_w\delta$ および形状で決まる定数 σ_2 の積に比例することがわかる．

次に，翼素の抗力の，速度 V に平行な分のパワは

$$\frac{1}{2}dP_{0,2} = \frac{1}{2}\rho U^2 c\delta\cos\phi V dr = \frac{1}{2}\rho V^3\delta c \times\sqrt{1+(r\dot{\beta}/V)^2}dr \qquad (4.2\text{-}18)$$

で与えられるので，これを翼幅方向に積分すると，

$$P_{0,2} = \rho V^3\delta\int_0^R c\sqrt{1+(r\dot{\beta}/V)^2}dr \cong \frac{1}{2}\rho V^3 S_w\delta = \bar{P}_{0,2} \qquad (4.2\text{-}19)$$

となる．これから，翼の前進に伴うプロファイル・パワは速度の3乗 V^3 と翼の抵抗面積 $S_w\delta$ との積に比例することがわかる．結局，翼全体のプロファイル・パワ P_0 は，次式で与えられる．

$$P_0 = \bar{P}_{0,1}+\bar{P}_{0,2} = \frac{1}{2}\rho VS_w\delta\{(R\beta_c\omega)^2\sigma_2+V^2\} \qquad (4.2\text{-}20)$$

上式の第2項 $(1/2)\rho V^3 S_w\delta$ は，後述のパラサイト・パワの翼の分で，したがって，もし第1項のみをプロファイル・パワとするなら，第2項は後述の式(4.2-22)に含ませて，抵抗面積 f の代わりに $f+S_w\delta$ を使うことになる．

パラサイト・パワ

前進に伴う翼を除いた体の抗力は，抵抗面積 f に対して $(1/2)\rho V^2 f$ で与えられるので，これに対抗する推力 T を作るのに要するパワを“パラサイト・パワ”という．このパワ P_p は一定値で，したがって平均値も同じ値で，

$$\bar{P}_p = \frac{1}{2}\rho V^3 f \qquad (4.2\text{-}21)$$

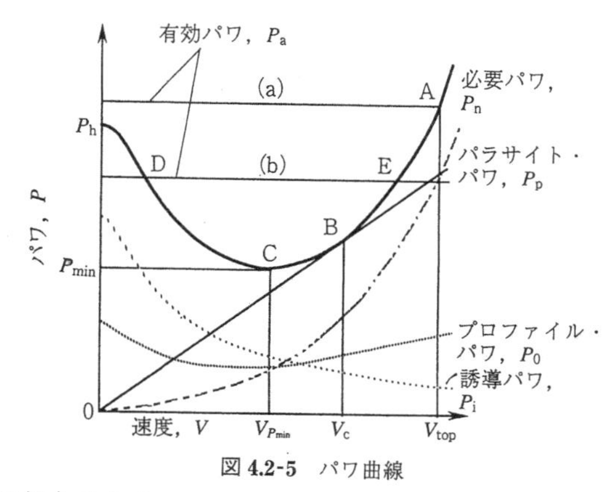

図 4.2-5 パワ曲線

で与えられる．

上式からパラサイト・パワは抵抗面積 f と速度 V の3乗との積 V^3f に比例することがわかる．ただし翼の分をこちらに入れるのであれば，式(4.2-20)の第2項を省いて，上の f は $f+S_w\delta$ で置き換えることになる．

必要パワ

上述のパワを寄せ集めた必要パワ P_n は，結局

$$P_n=\bar{P}_0+\bar{P}_i=(4/3\pi)\rho(R\beta_c\omega)^3S_w\delta\sigma_3+W\sqrt{(W/S)/2\rho(S_e/S)}:\quad \text{ホヴァリング時}(V\cong 0) \tag{4.2-22a}$$

$$=\bar{P}_0+\bar{P}_i+\bar{P}_p=\frac{1}{2}\rho V(R\beta_c\omega)^2S_w\delta\sigma_2+2W(W/S_w)/\rho\pi A\!\!\!/RV+\frac{1}{2}V^3(f+S_w\delta):\quad \text{前進飛行時} \tag{4.2-22b}$$

となる．

図 4.2-5 に小鳥の速度 V に対する必要パワ P_n すなわち“パワ曲線”と，有効パワ P_a の例を示した．各パワ成分の速度に対する変化の様子は，すでに説明したとおりになっている．

有効パワ

質量 m_m の筋肉の出せる有効パワ P_a と質量の比，すなわち単位質量当たりの筋肉の出せる出力“比有効パワ”$K=P_a/m_m$ が，表 4.2-1 に示されている(Weis-Fogh, 1975, 1977)．比有効パワは，動物の大きさや種にそれほど関係なく，$K=50$～

表 4.2-1 飛行中の筋肉の出せる比有効パワ

	項 目	比有効出力 $K=P_a/m_m$ (W/kg)	筋肉質量 m_m (mg)	備 考
蝙蝠	オオコウモリ(*Pteropus gouldii*)	780	140	
	Phyllostomus hastatus	93	240	
鳥	ハト(*Columba livia*)	400	220	鳥の比有効出力の広
	カモメ(*Larus atricilla*)	322	70	い種の平均値
	カラス(*Corvus ossifragus*)	275	80	171(111～177)
	セキセイインコ(*Melopsittacus undulatus*)	35	170	
	〃 〃	35	95	
	Amazilia qimbriata	5	150	
	ハチドリ	113	—	
昆虫	*Schistocerca gregania*	2	60-90	昆虫の比有効出力の
	ショウジョウバエ(*Drosophila virilis*)	2×10^{-3}	160	広い種の平均値 80
	バッタ	80	—	質量 140
	タガメ(*Lethocerus*)	113	—	
	Oryctes rhinoceros	29	—	
	マルハナバチ(*Bombus terrestris*)	88～110	—	
	キリギリス	76	—	
	スズメガ(*Manduca sexta*)	90	—	
	トンボ，チョウ，ガ	47～56	—	
	直翅目	35	—	
人工エンジン	ピストン・エンジン	1500～1800	—	
	ガスタービン・エンジン	3700～7400	—	

(Weis-Fogh, 1977 ; Ellington, 1991)

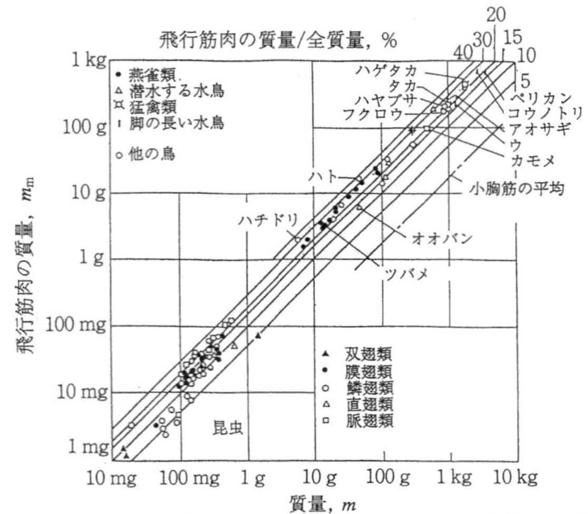

(a)　飛行筋肉の質量と全質量（Hertel, 1966；東・吉良，1980）

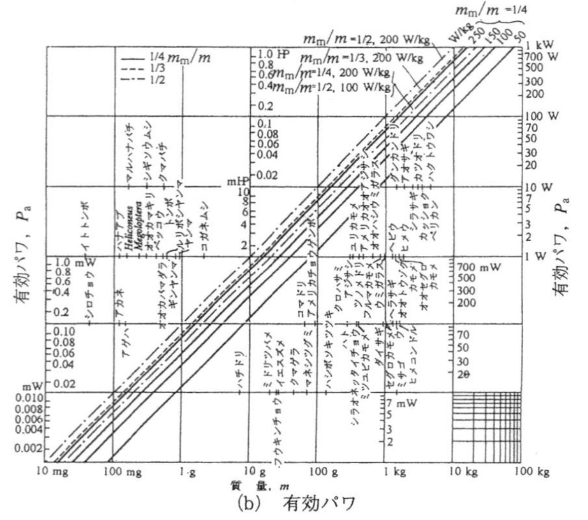

(b)　有効パワ

図 4.2-6　飛行用筋肉と有効パワ

260 W/kg，または 0.07～0.35 HP/kg と考えられる．なお比較して示した人工のエンジンの出力は，高温・高圧で作動できるので，桁が違って大きいことがわかる．

図 4.2-6 には，鳥や昆虫の質量 m に対して，(a) 飛行のための筋肉の質量 m_m の統計値と，(b) その割合が $m_m/m=1/4$，1/3，1/2 で単位筋肉当たりの出力が 50，100，150，200，250 W/kg のときの有効パワが示されている．

有効パワ P_a は，動物の体内活動の結果，外に出てくる出力で，これは体内のエネルギ源を酸化消費して得られる“代謝パワ”（または“全パワ”）P_t から，呼吸や血流などに消費される“基礎代謝パワ”P_B を差し引いて（Tucker，1973, 1975a, b），それに飛行筋肉の“機械的効率”η_E を掛けたものとして

$$P_a=(P_t-P_B)\eta_E=P_{ab}\eta_E \qquad (4.2\text{-}23)$$

で与えられる．ここに P_{ab} は“酸素代謝パワ”と呼ばれるものと一致する．効率 η_E は Brett (1963) あるいは Webb (1971b) のいう“酸化効率”，または Whipp & Wasserman (1969) のいう“収縮連成効率”に相当する．最大値として Hill (1950) は $\eta_E=0.45$ を，また Tucker (1977) は $\eta_E=0.2$ を示唆している．結局全パワ P_t は次のようにも書ける．

$$\left.\begin{aligned}P_t&=P_a/\{1-(P_B/P_t)\}\eta_E=P_a/\eta_F)\\&=P_{ab}/(\eta_F/\eta_E)=P_a/\eta_E+P_B\end{aligned}\right\} \qquad (4.2\text{-}24)$$

ここに η_F はパワを作り出すシステムの効率と見なすべきもので，

$$\eta_F=P_a/P_t=\{1-(P_B/P_t)\}\eta_E \qquad (4.2\text{-}25)$$

と書ける．Tucker (1972, 1973, 1974)，Bernstein, Thomas & Schmidt-Nielsen (1973)，Prampero ら (1971)，Pennycuick (1972, 1975) などによれば，

$$\eta_F=0.20\sim0.26\cong0.23 \qquad (4.2\text{-}26)$$

となる．

基礎代謝パワ P_B は，Brody (1945)，Lasiewsky & Dawson (1967)，Tucker (1972, 1973, 1975a) および Schmidt-Nielsen (1975, 1977) によれば

$$P_B=\begin{cases}(3.73\sim3.79)m^{0.723}：非燕雀類\\(6.15\sim6.25)m^{0.724}：燕雀類\\(3.00\sim4.30)m^{0.73\sim0.75}：哺乳類\end{cases} \qquad (4.2\text{-}27)$$

係数は体温の上昇とともに増大する (Wilkie, 1977)．また全パワ P_t については Wilkie (1959) が次式を与えている：

$$\left.\begin{aligned}P_t&=3.43m^{0.734}=P_B &&\text{休息中}\\&=5.25m^{0.734} &&\text{終日維持}\\&=45.7m^{0.734} &&\text{5～30分維持}\\&=84.3m^{0.734} &&\text{短期の努力または 2～3 分の維持}\end{aligned}\right\} \qquad (4.2\text{-}28)$$

パワの釣り合い

ホヴァリング時の必要パワ P_h はきわめて大きいので，有効パワ P_a がそれより大きいか小さいかは興味深い問題である．図 4.2-5 の直線 (a) の

ように有効パワが大きいとき $P_a > P_h$，この鳥はホヴァリング飛行ができ，したがって垂直離着陸が可能である．有効パワが速度に無関係に得られるものとすると，直線(a)と必要馬力の曲線 P_n との交点Aが水平最大速度を与える．それ以下の速度では，P_a を P_n の値まで減らして，つまり楽に水平飛行ができる．もし，P_a を減らさないのなら，パワの余裕分は上昇に使え，上昇速度 w は

$$w = V\sin\gamma = (P_a - P_n)/W \qquad (4.2\text{-}29)$$

で与えられる．

巡航速度は，原点Oからこのパワ曲線へ引いた接線の接点B，すなわち $(P_n/V)_{min}$ で与えられる．無風時の遠距離飛行はこの速度で行われる．なお風のあるときは，追い風でその接線の原点Oを風速分だけ左へずらし，また向かい風では右へずらせる．その結果，対気巡航速度 V_c の接点Bが変わる(図3.2-5参照)．

P_n が最小の点Cの速度 $V_{P\min}$ は，滞空時間最大の飛行速度である．

有効パワが図4.2-5の(b)のようにホヴァリング時の必要パワより小さいとき $P_h > P_a$，有効パワの直線(b)は，P_n と2点DとEとで交わる．このとき，この鳥は低速側の交点Dで定まる速度まで加速しないと離陸できない．加速は足で地面や水面を蹴ってジャンプしたり，駆けたり，あるいは高い木の枝や電線からの降下飛行などで行われる．高速側の飛行領域では，交点Eまでは水平飛行や上昇飛行が可能で，E点は最大水平速度を与える．小型の鳥以外の多くの鳥は，実はこの(b)のように，有効パワはホヴァリングに必要なパワより小さい $P_h > P_a$.

これまでのことから，長時間の連続ホヴァリング飛行の能力のある生物の質量には上限があることが予想されるが，実際の鳥から，それは約20gであることがわかっている．

では下限はどうか．体が小さくなるにつれて質量よりは体表面のほうが減り方が少ないので，前者に比例する熱の発生より後者に比例する熱の放散が大きく，温血性の恒温動物の鳥類にとって，ハチドリの例で述べたように，体温保持は難しくなる．

水平の巡行飛行ができる鳥の質量の上限は約15kgで，オオノガン，ハクチョウ，ペリカンなどである．現存の鳥以外では，翼竜の何種かはこれ以上の質量で飛行をしていたものと思われる．より大きいパワの出せた理由はわからない．

鳥も中型から小型になってくるとパワに余裕が出てくる．飛行が活発になり，持続性に富んだ華麗な動きが見られるようになる．

カモメ類は熱帯域を除いて，全世界の沿岸域に棲息する．質量は1～2kgの中型の鳥で，形態も飛行法も，海鳥と陸鳥の両方の特性を合わせもっている．すなわち，図3.2-14にも見られたように，アスペクト比も翼面荷重もほどほどの大きさで，翼端は適当に尖り，尾翼面積も適当に大きい．普通多数が群れて生活をするが，彼らはさまざまな環境に適応した生活様式をもち，例えば餌の種類も豊富で，海岸の芥(ごみ)捨場にも群がる．

トウゾクカモメ類は猛禽類に似て，嘴は頑丈で鍵状に曲がり，足の爪は鋭く，他のカモメの捕った餌を横取りするばかりでなく，直接小鳥を襲う．

ツバメ類およびアマツバメ類は，両極地と一部の離島を除いて，全世界の水辺，草原，崖地，あるいは都市といった開けた空間に棲む．前者は人間の住居や建造物に，そして後者は岩崖，洞窟などに営巣する．

ツバメ類は質量が数十g，そしてアマツバメ類はそれより少し大き目であるが，この程度の大きさの鳥の飛行は時に滑空を混じえた羽ばたきに頼る．広々とした空間をともに高速で長時間飛行しながら，主として飛行中の昆虫を餌とするので，その視覚は鋭く，飛行は巧みである．彼らの体形は，図4.2-4bおよび表3.2-1に見られたように，いずれも流線形で，翼端の尖った後退角のある細長い“三日月翼”(または“鎌型翼”)の主翼が特徴的である．この形は3.1.2で説明したように，高速の巡行飛行に向いている．さらにツバメ類および一部のアマツバメ類の尾翼は，切れ込みが大きく，二股に分かれている．

脚はともに短く，ハチドリ同様，図4.2-7aの統計値にみられるように，脚と足の質量 m_l の全質量 m に対する割合は極端に小さく，歩行は困

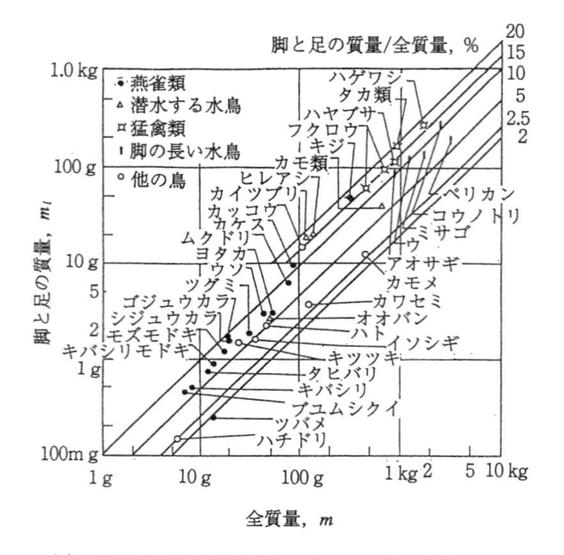

(a)　脚の質量と全質量（Hertel, 1966；東・吉良，1980）

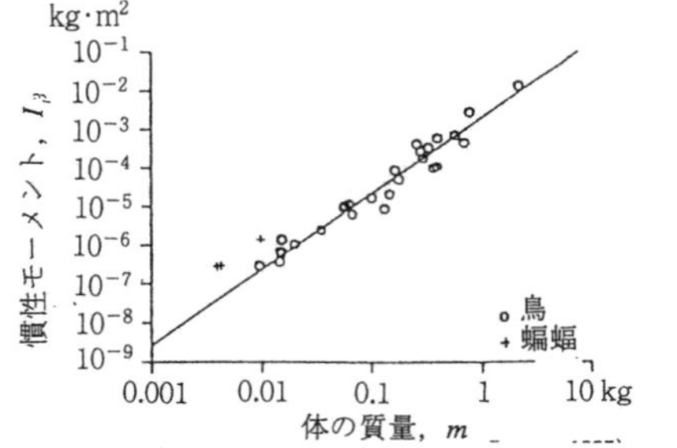

(b)　慣性モーメントと全質量（Berg & Rayner, 1995）

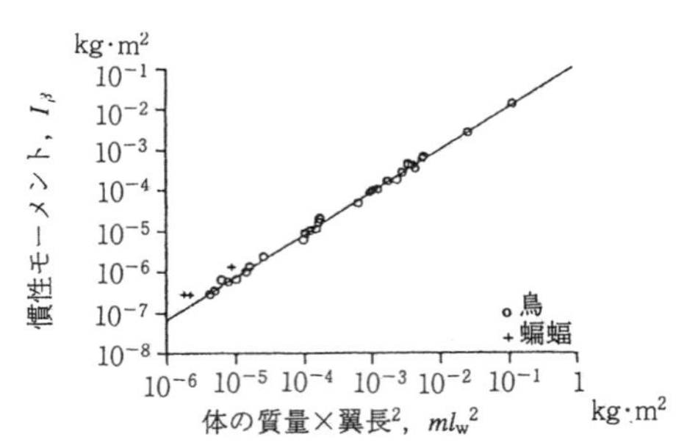

(c)　慣性モーメントと全質量×翼長^2*（Berg & Rayner, 1995）
*ここでいう翼長は手の長さ l_h でなく，肩の関節から翼端までの長さl_w

図 4.2-7　鳥の脚の質量と翼の慣性モーメント

難で，離着陸はある高さからの降下加速とそこへの上昇減速に頼る．またアマツバメ類は，ハリオアマツバメを除いて，足指が4本とも前へ向いているので，普通の鳥(3本が前で1本は後)のようには木の枝に止まれず，鋭い爪で岩にすがりつく．

空中プランクトンの密度の濃いところは天候に左右されるので，彼らは晴れたときには高く飛び，雨では低く飛ぶ．また季節により場所を変えるので，熱帯産の種を除いて，遠距離の渡りを敢行する．

普通の鳥が10～20 m/s の速度で飛行するのに対して，アマツバメ類は全動物中で最高の巡航速度(30～40 m/s)で飛行するといわれている．また渡りのときの飛行距離も長く，1日に数百 km の割合で，数千 km ～1万 km もの長旅をする．

やはり開けた空間を高速で餌を追尾するものに，すでに3.2.2に述べたハヤブサがいる．ただしこちらの餌は昆虫よりは小鳥なので，体はツバメ類よりは少し大型で，質量が数百 g から 2kg 程度までに及ぶ．図3.2-17に示されたように，ハヤブサは，他の陸上の猛禽類と異なり，翼端の尖った翼で，その翼面荷重は大きく，高速追尾時には三日月翼に近い平面形をとる．

羽ばたき周波数と大きさの上限

ホヴァリング時の重力 $W=mg$ に釣り合う推力 T_h が，翼の水平面内の羽ばたきによる翼の揚力 L_h によるものとすると，

$$\left.\begin{aligned} T_h = L_h = W = mg \propto m \\ = \rho\int_0^R (r\dot{\beta})^2 cC_l dr \propto R^3\bar{c}\omega^2 \end{aligned}\right\} \quad (4.2\text{-}30)$$

半径 R や平均翼弦 $\bar{c}$ が $m^{1/3}$ に比例するの(6.2.4参照)で，羽ばたきの周波数 $f=\omega/2\pi$ は結局，

$$f \propto m^{-1/6} \quad (4.2.\text{-}31)$$

つまり質量の1/6乗に逆比例するといえる．

巡航飛行では重力 W は固定翼としての揚力 L に釣り合うものとすると，

$$\left.\begin{aligned} L = W \propto m \\ = \frac{1}{2}\rho V^2 SC_L \propto m^{2/3}V^2 \end{aligned}\right\} \quad (4.2\text{-}32)$$

これから

$$V \propto m^{1/6} \quad (4.2\text{-}33)$$

中間の遷移飛行でも上の比例関係が成り立つものとすると，式(4.2-22)で与えられる必要パワ P_n の各成分(プロファイル・パワ，誘導パワ，およびパラサイト・パワ)はいずれも $m^{7/6}$ に比例する．

$$P_n \propto m^{7/6} = m^{1.17} \quad (4.2\text{-}34)$$

そこで，有効パワ P_a が質量 m に比例するにしろ，あるいは全パワ P_t 同様に $m^{0.734}$ に比例するにしろ，初め $P_a > P_n$ であっても大型化，つまり質量の増大につれて，やがて $P_a < P_n$ となってしまう．すなわち，飛行生物の質量には上限があることがわかる．

前節で述べたように，慣性力モーメント Q_I と弾性力モーメント Q_E の一致がなされていないときには，空気力の作る空気力モーメント Q_A に加えてその和 Q_I+Q_E に対しても筋肉は仕事をしないといけない．そのためには慣性モーメント I_β は強度の許す限り小さいことが望ましい．図4.2-7には鳥についての慣性モーメントの統計値も示されている．(b)は全質量 m に対して，そして(c)は質量 m に翼長 l_w の2乗を掛けたものに対するもので，後者のほうが近似直線に対する散らばりは少ない．なおここでの翼長 l_w は翼端から肩の関節までの距離である．

4.2.3 2点ヒンジの羽ばたき

鳥は巡航中，打ち上げ時の揚力不利を避けるために，図4.2-8aに示されるように，肩と手首の2点のヒンジ周りのフラッピング運動の位相をずらせて，手に相当する外翼部分を下に曲げた状態で打ち上げるという方式を採用している．図4.2-8b，cに示したその数学モデルでは，内翼のフラッピング角を β_1，そして外翼の内翼に対する追加のフラッピング角を β_2 としたとき，それらを第1次調和振動，

$$\left.\begin{aligned}\beta_1 &= \beta_{10}+\beta_{1c}\cos(\omega t)\\ \beta_2 &= \beta_{20}+\beta_{2c}\cos(\omega t-\phi_{12})\end{aligned}\right\} \quad (4.2\text{-}35)$$

で表したものである．上式の各係数の値は図中に

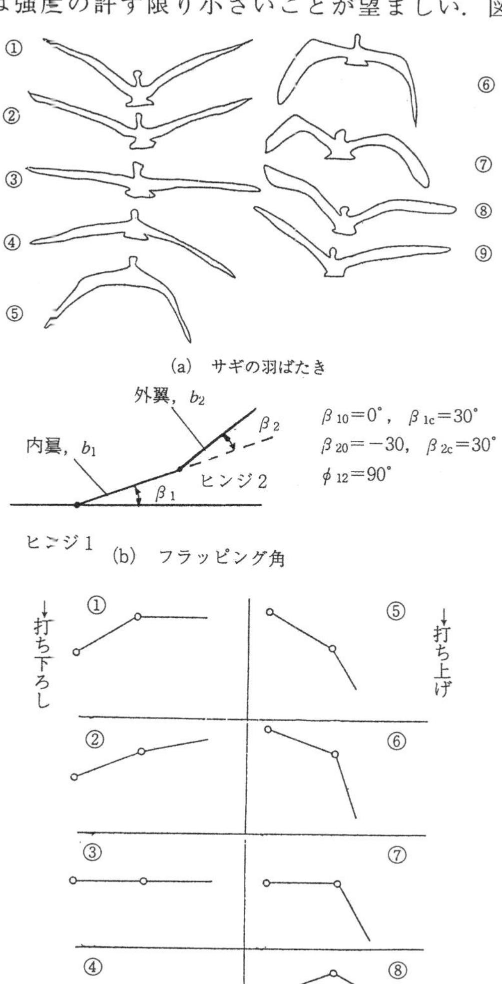

図4.2-8 2点ヒンジの鳥の羽ばたき（佐藤，1980）

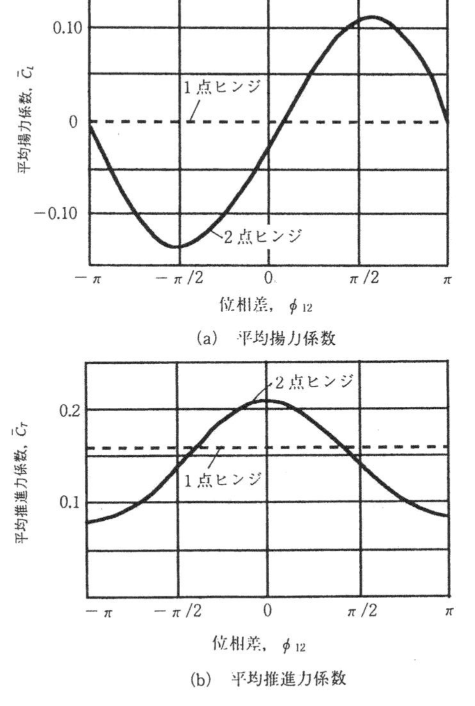

図4.2-9 1点ヒンジと2点ヒンジの平均揚力と平均推進力（佐藤，1980）
$A\!\!R=10$，$k=0.15$，$\beta_{10}=0°$，$\beta_{20}=-\pi/6$
$b_1/(b/2)=b_2/(b/2)=0.5$，$\beta_{1c}=\pi/6$，$\beta_{2c}=\pi/6$

示されている．

アスペクト比が$\mathcal{A}\!R=10$で，内翼の翼幅b_1と外翼の翼幅b_2とが等しい($b_1=b_2=b/2$)対称翼に，無次元周波数$k=0.15$のフラッピング運動のみを与えたとき，ヒンジ1個の翼(ヒンジ2が束縛されて，外翼が内翼とともに動く翼)とヒンジ2個の翼全体に働く1周期の平均揚力係数$\bar{C}_L=\bar{L}/(1/2)\rho U^2 S_w$と平均推進力係数$\bar{C}_T=\bar{T}/(1/2)\rho U^2 S_w$とが，位相$\phi_{12}$の変化に対してどう変わるかを示したのが図4.2-9である．平均揚力が正になるϕ_{12}は，外翼の位相がおくれる正のある範囲であり，また平均推進力がヒンジ1個の翼より大きい値になるのは，外翼が内翼に同期し，位相おくれが小さいときである．図4.2-10は，位相差を$\phi_{12}=90°$にしたときの(a)揚力係数と(b)推進力係数の時間変化を画いたものである．図か

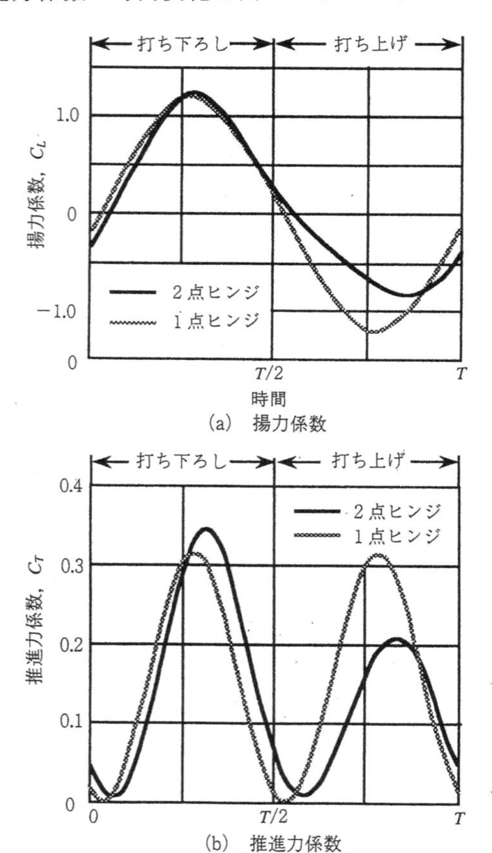

図4.2-10　揚力係数と推進力係数の時間変化（佐藤，1980）
$\mathcal{A}\!R=10$，$k=0.15$，$\beta_1=(\pi/6)\cos(\omega t)$，
$b_1/(b/2)=b_2/(b/2)=0.5$，
$\beta_2=-\pi/6+(\pi/6)\cos(\omega t-\pi/2)$，
$\phi_{12}=\pi/2$，$\theta_1=\theta_2=0$

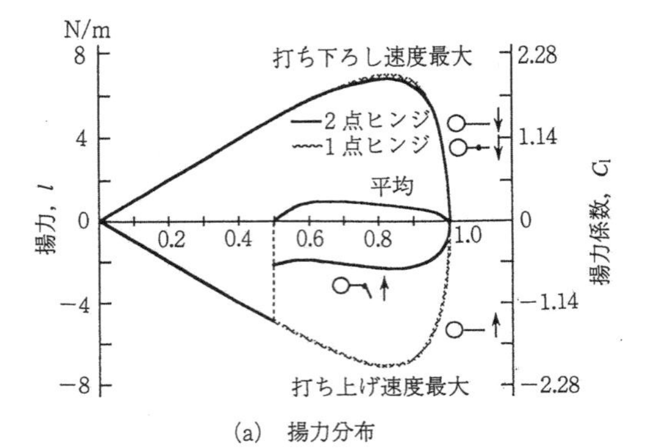

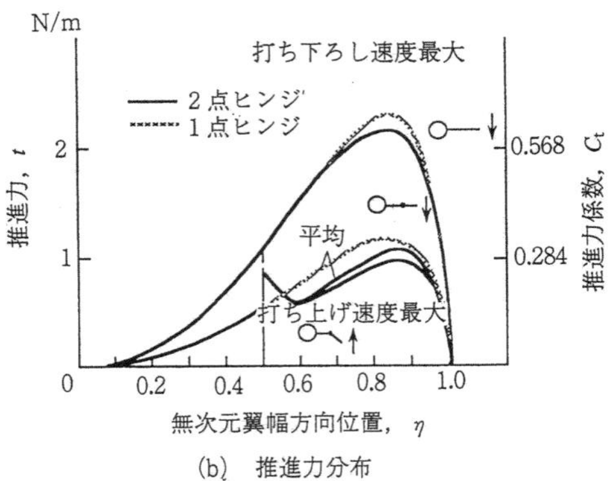

図4.2-11　揚力分布と推進力分布（佐藤，1980）
$S_w=0.100\ \mathrm{m}^2$，$V=7.5\ \mathrm{m/s}$，$f=3.58\ \mathrm{Hz}$，
その他は図4.2-10と同一条件．

ら，位相差を90°とし推進力を若干犠牲にしてやると，打ち上げ時の負の揚力がずっと小さくなることがわかる．巡航といっても飛行高度がまだ十分でなく，なお上昇を続けたいときには，このような飛行が要求されるに違いない．

図4.2-11は同じ翼の翼幅方向(無次元位値$\eta=y/(b/2)$)の(a)揚力分布$l(\eta)$と，(b)推進力分布$t(\eta)$との最大値と最小値および平均値の様子を示した．2点ヒンジのおかげで主として外翼で揚力分布の減少が改善されていること，そしてその割りには外翼の推力減少が意外に少ないことがわかる．

4.2.4　離　着　陸

一般に小型の鳥は有効パワに余裕があるので，ホヴァリング飛行が容易か，または多少の努力でそれができることから，垂直離着陸を行う．多少脚のばね力を利用して，ひょいと飛びはねてから翼を羽ばたく．ことに歩行の多い鳥は脚が丈夫なので，それが容易である．しかし，例えばツバメ

のようにめったに地上に降りることのない鳥は，平地からの離陸が困難のようである．大型の鳥でも，水鳥のあるものは脚が長くて，そのばね力を利用して走ることなく離陸ができる．

図 4.2-12 には，その代表例としてのいくつかを示した．(a) 跳躍離陸のサギは両脚同時のばね力が使われる．サギ類は嘴と脚が長い渉禽類で，長くて大きく広げられる足指は湿原での歩行を可能にするとともに，大きい翼面積すなわち小さい翼面荷重が走行しない離陸を助けている．

さらに，有効パワが低速時の必要パワより不足しているために，速度をつけなければ離陸できない歩行離陸の鳥の中には，(b) 交互に駆け出すフラミンゴの例と (c) 両脚同時に動かすペリカンの例とがある．前者の例は多くの鳥にみられるものである．特に風のないとき，一般に翼面荷重が大きい海鳥の離水は，離水速度が高いので大変である．例えばアホウドリやハシブトウミガラスなどは，水上を両足交互に動かして駆けながらはげしく羽ばたいて加速するのであるが，十分な離水速度がつくまで長い距離走らねばならない．また前者の陸上での離陸は島の斜面を風に向かっての降下走行となる．

ついでに飛行中の姿勢を述べると，サギ類やペリカンは長い首を折り曲げて飛行するが，フラミ

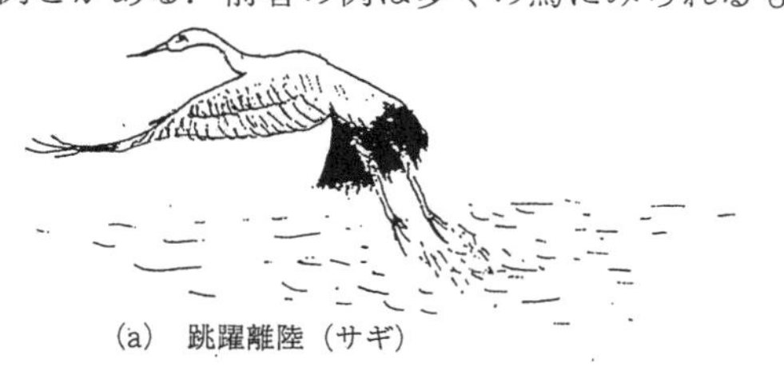

(a) 跳躍離陸（サギ）

(b) 両脚交互の走行離陸（フラミンゴ）

(c) 両脚同時の走行離陸（ペリカン）

(d) 重力利用の増速（コウノトリ）

図 4.2-12 鳥の離陸

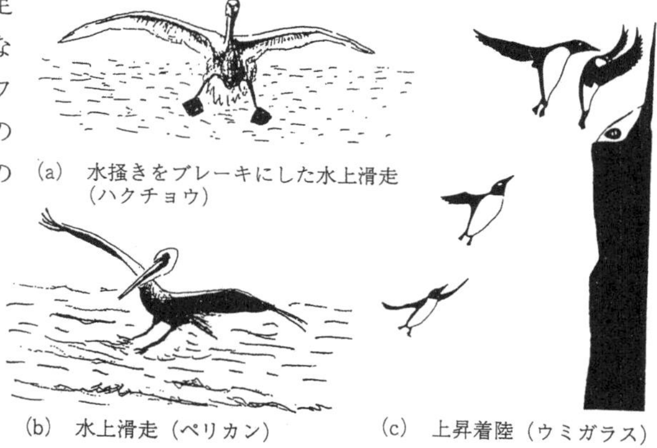

(a) 水掻きをブレーキにした水上滑走（ハクチョウ）

(b) 水上滑走（ペリカン）

(c) 上昇着陸（ウミガラス）

(d) 超低速着陸（コウノトリ）

(e) ミサゴの打ち上げ最終段階のフリック（岩合光昭氏のご好意による）矢印は相対風速の方向

図 4.2-13 鳥の着陸

ンゴは首も脚も長く前後に伸ばして飛行する．

さらに(d)には木の枝，崖，あるいは屋根などの高いところから飛び出して，速度不足でいったん降下し，重力で増速してから普通の飛行に移っていく鳥の例として，コウノトリがあげられている．以上のいずれにしても，風のあるときは向かい風を利用して対気速度を速めると，離陸は楽になる．

着陸についてのいくつかの例を図4.2-13に示した．水鳥の着水は滑走が可能なので，(a)ハクチョウや(b)ペリカンの例のように，水掻きの膜をいっぱいに広げて減速し，水上を滑る．陸上では滑ることがほとんど不可能なので，速度を殺すのに，低い高度からやってきて，最後に上昇しつつ重力を利用して減速をはかる，つまり運動エネルギを位置のエネルギに変えることで減速する鳥の例として，(c)ウミガラスを，また上昇はしないが，十分抗力を増して速度を殺し，ほとんどホヴァリングに近い超低速の状態で着陸し，衝撃は脚で吸収する鳥の例として(d)コウノトリを示した．小鳥だと，一時的にせよホヴァリングができるので，ほとんどが垂直離着陸を行う．

常に風を利用しないことには離着陸の困難な鳥の例では，前述のアホウドリの風の弱いときの着陸で，気の毒というよりは滑稽にも，すべての個体が速度を殺し切れずに転倒し，“顔面制動”をする．なお興味があるのは，速度を殺すとき，アスペクト比の大きい翼では，失速特性がよくないので，翼にはげしいフェザリング運動を与えて，3.1.3に述べたような“動的失速”を利用し揚力係数を高める．カツオドリも低速飛行で，同じように動的失速を利用する．

上述のウミガラスや，ほかにウミスズメやツノメドリといったウミスズメ類は，北半球の海岸の天敵の近寄り難い崖のコロニーに，密度高く棲む小型から中型の海鳥である．彼らは，すでに図3.2-14に示されたように，翼面荷重が大きく，したがって飛行速度は速い．しかしこのため低速飛行が難しく，そこで離陸では崖から降下加速し，着陸では崖に向かって上昇減速するのである．水中で餌の魚を追うときは翼幅を縮めた翼の羽ばたきに頼る．

ミサゴ類は質量が1～2 kgの中型の水辺に棲む猛禽類で，両翼を畳んでの急降下で水中の魚を取るさまは精悍である．図4.2-13eは樹上への着陸直前の羽ばたきによる停止動作を示したものである．“フリック”と呼ばれる翼の打ち上げ時の素早い動きで，初列風切り羽には背側から風が入り，このため個々の羽がひっくり返って上からの流れが翼端近くを抜けていき，上向きの揚力が発生して体の降下をおさえているのである．

4.2.5　省エネルギ飛行

編隊飛行

中～大型の羽ばたき飛行を主とする，例えばハクチョウ，ガン，カモといった種類の水鳥は，図4.2-14に示されるように，ときに編隊を組んで飛ぶ“編隊飛行”を行う．編隊は通常斜め後方に並ぶ傘型(Λ型)が多い．揚力を出して飛行する翼は，飛行機のような固定翼，ヘリコプタのような回転翼，あるいは鳥のような羽ばたき翼でも，図4.2-15に示すように，翼の真後ろの後流以外の

図4.2-14　ハクチョウの編隊飛行（竹田津　実氏のご好意による）

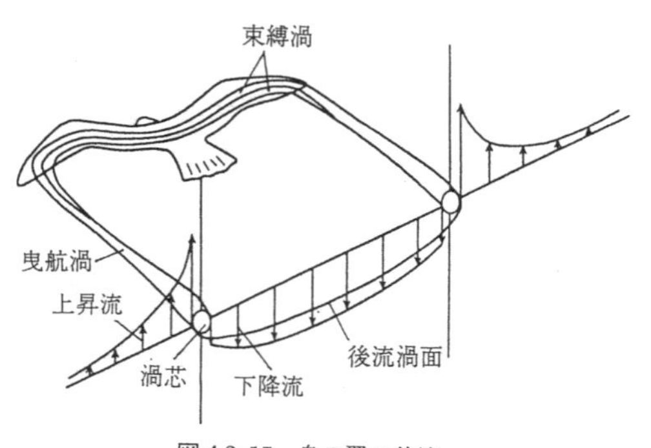

図4.2-15　鳥の翼の後流

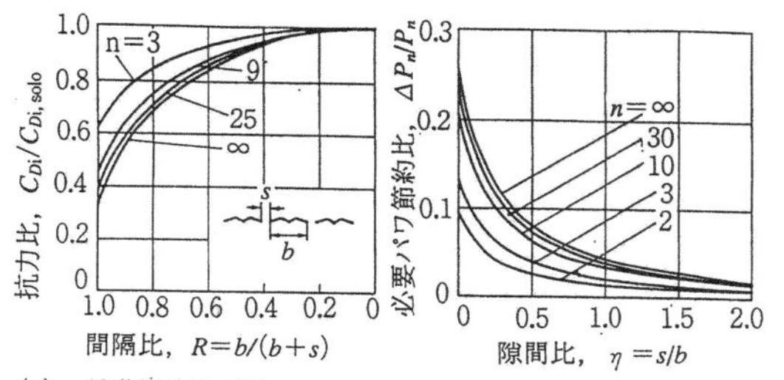

(a) 誘導抵抗比（Lissaman & Shollenberger, 1970） (b) パワ節約比（Hummel, 1978）

図 4.2-16 編隊飛行の利点
n：鳥の数，揚力分布は楕円.

外側に，吹き上げ域があるので，傘型の隊形をとると，後ろの鳥は吹き上げ域の中で飛行でき，ちょうど上昇気流中の飛行となって，羽ばたきが楽になるのである.

図 4.2-16 には，単独飛行の場合と比べてどの程度の省エネルギになるかを，揚力が楕円分布の場合について計算された例を (a) 誘導抵抗の比 ($C_{D_i}/C_{D_{i,solo}}$) と (b) 必要パワ節約の程度 $\Delta P_n/P_n$ とで示す．傘型の後退角の大小，つまり互いの前後差は多少変っても良いが，左右と上下の間は重要で，翼端の左右と上下の間隔が互いに離れていないのがいちばんよい.

ところで，なぜ編隊飛行が大型または中型の水鳥に限られているのか．すでに説明したように，羽ばたき飛行は，質量が大きくなるほど，必要パワに対して利用可能の有効パワに余裕がなくなってくるので，何らかの省エネルギ飛行が要求される．大型陸鳥は上昇気流利用の滑空飛行が主となるので，編隊を組むのはむしろ難しい．小型の鳥や昆虫はもともとパワに余裕があるうえに，吹き上げを利用できる範囲が小さく，効果が少ない.

ハクチョウ，ガン，カモといった種類は，大型または中型の水辺や湿地の水鳥で，南極大陸以外のすべての大陸や大きな島に棲み，多種の動植物を餌とし，渡りをするものが多い．いずれも脚は比較的短く，水掻きのある足のパドリングにより，水上をたくみに泳ぐ．水面を使っての離水の後，しばらくは後述の地面効果を利用しての加速から編隊を組んで上昇に移る．飛行能力に優れていて，いくつかの種は数千 km にも及ぶ渡りをする.

すでに 1.3.2 の図 1.3-9b で示されたように，高度が高くなると空気の密度が減少する．飛行高度を上げることで密度に比例する必要パワが減少するので，もし高度が高くても 4.1.3 で述べた仕組みで十分な有効パワが得られるのなら，高空での巡航が省エネルギ飛行になる．図 4.2-17 にいくつかの鳥の飛行高度を示した.

飛ぶ鳥の中でいちばん背の高いツル類は，開けた湿原や草原，あるいは農耕地に棲み，雑食性である．泳ぐことはないので，足に水かきはない．飛行中の羽ばたきでは，空気力のために打ち下ろしはゆっくりで，打ち上げが速いことが目立って特徴的である.

アネハヅルはヒマラヤを越える渡りをする．時期がくると彼らは麓（ふもと）の平原に集まって体力を貯え，やがてそれぞれの個体が上昇気流に乗って高

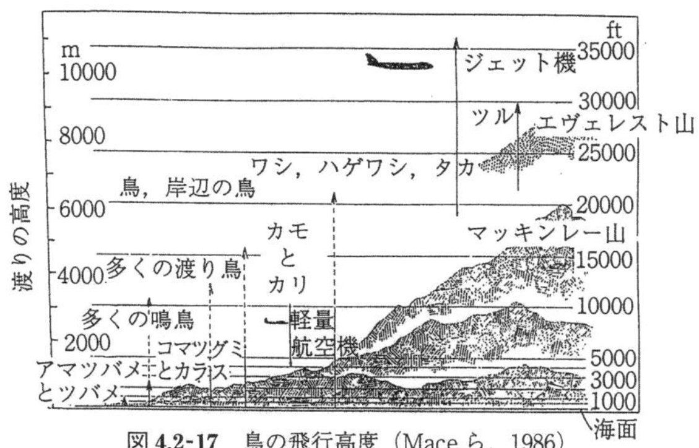

図 4.2-17 鳥の飛行高度（Mace ら，1986）

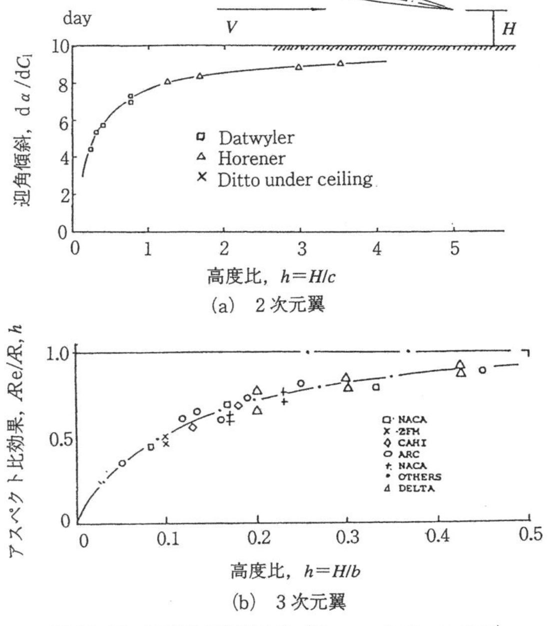

(a) 2 次元翼

(b) 3 次元翼

図 4.2-18 固定翼の地面効果（Hoerner & Borst, 1975）

図 4.2-19　水面真上を飛ぶオオハクチョウ（Mark Brazil, 科学朝日, Nov. 1993）

度を上げる．上空で編隊を組んでから，7000 m 以上の高度でヒマラヤ連峰を越えていく．なお詳しくは 7.5.4 に再度言及する．

地面効果

翼が前進しつつ地面または水面に近づくと，図 4.2-18 に示されるように，(a) 2 次元翼では，揚力の増しに対する度で表した迎角の増分 $d\alpha/dC_l$ が小さくなり，(b) 3 次元翼では有効アスペクト比 $A\!\!\!R_e$ が増え，したがって $A\!\!\!R_{e,h}/A\!\!\!R_e$ は増大する．これを“地面効果”と呼び，地面効果内のそれはすでに式（3.1-21）または図 3.1-14 で与えられている．図 4.2-18b ではその逆数 $A\!\!\!R_e/A\!\!\!R_{e,h}$ が示されている．

羽ばたき翼もある速さ，例えば巡航速度以上の前進速度で飛べば，これらの結果が近似的に利用できる．高度 h が翼幅 b の 10% 程度に近づくと（$h/b=0.1$），有効アスペクト比は 2 倍近く大きくなること（$A\!\!\!R_{e,h}/A\!\!\!R_e=2.0$）がわかる．

図 4.2-19 には，オオハクチョウが水面直上を飛行している様子が示されている．おだやかな水面が鏡面として，逆さに飛ぶ鳥の影を写している．3.1.2 で説明されたように，実際の鳥（実像）が吹き下ろす誘導流は水面に当たって後方に向かうが，その様子は，ちょうど影の鳥（鏡像）の吹き上げる誘導流と実際の鳥の吹き下ろす誘導流とがぶつかりあって，流れが水面を突き抜けないことに相当する．つまり水面の境界条件は，実像と鏡像の両方の鳥の誘導流を加算することで満足されるので，実際の鳥は，自身の鏡像の作る吹き上げ流（上昇流）の中を飛ぶことになり，羽ばたき

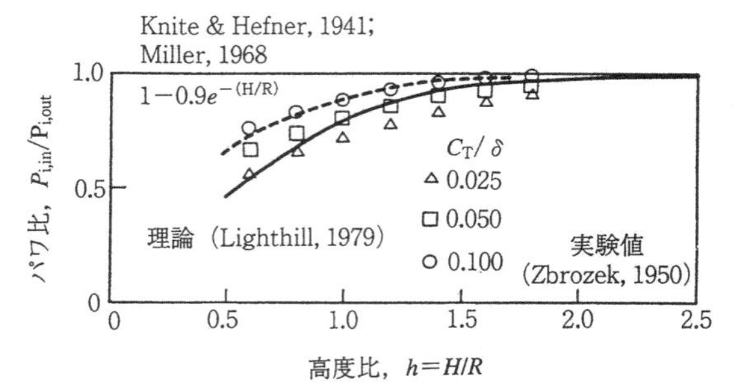

図 4.2-20　ホヴァリング時の回転翼の地面効果

のパワは，地面効果として，少なくしうるのである．

図 4.2-20 は，ホヴァリング時には羽ばたき翼とよく似た作動をする回転翼が，地面に近づき“地面効果内”にあるとき（下指標 in）に，誘導パワ P_i がいかに減少するかを，“地面効果外”（下指標 out）の値との比，$P_{i,in}/P_{i,out}$ で表したものである．高度 H を回転翼の半径 R との比，したがって翼幅 b の半分との比 $h=H/R=H/(b/2)$ が 0.5 になるくらいに地面に近づくと，誘導パワは理論的には約半分に，実験的にも 70% 前後に減ることが示されている．

ペリカン類（3.2.2）の仲間のウ類は，海岸や内陸の水系域に棲息し，餌の魚を水掻きの張られた 4 本の指のある足（全蹼足）のパドリング（5.1.2）と，一部は半開きの翼の羽ばたき（5.4.3）により追尾捕獲する．ペリカンほどではないが，咽喉嚢が発達していて，ギザギザのある嘴で捕えた魚を収容することができる．このためウミウが鵜飼（うかい）（ウを使った漁法）に利用される．

ウミウは海上での移動では，ほとんどを超低空

で飛び，地面効果を利用した省エネルギ飛行を行う．

間欠的羽ばたき

一般に小鳥は，翼の大部分が，人間でいうと手から成り立っており，上腕・下腕部分がきわめて小さいので，中型や大型の鳥のようには，翼幅を変えたり，翼面積を変えたりすることが困難である．したがって飛行モードの変化，例えば速度を変えたり，上昇飛行に移ったりする場合に，そのモードにふさわしい翼の平面形に変換することが容易でない．

小鳥には天敵が多い．スズメを例にとろう．スズメは人里に近い森林や村落，さらには市街地にも集合して棲み，雑草の種子や穀類あるいは残飯などを餌にする．日本のスズメは米作農業に強く依存して生きてきた．アメリカのスズメがハトのように人に慣れているのに対して，日本のスズメは常に人や家蓄によって追われるという生活をしてきた．このためかどうか，彼らの飛行は遠距離を飛ぶ巡航飛行ではなく，地上の餌を漁り，何かにおびえていっせいに飛び立ち，安全とみると舞い降りるという，つまり離陸の急上昇と着陸の急降下が主である．

そこで，当然のこととして，飛行のための翼も，それを動かす筋肉も，そのような飛行に適した構造とパワ供給能力となっているようである．急上昇に向いた翼を精一杯羽ばたく飛行は，水平飛行には経済的ではなく，その調節は，腕の短い，手首から先を主とする翼の構造では容易でない．そこで，図 4.2-21 に示されるように，羽ばたき飛行とそれを休止する飛行とを交互に行う間欠的羽ばたき飛行（“バウンディング飛行”）を行う．

図を参照して，1 周期の時間を T，その中の rT を羽ばたき飛行，そして $(1-r)T$ を休止飛行とすると，このような間欠的羽ばたき飛行で消費

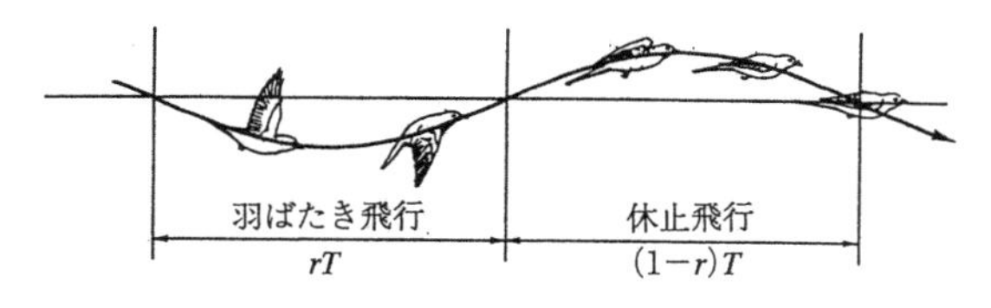

図 4.2-21　間欠的羽ばたき

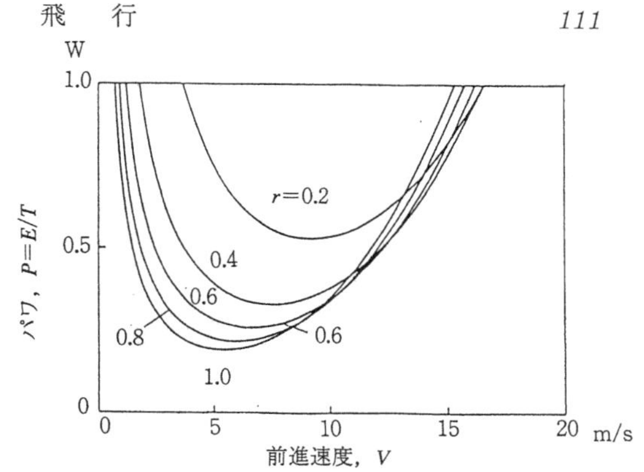

図 4.2-22　スズメのバンディング飛行時の必要パワ (Azuma, 1992b)

する単位時間当たりのエネルギ $P_n=E_r/T$ は，式 (4.2-22b) を参照して

$$\left.\begin{aligned} P_n &= E_r/T \\ &= \frac{1}{2}\rho V^3 S_w (f/S_w + r\delta) + \frac{1}{2}\sigma_2 \rho V V_t^2 S_w \delta r \\ &\quad + (1/r)\{2W(W/S_w)/\rho\pi A\!\!\!/R_e\}\{1 \\ &\quad + (C_D/C_L)\} \end{aligned}\right\} \tag{4.2-36}$$

となる．ここに V_t は翼の先端速度で，次式で与えられるものである．

$$V_t = R\beta_c\omega \tag{4.2-37}$$

重心の上下速度 $w(t)$ は，図 4.2-21 の山型と谷型のつなぎ目で一致していることから，次式で与えられる．

$$\left.\begin{aligned} w(t) &= \frac{1}{2}gT(r-1) + \{(1-r)/r\}gt \\ &\quad : 0<t<rT \\ &= \frac{1}{2}gT(1+r) - gt : rT<t<T \end{aligned}\right\} \tag{4.2-38}$$

また羽ばたき飛行時の荷重倍数 n は，$\dot{w}=(n-1)g$ から

$$n = 1/r \tag{4.2-39}$$

となる．スズメの計算例を図 4.2-22 に示した．

以上の解析および図から一般に次のことがわかる：(i) 最小パワもそれを達成する飛行速度も羽ばたきの時間の割合 r が小さくなると大きくなってしまう．(ii) 巡航速度 $V_{r,(P/V)_{\min}}$（原点からパワ曲線に引いた接線の接点）とそのときの必要パワも r の減少とともに増大する．しかし (iii) それより速度の大きい飛行では間欠羽ばたきの休止率 $(1-r)$ を大きくしていったほうが，r の大きい飛

行よりかえって省エネルギとなる．巡航時の飛行速度は平均して10 m/s 前後であろう．

単位距離進むのに要するエネルギを，間欠羽ばたき($r<1$)と，連続羽ばたき($r=1$)とで比較すると，次のようになる(Azuma，1992b)：

$$\left.\begin{aligned}\frac{E_r/V_r-E_1/V_1}{T}&=\frac{1}{2}\rho S_w V_1^2\left[\frac{f}{S_w}\left\{\sqrt{\frac{C_{D_0}}{(f/S_w+\delta r)_r}}-1\right\}\right.\\&\left.+\delta\left\{r\sqrt{\frac{C_{D_0}}{(f/S_w+\delta r)r}}-1\right\}\right]\\&-\frac{1}{2}\sigma_2\rho S_w V_t^2\delta(1-r)+\left\{\frac{2W(W/S)}{\rho\pi\mathit{A\!\!R}_e}\right\}\\&\{1+(C_D/C_L)\}\left\{\frac{1}{r}\sqrt{\frac{(f/S_w+\delta r)r}{C_{D_0}}}-1\right\}/V_1^2\end{aligned}\right\}\qquad(4.2\text{-}40)$$

ここに

$$V_1=V_{(L/D)\max}=\sqrt{W/\rho S_w}\{4(1+C_L/C_D)/\pi\mathit{A\!\!R}_e C_{D_0}\}^{1/4}\qquad(4.2\text{-}41)$$

また，$E_1=E_r(r=1)$である．通常rが小さいほど高速域を除いてエネルギ差は正で大きくなる(Azuma，1992b)．間欠羽ばたきと連続羽ばたきとのエネルギ差の少ない鳥すなわち水平飛行で間欠羽ばたきに頼る鳥(Rayner，1985b)は，どんな形状および飛び方をしているかというと，(i)翼の抵抗面積$S_w\delta$が大きく，胴体の抵抗面積fは小さく，(ii)翼弦が翼端で大きく，すなわちσ_2が大きく，(iii)羽ばたきがはげしく，その先端速度$R\beta_c\omega$が大きく，そして，(iv)小さい翼幅荷重$W(W/S_w)/\rho\pi\mathit{A\!\!R}_e E_e=(W/b)^2/\rho\pi$である．

ほかに間欠的羽ばたきでめだつ鳥にオナガやセキレイの仲間がいる．セキレイ類は世界中の開けた土地の川辺に棲み，市街地にも入り込んでいる．主として昆虫類を餌とし，地上では始終尾を上下に振って両足同時のホッピングで走り回りながら餌をついばむ．

季節風の利用

省エネルギの飛行に当たって，何といっても大切なのは，風の利用と，高度の選定である．多くの鳥や昆虫が渡りに当たって季節風を利用していることは，よく知られている．飛行高度の選定は，そこにおける風の利用とともに必要パワと供給パワのバランスを考えて行う必要がある．より詳しくは後述の7.5.4参照．

4.2.6　ばねの効果

鳥や昆虫の羽ばたき機構の中に，ばねを採り入れるとどうなるかを力学的に見てみよう．簡単のために，ホヴァリング飛行の羽ばたきを考えてみる．

ストローク面内の翼または翅に相当するブレードの位置を示すアジマス角ψが正弦波で与えられると

$$\left.\begin{aligned}\psi&=\psi_s\sin(\omega t)\\\dot{\psi}&=\psi_s\omega\cos(\omega t)=\Omega\\\ddot{\psi}&=-\psi_s\omega^2\sin(\omega t)=\dot{\Omega}\end{aligned}\right\}\qquad(4.2\text{-}42)$$

ヒンジ回りのトルクQは，角加速度$\dot{\Omega}$による慣性力の作るトルク$I\dot{\Omega}$，ヒンジに備えた係数kのばねによるトルク$k\psi$，および空気力の作るトルクQ_Aの和として次式で与えられる．

$$Q=I\dot{\Omega}+k\psi+Q_A\qquad(4.2\text{-}43)$$

ここにQ_Aは，図4.1-5を参照して，揚力l，抗力d，ブレードピッチ角θおよび吹き下ろし速度vによる空気力の倒れ$\phi=v/r\Omega$を考えて，

$$\left.\begin{aligned}Q_A&=\int_0^R(l\phi+d)r\,dr\\&=\frac{1}{2}\rho\int_0^R c\{a(\theta Uv-v^2)+\delta U^2\}r\,dr\end{aligned}\right\}\qquad(4.2\text{-}44)$$

ここにUは半径r点にある翼素の相対速度で，これも簡単のために

$$U=\sqrt{(r\Omega)^2+v^2}\cong r\Omega\qquad(4.2\text{-}45)$$

で近似できるものとする．また翼弦c，吹き下ろし速度v，ピッチ角θ，揚力傾斜aおよび抗力係数δを一定と仮定すると，Q_Aは

$$Q_A=\frac{1}{2}\rho cR^2\left\{\frac{1}{4}\delta(R\Omega)^2+\frac{1}{3}a\theta v(R\Omega)-\frac{1}{2}av^2\right\}\qquad(4.2\text{-}46)$$

となる．

筋肉の必要とする片翼のパワ$(1/2)P$は，トルクの正負にかかわらずΩの角速度を保持するものとすると$(1/2)P=|Q|\Omega$で与えられるので，1周期の平均値$\bar{P}$は

$$\begin{aligned}\frac{1}{2}\bar{P}&=2(\omega/\pi)\int_{-\pi/2\omega}^{+\pi/2\omega}|Q|\Omega\,dt\\&=\frac{2}{\pi}\int_{-\pi/2}^{\pi/2}|Q|\psi_s\omega\cos\psi\,d\psi\end{aligned}\qquad(4.2\text{-}47)$$

式(4.2-43)および(4.2-46)を代入すると，

$$\left.\begin{aligned}\frac{1}{2}\bar{P} = \frac{2}{\pi}\int_{-\pi/2}^{\pi/2}&\Big|\phi_s(-I\omega^2+k)\sin\phi \\ &+\frac{1}{2}\rho cR^3\Big\{\frac{1}{4}\delta R^2\phi_s^2\omega^2\cos^2\phi \\ &+\frac{1}{3}a\theta vR\phi_s\omega\cos\phi-\frac{1}{2}av^2\Big\}\Big| \\ &\phi_s\omega\cos\phi d\phi\end{aligned}\right\} \quad (4.2\text{-}48)$$

上式の右辺の絶対値| |内の符号は，ϕ の変化とともに変わる．ちょうど| |の値が0になるときのアジマス角 ϕ^* は

$$A\sin\phi^*+B\cos^2\phi^*+C\cos\phi^*-D=0 \quad (4.2\text{-}49)$$

の解として与えられる．ここに

$$\left.\begin{aligned}A &= \phi_s(-I\omega^2+k) \\ B &= \frac{1}{8}\rho cR^4\delta\phi_s^2\omega^2 \\ C &= \frac{1}{6}\rho cR^3a\theta v\phi_s\omega \\ D &= \frac{1}{2}av^2\cong 0\ (\text{前記仮定の範囲内で})\end{aligned}\right\} \quad (4.2\text{-}50)$$

A が正のとき，すなわちばねが強く $k>I\omega^2$ のとき，ϕ^* は $-\pi/2<\phi^*<0$ の範囲にあり，それ以下の ϕ で| |内は負，また A が負のとき，すなわちばねが弱く $k<I\omega^2$ のとき，ϕ^* は $0<\phi^*<\pi/2$ の範囲にあり，それ以上の ϕ で| |内は負，さらにちょうど $A=0$ で同調（“ロック・イン”）しているとき，すなわち $k=I\omega^2$ または $\omega=\sqrt{k/I}$ のとき，ϕ^* は $\pm\pi/2$ となる．したがって式(4.2-48)の積分は

$$\int_{-\pi/2}^{\pi/2}d\phi = \int_{-\pi/2}^{\phi^*}d\phi+\int_{\phi^*}^{\pi/2}d\phi$$

と2つの領域に分けられて，

$$\left.\begin{aligned}\frac{1}{2}\bar{P} &= \frac{2}{\pi}\int_{-\pi/2}^{\pi/2}|Q|\phi_s\omega\cos\phi d\phi \\ &= \frac{2}{\pi}\Big[\int_{-\pi/2}^{\phi^*}\mp\{A\sin\phi+B\cos^2\phi \\ &\quad +C\cos\phi\}\phi_s\omega\cos\phi d\phi \\ &\quad +\int_{\phi^*}^{\pi/2}\pm\{A\sin\phi+B\cos^2\phi \\ &\quad +C\cos\phi\}\phi_s\omega\cos\phi d\phi\Big]\end{aligned}\right\} \quad (4.2\text{-}51)$$

符号 $\mp$ は $A>0$ のとき上の符号を，$A<0$ のとき下の符号を使うことを意味する．実際に積分を実行すると，

$$\begin{aligned}\frac{1}{2}\bar{P} = \pm\frac{1}{\pi}\Big\{&A(1+\cos2\phi^*)-B(3\sin\phi^* \\ &+\frac{1}{3}\sin3\phi^*)-C(2\phi^*+\sin2\phi^*)\Big\}\phi_s\omega\end{aligned} \quad (4.5\text{-}52)$$

となる．符号 $\pm$ は $A>0$ で $+$ を，また $A<0$ で $-$ をとることを意味する．

前述したように，同調しているときは，A＝0となり，平均パワは

$$\left.\begin{aligned}\bar{P} &= \frac{2}{\pi}\Big\{\frac{2}{3}B+C\pi\Big\}\phi_s\omega \\ &= \frac{1}{6}\rho c\{R^4\delta(\phi_s\omega)^3/\pi+2R^3a\theta v(\phi_s\omega)^2\} \\ &= \rho cR^4\omega^3\Big\{\frac{1}{6}\delta\phi_s^3+\frac{1}{3}a\theta\phi_s^2\Big(\frac{v}{R\omega}\Big)\Big\} \\ &= \rho cR^4\omega^3C_p\end{aligned}\right\} \quad (4.5\text{-}53)$$

となる．上式の右辺第1項はプロファイル・パワであり，また第2項は誘導パワである．$A\neq 0$ では空気力との関係で値が異なる ϕ^* に左右される．

4.3　蝙蝠と翼竜の飛行

多数の羽根の重ね合わせでできあがっている鳥の“羽根翼”と異なり，鳥以外の羽ばたき飛行生物の翼，例えば蝙蝠（こうもり）や翼竜（よくりゅう）の翼，あるいは次節で述べる昆虫の翅などは，1枚の“飛膜”でできている“膜翼”である．羽根でできあがっている翼では，羽根が互いに滑り合って重なり具合が変化し，翼の形状すなわち翼面積が変化するが，骨や繊維で補強された膜翼でも，弾力性があるので，可撓性に富み，やはりある程度の形状変更に対応できる．

蝙蝠の翼も翼竜の翼も，いずれも内翼は上腕や下腕および脚の骨で支えられ，外翼は指骨で保持されている．膜は後縁に走る強い弾性繊維の張力で引っ張られ，空気力と釣り合った翼面形状を形成し，帆船の帆に似て翼端に向かうほど捩れた形をとるが，その傾向は小骨（“リブ”）の入る蝙蝠に比べて，それの入らない翼竜ほど強い．すでに図3.2-14aに，鳥と共に蝙蝠と翼竜の翼のアスペクト比と翼面荷重との関係が示されている．

(a)　オオコウモリ（*Pteropus*）（栗林慧氏のご好意による）

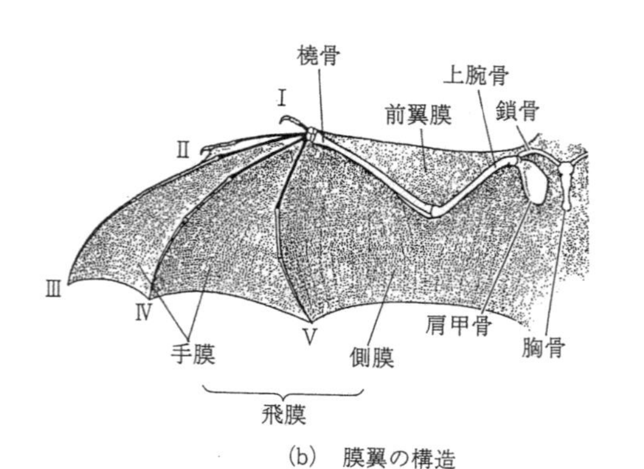

(b)　膜翼の構造

図 4.3-1　蝙　蝠

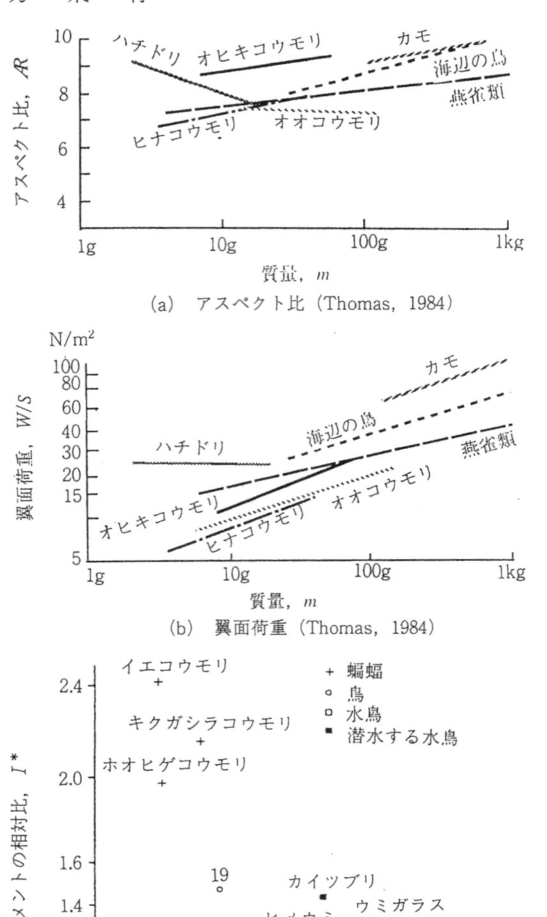

(a)　アスペクト比（Thomas，1984）

(b)　翼面荷重（Thomas，1984）

(c)　慣性モーメントの相対比（Burg &Rayner，1995）

1:アオサギ，2:ハイタカ，3:ノスリ，4:アカアシイワシャコ，5:ウズラ，6:ヤマシギ，7:カワラバト，8:モリフクロウ，9:アオゲラ，10:アカゲラ，11:イワツバメ，12:コマドリ，13:クロウタドリ，14:ウタツグミ，15:ヒガラ，16:アオガラ，17:ズアオアトリ，18:キンカチョウ，19:ハタオリドリ，20:ホシムクドリ，21:ミヤマガラス．

図 4.3-2　蝙蝠の翼のアスペクト比，翼面荷重および慣性モーメント

4.3.1　蝙　　蝠

蝙蝠は鳥を除いて持続的な飛行能力をもつ唯一の脊椎動物である．極地や高山を除き，あらゆる陸地に入り込んで棲息している哺乳類である．多くは猛禽類を避けて夜間だけ活動する．このため日中活動する鳥が視覚に頼るのに対してコウモリはオオコウモリ類のような日中活動するものを別として，主として聴覚に頼る．

コウモリ類は大翼手類と小翼手類に分かれ，前者はオオコウモリ類がそうで，翼幅 2 m，体の質量 1.5 kg の最大種を含む．後者は最小の哺乳類でまた最小のコウモリでもあるキティブタハナコウモリという翼幅 15 cm，質量わずかに 1.5 g から，チスイコウモリモドキという翼幅 1 m で質量 200 g の大きさのものまでを含む．

図 4.3-1 に示されるように，翼は短い上腕骨と長目の橈骨，それにきわめて長く伸びた 5 本の指骨を支えに，正に蝙蝠傘のように，膜が貼られて，部分的に尖った翼端にはなっているが，ほぼ矩形の平面形である．後述の翼竜と違って，指骨の第Ⅲ～Ⅳ指は膜を支えるリブとなり，この矩形を保持している．指骨の第Ⅰ指は翼のつけ根前縁部の“前翼膜”を保持し，さらに爪の発達した種では，それで歩行の役にも立っている．

図 4.3-2 に，コウモリの (a) アスペクト比と (b) 翼面荷重とを，同程度の大きさの他の飛行生

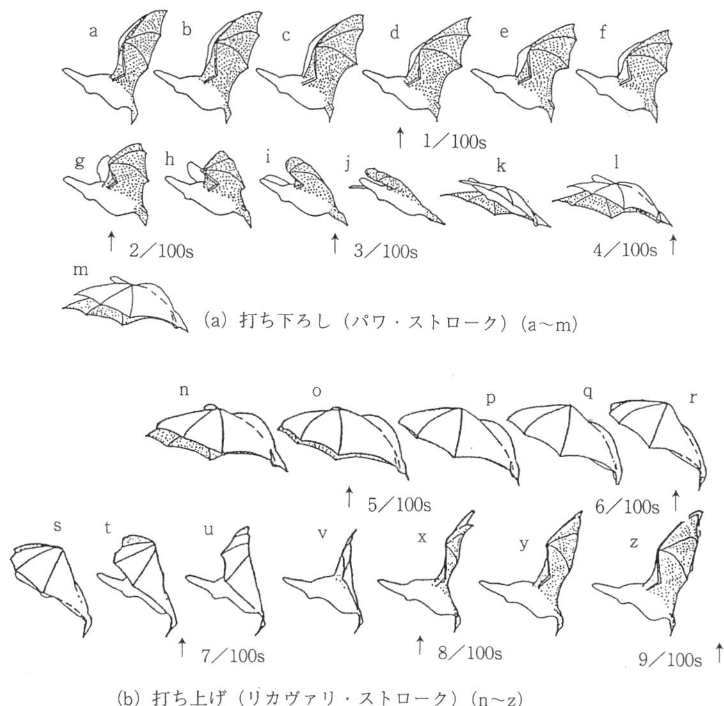

図 4.3-3 ホヴァリング飛行時のウサギコウモリの翼の動き（Norberg, 1976 b）

物と比べて示した．すでに図 3.2-14a に関連して述べたように，アスペクト比は，特に他の生物と比べて異なってはいないが，翼面荷重 W/S_w は，他の生物に比べて明らかに小さい値をもつ．この値は後述の翼竜および昆虫に近い値で，果物を餌とするオオコウモリを除いて，昆虫を餌とする食虫コウモリが，昆虫と同じような小さい旋回半径を必要とするからであろう．飛行速度は巡航時(最大揚抗比のとき)で十数 m/s 程度，そして最小沈下率は 0.5 m/s をちょっと越す程度であろうか．

図 4.3-2 には次式で定義される鳥と蝙蝠の翼の慣性モーメントの相対値 I^*

$$I^* = I_\beta / A(m_w l_w^2)^B \qquad (4.3\text{-}1)$$

が示されている．ここに A と B は鳥の統計値から求まる定数で，したがってこの I^* は個々の生物の翼の慣性モーメントに対する鳥の平均値との比であるといえる(Berg & Rayner，1995)．鳥のそれらが質量のいかんにかかわらず 1 に近い値であるのに対し，蝙蝠のそれが 2 以上であるのは，後者の翼が，鳥に対して，相対的に慣性モーメントが大きいことを意味する．

キクガシラコウモリは飛行が巧みで，ホヴァリング飛行を含む低速飛行(10m/s 以下)を行う．またオオコウモリ類のある種，例えばツームコウモリの仲間は，滑空飛行をすることが知られている(Siefer & Kriner，1991)．

鳥の羽ばたき飛行同様に，蝙蝠の飛行も多くの研究が行われている(Eisentraut，1936; Norberg，1976a, b; Altenbach，1979; Aldridge，1986，1987a, b，1988)．一般的にいえることは，(i) 図 4.3-1 からもわかるように，内翼の飛膜(“側膜”と“尾膜”)の後縁は脚に連結されて動かされるので，翼型のキャンバが脚の動きである程度変えられること，つまり飛行制御に使われること，(ii) ストローク面が後上方から前下方に打ち下ろされる斜め前向きであること，(iii) 羽ばたきは 2 点ヒンジ(手首と肩)を使って巧みに行われることである．なお，尾膜は，オオコウモリにはないが，尾とともにそれを捕虫用具として使うこともある．

図 4.3-3 にホヴァリング飛行中のウサギコウモ

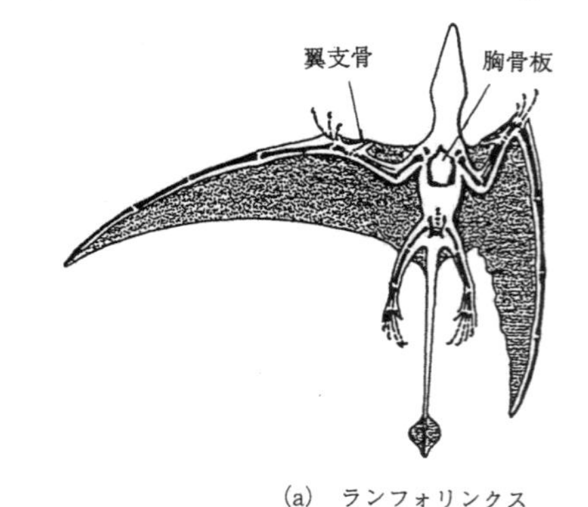

(a)　ランフォリンクス

(b)　テロダクタルス

図 4.3-4　翼竜の平面形

りの翼の動きを示した(Norberg, 1976b). すでに図 4.2-1 に示された鳥のシジュウカラの例に似ていて，パワ・ストロークとリカヴァリ・ストロークの違いが判然としている上に，(a)の打ち下ろしでは脚の動きが加わってキャンバが変えられ，振りが大きいこと，そして(b)の打ち上げでは外翼が折られたまま，翼が上げられていき，後半で翼が大きく振られて不利な空気力を避けている様子がわかる.

餌を獲るための“反響定位”(“エコロケイション”)については 7.3.1 参照.

4.3.2　翼　　竜

“翼竜”は三畳期末からジュラ紀を通じて白亜紀末までの約 1.5 億年にわたる地層からみつかっていることから，そのころ南極を除くすべての大陸の，主に海岸近くに棲息していたものと思われる. 翼竜には図 4.3-4 に示されているように，大きく分けて(a)初期の長尾類の小型のランフォリンクスの仲間と，(b)後期の短尾類で大型のテロダクタルスの仲間とがある. 最小のものはスズメほどの大きさであるが，史上最大の飛行生物と思われるケツァルコアトルスは翼のスパン(開張)が 12～15 m はあったと思われている. 彼らはいずれも独特の軽量骨格と飛膜からなる構造の膜翼で飛行していた(Langston, 1981).

翼の平面形を見ると，いずれも翼端の尖った，そしてアスペクト比の大きい(浅い後退角の三日月翼に近い)翼で，したがって滑空性能は良好だし，小型のほうはたぶん羽ばたきの巡航飛行も経済的だったように思われる. 大型のほうは羽ばたきは難しく，飛行のほとんどは滑翔に頼ったであろう. 両者とも胸骨は板状で，羽ばたきの筋肉の保持に役立っていた.

表 4.3-1　翼竜の推定諸元*

項目	記号	単位	*Rhamphorhynchus gemmingi*	*Pterodactylus antiquus*	*Pteranodon* sp.
質量	m	kg	0.24	0.096	16.6
翼幅	b	m	1.052	0.595	6.95
翼面積	S	m²	① 0.062	① 0.023	① 2.08
			② 0.084	② 0.032	② —
			③ 0.108	③ 0.048	③ 4.62
アスペクト比	Æ	—	① 17.9	① 15.4	① 23.2
			② 13.2	② 11.1	② —
			③ 10.2	③ 7.4	③ 10.5
翼面荷重	W/S	N/m²	① 38.0	① 40.9	① 78.3
			② 28.0	② 29.4	② —
			③ 20.2	③ 18.4	③ 35.2
資料参照			Wellnhofer, 1975	Soemerring, 1812	Bramwell & Whitfield, 1974

* 表中の番号①，②，③は右のスケッチで与えられる番号と同じで，①は飛膜が脚についていない場合，②は膝まで，③は足首までついている場合である. (Hazlehurst & Rayner, 1992)

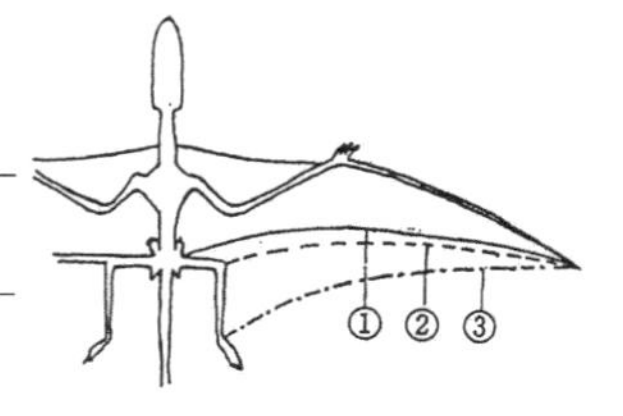

手首の翼支骨が1本内側に向いて張り出していることから，翼のつけ根に飛行機の“ストレイク”に相当して前方へ張り出した“前翼膜”があったようである．これは3.1.2で説明したように，低速飛行の迎角の大きいときに安定した縦渦を作って主翼全体の剝離をおさえ，揚力係数を高める効果がある．たぶん3.1.1で説明した“前縁フラップ”(“クルーガフラップ”)の効果に加えてストレイクとしての効果が大きいと思われるが，そうだとすると，図4.3-4の絵より，前翼膜はもっと首の頭のほうにまで伸びていて，大きい後退翼のストレイクを構成していたかもしれない．

膜翼は，前縁の“翼指”の後方への曲げに対して後縁の繊維の張力を加えることで，飛膜に張力がかかり，それで揚力を作る圧力分布に耐えているのである．この種の膜の張力場の力学は後述の帆とか(5.5.1)，トンボの翅(4.4.1)にもみられるものである．

表4.3-1に翼竜の推定された大きさと質量や翼面荷重を示した．質量がいずれも鳥から想像される値よりは十分小さいのは，(i)翼の割に著しく胴体部が小さいこと，(ii)鳥と同じように中空の骨を利用しているが，腕骨翼指を長くして，多数の羽根の集合からなる羽翼より，膜に頼った膜翼のほうが軽量構造になったらしいこと，そして(iii)基本的には飛行は鳥よりなおいっそう滑空飛行に頼ったために，胸筋を(したがって胸骨も)小さくできたことなどによるものと思われる．翼面積は飛膜がどこまで伸びているかで異なる．そこで表4.3-1の付図に見られるように，①は飛膜が脚に付いてない場合，②は脚の膝まで伸びている場合，そして③は足首まで伸びている場合につき分けて推定してある(Hazlehurst & Rayner, 1992)．おそらく内陸性の翼竜はトビのように翼面積を大きくして陸上の上昇気流を利用し，海洋性の翼竜はアホウドリのように翼幅を大きく(翼面積を小さく)して海上の水平風を利用しているであろう．そういう目でもう1度図3.2-14aを見直してみるのも面白い．

飛行速度はコウモリよりは遅く数m/sで，また最小沈下率はコウモリよりは小さく0.2〜0.3 m/s程度におさえられていたろう．

長尾類の尾の先の小翼は，そのアスペクト比が小さいことから，十分大きい迎角に対して舵としての機能を果たすことが想定される．水平尾翼としてよりは垂直尾翼として使われていたという説があるが，たぶん両方の操舵用に用いられていたのではなかろうか．

脚や足は，初期の翼竜では足の裏をつけて歩く(蹠行性(しょこう))ことができたであろうといわれている．また前肢の爪は木の幹や岩棚をつかんで(離陸のために)そこをよじ登ることができたようである．

4.4 昆虫の飛行

これまで知られている約100万種の動物のうち，85%を陸棲節足動物の昆虫が占めているといわれている．彼らは陸地上のあらゆるところに棲み，われわれとはまったく別の生態系を完成させて多様な生活をしている．彼らが地球上の生物の相互依存の生態系の維持に占める役割は測り知れないものがある．

鳥と比べて昆虫は，(i)体が小さく，したがって質量も小さく，(ii)世代交替が早く，地球上いたるところに広く分布し，(iii)あらゆる環境のもとで幅広い生態を示し，(iv)多様な形態に適合して，(v)多種の運動形式をもっている．以下の各節で，その運動の特色を述べてみよう．

4.4.1 形態と翅の特性

昆虫の形態

節足動物の形態的特色は，いわゆる“クチクラ”からなる“外骨格”を獲得したことである．そのおかげで，内部の柔らかい組織を外敵，寄生虫，病原菌などからこの防護壁で守るとともに，体を小さく保持することに成功した．逆に硬いクチクラのために，大きくなるにはそれを抜ぎ捨てる“脱皮”が必要だし，運動を容易にするために体を分節化しなければならない．

表4.4-1に各種昆虫の分類と形態の特性が示されている．体の構造については，すでに図4.1-12にバッタの例を示した．なお，この図では示されていないが，昆虫は鳥と違って肺がなく，体

表 4.4-1　昆虫の分類

目	種
虱	シラミ 
鞘翅（甲虫）	 カミキリ　カナブン
粘管	トビムシ 
囓虫	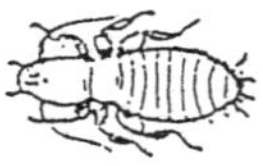 チャタテムシ
革翅	 ハサミムシ
双翅	アブ 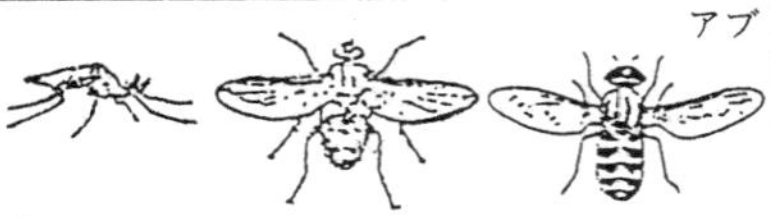　カ　ハエ
紡脚	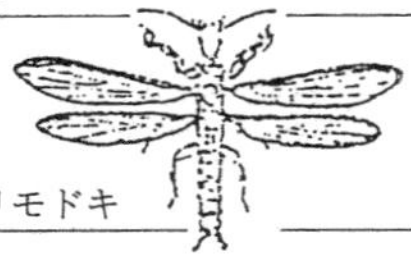 コケシロアリモドキ
蜉蝣	 カゲロウ
半翅	 コオイムシ　トコジラミ
同翅	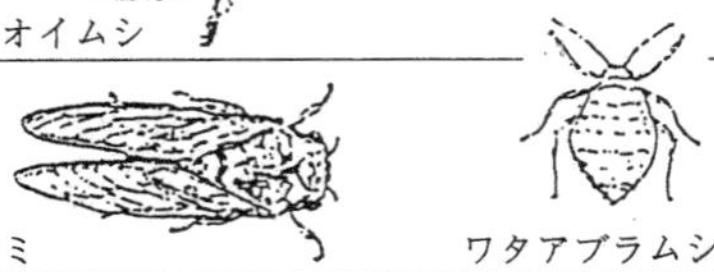 セミ　ワタアブラムシ
膜翅	 ハチ　スズメバチ　アリ
等翅	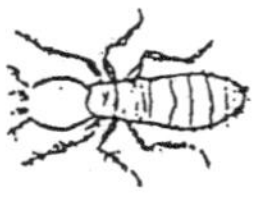 シロアリ

目	種
鱗翅	 チョウ　ガ
食毛	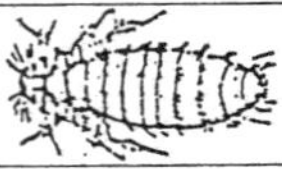 ハジラミ
長翅	 シリアゲムシ
脈翅	 ウスバカゲロウ　クサカゲロウ
蜻蛉	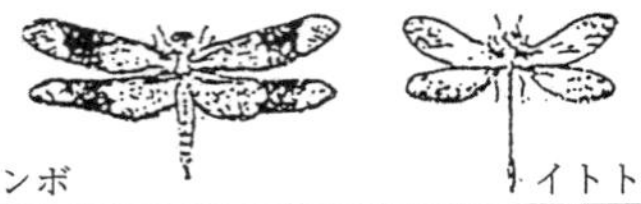 トンボ　イトトンボ
直翅	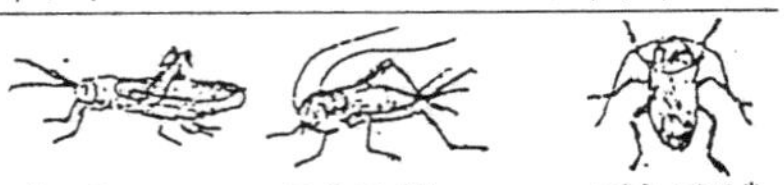 バッタ　コオロギ　ゴキブリ* 　ナナフシナナフシ　カマキリ*
襀翅（せきし）	 カワゲラ
原尾	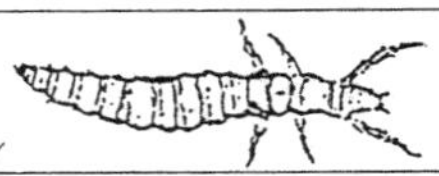 カマアシムシ
隠翅	 ノミ
撚翅	 ハチネジレバネ
総翅	 アザミウマ
総尾	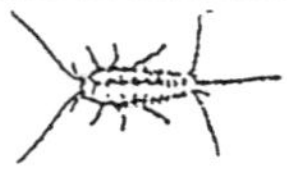 シミ
毛翅	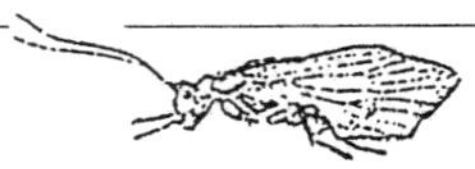 トビケラ
絶翅	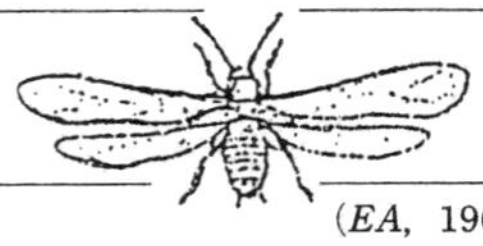 ゾラテロン

*　独立の目に入れることもある　　(*EA*, 1963)

表 4.4-2 飛行昆虫の諸元

種	質量 m (mg)	翼面積* S_w (mm)	翼面荷重 W/S_w (N/m²) or (9.81mg/mm²)	胴体断面積 S_t (mm²)	翅の長さ $R \cong b/2$ (mm)	羽ばたき周波数 f (s⁻¹)	飛行速度 V (m/s)	打ち下ろし時間/打ち上げ時間	振幅 ζ または β (rad)	胴体長 l_t (mm)	ストローク面の傾角** Θ_s (deg)	アスペクト比 ($\mathcal{R}$)	無次元周波数 k	レイノルズ数 $Re=Uc/\nu$
双翅類														
Tabanus botinus	276	184	14.7	63	15.5	96	4	1.5	0.785	23	(30)	5.32	0.244	3600
Sarcophaga carnaria L.	45	36	12.3	12	7.0	160	2	1.5	0.654	12	(30)	5.44	0.281	880
Musca domestica	12	20	5.89	4.5	5.5	190	2	1.7	0.785	6.5	(30)	6.05	0.210	600
Volucella pellucens Meig.	73	78	9.18	39	12	120	3.5	1.2	0.654	13.5	(30)	7.38	0.207	1500
Talanus affioris (horse fly)	180	57.4	30.8		14.3	120	2.05	—	1.00	—	—	5	0.2	4300
Aedes nearcticus (mosquito)	3.5	3.6	9.54		3.8	320	1.0	—	1.00	—	—	3	0.2	1300
膜翅類														
Xylocope violacea	614	172	35.0	47	18	130	4	1.3	—	22	(30)	7.53	—	4500
Bombus terrestris Fabr.	388	142	26.8	74	16	130	3	1.1	—	19.5	(30)	7.21	—	—
Vespa germanica	187	98	18.7	29	14	110	2.5	1.3	0.785	18	(30)	8.00	0.16	1900
Vespa crabro L.	567	260	21.4	100	22.5	100	6	1.8	0.871	34	(30)	7.79	0.15	4200
Apis mellifica L.	78	42	18.2	27	8.5	250	2.5	1.3	—	13	(30)	6.88	—	1900
Amonophila sabulosa V.del	45	42	10.5	82	9.0	120	1.5	1.2	0.610	18	(30)	7.71	0.21	700
鱗翅類														
Papilio podalirius	300	3600	0.814	52	37	10	3.5	—	1.22	25	(60)	1.52	0.54	1500
Vanessa atolanta L.	134	1080	1.22	31	27	10	4	—	1.31	18	(60)	2.70	0.28	6300
Pieris brassica L.	127	1840	0.677	35	31	12	2.5	—	—	23	(60)	2.09		4000
Macroglossa stellatorum L.	345	400	8.46	68	20	85	5	1.3	0.679	28	(60)	4.00	0.37	2800
Plusia gamma L.	144	440	3.53	36	18	48	1.5	1.1	—	19.5	(30)	2.95		
鞘翅類☆														
Melolontha vulgaris Fabr. (beetle)	961	402 642	14.7	100	28	46	2.5	1.5	—	28	(30)	7.80;4.88	—	4700
Cetonia aurata	537	260 370	14.2	68	20	86	3	1.3	—	19	(30)	6.15;4.32	—	4300
Lucanus corcus	3600	800 1220	20.9	150	36	33	1.5	1.0	1.048	54	(30)	6.48;4.25	0.19	7300
Telepharus fuscus	109	116 166	6.44	20	12.5	72	0.8	1.4	1.263	16	(30)	5.39;3.77	0.16	2400
脈翅類					anterior									
Brachytron pratense Mull.	557	1200	4.55	36	36.5	33	5	1.4	0.654	55	(30)	4.44	0.34	7900
Calopteryx splendens Harr.	120	850	1.38	13	30	16	1.5	1.6	1.00	47	(30)	4.24	0.24	8900
Pyrosoma minimum Harr.	38	355	1.05	8	25	27	0.6	1.2	0.870	32	(30)	7.04	0.16	3900
Panorpa communis L.	30	176	1.67	8	14.5	28	0.5	1.6	1.31	17	(30)	4.78	0.16	1400
Orthetrum caerulescens Fabr.	248	1080	2.26	22	32.5	20	4	—	—	42	(60)	3.91	—	—
Aeschna mixtra Latr.	530	1380	3.77	30	39.5	38	7	1.7	0.61	63.5	(60)	4.52	0.36	10800
直翅類														
Schistocerca gregaria Locust	2.000	1320	1.50	—	90.0	20	3.50	—	—	—	—	5.71	0.20	—
蜻蛉類														
Anax parthenope	790	1000；1200	3.50	75	50.0	29	7.2	—	0.63	75	55	10.0；7.8	0.20	
同翅類														
Bemisia tabaci	3.3×10^{-2}	1.34	2.40	—	0.84	169								
Aleurothrixus floccosus	6.5×10^{-2}	19.4	2.30	—	1.52	166								
Aphis gossypii	0.114	1.03	10.89	—	2.18	123								
Acyrthosiphon kondoi	0.702	11.06	6.21	—	3.39	81								

* 翅を全部いっぱいに広げた面積，☆ 鞘翅類では前が膜状の後翅のみ，後が翅鞘を含む全翅，** 概略値を（ ）で示す．

(Osborne, 1951; Weis-Fogh & Jensen, 1956; Weis-Fogh, 1973; Byrne et al., 1988 参照)

表面に分布している気孔で呼吸をしていることは注意すべきである．表 4.4-2 に，いくつかの飛行昆虫についての力学的特色を示す．多種多様な形態に応じて，彼らの生態もそれぞれ異なるが，ここでは飛行に関係のある翅に注目して考えてみる．

翅の構造と機能

昆虫の翅は昆虫の形態の多様性に応じて形状が多種であり，しかも鳥の翼と違って，“膜翼”であるうえに，肩のところにあるただ1つの支点回りの運動だけを行い，その他の動きは翅の弾性変形による．また表 4.4-2 に見られるように，形が小さいので質量に比例する供給パワも小さく，したがって飛行速度も遅い．このため翅の周りの流れと特性を決める“レイノルズ数”も 10^4 以下と小さい．こういったことが翅の構造に反映している．

翅は2対4枚あるものと1対2枚のもの(例えばカやハエといった双翅類)とに分けられる．前者はさらに，前後の翅が対となって一緒に動かされるもの(チョウ，セミなど)，前後の翅が別々に独立して動かされるもの(バッタ，トンボなど)，さらに，後の翅のみが羽ばたいて前の翅はわずかに

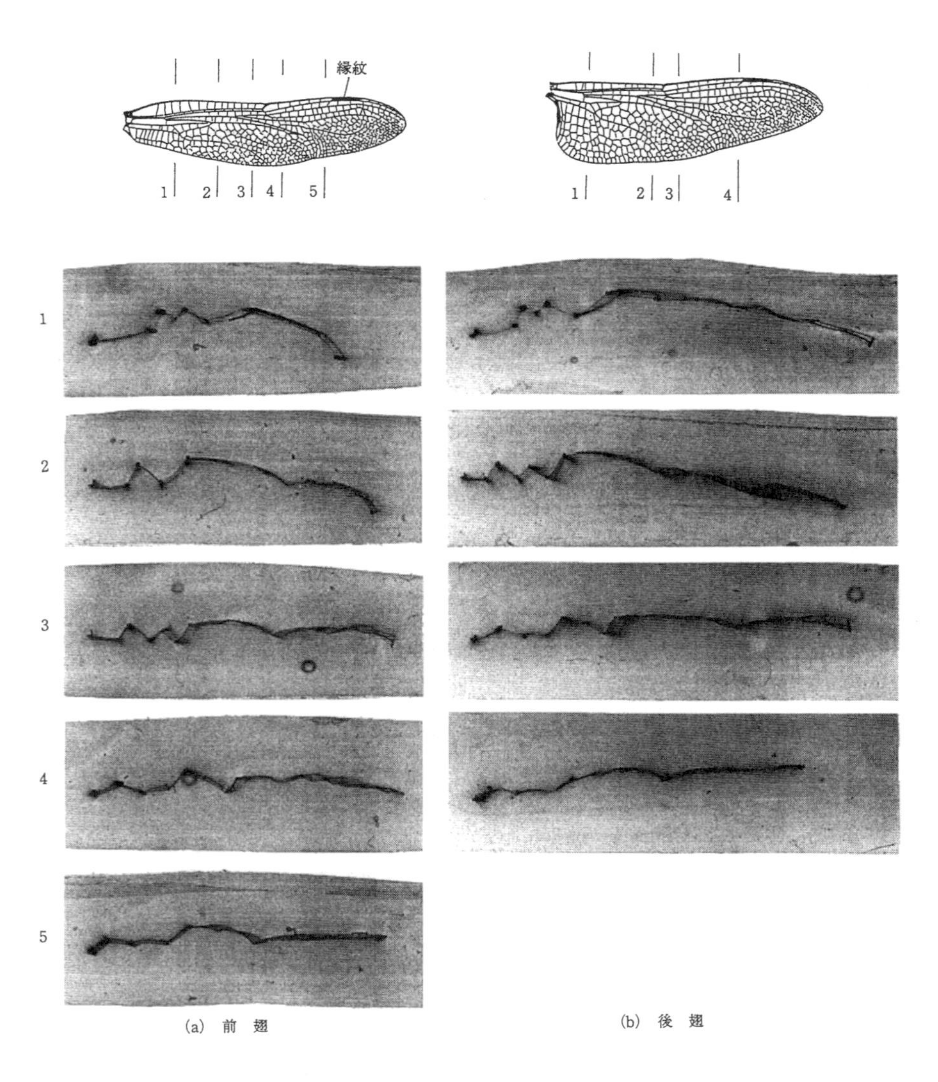

図 4.4-1　トンボの翅の構造と翼型 (Okamoto, Yasuda & Azuma, 1996)

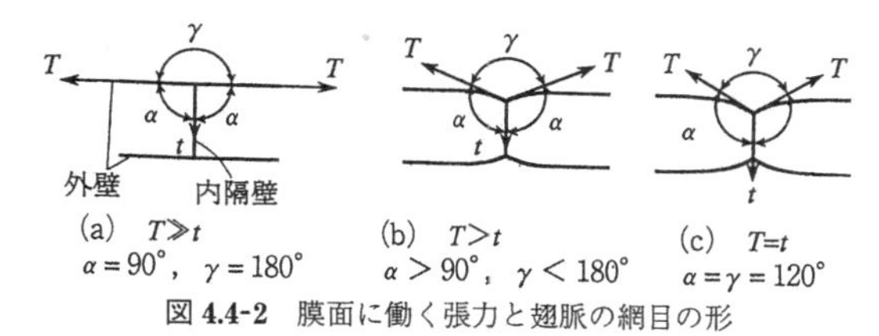

図 4.4-2　膜面に働く張力と翅脈の網目の形

動かすかまたはほとんど開いたままの固定翼としておくもの(コガネムシ,テントウムシなど),あるいは閉じたままのもの(カナブン)に分けられる.

翅の断面形は，図 3.1-5 に関連して説明したように，流線形であるよりは，むしろ前縁が尖っているかギザギザした非流線形で表面に粗さもあるほうが望ましい．典型的な例としてはすでに図 4.4-2 にバッタのそれが，また図 4.4-1 には，トンボの翅の構造とその翼型とが示されている．翅は大小さまざまな大きさの管状の“翅脈”に支えられ，それが翼端に向かって薄くなりながら作る網目状の構造でできあがっており，その断面の翼型は，図に見られるように滑らかではない．翅脈に支えられた翅面のフィルムは，そこに働く張力によって異なった形状となる．図 4.4-2 に，3 枚のフィルムが合わさる接合点における形の違いを示した．すなわち，(a) 外壁の張力 T が内隔壁の張力 t より十分大きいとき，図に示される内角 α と外角 γ は，それぞれ $\alpha=90°$ と $\gamma=180°$ になる．外壁がよりしっかりした翅脈でしかも張力または圧力 t により曲がらないほど丈夫なときも，同じ

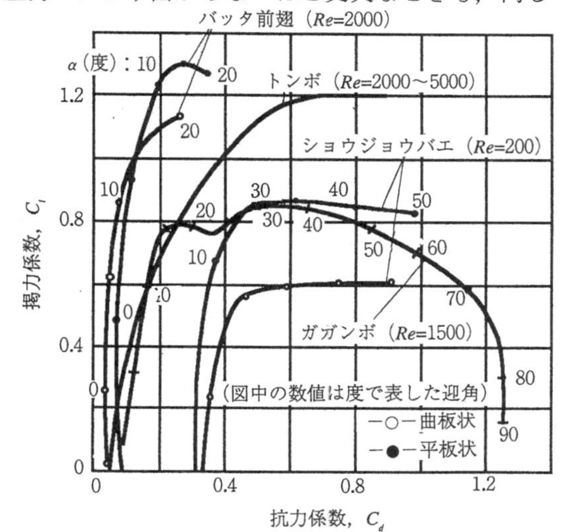

図 4.4-3　昆虫の翅の空力特性（Ellington, 1984；Azuma & Watanabe, 1988, Okamoto ら, 1996）

結果となる．(b) 次に T が t より少し大きいときは，交点が中へ引きつけられて，$\alpha>90°$ で $\gamma<180°$ になる．(c) もし T が t と同じなら，外角と内角は等しくなって，$\alpha=\gamma=120°$ となる (Thompson, 1942)．トンボの翅の例でいえば，太くて強い翅脈の走る前縁や強い張力のかかる細い翅脈の後縁は (a) の形をとり，中ほどの翅面では (b) か (c) の形となっている．とくに (c) の場合は，網目は六角形の細胞を並べた形態となる．

図 4.4-3 には，昆虫の翼の翼型空力特性を示す．レイノルズ数が小さいと，やはり抗力係数が大きく，また最大揚力係数 $C_{l\max}$ が小さいことがわかる．翼型による差は，現時点ではまだデータが少なく，よくわからない．飛翔力の優れたバッタやトンボは低レイノルズ数でもやはり抗力は少なく，最大揚力が大きい (Newman ら，1977; Okamoto ら，1996)．これに対して小型のショウジョウバエやガガンボは，飛行に当たって揚力のみならず抗力もうまく利用しているものと予想される．

次に翼の平面形について，細長いアスペクト比の大きい翅と，アスペクト比の小さい翅との差を考えてみよう．まず，細長い翅は，弾性変形が大きくなるので，剛性を与える翅脈は丈夫である．しかし捩れ剛性は，それらを太くできないのであまり強いとは思えず，トンボなどの強力な羽ばたきをするものを除いて，一般には幅広の翅も含めてむしろ弾性変形を利用したフェザリング運動を行っているようである．この点に関しては，トンボの例とチョウの例を後述する．

ホヴァリング飛行における長さ R の翅の翼端の対気速度 U は，フラッピング角を角速度 ω の調和振動と仮定したとき，

$$\left.\begin{aligned} \beta &= \beta_c \cos(\omega t) \\ U &= R\dot{\beta} = -R\omega\beta_c \sin(\omega t) \end{aligned}\right\} \qquad (4.4\text{-}1)$$

となる．したがって，翼弦 c の“無次元周波数” k は

$$\begin{aligned} k &= \omega c/2|U| = c/2R\beta_c|\sin(\omega t)| \\ &= 1/\mathit{AR}\,\beta_c|\sin\omega t| \end{aligned} \qquad (4.4\text{-}2)$$

となる．これから次のことがわかる：(i) 無次元周波数 k はアスペクト比 AR に逆比例する．(ii) その値は最も速度の速い水平位置 ($\omega t=\pi/2$,

$3\pi/2)$で最小値$k_{min}=1/\mathit{AR}\beta_c$となり，速度の遅い上下の停止位置($\omega t=0,\ \pi$)で無限大となる．また，(iii)空気力は，速度の2乗に比例するので，水平位置で卓越するが，その位置では，一般に振幅は$\beta_c \cong 1\mathrm{rad}$と近似できるので$k_{min}=1/\mathit{AR}$といえる．

無次元周波数kは，3.1.3に述べたように，その値が大きいと，翼の後縁から放出された渦が翼の空気力に影響して，非定常効果が強く現れ，またその値が小さいと，放出された渦の影響は小さく，定常翼としての空気力が働く．つまり，トンボの翅のような細長い(アスペクト比の大きい)翼では，無次元周波数は小さく，定常翼としての空気力を利用するのに対して，チョウの翅のような幅広い(アスペクト比の小さい)翼では，無次元周波数が大きく，非定常翼としての空気力を利用する．

縁　紋

トンボの翅の翼端に近い前縁には，すでに図4.4-1に，または図4.4-4に見られるように，“縁紋”と呼ばれる色の濃い斑点がある．この縁紋の密度は，その付近の翼の密度よりも大きく，図に示されているように，その部分の翼素の重心を前方にずらしている．なぜ重心を前方に出すのか．

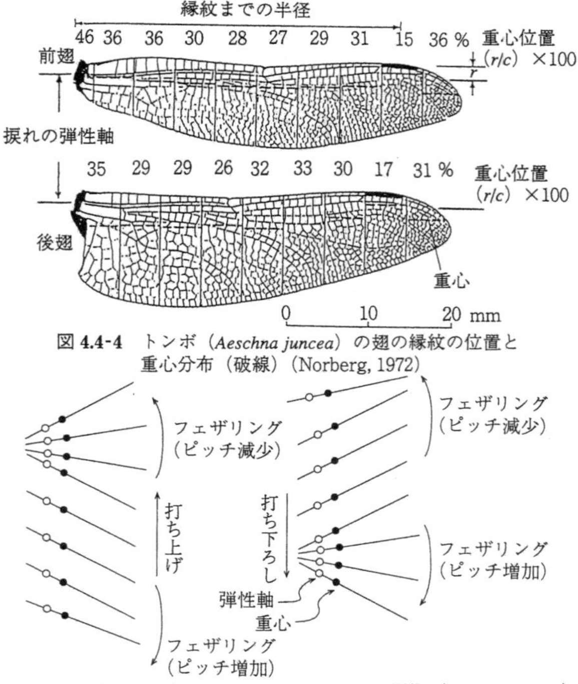

図 4.4-4 トンボ (*Aeschna juncea*) の翅の縁紋の位置と重心分布 (破線) (Norberg, 1972)

図 4.4-5 弾性軸に対する重心のフラッタへの影響 (Norberg, 1972)

図4.4-5に見られるように，重心が翼の捩り中心(“弾性軸”)より後方にあると，翅の打ち上げによる翼素の上昇に当たって，初期の加速中には慣性力による捩れ，したがってピッチ角が大きくなるように，そして後期の減速中には慣性力により捩れしたがってピッチ角が小さくなるように働く．同様に，打ち下ろしでは初期にピッチ角が小さくなるように，そして後期ではピッチ角が大きくなるように働く．これはいい直すと，打ち上げ時に迎角を大きくして空気力を増し，ますます上方への動きを速め，打ち下ろし時には迎角を小さくして空気力を減らし，下方への動きをますます強めることを意味する．これはうまく調整された段階では，翼のフラッピング運動に対して，翼素に自動的に望ましいフェザリング運動を与える有効な手段ではある．しかし突風その他で空気力が増し，それが作る曲げモーメントで翼が上方への撓みを増すと，慣性力により助長された捩りがピッチ角したがって空気力の増大を招き，その変形を増大させることにもなる．筋力や弾性力が異常な曲げの撓みや捩りの増大をおさえると，今度は戻しでまた慣性力が悪く働き，その種の曲げと捩りの振動が減衰することなく“フラッタ”と呼ばれる異常振動に発展する．フラッタは翼素がある“臨界(フラッタ)速度”以上の対気速度をもつ限り，そこからエネルギをもらって発散していく．このフラッタ現象は，重心を(できれば)弾性軸より前に出して，前述の慣性力をすべて逆に働かせることで防ぐことができる．実際飛行機の固定翼やヘリコプタの回転翼は，いずれも前縁に質量を集めて翼の重心を捩りの弾性軸より前方にもってゆき，また補助翼にはトンボの縁紋と同じようにある質量を持った錘(“マスバランス”)を部分的に追加している(東，1994)．

トンボは，図4.4-4に見られたように，まさにわずか全質量の0.1%の質量にしか過ぎない縁紋で，そこの翼素の重心を前方にもっていっている．それが翼端に近く前縁の後退が始まるすぐ内側の翼素でのみ達成されているのだが，それで十分翅全体の臨界フラッタ速度を上げ，高速でのはげしい運動に耐えているのである(Norberg, 1972)．この種の工夫は，他の昆虫例えば脈翅類，嚙虫類，半翅類，膜翅類などにも見られる．

4.4.2 飛行特性

昆虫は種が多く，形態も変化に富んでいるので，なかなか一般論を述べるのは容易でない．しかし，大ざっぱにいって，質量の大きい昆虫は，図 4.4-6 にみられるように，飛行速度も大きい．翅の形態に関するアスペクト比は 2～8 の間に散在していて，一般的には論じ難い．そこで，形態の著しく異なる，したがって羽ばたきのモードも大きく違う 3 種の昆虫，トンボ，チョウおよびハエについて，その飛行特性を以下に述べよう．

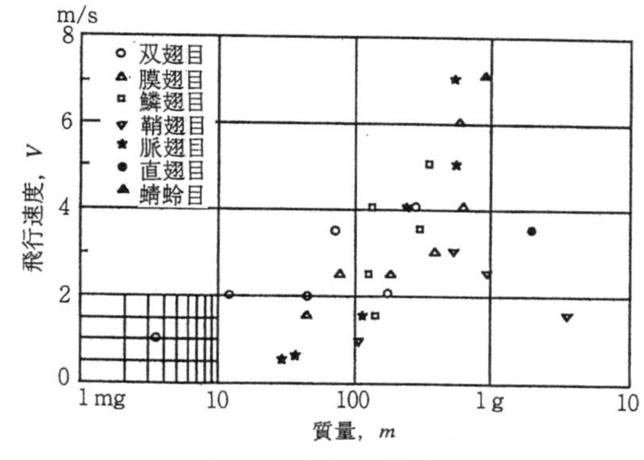

図 4.4-6 昆虫の飛行速度

トンボ

広くトンボと呼ばれるものに，3 つの亜目の均翅類(イトトンボやカワトンボ)，昔蜻蛉類(ムカシトンボ)および不均翅類(ギンヤンマ，オニヤンマ，シオカラトンボ，アキアカネなど)がある．いずれも前後に配置された 2 対の翅をもち，各翅は独立に羽ばたけるので，前後の羽ばたきの位相が自由に変えられるばかりでなく，左右の羽ばたきを非対称にも行える．急激な発進や停止はいうに及ばず，旋回も巧みで，巡航中では飛行機のように体を傾け(バンクさせ)，揚力を増して傾いたほうに回っていくし，ホヴァリング近辺ではヘリコプタのように直接頭の向きを変える(Alexander，1986)．自由に動き回る頭部の大部分を目が占め，不均翅類では，とくに活発に，他

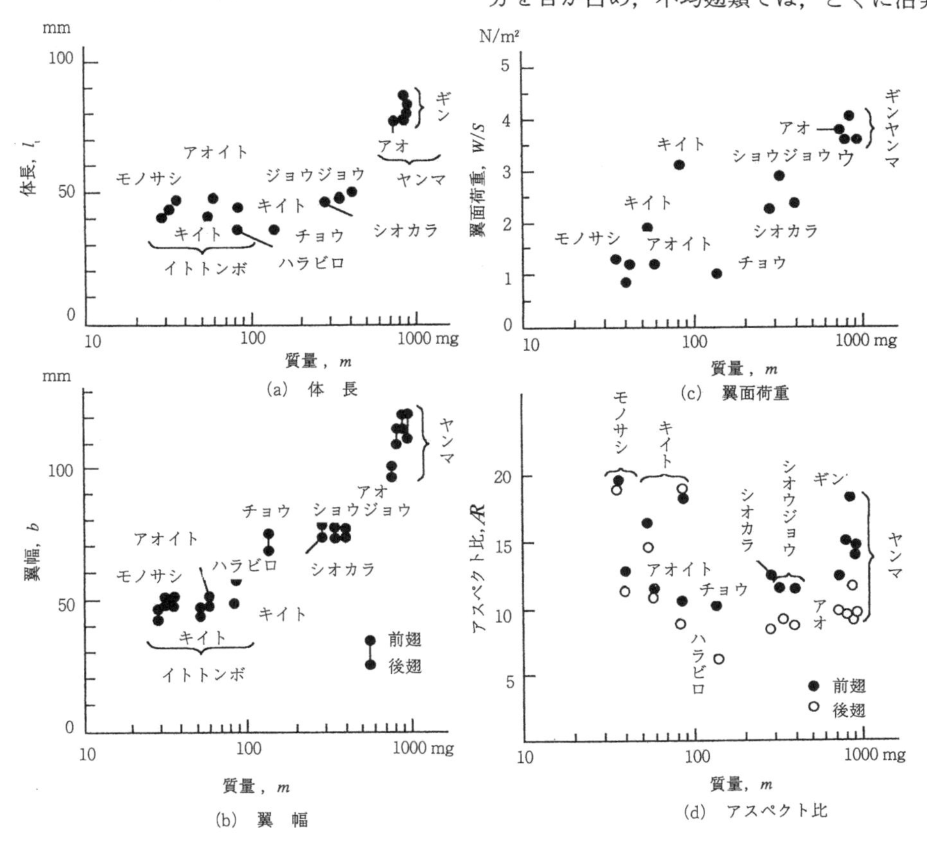

(a) 体 長

(c) 翼面荷重

(b) 翼 幅

(d) アスペクト比

図 4.4-7 トンボの力学的諸元

の昆虫を餌として漁る．

イトトンボ類は優雅といってよいほど静かに，風の少ない池と森の境目の喬木の茂み，下草の中，笹の葉の間といったところを飛行する．これに対してヤンマ類は，飛行がきわめて活発で，例えばギンヤンマは開けた空の下，太陽の照りつける畠や道，あるいは沼などの上空の高さ1mあたりを縄張りをもって回遊するし，またオニヤンマは森や林の木陰を道に沿って周回する．

いずれも飛行はたくみで，空中停止のホヴァリング状態から一気に加速したり，雄が雌を追い，あるいは餌の昆虫を追うときの高速で運動性に富んだ飛行はすばらしい．

その秘密を探るために，代表的なトンボについて，飛行に関係のある(a)体長，(b)翼幅，(c)翼面荷重および(d)アスペクト比を，それぞれ質量に対して画いたのが図4.4-7である．

体長l_fと翼幅bは，ともに質量が大きくなるにつれて大となるのは当然としても，May (1981b)もいっているように，翼幅のほうがより顕著にそれが大きくなっている．飛行性能，特に長距離の巡航性能は翼幅の2乗に比例するので，大型のトンボほど長距離飛行が得意であることがわかる．

ところで幾何学的相似則(62.4)によれば，質量，したがって重量$W=mg$は長さの3乗に，そして面積Sは長さの2乗に比例するので，大型になるほど単位翼面積当たりの重量である翼面荷重W/Sが増大する．そして，それが大きいことは飛行速度がその1/2乗に比例して速くなることで，したがってヤンマ類はイトトンボ類に比べて飛行速度が大きく，ギンヤンマは9 m/sにも達する．翼幅の2乗を翼面積で割ったアスペクト比は，それが大きいと巡航飛行のパワを少なくすることに効果がある．図4.4-7dに見られるように，一般に，ヤンマ類は前翅のアスペクト比が大きく，後翅のそれは小さい．これに対してイトトンボ類は均翅亜目といわれるように，前翅と後翅が同型で，かつアスペクト比もヤンマなみである．

慣性モーメントも質量とともに増すので，後述のように，羽ばたき周波数は減少する(May, 1981a)．

トンボとしては図4.4-8aに示されているような，最も飛翔力の優れた質量約0.8 gのギンヤンマを風洞内に入れて，高速ムーヴィーカメラで撮影し，毎秒1000コマで撮られたフィルムからそ

(a)　ギンヤンマ

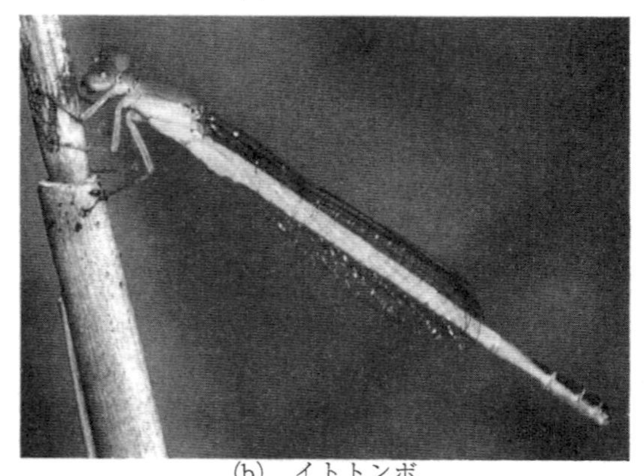

(b)　イトトンボ

図4.4-8　トンボの形態

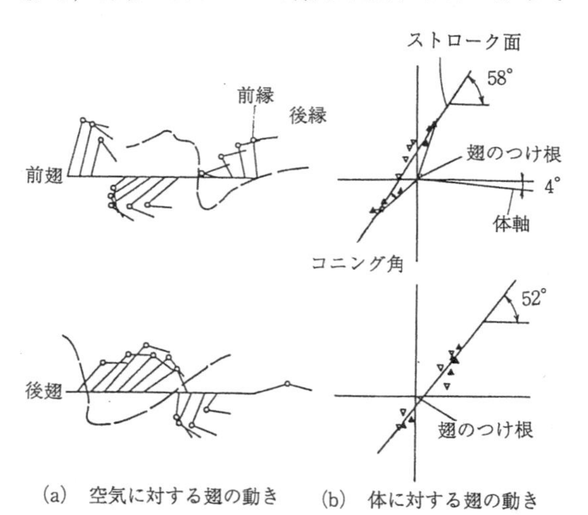

(a)　空気に対する翅の動き　　(b)　体に対する翅の動き

図4.4-9　トンボの翅の動きの例，速度，V=2.3m/s (3/4 R位置) (Azuma & Watanabe, 1988)

の飛行性能を解析した結果を紹介しよう(Azuma & Watanabe, 1988). 図 4.4-9 を参照して翅の動きを見てみよう：(i) 羽ばたきの周波数 f は，広い飛行速度範囲にわたって，常温下ではほぼ一定(f=29～32 Hz)である. (ii) 体軸に対するストローク面の傾き角 Θ_s は，前後翅ともほぼ同じで，図の速度(V=2.3 m/s)では約 60° 前後であるが，低速では 40° 程度で小さく，高速に向かって 70° 程度と大きくなり，垂直に近づいていく. (iii) 各翅の各部位の動きを"フーリエ級数"に展開すると(吉田耕作ら編, 1958)，ストローク面における方位角(フラッピング角) β_s は 1 次の調和振動，そしてフェザリング角 θ は 4 次の調和振動で与えられる.

$$\beta_s = \beta_0 + \beta_c \cos(\omega t + \delta_\beta) \quad (4.4\text{-}3a)$$

$$\theta = \theta_0 + \sum_{n=1}^{4} \theta_n \cos(n\omega t + \phi_n) \quad (4.4\text{-}3b)$$

$$\theta_1 = (\theta_{0.75} - \theta_{root})(x/0.75) + \theta_{root} \quad (4.4\text{-}3c)$$

上式の諸量は，スパン方向の位置 $x=r/R$ ごとに異なった値となる. (iv) 翅はほぼ円錐面に沿って動くが，そのときの"コニング角"(円錐の頂角の補角を 2 等分した値)は，前翅が前向きの 8°，後翅が後ろ向きの −2° である. (v) 前翅と後翅のフラッピング運動の位相差 δ_β は 60°～90° の範囲にあって，後翅が先行する. (vi) フラッピング角は 25°～40° の範囲にある. (vii) フラッピングとフェザリングの間の位相差($\phi_1-\delta_\beta$)は約 90° で，これは効率が最大になる位相である. そして (viii) 翅は打ち下ろしでは翼端に向かって振り下げ，打ち上げでは振り上げになるが，図 4.4-10 に見られるように，振りは弾性変形によるパッシヴなもので，スパン方向位置 x に対して線形で，翼のつけ根のフェザリング角は，アクティヴに変えていることが推定される.

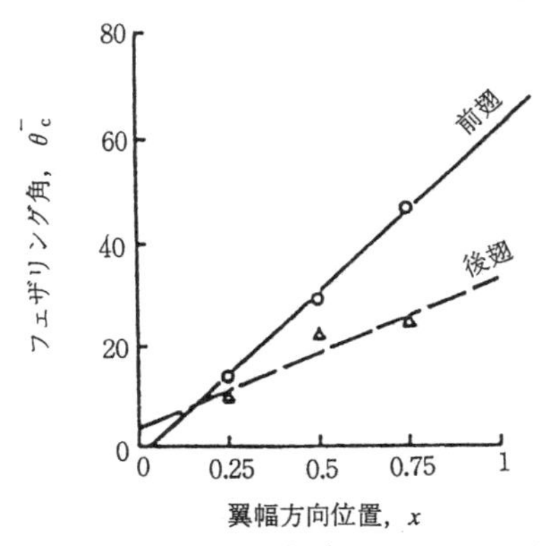

図 4.4-10　フェザリング角 θ_c の変化 (Azuma & Watanabe, 1988)

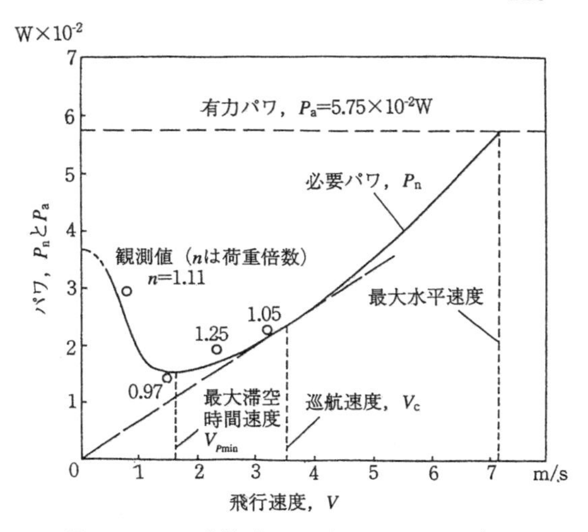

図 4.4-11　パワ曲線 (Azuma & Watanabe, 1988)

翅の動きが上述のように数式で表現されると，それを入力として，"局所循環法"("LCM"; Azuma ら, 1981, 1985)を使って，翅に働く空気力を計算することができる. 図 4.4-11 には，胴部の断面積に対する抗力係数が $C_{D,f}$=1.25，抵抗面積で f=9.4×10^{-5} のときの必要パワ P_n の計算結果(実線)と，筋肉質量を体の質量 m の 1/4，すなわち $m_m=m/4$ と仮定し，さらに，単位筋肉質量当たりに出しうるパワ P_a/m_m=260 W/kg と仮定したときの有効パワ P_a の計算結果(破線)とを示す. この結果から，P_{min} で与えられる最大滞空時間の速度は，$V_{P_{min}}$=1.7 m/s，原点から引いた放射線の P_n 曲線への接点で決まる巡航速度は，V_c=3.5 m/s，そして最大水平速度は V_{max}=7.2 m/s となることがわかる (Azuma & Watanabe, 1988). 胴部の抗力係数を減らして例えば $C_{D,f}$=0.5 とすると(May, 1991; Okamoto, Yasuda & Azuma, 1996)，$V_{P_{min}}$ はほとんど変わらないが，巡航速度と最大速度は少し変わって，$V_c\cong$5 m/s および $V_{max}\cong$9 m/s となる. なお，入力を調整せずに観測値をそのまま使うと，荷重倍数が n=1.0 からずれた値の結果となったので，それを観測値として○印で図中に示した.

ホヴァリング時に十分なパワの余裕 $P_a-P_n>0$ があるので，ギンヤンマはきわめて活発な運動性をもつことが推定できる．

同じように，図4.4-8bに見られるようなキイトトンボの自由飛行を高速ヴィデオカメラで撮影し，毎秒1125コマの映像からその運動を解析してみると，次の点で著しくギンヤンマと違うことがわかる．(i)前進または後進運動中のストローク面の傾きがより水平に近く(ii)羽ばたきの振幅は大きいが，(iii)周波数は小さく(Rüppel; 1989)，そして(iv)ちょうどオールでボートを漕ぐような形で，迎角を大きくして翼を動かし推進力を作っている．これらは，キイトトンボの大きさがギンヤンマより小さく，かつ飛行速度が遅いので，翅の動きのレイノルズ数が$Re=1\times10^3$と小さく，このため空気力の抗力成分が著しく推進力に貢献しているためである(Rüppel, 1985; Sato & Azuma, 1997)．

チョウ

鱗翅目のガ類とチョウ類は，寒冷地を除いて植物のあるところに広く棲息し，幼虫時代は葉を，そして成虫時代は花の蜜や樹液を餌とする．

チョウの翅は基本的にはトンボの翅同様に管状の翅脈に支えられた膜翼で，図4.4-12aに示されるように，鱗粉で覆われた前翅と後翅からできている(Wootton, 1993)．飛行中前翅と後翅はほとんど同時に一体として羽ばたかれる．フェザリング運動はあまり行われておらず，結果として前翅と後翅からなる弾性体(種によって剛さは異なる)の薄板を，ただ1つのヒンジ回りに羽ばたいているのに近い．したがって，打ち下ろしと打ち上げで発生する空気力は反対方向になり，その大きさはほとんど同じとなる．そのために胴体尾部を上下させたり，翼に働く空気力を利用したりして，重心回りにモーメントを発生させ，図4.4-12bに見られるように胴体胸部の姿勢を変え，それにほぼ直角に結合されているストローク面を，打ち下ろし時と打ち上げ時で空間的に変化させ，飛行を可能にしている．

(a)　モンキチョウ(栗林　慧氏のご好意による)

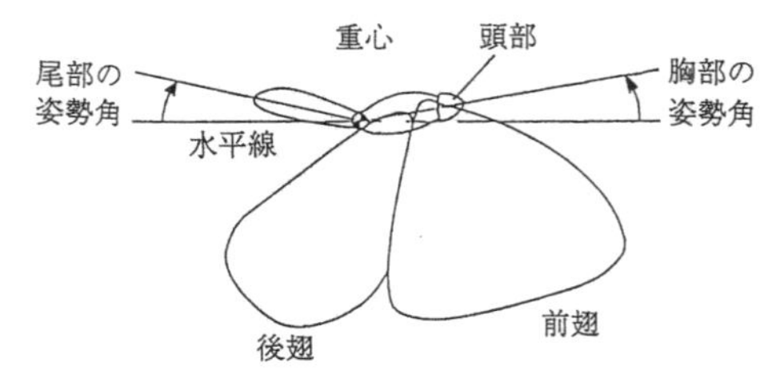

(b)　胸部と尾部の動き

図4.4-12　チョウの飛行

表4.4-3に諸元の示されているスジグロチョウの離陸飛行を高速ヴィデオカメラで撮影した結果の解析からわかったことを次に列挙しておく(Sunadaら, 1993a, b)．(i)翅の開きは，図4.4-13に示されているように，初め背中の上で閉じられていた翅は，翼の前縁から紙をめくっていくように剥がされていき，やがて左右の両翼が離されて両翼の間が広がりつつ打ち下ろしが完了する．(ii)初め胴体胸部は水平に保たれ，したがってストローク面は垂直に近く，発生した空気力は重力に釣り合う垂直力として働く．(iii)打ち上げ

表4.4-3　スジグロチョウの諸元

項目	記号	単位	値
全質量	m	kg	6.93×10^{-5}
胸部質量	m_C	kg	3.6×10^{-5}
尾部質量	m_T	kg	2.6×10^{-5}
翼質量	m_W	kg	7.3×10^{-6}
翼面積	S_W	m^2	1.36×10^{-3}
翼長		m	3.0×10^{-2}
アスペクト比	$\mathcal{R}$	—	2.6
翼面荷重	W/S_W	N/m^2	0.5
胸部長さ	l_C	m	9.1×10^{-3}
尾部長さ	l_T	m	1.2×10^{-2}
前翅のヒンジ位置	l_f	m	5.6×10^{-3}
後翅のヒンジ位置	l_h	m	3.5×10^{-3}
胸部慣性モーメント(重心周り)	I_C	kgm^2	6.3×10^{-10}
尾部慣性モーメント(重心周り)	I_T	kgm^2	8.4×10^{-10}
フラッピング軸の翅の慣性モーメント	I_y	kgm^2	6.7×10^{-10}
1周期の時間	T	s	8.8×10^{-2}

(砂田, 1992)

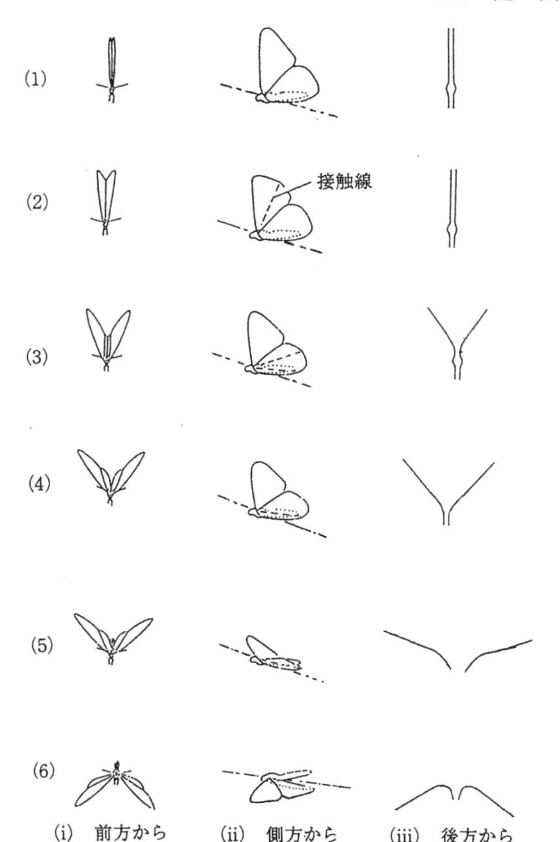

図 4.4-13　チョウの離陸時の打ち下ろしの際の翅の動き

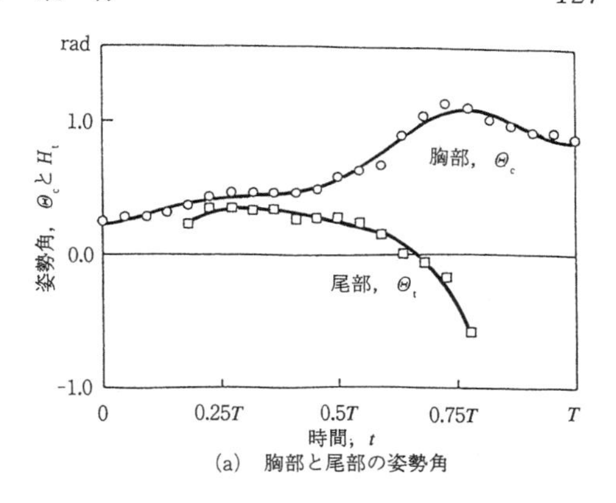

(a)　胸部と尾部の姿勢角

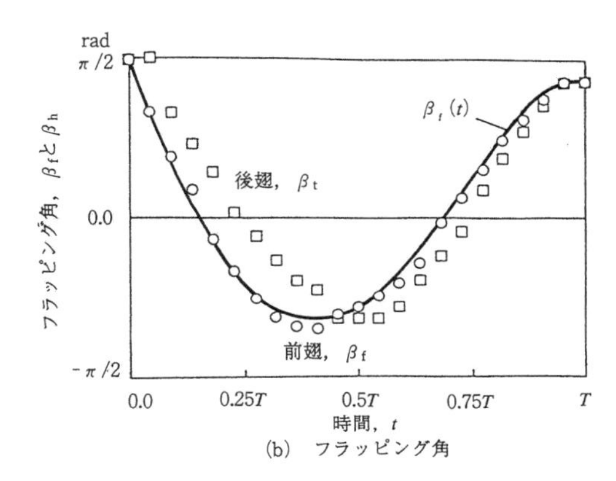

(b)　フラッピング角

図 4.4-14　チョウの離陸時の姿勢と羽ばたきの変化（砂田，1992）

では，胴体胸部が頭上げに変化し，ストローク面は後傾し，その結果発生した空気力は水平方向成分を含み，重心が前方へ移動するとともに，打ち下ろし時に発生した垂直力が打ち消されるのを避けている．以上の様子は図 4.4-14 に示されている．なお，フラッピング角 $\beta(t)$ は前翅のそれを時間の関数として定めたものである．フラッピングの初期の下方への加速（$\ddot{\beta}<0$）は素早く終了し，すぐに減速（$\ddot{\beta}>0$）に入っている．

前翅と後翅がほぼ一体となった翼の翼面荷重 W/S_w は約 0.5 N/m^2 と低く，アスペクト比も 3 程度と小さい．このような翼をホヴァリング状態で羽ばたいたときの翼周りの流れの様子を，平面形の似た三角形の板の水槽試験で調べてみた結果が図 4.4-15 に示されている．図に見られるように，回転軸に近い前縁から剝離した渦は翼を模擬する平板面から少し上方にはずれているが，安定して束縛渦のように翼とともに動いていく．一方後縁から出た渦は後流の中に吐き出され，後流中に留まる．この後流中の渦により，翼面に沿った流れが誘起され，その結果，渦のない定常状態の空気力より大きな空気力が，翼面に垂直に発生する（Sunada ら，1993a, b）．この渦に起因する空気力は翅の動圧が最大になる水平近くの位置で大きくなるので，次節で述べるように離陸やホヴァリ

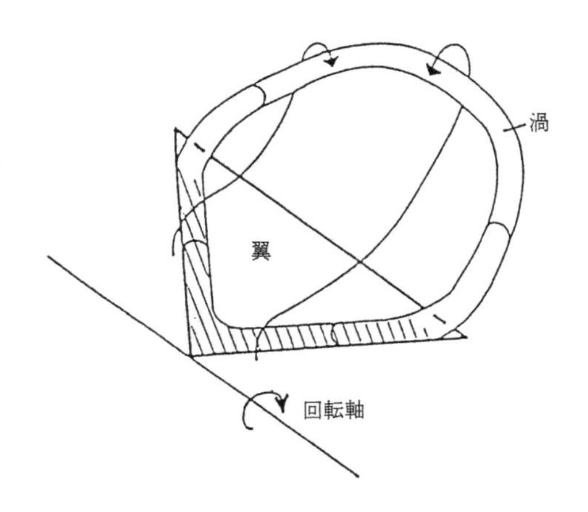

図 4.4-15　羽ばたき翼周りの渦システム

ングの羽ばたき飛行においては，この独特なメカニズムによる空気力が自重を支える空気力の主成分を占める．さらに，チョウは，翅を背中で合わせた状態から打ち下ろしを始めるので，左右の翅の干渉によって付加的な非定常空気力が発生し，羽ばたきの開始時には，この非定常空気力も正に働くが，羽ばたきの後期ではむしろ負に働く．

ハ　エ

翅が1対2枚の双翅類は世界中に分散し，多種の仲間をもっている．チョウのように美しくないうえに，とかく人間や家畜に寄食して不都合な病源菌を媒介するので一般に嫌われがちであるが，植物の授粉や有機物の分解に役立っているのである．

翅が前翅のみの1対ということから，胸部の構造が単純になり，強力な羽ばたきの筋肉の収納空間を増すことに成功した．退化した後翅は飛行安定のための“平均棍”となっている．平均棍は後述のように，1種の振動ジャイロで，体の回転角速度の検出器の役割を果たしている．

図4.4-16にハエの1飛行例（速度 $V=1.8$ m/s）を示す．(i)ストローク面が体軸に対して打ち下ろしで前下方になる傾角をもつこと，(ii)打ち下ろしでは正の迎角と正の揚力で，推進力 T とそれより大きい上向きの垂直力 N を作り，また(iii)打ち上げの前半では迎角が負で，負の（翅の裏側に向いた）揚力が，大きい推進力とそれより小さい上向きの垂直力とを作り，そして(iv)打ち上げの後半では正の迎角，正の揚力となり，推進力も垂直力もそれぞれ後ろ向きと下向きで，飛行を妨げる方向であることがわかる．なおDickinsonら(1993)によれば，打ち下ろしから打ち上げに転ずる翼の捻り(feathering)は素早く能動的に行われ，その角速度はZanker(1990)によれば 10^5 deg/s を越えるという．

昆虫の羽ばたき周波数

先に4.1.3で図4.1-14を参照して，羽ばたき飛行をする生物の羽ばたき周波数についての一般

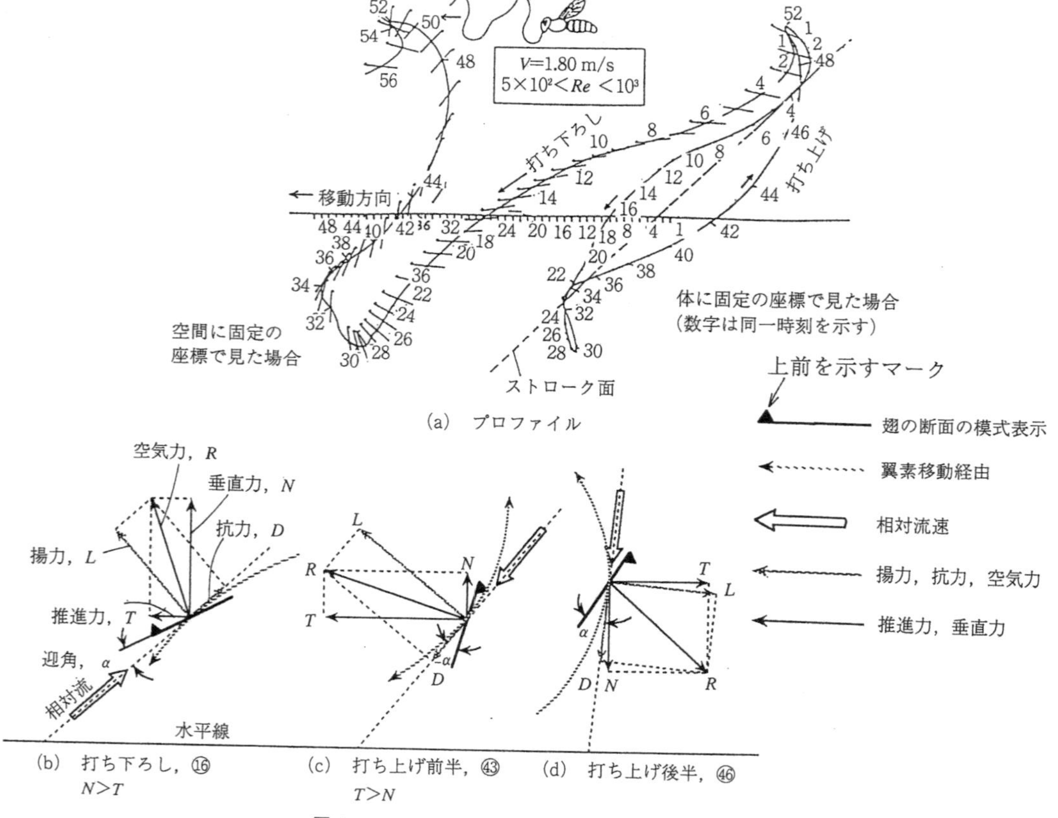

図4.4-16　クロバエの羽ばたき（Nachtigall, 1980b 参照）

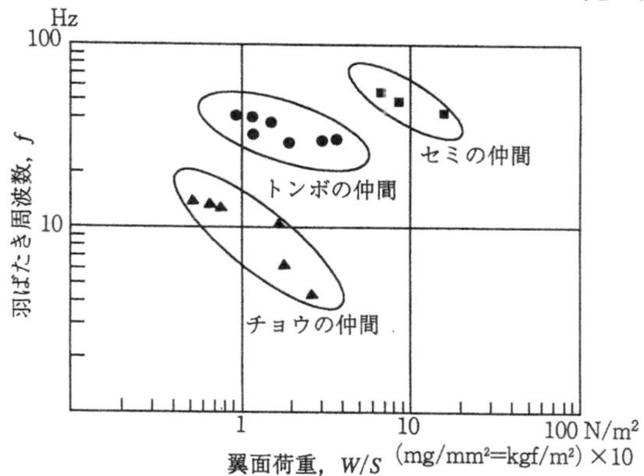

図 4.4-17 羽ばたき周波数
(本資料は，神奈川県の伊勢原市立山王中学校の科学クラブおよび大磯町立国府中学校の生徒達により提供されたもの.)

論を述べた．しかし，種の多い昆虫では，形態が必ずしも相似しているわけではなく，種により必ずしも一般的傾向とは合致しないものがある(特にチョウとガの仲間)．また体温により周波数は異なり，一般に温度が高くなると周波数も増える．図 4.4-17 はセミ，トンボおよびチョウの仲間の翼面荷重 W/S に対して羽ばたきの周波数を画いたものである．例示された種の数が少ないので，傾向のみを述べると，チョウ，トンボおよびセミが，それぞれの仲間の中で，つまり相似形であれば，右下がりの傾向，すなわち翼面荷重の増しに対して(質量の増しに対してともいえる)周波数が減少することを示している．

周波数が高い羽ばたき飛行では，翅のつけ根周りにおいて慣性力によるモーメントが増大して，筋肉に負担がかかる．そこでこの慣性力によるモーメントを削減するために，昆虫では翅のつけ根にばねが入っている．前に 4.1.3 で述べたように，このとき，翅を上下するフラッピング運動，$\beta=\beta_c\cos(\omega t)$ に対して働くばね力(弾性率 k)，$k\beta=k\beta_c\cos(\omega t)$ と慣性力によるモーメント $I_\beta\ddot{\beta}=-I_\beta\omega^2\beta_c\cos(\omega t)$ が，ちょうど消し合うように k を $k=I_\beta\omega^2$ と定めると，あるいは羽ばたき周波数を“共振周波数”$\omega=\sqrt{k/I_\beta}$ に“ロック・イン”(同調)させると，筋肉は空気力に対してのみ仕事をすればよいことになる．周波数が高くて音の聞こえる昆虫，例えばアブ，ハエ，カなどはこのようなロック・インされた一定の周波数で飛行していることが，音を聞くことによりわかる．

昆虫は鳥に比べて体長したがって体の質量が小さいので，熱容量も小さく，いわば熱しやすく冷めやすい．動かないでいるとすぐ外温と同じになり，したがって寒冷期での羽ばたき飛行は，必要な周波数が得られず，そのままでは飛行が困難である．そこで多くの昆虫は，飛行前に胸の筋肉を働かせて加熱し，温度を所定値まで上げ，必要な周波数の羽ばたきができるようになってから飛び立つ．

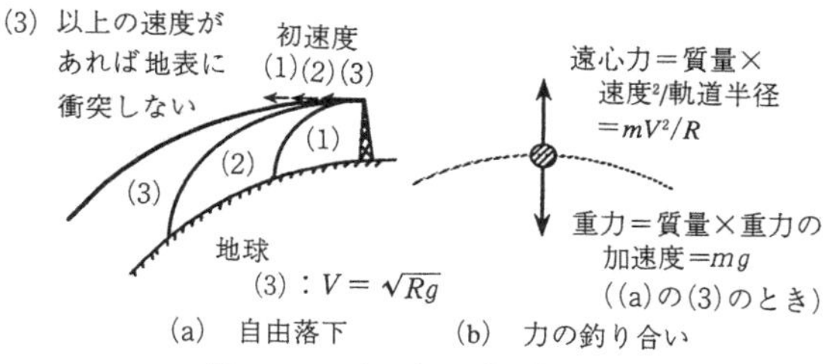

図 4.4-18 人工衛星（無重量状態）

無重量の飛行

人工衛星や宇宙船が，地球の周りのほとんど空気のない(したがって抗力のない)ところを，推進力なしの慣性飛行を続けているときは，それらは自由落下の状態と同じで，常に地球の中心に向かって落下し続けている．ではどうして地表に激突しないのかというと，それは，図 4.4-18a に見られるように，前進速がある程度以上になると，落下しても，丸い地表面は落下の弾道軌道に合わせて逃げてくれる形になるからである．いいかえると，図 4.4-18b に示されているように，(3)では宇宙船やその中の物体に働く“遠心力”mV^2/R が，地球中心に引っ張る“重力”$W=mg$ とちょうど釣り合って，重量のない，いわゆる“無重量”の状態になっているといってもよい．

1982 年のことであるが，アメリカのスペースシャトルにハチとガを持ち込んだ(NASA News, March 4 and June 7, 1982)．地球の重力場で水平飛行をするために，彼らはその目方と同じ大きさの揚力と，進行に伴う抗力に等しい推進力とを，翅の羽ばたきで作りだす．それが宇宙船で無重量場に運ばれると，重量がなくなる．抗力のほうは，宇宙船の空気が地表のそれと同じであると，前と変わらない．このとき，もし飛び方すなわち羽ばたきをまったく変えなければどうなるかというと，揚力が常に進行方向に直角に働き続けるので，重量のない宇宙船内では，揚力 L に伴

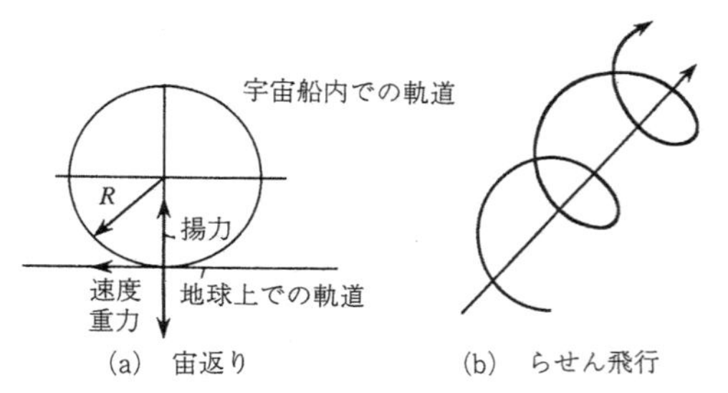

図 4.4-19 地球上での水平飛行は無重量の宇宙空間では宙返り

う加速度が生じて宙返りをすることになる(図 4.4-19a).そのとき画かれるループの半径 R は,揚力による"求心力"と見かけの遠心力とがちょうど釣り合う大きさとなる.

$$\left.\begin{aligned} L &= \frac{1}{2}\rho V^2 S C_L = W = mg(\text{地表での釣合い}) \\ &= mV^2/R(\text{宇宙船内での釣合い}) \end{aligned}\right\} \quad (4.4\text{-}4)$$

これから,地表の重力と遠心力とが釣合って前回同様

$$R = V^2/g \quad (4.4\text{-}5)$$

が得られる.つまりループの半径は速度の2乗を重力の加速度 g で割った値となる.昆虫が,例えば1 m/s の速さで飛べば,重力の加速度は 9.81 m/s≅10 m/s² で与えられるので,半径は約 10 cm となる.

昆虫自身がループばかり画いて飛ぶことに奇異な感をいだくかもしれない.それは昆虫の加速度センサが,遠心力を重力と思って気づかないことはあっても,角速度センサや,視覚からくる角度センサは,姿勢の異常を神経中枢に報告し続けるからである.そこで姿勢や飛行経路の異常を重視する個体は,それを修正するために羽ばたきを変えて,揚力を0にして推進力のみを作るようにするに違いない.早くその方法を学習した個体は,当然直線飛行をすることになる.

しかし実際はどうであったかというと,大部分の昆虫はただうごめいているだけで飛ばなかったようである.いつ学習したかはわからないが,一部の昆虫は直線飛行をした.しかし中には図 4.4-19b に示されているようにらせん運動で飛ぶのもいた.これだと揚力を同じにしたままで,若干左右の釣り合いを変えるだけでほかへ移動できる.

4.4.3 非定常剥離流の力学

小さい昆虫,特に翼のアスペクト比があまり大きくない,例えばコバチの羽ばたきで,剥離を伴わない準定常的な流体力を考えていたのでは飛行が困難であると思われ,非定常な剥離流を利用して揚力増大をはかっていることを Weis-Fogh (1973) が指摘した.さらに Lighthill (1983) はその力学的機構を明らかにし,Spedding & Maxworthy (1986) は,2次元翼の場合ではあるが,流れの様相と空気力との関係を示した.本稿でもすでに 4.4.1 で翼のアクペクト比が小さいと,ホヴァリングを含む低速飛行で非定常流体力の影響が強くなることを述べた.またアスペクト比の小さい翼での,定常剥離流に基づく非線形揚力の発生については,3.1.2 で概説した.さらに Sunada ら (1993a, b) のチョウの羽ばたきの解析例は前節で紹介した.本節では羽ばたきに基づく非定常剥離流についての流体力学的特性と,それによる簡単な計算法について述べる.

羽ばたきのフラッピング運動 $\beta(t)$ により翼に働く空気力には次の3つが考えられる:(i) 加速度 $x\ddot{\beta}$ による付加質量の作る力,(ii) 速度 $x\dot{\beta}$ によるポテンシャル揚力,(iii) 剥離流の作る空気力.以上の諸力を回転する平板について調べてみる.

付加質量による空気力

付加質量による翼面に垂直な力 $F_N{}^I$ とヒンジ周りのモーメント $M_N{}^I$ は

$$\left.\begin{aligned} F_N{}^I &= A_{43}\ddot{\beta} \\ M_N{}^I &= A_{44}\ddot{\beta} \end{aligned}\right\} \quad (4.4\text{-}6)$$

で与えられる.付加質量 A_{43} と A_{44} を求めるに当たって次の3つの方法を採用する.図 4.4-20a を参照にして,平板を帯状要素の付加質量の寄せ集めと考え,(i) フラッピング軸に平行な平行帯または (ii) フラッピング軸に垂直な直交帯を考えて寄せ集めたものと,(iii) 図 4.4-20b に示されるような格子状の翼素に分割して,正確にそこでの境界条件を満たすように,"速度ポテンシャル"についての"ラプラスの方程式"を数値計算で解いたものとについて考える.

(i) の方法では,翼素 dx の平行帯の付加質量が円柱 $\rho\pi\{b(x)/2\}^2 \mathrm{d}x$ で与えられるので,

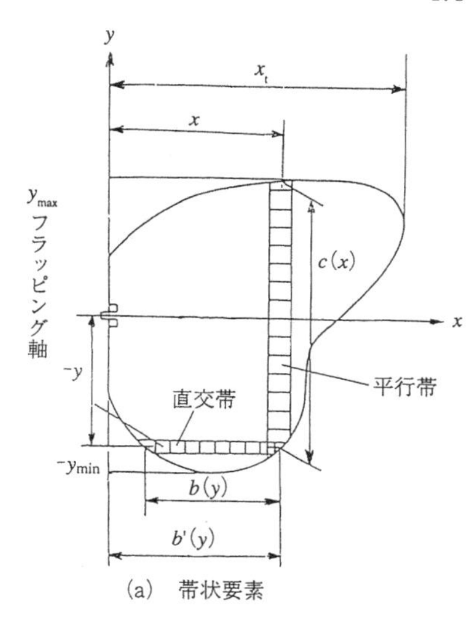

(a) 帯状要素

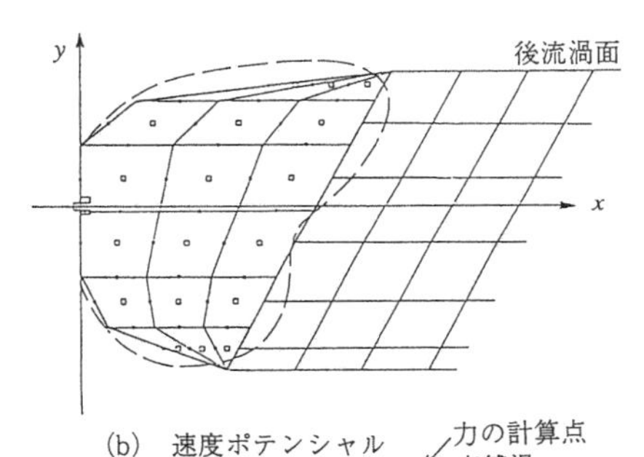

(b) 速度ポテンシャル

図 4.4-20 不可質量の単純計算用帯状要素と格子状要素（砂田，1992）

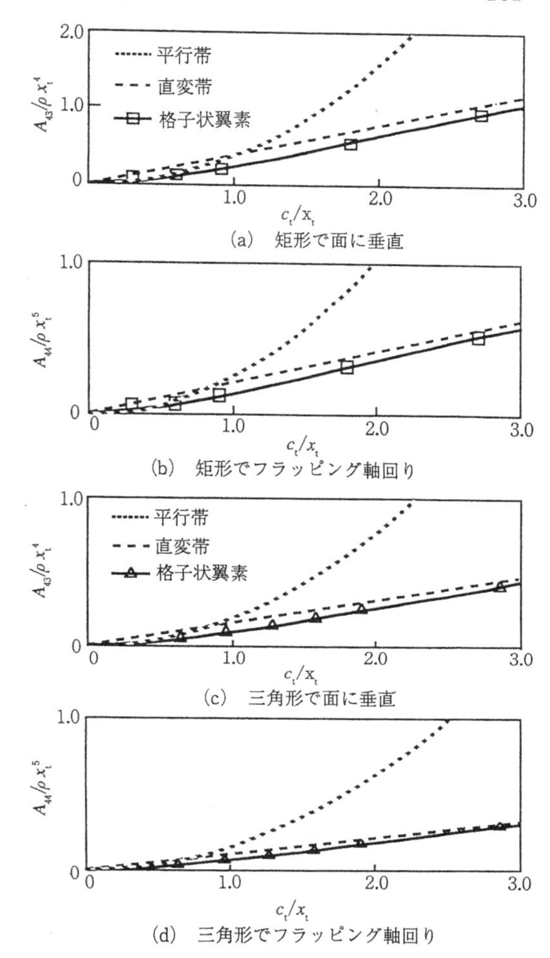

図 4.4-21 矩形と三角形の平板の付加質量（砂田，1992）

$$\left.\begin{aligned} A_{43} &= \frac{1}{4}\int_0^{x_t} \rho\pi\{c(x)\}^2 x\,\mathrm{d}x \\ A_{44} &= \frac{1}{4}\int_0^{x_t} \rho\pi\{c(x)\}^2 x^2\mathrm{d}x \end{aligned}\right\} \qquad (4.4\text{-}7)$$

である．

(ii) の方法では，翼素 $\mathrm{d}y$ の直交帯の付加質量が，力に対しては $\rho\pi\{b'(y)\}^3\{(k/2)^2-(k/3)^2\}\mathrm{d}y$，モーメントに対しては $\rho\pi\{b'(y)\}^4\{(k/2)^2-\frac{1}{4}k^3+\frac{9}{128}k^4\}\mathrm{d}y$ で与えられるので（Lamb, 1932），

$$\left.\begin{aligned} A_{43} &= \int_{-y_{\min}}^{y_{\max}} \rho\pi\{b'(y)\}^3\{(k/2)^2 - (k/3)^3\}\mathrm{d}y \\ A_{44} &= \int_{-y_{\min}}^{y_{\max}} \rho\pi\{b'(y)\}^4\left\{(k/2)^2-\frac{1}{4}k^3 + \frac{9}{128}k^4\right\}\mathrm{d}y, \end{aligned}\right\} \qquad (4.4\text{-}8)$$

で，ここに $k=b(y)/b'(y)$ である．分母の $b'(y)$ はフラッピング軸からの要素の位置．

以上の結果を (a) 矩形と (b) 三角形の平板について求めたものを表 4.4-4 に示した．また図 4.4-21 にこれらの付加質量を c_t/x_t の関数として示した．わかったことは，(iii) のいわば正解と見なされる複雑な計算（Sunada ら，1993a, b）結果に対して，(i) は不適であったが，(ii) の方法は単純計算にかかわらず，きわめてよい近似を与えていることである．

渦による空気力

平板の運動による速度の2乗に比例する空気力を，(i) の平行帯の抗力係数 C_d によるものとしたとき，その垂直力成分は $\mathrm{d}F_\mathrm{N}=\frac{1}{2}\rho(x\dot{\beta})^2 C_d c(x)\mathrm{d}x$ で与えられるので，これを積分して力 F_N^A とヒンジ周りのモーメント M_N^I とを求めること

表 4.4-4　単純計算(式(4.4-7〜9))による空気力とモーメントの付加質量

平面形	計算法	力 A_{43}/ρ	モーメント A_{44}/ρ	力 $B_3/\rho C_d$	モーメント $B_4/\rho C_d$
矩形 (x_t, c_t, フラッピング軸)	(i)	$(\pi/8)\,c_t^2x_t^2$	$(\pi/12)\,c_t^2x_t^3$	$(1/6)\,c_tx_t^3$	$(1/8)\,c_tx_t^4$
	(ii)	$(\pi/8)\,c_tx_t^3$	$(9\pi/128)\,c_tx_t^4$	—	—
三角形 (x_t, c_t, フラッピング軸)	(i)	$(\pi/16/c_t^2x_t^2$	$(\pi/20)\,c_t^2x_t^3$	$(1/8)\,c_tx_t^3$	$(1/10)\,c_tx_t^4$
	(ii)	$(5\pi/96)\,c_tx_t^3$	$(67\pi/1920)\,c_tx_t^4$	—	—

ができる．それらを

$$\left.\begin{aligned} F_N{}^A &= \frac{1}{2}\int_0^{x_t}\rho c_d\,(x\dot{\beta})^2c(x)\,dx = B_3\dot{\beta}^2 \\ M_N{}^A &= \frac{1}{2}\int_0^{x_t}\rho C_d\,(x\dot{\beta})^2c(x)\,x\,dx = B_4\dot{\beta}^2 \end{aligned}\right\} \tag{4.4-9}$$

と置いたとき，B_3 と B_4 は矩形と三角形の平板について表 4.4-4 に示されたものとなる．

通常平板の抗力係数は，1.2.3 に述べたように，$C_d \cong 2.0$ (Hoerner，1965) で与えられる．これに対して，水槽内で平板を回転させて式 (4.4-5) を逆算して求めた抗力係数の値は約2倍の $C_d=3\sim4$ である．通常矩形板の平行移動では端部からカルマン渦が交互に生れるが，本例のように回転させると，図 4.4-15 に示されたように，渦は両翼端から発生するので，そこでの吸引力が大きく効くのであろう．この大きい抵抗係数を"等価抗力係数"と呼ぶことにする．

三角形の平板を水中でフラッピング・ヒンジ周りに回転させ，そのとき平板に働く流体力とそのモーメントを実験値で求め，図 4.4-22 に示されるように，斜線域または点線で表し，直交帯による単純な計算結果(太い実線)および格子状要素による複雑な計算結果(細い実線)と比較した．ただし後者の計算は，フラッピング軸から $d_0=0.02x_t$ 離して鏡面を置き，他方の翼の干渉も考慮した計算であるが (Sunada ら，1993a, b)，干渉のない場合と比べて，初期には正に，後期には負に働き，大差はない．

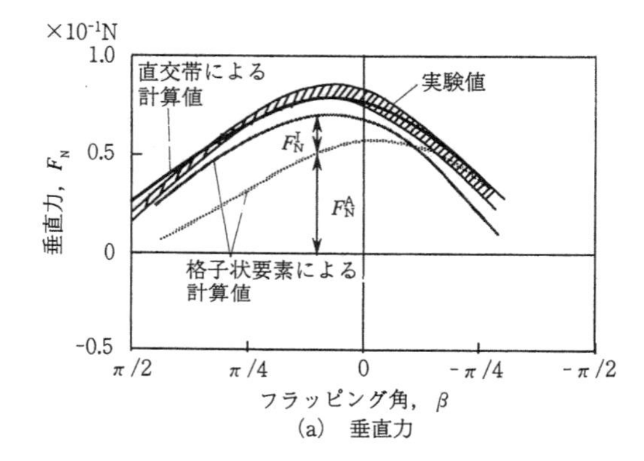

(a)　垂直力

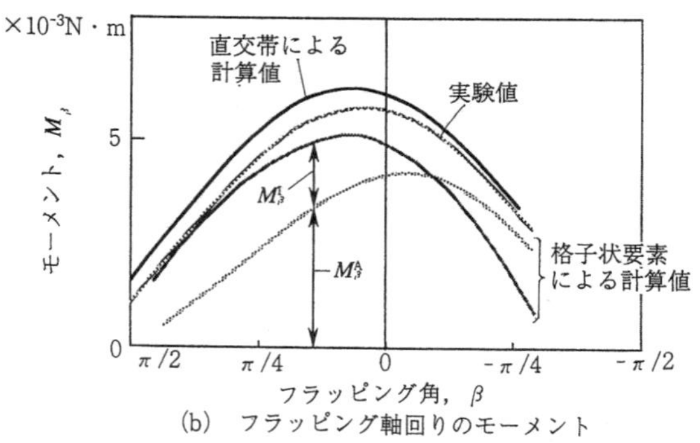

(b)　フラッピング軸回りのモーメント

図 4.4-22　三角形の平板の回転試験による計算評価 (砂田，1992)

直交帯による単純理論計算は，格子状要素による複雑な計算と比べて，翼の打ち下ろし時の全フラッピング角変化を通じて何ら遜色なく，実験値と合っている．つまり大事なことは，事象の本質を見誤らない限り，解析を容易にして，現象を把握するということである．本例では簡単な剥離流についての実験値(または複雑な計算による正解値)の導入($C_d=4$)で，低アスペクト比翼のホヴァリング時の羽ばたきのような翼の回転に伴う非定常空気力が，生物の運動の解析という面で見て，十分有意義な精度の範囲内で推算できることを示した．

この単純理論は，昆虫の離陸時のような非定常羽ばたき翼に適用できるばかりでなく，水棲生物の遊泳脚のパドリング，胸鰭や尾鰭の発進時の煽ぎなどの推進力計算にも適用できる(例えば5.3.1)．

チョウの発進時の羽ばたきを，表4.4-3に諸元の示されたスジグロチョウを例にとって見てみよう．図4.4-23に羽ばたきに伴うフラッピング角βとストローク面に対するフェザリング角θの変化の観測値とそれをなました前翅の値とを示した．これから(i)フラッピングおよびフェザリングとも，1次の調和振動とはずれていること，(ii)初めの加速($\ddot{\beta}<0$)は打ち下ろしのごく初期と打ち上げの後半に限られていること，(iii)フェザリング角の変化はわずかで翅の動きに沿うことなどが見てとれる．

発進時の重心の上下と前後の動きの加速度($\ddot{Z}/g$, $\ddot{X}/g$)を，格子状要素による理論計算値と観測値と比較して図4.4-24に示した．観測値に

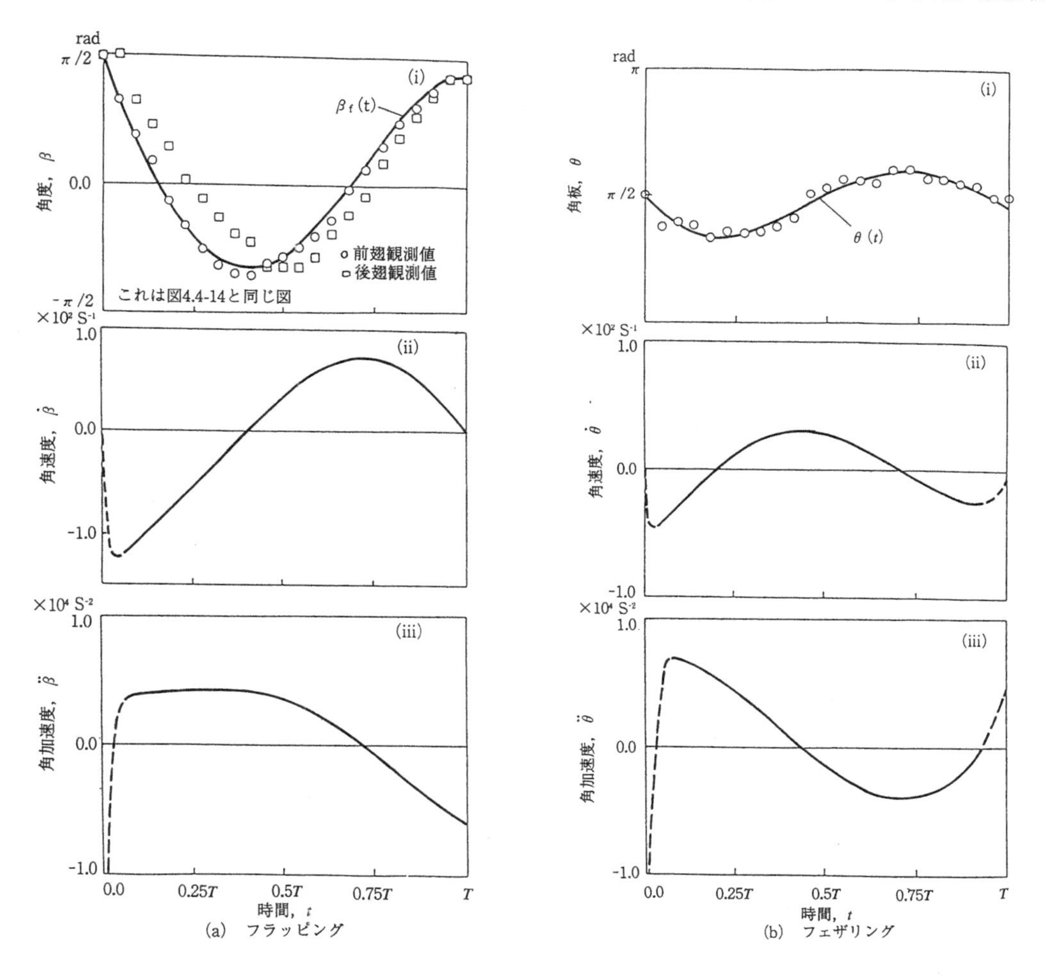

図 **4.4-23**　チョウの（*Pieris melete*）の発進時の羽ばたき

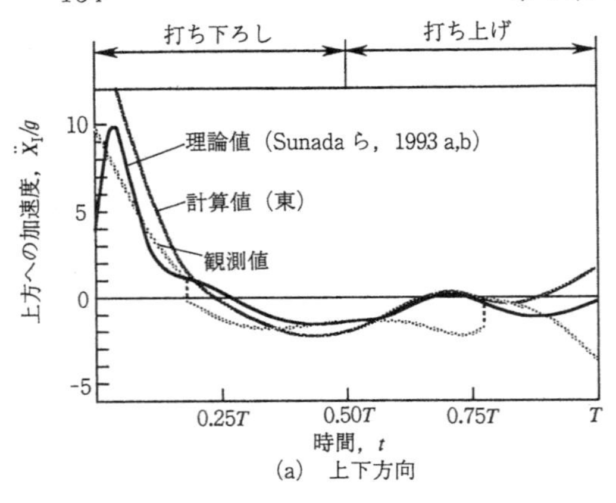

(a)　上下方向

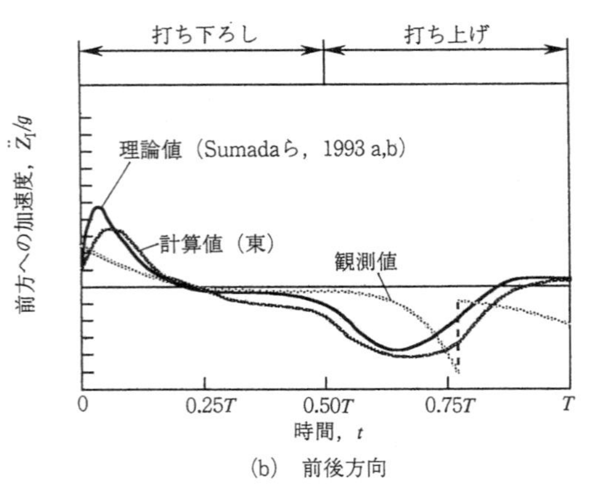

(b)　前後方向

図 4.4-24　チョウの離陸時の重心加速度

は誤差による不連続点があるが，理論値(砂田；太い実線)は実験結果をよく説明している．ちなみに単純計算による理論値(東)も同図に網線で示されている．計算が簡単で短時間に行えるのに精度は複雑な理論計算値に極めて近い．初期の大きい垂直力は，抗力係数 $C_d=4$ としたためで，$C_d=3$ を使うとより実験値に近づく．いずれにしろ，力のかかり具合いの時間的経過はよく合って

図 4.4-25　アザミウマ

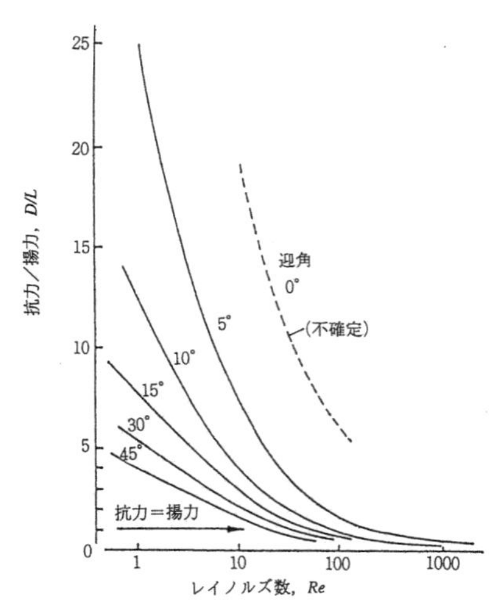

図 4.4-26　薄翼の抗力対揚力の比のレイノズル数による変化（Horridge, 1956）

いるといえよう．

なお，観測値にみられる $t=0$ の値は，チョウの脚のばね効果が含まれているものと思われる．最大上向き加速度がほぼ10G に達するのは，翼面荷重が小さいことの関与もあるだろうが，やはり大したものである．

微小昆虫の飛行

長さが0.1 mm から10 mm 前後の昆虫，例えばアザミウマは，図 4.4-25 に示されるような細毛の網目のような翅をもち，10^2 のオーダの周波数で羽ばたく．レイノルズ数がきわめて小さくなると，すでに2.1 に述べたように，空気力は慣性力ではなく粘性力が主になるので(Horridge, 1956)，図 4.4-26 に示されるように，大型の飛行生物で十分利用できた揚力の代わりに抗力に頼らざるをえない．迎角が小さいと，揚力が極端に小さいので抗力/揚力比は大きいが，実際翼としては抗力も揚力も大きいところが用いられるのである．つまり図 4.4-24 に見られた細毛を利用した網目状の翅は微小昆虫にとって合理的な飛行用具なのである(Pringle, 1957; Kuethe, 1974)．ただし，図 4.4-25 に見られたように，翅を支えるスパーは鳥の羽に似て，中心ではなく前縁よりに走っているので，膜翼でなくても，斜めの空気流(適当な迎角)に対して揚力も働いていることが判る．

4.5 人力飛行

4.5.1 人力飛行の歴史

人力機の歴史は古い．人類は，初めは，レオナルド・ダ・ビンチや安里周当にみられる羽ばたき機を考えた．しかし，飛行を可能にしたのはプロペラ機で，カーボンファイバを主とした複合材やマイラの薄膜といった新材料の開発とともに，年々直線飛行距離は増していった．

有名な“クレーマー賞”(Kremer Prize) は「1マイル(1.61km)離れた2地点間の8字飛行に対して5000ポンドの賞金を提供する」というものであった．多くの挑戦状を退けて賞金を獲得したのは，マクレディ(P.MacCready)らの手になるゴッサマ・コンドル(Gossamer Conder)であった．それは1977年8月のことで，栄誉を担った鳥人の名はアレン(B.Allen)である．

クレーマーは，ついで英仏間のドーヴァー海峡の横断に10万ポンドをかける．しかしこの賞金も1979年6月に，コンドルと同じチームの手に渡った．彼らは，ゴッサマ・コンドルよりさらに細長い翼のゴッサマ・アルバトロス(Gossamer Albatross)を作り，直線で34 km の距離をみごとに2時間49分で飛んだのである．

1983年に，クレーマーは実用的な人力機のために新たに賞を設けた．それは「全長1500 m の三角コースを最初に3分以内に飛び切った者に2万ポンドを提供する」というものである．このためには，平均8.3 m/s (30 km/h) 以上の速度で飛ばなければならない．

賞金は，1984年5月にマサチューセツ工科大学(MIT)の設計・製作になるモナクに乗ったスカラビノ(F.P.Scarabino)によって獲得された．このときの平均時速は34.6 km/h である．

1988年4月，MIT 製作のダイダロス(Daedalus)(図4.5-1)が，ギリシャ神話の古事にならって，クレタ島から飛び立ち，エーゲ海を越えて，サントリーニ島の浜辺に不時着した．搭乗者はギリシャのオリンピック自転車選手のカネロポーラス(K.Kanellopoulus)で，飛行距離116.58 km，飛行時間3時間54分，平均時速は V=29.7 km/h であった．着陸に失敗したのは，島影に入ったときの突風のためである．機体の材料は，カーボンファイバ，ケヴラ，ポリスチレンフォーム，マイラ，ピアノ線，アルミニウム，バルサ材など，各部材に最も適した材料が選ばれた．

これらの機体の諸元は表4.5-1に与えられている．また図4.5-2には(a)機体のみの重量 W_e，(b)搭乗者も含んだ全重量を翼幅で割った“翼幅荷重” W/b および(c)飛距離の変遷が示されている．図中の鳥人間コンテストとあるのは，毎夏琵琶湖上で行われる飛距離を競うコンテストで，高さ10m の台から飛び出して水平飛行距離を争うものである．

4.5.2 性能と飛行特性

筋肉の出すパワとエネルギ

通常哺乳類も含めて，一般の生物の出すことのできるパワは，4.2で述べたように，筋肉1 kg 当たり50～260 W (0.07～0.35 HP) といわれている．図4.5-3に人間の出すことができる機械的パワが示されている．これから，離陸時のような短時間では数 HP (HP＝PS)，10分以内から0.3～0.5 HP を出せること，そしてそれ以上の長時間だと0.3 HP 以下に落ちることがわかる (Wilkie, 1960；Whitt & Wilson, 1982)．また脚に頼る“ペダル漕ぎ”よりは，腹筋も動員されるボートの“オール漕ぎ”のほうが強力である．機体の設計に当たって，その目的を考えた配慮が必要となる．

全エネルギはこのパワを積分した面積で与えられるが，それが大きいほど飛距離が伸びる．

必要パワ

一方，機体の水平飛行(速度 V)に必要なパワ P は，機体の抵抗に逆らって行う仕事と機体の重力に逆らって浮くための仕事との和である．前者は抵抗面積 f に比例し，後者は前にも述べた翼幅方向の荷重分布である翼幅荷重の2乗に比例する．すなわちパワ P は，

$$P=(1/2)\rho f V^3+\{2(W/b)^2/\pi\rho e_h\}/V \quad (4.5\text{-}1)$$

となる．ここに e_h は翼の平面形による修正と，地面または水面近くを飛ぶことができるのなら，地面効果による補正の両方を考えて，

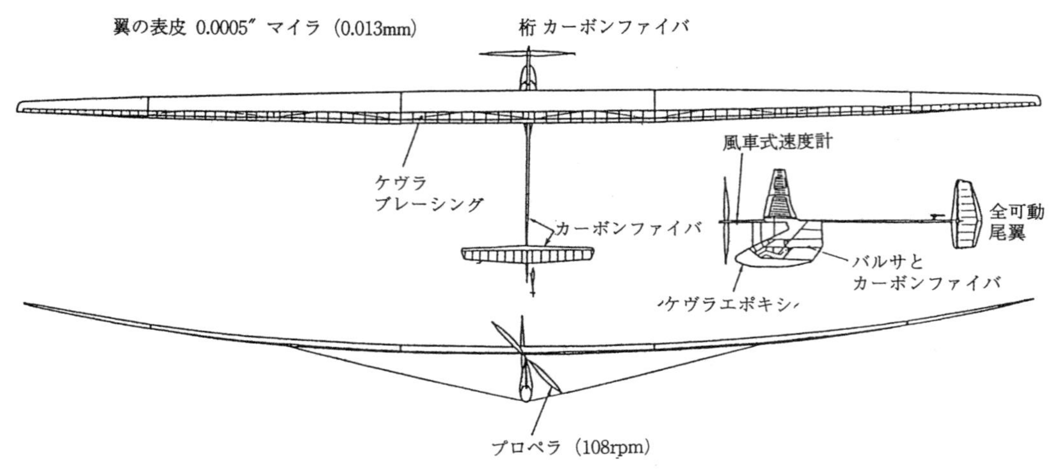

図 **4.5-1** ダイダロス (Drela, 1988)

表 4.5-1 人力機の機体諸元

項目		記号	単 位	サザンプトン大学 Sumpac	Hatifeld Man-Powered Puffin Ⅰ	Royal Air Force Jupiter	日本大学 Egret Ⅲ	日本大学 Stork B	Pa/l MacCready Gossamer Condor	日本大学 Ibis
翼 幅		b	m	24.38	25.60	24.38	23.00	21.00	29.26	19.40
翼面積		S	m	27.87	30.66	27.90	28.50	21.70	70.60	18.00
アスペクト比		$Æ$	—	21.30	21.38	20.70	18.56	20.30	12.13	20.90
全 長		l	m	7.62	6.10	8.99	7.70	8.85	9.14	7.80
機体質量		m_b	kg	56.20	53.50	66.00	61.10	35.90	31.75	34.00
総質量		m	kg	121.20	122.60	136.00	119.10	93.90	93.90	90.00
翼面荷重		W/S	N/m²	42.66	39.23	48.05	40.99	42.46	12.36	47.86
尾翼	水平	V_H	—	0.21	0.31	0.43	0.42	0.52	0.32	0.73
容積	垂直	V_v	—	0.010	0.011	0.019	—	0.017	—	0.020
プロ	直 径	D	m	2.44	2.74	2.74	2.70	2.50	3.81	2.40
ペラ	回転数	Ω	rpm	240.00	—	150.00	120.00	210.00	110.00	230.00
巡航速度		V	m/s	9.00	8.50	9.00	9.80	8.60	4.44	8.47
飛行距離		R	m	595.00	908.00	1071.00	203.00	2094.00	2250.00	1100.00
1500m 飛行時間		t	min, s	—	—	—	—	—	—	—

項目		記号	単位	Paul Mac-Cready Gossamer Albatross	Paul MacCready Bionic Bat	日本大学 Swift C	Hütte, Villinger, Schüle HVS	MIT Monarch	MIT Daedalus
翼 幅		b	m	28.60	16.92	17.50	16.16	18.74	34.14
翼面積		S	m	44.03	13.89	17.84	14.16	16.54	30.84
アスペクト比		$Æ$	—	18.60	12.90	17.17	18.40	21.60	37.79
全長		l	h	10.03	6.15	7.12	5.50	8.05	8.84
機体質量		m_b	kg	31.75	32.78	43.00	52.00	30.60	31.07
総質量		m	kg	97.50	95.38	100.00	110.00	93.20	109.32
翼面荷重		W/S	N/m²	21.67	67.37	55.02	76.20	55.21	34.72
尾翼	水平	V_H	—	0.74	0.56	0.48	—	0.59	0.46
容積	垂直	V_v	—	—	0.029	0.022	—	0.038	0.011
プロ	直 径	D	m	4.11	2.20	3.00	1.60	3.05	3.41
ペラ	回転数	Ω	rpm	95.00	270.00	180.00	400.00	210.00	108.00
巡航速度		V	m/s	4.92	10.47	10.81	10.00	10.83	6.93
飛行距離		R	m	35819.00	1600.00	1409.00	720.00	1500.00	116580
1500m 飛行時間		t	min, s	—	2min23s	—	—	2min50s	—

(東・安田, 1989)

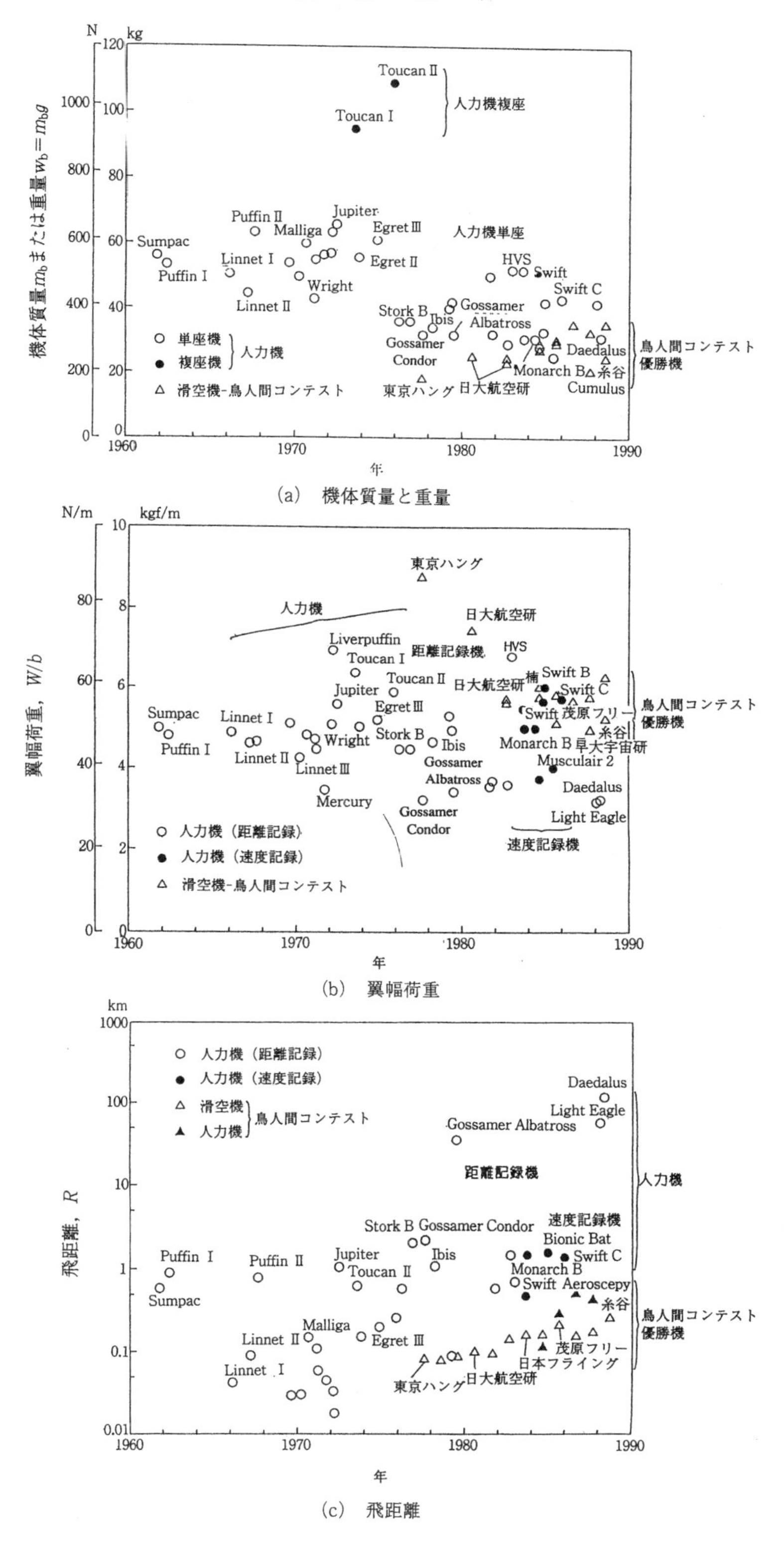

図 4.5-2 人力機および滑空機（鳥人間コンテスト）の機体の特性の変遷（東・安田, 1989）

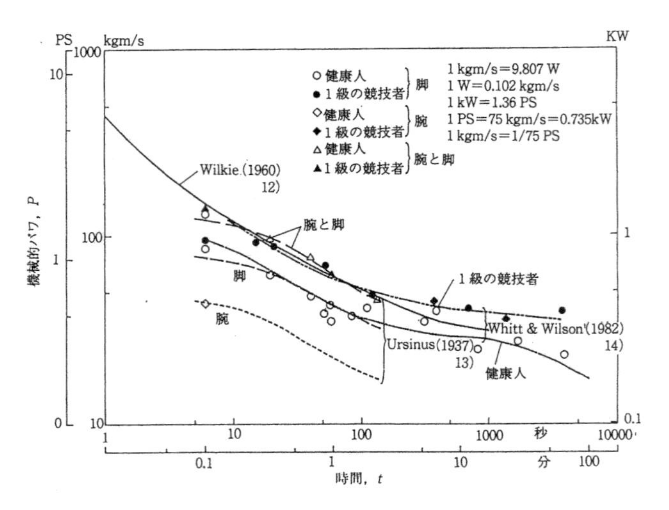

図 **4.5-3**　人間の出し得るパワ（東・安田, 1989）

$$e_{\mathrm{h}} = \mathcal{R}_{e,\mathrm{h}}/\mathcal{R} = (\mathcal{R}_{e,\mathrm{h}}/\mathcal{R}_e)(\mathcal{R}_e/\mathcal{R}) \tag{4.5-2}$$

で与えられる．$(\mathcal{R}_{e,\mathrm{h}}/\mathcal{R}_{\mathrm{e}})$ は，式(3.1-20)を使って，また $(\mathcal{R}_{\mathrm{e}}/\mathcal{R})$ は式(3.1-17)から $e=(b_e/b)^2$ で与えられるものである．

必要パワを減らすには，機体の抵抗面積をできるだけ減らすことと，機体重量が過大にならない程度に翼幅を大きくしてなるべく翼幅荷重を小さくすることである．飛距離を伸ばす飛行は前述のようにできるだけ地面か水面に近づくとよい．ただし追い風では，ある程度高度を高くして風による飛距離増大を図ることができる．

性能と飛行特性

式(4.5-1)から，飛行速度が減れば第1項は極端に減少するが，第2項が著しく増大する．そのために翼幅荷重を減らすことが必要で，図4.5-2からわかるように，長距離，したがって長時間を飛ぶ機体は，低翼幅荷重である．また，低速で飛行するために，低翼面荷重でもある．

図4.5-4は，馬力荷重と翼面荷重の関係を，人力機を含む各種の軽量航空機について示したものである．人力機がきわめて高い馬力荷重，そしてきわめて低い翼面荷重をもっていることが看取される．一般にこれは右下がりの傾向になっているものである．

ゴッサマ・コンドルやアルバトロスと同年代の他機，例えば日本大学のストークと比べてみるとわかるように，コンドルは翼面積がストークの約3.2倍もあって，このためアスペクト比は0.6倍，そして翼面荷重が0.3倍と小さく，したがって巡航速度は約半分となっている．この速度の違いは大きく，巡航でほぼその3乗に比例する必要パワは，コンドルが外部張線などのため抵抗面積が大きいにもかかわらず，ストークより少なくてすんだ．アルバトロスの巡航速度もコンドルより少し速い程度である（木村秀政・内藤晃，1984）．

安定性の目安は，尾翼面積と重心から尾翼の空力中心までの距離とを掛けた“尾翼容積”である．この値は無次元化されたとき，図4.5-5に示されているように，翼面荷重の小さい機ほど小さい値でよい．このほかに普通の航空機の運動と著しく異なることがある．それは機体がきわめて軽いため，機体とともに動く空気の“付加質量”の影響を無視できないことである（Jex & Mitchell, 1982）．すなわち主として主翼に由来する付加質量 A_{ij}（ij 各6成分）が，ある方向に対して機体の質量や慣性モーメントと同程度の大きさとなっている．翼の付加質量と付加慣性モーメントに対しては，近似的に翼弦 c を直径とする単位長さの円柱内の空気がともに動くという仮定が成立するの

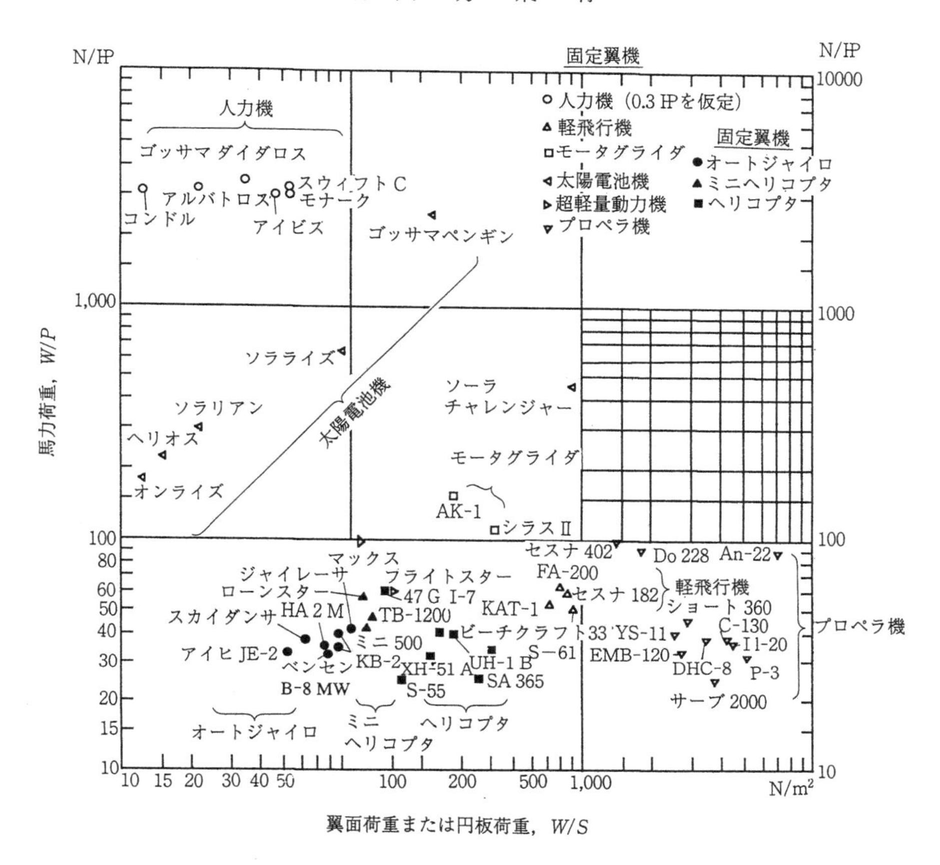

図 4.5-4 馬力荷重と翼面（または円板）荷重（回転翼機のとき S は円板面積）

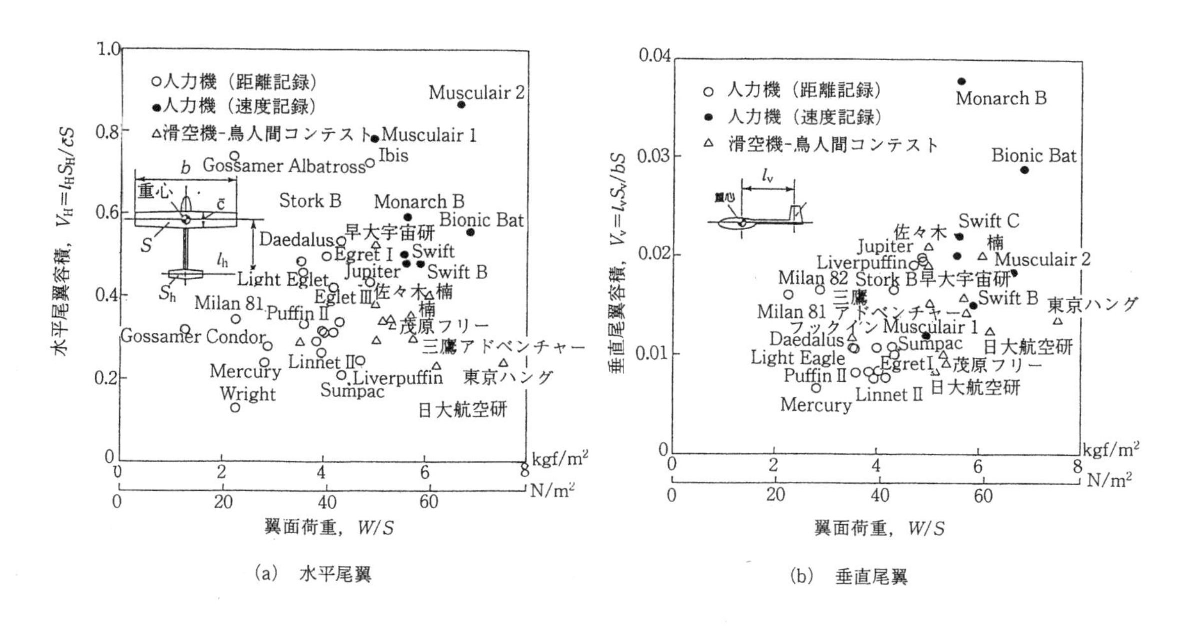

図 4.5-5 尾翼容積（東・安田, 1989）

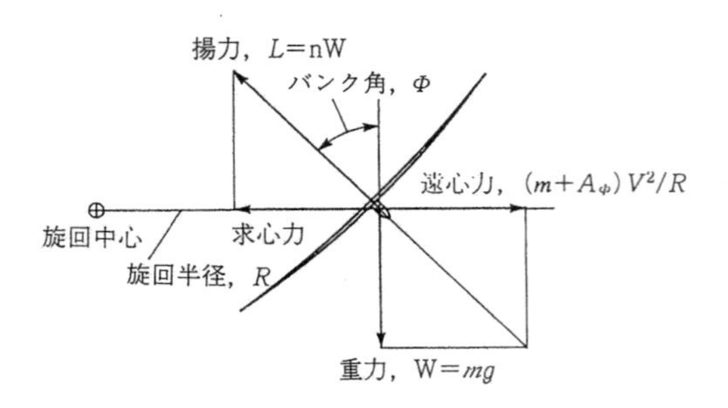

図 4.5-6　旋回飛行の釣り合い（東・安田，1989）

で，これを翼幅全体に積分することによって，例えば左右と上下方向の動きに対する左右と上下方向の付加質量 A_{22} と A_{33} および横運動に対する横揺れ軸および偏揺れ軸周りの付加慣性モーメント A_{44} と A_{66} は

$$\left.\begin{aligned} A_{22} &= m\bar{A}_{22} = m_a \\ A_{33} &= m\bar{A}_{33} \cong \int_{-b/2}^{b/2} \frac{1}{4}\pi\rho c^2 dy + m_a \\ A_{44} &= mb^2\bar{A}_{44} \cong \int_{-b/2}^{b/2} \frac{1}{4}\pi\rho c^2 y^2 dy + I_a \\ A_{66} &= mb^2\bar{A}_{66} \cong I_a \end{aligned}\right\} \quad (4.5\text{-}3)$$

となる（東，1993）．ここに m_a と I_a は機体構造内部に閉じ込められている空気の質量とその慣性モーメントである．

定常施回

図 4.5-6 は，旋回時に必要な求心力が，機体質量 m と付加質量 A_Φ の両者を加速しなければならないために，結果として，荷重倍数 $n=L/mg$ が大きくなることを示している．定常旋回時の力の釣合から得られる関係式は以下の通り：

$$\left.\begin{aligned} &\text{揚力：} L = nW = \frac{1}{2}\rho V^2 S C_L \\ &\text{遠心力：} (m+A_\Phi)(V^2/R) \end{aligned}\right\} \quad (4.5\text{-}4)$$

横揺角：$\Phi = \tan^{-1}\{Fr^2(1+\bar{A}_\Phi)/(R/b)\}$ (4.5-5)

施回半径：

$$R/b = Fr^2(1+\bar{A}_\Phi)\sqrt{n^2-1} \quad (4.5\text{-}6a)$$

または

荷重倍数：$n = L/W = 1+\{(1+\bar{A}_\Phi)Fr^2/(R/b)\}^2$ (4.5-6b)

ここに $Fr = \bar{V}/\sqrt{bg}$ また付加質量 A_Φ は

$$A_\Phi = m\bar{A}_\Phi = A_{33}\sin^2\Phi + A_{22}\cos^2\Phi \quad (4.5\text{-}7)$$

で与えられる．

付加質量が無視されるとき $(\bar{A}_{22} = \bar{A}_{33} = 0)$，次の簡単な良く知られた関係式となる：

$$\left.\begin{aligned} &\Phi = \tan^{-1}(\sqrt{n^2-1}) \\ &R/b = Fr^2/\sqrt{n^2-1} \\ &\text{または} \\ &n = \sqrt{1+\{Fr^2/(R/b)\}^2} \end{aligned}\right\} \quad (4.5\text{-}8)$$

ゴッサマ・コンドルでは，翼にテーパをつけて A_{44} を減らし，横揺れ運動を容易にするとともに，揚力分担をしている先尾翼を傾けて，揚力の水平成分を発生させ横揺れモーメントを作るという，うまい操縦法を採用した．これにより，翼幅に比して旋回半径を小さくすることができるが，その結果，主翼の後退側の動圧が減り，前進側の動圧が増えるので，翼端を逆に振って揚力係数を変え，動圧のアンバランスを補うという制御を行い，横滑りを抑えることに成功した（木村秀政・柚原直弦，1976）．おかげで補助翼をなくして翼の製作が楽になり，重量軽減にもつながったのである．

第5章 遊　　泳

比重がほぼ1に近い生物は，水中では浮くための努力はほとんど必要としない．そこで前進するための推進力を作り出すのに多様な推進法が生まれた．

粘性を利用する微小生物の推進を除いて，ここでは多種の慣性力利用法が考えられる．板を水中に立ててそれを後方に動かす(パドリング)か，袋の中に蓄えた水を絞り出す(ジェット推進)かといった単純直接的なもの，振幅を後方に向かって増大させていく蛇行運動，翼を煽いだり，羽ばたいたり，漕いだりするという翼の揚力利用の推進法がある．環境と生態に応じて，胸鰭あるいは尾鰭を利用するが，同じ尾鰭でも，池に棲む魚の三角翼と，海洋を走り回る回遊魚の三日月翼とでは，その使い方が違ってくる．推進具の形を見ただけで，その生物がどんな生態をしているかを推測できるのである．

海上に帆を立てて動く生物，波を利用する生物も，その波風の利用法はきわめて巧妙で考えさせられる．

岩礁の間を巧みに泳ぐイシガキフグ

流れや波のある岩礁周辺で地物に衝突しないで泳ぐためには，前後・左右の動きの切換えが瞬時に行えなくてはいけない．そのためその辺りに棲む魚は，スイッチングの容易なリボン状の鰭に変型波を送って泳ぐ．

5.1 パドリングとジェット推進

水の移動に伴う慣性力利用の最も単純な方法が本節で扱うパドリングとジェット推進である．前者は板で水を後方へ動かしたときの反力で，また後者は限られた容量の水に，圧力を掛けて噴出させたときの反力で推進する．

5.1.1 パドリングの力学

ある正面面積 S_f のへら状の板，例えば円板が，図 5.1-1 に示すように，流体に対して面に垂直な方向に速度 U，加速度 $\dot{U}$ で動くとき，その板には，動きと逆方向に，加速度に比例する慣性力 F_I と速度の2乗に比例する抗力 F_D が働き，ともに“推進力”を作る：

$$F_I = A_{11}\dot{U} \qquad (5.1\text{-}1)$$

$$F_D = \frac{1}{2}\rho U^2 S_f C_D \qquad (5.1\text{-}2)$$

ここに A_{ij} は i 方向（ここでは $i=1$）に板とともに動く流体の j 方向（ここで $j=1$）の質量，すなわち“付加質量”を表し，また C_D は板の板面に垂直な抗力係数である．このようなへら状の板または椀の“パドル”を推進用具に使って泳ぐことを“パドリング”という．

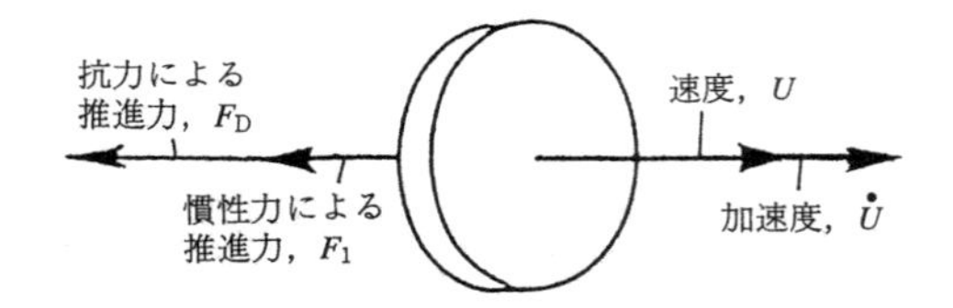

図 5.1-1 板の動きに伴う推進力

表 5.1-1 2次元物体の付加質量

形状	並進運動	回転運動
円柱	$A_{22}=\rho\pi a^2$	$A_{44}=0$
楕円状（長軸）	$A_{22}=\rho\pi(b^2\cos^2\alpha+a^2\sin^2\alpha)$	$A_{44}=\frac{1}{8}\rho\pi(a^2-b^2)^2$
平板	$A_{22}=\rho\pi a^2$	$A_{44}=\frac{1}{8}\rho\pi a^4$
正方形柱	$A_{22}=k_1\rho\pi a^2$	$A_{44}=k_2\rho\pi a^4$

a/b	k_1	k_2
0.1	2.23	1470
0.2	1.98	94
0.5	1.7	2.4
1	1.51	0.234
2	1.36	0.15
5	1.21	0.15
10	1.14	0.147

(Saunders, 1957. Lewis, 1929；Lamb, 1932；Wendel,1950 参考)

表 5.1-2 3次元物体の付加質量

形状	並進運動	回転運動
球	$A_{33}=\frac{2}{3}\rho\pi a^3$	$A_{55}=0$
境界面のある球	$A_{33}=\frac{2}{3}\rho\pi a^3+(1+\frac{3}{16}\frac{a^3}{h^3})$	$A_{11}=\frac{2}{3}\rho\pi a^3+(1+\frac{3}{8}\frac{a^3}{h^3})$
円板	$A_{11}=\frac{8}{3}\rho a^3$	$A_{55}=\frac{16}{45}\rho a^5$
扁長回転楕円体	$A_{33}=k_1(\frac{4}{3}\rho\pi ab^2)$	$A_{11}=k_2(\frac{4}{3}\rho\pi ab^2)$ $A_{55}=k_3(\frac{4}{15}\rho\pi ab^2)\cdot(a^2+b^2)$
楕円板	$A_{11}=k_4(\frac{4}{3}\rho\pi a^2 b)$ $k_4=\dfrac{1}{\int_0^{0.5\pi}\sqrt{(\frac{a^2}{b^2}\sin^2\theta+\cos^2\theta)}\,d\theta}$	

a/b	k_1	k_2	k_3	a/b	k_1	k_2	k_3
1.0	0.5	0.5	0	4.99	0.895	0.059	0.701
1.5	0.621	0.305	0.094	6.01	0.908	0.045	0.764
2.0	0.702	0.209	0.240	6.97	0.933	0.036	0.805
2.51	0.763	0.156	0.367	8.01	0.945	0.029	0.840
2.99	0.803	0.122	0.465	9.02	0.954	0.024	0.865
3.99	0.860	0.082	0.608	9.97	0.960	0.021	0.833
				∞	1.0	0	1.0

a/b	1.0	2.0	3.0	4.0
k_4	0.637	0.41	0.19	0.098

(Lamb,1932；Landweber, 1956；Landweber & Macagno, 1959；Munk, 1963 参考)

付加質量

流体中を動く板に付属し，板とともに動く流体の質量は，その板の形状と動きの方向とで異なる．表 5.1-1 と 5.1-2 に，それぞれ典型的な2次元および3次元物体の付加質量の値を示す．表では，動きの方向の異なる並進運動の付加質量とともに，回転運動の角加速度によって生ずるモーメントに対する付加質量も記入してある．

2次元物体は，例えばボートを漕ぐのに使うオールのような細長い物の長さを無限にした近似と見なすことができる．板も円柱も，長手軸と板面に垂直な方向の動きに対しては，幅を直径とした円柱の容積と同等の流体が付加質量となる．これに対して，円板の板面に垂直な方向の付加質量は，同じ直径の球の容積の$(2/\pi)\rho$倍であるし，球に対する付加質量は球の容積の$\rho/2$倍となっている．実は板を真後ろに動かすより，斜めに動かして板の最大揚抗比の得られるところを使った方が高効率となる(Azuma, 2000)．

抗　力

抗力は速度の2乗，すなわち“動圧”$q=(1/2)\rho U^2$と正面面積S_fとの積に比例し，その比例定数は形状により，また詳しくはレイノルズ数Reにより異なる．しかし，本章で扱う生物では$Re>10^3$と考えてよいので，すでに図1.2-4で示した円柱，球，円板，正方形板を含む矩形板に見られるように，おおざっぱにいって形状のみで定まる一定値と見なしてよい．2次元と3次元の典型的な形状についての抗力係数もすでに表1.2-3に示してある．矩形板の抗力係数はアスペクト比$\mathcal{R}$が大きくなるにつれて，2次元の値に近づく．

表1.2-3の下段に示した凹みが前方を向いているお椀状の物体では，すでに説明したように抗力係数が矩形板より増える．この形状は膜でできていても同じように抗力係数が2割近くも増大する．さらに，椀の中に入った流体は，近似的に凹みのない場合の付加質量に追加された質量として働くので，正の加速運動に対しても流体力を増加させる．

流線形物体は，例えば高速遊泳魚や鯨類の体形では，流れが体の表面で層流から乱流に移ることはあってもそれが剝離することはないので，圧力抵抗はほとんど無視でき，摩擦抵抗のみとしてよいと思われる．そうだとすれば，体の抗力係数は，その大きさと速度，すなわちレイノズル数に応じて，図1.2-3に示される抵抗係数C_fに全表面面積(“濡れ面面積”)S_Wを掛けた$S_W C_f$が抵抗面積となる．これに速度Vのときの動圧$\frac{1}{2}\rho V^2$を掛けたものが抗力である．

$$D=\frac{1}{2}\rho V^2 S_W C_f$$

ところが，実際に水槽で測った多くの例の抗力は通常上述の方法で求めたものよりはるかに大きい(Azuma, 1992b)．その理由はわからないが，少なくとも2倍，通常数倍あるとみてよかろう．

圧力抵抗が予想されるような細長物体についての抗力係数は，後述の5.3.2を参照のこと．

5.1.2 パドリングで泳ぐ生物

パドルを使った泳ぎは，用具のパドルも，その動かしかたも簡単なので，多くの動物の運動に見られる．

水　鳥

多くの水鳥の足は図5.1-2のカツオドリの例に見られるように，蹼(みずかき)の膜が張られている．それを後方に速く動かす“パワ・ストローク”では，膜と足とが後方に開いた凹状の形状となって，付加質量も抗力も平板より増加して，大きな推進力を与える．パワ・ストロークの後半では足の動きは減速されるので，付加質量の作る慣性力は推進力としてはむしろ負に働く．足を前方に戻す“リカヴァリ・ストローク”では，足をすぼめて正面面積を減らし，抗力を減らして負の推進力を小さくする．

水面を泳ぐときは，図5.1-3aに見られるように，足は胴体の下にあって，推力軸は重心の下を通る．したがって強いパドリングで生ずる推進力は，重心回りに頭上げのモーメントをつくり，尻が下がって水につかる部分を増し，そこに働く浮力が増加して頭下げを促す．このため水面上のパドリングでは，その足の1搔きごとに若干体が

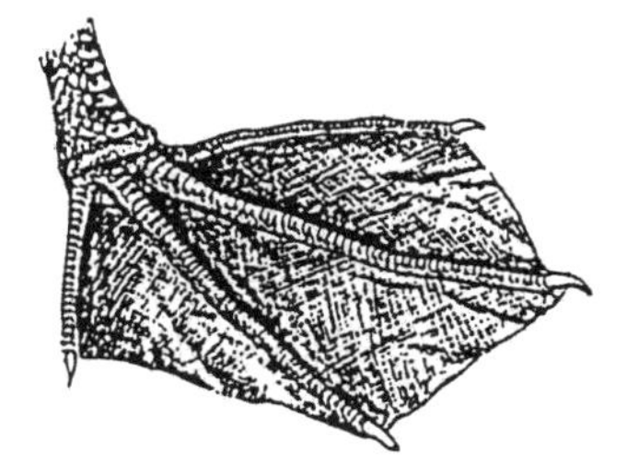

図5.1-2 カツオドリの蹼

図5.1-3 ウの蹼による泳ぎ

縦揺運動をする．これに対して，図5.1-3b示すように，水中に潜ると，浮力の復元力が期待できないので，足を胴体の後方にもっていき，パドリングで得られる推進力が体の重心を通るようにして，体が引っくり返るのを避ける．

水中で餌の魚を追うのに，足鰭のパドリングを使う代表にアビ類がいる．彼らは酸素の多い水の澄んだ(栄養分に乏しい)北半球の湖に暮らし，体形は流線形で，気嚢，肺，羽毛などに含まれた空気量の変化で浮力を調節して泳ぐが，陸上では，後述(5.4.3)のペンギンに似て，後方にある足で直立姿勢を保ちつつよちよち歩きをする．

アビ類より小型のカイツブリ類は，前者より南の湖や沼に棲み，足鰭でも泳ぐが，水掻きの発達が不十分で，推進力は後述(5.4.3)の羽ばたきによるほうが主となるようである．

水中での浮力はコスズガモの例で $B=10N$ 程度．浮力と重量との差 $B-W=3N$ を下向きの推進で作らねばならない(Stephenson ら，1989)．この値は，最高速 $V=1\mathrm{m/s}$ のときの抗力 $D\cong 1N$ の約3倍にもなる．つまり，この鳥は水中生活を主としているものでないことを示している．

哺乳類

水棲の哺乳類の何種か，例えば図5.1-4のトドの例に示されるようなアシカ類(トド，オットセイ，アシカなど)あるいはアザラシ類(アザラシ，ゴマフアザラシなど)は，後足が体の後方にあり，大きな膜の張られた足は，左右交互に開閉して，水を後方に掻いて前進する．淡水に棲むものでは，図5.1-5に示されるカモノハシやビーヴァーが水掻きのある足で同類の推進を行う．前者の水中遊泳の主推進機は蹼の大きい前足であろう．

同じ鰭脚類で似た形態(紡錘形)と食性(肉食)のアシカ類とアザラシ類でもいくつかの違いがある．前者は一般に小型(最大のトドで1600kg)で，低緯度の海域に棲み，長距離の回遊をするのに対し，後者は大型(最大のゾウアザラシでトドのほぼ2倍の質量)で，高緯度の海域に棲む．前者はすべての種が陸上で繁殖し，前後肢とも後者より大きく，後肢は前方に曲げられ，陸上を歩行も走行もできる．後者は海氷上か陸上で休息し繁殖するが，前肢が短く，後肢が後方に向いているので，陸上では四肢歩行はできず，這って移動する．

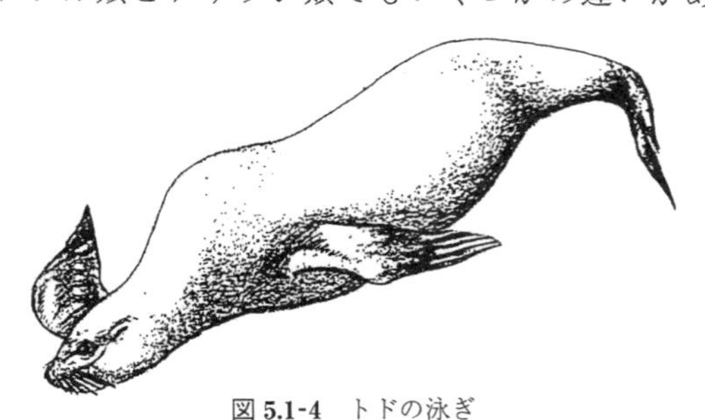

図5.1-4　トドの泳ぎ

図5.1-5　カモノハシの泳ぎ（中村靖夫氏の写真より製作）

前後者とも，後肢の左右交互のパドリングは後述の煽ぎにも似ている．鰭状の前肢は水中で羽ばたき推進に利用されるが，とくに前者のアシカ類の鰭が効率のよい遊泳に使われているようである．

アメリカのカリフォルニア沿岸に繁殖場があるキタゾウアザラシは潜水が得意で，平均十数分潜り，時に水深1000m近くまで潜る．

セイウチ類は大きさも形態もちょうどアシカ類とアザラシ類との中間型である．

なお，ビーヴァーやカモノハシの尾は扁平でちょうど櫂のようになっており，これを鞭打ったり(5.2)，煽いだり(5.3)，あるいは櫓漕き(5.4)したりしても推進力が作れる．

ほかに，立派な水泳用具とはいい難いが，歩行専用の脚を使って泳ぐ生物が多くいる．例えば，イヌ，ウマ，シカ，ホッキョクグマなどでは，ほぼ円柱状の脚や少し幅の広い足が，いわゆる犬掻きという運動で，パワ・ストロークでは垂直に後方に動かされ，リカヴァリ・ストロークでは斜めに前方に戻され，平均して前向きの推進力を作る．

水棲昆虫

多くの水棲昆虫は淡水性のため，川や池に棲み，歩行または遊泳のできる種類が多い．水面では表面張力(6.3.1)を利用してアメンボやミズス

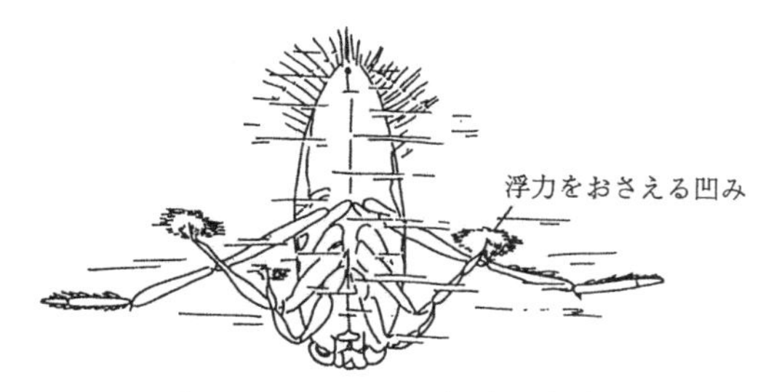

図 5.1-6 マツモムシ（日高，1980）

マシが，水中では水草を利用してマツモムシやゲンゴロウが，そして水底ではトンボの幼虫のヤゴなどが棲んでいる．呼吸は幼虫時代には血管鰓（さい）を利用して酸素を水から得るものもいるが，腹端に長い呼吸管をもちその先を水面に出して空気から酸素を摂取したり（半翅目），翅鞘と腹部の間や体表の密毛の間の空気の泡から呼吸するもの（甲虫目）もいる．我国では開発による環境破壊と水質汚染で，彼らの個体数は激減した．

泳ぎで毛のある脚のパドリングを利用するのは，それぞれ図 5.1-6 と 5.1-7 に示されるマツモムシやゲンゴロウである．前者のマツモムシはアメンボの仲間で水中生活をするが,水中では逆さになって泳ぐ．比重が水より軽いので，泳ぎを止めると浮いていって水面に下から達する．水面では，水の表面張力を利用して足を突っ張り，水を押し上げて表面張力の下向きの成分を利用して浮力と釣り合わせる．後者のゲンゴロウは，体長 30～40 mm と大きく，空中を飛行もするが，ふだんは水中で生活する．呼吸は，水面に出て尻の先に空気の泡を作って，それを利用する．ゲンゴロウの呼吸により泡中の酸素の分圧が減ると，水中からある程度の酸素が泡の中に侵入してくるので，長く水中に留まることができる．同じ仲間のガムシは空気の泡を腹の下の毛の間に貯える．

ゲンゴロウの泳ぎを詳細に見てみよう．図 5.1-7 を参照して，周期 0.2 秒の時間内に，遊泳脚は（a）のパワ・ストロークでは細毛を広げて，ボート漕ぎのオールのように動かすが，（b）のリカヴァリ・ストロークでは脚の細毛を閉じて折り曲げ，極力抵抗を減らして前方に戻す．水中の小魚や虫などの生き餌を捕食するため泳ぎは敏速である．

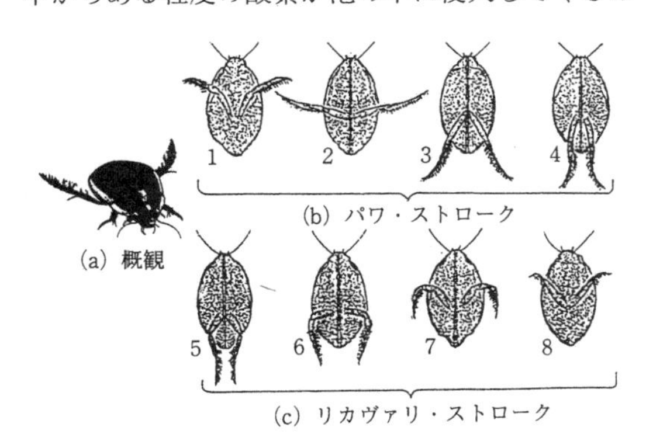

図 5.1-7 ゲンゴロウの泳ぎ（Nachtigall，1980a）

蝦（えび）類と蝦蛄（しゃこ）類

節足動物の甲殻類で十脚目のエビの仲間は，浅海の砂底や岩礁の岩の間，あるいは珊瑚礁の隙間などで底棲生活をする．図 5.1-8 のエビに見られるように,胸部の歩行脚で歩くほかに,腹節の遊泳脚（腹肢）で水中を遊泳する．また危険を察知したときに，尾扇（尾肢）で煽いで緊急の後方へのダッシュをする．このとき用いられる流体力は，団扇のような低アスペクト比翼に働く付加質量の慣性力と，剝離を伴う流れの流体力（4.4.2 参照）の両者を利用したもので，エビ（*Pandaluc danae*）の例でチョウと同じ約 10 G の加速度がでる（Daniel & Meyhöfer, 1989）．ほかに本来海産であるが，ザリガニやテナガエビといった淡水産もいる．

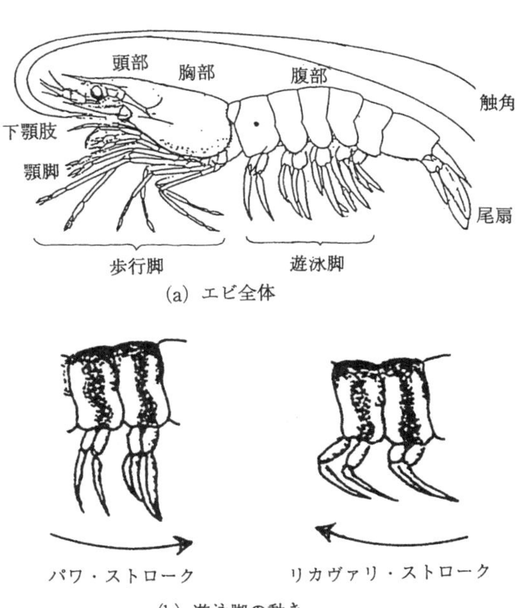

図 5.1-8 エビの遊泳

遊泳脚は爪や毛の生えた凹状のパドル列で，後部から順に少し時間を遅らせて前に向かい，それぞれが後方へ水を掻く．このため後方の脚が寝たところへ前方の脚が掻いた水がやってくるので，列になっていても効率のよいパドリングができる．

尾扇は，それを扇の形に大きくいっぱいに広げてもアスペクト比の小さいパドルのような形をしているので，すでに3.1.2に述べたように，または5.3.1で後述されるように，静止状態から腹部の急激な曲げで，後方へ向いた推進力を作りだす．

また歩行脚の足先は尖った爪があるので，6.1.2に後述されるように，海底との接触面圧を上げて，水中での歩行を容易にしている．

口脚目の甲殻類でシャコの仲間はエビ類と同じような形態をしているが，内湾の砂泥底に棲み，夜行性である．移動法はエビ類とほぼ同じ．

兜蟹(かぶとがに)と兜蝦(かぶとえび)

同じ節足動物の剣尾目のカブトガニや背甲目のカブトエビは，それぞれ浅海と水田に棲み，図5.1-9a,bに見られるように似た形状であるが，ともに遊泳脚をもち，後者は前者の約1/20程度小型であるがそのパドル列は相対的に長いので，遊泳はより巧みである．

両生類と爬虫類

カエルの仲間の跳躍類やイモリやサンショウウオの仲間の有尾類，それにカメやワニの仲間の爬虫類のある種は，蹼(みずかき)の有無にかかわらず，図5.1-10aに示されるように，歩行用の足を後方へ運動させて泳ぐことができる．しかし尾のある種は，後述の尾の蛇行運動に頼ることもある．

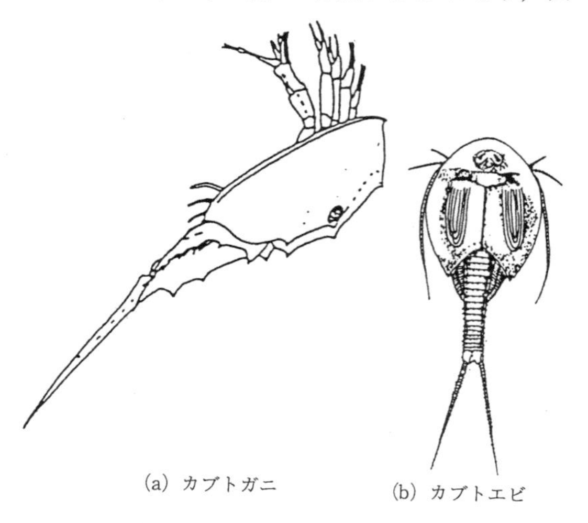

(a) カブトガニ　(b) カブトエビ

図5.1-9 カブトガニとカブトエビ

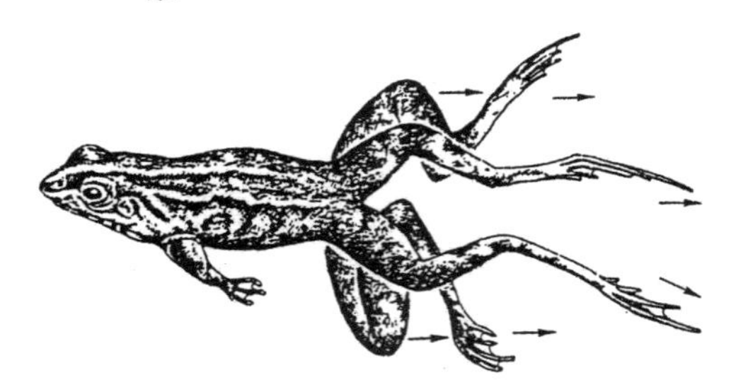

(a) カエルの泳ぎ（東，1980a）

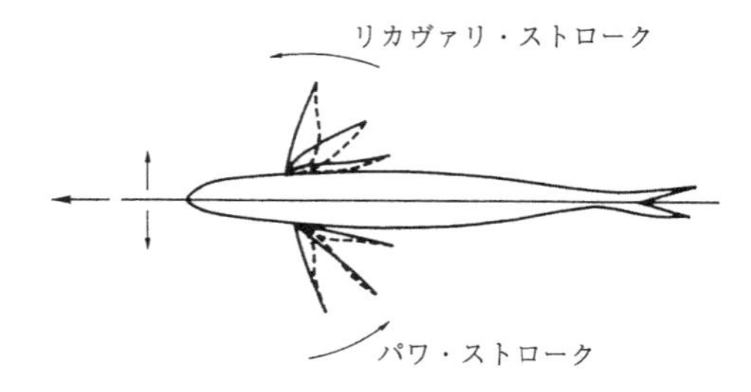

(b) 胸鰭による前進（Azuma, 1992b）

図5.1-10 カエルの脚と魚の胸鰭を使ったパドリング

魚 類

きわめて撓みやすかった複雑な動きのできる魚の胸鰭(むなびれ)は，実に多様な使われ方をするが，その1つが図5.1-10bに示されるように，団扇のような形を利用した低速時のパドリングである(Breder, 1926；Harris, 1953；Blake, 1979；Archer & Johnston, 1989)．パワ・ストロークでは，鰭面が動きにほぼ直角に向けられるが，リカヴァリ・ストロークでは鰭面が動きにほぼ平行に向けられる(Gibb, Jayne & Lauder, 1994)．その動かしかたをちょっと変えるだけで前進・後進が容易で，他の物体あるいは餌などに対して体の相対的な位置決めをするのに適している．大事なことは，パドリングに使われる胸鰭は低アスペクト比の団扇型であることで，マグロのような高速魚の高アスペクト比のそれはパドルとしては用い難い．

5.1.3 ジェット推進

生物は比重が1に近いので，約800分の1もそれが小さい空気をジェット噴流として利用しても，ほとんど推進の効果がない．したがって，水をジェット推進に利用する水中生物は幾種か存在するが，空気ジェット利用の生物は2.1.2で述べた微小生物の例以外にはない．

運動量理論

図5.1-11に示すように，袋の中の流体の内圧を周りの流体の圧力に対してプラスに加圧したり，マイナスに減圧したりすると，流体が袋の中に出入りする．このとき袋の内壁にかかる圧力差を積分して進行方向成分を求めると，それが推進力となる．ノズルが後方を向いているとき，加圧した場合は正の推進力に，減圧した場合は負の推進力になる．この推進力は，このとき排出されるあるいは吸引される流体の運動量変化に等しい．したがって，圧力を積分する代わりに変化の生じた運動量(質量・速度)を求めても，推進力が計算できる(Azuma, 1992b)．

単位時間当たりの質量流量を $\dot{m}$，最小断面積における噴出速度を $+v$(+は噴出，−は吸引)としたとき，推進力 T は

$$T=\pm\dot{m}v \tag{5.1-3}$$

となる．質量流量 $\dot{m}$ は流体密度を ρ，噴出流の最小断面積 S_c としたとき，

$$\dot{m}=\rho S_c v \tag{5.1-4}$$

で与えられるので，袋が静止しているときの推進力 T は，

$$T=\pm\rho S_c v^2 \tag{5.1-5}$$

となる．噴き出すジェットは，最小断面積 S_c が噴出口の面積 S_f に対して $k=S_c/S_f<1$ だけ縮小する"縮脈流"となっており，たとえば，薄い板に孔の開いたオリフィスからの排出では $k=0.60$〜0.65，円形口で $k=0.62$ である．

もし袋が速度 V で進行しているときは，周りの速度0の流体を内部の流体の速度 V にまで高めるのに運動量変化の抗力が働くので，排出時の推進力は

$$T=\dot{m}(v-V)=\rho S_c(v-V)v \tag{5.1-6}$$

つまり，$v-V>0$ でなければ正の推進力は与えられない．ただし，ロケットのように内部流体を最初から機体側に入れてペイロードとして考えたときは，推進力は $\dot{m}v$ とみたことになる．

噴出に要するパワ P は，流体に与えた単位時間当たりの運動エネルギとして

$$P=\frac{1}{2}\dot{m}v^2=\frac{1}{2}\rho S_c v^3 \tag{5.1-7}$$

で与えられるので，噴出時のフルード効率 η は

$$\eta=TV/P=2\{1-(V/v)\}(V/v) \tag{5.1-8}$$

となる．最大の効率は $V/v=1/2$ で生じ，そのとき $\eta=1/2$ となる．すなわち噴出速度 v は移動速度 V の2倍のとき，最大効率 $\eta=1/2$ が得られる．

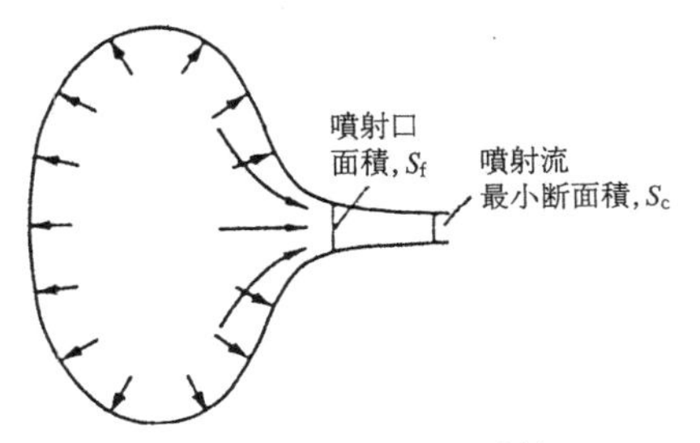

図 5.1-11 袋の作るジェット流

5.1.4 ジェット利用の生物

ジェット推進を利用して進む生物は多い．代表的なものを図5.1-12に列挙して説明しよう．

(a)のクラゲはプランクトンの仲間で，その多くは海産で表層近くを海流に乗って遊泳する．寒天質の部分がよく発達し，傘型あるいは鐘型の傘の開閉で水の吸入と排出を繰り返すが，吸入のリカヴァリ・ストロークのときは多量の水をゆっくりと吸って負の推進力をおさえ，排出のパワ・ストロークのときはジェット水流の排出速度を速めて正の推進力を大きくして流れに相対的に動く(東，1980a；Azuma, 1992b)．

ヒドロクラゲの例では約1Hzの周波数で泳ぐが，この値は傘の収縮機構の共振周波数と一致している(DeMont & Gosline, 1988a,b,c)．

図のカラカサクラゲは傘の径が約3cmと小さいが，エチゼンクラゲは径が約1mで，質量が150kgにもなる．中国から南鮮にかけて発生した後，対馬暖流に乗って日本海に流入し，北海道西岸にまで達する．一部は津軽海峡を抜けて三陸・常磐沖にまで漂流する．つまりジェット推進は大きい海流内での相対位置の変動に利用されているのである．

傘の縁に多数の触手が並び，甲殻類，環形動物，小魚といった餌を捕えて刺胞で弱らせたう

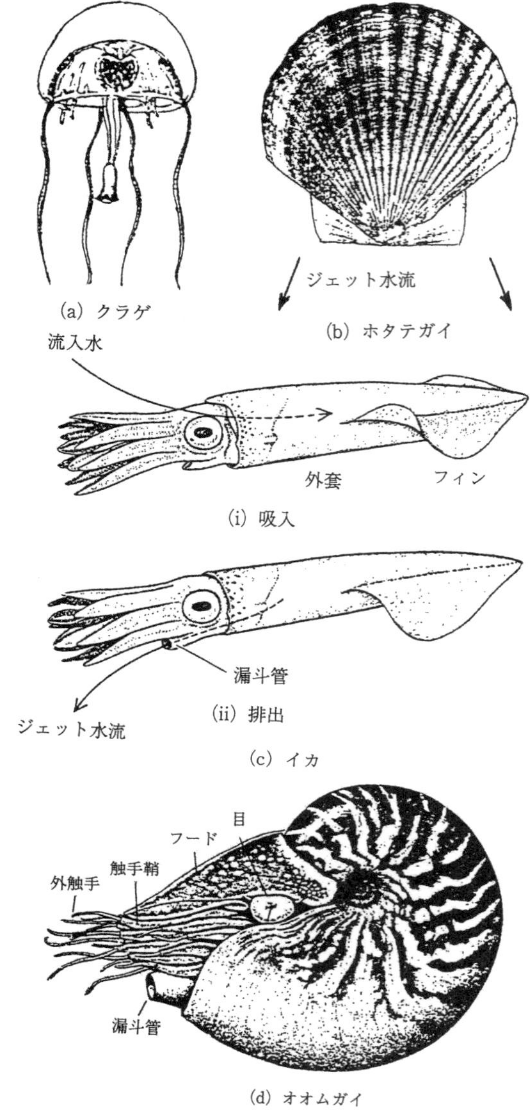

図 5.1-12　ジェット利用の生物

え，消化液を分泌して食べる．

(b)のホタテガイは後述のオウムガイ，イカ，タコなどと同じ軟体動物の1種で，基本的には鰓(えら)で呼吸するが，出水管がしばしば推進のために水のジェットの噴出口として使われる．すなわち殻を開いて入れた水を，強い筋肉の柱で殻を閉じるときに，縁の紐(膜)で開いたほうを覆って水がそちらからは漏れないようにして，2枚の貝殻の合わせ目の両側からジェット水流を噴出する．カスタネットのような2枚の貝殻の運動は,合わせ目にあるゴム状のばね(アブダクティン)の弾性力と，貝殻の運動に伴う慣性力とが釣り合う“共振周波数”で行われる(Azuma, 1992b)．つまり貝柱の筋肉が縮んで貝が閉じるときに，そのトルクの一部が弾性力としてばねに貯えられ，それが開くときにこの弾性力が利用されるので，貝柱の力は，流体の吸入と噴出に使われ，貝殻の慣性力はばねの弾性力でキャンセルされる．

(c)のイカはタコと同類の頭足綱で，広く全世界の海に棲息し，最小のヒメイカ(外套長1.6 cm)から最大のダイオウイカ(外套長6 m)まで多種である．通常低速では外套側面の鰭(ひれ)に変形波を送って後述の鰭の蛇行推進または羽ばたきに頼るが，高速では筋肉質の円筒形の外套膜の中に貯えた水を向きの変えられる“漏斗管”からの噴出で推進する(Gosline & DeMont, 1985)．

Illex illecebrosus の例では，速度 V が 0.28 m/s 以下では少しずつ沈んでいくが，0.28 m/s $< V <$ 0.38 m/s では，ジェットの場合とほぼ同じ周波数でフィンを煽ぎ，そしてそれ以上の速度ではフィンから漏斗のジェット推進に切り換える．速度が 0.48 m/s $< V <$ 0.88 m/s の高速遊泳にはフィンは外套の下にして抵抗を減らし，ジェット推進のみに頼る．その際，間欠的に行われるジェット噴出の周波数(1 Hz 前後)は少しずつ増加し，ピーク時の内圧は $V=$0.28 m/s のときの 1 kPa から $V=$0.58 m/s のとき，4 kPa にまで増える．フルード効率はこのとき $\eta=0.42$ である(Webber & O'Dor, 1986)．それは肉食で小型の遊泳性甲殻類や魚類を1対の急速に伸縮する触腕で捕え，烏鳶(からすとんび)と呼ばれるキチン質の顎板で餌をかみちぎる．

タコも同じ仲間で，吸盤のある8本の腕とか漏斗からの水のほかに墨を吐いて外敵を驚かすといった点はイカと似ているが，2本の触腕はない．ミズダコが泳ぐときは，脚についている大きい膜が後退翼として機能し，たぶん水より重い体をそこに働く上向きの揚力で支える．

(d)オウムガイもノズルからのジェットで推進するが，ふだんの呼吸のための吸排水でも揺り椅子のように体が前後に揺れることがある．深度100 m あるいはそれ以上の海中の高圧下(100 m ごとに10気圧)に生存するので，その貝殻の構造と耐水圧特性とは興味がもたれる．

典型的な2種の螺旋形に，図5.1-13に示される(a)“一様螺旋”または“アルキメデスの螺旋”と(b)“等角螺旋”または“対数螺旋”がある．前者はロープを渦巻き状に巻いたもので，半径はロープの幅だけ一様に増えていく．すなわち，半径ヴェクトルOP(長さr)が極Oの周りに一定の角速度$\dot{\theta}$で回転しつつ一定速度で移動するときに画くPの軌跡として与えられる．

$$\dot{r}=a\dot{\theta}\quad すなわち\quad r=a\theta \tag{5.1-9a,b}$$

後者は巻き幅が巻き数とともに一定の比率aで増えるもので，半径ヴェクトルOPが極Oの周りを一定の角速度で回転しつつ，極からの距離に比例した速度で移動するときに画くPの軌跡として与えられる．

$$\dot{r}=r\dot{\theta}\quad すなわち\quad \theta=a\log r \tag{5.1-10a,b}$$

対数螺旋の命名は上式から明らかである．また等角螺旋の呼称は上式から$\Delta r/r\Delta\theta=1/a=$一定と図5.1-13bより明らかである．オウムガイがこの形状をとるのは，たぶんその成長過程のメカニズムと関係があるのであろう．

高圧下での殻の圧力平衡はどうなっているのかは興味深い．殻の1巻きの1/4の部分は柔らかい肉体部であるが,残りは一連の窒素を主体とした気体で満たされた室に分けうれている．しかもその気圧は，ある計測例では殻の中心に最も近い古い室では約0.8気圧，そして外側の新しい室では0.3気圧であった(Alexander, 1992)．

ところで室には気体のほかに若干の塩類の水溶液が含まれている．この溶液は血液より薄く，したがって室内の水は血液中に浸透するが，その“浸透圧”は先の計測例では15気圧であった．これは水深140mの深さの圧力に相当し，その深度で室から水を吸引し，低圧の室を残している．殻の構造は，外圧に対して圧力の低い内圧を支えるのに十分な強度を有しているものである．

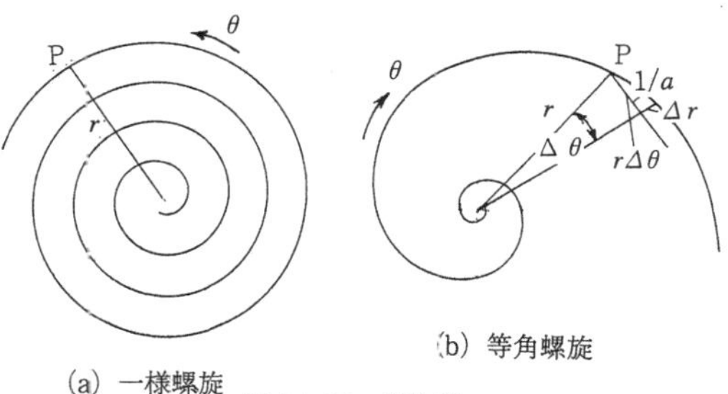

(a) 一様螺旋　(b) 等角螺旋

図5.1-13　螺旋形

図には示されていないが，ヤゴはトンボの幼虫で，円筒形または扁平のエビ状をしており，水中を歩行し，ときに小動物を捕えるために，肛門からの水の噴出で一気に推進力を作る．

5.2　蛇　　行

微小生物の蛇行運動である鞭毛を使っての遊泳に関しては,すでに2.2において説明した．本節では，もっと大きくて細長い形状(“柱状物体”)，または薄くて長いリボン状(“帯状物体”)の生物の蛇行運動について考察してみよう．

5.2.1　蛇行の力学

微小生物では，周りの流体がわれわれの感じている流体よりはるかに粘っこい流体なので，移動に当たって，彼らは鞭毛という細長い物体に波を送って泳ぐ．生物がセンチメートル以上の大きさとなると，体が柱状物体あるいは帯状物体となる

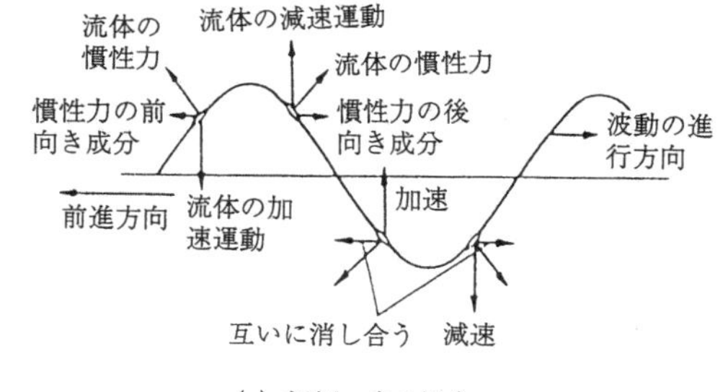

(a) 振幅一定の場合

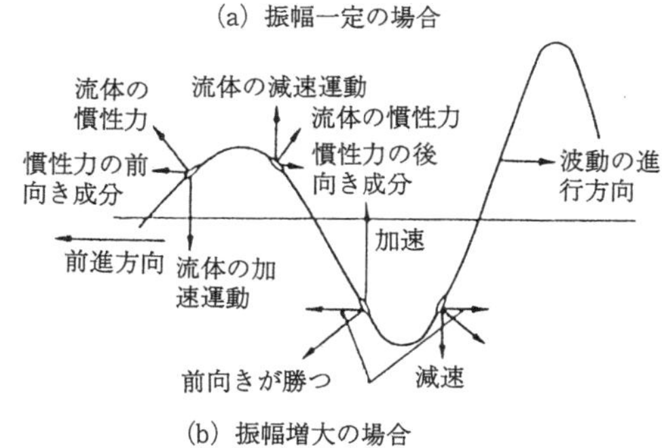

(b) 振幅増大の場合

図5.2-1　波動運動に伴う慣性力（東，1986）

か，または体に細長いリボン状の鰭をもつようになり，それらに変形波を送って前進する(Gray, 1933)．変形は体軸に沿う筋肉で作られた曲げモーメントで得られる(Cheng & Blickhan, 1994a, b)．このような“蛇行運動”でどのような力が働くかを，図5.2-1を参照して見てみよう．

長さlに対して高さや幅あるいは直径dが十分小さい柱状物体では，体の後方の変形が前方の部分に影響することは少なく，ある長さ位置の点に働く流体力はそこの断面形状とそこでの横断速度のみで定まるという細長体理論(5.2.3参照)が成立する(Jones, 1946；Chengら，1991)．

波は後方に送られるが，(a)は振幅が同一であるとき，そして(b)は振幅が増大している場合について示してある．体の変形に伴う流体の付加質量の作る慣性力が，(a)では波の前半と後半とで互いに消し合ってしまうが，(b)では消し合わずに推進力となることが示されている．

図5.2-2に示すように，変形量Zが体長に沿う長さsの関数として，

$$Z = ae^{bs}\sin\{(2\pi/\lambda)(s-Ct)\} \qquad (5.2\text{-}1)$$

と表されるものとする．aは振幅，bはその増大率($b=0$では振幅一定の波)，λは波長，そしてCは変形波の伝播速度である．断面積S_cの柱状物体の単位長さ当たりの変形方向の付加質量$\rho_{33}S_c$は，体高h_Fをここではcとしたとき

$$\rho_{33}S_c = \rho\{\pi(c/2)^2/S_c\}\gamma S_c \qquad (5.2\text{-}2)$$

で与えられる(Lamb, 1932)．γは“付加質量係数”で平板と円柱のとき1で(表5.1-1参照)，その他の断面形状の柱や曲がった柱に対しては，図5.2-3a,bに示されるように1以外の値となる．

変形量Zが微小なとき，局所座標(x, z)の各軸方向の速度(u, w)および加速度($\dot{u}$, $\dot{W}$)は，それぞれ

$$\left.\begin{aligned} u &\cong -V \\ w &\cong \dot{z}+Vz' \end{aligned}\right\} \qquad (5.2\text{-}3)$$

$$\left.\begin{aligned} \dot{u} &= 0 \\ \dot{w} &\cong \ddot{z}+V\dot{z}' \end{aligned}\right\} \qquad (5.2\text{-}4)$$

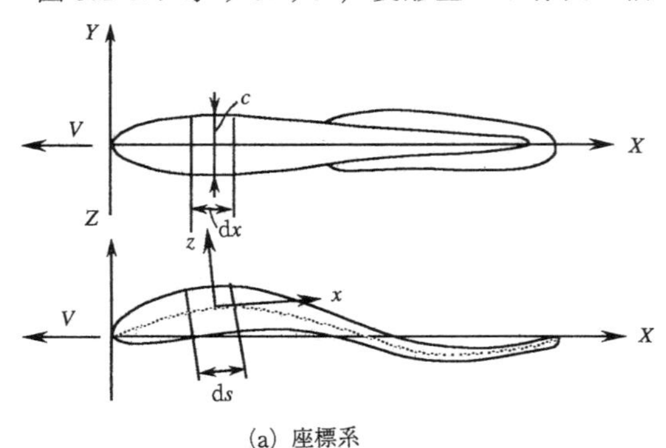

(a) 座標系

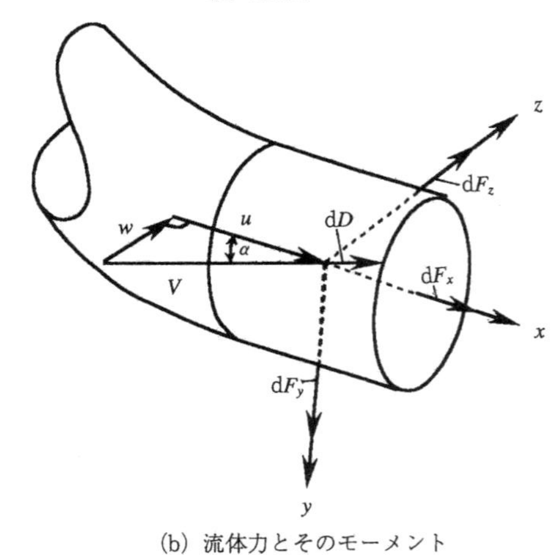

(b) 流体力とそのモーメント

図5.2-2　蛇行の座標系と流体力

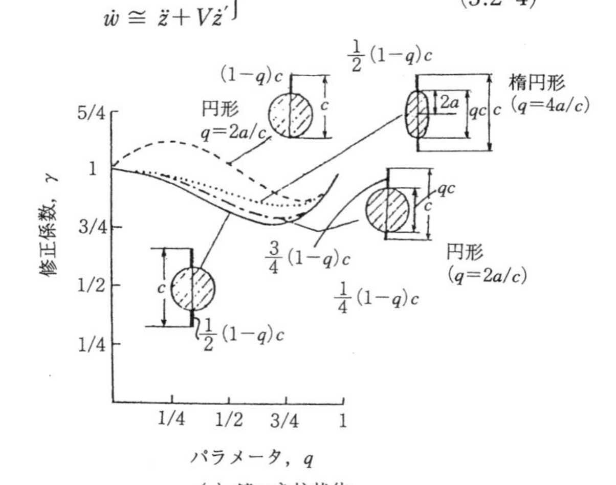

(a) 鰭つき柱状体

(b) 波状柱状体

図5.2-3　付加質量の修正係数(Lighthill, 1970, 1983)

$$\left.\begin{aligned} z' &= \partial Z/\partial x \cong \partial Z/\partial s = \Psi \\ \dot{z}'' &= \partial \dot{z}/\partial x = \partial^2 z/\partial t\partial x \cong \partial^2 z/\partial t\partial s \end{aligned}\right\} \quad (5.2\text{-}5)$$

で与えられる．ここに$(\dot{\ })$は(　)の時間による微分また(　)′は(　)の長さsによる微分である．このとき，体の要素$\mathrm{d}s$に生じる慣性力$(f_{I,x}^{B}$, $f_{I,z}^{B})$，周りの流体の付加質量の慣性力$(f_{I,x}^{W}$, $f_{I,z}^{W})$および抗力のつくる動的流体力$(f_{D,x}$, $f_{D,z})$は，それぞれ次式で与えられる：

$$\left.\begin{aligned} f_{I,x}^{B} &= -\rho_m S_c \dot{u} \cong 0 \\ f_{I,z}^{B} &= -\rho_m S_c \dot{w} \end{aligned}\right\} \quad (5.2\text{-}6)$$

$$\left.\begin{aligned} f_{I,x}^{W} &= -\{\rho_{11} S_c \dot{u} - u(\partial/\partial s)(\rho_{11} S_c u)\} \cong 0 \\ f_{I,z}^{W} &= -\{\rho_{33} S_c \dot{w} - u(\partial/\partial s)(\rho_{33} S_c w)\} \end{aligned}\right\} \quad (5.2\text{-}7)$$

$$\left.\begin{aligned} f_{D,x} &= (1/2)\rho V^2 c \kappa \pi C_f \\ f_{D,z} &= -(1/2)\rho V^2 c\{\kappa \pi C_f (w/V) \\ &\quad + C_p |w/V| (w/V)\} \end{aligned}\right\} \quad (5.2\text{-}8)$$

ここにκは“円周比”で体高cを直径とする円の周囲長さπcと細長体の周囲長との比である．

体全体に働く前向きの推進力Tと，それに直交する横力Hは

$$\left.\begin{aligned} T &= \int_0^l \{f_{I,x}^{B} + f_{I,x}^{W} - f_{I,z}^{W}\Psi + f_{D,x} - f_{I,z}^{W}\Psi\}\,\mathrm{d}s \\ H &= \int_0^l \{f_{I,z}^{B} + f_{I,x}^{W}\Psi + f_{I,z}^{W} + f_{D,z} + f_{D,x}^{W}\Psi\}\,\mathrm{d}s \end{aligned}\right\} \quad (5.2\text{-}9)$$

であり，またパワPは

$$\begin{aligned} P = \int_0^l \{& (f_{I,x}^{B}, \ + f_{I,x}^{W} - f_{I,z}^{W}\Psi + f_{D,x} - f_{D,z}\Psi) u \\ & + (f_{I,z}^{B} + f_{I,z}^{W} + f_{I,z}^{W}\Psi + f_{D,z} + f_{D,x}^{W}\Psi) w\}\,\mathrm{d}s \end{aligned} \quad (5.2\text{-}10)$$

で与えられる(Azuma, 1992b)．上式のうち，推進力と横力とは積分記号を外した各要素ごとにも成り立つが，パワPは積分した状態でこの形を保つのであって,各要素ごとの筋肉が消費するパワではなく，体全体で流体に与えられたパワを表す．力の表式の中には慣性力も入っているので，力の釣り合いは

$$T = H = 0 \quad (5.2\text{-}11)$$

で与えられる．

推進力とパワの時間平均は

$$\left.\begin{aligned} \bar{T} &= (C/\lambda)\int_0^{\lambda/c} T\,\mathrm{d}t \\ \bar{P} &= (C/\lambda)\int_0^{\lambda/c} P\,\mathrm{d}t \end{aligned}\right\} \quad (5.2\text{-}12)$$

となる．

具体的な表式として，慣性力の分(下指標I)と粘性力による抗力の分(下指標D)とに分けて考える．後者のほうはすでに2.2.2の式(2.2-6と2.2-7)で与えられたものと同じであるのでここでの再録は控える．前者のほうは次式で与えられる(Azuma, 1992b)：

$$\bar{T}_{1,1} \cong \frac{1}{4}\rho\pi(c/2)^2\gamma \cdot (e^{2bl}-1)[C^2(2\pi a/\lambda)^2 \{1-(V/C)^2\} - V^2(ab)^2] \quad (5.2\text{-}13a)$$

$$\bar{T}_{1,2} \cong \begin{cases} 0\text{；体高一定} \\ \frac{1}{4}\rho\pi(c/2)c'\gamma\{(e^{2bl}-1)/b\}[VC(2\pi a/\lambda)^2\{1-(V/C)\} - V^2(ab)^2]\text{；} \\ \quad \text{体高が三角形状に増えかつ振幅増大}(b>0) \quad (5.12\text{-}13b) \\ \frac{1}{2}\rho\pi(c/2)c'\gamma \cdot lVC\{1-(V/C)\}(2\pi a/\lambda)^2\text{；体高が三角形状に} \\ \quad \text{増えるが振幅一定}(b=0) \quad (5.2\text{-}13c) \end{cases}$$

$$P_{1,1} \cong \frac{1}{4}\rho\pi(c/2)^2\gamma \cdot (e^{2bl}-1)[VC^2\{1-2(V/C)^2\}(2\pi a/\lambda)^2 + V^3(ab)^2 + (2\pi a/\lambda)^2\} \quad (5.2\text{-}14a)$$

$$P_{1,2} \cong \begin{cases} 0\text{；体高一定} \\ \frac{1}{4}\rho\pi(c/2)c'\gamma \cdot \{(e^{2bl}-1)/b\}[VC^2\{1-(V/C)\}^2(2\pi a/\lambda)^2 + V^3(ab)^2]\text{；} \\ \quad \text{体高が三角形状に増えかつ振幅増大}(b>0) \quad (5.12\text{-}14b) \\ \frac{1}{2}\rho\pi(c/2)c'\gamma \cdot lC^2V(2\pi a/\lambda)^2\{1-(V/C)\}^2\text{；体高が三角形状に増えるが振幅} \\ \quad \text{一定}(b=0) \quad (5.2\text{-}14c) \end{cases}$$

ここに下指標1は体高cが一定でも生ずる純粋に非定常な成分(振幅bの増大によるぶん，$b>0$)で，また下指標2は，体高が増すことで($c'=\partial c/\partial s>0$)で生ずるぶんである．

慣性力で推進力を得るには，(i)変形波の速度は前進速より大きいこと，$C>V$，(ii)体高を尾に

向かって増すか($c'=\partial c/\partial s>0$)，(iii)振幅を尾に向かって増す($b>0$)ことである．(i)のことは，1周期に進む距離("ストライド長"l_s)と変形波の波長λとの比

$$l_s/\lambda=V/C \qquad (5.2\text{-}15)$$

が1より大きい($l_s/\lambda>1$)ことを意味する．

5.2.2　柱状または帯状生物の泳ぎ

柱状または帯状(リボン状)生物は蛇行運動で泳ぐのが普通である．ただしその時，図5.2-4に見られるような生物は，柱状物体の体または鰭のついた体全体に波動を送る．リボン状物体の遊泳については Wu (1961) や Chen ら (1991) の理論的解析がある．

(a) ウナギ類は海で生まれ，淡水中で成長する硬骨魚で，体は円柱状であるが，前後進の微調整に有効な胸鰭がよく発達し，腹鰭はなく，脊鰭，尾鰭，尻鰭が連結していて，蛇行の際にこれらの鰭で体高を増して推進力の発生を助ける．体長は40～50cm，オオウナギで1mを越す．小魚や水棲昆虫などを餌にし，水中遊泳のみならず，蛇行運動で陸上を這ってかなり移動することもできる．このときは皮膚呼吸能力を発揮する．

(b) のウツボ類はウナギと種目は同じであり，暖かい海の岩礁や珊瑚礁に棲む．体形はやや側扁し，体長は1m前後，上下の両顎は長く，鋭い犬歯状の歯をもち，夜行の肉食性である．胸鰭と腹鰭はない．

(c) のウミヘビは硬骨魚のダイナンウミヘビなどとは別の海棲の爬虫類を示す．体はきわめて細

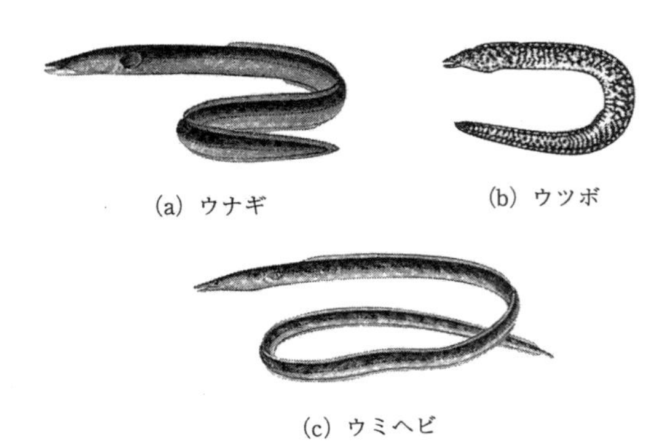

(a) ウナギ　　(b) ウツボ

(c) ウミヘビ

図 5.2-4　体全体に変形波を送る細柱状生物（蒲原，1976参照）

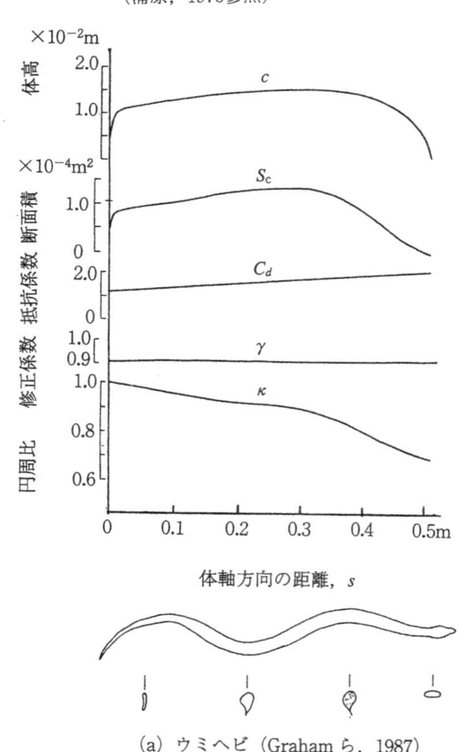

(a) ウミヘビ (Graham ら，1987)

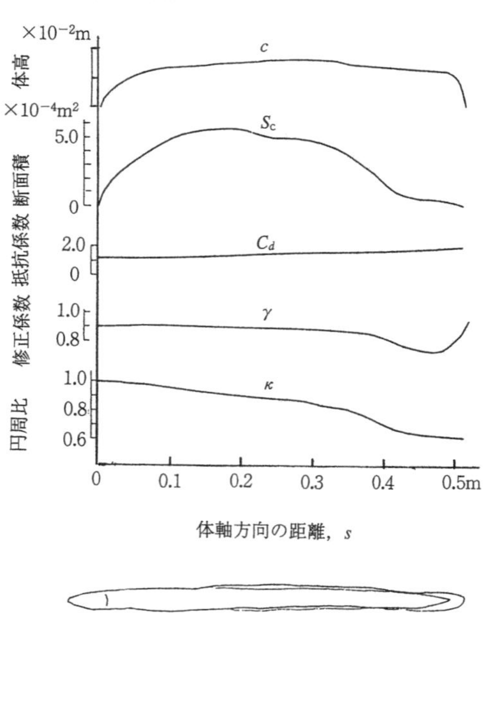

(b) ウナギ (Azuma，1992b)

図 5.2-5　柱状生物の形状例

長く，体長は1m以上で，尾は陸棲のヘビのようには細くならず，体高が一定のまま左右が薄くなって(側扁して)いく．硬骨魚のウミヘビのような鰭はない．暖海に棲み魚を主食とする．

以上の生物では，いずれも後尾に向かって体高はほとんど変化しない．図5.2-5に彼らの観察された体形(c, S_c, k)および流力係数(C_d, γ)が示され，また図5.2-6には泳ぎのモードと式(5.2-1)で表した泳ぎの数学モデル($X \cong s$)とを示し，形状諸元を表5.2-1に示す．なお表中のマスについては後述する．図5.2-6からわかるように，いずれも後尾に向かって振幅が大きくなっている．

各要素に働く慣性力は，断面積S_cと体の密度ρ_mに比例する体の慣性力と，付加質量$\rho_{33}S_c$に比例する流体の慣性力とからなっている．ただし前者の慣性力は，前にも述べたように，往復運動で打ち消しあって推進力とはならない．流体の付加質量は，さらに，体高cの2乗と流体密度ρおよび形状に関係のある修正係数γとの積に比例する．摩擦抵抗は体の断面の周囲長に比例し，その

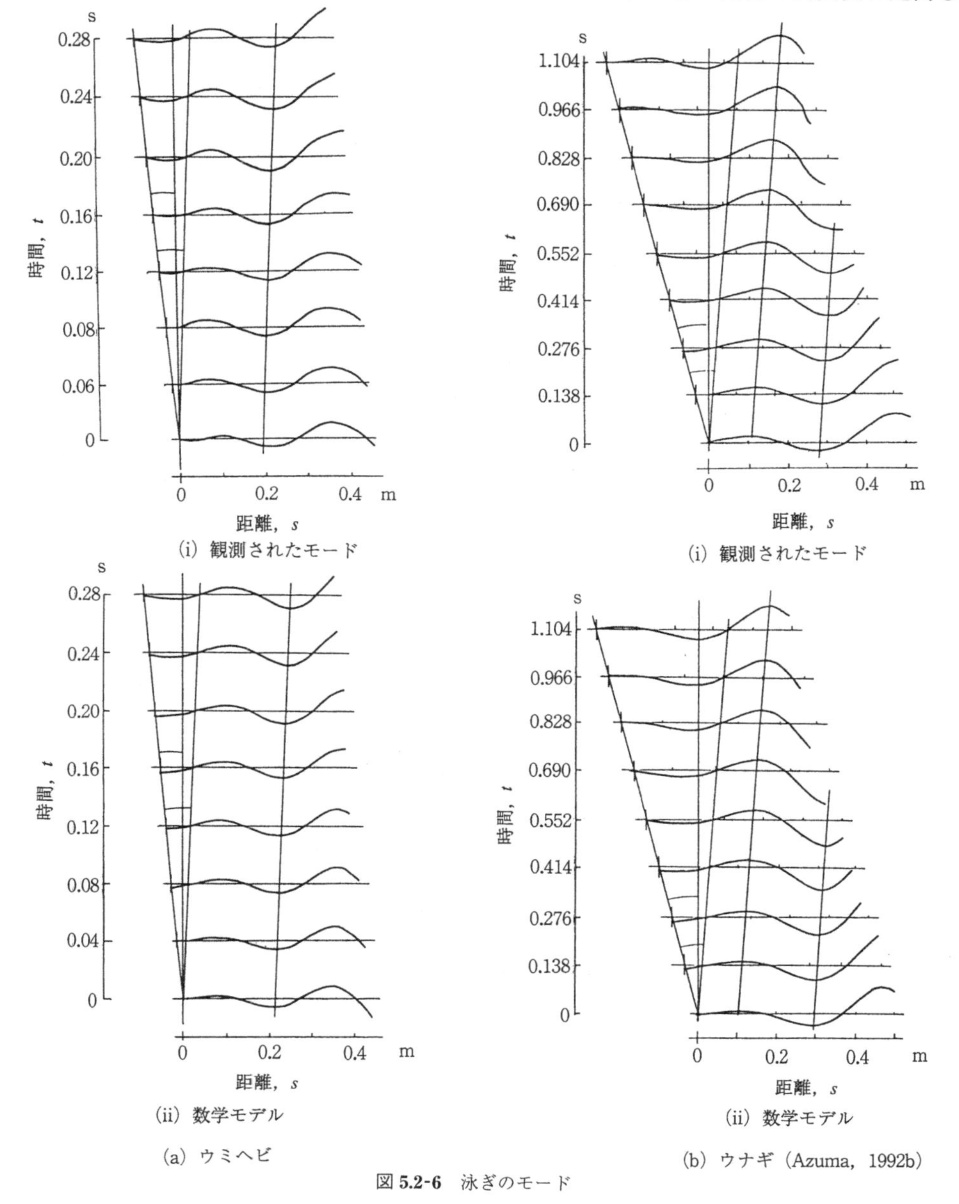

図5.2-6　泳ぎのモード

表 5.2-1　柱状生物と細長生物の諸元例

	項　目　(単位)		ウミヘビ	ウナギ	マス
観測値	体長，l	(m)	0.510	0.557	0.206
	体高，c 平均	(m)	0.013	0.031	0.038
	体高，c 最大	(m)	0.015	0.035	0.054
	質量，m	(kg)	0.037	0.225	0.106
	頭部振幅，a	(m) $\times 10^{-3}$	7.4	1.7	3.7
	振幅増大率，b	(m^{-1})	4.7	5.2	6.5
	波長，λ	(m)	0.257	0.365	0.205
	遊泳速度，V	(m/s)	0.320	0.240	0.154
	波動速度，C	(m/s)	0.437	0.302	0.488
	速度比，V/C		0.732	0.796	0.315
	尾部振幅	(m)	0.0720	0.0905	0.0241
	周期，T	(s)	0.59	1.21	0.42
	無次元周波数，σ		16.9	12.0	20.0
計算値	$\bar{T}=0$ での速度比，V/C		0.758	0.752	0.645
	$\bar{T}=0$ での推進力　慣性力分，$\bar{T}_{I,1}+\bar{T}_{I,2}$	(N)	1.13×10^{-3}	2.09×10^{-3}	7.23×10^{-3}
	$\bar{T}=0$ での推進力　圧力抵抗分，$\bar{T}_{D,2}$	(N)	4.53×10^{-3}	6.12×10^{-3}	1.13×10^{-3}
	$\bar{T}=0$ での推進力　摩擦抵抗分，$\bar{T}_{D,1}$	(N)	-5.66×10^{-3}	-8.21×10^{-3}	-8.63×10^{-3}
	$\bar{T}=0$ での推進力　総推進力，$\bar{T}$	(N)	0	0	0
	$\bar{T}=0$ でのパワ $\bar{P}$　慣性力成分，$\bar{P}_{I,1}+\bar{P}_{I,2}$	(W)	7.84×10^{-5}	2.19×10^{-4}	8.98×10^{-4}
	$\bar{T}=0$ でのパワ $\bar{P}$　圧力抵抗分，$\bar{P}_{D,2}$	(W)	8.75×10^{-4}	1.75×10^{-3}	2.51×10^{-4}
	$\bar{T}=0$ でのパワ $\bar{P}$　摩擦抵抗分，$\bar{P}_{D,f}$	(W)	2.47×10^{-3}	2.41×10^{-3}	2.78×10^{-3}
	$\bar{T}=0$ でのパワ $\bar{P}$　総パワ，$\bar{P}$	(W)	3.42×10^{-3}	4.38×10^{-3}	3.93×10^{-3}
	効率，$\eta=\{U(\bar{T}_{I,1}+\bar{T}_{I,2}+\bar{T}_{D,2})/P\}\times100°$	(%)	54.8	42.6	67.0

周囲長は，前述のように体高 c を直径とする円周長との比である円周比 κ で与えられる．圧力抵抗は体高 c と圧力係数 C_p との積に比例する．波動のモードは，解析に当たっては，式(5.2-1)に示した数式モードを仮定する．

5.2-1 の解析法で計算した (i) 推進力と (ii) パワの 1 周期の平均値 $\bar{T}$ と $\bar{P}$ を，波動伝播速度 C と前進速度 V の比，すなわち速度比 V/C の関数として，(a) ウミヘビと (b) ウナギについてそれぞれ図 5.2-7a,b に示す．大事なのは，$\bar{T}=0$ の釣り合い遊泳で，そこでの速度比は $V/C \cong 0.7 \sim 0.8$ となっており，それが実際の観測値 $(V/C)_{\mathrm{exp}}$ に近くかつ付近で $\alpha=\bar{P}/(V/C)$ が最小，$\alpha_{\min}=(\bar{P}/(V/C))_{\min}$ で，泳ぎが経済的であることを示している．ただしこの図の $\bar{P}$ は，それが常に $\bar{T}=0$ の状態でのパワではないので，正確に原点からの接線(傾斜が $\tan^{-1}\alpha$)が最小の $\bar{P}/(V/C)$ を意味してはいない近似的なものである．

表 5.2-1 には，形状諸元のほかに観測された泳ぎのモードのパラメタ，および計算で求まった泳ぎの性能に加えて，後述の“細長生物”のマスの諸元と釣り合い速度付近での性能が与えられている．“細長体”のマスを除いて，体高が頭部から尾部まであまり変わらない柱状体の波動運動による推進効率は $\eta=0.5$ 前後である．また後述(5.3.2)の無次元周波数 σ は 10～20 と大きいが，アフリカツメガエルのオタマジャクシの場合にもそれが $\sigma=10 \sim 13$ である(Hoff & Joel, 1986 から換算)．

また図 5.2-8 には体が柱状物体の上に，鰭や体の縁が薄いリボン状の帯状物体で，そこおよび体に波動を送って泳ぐ生物のいくつかを挙げる．(a)のデンキウナギはその発電器官の占める容積が体の 40%にも及び，500～800 V の起電力を有し，1 回の放電は数 ms 続き，それが数回繰り返されるという．こちらは体の下側の長い鰭が推進器官であるが，(b)のアメリカモルミルスでは体の上側の鰭がその役を果たす．

帯状物体に波を送る場合に，波を後方に送る前向きの推進力の状態から，波を前方に送る後向きの推進力を作る状態への変化，あるいはその逆の変化は，きわめて急激な，“スイッチング”(切り替え)で行うことができる．他の泳ぎ方，例えば後述の尾鰭の煽ぎではこうはいかない．尾鰭の煽ぎは，前向きの推進力をつくるだけで，その逆は不可能である．帯状物体の蛇行はこの点簡単に推進力の切り替えができるので，これを備えた水中

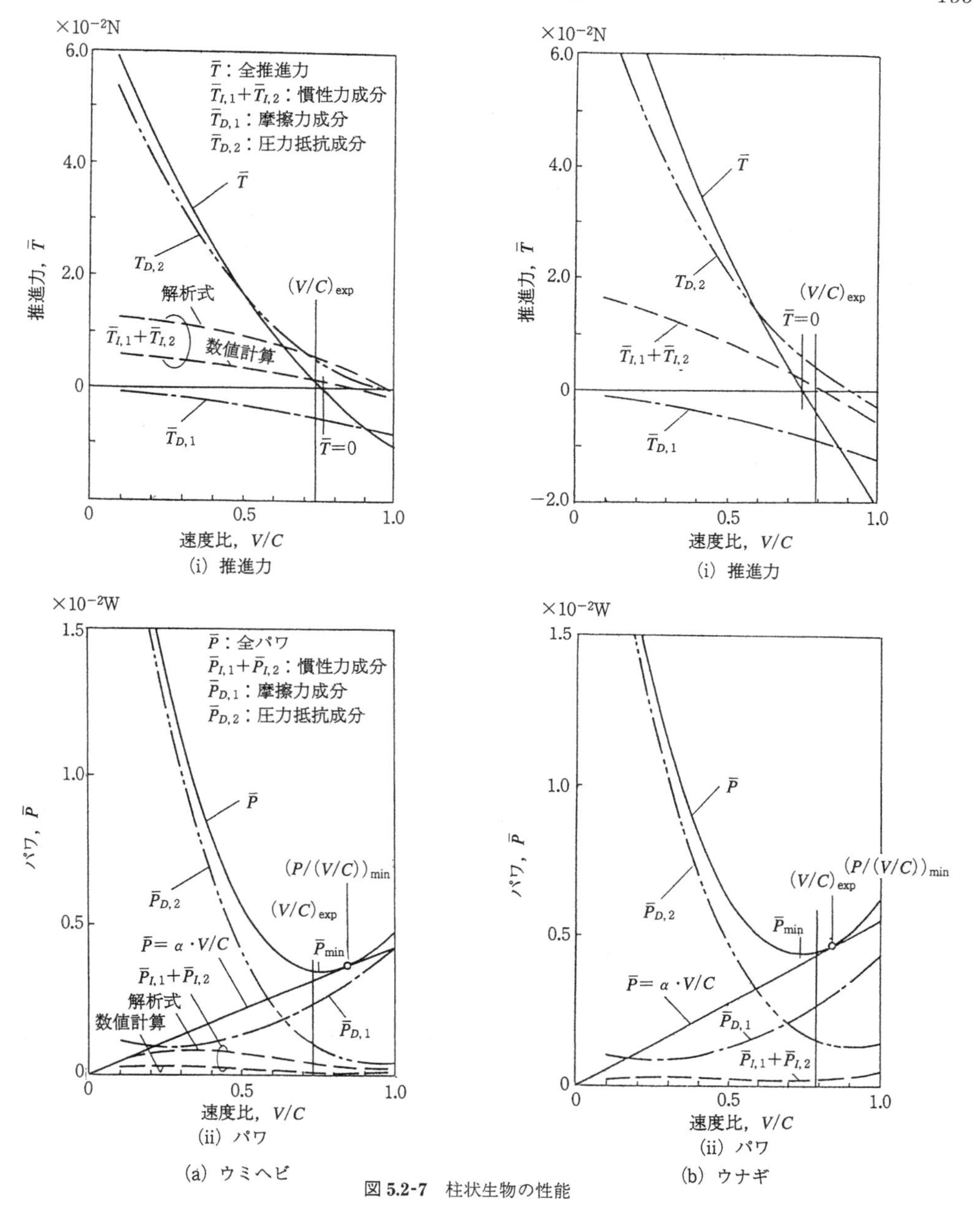

図 5.2-7　柱状生物の性能

生物は，前後の動き，したがってその位置決めが容易である．

体形に柱状物体ではないが，帯状の鰭をもつ幾つかの生物を図 5.2-9 に紹介しよう．例えば(a)カワハギや(b)ハリセンボンといった岩礁に棲む魚が，やはりリボンの帯に波を送って泳ぎ，波に揺られたり水に流されたりしながらも，必要に応じて対象物との距離を一定に保持することができ，波で岩にたたきつけられるのを防ぐ．また岩礁ではなく砂泥に棲む(c)カレイや(d)コウイカでも図に見られるように，体の周りの一連の鰭が，前後進の泳ぎに利用される．(e)はガンギエイの泳ぎを分解して示した．エイは翼のアスペクト比が大きいとこれが羽ばたきになる．

なお，リボンが単独で動くより，胴体にその片側が取り付けられたほうが，はるかに高い効率となる(Lighthill & Blake, 1990)．

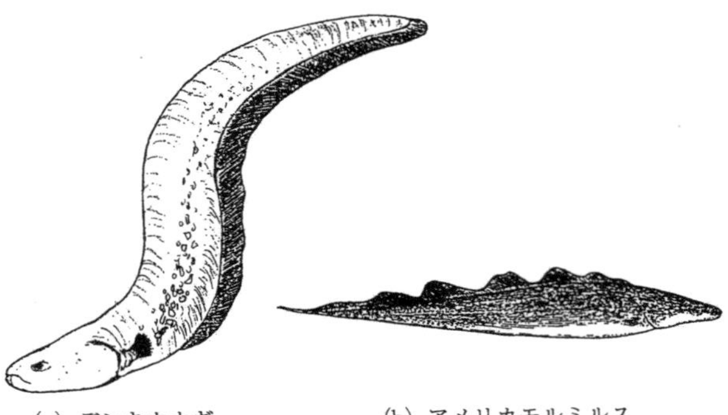

図 5.2-8 鰭に波を送る細長生物

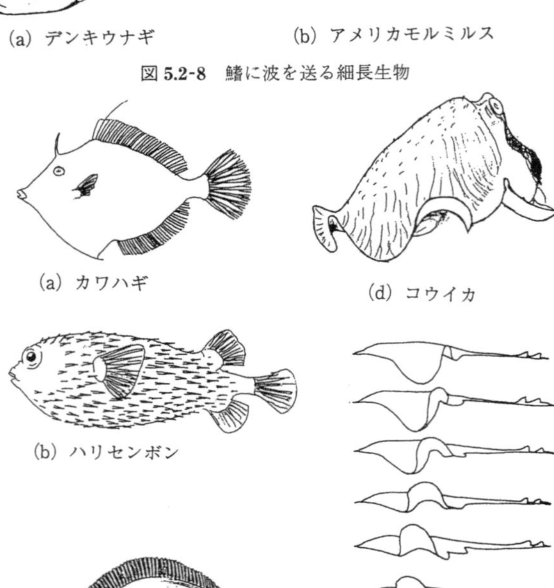

図 5.2-9 鰭に波を送る非細長生物

5.2.3 細長生物の泳ぎ

柱状または帯状というほど体長が長くないが，それでも体高に比べると十分体長の長い，いわゆる“細長体”の生物を考えてみよう．そのような形態の“細長生物”の流体力学的特色は，各断面の形状で定まる2次元流体力と，長手方向に変わる付加質量の変化に伴う慣性力とが，そこの断面における全流体力を構成するという“細長体理論”で扱えることである(Jones, 1946 ; Spreiter, 1948 ; Weber, Kirby & Kettle, 1951 ; Lighthill, 1960, 1969, 1970, 1971)．

図 5.2-10 を参照して，$-x$ 方向に速度 V で動く細長物体に働く揚力の長手方向分布 $l(x,\ t)$ は，左力差 Δp すなわち運動量の y 方向変化から，極大高以前 $(-l_{\mathrm{n}}<x<0)$ と極小高以後 $(l_{\mathrm{m}}<x<l_{\mathrm{t}})$ とでそれぞれ次式で与えられる (Yates, 1983) :

$$l(x,\ t)=\int_{-b}^{b}(-\Delta p)\,\mathrm{d}y=-\frac{\mathrm{d}}{\mathrm{d}t}\{A_{33}(x)\,w(x,t)\}\ ;\ \text{極大高以前}\ (-l_{\mathrm{n}}<x<0) \qquad (5.2\text{-}16\mathrm{a})$$

$$=-\int\frac{\mathrm{d}}{\mathrm{d}t}\{A_{33}(x)\,w(x,t)\}+w^{*}\frac{\mathrm{d}}{\mathrm{d}t}\{A_{33}(x)\}\ ;\ \text{極小高以後}\ (l_{\mathrm{m}}<x<l_{\mathrm{t}}) \qquad (5.2\text{-}16\mathrm{b})$$

ここに

$$A_{33}(x)=\rho\pi b^{2}(x)\,\gamma \qquad (5.2.17)$$

$$w(x,t)=\frac{\mathrm{d}}{\mathrm{d}t}h(x,t)=\left(\frac{\partial}{\partial t}+V\frac{\partial}{\partial x}\right)h(x,t) \qquad (5.2\text{-}18)$$

$$A_{33}(-l_{\mathrm{n}})=0 \qquad (5.2\text{-}19)$$

$$|\partial h/\partial x|\ll 1\ \text{また}\ |\partial h/\partial t|\ll V \qquad (5.2\text{-}20)$$

で，また $b=c/2$ である．なお w^{*} は，極大高以後の後流中の任意の位置 $x=x^{*}$ 点 $(0<x^{*}<l_{\mathrm{m}})$ における，後端から渦が放出された時間(“遅延時刻”) t^{*} の変位速度で，

$$w^{*}=w(x^{*},t^{*}) \qquad (5.2.21)$$

$$t^{*}=t-(x-x^{*})/V \qquad (5.2\text{-}22)$$

で定義される．後流中の渦は，前方へ遡って魚体の圧力分布には影響しないという細長体理論の仮

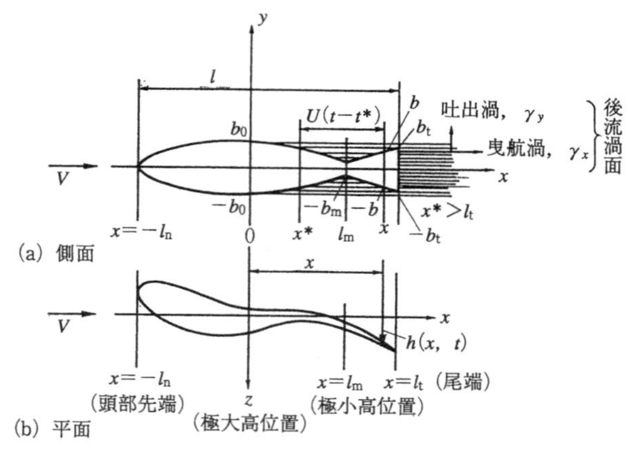

図 5.2-10 細長体の座標系
上下対称を仮定，原点は極大高の位置．

定が成り立つものとすると，極大高と極小高との間における揚力分布は

$$l(x,t)=-A_{33}(x)\frac{\mathrm{d}}{\mathrm{d}t}w(x,\ t)\ ；極大高と極小高の間(0<x<l_{\mathrm{m}}) \tag{5.2.16c}$$

で与えられる．

このような細長体に働く推進力 T は，上記揚力分布の前方への傾斜によるぶんと，前縁(特異点)に働く吸引力に基づく推進力 T_{s} との和となり，次のように与えられる(Wu, 1971)：

$$\begin{aligned}T&=\int_{-l_{\mathrm{n}}}^{l_{\mathrm{t}}}\left\{\int_{-b}^{b}(-\Delta p)\,\mathrm{d}y\frac{\partial h}{\partial x}\right\}\mathrm{d}x+T_{\mathrm{s}}\\&=\int_{-l_{\mathrm{n}}}^{l_{\mathrm{t}}}l(x,t)\frac{\partial h}{\partial x}(x,t)\,\mathrm{d}x+T_{\mathrm{s}}\end{aligned} \tag{5.2-23}$$

ここに

$$T_{\mathrm{s}}=\int_{-l_{\mathrm{n}}}^{0}\left\{\frac{1}{2}w^2\frac{\partial A_{33}}{\partial x}\right\}\mathrm{d}x+\int_{l_{\mathrm{m}}}^{l_{\mathrm{t}}}\left\{\frac{1}{2}(w-w^*)^2\frac{\partial A_{33}}{\partial x}\right\}\mathrm{d}x \tag{5.2-24}$$

またパワ P は流体内で単位時間に失われる運動エネルギ $\dot{E}$ としたとき

$$P=TV+\dot{E} \tag{5.2-25}$$

で与えられる(Azuma, 1992b)．表 5.2-2 に上記諸量の表式が与えられている．

体の変形波が単純な正弦波，

$$h(x,t)=h_{\mathrm{c}}\cos(2\pi/\lambda)(x-Ct) \tag{5.2.-26}$$

のとき推進力とパワの 1 周期当たりの時間平均，$\bar{T}$ および $\bar{P}$，また $\eta=V\bar{T}/\bar{P}=1-(\bar{\dot{E}}/\bar{P})$ で定義される効率が，無次元化された形で，表 5.2-3 に与えられている．

前述の柱状生物と細長体との違いは，図 5.2-11 に見られるように，前者のウナギが長手方向にほぼ同じ体高の生物なのに対して，後者のマスは，長手方向に体高が変化していることである．そのために,変化する付加質量が揚力，したがって推進力に大きく貢献してくるのである．最大高の後方は尾柄に向かって高さが減少している．尾鰭の推進力に期待するようなプロファイルと変形波だと，尾柄のところで体高が減らないと，その辺りでは負の推進力をつくってしまう．そこで，そのようなところの側面積を減らし，尾柄は細いほど泳ぎの効率はよくなる(Wu, 1971)．また尾鰭の

表 5.2-2　細長生物に働く推進力，モーメント，パワおよびエネルギー変化率

項　　目	記号	表　　式
揚力	L	$-\left\{\int_{-l_{\mathrm{n}}}^{0}+\int_{l_{\mathrm{m}}}^{l_{\mathrm{t}}}\right\}\left[\frac{\mathrm{d}}{\mathrm{d}t}\{A_{33}(x)\,w(x,t)\}\right]\mathrm{d}x-\int_{0}^{l_{\mathrm{m}}}A_{33}(x)\frac{\mathrm{d}}{\mathrm{d}t}w(x,t)\,\mathrm{d}x+\int_{l_{\mathrm{m}}}^{l_{\mathrm{t}}}w^*\frac{\mathrm{d}}{\mathrm{d}t}\{A_{33}(x)\}\,\mathrm{d}x$
		$=-\int_{-l_{\mathrm{n}}}^{l_{\mathrm{t}}}\frac{\mathrm{d}}{\mathrm{d}t}\{A_{33}(x)\,w(x,t)\}\,\mathrm{d}x+V\int_{0}^{l_{\mathrm{m}}}w(x,t)\frac{\partial}{\partial x}A_{33}(x)\,\mathrm{d}x+\int_{l_{\mathrm{m}}}^{l_{\mathrm{t}}}w^*\frac{\mathrm{d}}{\mathrm{d}t}\{A_{33}(x)\}\,\mathrm{d}x$
モーメント	M	$\int_{-l_{\mathrm{n}}}^{l_{\mathrm{t}}}x\frac{\mathrm{d}}{\mathrm{d}t}\{A_{33}(x)\,w(x,t)\}\,\mathrm{d}x-V\int_{0}^{l_{\mathrm{m}}}x\left\{w(x,t)\frac{\partial}{\partial x}A_{33}(x)\right\}\mathrm{d}x-\int_{l_{\mathrm{m}}}^{l_{\mathrm{t}}}xw^*\frac{\mathrm{d}}{\mathrm{d}t}\{A_{33}(x)\}\,\mathrm{d}x$
パワ	P	$-\int_{-l_{\mathrm{n}}}^{l_{\mathrm{t}}}\frac{\partial}{\partial t}h(x,t)\,l(x,t)\,\mathrm{d}x$
		$=\int_{-l_{\mathrm{n}}}^{l_{\mathrm{t}}}\left\{\frac{\mathrm{d}}{\mathrm{d}t}\left(A_{33}w\frac{\partial h}{\partial t}\right)-A_{33}w\frac{\partial w}{\partial t}\right\}\mathrm{d}x-V\int_{0}^{l_{\mathrm{m}}}\frac{\partial h}{\partial t}w\frac{\partial A_{33}}{\partial x}\mathrm{d}x-V\int_{l_{\mathrm{m}}}^{l_{\mathrm{t}}}\frac{\partial h}{\partial t}w^*\frac{\partial A_{33}}{\partial x}\mathrm{d}x$
		$=\frac{\partial}{\partial t}\int_{-l_{\mathrm{n}}}^{l_{\mathrm{t}}}A_{33}w\left(\frac{\partial h}{\partial t}-\frac{1}{2}w\right)\mathrm{d}x+V\left[A_{33}w\frac{\partial h}{\partial t}\right]_{x=l_{\mathrm{t}}}-V\int_{0}^{l_{\mathrm{m}}}\frac{\partial h}{\partial t}w\frac{\partial A_{33}}{\partial \mathrm{x}}\mathrm{d}x-V\int_{l_{\mathrm{m}}}^{l_{\mathrm{t}}}\frac{\partial h}{\partial t}w^*\frac{\partial A_{33}}{\partial x}\mathrm{d}x$
運動エネルギの変化率	$\dot{E}$	$\left\{\int_{-l_{\mathrm{n}}}^{0}+\int_{l_{\mathrm{m}}}^{l_{\mathrm{t}}}\right\}\left[\frac{\mathrm{d}}{\mathrm{d}t}\left(\frac{1}{2}A_{33}w^2\right)\right]\mathrm{d}x+\int_{0}^{l_{\mathrm{m}}}A_{33}\frac{\mathrm{d}}{\mathrm{d}t}\left(\frac{1}{2}w^2\right)\mathrm{d}x-\int_{l_{\mathrm{m}}}^{l_{\mathrm{t}}}\frac{1}{2}(w^*)^2\frac{\mathrm{d}}{\mathrm{d}t}(A_{33})\,\mathrm{d}x\right\}$
		$=\int_{-l_{\mathrm{n}}}^{l_{\mathrm{t}}}\frac{\mathrm{d}}{\mathrm{d}t}\left\{\frac{1}{2}A_{33}\cdot w^2\right\}\mathrm{d}x-V\int_{0}^{l_{\mathrm{m}}}\frac{1}{2}w^2\frac{\partial}{\partial x}A_{33}\mathrm{d}x-V\int_{l_{\mathrm{m}}}^{l_{\mathrm{t}}}\frac{1}{2}(w^*)^2\frac{\partial}{\partial x}A_{33}\mathrm{d}x$
		$=\frac{1}{2}\frac{\partial}{\partial t}\int_{-l_{\mathrm{n}}}^{l_{\mathrm{t}}}A_{33}w^2\mathrm{d}x+\frac{1}{2}V[A_{33}w^2]_{x=l_{\mathrm{t}}}-\frac{1}{2}V\int_{0}^{l_{\mathrm{m}}}w^2\frac{\partial}{\partial x}A_{33}\mathrm{d}x-\frac{1}{2}V\int_{l_{\mathrm{m}}}^{l_{\mathrm{t}}}(w^*)^2\frac{\partial}{\partial x}A_{33}\mathrm{d}x$
推進力	T	$-\frac{\partial}{\partial t}\int_{-l_{\mathrm{n}}}^{l_{\mathrm{t}}}A_{33}w\frac{\partial}{\partial x}h\,\mathrm{d}x+\left[A_{33}\left(\frac{1}{2}w^2-Vw\frac{\partial h}{\partial x}\right)\right]_{x=l_{\mathrm{t}}}$ $-\int_{0}^{l_{\mathrm{m}}}\left\{\frac{1}{2}w^2-Vw\frac{\partial h}{\partial x}\right\}\left(\frac{\partial A_{33}}{\partial x}\right)\mathrm{d}x+\int_{l_{\mathrm{m}}}^{l_{\mathrm{t}}}\left\{\frac{1}{2}(w-w^*)^2-\frac{1}{2}w^2+Vw^*\frac{\partial h}{\partial x}\right\}\left(\frac{\partial A_{33}}{\partial x}\right)\mathrm{d}x$

表 5.2-3 細長体の泳ぎの性能諸量

項目	記号	表式
推進力係数	C_T	$\bar{T}/\frac{1}{2}\rho V^2 l^2 = C_{T,t}[1+(1/\eta)\{1-(b_m/b_t)^2\}\{1-(\sin\theta^*/\theta^*)\}]$
パワ係数	C_P	$\bar{P}/\frac{1}{2}\rho V^3 l^2 = C_{P,t}[1+\{1-(b_m/b_t)^2\}\{1-(\sin\theta^*/\theta^*)\}]$
効率	η	$\frac{1}{2}\{1+(V/C)\} = C_{T,t}/C_{P,t}$
パラメータ	$C_{T,t}$	$\frac{1}{2}\pi\sigma^2(h_c/l)^2\{1-(V/C)^2\}(b_t/l)^2$
	$C_{P,t}$	$\pi\sigma^2(h_c/l)^2\{1-(V/C)\}(b_t/l)^2$
	σ	$2\pi fl/V$
	θ^*	$(l_t/l)\sigma\{1-(V/C)\}$

形状がほぼ三角形かそれに近い低アスペクト比の後退翼では，その最終端が最大幅で終わっていること，そしてそこが最大振幅で煽られていることも重要である．

もう1つ大事なものに前縁の吸引力がある．これは細長体でない後述の煽ぎ利用の生物(5.3.1)でもいえることだが，尾部(例えば尾鰭)の変位(煽ぎ)でそこに圧力による推進成分が働く(Weihs, 1973a)ばかりでなく，その運動により体の周りの流れが変わり，前部で流速が速くなって吸引力が生まれるのである．流れ場の変化は音速で周囲に伝わるが，水中の音速は常温で約1500 m/s と速いので，魚にとって流れ場が瞬時に変化したとみてよい．ヘビの地上での蛇行では(6.1.3)，体が地面を押したところにのみ推進力が現れるが，流体内の蛇行や煽ぎでは体の変位がすぐ前方にも伝わって．前方の流れ場が変わり，前方でも吸引力が発生する．前にも述べたように，細長体ではその効果は僅かであるが，体高が大きくなるにつれて吸引力成分は大になる．

細長体と呼べる体形の魚にはほかに，図5.2-12に示されるような，川の上流に棲む(a)イワナの仲間やサケの仲間，中流のハヤや，(b)アユ，それに下流では(c)ドジョウといった種類がいる．彼らは，例えば渓流の浅瀬を泳ぐのに便利なように，体高を高くしなかった．その代わり，尾部に向かうにつれて振幅を大きくして，速い流

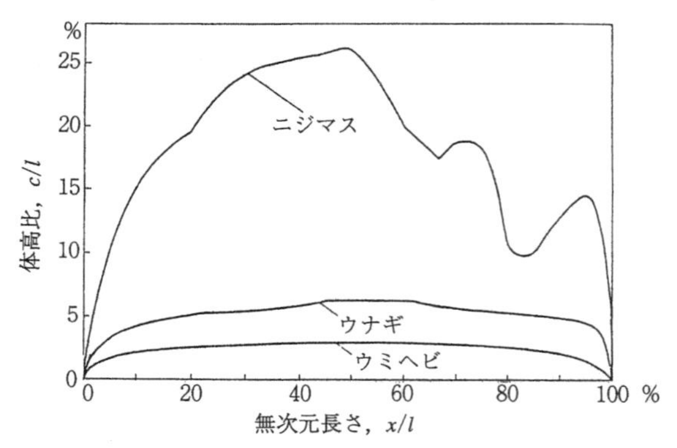

図 5.2-11 体高の変化（Azuma, 1992b）

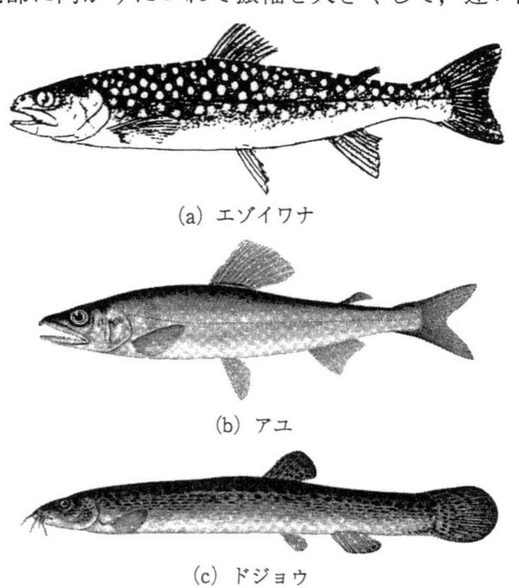
(a) エゾイワナ

(b) アユ

(c) ドジョウ

図 5.2-12 淡水産の細長魚
((a)は冨山ら，1963；(b)，(c)は蒲原，1976参照)

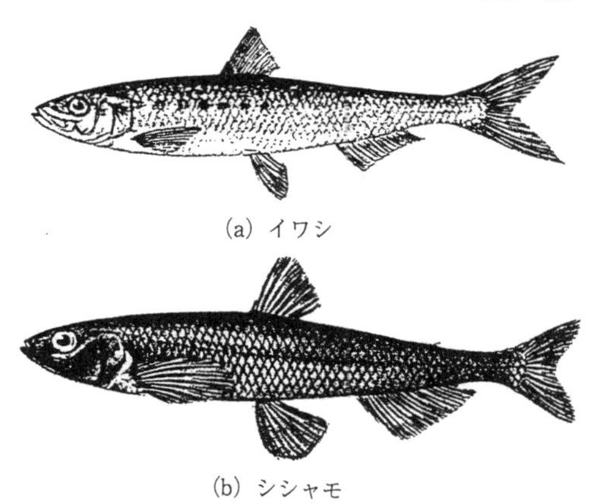

(a) イワシ

(b) シシャモ

図 **5.2-13**　海産の細長魚（冨山ら，1963参照）

れに対抗したのであろう．当然，アスペクト比の小さい尾鰭を使って，例えば岩影から飛び出した場合の加速も大きく，マスやカワカマスの例で約10 Gにもなっている（Harper & Blake, 1990, 1991）．ドジョウの場合に細長なのは泥中に潜むためか．

海では図 5.2-13 に示されているように，表層を群れをなして泳ぐ(a)イワシ，(b)シシャモ，シラウオといった魚がこの体形である．これらの魚は，前述の川の上流に棲むイワナなどに比べて，尾鰭はも少し切れの深い（アスペクト比の大きい）三角翼で，邪魔物の少ない広い海洋を泳ぐのに向いている．イワシはニシンの仲間で，全長は大きくても 30 cm どまり，多くの上位の動物のよい餌で，われわれにとっても大事な食料であると同時に，飼料や肥料としても利用されている．群れを作るには，情報の素速い伝達，巧みな身のこなしが必要であるが，それにはイワシ程度またはそれ以下の大きさであることが大事である．大きくなると慣性力と流体力との比が大となって応答特性が悪くなるのである．

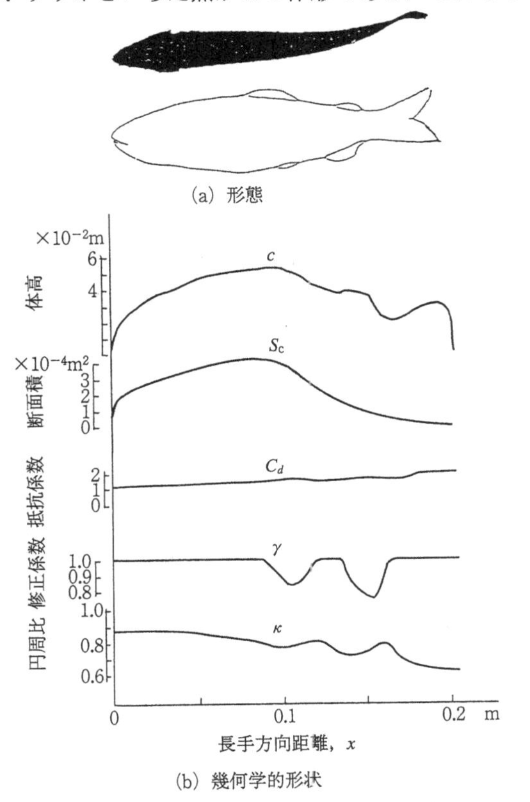

(a) 形態

(b) 幾何学的形状

図 **5.2-14**　マスの形状（Azuma，1992b）

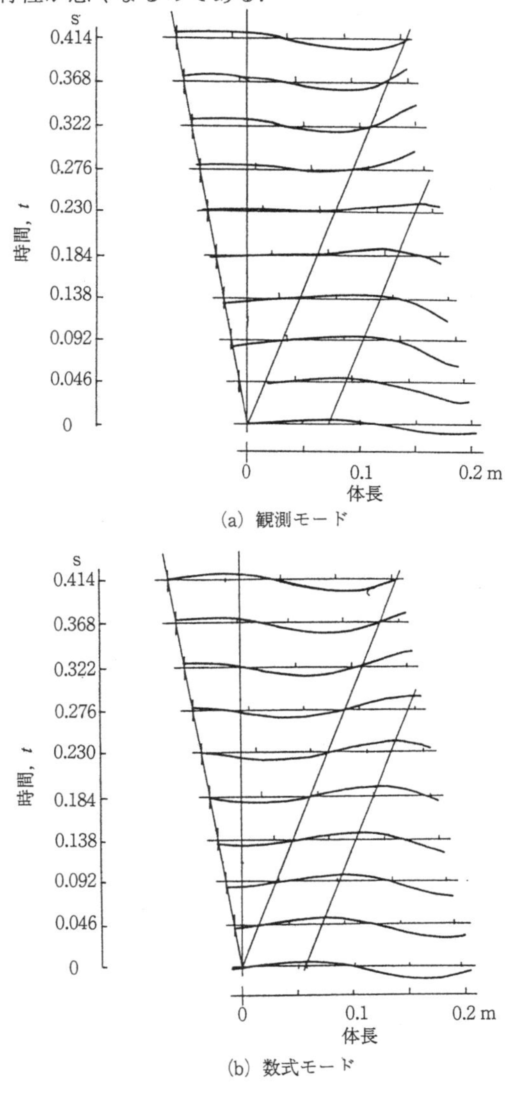

(a) 観測モード

(b) 数式モード

図 **5.2-15**　マスの泳ぎのモード

マ　ス

細長生物の泳ぎの特色をみるために，とくに図5.2-14に再びマスの形状を，そして図5.2-15にその泳ぎのモードの観測値と数式表現とを示した．実験に使われたマスは尾鰭の先端を痛めていて，そこが(a)の形態図にみられるように丸い．前掲の表5.2-1には泳ぎの観測値と計算値とを，

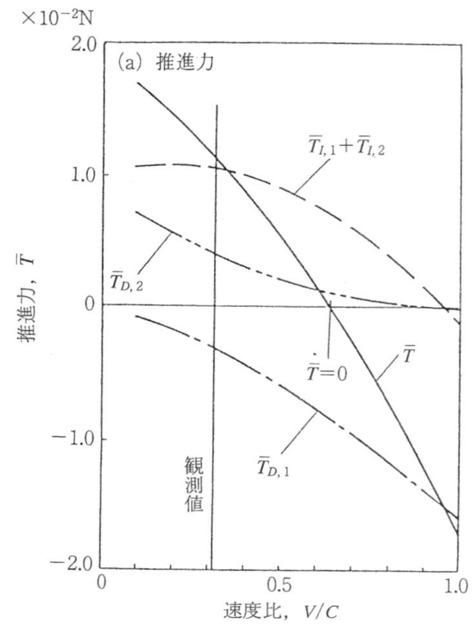

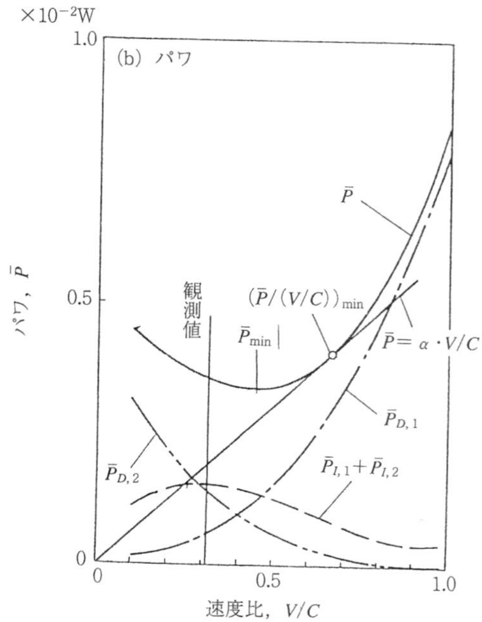

図 5.2-16　マスの性能

そして図5.2-16には(a)推進力と(b)パワとの計算値を示す．釣り合い遊泳 $\bar{T}=0$ の V/C の計算値では0.6～0.7付近にあって，そこでは $\bar{P}/(V/C)$ は最小で効率的である．ただし，ここでも前述同様 $\bar{T}=0$ が成り立つのが $\alpha=(\bar{P}/(V/C))_{\min}$ ではないので，これは近似値である．ただ観測された(表5.2-1)速度比は $V/C\cong0.3$ と小さい．マスのような体高の高い，したがって，若干細長体から外れている形状のものに，細長体理論を適用することに無理があること，観測値が平衡状態($\bar{T}=0$)ではなく，若干加速状態にあったことに由来する．加速の程度は，残念ながら撮影されたフィルムでは精度よく見積もれなかった．

図5.2-17に表5.2-1に示した2種の柱状生物と1種の細長生物の泳ぎの効率 η と速度比 V/C の計算結果を示した．マスのように体高の変化が大きくなるにつれて，当然のことではあるが，効率が大きくなり，速度比は小さくなっている．

なお，マスについてはCheng & Blickhan (1994a)も性能を計算しているが，彼らの得た結果も速度比が $V/C=0.7$ 付近で最大効率 $\eta=0.74$ を得ている．ただし彼らの効率の表式は，後端の振幅の傾斜 $h'(L)=(\partial h/\partial x)_{x=l}$ のパラメタ

$$\beta=(\lambda/2\pi)\{h'(L)/h(L)\} \qquad (5.2\text{-}27)$$

を使って

$$\eta=\frac{1}{2}\{1+(V/C)\}-\frac{1}{2}\beta^2(V/C)^2/\{1+(V/C)\} \qquad (5.2\text{-}28)$$

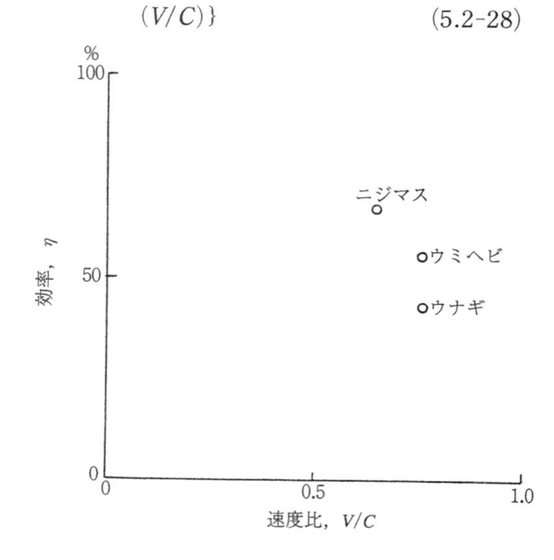

図 5.2-17　柱状生物と細長生物の泳ぎの効率

として求めたものである．

5.3 煽　　ぎ

体の左右(または上下)の変位を後部へ送る蛇行運動において，後部にいくにつれて体高が高くなる(または横幅が広くなる)と，付加質量 $A_{33}(x)$ の勾配 $\partial A_{33}/\partial x$ が大きくなり，推進力が増大する．これは細長体理論の帰結であるが，多くの魚，それも遠距離遊泳のたくみな魚ほど，大きい翼幅の尾鰭を煽いで推進する．このように翼幅が大きくなると，これまでの細長体理論では扱えず，尾鰭を1種の単独の翼として扱う必要が生ずる．以下に単独の"煽ぎ翼"を考えて，その力学を調べてみよう．

5.3.1 煽ぎの力学

団扇(うちわ)や煽子(せんす)は，煽ぐことで風を送ることができる．風の代わりに水中でそれを行うのが尾鰭の煽ぎで，水を後方に押しやった反力が推進力となる．団扇の煽ぎでは，空気の密度が水の密度の約1/800と小さいので，風を送ってもそれがなかなか手に感ずるほどの大きさの推進力とはならないのである．

同じ風を送る道具でも，扇子と団扇ではその使いかたが異なる．図5.3-1のAには扇子を，そしてBには団扇を手にして，それぞれ煽いでい

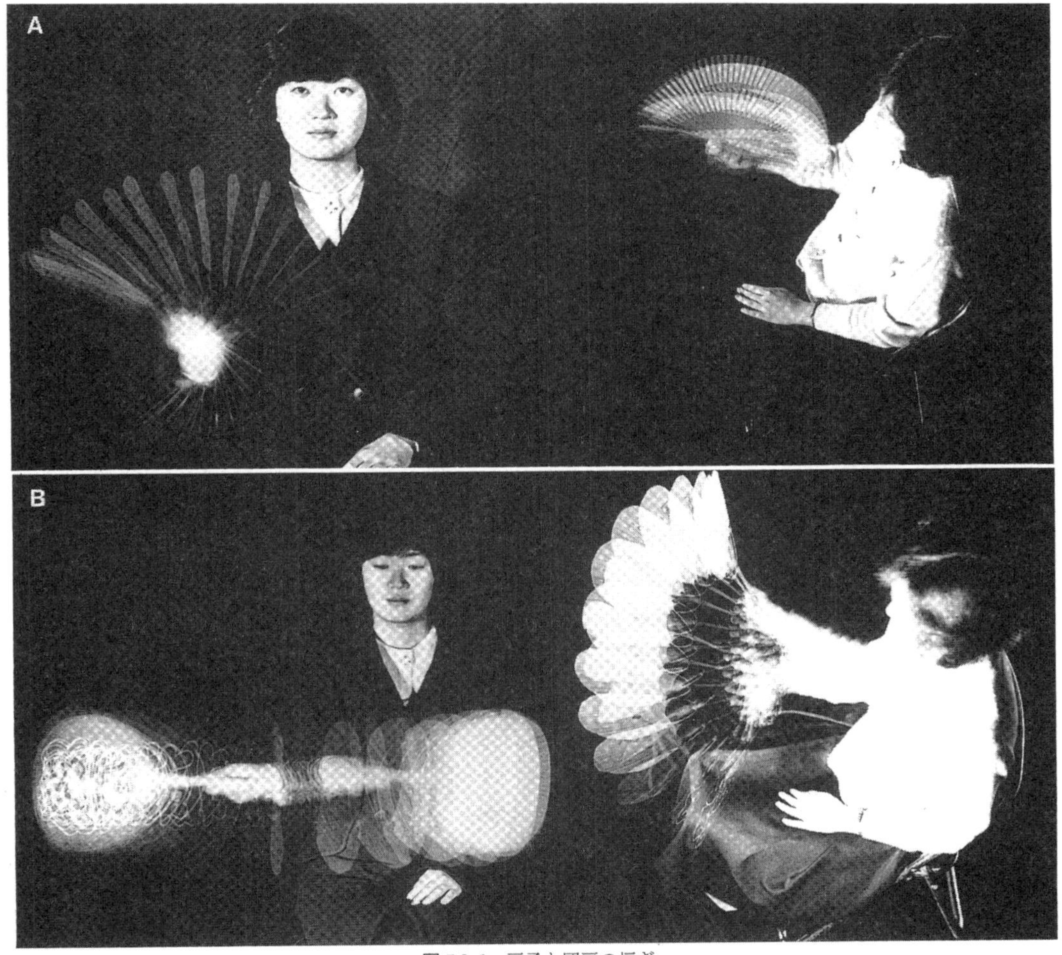

図 5.3-1　扇子と団扇の煽ぎ

(A) 扇子の1点ヒンジの煽ぎ（手首が下腕の軸に沿って回る）
(B) 団扇の2点ヒンジの煽ぎ（肘が上腕の軸に沿って回り，手首が下腕に直交した軸の周りに回る）

る様子を,正面と斜め上方から，ストロボスコープの断続光の下に撮った写真で示す．すぐ気づくように，Aの扇子の煽ぎは手首をヒンジとした1点ヒンジの煽ぎ方であるのに対して，Bの団扇の煽ぎは手首と肘とをヒンジとした2点ヒンジの煽ぎ方となっている．

Azuma (1992b) によれば，1点ヒンジの煽ぎかたでは，扇子の空力中心のヒーヴィング運動とその周りのフェザリング運動とが位相差0で同期しているので，無次元周波数の高いほうが効率がよい．実際扇子で自分の顔を煽ぐときは煽ぎの周波数は高い．一方2点ヒンジでは，ヒンジのおかげで,ヒーヴィング運動とフェザリング運動との間に位相差をつくれるので，無次元周波数は小さくして，位相差を最大効率の得られる90°に近づけることができる(4.1.2)．実際長時間にわたって他人を煽ぐときは，自然にBの煽ぎかたとなり，ゆっくりとした位相差を90°にする動きとなる．

図5.3-2に示されるように，位相差の選択が不自由な1点ヒンジの煽ぎ方は，例えば(a)の尾柄の太いハコフグの尾鰭にみられ，また2点ヒンジ以上の多点ヒンジの位相差が任意に選べる煽ぎかたは,多くの魚の泳ぎ,例えば(b)のサバの動きにみられる．

次に鰭の平面形を見てみよう．図5.3-3に，A普通の団扇と，Bそれと面積が同じで翼幅の大きい三日月型の(カジキの尾鰭に似た)翼を柄につけた団扇が示されている．この2種の団扇で煽いでみると，Aの団扇では十分風を送ることができるが，Bの“三日月翼”では，すっぽけて風が送れない．つまり翼が進行しないで，推進力をだすには，団扇のような丸形かアスペクト比の小さい三角翼のような形のほうが，強い風を送ることができる．これに対して，風を送りながら団扇が後退していく場合を考えると，それは魚が前進しながら尾鰭を煽ぐ場合に相当し，Aの丸い団扇よりは，Bのような三日月翼のほうがはるかに手ごたえがあって，強力な推進力をつくる．それは，翼が前進すると，翼によって影響を受ける流体の質量が，すでに3.1.2で図3.1-7を参照して説明したように，翼幅の2乗と速度との積に比例するからである．さらに,翼が前進しながら，煽ぎに伴うヒーヴィング運動をすると，4.1.1で図4.1-2や4.1.-6を参照して説明されたように，揚力が前傾して前向きの推進力をつくりだす．そのような翼の煽ぎ運動により，図5.3-4に示されるように，後流に“吐出渦”が作られ，それにより翼の後方に後ろ向きの流れが誘導され，それはちょうど非流線形の鈍頭物体が進んだときの流れとは逆向きで，抗力とは反対の推進力が生まれる．

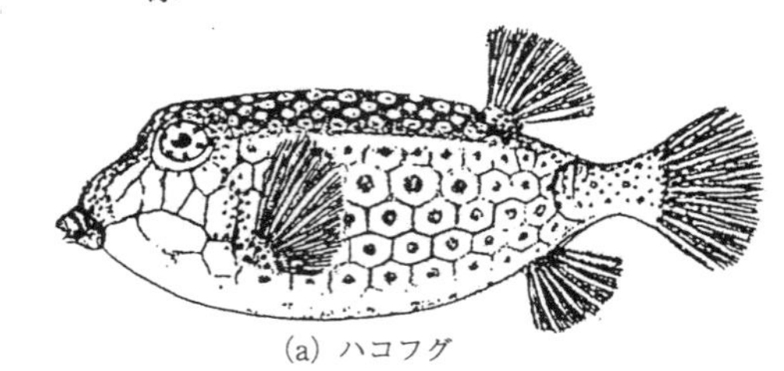

(a) ハコフグ

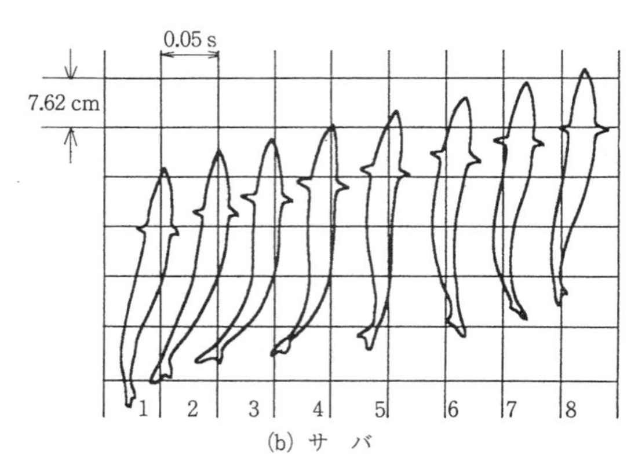

(b) サ　バ

図5.3-2　1点ヒンジと多点ヒンジの泳ぎ

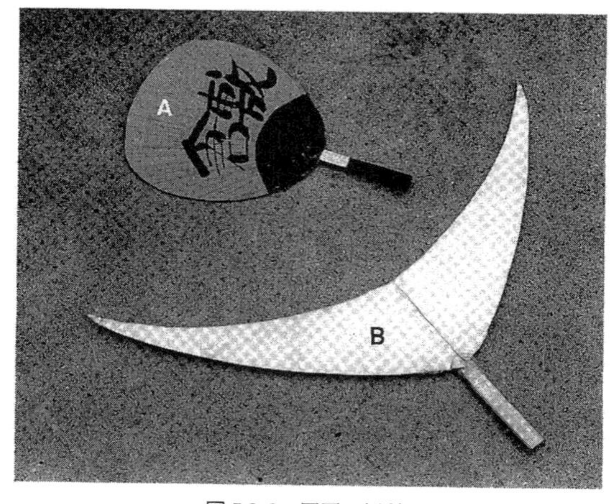

図5.3-3　団扇の煽ぎ

A：普通の団扇，B：三日月翼の団扇

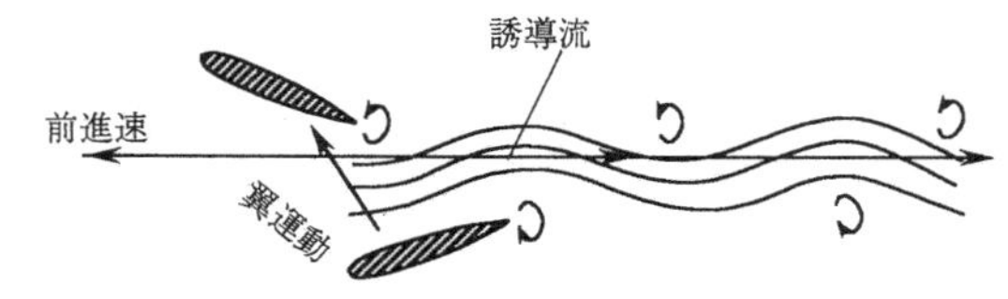

図 5.3-4　煽ぎ翼に伴う誘導流

尾鰭の煽ぎ運動は，図 5.3-5 に示されるように，魚の体の変位波動運動により尾鰭に生ずる単独翼としてのヒーヴィング運動と，尾柄の周りのフェザリング運動との重ね合わされた運動と見なせる：

$$\left.\begin{aligned} h &= h_c\cos(\omega t) = -z：\text{ヒーヴィング} \\ \theta &= \theta_c\cos(\omega t+\phi_\theta)：\text{フェザリング} \end{aligned}\right\} \quad (5.3\text{-}1)$$

煽ぎで誘導される z 方向の誘導流 v を，翼幅方向には一定と仮定し，時間的には周期的に変動するものとすると，

$$v = v_c\cos(\omega t+\phi_v) \quad (5.3\text{-}2)$$

で与えられる．

流体に対する翼要素の速度成分および絶対値 U は

$$\left.\begin{aligned} U_x &= V+a(c/2)\dot{\theta}\sin\theta+v\sin\phi \\ U_y &= 0 \\ U_z &= \dot{h}+a(c/2)\dot{\theta}\cos\theta-v\cos\phi \end{aligned}\right\} \quad (5.3\text{-}3)$$

$$U = \sqrt{U_x{}^2+U_z{}^2} \cong \sqrt{V^2+(\dot{h}-v)^2} \quad (5.3\text{-}4)$$

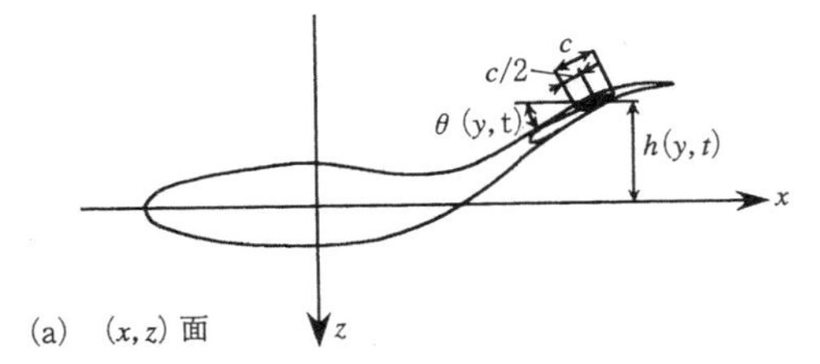

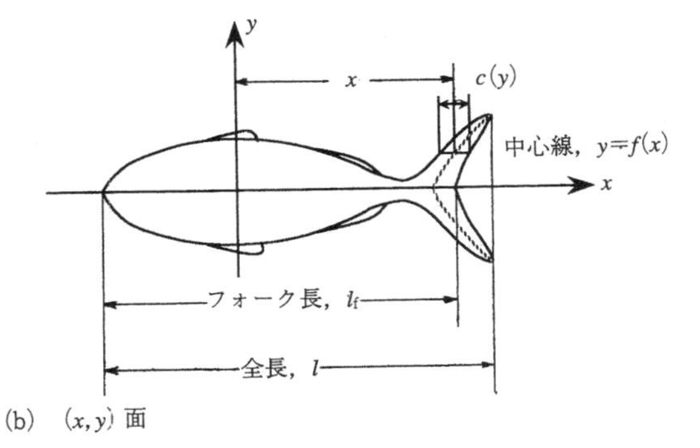

図 5.3-5　尾鰭の煽ぎ

となる．a は無次元化したフェザリング軸の位置であり，例えば空力中心 $(1/4)c$ にあるときは $a=-1/2$ である．また ϕ は流入角で次式で与えられる：

$$\begin{aligned} \phi &= \tan^{-1}(U_z/U_x) \\ &\cong \{\phi_c k-(v_c/V)\cos\phi_v\}\cos(\omega t) \\ &\quad +\{\phi_s k+(v_c/V)\sin\phi_v\}\sin(\omega t) \end{aligned} \quad (5.3\text{-}5)$$

ここに k は無次元周波数 $k=\omega c/2U \cong \omega c/2V$，そして ϕ_c と ϕ_s は次式で定義される．

$$\left.\begin{aligned} \phi_s &= \left\{-2(h_c/c)+\frac{1}{2}\theta_c\cos\phi_\theta\right\} \\ \phi_c &= \frac{1}{2}\{\theta_c\sin\phi_\theta\} \end{aligned}\right\} \quad (5.3\text{-}6)$$

揚力 $l=\frac{1}{2}\rho U^2cC_l$，抗力 $d=\frac{1}{2}\rho U^2cC_d$ およびモーメント $m=\frac{1}{2}\rho U^2c^2C_m$ は迎角 $\alpha=\theta+\phi$ の関数として与えられる．

翼要素の接線力 $t=l\sin\phi-d\cos\phi$ と法線力 $n=l\cos\phi+d\sin\phi$ を翼幅方向に積分すると，尾鰭全体に働く推進力 T と法線力 N とが，さらに翼要素の法線力とモーメントにそれぞれ速度および角速度を掛けて積分すると，パワ P がそれぞれ以下のように得られる：

$$T = \int_{-b/2}^{b/2} t\mathrm{d}y = \int_{-b/2}^{b/2}\{l\sin\phi-d\cos\phi\}\mathrm{d}y \quad (5.3\text{-}7a)$$

$$N = \int_{-b/2}^{b/2} n\mathrm{d}y = \int_{-b/2}^{b/2}\{l\mathrm{con}\phi+d\sin\phi\}\mathrm{d}y \quad (5.3\text{-}7b)$$

$$\begin{aligned} P &= \int_{-b/2}^{b/2}(n\dot{h}-m\dot{\theta})\mathrm{d}y = \int_{-b/2}^{b/2}\{\dot{h}(l\cos\phi \\ &\quad +d\sin\phi)-m\dot{\theta}\}\mathrm{d}y \end{aligned} \quad (5.3\text{-}7c)$$

矩形翼の煽ぎ

実際の魚の尾鰭には，矩形翼は見当たらないが，解析がしやすく見通しのよい解を求めることができるので，矩形翼の煽ぎ $(a=-1/2)$ について以下に述べる．一様誘導速度分布を仮定した面積 S の矩形翼に対しての解析解はすでに著者により (Azuma, 1992b)，求められている．誘導速度 v は翼幅方向に一様と仮定しているので，その大きさは全揚力と運動量との平衡関係で定まる．

1 周期平均の推進力 $\bar{T}$ とパワ $\bar{P}$ は

$$\bar{T}=\frac{1}{2}\rho V^2S\Big\{a_0\Big[\frac{1}{2}\{\phi_c k-(v_c/V)\cos\phi_v\}\times\{\theta_c\cos\phi_\theta+\phi_c k-(v_c/V)\cos\phi_v\}+\frac{1}{2}\{\phi_s k+(v_c/V)\sin\phi_v\}\{-\theta_c\sin\phi_\theta+\phi_s k+(v_c/V)\sin\phi_v\}\Big]-\delta\Big\}\equiv\frac{1}{2}\rho V^2S\bar{C}_T \tag{5.3-8a}$$

$$\bar{N}=0 \tag{5.3-8b}$$

$$\bar{P}=\frac{1}{2}\rho V^3S\{-a_0(h_c/c)k[\{-\theta_c\sin\phi_\theta+\phi_s k+(v_c/V)\sin\phi_v\}]+(C_{m_\alpha}\theta_c)k[\sin\phi_\theta\{\theta_c\cos\phi_\theta+\phi_c k-(v_c/V)\cos\phi_v\}+\cos\phi_\theta\{-\theta_c\sin\phi_\theta+\phi_s k+(v_c/V)\sin\phi_v\}]\}\equiv\frac{1}{2}\rho V^3S\bar{C}_P$$
$$=P_0+P_p+P_m \tag{5.3-8c}$$

で与えられる．ここに a_0 は2次元揚力傾斜，また翼型抗力係数 C_{d_0} は平均値を δ として，パワの各成分は次のようになる．

$$P_0=\frac{1}{2}\rho V^3S\delta \tag{5.3-9a}$$

$$P_p=\frac{1}{2}\rho V^3f=\frac{1}{2}\rho V^3SC_{D_0}=DV \tag{5.3-9b}$$

$$P_m=\frac{1}{2}\rho V^3S\Big\{a_0\Big[\frac{1}{2}\theta_c(v_c/V)\cos(\phi_\theta-\phi_v)+\frac{1}{2}\theta_c(v_c/V)k\sin(\phi_\theta-\phi_v)-\frac{1}{8}\theta_c{}^2k^2-\frac{1}{2}(v_c/V)^2+\frac{1}{2}(h_c/c)\times\theta_c k^2\cos\phi_\theta-\frac{1}{2}(h_c/c)(v_c/V)k\sin\phi_v\Big]+(C_{m,\alpha}\theta_c)k[\cos\phi_\theta\{-\theta_c\sin\phi_\theta+\phi_s k+(v_c/V)\sin\phi_v\}+\sin\phi_\theta\{\theta_c\cos\phi_\theta+\phi_c k-(v_c/V)\cos\phi_v\}]\Big\} \tag{5.3-9c}$$

また効率 η は

$$\eta=\bar{T}V/\bar{P}=C_T/C_P \tag{5.3-10}$$

で与えられる．

巡航時の場合を考えると，上式から次のことがわかる：(i) 推力とパワの係数はともにヒーヴィングの振幅 h_c/c および無次元周波数 k の増しとともに単調に増大する．(ii) フェザリングの振幅の増しに対しては，推進力とパワは $\phi_\theta=-90°$～$0°$ の範囲で減少し，$\phi_\theta=0°$～$90°$ の範囲で増大する．(iii) 効率はヒーヴィングの振幅の増加とともに増大するが，やがて限界値に達する．

図 5.3-6a, b, c に対称翼型 ($C_{m\alpha}=0$) でアスペクト比 $\mathcal{R}$ が，$\mathcal{R}=8$ の矩形翼が位相差 $\phi_\theta=-90°$

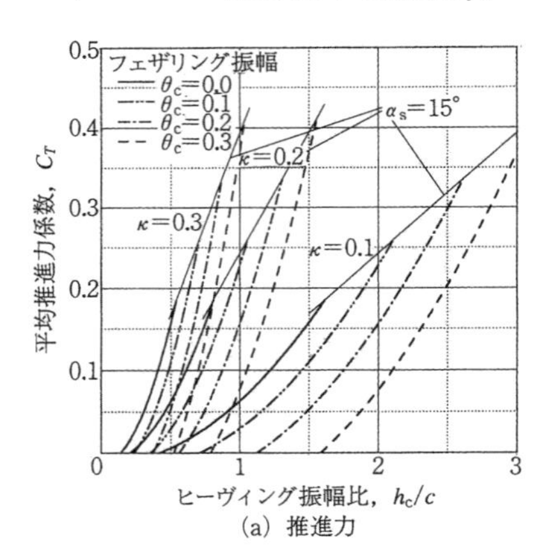

(a) 推進力

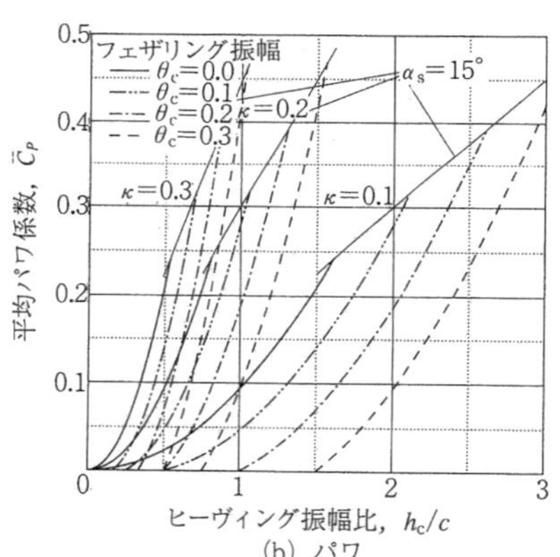

(b) パワ

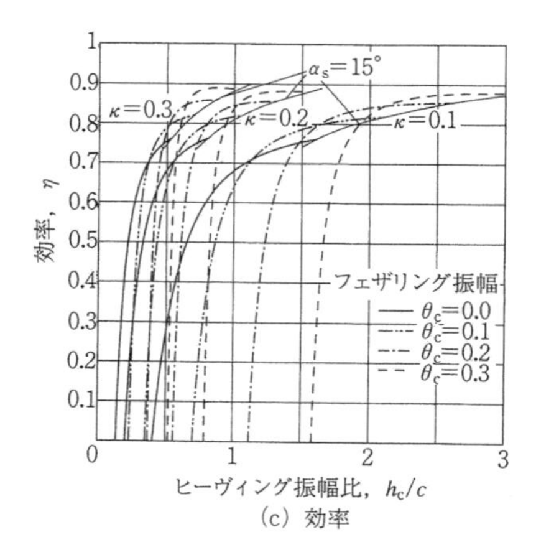

(c) 効率

図 5.3-6　矩形翼（$\mathcal{R}=8$，$C_{m_\alpha}=0$）の煽ぎの性能
（安田邦男氏のご好意による）

で，ヒーヴィング h とフェザリング θ の調和振動をしたときの，平均の推進係数 $\bar{C}_T$，パワ係数 $\bar{C}_P$ および効率 η と共に，それらの失速迎角 α_s＝15° に対する限界値(細い実線)が示されている．前述の理論計算から得られた一般論に加えて，無次元周波数 k の増しと共に，(iv)ヒーヴィング振動比 h_c/c に対する $\bar{C}_T$ と $\bar{C}_P$ の変化が急峻となり，(v)フェザリング角の変化に対しては同一の $\bar{C}_T$ や $\bar{C}_P$ を与える振幅比 h_c/c の変化率が減少することがわかる．さらに(vi)効率の限界値は η＝0.8 前後で，無次元周波数 k が大きくなるにつれて，それが振幅比 h_c/c の小さい方へ移ることが見てとれる．

後退翼および三角翼の煽ぎ

実際の魚の尾鰭のように，後退角がついていても，力やパワの基本的な特徴は，矩形翼とそれほど変わらないが，細かな点でいくつかの違いが生ずる．図 5.3-7 に示されるように，後退角をもつ(a)"後退翼"と三角形の(b)"三角翼"とをモデル化し，同じアスペクト比をもつ"矩形翼"と比較してみよう．式(5.3-1)で表す運動を，ある軸回りに行うとすると，矩形翼では翼幅方向にすべての翼素が同じ運動を行う．一方，後退翼ではそれぞれの翼素で，軸からの距離が変化するため，軸回りのフェザリング運動が各翼素で異なった大きさのヒーヴィング運動を引き起こす．例えば，図 5.3-7 の A 軸回りに運動を行うとすると，軸回りのフェザング運動 θ により，軸から距離 l だけ離れた翼素では，$l\theta$ のヒーヴィング運動が生ずる．したがって，各翼素上でヒーヴィング運動とフェザリング運動を計測すると，両者の位相差 ϕ_θ は変わらないが，振幅比は翼幅方向に変化してしまう．

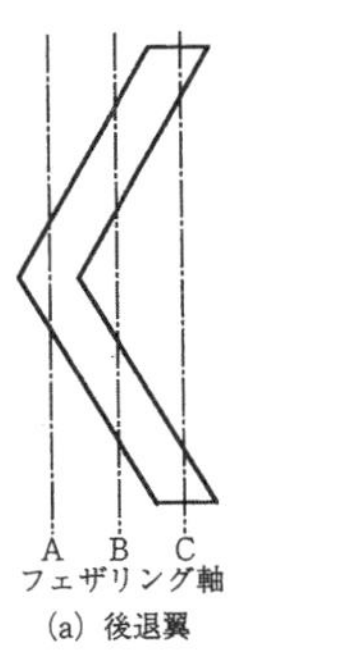

(a) 後退翼

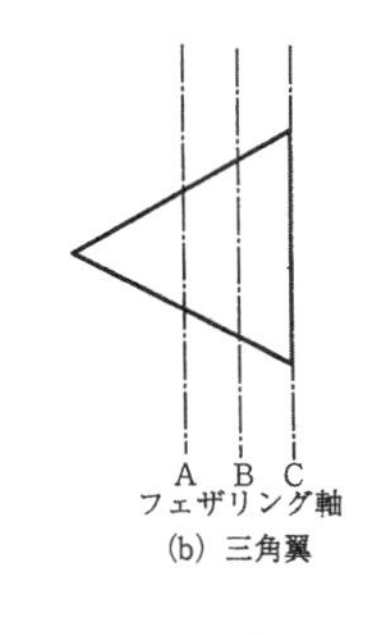

(b) 三角翼

図 5.3-7　後退翼と三角翼の煽ぎ

このような後退角の影響を定量的に見積もるためには，式(5.3-2)のような簡単な誘導速度分布の仮定ではもはや不十分で，時間的にもまた空間的にも変化する誘導速度分布を正確に見積もる必要が生ずる．誘導速度分布が求まれば，力やパワ，あるいは効率が，矩形翼とまったく同様に式(5.3-1)～式(5.3-7)を使って求めることができる．

局所循環法(Azuma, Nasu & Hayashi, 1981)によって後退翼の誘導速度分布を計算し，力，パワおよび効率を求め，その値を 1 周期にわたって平均した結果を図 5.3-8 に示す．この計算例は，図 5.3-7a の B 軸周りに，前縁後退角 30° の翼が式(5.3-1)で表すフェザリング運動とヒーヴィング運動を行ったときのものである．失速しない限り，矩形翼同様ヒーヴィングの振幅 h_c/c が大きいほど効率がよくなっているのがわかる．

上の大きなアスペクト比をもつ後退翼の尾鰭に対して，小さなアスペクト比の団扇形の尾鰭をもつ魚も多い．このような形状は図 5.3-7b に示す三角翼でモデル化すると，いろいろな性質が理解しやすい．3.1.2 で示したように，アスペクト比が小さくなると，同一の揚力を発生するために生ずる翼面上の誘導速度が増加し，このために，翼の揚力傾斜 a が減少するとともに，揚力に対して誘導抗力が増加し，効率が低下する．また，煽ぎ運動においては，三角翼はすでに 3.1.2 で述べたように，迎角が小さくても剥離するので，やはり効率は悪い．

ただし，前述のように，進行速度が 0 かあるいは十分に小さいとき，つまり停止を含む低速時に急激に尾鰭を煽ったとき，翼の周りの流れは剝がれて，非定常の渦が発生し，非線形渦揚力が大きい推進力をつくる．ここでは 4.4.3 で得られた垂直力 F_N およびモーメント M_N を利用して，体軸からの尾鰭の傾き角を β としたときの推進力 T および必要パワ P は

$$\left.\begin{aligned} T &= F_N \sin\beta \\ P &= M_N \cdot \dot{\beta} \end{aligned}\right\} \qquad (5.3\text{-}11)$$

で与えられる．

具体的な F_N や M_t の計算では，4.4.3 で紹介し

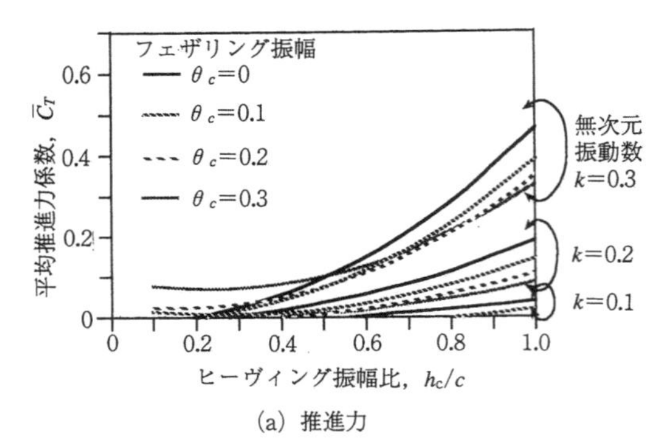

(a) 推進力

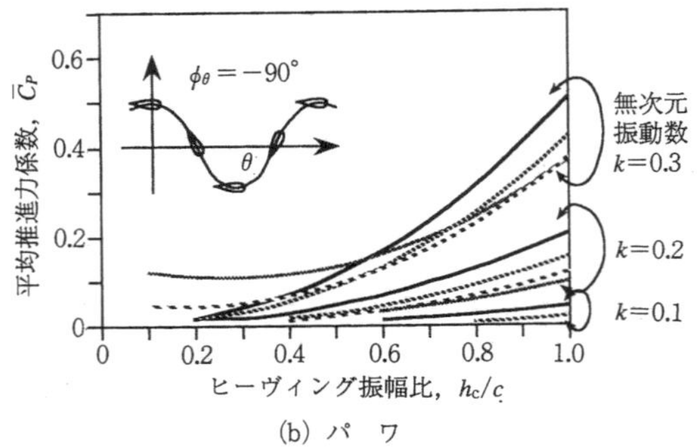

(b) パ ワ

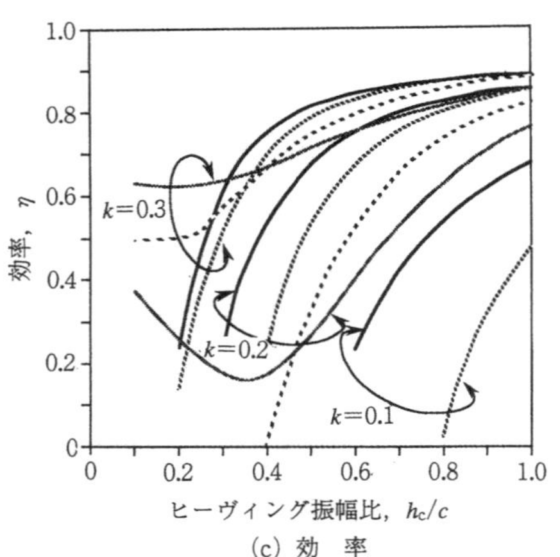

(c) 効 率

図 5.3-8 後退翼($\mathcal{R}$=8.0, Λ=30°, $\phi_0=-90°$)の煽ぎの性能（河内・東, 1988）

た単純計算で十分な精度の結果が得られるので，それを利用すればよい．

5.3.2 魚 の 遊 泳

構 造

多くの種類の魚を代表して，図 5.3-9 に(a)魚の外形のプロファイルと，(b)その構造とを示す．体は頭部から体高が増してきて，前後，左右および上下の中心辺りに重心および浮心があって，その辺りで体高が最大となり，その後尾柄に

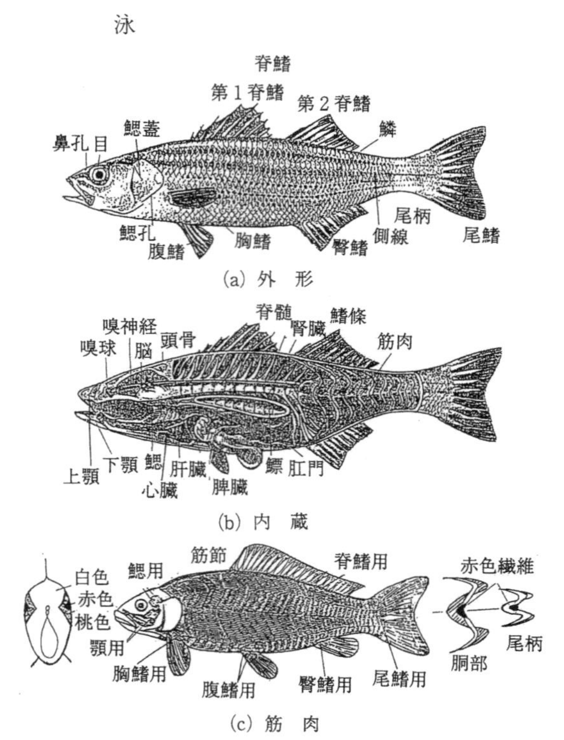

図 5.3-9 魚の構造（Anon, 1970参照）

向かって体高は減少し，後部で尾鰭が上下に開く．胸鰭と腹鰭は前後に左右1対ずつあるが，その他の鰭は対称面上にある．上から見た形態は，一般に流線形をしている．比重はある程度浮き袋で調節できる．

図 5.3-9 の(c)に示す筋肉は3種の繊維からなり，魚の全質量の約 20% を占める(Gero, 1952)．いちばん外側の赤色繊維は全筋肉の2～3% を占め，酸素を使った巡航遊泳に用いられる．その内側の桃色の繊維は若干速めの泳ぎに用いられる．そして筋肉の 70～80% を占めるいちばん内側の白色繊維は，発進時や高速時のはげしい泳ぎに使われ，酸素なしでも乳酸に交換されて，パワを出すグリコーゲンを豊富にもっている(Goldspink, 1977c, d)．

抵 抗

魚の外側は一般に紡錘形に近い流線形で，その抵抗が泳ぎの速度を決定する．体表面に沿って，流れの剥離は少ないので，抵抗はほとんど摩擦抵抗であると思われるのだが，実際に抗力を測って，摩擦抵抗係数を算出してみると，前述(5.1.1)のように，レイノルズ数に対して変化する滑らかな平板のもつ抵抗係数より数倍大きい値

が得られる(Azuma, 1992b).

軸対称回転体の抗力係数は,その長さ l と直径 d との比である“細長比”l/d とレイノルズ数 Re の値で異なる.図5.3-10に(a)表面全体の面積である“濡れ面面積”S_W と(b)最大断面積である“正面面積”S_f に基づく抗力係数を,細長比 l/d の関数として示した.レイノルズ数 Re は図中にパラメータとして示してある.その他の形状についての抗力係数は例えばHoerner (1965)の本に詳しい.

レイノルズ数がある程度大きくなると($Re>10^4$),すでに1.2.3で説明したように,流れが層をなして流れる“層流”であるか,乱れて速度差のある流れが混合する“乱流”であるかによって,抗力係数が著しく違ってくる.レイノルズ数が 10^7 にもなると乱流時の平板表面の摩擦力係数は層流時の値より1桁は大きい.そこで,生物は,体

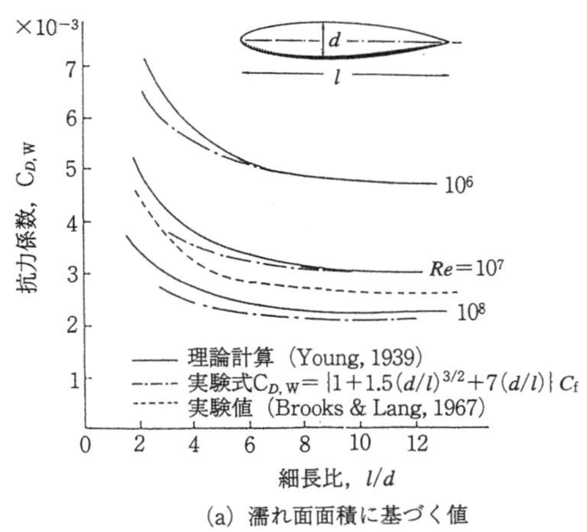

(a) 濡れ面面積に基づく値

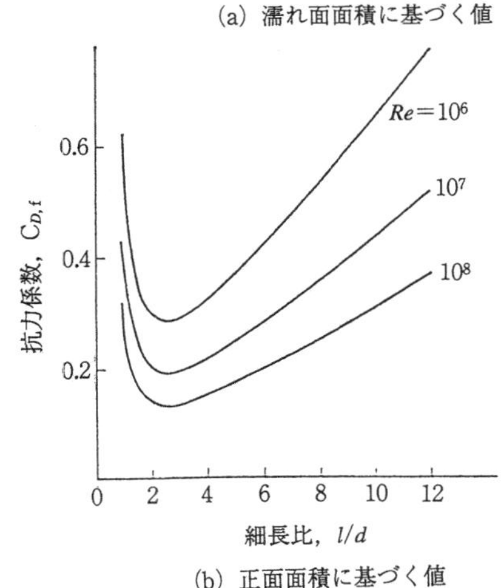

(b) 正面面積に基づく値

図5.3-10 流線形物体の抗力係数 (Hoerner, 1965)

表面境界層内の流れを,できるだけ大きいレイノルズ数まで層流に保持する工夫や,乱流の摩擦抵抗を減らす手段をとるようになる.その例が,体表面に弾力をもたせたり(Kramer, 1957; Landahl, 1961; Nonweiler, 1963; Lang & Pryor, 1966; Fisher & Blick, 1966; Gyorgyfalvy, 1967; Blick & Walter, 1968; Smith & Blick, 1969; Lang, 1975; Bushnell, Helner & Ash, 1977; Orszag, 1977, 1979; Reiss, 1984),粘を表面から滲出させたり(Rosen & Cornford, 1970, 1971; Sarpkaya, 1974; Hoyt, 1975; Sinnarwalla & Sundaram, 1978),小さいジェット水流を体の変形に応じて鰓(えら)の隙間や体表面の小孔から噴出させたり(Breder, 1924, 1926; Walters, 1962; Brown & Muir, 1970; Bone, 1975),表面にある程度の粗さを設けたり,(Walshら, 1978, 1982, 1984, 1989; Balasubramanian, 1980; Tani, 1988, 1989)といったところに見られる.

体が水面に近づくか,一部が水面上に出ると,水面に波ができ抵抗が急増する(“造波抵抗”),その大きさは無次元数の“フルード数”$Fr=V/\sqrt{lg}$ の関数として与えられる(Gero, 1952).形状により異なるので,ここでは具体的な数値については扱わない.

形態と生態

抗力に逆らって前進するための推進力を発生するために,魚は体に左右の変形波を送る.尾柄が左右に振られるとともに,胴体は大きく変形して曲率が大きくなる.そして尾鰭は垂直なヒーヴィング運動を受けるとともに,尾柄の周りに回転するフェザリング運動も加わる.流体力によるその曲げモーメントは,後退角の大きい尾鰭ほど大きくなる.このような体の動きと,それを支える体型と弾性構造は,したがって,切っても切れない複雑な関係で結ばれている.

各種の魚の形態と遊泳法を,それらが棲む環境と,そこでの生態とに関係づけながら見ていこう.なお魚の側面図は,常に各鰭をいっぱいに拡げた形態で画かれているが,必要でない鰭を閉じている実際の遊泳中の魚の側面形態とは必ずしも一致しない.すでに前節で述べたように,川の上

流では，渓流や浅瀬を乗り切るために，体高が小さく，前後に長い細長体の魚が適在する．彼らの尾鰭は厚み同様上下幅も狭いが，その代わり振幅の大きい泳ぎとなる．前節で紹介したイワナは，ヤマメなどとともにゴツゴツした岩蔭に潜み，突然急流に飛び出して活き餌を追う活発な魚である．少し下流の，漬物石にしたいような大きい丸い石のある辺りに棲むアユも似た体型の魚である．幼魚は活き餌を食べるが，成魚は石についた苔を餌にする．しかし縄張り争いは激烈であるうえ，水温は別にして川の流れの様相は上流とさして変わらないので，この体型が適しているに違いない．図5.3-11に川の中流から下流に棲む魚を示した．(a)のオイカワはウグイなどとともにもう少し石が小さくなった辺りの綺麗な水に棲む．やはり体型は細長体である．

川も下って，よどみの多いところや，池に棲む(b)のコイやフナは，もう体高の高い流線形で，尾鰭も大きくなる．ふだんじっとしていることが増えて，動くときは，団扇のような尾鰭をバサッと煽いで強力な発進力をつくりだす．尾柄も太く，尾鰭の流体力にしっかりと耐える．河口の汽水域では，(c)スズキやボラが棲む．やはり渓流の魚に比べて体高は高く，尾鰭が大きく，尾柄も太い．汽水域の砂地に棲むものでは，(d)のハゼやカレイがいる．ハゼの体型は細長いが，尾鰭は団扇のように丸く，ふだんは腹鰭が吸盤のようになって砂地に吸いついていて，餌を待つ．カレイも横に寝て周囲につらなった鰭で砂地にへばりついているが，やはり餌の来たときは，団扇状の尾鰭の煽ぎで餌に飛びつく．また前節に述べたよう

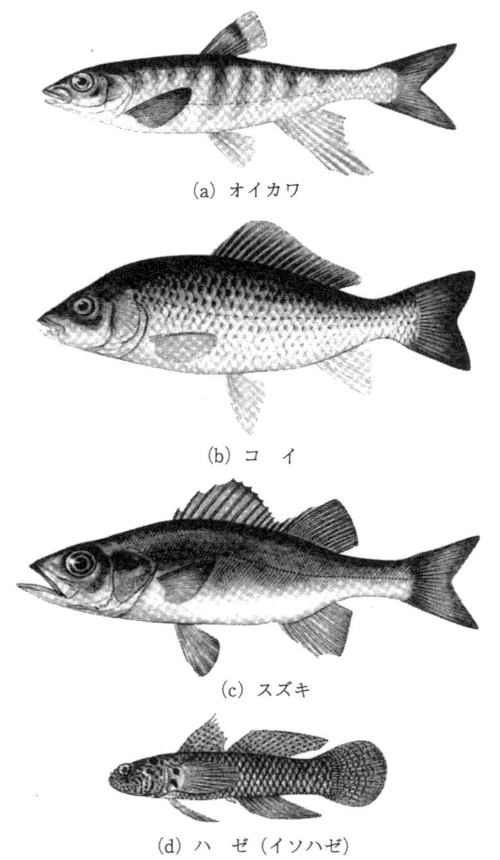

(a) オイカワ

(b) コ　イ

(c) スズキ

(d) ハ　ゼ（イソハゼ）

図5.3-11　河川に棲む魚（蒲原，1976参照）

(a) ク　エ

(b) イシダイ

(c) メジナ

(d) マダイ

図5.3-12　岩礁に棲む魚（蒲原，1976参照）

に，体を波打たせて，蛇行運動のようにして泳ぐ．

図5.3-12には，岩礁地帯に棲む魚を示した．5.2.3で述べたような，鰭の蛇行運動で位置決めを行う魚以外に，ここでは胸鰭や尾鰭を煽って泳ぐ魚たちについて述べる．(a)はクエ(モロコ)で，ふだんは海底に静止しているか，胸鰭を使ってゆっくりと泳いでいるが，餌が来たときなどには，団扇のような尾鰭を勢いよく煽いで瞬間的に強力な推進力をつくりだす．(b)のイシダイは，もう少し回遊性があって，体高は十分高く偏平な体型をしている．静止からある程度の高速まで十分に泳げるために，切り込みのある大きい三角形の尾鰭をもち，背鰭と尻鰭を広げたときの大きい側面積を利して，旋回性能に優れているので，釣り針にかかったときのダイナミックな引きはたまらない．巡航時には当然上下の鰭は閉じられるので，最大高さを過ぎてから尾鰭に向かって体高は減り，そこで負の推進力をつくらないようになっている．(c)のメジナや(d)のマダイになると，もっと回遊性が増して活き餌を追う．したがって，偏平な体型に大きい背鰭がつき，尾鰭はさらに大きい切れ込みの深い三角翼となる．胸鰭を使っての位置決めも得意だが，低速から高速へのダッシュもできるし，長距離の遠泳も上手である．

次に図5.3-13に示すのは,広い海原の上層や中層を動き回る高速遊泳魚である．(a)のカマスなどは，細長体の体型に切れ込みのある三角形の尾鰭をもっており，振幅の大きい泳ぎをする．これに対して，(b)のマアジの仲間は，体高の高い偏平な体型と，細い尾柄と，そしてやはり切れ込みの深い三角形の尾鰭が特徴的である．一方(c)のサバや同じ仲間のカツオやマグロは紡錘形の体にきわめてアスペクト比の大きい後退翼の尾鰭をもっている．胴体の変形波は細長体の魚ほど目立たないが，きわめて細い尾柄の左右の動きに伴う，尾柄周りのフェザリング運動は大きく，尾鰭は常に流れの方向に向いて(小さい迎角で)高速遊泳時

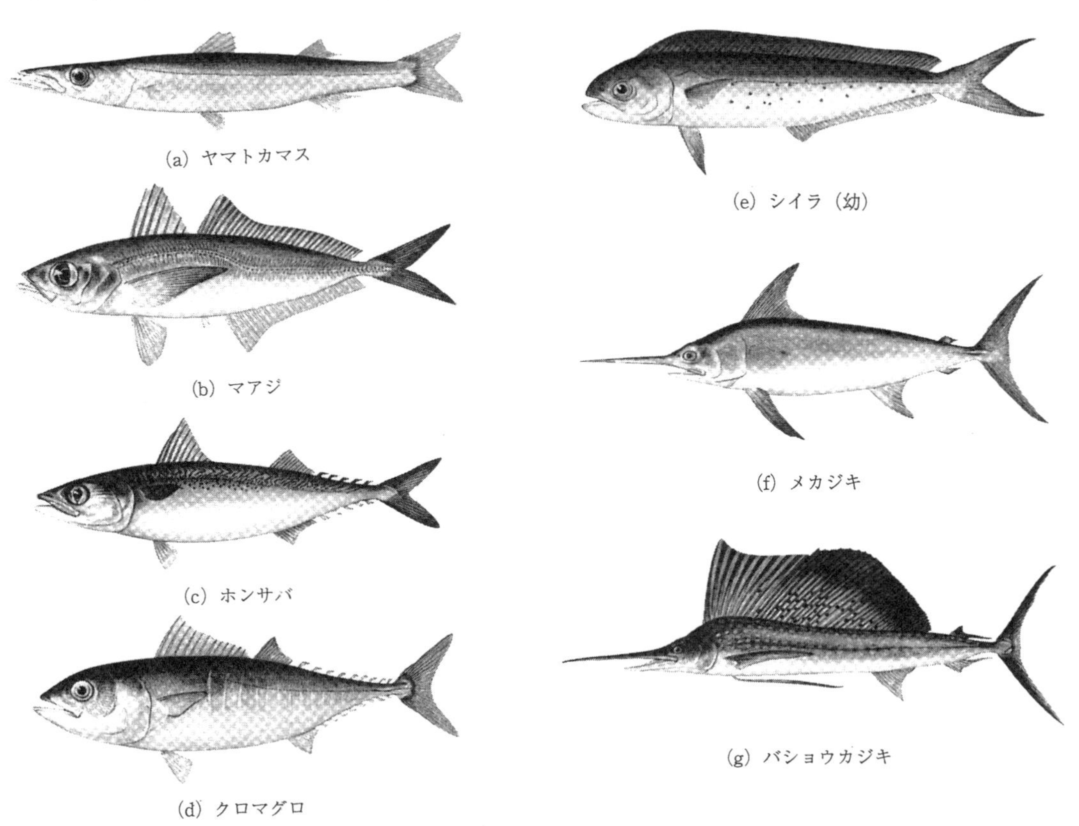

(a) ヤマトカマス
(b) マアジ
(c) ホンサバ
(d) クロマグロ
(e) シイラ（幼）
(f) メカジキ
(g) バショウカジキ

図5.3-13　中層・上層を遊泳する魚（蒲原，1976参照）

に効率のよい煽ぎを行う．細い尾柄は，その直後のアスペクト比の大きい尾鰭の高性能を落さないための配慮で，その構造的な弱さの補強のため水平板の隆起(キール)が左右に付いている．尾柄に向かって胴が絞られていくところに，小さな鰭が並んでいて，たぶん紡錘形のために体の後半の流れが剝離するのを，渦を発生させて防いでいるのであろう．なお，(d)クロマグロに見られるように，マグロの仲間の胸鰭は細長く，巡航中しばしば横に張り出して胸鰭を固定翼として用い，多少海水より密度の高い体の重量の一部を，低速時には胸鰭に働く揚力で支えている(後述)．さらに高速遊泳魚の(e)のシイラや(f)のメカジキや(g)のバショウカジキの胴体が再び細長体に近く，したがって尾鰭のヒーヴィング運動の振幅も大きくなるとともに，尾鰭はなおいっそう翼幅が大きくなり，いわゆる“三日月翼”または“鎌型翼”と呼ばれる形状をもつ．

三日月翼の特性

図5.3-14に示すように,三日月翼の尾鰭では，細い尾柄の周りのフェザリング運動に加えて，後退翼のためにヒーヴィングがより大きくなる翼端

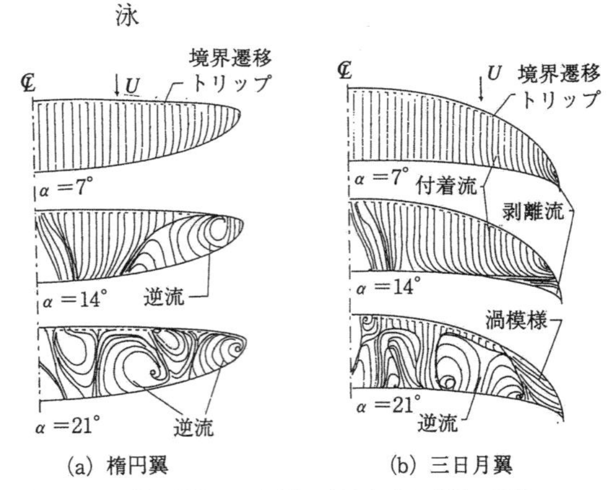

図5.3-15　楕円翼と三日月翼の高迎角時の剝離の特性（翼型 NACA 0012，$Re=1.8\times10^6$．Dam & Holmes，1991a）

側で捩れモーメントが強く働き，翼断面は，流れに沿う形の(迎角の小さい)フェザリング運動を行い，高速遊泳時に高効率の泳ぎが可能である．

楕円翼と三日月翼とは，すでに3.1.2でそれらの特性が説明された．迎角の小さいときすなわち$0<C_l<0.5$の範囲で，とくに目立つほど三日月翼の特性が優れているわけではない．しかし迎角が大きい値になると，図5.3-15に見られるように，翼端側で後退角の大きい三日月翼では，剝離が有利に働くので，図5.3-16に見られるように

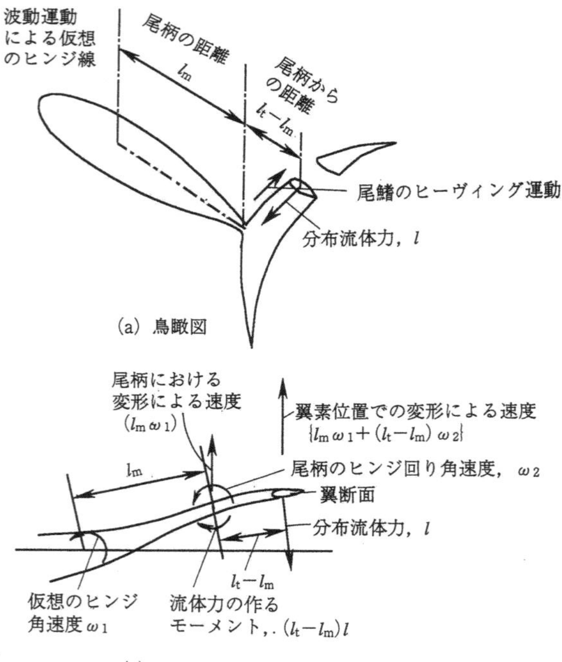

図5.3-14　三日月翼の尾鰭に働く流体力

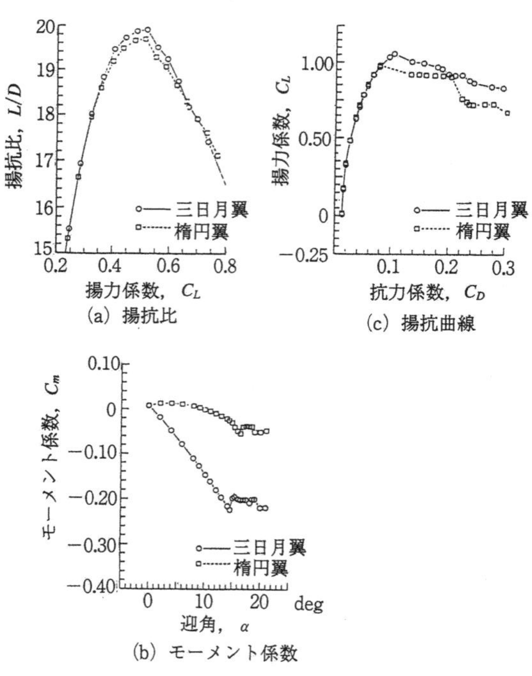

図5.3-16　楕円翼と三日月翼との空力特性の比較（Dam & Holmes，1991b）

楕円翼よりも，若干抗力の増しが少なく，最大揚力係数が大きくなり，また安定性・操縦性の面からも優れている(Dam & Holmes, 1991a, b).

マグロを例に挙げて三日月翼を使う魚の外形上の特色をみてみよう．この熱帯および亜熱帯に棲む大型の海洋性の魚は，他の硬骨魚に比べて，はるかに速い巡航速を利用して，生き餌を追いながら広く大洋を回遊している．

鰭をたたむときれいな流線形の紡錘体で，後部に向かっての絞り込みの上下に小さい離れ鰭(“フィンレット”)が並び，尾柄は細く，そこで左右水平に三角形状に張り出したキールが三日月型の尾鰭を支えている．

多くは海洋性の他の硬骨魚と比べて，尾鰭の振幅は一般並の 0.1～0.2 l 内，水槽内の計則では前進速と変形波の伝播速との比は若干小さく，低速で $V/C=0.3$，高速で 0.6 程度，そしてその波長は 1.2 ～ 1.3 l 程度である(Dewar & Graham, 1994).

背　鰭

シイラやバショウカジキに見られる大きい背鰭を広げたときの，流体力学的特色は詳(つまび)らかではないが，明らかにそれをいっぱいに広げて横滑りさせると，きわめて大きい横力が発生して，旋回性能は抜群によいとは思うのだが，同時に発生する横揺れモーメントに，小さい腹鰭のみで，または横に張り出した胸鰭で対抗できるのかどうか，ちょっと心配である．むしろ放熱機能が大事なのか．

浮力と揚力

魚体の密度を周りの流体の密度と同じにした場合，つまり浮力と重力とを等しくした場合の体に働く抗力と，魚体の密度を大にして浮力の不足分を魚体または胸鰭を広げた固定翼の揚力で補う場合に体に働く抗力を比較すると，大型の高速魚では後者のほうが得となる(Azuma, 1992b)．そこで，前述のマグロや図 5.3-17 に示されるようなサメは,海水より比重の大きい体を胸鰭の固定翼

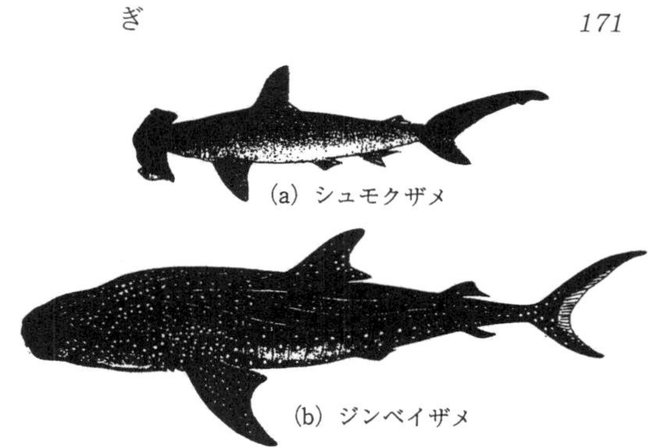

図 5.3-17　サメ 2 種

で補って泳ぐ．マグロの場合水平に広げた胸鰭の後退角は速度の増しとともに大きくなる(Magnuson, 1970, Dewar & Graham, 1994)．また図 5.3-17 の(a)のシュモクザメでは，前部の“カナード翼”(前方に配置された水平翼)が，この魚の垂直面内の運動を有効に制御していると思われるが，面白いのは翼端の目である．両眼の間隔が十分広いので，後述(7.1.1)されるように，距離測定の精度が上がっているに違いない．(b)のジンベイザメは，成魚が 18 m ぐらいになる魚類中最大の魚で，泳ぎはゆったりとしていて，大型のクジラ同様，主食はプランクトンである．もうこの大きさでは，後述のように，高速魚を追うはげしい泳ぎは無理なのであろう．

性　能

図 5.3-18 に，煽ぎ運動で推進するいろいろな魚の大きさに対する速さと煽ぎの周波数との関係を示す．(a)は体長に対する速度，そして(b)は体長 l を基にした*レイノルズ数 $Re=Vl/\nu$ と煽ぎ運動の無次元周波数 $\sigma=2\pi/(V/lf)=(2l/c)k$ との関係が画かれている．速度の上限は体長の約 10 ～ 20 倍，$V/l=10\ \mathrm{s}^{-1}\sim 20\ \mathrm{s}^{-1}$ 辺りである(Wardle, 1977)．おおよその目安としては

$$\left.\begin{aligned} V &= 0.50l^{0.43}：長距離進遊泳 \\ &= 1.8l^{0.50}：巡航遊泳 \\ &= 7.8l^{0.88}：高速遊泳 \end{aligned}\right\} \quad (5.3\text{-}12)$$

となる．尾鰭の振動数 f または波長 λ を考慮すると，次の関係が得られる(Bainbridge, 1958)：

* 体長としては，図 5.3-5 を参照して，頭部先端から尾鰭の後端までの長さの全長 l の場合と,叉状の尾鰭の分岐点までの長さ“フォーク長”(股長) l_f との両者が混在しているが，尾鰭の張り具合で長さの変わる前者と長さの変わらない後者を 1 つにまとめて ($l\cong l_f$) 長さとしている．ここでの議論を進める上で，この近似は問題にならない．

表 5.3-1　魚の泳ぎのストライド長と尾鰭の振幅

種	平均振幅比 h_c/l	ストライド長/振幅 l_s/h_c	文　献
ウグイ	0.18	2.8	Bainbridge, 1958
マ　ス	0.17	4.2	
キンギョ	0.20	2.5	
Notocenea	0.19	3.7	Archer & Johnston, 1989
neglecta	0.27	3.1	

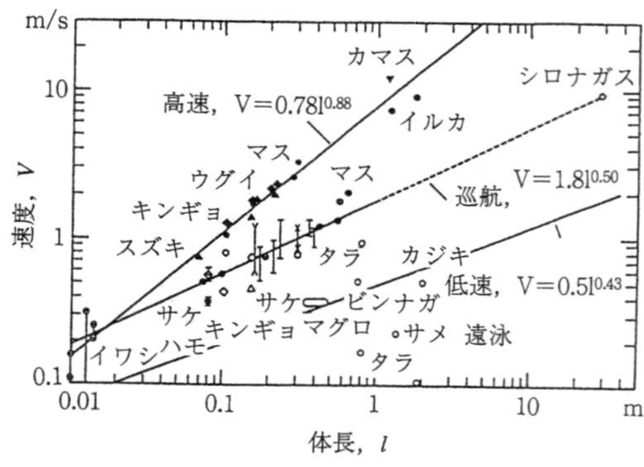

(a) 速度と体長 (Bainbridge, 1960；Weihs, 1977；Beamish, 1978, Lindsey, 1978；McMahon & Bonner, 1983 参照)

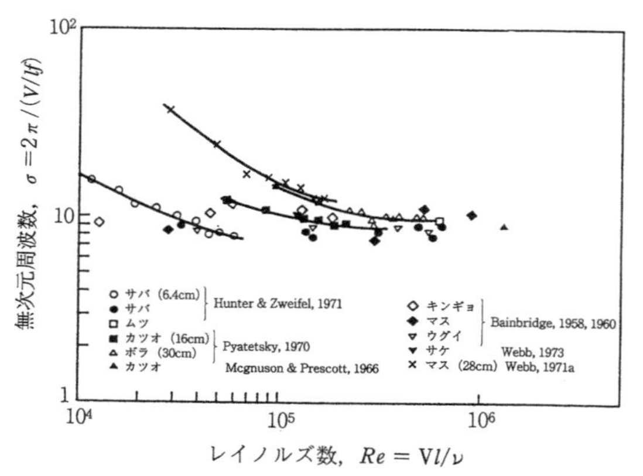

(b) 無次元周波数とレイノルズ数 (Yates, 1983)

図 5.3-18　尾鰭で煽ぐ魚の性能

$$(V/l)_{\mathrm{mean}} = (0.6\sim0.7)f \qquad (5.3\text{-}13a)$$

または

$$(V/lf)_{\mathrm{mean}} = (V/C)(\lambda/l) = 0.6\sim0.7 \qquad (5.3\text{-}13b)$$

無次元振動数ではノイノルズ数が大きくなると ($Re>10^5$)，どの魚も

$$k = \pi\bar{c}f/V = \pi(\bar{c}/l)/(V/lf)_{\mathrm{mean}} \cong 0.5 \qquad (5.3\text{-}14a)$$

$$\sigma = 2\pi/(V/lf)_{\mathrm{mean}} = 2k(l/\bar{c}) \cong 10 \qquad (5.3\text{-}14b)$$

に近づくことがわかる．

図に記入してない例としては，実験資料から計算してみるとマグロが小さく $\sigma=7\sim8$ (Dewar & Graham, 1994)，クロマスが大きく $\sigma=10\sim13$ (Webb, 1992)，サバとポラックが $\sigma=8\sim9$ (Videler & Hess, 1984)，そしてサメは幅広く $\sigma=8\sim13$ (Graham ら，1990) となる．

1回のストロークで進行する距離(“ストライド長”) l_s は尾鰭の振幅 h_c の増しとともに増大する．Bainbridge (1958) や Archer & Johnston (1989) のまとめた例を表 5.3-1 に示す．

高速遊泳魚が餌を求めて突進するような最高速度 V は，式(5.3-12)に示されたようにほぼ大きさ l に比例する $V\propto l$ としてよかろう．ところで，高速遊泳時の必要なパワ P_n をパラサイト・パワで代表すると，$P_p=\frac{1}{2}\rho V^3 f$ となり，速度 V の3乗と抵抗面積 f との積に比例する．したがって必要パワは，V^3 が長さの3乗に，そして f が長さの2乗に比例するから，結局長さの5乗に比例する，すなわち $P_n\propto l^5\propto m^{5/3}$ となる．一方有効パワ P_a は筋肉が質量に比例するので，$P_a\propto m\propto l^3$，したがって，ジンベイザメのところで述べたようにある程度以上大きくなると，高速遊泳は有効パワ不足で困難となる．

5.3.3　哺乳類の泳ぎ

哺乳類は2億年前に陸上の爬虫類から進化したが，5000万年前に一部が海へ戻ったという．ビーヴァーやラッコのように小型の生物もいるが，一般には，アシカの仲間の鰭脚類，ジュゴンの仲間の海牛類，そしてクジラの仲間の鯨類と，いずれも大型の生物である．彼らは四肢で重力を支えながら移動する陸上よりは，浮力の分布荷重で体を支える水中を選んだようである．5.1.2 に述べた鰭脚類のように，羽ばたきやバドリングを

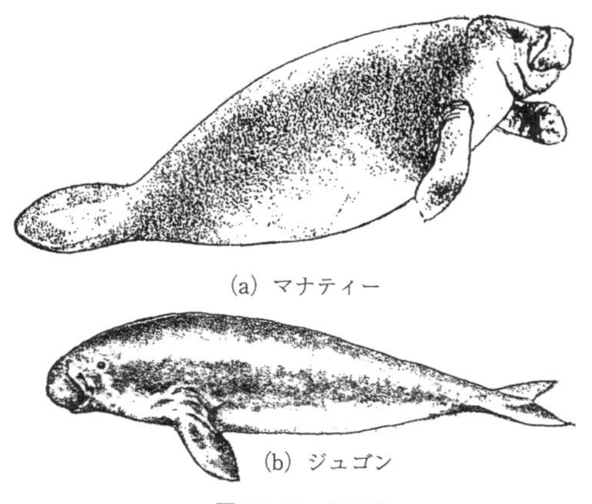
(a) マナティー

(b) ジュゴン

図 5.3-19 海牛類

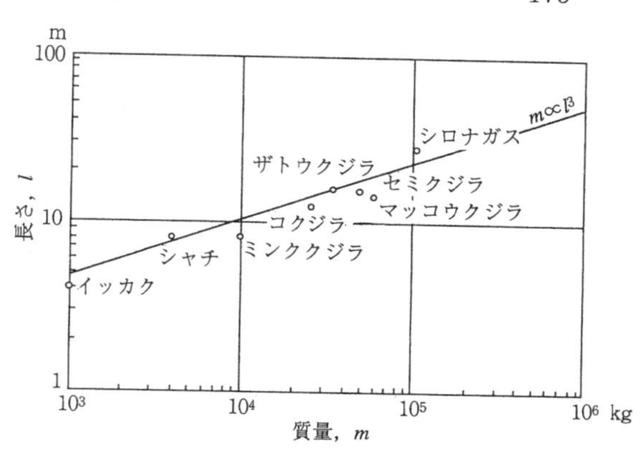

図 5.3-21 鯨類の大きさと質量

使う生物もいるが，多くの生物は尾鰭の上下方向の煽ぎを使って泳ぐ．

図 5.3-19 に示す海牛類のうち，(a)マナティーは団扇のような尾鰭をもっているので，高速の巡航遊泳がうまいとは思えない．餌の水中植物を少しずつ移動して採るという，のんびりした生活である．(b)ジュゴンはもう少し活発に泳ぎまわれるような三角形の尾鰭をもつ．

図 5.3-20 には，鯨類の(a)マイルカ，(b)シャチ，(c)ザトウクジラおよび最大の動物のシロナガスを示した．また図 5.3-21 には，鯨類の各種の雄の平均的な質量 m と大きさ(身長) l との関係を示す．これから質量は，よくいわれているようにほぼ長さの 3 乗(若干それより小さ目)に比例していることがわかる．

イルカの仲間(歯鯨類)は，逃げまわる魚を餌とする生活をしているので，当然，高速でかつ運動性に優れた遊泳のできるものでなければならない．そのためには，前にも述べたように，おおざっぱにいって，長さの 5 乗に比例する必要パワと長さの 3 乗(質量)に比例する有効パワとの釣り合いから，体はあまり大き過ぎてはいけない．つまり数千 kg 以下の質量が妥当なのであろう．

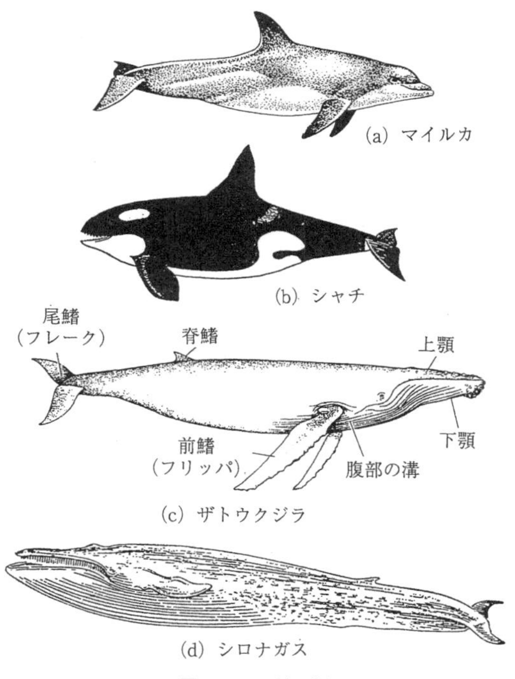

(a) マイルカ

(b) シャチ

(c) ザトウクジラ

(d) シロナガス

図 5.3-20 鯨 類

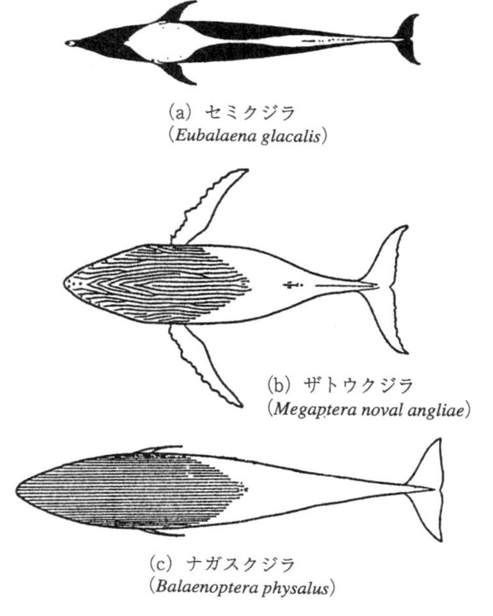
(a) セミクジラ
(*Eubalaena glacalis*)

(b) ザトウクジラ
(*Megaptera noval angliae*)

(c) ナガスクジラ
(*Balaenoptera physalus*)

図 5.3-22 鯨類の平面図

表 5.3-2　バンドウイルカ (*Tursiops truncatus*) の体形の諸元

諸　元	雌	雄
年　齢	20	20
体の質量，m(kg)	23.0	22.8
体長，l(m)	2.60	2.70
最大径，d(m)	0.52	0.48
細長比，l/d	5.00	5.63
濡れ面面積，S_W(m^2)	2.74	2.73
尾鰭(fluke)翼幅，b(m)	0.73	0.68
尾鰭面積，S(m^2)	0.112	0.110
アスペクト比，AR	4.7	4.2

(Fish, 1993)

筋肉はそのうち約20% を占めるが，なぜか背側のほうが腹側の2倍も大きい (Gray, 1936)．もちろん，イルカが各固体で餌を追うよりは，集団で捕食するほうが楽であるので，イルカやシャチは仲間どうし互いに超音波で連絡を取り合いながら，集団で狩を行う．

これに対して，大型のクジラの仲間 (髭鯨類) は，高速の突進には無理があるので，種は違うが前述のジンベイザメのように，動物プランクトンを餌とするようになる．サメと違ってこちらも単独の採餌よりは集団の狩が主となるようである．

図 5.3-22 に鯨類の典型的な平面形を示す．体型は抵抗係数の小さい流線形の細長体で，尾柄は細く，尾鰭は三日月翼ではないが翼端が後退している変形三日月翼である．典型的なバンドウイルカの諸元の例が表 5.3-2 に，また歯鯨類の体表面 (濡れ面) の面積と体の質量との関係が図 5.3-23 に示されている．すなわち，高速遊泳魚のカジキやマグロほど泳ぎまわっているわけではなく，といっても海藻を餌とする海牛類ほどじっとしている時間が長いわけでもない彼らの生態に適した尾鰭のようである．

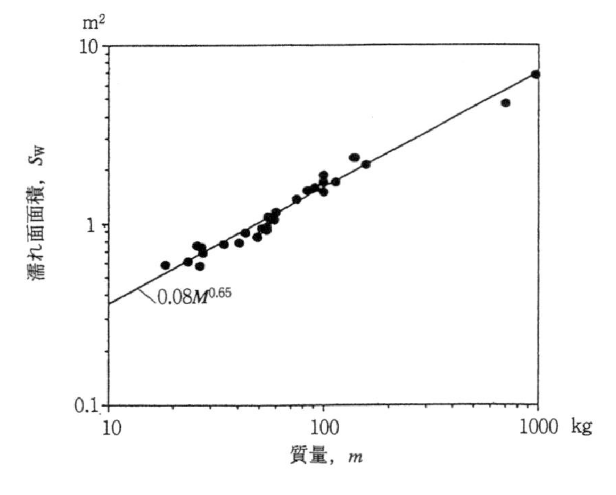

図 5.3-23　歯鯨類の体表面と質量との関係 (Fish，1993 のまとめた資料)

速度 V を 1 m/s から 6 m/s まで速めるのに尾鰭の周波数 f は約 1 Hz から 3 Hz 程度まで変わる (Fish, 1993)．鯨類のような大型の動物の尾鰭を動かす際の慣性力は，たとえ水中といえどもきわめい大きいので，運動システムの中にばねがあって，慣性力を消去している (Blickham & Cheng, 1994)．

大型の魚類同様鯨類はその体形と共に，体表面もなるべく流れの層流状態を後方まで保つための工夫がされているらしい．もし何らかの方法で，体表面の全面にわたって流れが層流状態を保つことができるとすると，そうでない場合の速度に対して同じ筋肉作動時間，同じパワの下で，約2倍の遊泳速度が得られることを Lang (1966) が示した．

海に棲む哺乳類は，種によっては数百メートルの深さに潜ったり，1時間を超える長時間の潜水ができたりと多才である．つまり酸素獲得の方法が優れているらしい．

ポーパスィング

イルカは高速で泳ぐとき，図 5.3-24 に示すように，水中で rT 時間加速したのち，最高速度 V_{max} でジャンプして体を空中に露出し，$(1-r-s)T$ 時間は“自由落下”の弾道飛行を画いて (速度はほとんど変わらずに) 水中に落下し，時間 sT の間は最小速度 V_{min} まで減速し，その後再び水中で加速するという，いわゆる“ポーパスィング”と呼ばれる間欠的推進法で泳ぐ．その第1の理由は，魚と違って直接水から酸素を獲得できないので，周期的に空気から酸素を補給するための手段であることは間違いない．第2の理由として考えられるのは，例えば水面近くを巡航速 V_c で泳ぎながら鼻を空中に突出して泳いだ場合と比較して，潜っては加速し，ジャンプして呼吸するという方法が優れているかどうかである．

ポーパスィングのほうが得策であるためには，(i) 進行方向の付加質量の A_{11} と抵抗面積 f とがなるべく小さくなるように体型が細長い流線形であ

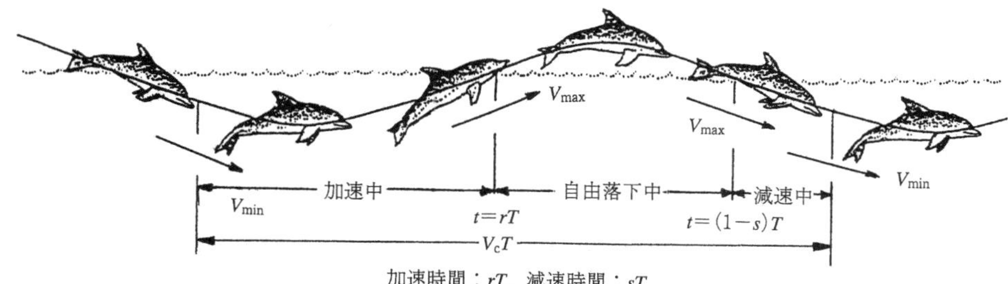

図 5.3-24　ポーパスィングの運動プロファイル

ること，そして，(ii)飛び出しや再突入時の飛沫ができるだけ小さいことである(Azuma, 1992b).

5.3.4　編隊遊泳

鳥が羽ばたき飛行の際に，4.2.5 に説明したように，編隊を組むことで消費パワを節約することが可能であった．同様に魚や哺乳類が，図 5.3-25 に示されるように，(a)単独遊泳と(b)"ダイアモンド隊形"での遊泳とでどんな違いがあるかを見てみよう．図では，簡単のために上から見た2次元流として画かれているが,巡航時の後流の渦模様は，尾鰭の運動による推進力発生に伴う渦("推力渦")が強調されて，体の抗力発生に伴う渦("抗力渦")が省略されている．いずれの場合も，各遊泳魚の後流は図の右手に向かって流れ去る形で示されているが，実際の魚の一定速度での遊泳では，水は平均として空間に止まっているはずである．何となれば，ともに流体力である推進力と抗力が等しく，したがって流体力は平均して何も力を出す必要がないからである．ただ抵抗に逆らって魚を推進したための仕事に相当する渦は残っていて，場所に応じて流速が変化している．

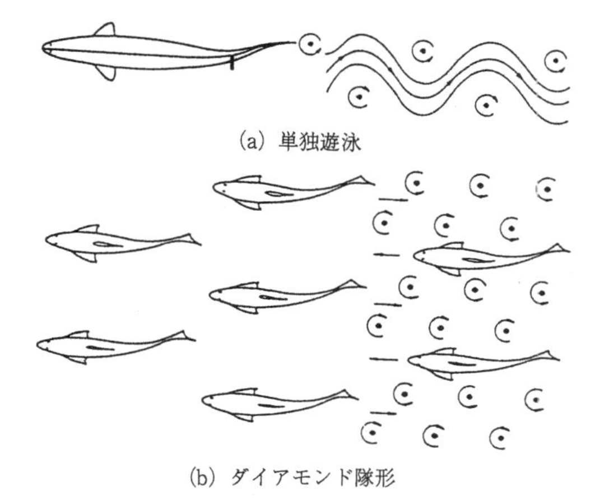

図 5.3-25　遊泳後流の推力渦 (Lighthill, 1983)

鳥の飛行の場合は，流体力でない重力を，流体力の揚力で常に支えてやらないといけないので，平均の吹き下ろし流が空間に残されているのである．

さて(b)に示された推力渦の中の2匹の魚に注目してみよう.この2匹は第2列の3匹の魚の間にあって，体の両側の推力渦が作る前方に向かう誘導流の中にある．もちろん第1列の2匹の魚の真後ろにいるのだから，その魚からの後流の中にいることも確かであるが，その影響よりは直前の第2列の魚の影響のほうが強く効いているはずである．このように適度の間隔をとったダイアモンド隊形は，泳ぎのパワを減らしてくれそうである (Zuyev & Belyanyev, 1977 ; Weihs, 1973b ; Childress, 1981 ; Lighthill, 1983).

しかし抗力渦のことも忘れてはいけない．こちらはほとんどが摩擦抵抗に相当する境界層内の小さい渦の集合であるから，図に描き入れることは難しい．そのうえ渦は小さいので，粘性により熱として早く消滅していく．だがこれらの渦は前向きの流れをつくる誘導流の近辺にあって，前方への流れを打ち消すように働いているので，揚力に伴う誘導吹き下ろし流のような流れをつくらない．したがって，両者を併せてて考えると，鳥の雁行飛行のように隊形を整えることで，必ずしもパワの消費が著しく減少するとは思えない．義務と責任を伴った，協力し合っての編隊行進ではなく，依存心ばかりが強い，それでいて頼りにならない弱者の集団逃避である．

5.4　櫓漕ぎと羽ばたき

水中生物の泳ぎは,これまで述べてきた方法以外にも，和船の櫓を漕ぐときのような“櫓漕ぎ”や，鳥や昆虫の飛行と似た“羽ばたき”がある．いずれも生物の生態と外形とに深くかかわり合った結果，このような推進方法となったものであり，いずれの運動も抗力より大きい揚力を発生させるための翼の使い方の1種であるので，まず翼の使い方について考えてみる．

5.4.1　翼の使いかた

板状の翼を使う各種の推進方法を図5.4-1に分類して示す．

(a)固定翼は普通の飛行機に見られる翼で，翼面にほぼ平行に前進し，上向きに発生した揚力を利用して機体重量を支える．大型の鳥や植物の種子(たね)がこれを用いることはすでに述べた．

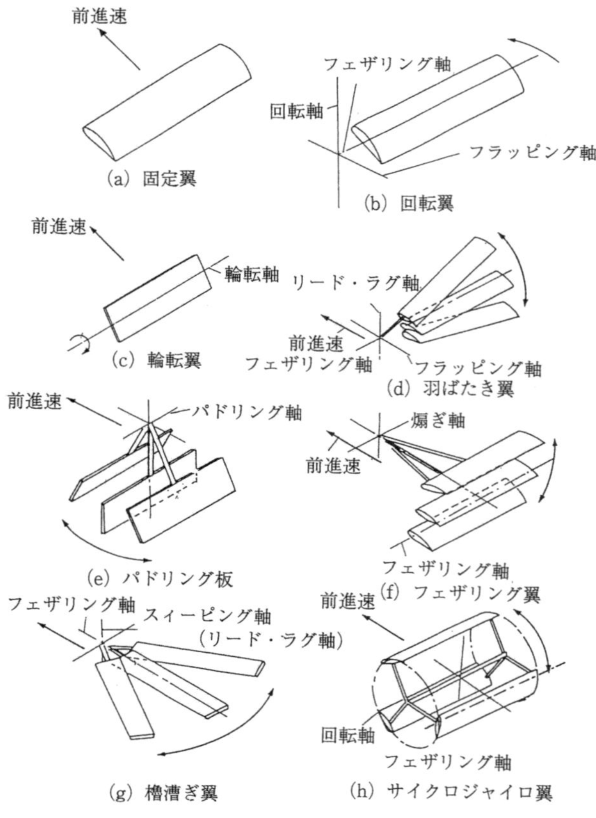

図5.4-1　翼の使いかた

(b)の回転翼は，ヘリコプタのロータのブレードに見られるもので，翼の1端で翼面にほぼ垂直な回転軸の周りに翼を回転させて揚力を発生し，機体重量を支える．動物では，関節を通して回転運動を行うことは生体として無理なので，体全体を回す翅果の飛行に用いられていることはすでに述べたとおりである．

(c)の輪転翼は翼の中央を走る回転軸を持つものである．回転軸に平行な側端を翼面外に反らせた形の広告板を街中で見かけることがある．生物では翅果が種子の分散に利用する．

(d)の羽ばたき翼は，鳥や昆虫が飛行に用いてきた．翼端で翼面に平行に前後に走るフラッピング軸と，垂直に上下に走るリート・ラグ軸の2軸の回りの往復回転運動で翼を動かす．フラッピング軸に平行な前進飛行中にこの運動が行われると，翼には上向きに働く揚力に加えて，前向きの推進力が発生する．効率よく推進するために，翼面に平行でかつ翼幅方向に走るフェザリング軸の周りに往復回転運動を加えることが多い．前にも述べたように生物が重心近くで，重量を支えつつ推進力を出すには，この方法しか考えられない．

(e)のパドリング翼は，揚力ではなく，抗力と非定常運動に基づく慣性力を使う翼で，翼面に平行で翼幅方向に走るパドリング軸周りの往復運動である．ボートの推進に用いるが，多くの生物でもその推進法を利用している．

(f)は煽ぎ翼で，団扇や扇子で風を送るときに用いる．翼面に平行で翼幅方向に走る煽ぎ軸周りの往復運動であるが，(e)のパドリング軸と異なり，翼面が前進方向にほぼ平行で，したがって抗力ではなく揚力の前傾成分が推進力をつくる．さらに翼のフェザリング軸の周りの往復回転運動を重ね合わせると推進効率がよくなる．すでに述べたように，生物の尾鰭を使っての煽ぎ遊泳に用いられる．

(g)が本節で扱う櫓漕ぎ翼である．翼端で翼面に垂直なスイーピング軸(リード・ラグ軸)の周りの往復回転運動に，フェザリング運動を重ね合わせることにより，スイーピング面に斜めに前進する翼に揚力が働き，その前進方向成分が推進力となる．

(h)のサイクロジャイロ翼は，やはり翼面に平行で翼幅方向に走る回転軸周りの回転運動に，フェザリング運動を加えたもので，前進速度に斜めの方向に力が発生する．船の推進機として用いられるが，生物での直接的応用は見当たらない．ただし，羽ばたき翼のフラッピング軸が十分翼端から離れているとき，翼はサイクロジャイロ翼と同じような動きとなる．ペンギンのブレードがこの動きに近い．またフェザリング運動を追加しないものでは，翼に働くマグナス力を利用する翅果の例がすでに3.4.2で紹介された．

5.4.2 櫓 漕 ぎ

洋船のボートをオールで漕ぐときは，5.1.1で説明したようにパドルに働く流体の慣性力と抗力とを利用するが,一方,東洋で用いる和船を漕ぐには，櫓(ろ)か櫂(かい)を使い，いずれも次に述べるように主として揚力を推進力として用いる．

図5.4-2には，和船の(a)櫓を漕ぐときと(b)櫂を使うときとの様子を，また，(c)にはブレードの運動をそれぞれ示す．(d)には前進速度があるときに，櫓や櫂の漕ぎによるブレードの運動で生じる相対流速と，ブレードに働く流体力の成分とが画かれている．舟から斜め後下方(約30°)に水中に突出したブレードの面内往復運動(リード・ラグ運動)と，そのピッチを変えるフェザリング運動とを重ね合わせると，ブレードに働く揚力の前向き成分が推進力として生ずる．また揚力の下向き成分はブレードを下に押して垂直に立てようとする曲げモーメントになる．ブレードに働く抗力は，ブレードを動かすのに必要な駆動トルクに対抗する．ブレードの1端に結んだロープを舟底に固定し,ブレードを立てようとするモーメントを，ロープの張力で支える．櫓は長いので(全体で5m近く,水中のブレードの部分でも約3m)，両手を使って揺する．ボートのオールが，どちらかというと短時間のダッシュに向いているのに対して，揚力を利用する櫓は長時間の巡航に適している．

ある和船について，ブレードの水中挿入角度(すなわちフラッピング角)β，リード・ラグ角度ζ，およびフェザリング角度θの動きの例を，図5.4-3に示す(Azumaら，1989)．このうち，水中挿入角βの振動は，流体力学的には無意味なものである．推進効率が最大になるように選ぶと，図5.4-4に見られるように，βは30°近辺,θは約20°の振幅となる．

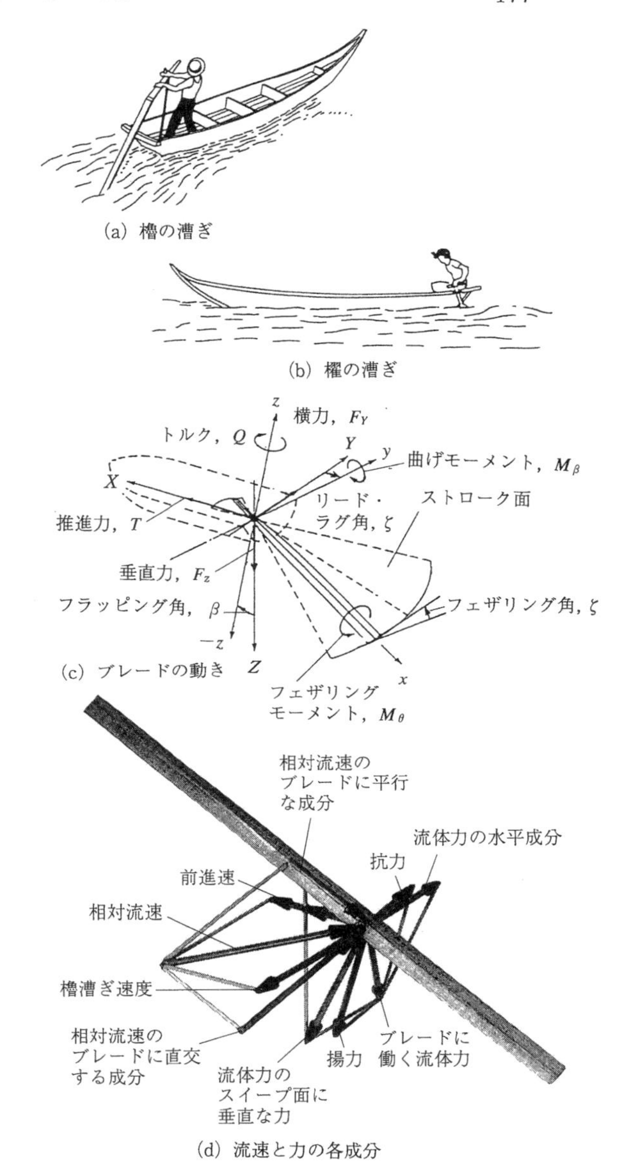

図5.4-2 和船の櫓と櫂の使いかた

リード・ラグ運動は翼面に平行な往復運動なので，ブレードの前縁と後縁は同じようになり，櫓の前後は対称の形状である．

一方，櫂は舟が静止に近い状態での微妙な位置の調節に使われるので，片手で扱いやすいように

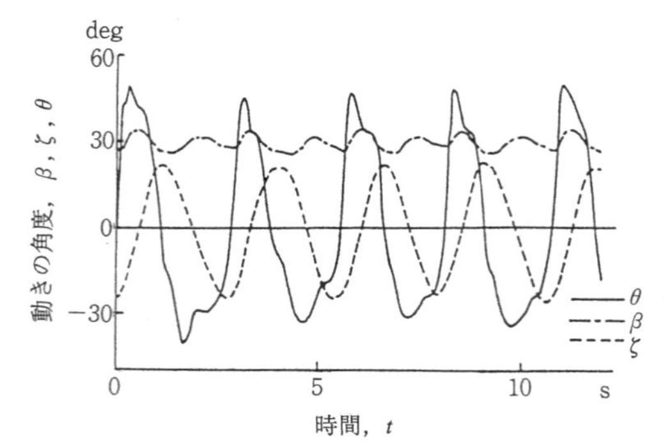

図 5.4-3 ブレードの動き（Azuma ら，1989）
θ：フェザリング角，β：フラッピング角，ζ：リード・ラグ角

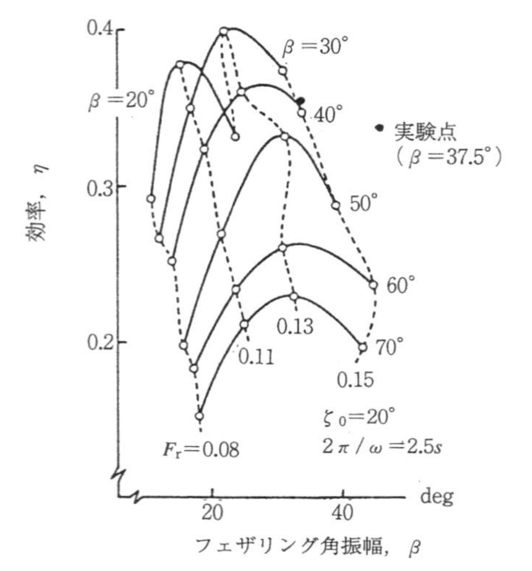

図 5.4-4 効率（Azuma ら，1989）

小さく（全体の長さでも 2 m 以下），ブレードは垂直に近く立てて使用し，船尾に配置して左右に揺すって動かす．ちょっと前進速度が速くなると，フェザリング角 θ の制御が微妙で，すぐ失速して扱いが難しい．ここから「櫂は3年，櫓は3月」といわれている．

図 5.4-5 小木の盥舟（小木町宣伝用パンフレット参照）

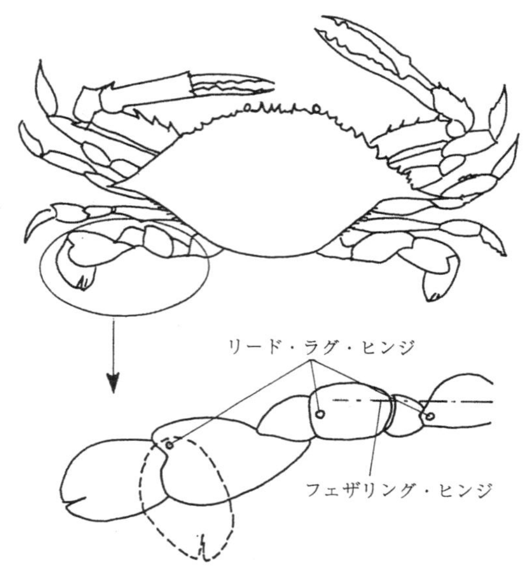

図 5.4-6 ガザミ

佐渡の小木には，図 5.4-5 に示されるように，桶を半分に切った形の“盥（たらい）舟”がある．波の少ないところ（例えは湾内）でサザエをとるといった位置決めの大事な操船のために，進行方向前方に置いた櫂を使う．

櫓漕ぎ運動をみせる生物はあまり多くないが，代表として図 5.4-6 に渡り蟹のガザミを示す．1対の遊泳脚は偏平で，付け根はユニバーサル・ジョイントに，また3個の関節は面内に動くリード・ラグ・ヒンジになっており，さらに1個のフェザリング・ヒンジがあるので，このカニが水中で横に泳ぐとき，遊泳脚は櫓のブレードの役目をして横方向への推進力を作る．3対の歩行脚は，水中で歩きやすいように，先端が尖っている．

5.4.3 羽ばたき

空中での飛行では，重力に対抗する上向きの力と，抗力に対抗する前向きの力とを重心近くでつくりだす必要があり，このために，翼の運動としては，羽ばたき以外考えられなかった．重力がほとんど浮力に等しい水中での移動では，主に推進力のみが要求されるので，これまで述べてきたように，変化にとんだいろいろな遊泳法が利用できる．水よりも若干重い生物にとっては，したがっ

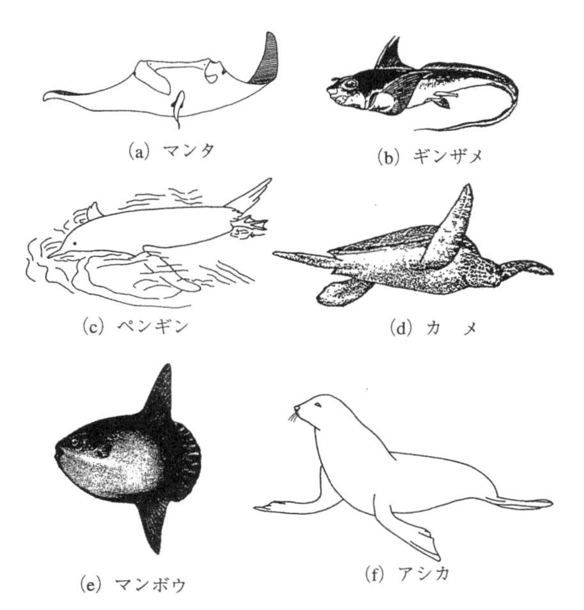

図 5.4-7 羽ばたきで泳ぐ生物

て羽ばたきによる泳ぎもあり，図 5.4-7 に示すように,鮫の仲間の(a)エイや(b)ギンザメ，鳥類の(c)ペンギン，また爬虫類の(d)カメなどが上下の羽ばたきで泳ぐ．しかし尾以外の鰭が発達した海豚の仲間の(e)マンボウは上下に張った背鰭や臀鰭を左右に羽ばたいて推進する．鰭状に進化した(f)アシカの前脚は上下に羽ばたいて水中で自在に泳ぎまわる．

ペンギン

南半球に棲息する 1 群の飛べない鳥をペンギンと呼んでいる．主にフンボルト海流(ペルー海流)，ベングエラ海流，アグリアス海流といった寒流の流れる地域の島々，砂浜，草原，氷上といった天敵の少ないところを集団営巣地(“コロニー”)とし，甲殻類，魚類および烏賊類を餌として生活する．陸上では図 5.4-8 に見られるような立ち姿が特徴的である．

ペンギンにはコビトペンギンという頭高 30 cm，質量 1 kg 程度の小さいものもいるが，多くは質量が 15 kg を超える．それは飛行をやめた結果であって，例えばエンペラーペンギンは頭高が 1 m，質量は数十 kg になり 1 年当たりの“生存率”が 95% と高くなった(マクドナルド編，1986)．

体は 3 層の短い防水効果のある羽毛で密におおわれ，厚い脂肪層で包まれた流線形で，脚は短

図 5.4-8 ケープペンギンの立ち姿

く大腿部と脛の部分は体内に入り込んでいる．

泳ぎは主として鰭状に変化した翼の羽ばたきによる．ペンギンは水より若干軽いので，体が浮かないようにいくぶん下向きの推力をつくる．すなわち，羽ばたきの上下の運動は，主として前向きの推進力をつくるためで，図 5.4-9a に見られるように，ストローク面の長軸を垂直面より少し前傾させる．

他の遊泳具として，水掻きのある足がパドリングや舵として使われる．5.1.2 でも述べたように，上の目的のためには足は胴体の下方ではなく後方になければならないので，ペンギンの場合,図 5.4-8 に見られたように，陸上ではそのまま直立姿勢となる．歩行は，歩きはじめのころのわれわれの子供のようで，よちよちとした感じで愛嬌に富む．氷上では腹這いになって滑る(“タバガニング”)ことができる(後述の 6.1.3 参照)．

典型的なアデリーペンギンに見られるように，陸上から水中への移動は飛び込みにより，また水中から陸上への移動は高速遊泳からの飛び出しによる．いずれも位置のエネルギと運動のエネルギの交換である．

潜水時間は通常 2 分以下で，深度は深いもので 200 m を越す．速度は大型ほど，そして羽ばたき周波数の高いほど速くなるが(Clark & Bemis, 1979)，5～10 km/h 程度．まれにもっと速いものがあるといわれるが，定かでない．羽ばたきの無次元周波数はフンボルトペンギンの例で $k = 0.24$ (Hui, 1988)．高速時には，イルカの

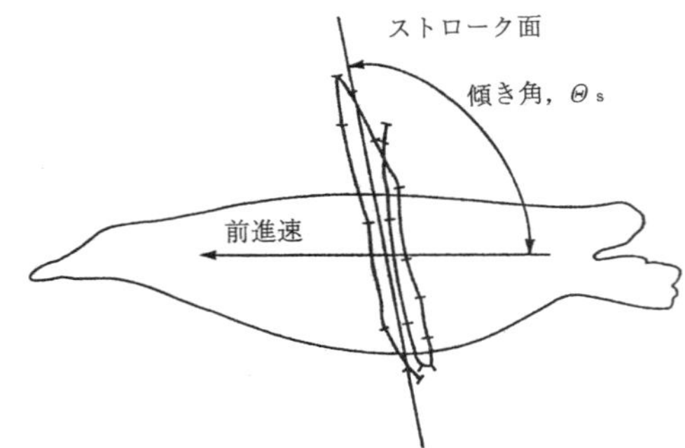

(a) ストローク面の傾き (Hui, 1984)
フンボルトペンギンの巡航時．区間間隔は0.03 s

(b) ポーパスィング (Nelson, 1980)

図 5.4-9　ペンギンの泳ぎ

"ポーパスィング"と同様に，図 5.4-9b に見られるように，空中と水中とを交互に繰り返す間欠遊泳をする．空中飛行の時間は1周期の約22% (Hui, 1987, 1988) で，これは呼吸のためか省エネルギのためか，微妙なところである．潜水中の抵抗係数はフンボルトペンギンの例で $C_{D,W} \cong 0.01$ で，$Re \cong 10^6$，細長比 $l/d \cong 3.4$ のものとしては図 5.3-10a で与えられる値よりは約2倍は大きい．筋肉の出力はアデリーペンギンの例で 16W/kg 程度．速度が増してもそれほど大きくはならない (Culik & Wilson, 1991)．

ほかに，鳥ではカワガラス，ウ，カイツブリなどが水中で羽ばたく．とくにカワガラスは足に水掻きがないので，翼をすぼめた羽ばたきに頼らざるをえない．空気よりはるかに密度の大きい水中での羽ばたきには丈夫な翼が必要で，したがってその慣性モーメントも，すでに図 4.3-2c に見られたように，相対的に大きくなっている．

貝

図 5.4-10 に示される翼足類の(a)リマキナ(ミジンウキマイマイ)や(b)クリオネ(ハダカカメガイ)などは水中のチョウやハチドリのように羽ばたいて遊泳する．体長 7～8 mm の小さい体に透明な巻き貝を背負って流氷の海をけんめいに泳ぐ前者は，後者のよい餌である．かわいらしく氷の妖精と呼ばれる後者は，体長 1.5cm 前後で，サケ，マス，あるいはクジラなどの餌となっている．羽ばたきを休むと沈んでいってしまう．

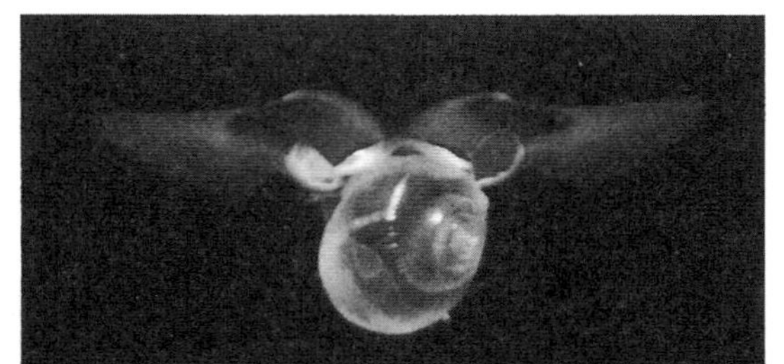

図 5.4-10　翼足類の羽ばたき遊泳 (アニマ No. 234, 1992, 3月号参照)

5.5 帆走と波乗り

風を利用して水面を滑走する帆船と同じように，帆を使って帆走する生物は多い．また，似たものに波乗りがあって，これも主として風で作られる波に乗って移動する．“ウインド・サーフィン”と同じように，風と波の両方をうまく利用して移動する生物もある．本節ではそれらの力学と利用法について述べる．

5.5.1 帆の力学

図 5.5-1 に3種類の帆，すなわち，(a) ある程度の大きさの三角形の剛い帆，(b) 大きいアスペクト比をもち矩形で，剛いがフラップとスラットがついていてキャンバの大きい帆，(c) アスペクト比の小さい($A\!\!\!/R<1$)可撓の帆について，それぞれの揚抗曲線(C_L, C_D)を太い実線で示す．これらの空気力学的特色を述べると，(i) 最大揚抗比(原点から揚抗曲線を引いた接線の傾斜)，$(C_L/C_D)_{\max}$ と最小抗力係数 C_{D_0} については，(a) の三角帆を (b) の高性能の矩形帆と (c) の可撓帆とが挟んでいる．(ii) 最大揚力係数 $C_{L,\max}$ はキャンバの大きい (b) の矩形帆が最も大きいが，次にアスペクト比の小さい (c) の可撓帆が (a) の三角帆より大きい．(iii) さらに最大空力係数 $C_{R,\max}=(\sqrt{C_L^2+C_D^2})_{\max}$ は (b) の矩形帆と (c) の可撓帆がきわめて大きいが，(a) の三角帆は小さく，そして (iv) $C_{R,\max}$ の迎角 $\alpha_{C_{R,\max}}$ は (c) の可撓帆が大きい．

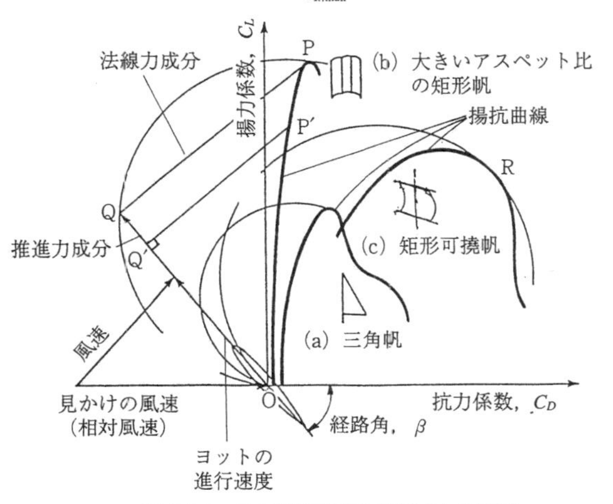

図 5.5-1 帆の揚抗曲線と推進力との関係

これらの帆に対する相対風速(現実の風速から船の速度を引いたもの)の方向は，当然抗力の向きつまり揚抗曲線の横軸と一致している．したがって，風速と帆船の進行速度とは，図 5.5-1 に示されるような関係となる．このとき帆に働く空気力の大きさは，原点Oから揚抗曲線上の任意の点P′との距離 $\overline{\mathrm{OP'}}$ で与えられるが，その空気力の成分を船の進行方向成分(これは船の軸方向とほぼ一致している) $\overline{\mathrm{OQ'}}$ とそれに直交する成分 $\overline{\mathrm{Q'P'}}$ とに分けたとき，船に対して $\overline{\mathrm{OQ'}}$ は推進力を，そして $\overline{\mathrm{Q'P'}}$ は横力を与える．推進力 $\overline{\mathrm{OQ}}$ が最大になるのは，P′ 点が揚抗曲線上のP点に移って，$\overline{\mathrm{Q'P'}}$ が $\overline{\mathrm{QP}}$ のようにP点における接線になったときである．

船の進む向きをいろいろに変えると，最大の推進力を与える点Qは，図 5.5-1 に細い実線で示すような軌跡を描く．この軌跡は，原点と最大空気力を与える点Rとを結ぶ直線ORを直径とする半円に近い形状である．いいかえると，ORが大きいほど半円の直径は大きく，そこに働く推進力成分も大きいが，(i) 高速で風上に向かう船は，相対風に対する経路角 β が小さく，したがって (b) のような揚抗比の大きい帆が望ましく，(ii) 追い風で風下に向かう船は経路角 β が大きいので，迎角の大きいところで空気力の大きい (c) のような帆が(つまりスピニカ)望ましい．

水面効果

地面効果と同じように，水面があると，帆に対する境界条件は，ちょうど水面を鏡として鏡像の帆があるのと同じ効果を示す．このため，帆に働く誘導抗力 D_i は，帆が単独の場合の値 $D_{i,0}$ に比べて少々減少する．その程度は，図 5.5-2 に示す

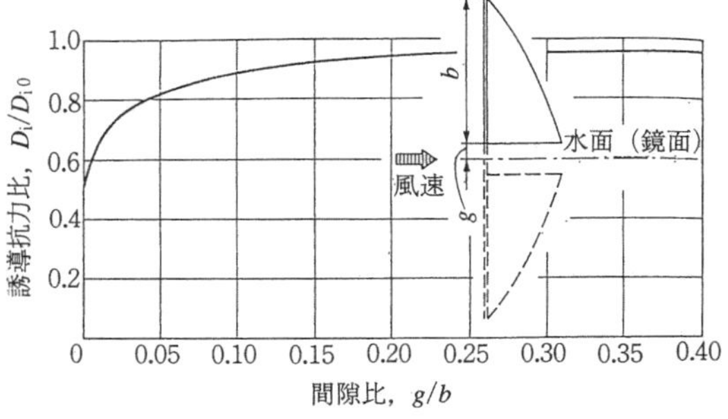

図 5.5-2 水面効果 (Mandel, 1969)

ように，間隔 g と帆のスパン b との比 g/b の関数となる．

5.5.2　帆 走 生 物

帆を利用する生物をいくつか紹介しよう．図5.5-3 に水母(くらげ)の仲間の(a)カツオノカンムリと(b)カツオノエボシおよび(c)二枚貝のホタテガイを示す．いずれもアスペクト比の小さい帆をもっているので，図 5.5-4 に示されるように，追い風を受けて風下側の左右いずれかに約 30°～45° の方向に吹き流されていく．前者はそれ自体単一個体ではなく，浮き袋と帆を形成する群体，魚を捕らえる触手を形成する群体，食物を消化する群体，そして生殖をつかさどる群体の集合体である．季節風を受けて動くときに，下部の綱が魚を捕るので，霞が浦や北浦のワカサギ漁の船と同じ仕組みである．これに対して(c)のホタテガイは，ある時期にいっせいに移動するときに帆を利用するらしい．たぶん，5.1.3 のジェット推進で水面に浮上した貝は，貝の蓋を開いて，帆掛け舟を作る．舟は平坦なほうの蓋を使うか，丸い凹みのあるほうの底を使うか判らないが，水が傍らから入り込まないように，縁の膜(いわゆる貝の紐)で隙間をふさぐ．こうして，図 5.5-3c に見られるように，風を受けると図に示す形で安定して帆走するのであろうか．図は生きた貝ではなく，膜の代わりにセロハンテープを貼って水槽に浮かべたものを，扇風機の風で走らせたものである．実際にもこのような帆走をしていると楽しいのだが，湾の片側にいた貝が一夜にして対岸に移ってしまうことがあるそうで，一種の集団の渡りである．ホタテガイの名前の由来であろうか．

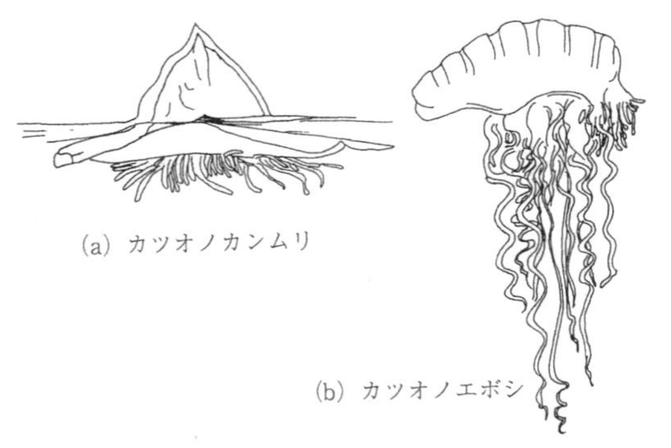

(a) カツオノカンムリ

(b) カツオノエボシ

(c) ホタテガイ（水槽実験）

図 5.5-3　帆走生物

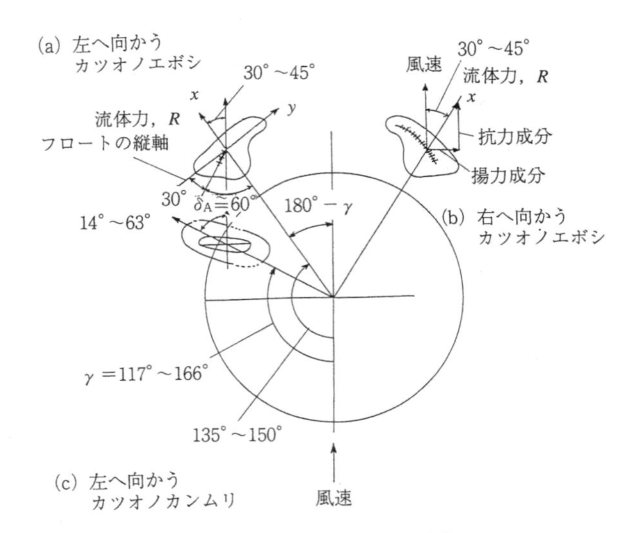

図 5.5-4　クラゲの風に流される方向

5.5.3　波　乗　り

波乗りの力学

波の形はすでに 1.3.3 に紹介された“トロコイド波”の内部で，等圧面を画くと図 5.5-5 のような形の等圧線が表れる．等圧面は波の表面にほぼ平行な面となるので，波長 λ に対して小さい物体が表面近くに浮いていると，図に示されるように，波の前方側面で，波の進行方向に傾いた浮力

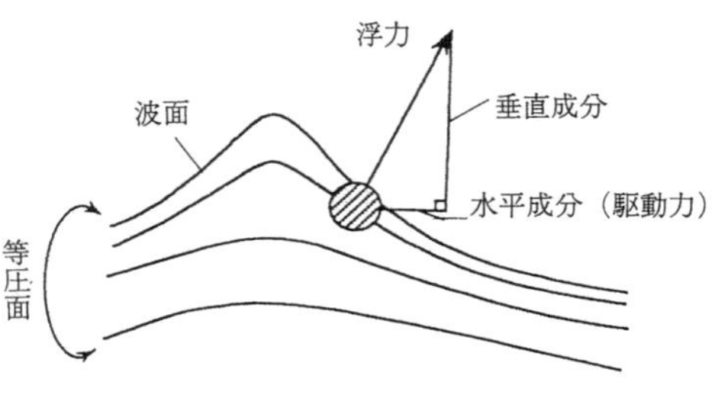

図 5.5-5　等圧面と浮力の方向

を受ける．その上向き成分が物体の重量を支え，前向き成分が物体に前方への推進力を与える．流体粒子に対する相対運動が起こると，動的流体力も働いて，浮力に追加される．波乗りは，これらの力を利用して行われる．

波乗り生物

多く生物がこの波乗りを利用する．図5.5-6は船の船首にできる波にイルカが乗って船とともに進行する例である．イルカは船から投げ捨てられる餌を期待しての行動かもしれないが，ときに，海岸で明らかに人間のように，波乗りを楽しむ例もある．ヒトもパイプ状に巻き込む豪快な“砕波”の波乗りに挑戦する．

温帯地方や熱帯地方のヤシの樹で，海に向かって伸びている樹の頭部から海面に落ちた実は，海流に乗っていたるところに運ばれる．原産地はマレーシアとのことであるが，今日では日本の南部，太平洋の島々，そしてパナマにまでヤシは広がっている．たどりついた海岸では，磯波に乗って上陸し，環境がよければそこで成長し，仲間を増やす．実は硬い外皮と厚い中皮の繊維の殻に守られて，荒磯でも破損されることはない．

アデリーペンギンの上陸は，波に乗っていっきに高い岸に上がることで知られる．

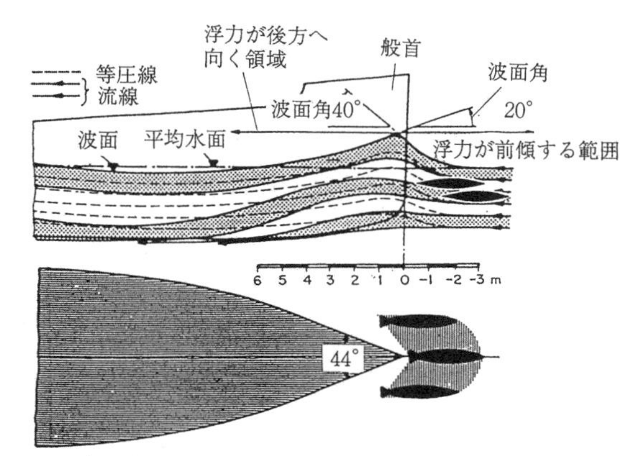

船：全長60 m，全幅8 m，吃水3.3 m，速度5 m/s
イルカ：全長3 m

図5.5-6 イルカの波乗りの例（Fejer & Buckus, 1960. Hertel, 1969）

第 6 章　地面と水面での移動

生物が地表を動く場合，固い骨格構造をもつ生物が，関節周りの回転往復運動を利用して行う歩行や走行と，柔軟構造の生物が体や足の伸縮や屈伸によって行う這行（しゃこう）や削穿（さくせん）とがある．

地面に支えられての移動手段として歩行や走行は，2足であろうと多足であろうと，脚の関節の周りの往復運動にたよる．低速では足の1つが常に接地しているが，高速では足はたまにしか接地しなくなる．いずれにしろ足の裏と地面との摩擦が，この移動を可能ならしめているのである．重量の減少する水中での歩行では，足が滑らないように，先を尖らせて接地面積を減らし接地圧力を高める．

足が地に着いた地表での生活を，飛行や遊泳のそれと比較してみると，明らかに生活を複雑になしうる．1例でいえば，位置決めの精度は抜群によい．地表にあるからこそ，素材の加工も，製品の完成も，そして構造物の構築も容易である．例えば宇宙空間に基地を作り上げるにも，地表で物が製造できるからである．文明の発達は地上生活なくしてはありえなかったであろう．

地上での移動は速度も距離も空中に比べて劣るが，車輪の利用でそれを克服したのである．

ペンギンの歩行（鎌倉文也（1996），Penguins in the Wild，一鎌倉文也写真集，㈱トレヴィル，ソブロートより転載）
ペンギンは，天敵が少なく餌の豊富な南極の周辺に棲み，空中を飛ばないでも水中を泳ぐことで生活出来るようになった．そのため浮揚には気を使わなくて済むので，彼等の質量は飛ぶ鳥の最大15kgを越えて大型化した．水中に潜って餌をとるために，翼は櫂のブレードようになって羽ばたきで推進力を作るが，浮揚を抑えるようにストローク面は少し下向きに傾く．さらに蹼のある足は，水上を泳ぐ水鳥と違って，腹の下ではなく後尾に配置され，そのパドリングによる推進力は後から重心を通って前へ向かう．したがって陸上では直立し，歩くときは愛嬌のあるよちよち歩きとなる．

6.1 歩行と走行

“歩行”や“走行”には，基本的に“2足歩行”，“4足歩行”，そしてそれより足の数の多い“多足歩行”がある．2足歩行は霊長類の猿や人，それに大型の(通常は飛ばない)鳥が利用する．これに対して4足歩行は多くの哺乳類で見られ，また多足歩行は六脚類の昆虫，十脚類の海老・蟹類，そして多足類のムカデやゲジゲジなどに利用される．

6.1.1 2足移動

図6.1-1に，ヒトの“歩調”2種について，すなわち(a)歩行と(b)走行のそれぞれ側面を示す．2足の歩行と走行では，足は左右交互に地面を離れる．走行では，速くなると，両足が同時に空中に浮いていることもある．脚や足の動きに合わせて，腕や手は，反対方向に，つまり，体の垂直軸周りの偏揺運動を少なくするように，右脚が前のときは左腕が前といった具合に，振り子運動を行う．しかしさらに細かくいうと，胸部が若干揺れて右手が前に動くとき，右肩も前に出る．つまり腰から上の体の上部に若干の偏揺運動を伴う．ゆっくりした歩行では，腕は十分伸ばされて，腕の振り子の周期は脚と同期して遅いが，駆け足となると，脚が戻しのときにより大きく曲げられて素速く前に送られ，それとともに腕は肘で曲げられて，腕の振り子運動の周期も脚のそれに同期して速くなる．

振り子と考えたときの片腕の慣性モーメントを $I = mk^2$，肩のジョイントからその重心位置までの距離を l としたとき，振り子の周期 T は

$$T = 2\pi\sqrt{k^2/gl} \qquad (6.1\text{-}1)$$

で与えられる．腕を曲げると l も若干小さくなるが，それ以上に慣性半径 k の減少が大きいので，周期が短くなるのである．

歩行の特色は，足が地についているとき，脚がまっすぐに伸ばされて，踵を中心に股関節が円運動に近い動きをすることである(後述の6.2.1参照)．これに対して走行では，足の接地時に脚は伸びきっていない．

図6.1-2は，ヒトの移動における左右の足の接地時間の変化を，歩行と走行とで比較して示したものである．平地での歩行では，左右の足は交互に接地していて互いに重なることはない．ところが階段を昇るときは，右足が地面を離れる前に左足が接地するので，両足がともに接地している時間がある．一方走行では，前述したように，両足ともに空中に浮いている時間があって，速度が速いほど接地時間は短く，空中浮遊時間が長くなる．1周期は，例えば右足が接地した時間から再びそれが接地するまでの時間と考えればよい．

右足が接地してから左足が接地するまでの距離が，“歩幅”l_f であるが，1周期 T の間に重心が移動する水平距離は“ストライド長”と呼ばれる．したがって，左右均等の定常2足走行では，ストライド長 l_s は歩幅 l_f の2倍，$l_s = 2l_f$ となる．

ストライド長 l_s を周期 T で割ったものが進行速度 V であり，周期の代わりにその逆数である“歩数”$k_s = 1/T$ を使うと，

$$V = l_s/T = l_s k_s = 2l_f k_s \qquad (6.1\text{-}2)$$

となるので，与えられた速度に対して，歩幅 l_f と歩数 k_s との関係は，図6.1-3に示すように，逆比例の関係(双曲線)となる．

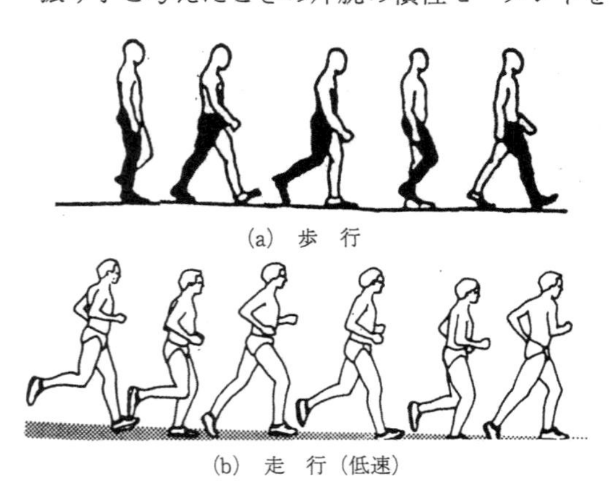

図6.1-1 ヒトの歩行と走行 (Mann, 1982)

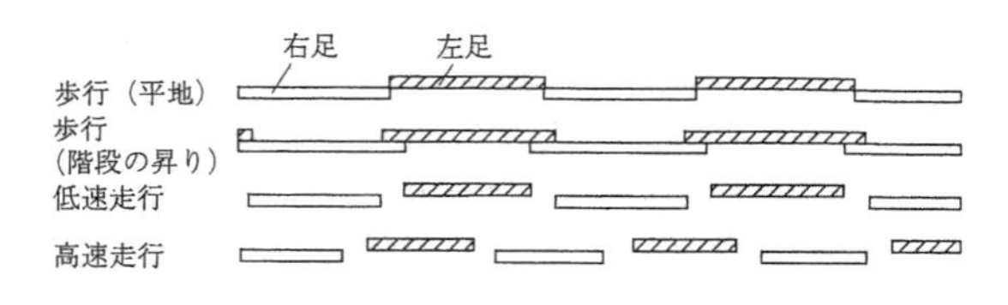

図6.1-2 ヒトの歩行・走行における接地時間 (Marey, 1894)

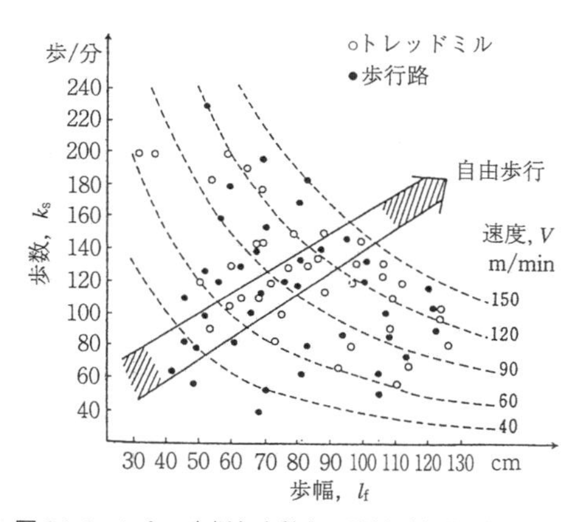

図 6.1-3 ヒトの歩幅と歩数との関係 (大道, 宮下, 1981)

(a) ツルの離陸 (吉良, 叶内, 1983)

(b) バンの離水 (井田, 1984)

図 6.1-4 鳥の2足走行

走鳥類

飛べない鳥の特色は, 大型であることに加えて, 翼の退化あるいは消失と, 移動手段の走行のための脚の発達とがあげられる. 大型という点では, マダガスカルのエピオルニス・チタンは質量が数百 kg はあったものといわれるし, ニュージーランドのモア類のある種もきわめて大きかった. 現存のダチョウも, 頭高は約 2.5 m と高く, その質量は 200 kg にも達する. その首は脚同様に長くてよく動き, 小さい頭に幅広の嘴(くちばし)と視力の優れた巨大な眼がついている. 長い脚には足指が2本あって, 約 50 km/h の速度で走ることができる.

次いで, レア類およびヒクイドリ類(例えばエミュー)は, 頭高が 1.5 m 前後, 質量が数十 kg どまりで, 足指は他の大部分の鳥と同じ3本ついている. キーウイ類はさらに小さく, 頭高は数十 cm, 質量は 2 kg 前後である.

これら弱者の走鳥類は, 肉食の哺乳類という天敵の少ないかまたはまったくいなかったところ, 例えばオーストラリアやニュージーランドで繁殖した.

なお, 走鳥類ではないが, 飛行より走行に主体をおいた鳥にニワトリ類やクイナ類がいる.

ホッピング

同じ2足歩行でも, 小鳥(例えばスズメ)は, 両肢をそろえてジャンプしていく“ホッピング”と呼ばれる歩行を行う. カンガルーはゆっくりした歩行では4肢と尾を使った5足歩行を行うが, 走行時には, 後肢によるホッピングを行う. 6.2 で後述するように, カンガルーのホッピングに必要な体重当たりのパワは, 速度の上昇とともに減少するという奇妙な特色がある.

このとき大事なことは, 脚の筋肉の腱が作るばねが使われていることで, 大型の走行動物がその走行時には, それにより 70% ものパワを節約しているといわれる (Alexander, 1988).

鳥の走行

図 6.1-4 に (a) ツルの離陸と (b) バンの離水, 走行を示す. いずれも両肢を交互に動かす駆け出しであるが, ツルは雪上や浅瀬の底を長い肢で蹴っていくのに対し, バンは水掻きで飛沫を上げながら水面を叩(たた)いていく. 後者の水上走行については後述する. 一方脚の短いペンギンの走行は, 前

にも述べたように，きわめて幼稚な動きとなる．

6.1.2 4足移動と多足移動

温血動物と呼ばれる哺乳類や鳥類のように，体温を一定温度に保持する“定温(内温)動物”の歩行脚は，胴体の下に長く幅狭く伸びるという特徴をもつ．一方，冷血動物と呼ばれる爬虫類，両生類または昆虫類のように，体温が外界温度に左右される“変温(外温)動物”では，脚を伸ばすことはせず，腹ばい姿勢の特徴をもつ．

両動物の間での大きな違いは心臓の機能である．定温動物では，心室がしっかりと隔壁で2つに分かれており，肺へは低圧で，それ以外の全身へは高圧で血液を送る．このため高い位置にある頭にも酸素を効率よく供給できる．一方変温動物では，心臓が完全に分割されていないので血液を高圧で送ることができず，したがって背を高くすることは不可能であるといわれている．このために，歩行姿勢に以下のような影響が現れる．

哺乳類

多くの哺乳類では地面を蹴る推進力は主に後肢が受け持つ．そのため後肢の骨は丈夫な骨盤によって脊柱に連結されている．さらに，前肢とともに肘と膝が伸びて，頭や胴を高い位置に保持する．

同じ哺乳類でも，地面が固く地面反力の大きくとれる，例えば草原に棲む動物と，地面が軟弱な砂地や湿原に棲む動物とでは，趾先の着地面積に違いがある．熱帯の湿原に棲息していた初期のウマ(*Eohippus*)は4本の指をもっていたが，沈み込みの少ない草原に棲むようになって，そのうちの3本が消滅して第3指のみの“奇蹄類”となった．同様にヤギやキリンは第3指と第4指で体を支える“偶蹄類”である．

また，哺乳類でも土中に棲むモグラの場合には，土を掘る前肢が頑丈で，強いカギヅメをもっている．

4足歩行の“歩調”には，ウマに代表されるように，速度に応じて3種類ある．すなわち，図6.1-5に示されるように，(a)歩行(“常歩”)，(b)“速足”(“トロット”)および(c)“駈歩”または“速駆け”(“ギャロップ”)がある．このときの趾の接地の時間的変化を図6.1-6に示す．歩行では，前後各対の左右の趾の接地は交互に行われ，それぞれがちょうどヒトの足の動きに似て，2人のヒトが前後に並んで歩いているのと同様になる．芝居の馬役は，実際そうして歩く．通常は，同じ側で前後の趾の運動の位相がずれているが，これがずれないように同時に行われることもある．速足と速駆けでは，左右の趾の接地位置は前後にずれることもあるが，時間的にはほぼ同時に接地し，前後の対は交互に接地する．そして速駆けでは，4趾がいずれも接地していないで，空中に浮いている時間がある．また全力疾走のときは，前後趾の位

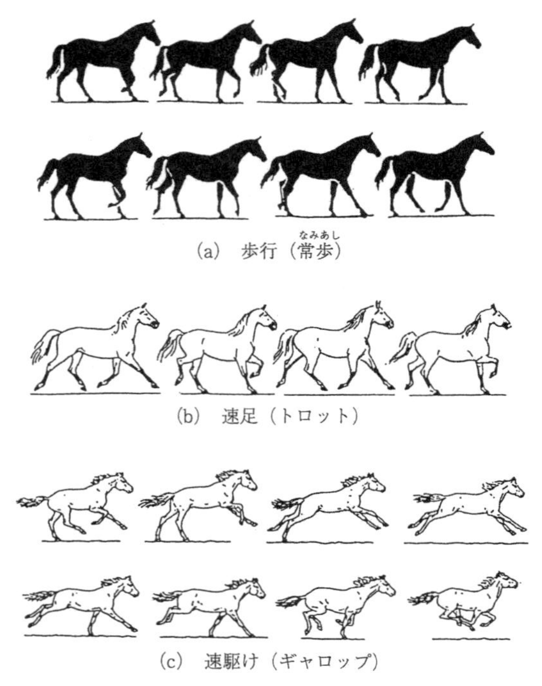

図6.1-5 ウマの歩行・走行(Gambaryan, 1974)

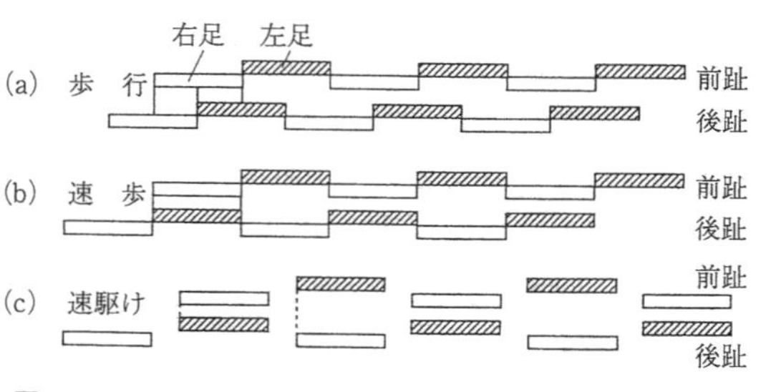

図6.1-6 ウマの歩行と走行における接地時間(Marey, 1894)

相がずれて，接地は趾1本ずつとなる．

各趾への力のかかり具合，つまり地面の反力はヒトの足の場合（後述の6.2.1参照）と同様，接地前半では若干後ろ向きかつ上向きで，接地の後半では若干前向きに変わる．そして速駆けではとくに後趾において，接地後半の前向き成分のほうが，前半の後ろ向き成分より大きくなる．多くの哺乳類，中でも裂脚類のイヌやネコなどもウマと同様な動きをする．

趾が1本ずつ接地している全力疾走のときには，重量に加えて前向きの加速もあるので，趾にかかる荷重は体重の数倍（後述の荷重倍数参照）にもなる．

図6.1-7は，哺乳動物のストライド長l_sと速度Vとの関係を示したものである．ストライド長を地面からの重心の高さhで無次元化したl_s/hを縦軸とし，また速度Vの無次元量として，高さhに基づくフルード数の2乗$Fr^2 = V^2/gh$を横軸とする（2乗したものをフルード数ということもある）．重力場での運動を調べるためには，このように加速度gと高さhの積で速度を無次元化するのは妥当であろう．図に示すように，フルード数Frの増加とともに無次元ストライド長l_s/hが増加している．これは恐竜の足跡からその速度を推定するのにも用いられた（Alexander, 1991）．また表6.1-1には哺乳類の最大速度を示す．

図6.1-8に示されているのは，草食動物のウマと肉食動物のチータの走行（速駆け）のプロファイルである．前者は消化器系とくに腸が後者のそれらよりよく発達しているため，体幹が大きく，しなやかさに欠ける．その結果，走行中のウマの背中はほぼ伸びたままで変動は少なく，乗馬に向いている（大道，1992）．これに対して体幹の柔らかいチータでは，背中を丸めたり伸ばしたりして走るために，前後肢間の歩幅が大きくとれ，ストライド長が伸びる結果，走行速度がウマの約20 m/s (70 km/h)に対して約30 m/s (110 km/h)と速い．

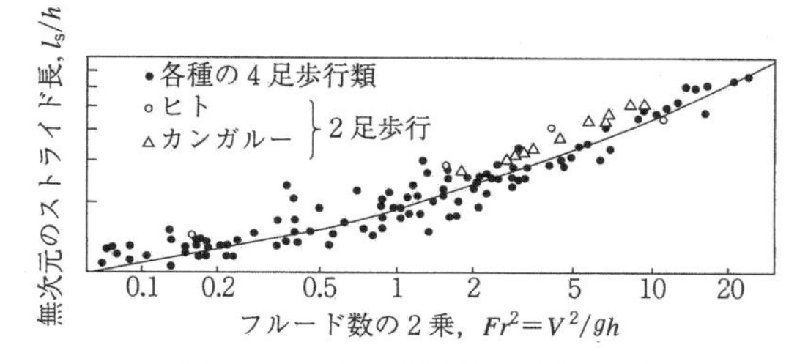

図6.1-7 ストライド長と速度との関係（Alexander, 1991）

表6.1-1 哺乳類の最大速度

種別	最大速度(m/s)	走行距離(km)
チータ	29.2～31.1	短距離
モンゴリアンガゼル	27.4	短距離ダッシュ
〃	18.3	16.0
アメリカンプロングホーン	26.5	好条件
アフリカンガゼル	22.9	0.8
ダチョウ	22.9	0.8
キツネ	20.1	—
ウマ(騎乗者)	18.9	平均660
ノウサギ	18.3	18.3
ハイイロギツネ	18.3	—
野生ロバ	18.3	—
アラスカオオカミ	18.3	—
オオカミ	17.8	—
グレイハウンド(犬)	16.7	—
ゴビオオカミ	16.5	—
ライオン	16.4	—
ローンアンテロープ	16.0	短距離
コヨーテ	15.5	短距離
ホイペット(犬)	15.3	平均0.2

(Hill, 1950)

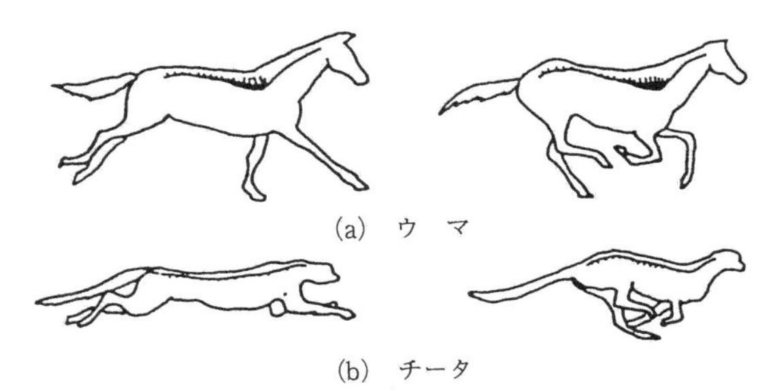

(a) ウ マ

(b) チータ

図6.1-8 ウマとチータの走行（大道, 1992）

爬虫類

石炭紀に出現した爬虫類は卵からかえり，丈夫な皮膚をもち，肺で呼吸した．彼らは頭骨の形でさらに4種類に分けられるが，そのうち，頭骨の目の前に1個，後ろに2個の穴がある主竜類が恐竜と呼ばれるようになった．

恐竜が他の爬虫類と著しく異なるものが股の関節と後足の構造である．図6.1-9に見られるように，(a)の爬虫類では骨盤にある凹みに大腿骨の頭がはまっているのに対して，(b)の恐竜では骨盤の下側にあいた大きな穴に大腿骨の頭が深くはまり込んでいる．このため恐竜は後足をまっすぐ下に伸ばして立ち上がることができる．さらに図6.1-10の後脚に見られるように，(a)の一般の爬虫類は，膝が横に張り出して足の裏全体を地面につけて歩くが，(b)の恐竜は，哺乳類のように，膝を前に出して足首を持ち上げ，つま先で立って歩いたのである(学研，1994)．前者はしたがってばねを使わない走行で，後者の動きに比べて低速たらざるをえないであろう．

なお，動きの遅い爬虫類では，図6.1-11のヤモリに見られるように，常に3趾が重心を囲むように接地して，静安定を保ちながら歩行する．

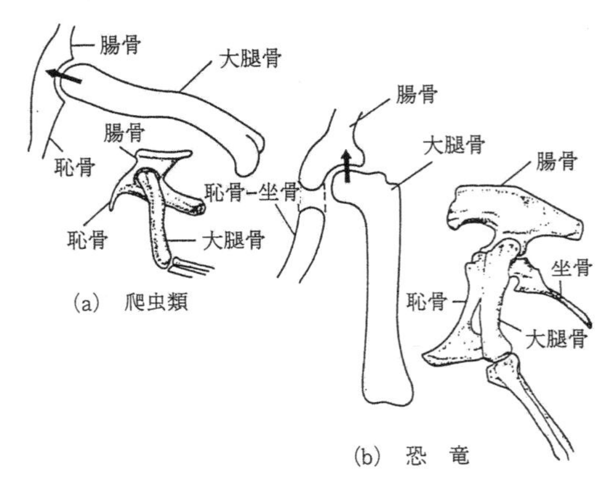

図6.1-9　爬虫類と恐竜の股関節（学研，1994）

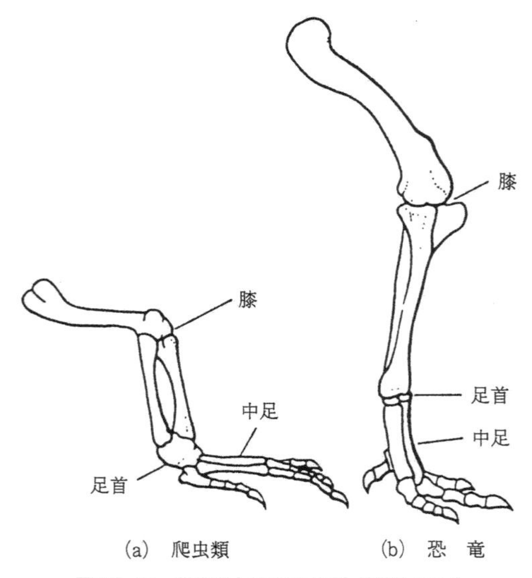

図6.1-10　爬虫類と恐竜の後脚（学研，1994）

昆虫類と蜘蛛類

6本脚の昆虫類と8本脚の蜘蛛類とではで進み方が若干異なるが，基本的には左右1対の跗節が互い違いに動き，かつ一方の側の相前後する跗節も位相をずらして交互に動く．例えば鞘翅類では，図6.1-12に見られるように，片側の跗節のうち，両端の2本が接地しているとき，真中の1本が宙に浮いて前方に送られ，他方の側の跗節は，真中が接地していて両端が宙にあるということになる．アメリカゴキブリは，高速で移動するときは，後脚の2本を交互に使う2本脚走行となる(Full & Tu, 1991)．蜘蛛類の場合は，左右4本の跗節がかわるがわる動き，常に2本は接地し残りの2本は宙に浮いて前方に送られる(Marey, 1894)．

図6.1-13はオオムカデの歩行である．接地している跗節は太い線で示してあるが，図の左から右に向かってより高速歩行になっている．細い線で示した多くの他の跗節は，宙に浮いて前方に送

図6.1-11　ヤモリの歩行（Marey, 1894）

図6.1-12　鞘翅類の歩行（Marey, 1894）

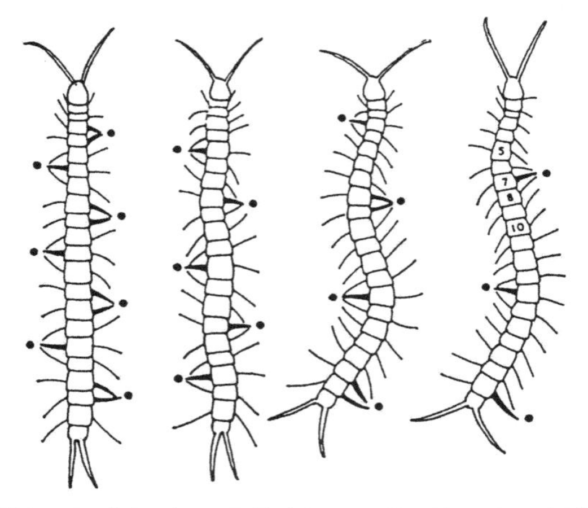

図6.1-13　オオムカデの歩行（Manton, 1965; Alexander, 1977 b）

られている.

蟹　類

1対の鋏と通常4対の歩脚をもつ蟹類は，淡水の岸辺あるいは海辺や磯に棲む．鋏は獲物を捕らえるのに使われるが，種類によっては巣穴を掘ったり，雌を呼んだり，ときに身を守るためにも使われる．主に甲の四角い蟹は，胴体に近い関節を除いて，他の関節が1平面内に限られるので，前後よりも横歩きが得意で，天敵の鳥などから逃れるために，かなりの高速(2 m/s)で走ることができる．甲が円形に近い蟹では各関節が比較的自由に動くので，あまり速くはないがふだんから前後に動く．重量の少ない水中での歩行に備えて足先は尖っている(5.1.2).

ワタリガニ類の体の後方にある遊泳脚(第4歩脚)についてはすでに5.4で述べた．なお，蟹類は，周囲の環境に合わせて，巧みなカモフラージュを行っているものが多い.

6.1.3　その他の運動

軟体動物が地表面を這っていく“這行(しゃこう)”運動と穴を掘る“削穿(さくせん)”運動，“アメーバ運動”，ヘビの“蛇行”運動など，本節では特殊な地上走行法について述べる.

這　行

3種の這行運動の例を図6.1-14に示す．(a)では体の対地接触面の一部を浮かせて，その部分を前方に送って前進する方法が，そして(b)ではその浮かせた部分を後方に送って前進する方法が，それぞれ模式的に示されている．この波動に伴う体の長手方向の伸縮の様子が，上下の区隔線でわかる．さらに(c)では体を体積一定のまま前後に伸縮させて前進する様子が示されている．これらの進行法をもつ動物としては，(a)や(b)では足をもつ貝の運動，そして(c)ではミミズの仲間の運動が知られている.

図6.1-15には貝の足が穴を開けて砂地に入り込んでいく削穿運動が示されている．始めに圧力をかけて砂を押しのけながら先端を穴の奥へと進ませ，次いで先端を横に広げて太くし，後部を引っ込めて前進する.

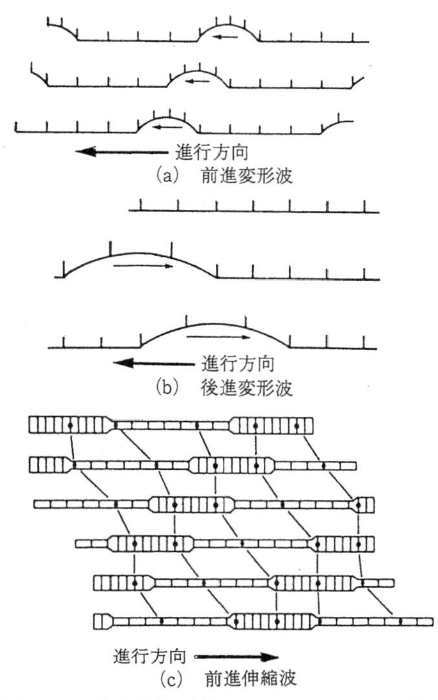

図 6.1-14　軟体動物の這行 (Trueman & Jones, 1977)

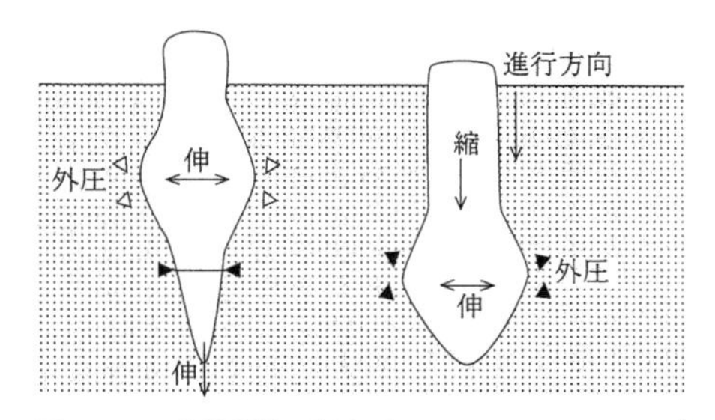

図 6.1-15　軟体動物の掘穿 (Trueman & Jones, 1977)

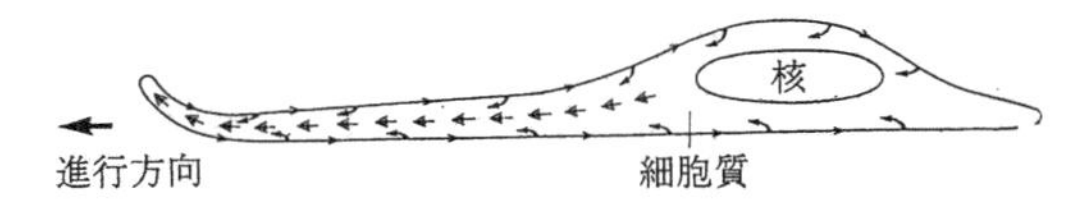

図 6.1-16　アメーバ運動 (Bretscher, 1984)

アメーバ運動

アメーバなどに見られる細胞体の変形移動運動を“アメーバ運動”という．図6.1-16に示されるように，進行方向に細胞内の核と細胞質とからなる“原形質”が流動し，前端は流動性のゾルから流動性を失ったゲルに変化して“仮足”を作り，後端ではゲルからゾルに変化しながら進む．この運動は根足虫類のほか，変形菌の変形体，白血球などの食細胞，成長虫の神経繊維などにも見られる

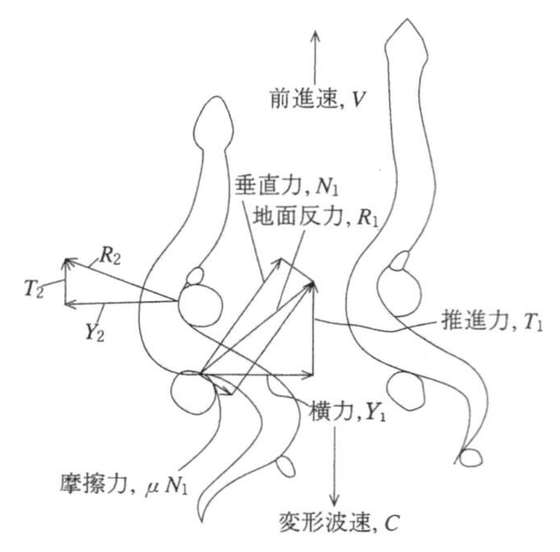

(a) デスアダーの駆動のメカニズム

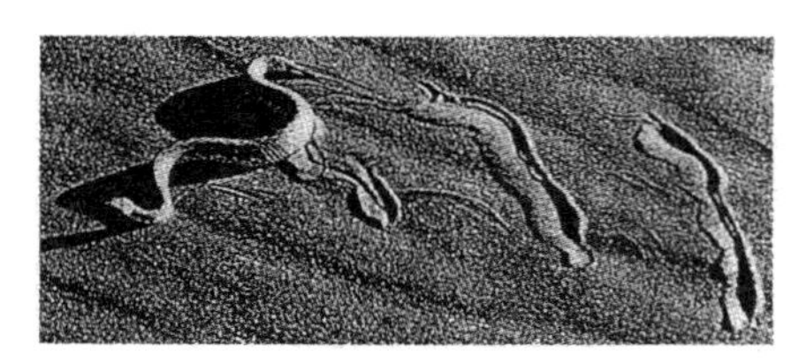

(b) ガラガラヘビ

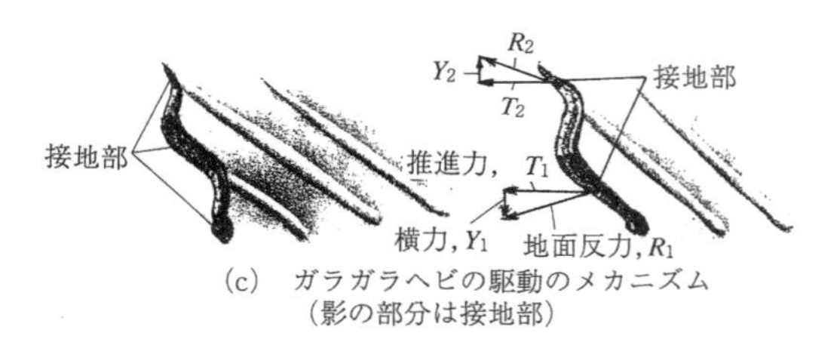

(c) ガラガラヘビの駆動のメカニズム
(影の部分は接地部)

図 6.1-17 ヘビの蛇行運動 (Alexander, 1992)

図 6.1-18 コウテイペンギンのタバガニング

(Bretscher, 1984).

蛇　行

流体中での蛇行運動はすでに 2.2.2 や 5.2.3 で述べた. ここでは, 図 6.1-17 を参照しながら, 地表を移動するヘビの蛇行について述べる.

(a) のデスアダーは体に対して相対速度 C の変形波を後方に送りながら, 地表の粗さを利用してその反力 R で体を駆動し, 速度 V で前進する. 変形波はしたがって地面に対しては静止しているが ($V = C$), 体は滑るように前進していく. 水中での蛇行では水が後方に流れるので $V < C$ であったが, ここでは地面が滑らない限り $V = C$ が保たれる. このとき働く地面反力 R は, 垂直力 N と体を滑らせることから生じる摩擦力 μN (μ は摩擦係数) とからなる. 反力 R の前向き成分 T が推進力で, 横向き成分の横力 Y は, 体の他の部分で作られる横力と消し合う.

(b) のガラガラヘビの動きは, 柔かい砂地についた紋様でわかるように, 体の一部を頭部から順に地表につけ, 残部をブリッジにして支え, 順に前へ送っていく. 進行方向は体に対して横向きで, 地表面に横に並んだ平行線が画かれる. このとき (c) に示されるように, 接地部では地面反力 R が働き, その進行方向成分 T が駆動のための推進力となり, それに直交する横力成分は体の他の接地部の横力成分と消し合う.

氷上滑走

ペンギンの氷上または雪上の滑走 (“タバガニング”) についてはすでに 5.4.3 で紹介した. 図 6.1-18 に見られるように, 駈け足で勢をつけてから, あるいは傾斜を利用して, 腹這いで滑走する. 短い脚での間怠っこいヨチヨチ歩きには耐えられないのであろう.

よく似たのが孵化直後のウミガメの子の羽ばたき走行, 腹這い姿勢で砂地を滑るように渚へ向かう姿は愛らしい.

6.2 歩行と走行の力学

固い骨格構造とそれらをつなぐ多数の関節とからできている動物の身体を, 足を地面につけるだけで立たせておくのは, 足の数が減るほど容易でなくなる. まして倒れることなく歩くというのは大変な運動である．関節の数を極端に少なくした人工のロボット人間でも，その2足歩行は容易ではない．多数の関節からなるわれわれの体が背筋をピンと伸ばした直立不動の姿勢を取るとき，頭の平衡感覚器官からのフィードバックの指令に基づいて，多くの筋肉が忠実に力を発揮して体を微妙に支えている．さらに片足を上げて1本足で立つことは，幼児のときと年をとるほど難しくなり，鋭敏な姿勢検出器，正確に働く指令システム，および強力で応答の速い筋肉が，遅れなく作動する重要性を教えてくれる．歩行や走行は，これに重心の水平あるいは上下移動を伴うもので，本節では，まずこれらの力学を考えてみる．

6.2.1 速度と地面反力

歩　行

すでに図6.1-1に(a)歩行と(b)走行の様子を示した．歩行では，地面に常に片足が着いていて，脚がまっすぐに伸ばされ，その線が踵(かかと)を中心に回転する．図6.2-1に歩行の際の股関節およびすぐその上にある重心の動きを示す．

股関節と踵との距離を脚の長さlと等しいとすると，そこから重心までの距離はわずかで，重心も股関節と同じ円運動と考えることができる．重心の移動速度Vは，脚の回転速度$\dot{\theta}$による円周速度と見なせるので，$V \cong l\dot{\theta}$となる．上向きの地面反力は，重力の加速度をgとしたとき，体重の下向き成分$W\cos\theta \cong mg$と遠心力mV^2/lとの差で与えられるが，足が地面を滑らないように動くためには，この地面反力がある値W_0より大きくなければならない：

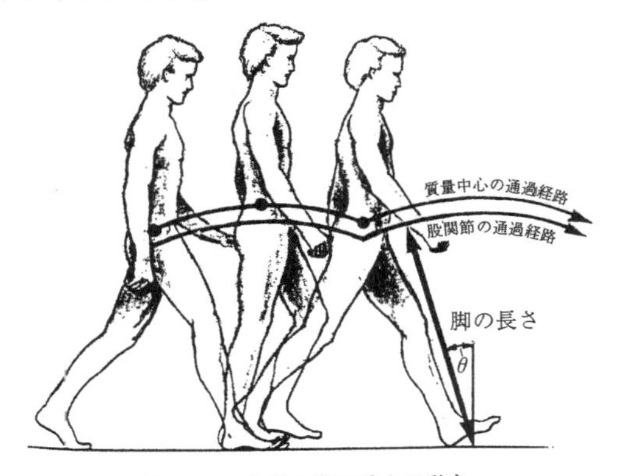

図6.2-1　歩行の際の重心の動き

$$W - mV^2/l > W_0$$

上式を書き直して速度を求めると，限界値のあることがわかる：

$$V < \sqrt{l(g-g_0)} \qquad (6.2\text{-}1)$$

ここに$g_0 = W_0/m$であり，摩擦係数の大きい地面では0に近く，また摩擦係数の小さい氷面では，重力の加速度$g = 9.81\ \mathrm{m/s^2}$に近づくものと考えられる．今，十分摩擦力の使える場合の限界速度V_{limit}を，ヒトの平均的な脚の長さ$l = 0.9$ mについて求めると，$g_0 = 0$として，$V_{\mathrm{limit}} \cong 3$ m/sとなる．これが歩行の際の限界速度で，式(6.2-1)からいくつかの面白い事例を引き出すことができる：大きいヒトと小さいヒトまたは，大人と子供とではV_{limit}に大小があって，子供が親を追いかけるときには，歩行では間に合わず，別の歩調の駆け足が必要となる．また，ぬかるみでの歩行やスケートを履いた状態では，足が滑ってg_0が大きくなるので，V_{limit}は小さくならざるをえない．

“競歩”の競争では，平均的な速度は$V = 4$ m/sにもなり，上記限界速度を越える．これは脚の長さlを実効上長くすること，すなわち股関節や重心の画く円の半径を大きくすることにより可能となる．そのためには，腰の骨盤を揺すって最高点で重心を下げ，最低点で重心を上げる．こうすると，経路の円の中心は踵の位置より下方に下がり，実効上の脚の長さである円の半径lが増加する．

走　行

ヒトは走行時には，歩行の歩調とは明らかに異なって，図6.1-1bに示されたように，脚を曲げて地面を蹴っていく跳びはねによる移動で速度を増すことができる．このとき，図6.2-2に示されるように，(a)単位時間当たりのまたは(b)単位距離当たりの消費エネルギは急激に変化する．ヒトの移動の歩調が変わるのは，先の限界速度の$V_{\mathrm{limit}} = 3$ m/sより少し遅い$V = 2.0 \sim 2.5$ m/s辺りである(Menier & Pugh, 1968)．

足で地面を蹴ることで，ヒトは運動のエネルギと位置のエネルギの両方を与えられる．そして着地に当たっては，そのエネルギは足と地面との衝突により一部失われるが，多くのエネルギは筋肉

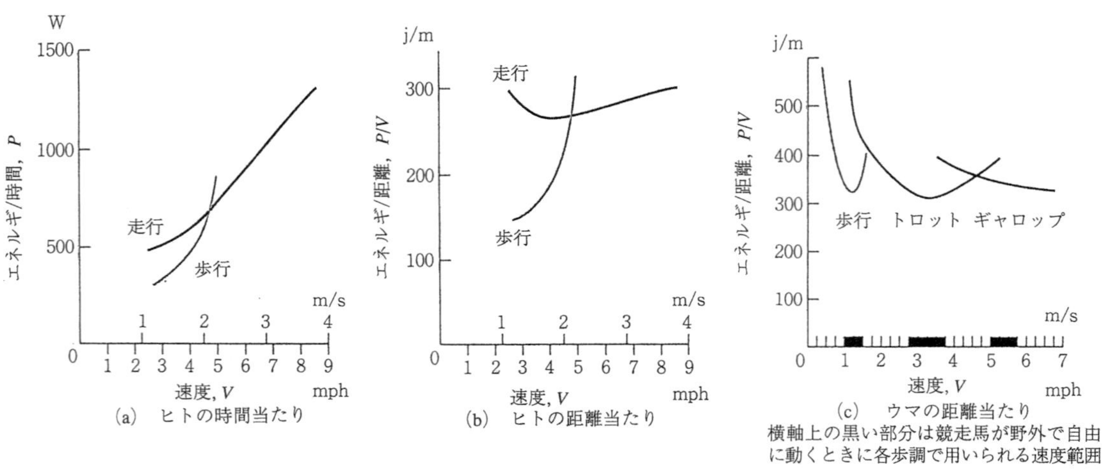

図 6.2-2　ヒトとウマの速度と距離に対するエネルギ消費量（Alexander, 1992）

の両端にある腱のばね効果により筋肉に弾性エネルギとして貯えられ，次のステップの跳びはねの原動力となる．

単位歩行・走行距離当たりのエネルギに最小または極小値がみられるのは面白い．すなわちヒトの歩行では速度1 m/sを少し越した辺りに上記エネルギが最小になる巡航速度がある．昔から1時間で4 km（1里）を歩くという常識の速度が1.1 m/sであることと一致している．また走行では歩行の約2倍も大きい極小値が1.7 m/s辺りにあって，これは6.1 km/hに相当し，マラソン競技の男子速度の約1/3に当たる．

それでは歩調の変化に富むウマではどうかというと，図6.2-2cに示されるように，単位距離当たりのエネルギ消費量が歩行，トロットおよびギャロップともほぼ同じ大きさの極小値があって，そのときの速度はそれぞれ約1.3 m/s，2.3 m/sおよび7.0 m/sとなっている．

地面反力

ヒトの定常歩行時において，片足が地面に接地してから離れるまでの，足が地面に与える上下および前後方向の力，すなわち地面反力 F_z と F_x とを，体重 W で割った“荷重倍数”F_z/W および F_x/W として表すと，図6.2-3のようになる．これから次のことがわかる．(i) 地面反力には2つの極大値がある．(ii) 接地前半の極大値は若干後ろ向きの上向きで，体を支えるとともに進行にブレーキをかけ，接地後半の極大値は若干前向きの上向きで，体を支えるとともに前方に加速する．(iii) 前半の極大値のほうが後半より値が大きい．ただし走行時は後半のほうが大きくなる（Alexander, 1977 a）．(iv) 上下の荷重倍数の平均値はほぼ1で，前後のそれはほぼ0となる（定常走行）．以上のことから，さらに次のようにいえる：(v) 上下の荷重倍数が1を越える2つの極大値付近では，すでに図6.2-1に見られたように，体全体の重心の上下移動の軌跡が下に凸で上方向加速度が生まれ，それ以外の1以下のところでは，重心の上下移動の軌跡が上に凸の自由落下に近い形状となる（ただし，0 Gではないので，完全な自由落下ではない）．しかし幸いに最大値が1.3 Gを越えていないので，各種検出器や計算

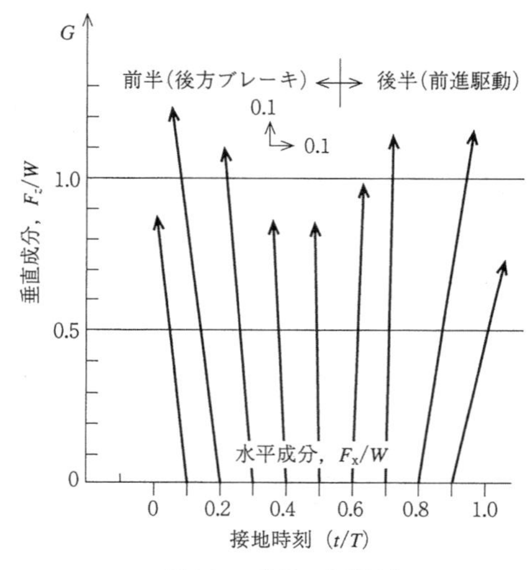

図 6.2-3　片足の地面反力

機の収納されている頭部に対する影響は，途中の緩衝システムのおかげもあって相当弱められていよう．また上下加速度が1G以下のところでも極端に小さくないことから，式(6.2-1)で現れる g_0 は結構大きい値と思われる．(vi)前半の後ろ向きブレーキ状態では水平方向の重心の動きが減速され，後半の前向き駆動状態では前進加速されるが，その最大値はいずれも0.2 G以下である．したがって，地面反力の垂直線からの傾きは最大約8°である．(vii)図には示されていないが，右脚が接地したときは左に向かって，また左脚が接地したときは右に向かって横方向の反力が生じるが，その大きさは0.1 G以下の小さいものである．

月面歩行

宇宙船で月に向かった“宇宙飛行士”(“astronaut”)たちは，地表面での歩行とは違って，月面をカンガルーが跳びはねるような歩行をした．地表面と比べて重力が約1/6と小さい月面での歩行では，限界速度が $V_{\mathrm{limit}} = 1.2\,\mathrm{m/s}$ と小さい．そのため足を滑らさないで前方への駆動力をつくるために，跳びはねることで接地の荷重倍数(G)を高めたのである．

確かにそれも1つの方法ではあるが，筆者の提案は，「底に尖った長い鋲が打ってある靴あるいは先を尖らせた竹馬を履いて，接触面積を減らすことで面圧を高めて滑らないようにし，前方駆動力をつくり，かつ長い脚のゆっくりした大股での歩行をしたら」ということである．

6.2.2 骨格と筋肉の力学

爬虫類，鳥類，および哺乳類の走行に関係のある脚部の骨の構造は，基本的にはほぼ同じで，いずれも体重を支えつつ体を前進させるようになっている．

足と脚の骨の耐力

ヒトの足を例にとると，図6.2-4に示されるように，爪先と踵(かかと)に近い足の裏の2点で接地し，接地点からの地面反力(R_1 と R_2)を強固なアーチ状の骨が支え，主として体重による上からの力 F に対抗している．このとき，静的には次の関係が成り立っている：

$$F = R_1 + R_2 \qquad (6.2\text{-}2a)$$

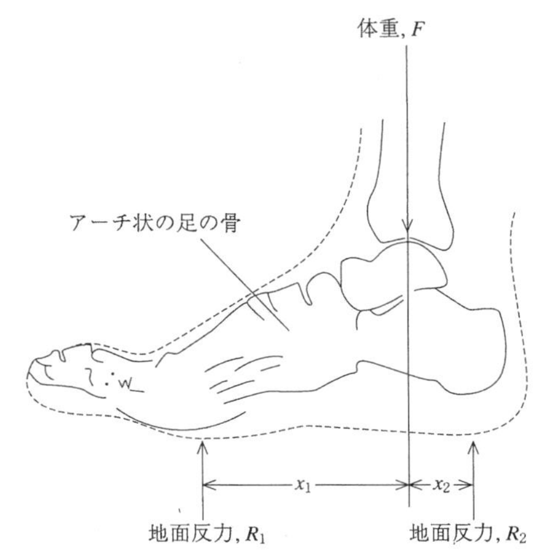

図6.2-4 人の足の力学的機構

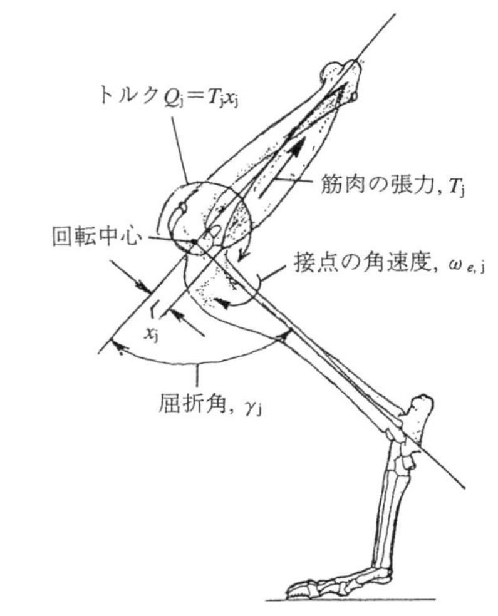

(a) 力のかかり具合

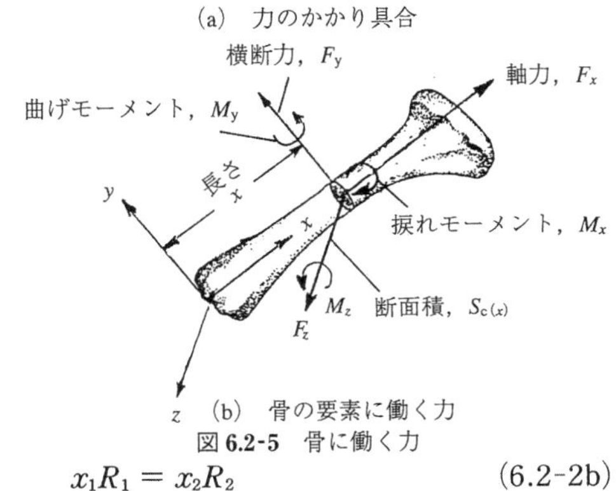

(b) 骨の要素に働く力

図6.2-5 骨に働く力

$$x_1 R_1 = x_2 R_2 \qquad (6.2\text{-}2b)$$

脚部の各要素の骨は，通常圧縮または引っ張りの荷重を受けながら，図6.2-5aに示されるように，筋肉の力(“筋力”)により，梃子(てこ)の原理を利用して関節点で回転するという使われかたをする．このとき，図6.2-5bに示されるように，要素の

表 6.2-1 材料特性

項目		比重 ρ/ρ_w —	ヤング率 E P_a=N/m²	引っ張り強度 σ P_a=N/m²	比剛性 $E/(\rho/\rho_w)$ (ヤング率/比重) P_a	比強度 $\sigma/(\rho/\rho_w)$ (強度/比重) P_a	出典
鋼		7.8	206×10^{9}	1.77×10^{9}	26×10^{9}	0.23×10^{9}	小林, 1986
アルミ合金		2.7	71×10^{9}	0.58×10^{9}	26×10^{9}	0.21×10^{9}	
チタン合金		4.5	98×10^{9}	1.18×10^{9}	22×10^{9}	0.26×10^{9}	
複合材	GFRP(ガラス繊維)	2.0	54×10^{9}	1.18×10^{9}	27×10^{9}	0.59×10^{9}	
	CFRP(カーボン繊維)	1.5	147×10^{9}	1.27×10^{9}	98×10^{9}	0.84×10^{9}	
	KFRP(ケヴラ繊維)	1.4	78×10^{9}	1.37×10^{9}	56×10^{9}	0.98×10^{9}	
	BFRP(ボロン繊維)	2.0	226×10^{9}	1.37×10^{9}	113×10^{9}	0.69×10^{9}	
材木	ヒノキ	0.41	8.8×10^{9}	7.4×10^{7}	21×10^{9}	0.18×10^{9}	日本機械学会編, 1987
	ベイマツ	0.55	10.3×10^{9}	7.3×10^{7}	19×10^{9}	0.13×10^{9}	
	ラワン	0.56	11.3×10^{9}	7.6×10^{7}	20×10^{9}	0.14×10^{9}	
	エゾマツ	0.47	9.3×10^{9}	6.8×10^{7}	20×10^{9}	0.14×10^{9}	
骨		1.7～2.0	$(10\sim20)\times10^{9}$	0.1×10^{9}			Alexander, 1971
バッタのクチクラ			10×10^{9}	—			
レジリン		0.5	1.8×10^{6}	3×10^{6}			
アブダクチン			$(1\sim4)\times10^{6}$	—			
靱帯(エラスチン)			0.6×10^{6}	—			
腱(コラーゲン)			1.0×10^{9}	$(0.5\sim1.0)\times10^{8}$			
クモの糸			$(10\sim20)\times10^{9}$	1.8×10^{8}			
絹糸		1.3～1.4		2.6×10^{8}			
ゴム			1.4×10^{6}				

骨の長手方向 x 点の断面積 $S_c(x)$ の面に，力 $\boldsymbol{F}=(F_x,\ F_y,\ F_z)^T$ とモーメント $\boldsymbol{M}=(M_x,\ M_y,\ M_z)^T$ とが働く．このうち，断面で最も強く表れる応力は，通常の歩行や走行では，曲げモーメント M_y または M_z による応力であり，次いで軸力 F_x による応力，それに捩れモーメント M_x や横断力 F_y と F_z による剪断力が続く．

骨の許容しうる最大応力を，他の人工材料と比較して表 6.2-1 に示す．カルシウムを主材とした骨格や弾性体の腱や靱帯では，近代航空機の材料にはとてもかなわないことがわかる．また図 6.2-6 には生体材料の応力 σ と，そこに貯えられる歪みエネルギ E との関係を示した(Smith & Walmsley, 1959 ; Currey, 1980)．

トルクとパワ

図 6.2-5a を参照すると，ある任意の関節点 j に働くトルク(曲げモーメント) Q_j は，そこに付随する筋肉の張力 T_j と梃子の腕 x_j との積で与えられることがわかる：

$$Q_j = T_j x_j \tag{6.2-3}$$

このトルク Q_j により，屈折角 γ_j，角速度 $\dot{\gamma}_j$ の屈折が生じるとき，この運動に必要な筋肉パワ

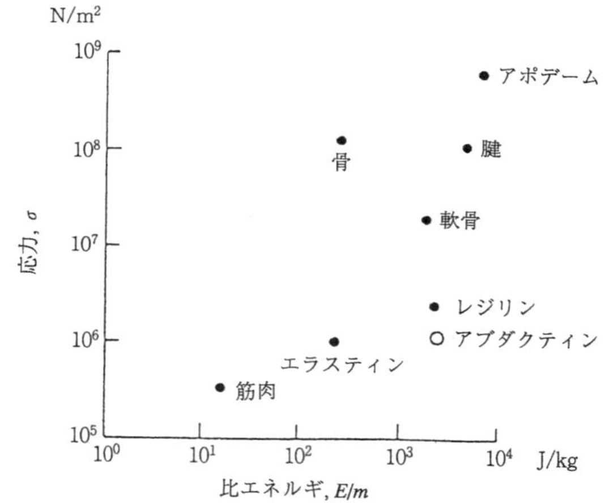

図 6.2-6 生体の応力と歪みエネルギ (Currey, 1980)

P_j は2つの成分の和として，

$$P_j = |Q_j \dot{\gamma}_j| + \omega_{e,j} |Q_j|_{\dot{\gamma}_j=0} \tag{6.2-4}$$

で与えられる．ここに $\omega_{e,j}$ は後述の j 点の等価角速度である．またトルク Q_j は，外力(地面反力，空気力，骨や筋肉の弾性力およびそれらのつくるモーメント)や，各部の動きに伴う慣性力によって関節に生じるモーメントと等しくなる．

式(6.2-4)の第1項の絶対値は，機械的に仕事を与えられる負の場合でも，筋肉がその角速度を

維持するように生理的に仕事をしなければならないことに由来する．例えば，後方へも駆動できる自転車でこぐのをやめて車で脚を上下させられている場合とか，あるいは山を下るのにも，自由落下でない限り，ある下降速度以上にならぬよう，重力に逆らって脚は生理的に仕事をしていかなければならないという場合がある．後述するように，位置や運動のエネルギの変化からのパワ計算では，この配慮ができない．ただ生体の酸素消費量したがって生体の消費エネルギ(またはパワ)は，正の仕事に比べて負の仕事は少ない(Abbott, Bigland & Ritchie, 1952 ; Asmussen, 1952)．

第2項は，たとえ関節に動きがなくても($\dot{\gamma}_j=0$)，外力のある条件下で，ある状態を保ち続けるのに必要な消費パワである．例えば，腕を水平にして水の入ったバケツを手に持ち，その重みに耐えるときに消費するパワと同じものである．比例定数$\omega_{e,j}$は，その静止時に消費するパワを与える"等価角速度"で，各関節で異なる場合もありうるので，下指標jをつけた．トルクQ_jの中には，外力のほかに慣性力や弾性力も含んでいるので，例えば昆虫の羽ばたき機構内のばねのように，弾性力が慣性力を打ち消すことがありうる．また後述するように，実際には$\ddot{\gamma}_j$による慣性力が働いて$Q_j\dot{\gamma}_j$が負になる場合は少ない．

全パワPは，各関節ごとのパワを寄せ集めて，

$$P=\sum_j P_j \tag{6.2-5}$$

となる．

外力のうち，いちばん大きい地面反力は，主として身体全体の重心の前後および上下の動きに伴う慣性力および重力に左右される．つまり体の各部位の関節における屈折に基づく位置の変化に強く依存する．また強い風のあるとき，あるいは速い走行時に身体に働く空気力とそのモーメントは，身体各部の形状とその傾きとに影響される．各関節ごとの力とモーメントの釣り合い式を解くことにより，関節に働くトルクを計算することができ，またトルクに角速度を掛けてパワを求めることができる．この際注意しなければならないことを2つ上げる：(i)重力が保存力であるが，重心の変動，すなわち位置のエネルギ変化や運動のエネルギから間接的に生態系のような非保存系のパワを求めることは無理である．また(ii)式(6.2-5)には肺や心臓の動きに伴う呼吸や血流のためのパワが含まれていない．

しかし，通常負の仕事に対しては，筋肉を緩めて，その部分の動きがある程度自由になるので，慣性力がそれに対抗するようになる．したがって負の仕事に対する筋肉のパワは実際にはそれほど大きく現れないのが普通である．

そこで，各種走行生物を，地面反力の測れる計測板("圧力板")の上を走行させるとともに，フィルムなどで移動速度を測り，速度，力，パワの間の関係を実験的に求めることが行われている．なお，圧力板については後述．

質量mの生物の重心が高さHを速度Vで動くとき，生物の位置のエネルギE_Pと運動のエネルギE_Kとはそれぞれ次式で与えられる：

$$E_P=mgH \tag{6.2-6a}$$

$$E_K=\frac{1}{2}mV^2=\frac{1}{2}m(V_X{}^2+V_Z{}^2) \tag{6.2-6b}$$

通常，このE_PとE_Kの変化は，走行の1ストライドで位相がずれていて，互いに補償し合うようになっているので，和の全エネルギ$E=E_P+E_K$の変化は小さい．

一方，地面反力の計測から，水平力F_Xと水平速度$\dot{X}$との積および垂直力F_Zと垂直速度$\dot{Z}$との積で与えられる機械的パワ$\dot{E}_H$および$\dot{E}_V$が間接的に求められる：

$$\dot{E}_H=F_X\dot{X} \tag{6.2-7a}$$

$$\dot{E}_V=F_Z\dot{Z} \tag{6.2-7b}$$

このパワの合計値$\dot{E}_H+\dot{E}_V=\dot{E}_{CM}$は重心の移動に伴う機械的パワと見なされ，これを単位質量当たりの値にするために生物の質量で割った$\dot{E}_{CM}/m$が"比機械的エネルギ・コスト"である．生物の支払うべき"比代謝エネルギ・コスト"は，もちろんこれに内臓各部の動きに伴うコストが追加されて得られるものである．後者のエネルギ・コストは，例えば酸素消費量などから計測される．

一般的な傾向として，走行生物の比機械的エネルギ・コストは速度Vに対して次の1次関係で示される(Heglund, Cavagna & Taylor, 1982)．

$$\dot{E}_{CM}/m=aV+b \tag{6.2-8}$$

表 6.2-2 比機械的エネルギ・コストの定数

種 別	哺乳類 (2足および4足)	ゴキブリ (6足)		カニ (8足)	ヒト (2足)
a (W/kg)/(m/s)	0.685	0.89±0.097	1.47±0.29	0.95	−
b *W/kg*	0.072	−0.029	−0.16±0.27	0.03	−
c cal·min/kg·m²	−	−	−	−	0.0050
d cal/kg · min	−	−	−	−	32*
資 料	Heglund, Cavagna & Taylor, 1982	Full & Tu, 1990	Full & Tu, 1991	Blickham & Full, 1987	Zarrugh, Todd & Ralston, 1974

*1cal/kg · min=0.0698 W/kg

上式の比例定数 a と b は，表 6.2-2 に示されるように，多くの種の哺乳動物に共通の値であるが，6足および8足の歩行では若干値が異なる．後述の図 6.2-10 から推定されるヒトの場合に比べて b の値が小さ過ぎるのが気になる．

先の運動エネルギと位置エネルギとの和で与えられた全エネルギの時間変化は，上の機械的になされた仕事のエネルギの結果得られたもので，したがって機械的エネルギに対する機械的効率 η は

$$\eta = (\dot{E}/m)/(\dot{E}_{\mathrm{CM}}/m) = (\dot{E}_{\mathrm{P}}+\dot{E}_{\mathrm{K}})/\dot{E}_{\mathrm{CM}} \quad (6.2\text{-}9)$$

で与えられる．

筋 力

骨格構造に，ロコモーションに伴う回転運動を与えるのは，図 6.2-5a に示したように，筋肉に生じる“筋力”である．繊維の束からなる筋肉は，その繊維の走る方向の張力が力 T を作り出すので，当然，力 T は筋肉に働く応力，つまり，“筋肉強度”σ とその断面 S_{C} との積，

$$T = S_{\mathrm{C}}\sigma \quad (6.2\text{-}10)$$

で与えられる．応力 σ の最大値 $\sigma_{\max}$ を“絶対筋力”と呼ぶ(福永，1978)．絶対筋力 $\sigma_{\max}$ は，生物の種，体の部位あるいはトレーニングの程度により若干異なるようで，およそ 2～3 kgf/cm² = (2～3)×10⁵ Pa (Hill, 1950)，ないし，5～10 kgf/cm² = (5～10)×10⁵ Pa とみられている(福永，1978)．ただし動きの速さは，種別間でも，また同一種でもその部位により，著しく(1000倍も)異なる．例えばウサギのそれは速く，カメのは遅い．

筋力は，実はその伸張の程度でも若干値が異なる．図 6.2-7 のカエルの筋肉の例に示されるように，長さに応じて若干筋力が異なる．

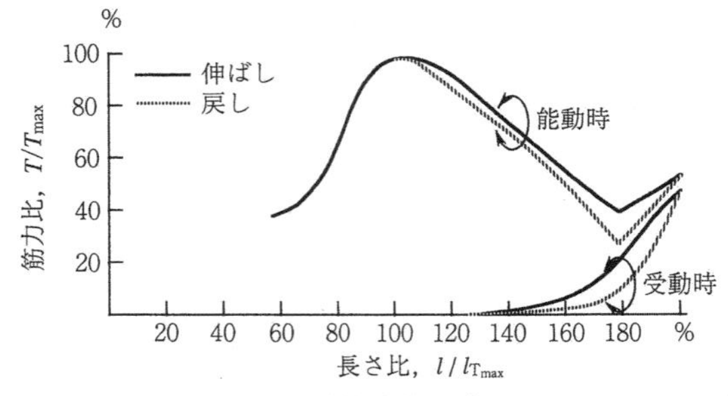

図 6.2-7 カエルの摘出筋の伸長と筋力 (Ramsey & Street, 1949)

すなわち，図の縦軸は筋肉繊維の張力を最大張力で無次元化した値を，そして図の横軸は“弛緩長”(つまりそれを縮めようとしたときに最大張力が生み出せるときの長さ)で無次元化した筋肉繊維の長さを，ともに%で示してある．筋肉を働かせる能動時では，長さが弛緩長のとき最大張力(100 %)を作るが，それより長くても短くても張力は落ちる．筋肉を働かせず単に引き伸ばす受動時では，引き伸ばされる長さとともに張力が増えていく．しかし張力と長さとの関係は，弾性材のそれとは異なり非線形である．また能動時であれ受動時であれ，引き伸ばしのとき(実線)と戻しのとき(点線)とで値が異なり，両者で囲まれた狭い領域は，熱エネルギとして消費される部分を示している．

圧力板

圧力板は出力をどういう形で取り出すかにかかわらず，その力学的モデルとしては次のように考える．図 6.2-8 に示されるように，上下方向の変化を z とし，減衰装置(減衰係数 C の仮想のダシュポット)を挿入して，質量 m の重力による変位を除いたものを原点とする．

線形系の振動方程式はしたがって

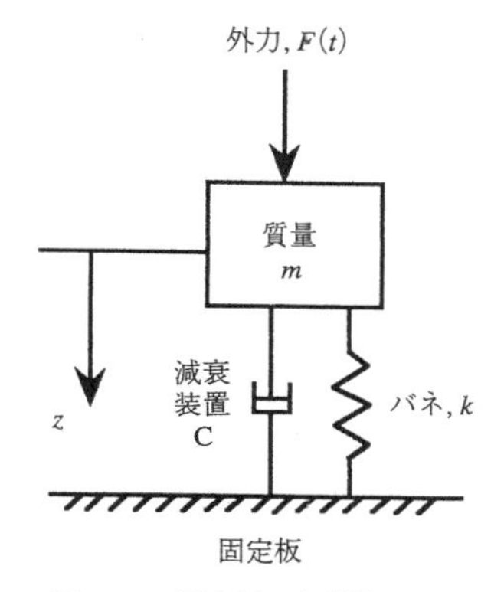

図 6.2-8　圧力板の力学的モデル

$$F(t) = m\mathrm{d}^2z/\mathrm{d}t^2 + C\mathrm{d}z/\mathrm{d}t + kz \quad (6.2\text{-}11)$$

となる．これから，何らかの方法で変位 z を測っても，それだけは外力 $F(t)$ は求まらないことは明らかである．当然速度 $\dot{z}$ と加速度 $\ddot{z}$ も計測して（後述），それぞれに減衰係数 C と質量 m を掛けたものを加算して初めて $F(t)$ が求まることになる．もし $\dot{z}$ や $\ddot{z}$ の計測ができないときは $z(t)$ の変化を時間微分して求めることになる（微分については誤差の入らぬ注意が必要）．

しかし，もし外力 $F(t)$ の変動がこの系の固有振動数よりゆっくりした現象であるのなら，近似的に kz のみで $F(t)$ を求めることが可能となる．固有振動をノイズと見なす例があるが（大道，1994），ノイズと見なせるかどうかの検討を以下に行う．

例として図 6.2-9a のような階段状入力 $F(t=-0)=0$，$F(t>+0)=F_0$ を考える．このときの出力 $z(t)$ は

$$\left.\begin{aligned} z(t) = (F_0/k)\,[1-\exp(-\zeta\omega_n t) \\ \times\{\cos(\omega_n\sqrt{1-\zeta^2}\,t) \\ +(\zeta/\sqrt{1-\zeta^2})\sin(\omega_n\sqrt{1-\zeta^2}\,t)\}] \end{aligned}\right\} \quad (6.2\text{-}12)$$

で与えられる．ここに“不（非）減衰固有振動数” ω_n は

$$\omega_n = \sqrt{k/m} \quad (6.2\text{-}13)$$

また“減衰比” ζ は

$$\zeta = (C/2)\sqrt{k/m} \quad (6.2\text{-}14)$$

で与えられる．

減衰比 ζ が 0.1 以下のような系（例えば Payne, Slater & Telford, 1968）では振動がいつまでも残ってしまうので，前述の式 (6.2-11) の加算を行わないと真値 $F(t)$ が求まらない．また $\zeta = C = 0$ の減衰のない場合は固有振動が無限に続くことになる．

さて式 (6.2-12) の解から，この系では固有振動数

$$\omega = \omega_n\sqrt{1-\zeta^2} = \sqrt{(k/m)-(C/2m)^2} \quad (6.2\text{-}15)$$

の正弦波振動が，図 6.2-9b に示されるように，時間とともに減衰していくことがわかるが，そのときに，振幅が半減する時間（“振幅半減時”）$T_{1/2}$ は

$$T_{1/2} = 0.693/(\zeta\,\omega_n) = 1.386/(C/m) \quad (6.2\text{-}16)$$

で与えられる．つまり，入力 $F(t)$ の変動が上記時間より十分長い周期のゆっくりした変動ならば，式 (6.2-11) の右辺第 1 項と第 2 項はノイズと考えて無視して $F(t)$ を求めることが可能である．

以上のことから，例えば走行中の足の地面反力を測定するといったような，接地初期に衝撃的な負荷のかかる場合には，よほど大きい ω_n と適当な減衰比 ζ を与えるシステムにしないといけない．本解析で力学的モデルの中に減衰装置を備えたわけは，以上の配慮をしたことと，何も積極的に減衰装置を設けなくても，構造や材料の減衰が小さいながらも働くからである．

例として，最適な減衰比として $\zeta = 0.7$ と，小さい減衰比として $\zeta = 0.07$ の場合につき，各特性値を表 6.2-3 に示す．上記地面反力の応答精度

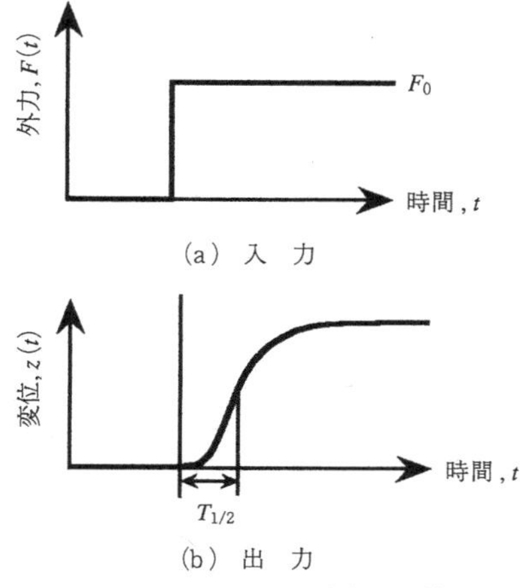

図 6.2-9　入力と出力との関係

表 6.2-3　圧力板の特性値

項　目	記　号	単位	数　値		
不減衰固有振動数	f	Hz	1	10	100
	$\omega_n=2\pi f$	rad/s	6.28	62.8	628
振幅半減時	$T_{1/2}=0.693/\zeta\omega_n$(s)				
	$\zeta=0.7$	—	0.158	0.0158	0.00158
	$\zeta=0.07$	—	1.58	0.158	0.0158

を0.1秒のオーダで知るためには，0.01秒のオーダで減衰を効かせる必要がある．それには減衰比が$\zeta=0.7$の場合，圧力板の固有振動数は$f>10$ Hzが要求されるが，減衰の小さい$\zeta=0.07$では$f>100$ Hzないと駄目である．

以上圧力板の設計には，質量$\boldsymbol{m}$に見合って高い固有振動数を与えるバネ係数k，ならびによい減衰比ζを与える減衰係数Cの選択がいかに大事であるかがわかる．そうでないときは，式(6.2-11)の右辺第1項と第2項とを同時に求めて第3項に加算していくことが必要となる．

なお，上記計算はすべて同様に前後方向の変位xや左右方向の変位yにも適用されることはいうまでもない．

加速度計

加速度計は重力の加速度を含んだ加速度を測定するものである．つまりそれは単位質量に働く，重力を除いた，外力を測っているので，姿勢変化を同時に記録してそのぶんを加減するという演算処理をしないと，真の動きに伴う加速度の測定にはならない．

$$\left.\begin{array}{l}\text{運動方程式：重力}(\boldsymbol{mg})+\text{重力以外の}\\ \quad\text{外力}(\boldsymbol{F})=\text{慣性力}(\boldsymbol{ma})\\ \text{加速度計の測るもの：}\\ \quad\boldsymbol{a}-\boldsymbol{g}=\boldsymbol{F}/\boldsymbol{m}=\boldsymbol{f}\\ \text{運動加速度：}\boldsymbol{a}=\boldsymbol{f}+\boldsymbol{g}\end{array}\right\}\tag{6.2-17}$$

例えば地面反力も空気力も働かない($\boldsymbol{f}=0$)自由落下では，加速度$\boldsymbol{a}$は$\boldsymbol{a}=\boldsymbol{g}$で重力の加速度で落下していくが，一方地面反力がちょうど$\boldsymbol{f}=-\boldsymbol{g}$で支えていると$\boldsymbol{a}=0$となって動かない(または一定速度の動き)．より詳しくは後に7.2.1で再現される．

6.2.3　酸素代謝パワ

運動に伴って消費される生理的なパワは，酸素の消費量から測られる．そのような酸素代謝パワP_{ab}または単位質量当たりの"比酸素代謝パワ"$\dot{E}_W/m$は，比機械的エネルギ・コスト同様に，速度Vとともに増大する(Taylor, 1977)．

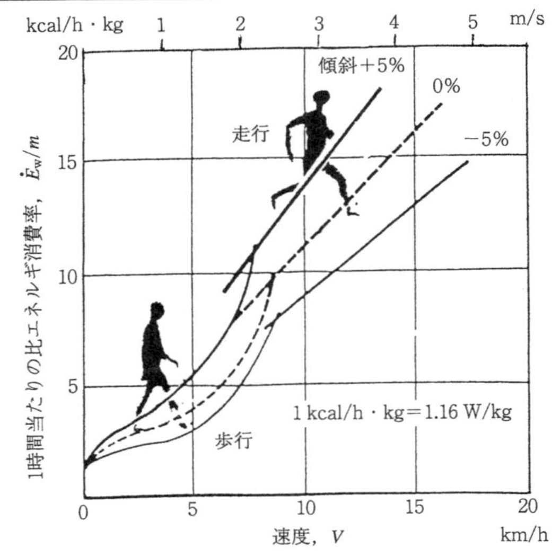

図 6.2-10　ヒトの速度に対するエネルギ消費率 (Margaria, 1978)

ヒト

ヒトの場合，少なくとも歩行時における消費パワ(エネルギ/時間)は，すでに図6.2-2に示されたように速度の2乗に比例し(Ralston, 1958；Zarrugh, Todd & Ralston, 1974；Zarrugh & Radcliffe, 1978)，走行では速度に比例するとみられている(大道，1984)．したがって，単位質量当たりの消費パワは，図6.2-10に見られるように，歩行時では，

$$\dot{E}_W/m=cV^2+d\tag{6.2-18}$$

となり，c，dについてはやはり表6.2-2に与えられている．ただし表では$\dot{E}_W/m$をcal/(kg·min)で表したとき，速度Vはm/minで，cはcal·min/(kg·m²)，そしてdはcal/(kg・min)で与えられる．図にみられるように，当然上り坂ではよけいに，また下り坂では少な目の消費パワとな

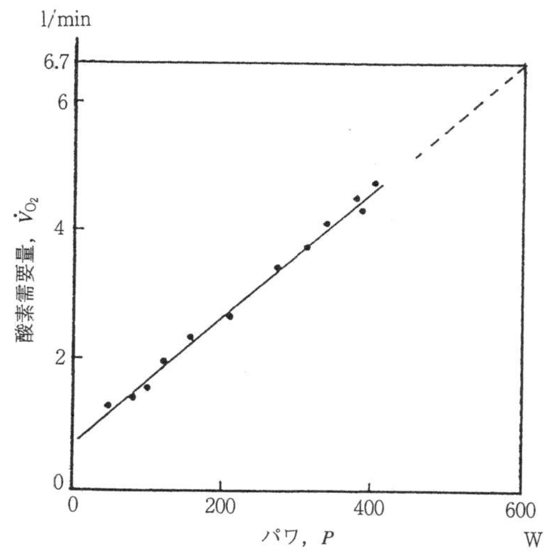

図 6.2-11 ヒトの酸素需要量（Hermansen ら，1984）

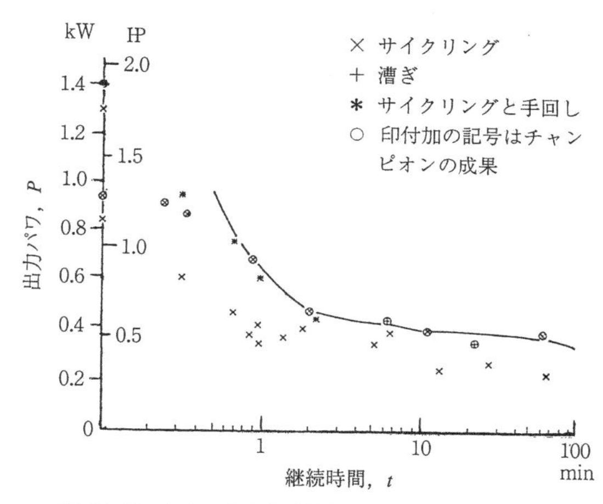

図 6.2-12 ヒトの出力と時間との関係（Sherwin, 1975）

る．走行時のそれは式(6.2-8)が用いられる．

単位距離当たりの比エネルギ消費率 E_M' は，比酸素代謝パワ P_{ab} を速度 V で割って，

$$E_M' = P_{ab}/V \qquad (6.2\text{-}19)$$

で与えられる．

なお，飛行や遊泳と違ってパワが速度の3乗に比例していないことは，速度の増加とともに増す空気抗力が消費パワの主役となっていないことを示している．つまり他の地面反力の変動などによるパワのほうが重大なのである．

図 6.2-11 に，Hermansen ら(1984)の得たヒトの酸素需要量 $\dot{V}_{O_2}$ とパワ P との関係を示す．図中の直線は

$$\dot{V}_{O_2} = \dot{V}_{O_2,rest} + kP \qquad (6.2\text{-}20)$$

で与えられ，休止時の酸素需要量はパワ P を W で表したとき $\dot{V}_{O_2,rest}=0.68\,(l/\mathrm{min})$，$k$ は

$$k = 9.95\times10^3\,(l/\mathrm{min\cdot W})$$

で与えられる．通常ヒトは大雑把にいって，1lの酸素で 5 kcal のエネルギを発生する(大道，1991)．例えば 100 m の全力疾走で 1 分間当たり約 25l 前後(±5l)の酸素を使うことから換算すると，これは平均して酸素 1 cc 当たり 20 J のエネルギ出力になるとすると約 10 HP 前後を出し続けていたことになる．地面反力の変動や空気抵抗に対するパワは，この中の 20 % 以下と思われるが，式(6.2-20)では 3 HP となって効率は 30% で，それでも歩行時に比べてはるかに大きい．

このように走行は，短時間に多量のエネルギを消費する．時間に対して出力パワがどう変わるかを，ヒトの例で示したのが図 4.5-3 であった．これを運動種類別に示すと図 6.2-12 となる．ヒトの場合，短時間では 1 HP 以上のパワを出力できるが，時間が長くなって，例えば 10 分を超えるような場合のパワは 0.5 HP 程度に落ちる．また運動の種類によって出力が異なり，例えば自転車は比較的低く，図には示していないが，水泳は逆に高い値となるようである．

人力飛行機を飛ばすには，始めの離陸では 1 HP 以上のパワを必要とするが，長時間の飛行には，すでに 4.4.1 で示したように，0.3 HP 以下をねらって機体を設計する．

地上走行において，ヒトはどれほど速度向上を達成してきたかを示したのが，図 6.2-13 の速度記録である．当然遠距離になればなるほど，平均速度は落ちていくが，面白いのは 200 m 競争で，スタートの加速分の影響が少ないだけ 100 m より速いことである．また年代を追って速度が向上していくが，体力や技術の向上もさることながら，競技場の土壌と足に履く靴や着衣の改良による点が大きい．

カンガルー

速度に応じて歩調の変わるカンガルーの走行の例を図 6.2-14 に示す．単位質量当たりの酸素代謝エネルギと歩数および歩幅を速度の関数として表した．5 足歩行では，速度の増しに対して歩幅

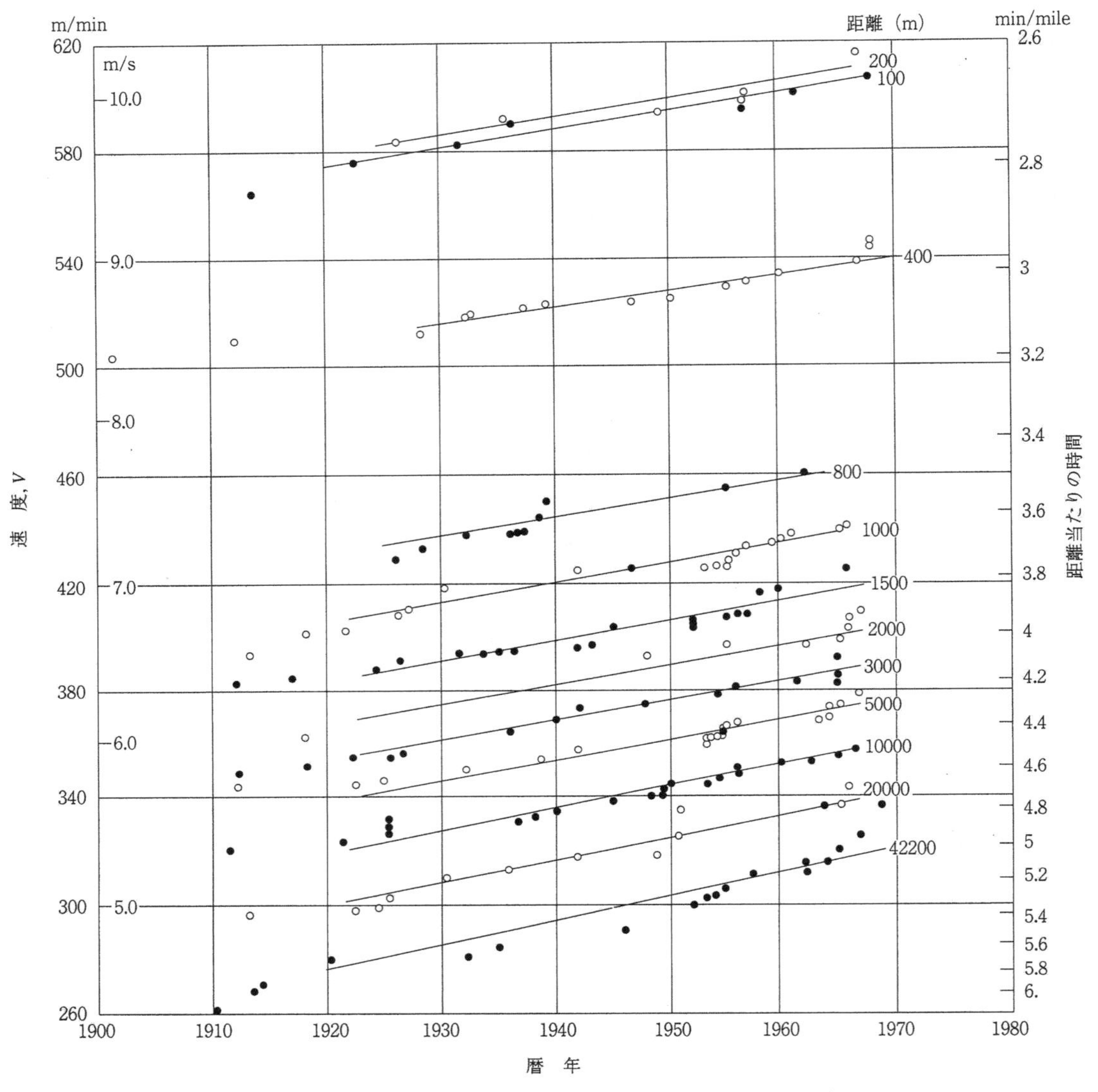

図 6.2-13　ヒトの走行速度記録の変遷 (Ryder, Carr & Herget, 1976)

も歩数も，そしてエネルギ消費量も比例して増えているが，ホッピングでは，エネルギ消費量が減少している．これは筋肉にばねが入っていて，運動エネルギが弾性エネルギとして貯えられるといったメカニズムを考えないと理解し難い現象である．

その他の動物

図 6.2-15 に，その他の動物も含めた酸素消費量を示す．(a)では，質量 m に対して距離 s (km) 当たりの比酸素消費量 $E_W/ms=\dot{E}_W/mV$ が，そして(b)では，速度 V に対して時間当たりの比酸素消費量すなわち比酸素代謝パワ P_{ab}/m が示されている．これらの図から，体が大型になるほど，体重当たりの酸素消費量あるいは酸素代謝パワが減ること，そして高速走行動物ほどそれが顕著であること，また速度は遅いが，多足走行のヘビがきわめて効率よく動いていることなどがわかる．他の移動手段である飛行や遊泳とのエネルギ・コストの比較は，すでに図 1.1-4 に示した．

さらに図 6.2-16a には，各種動物が一般的な種固有の経済的な走行速度で運動するとき，単位走行距離・単位質量当たりの比代謝エネルギ・コ

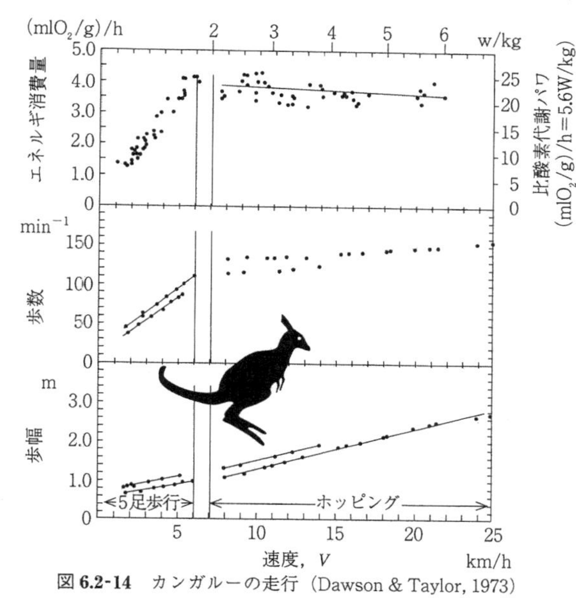

図 **6.2-14** カンガルーの走行 (Dawson & Taylor, 1973)

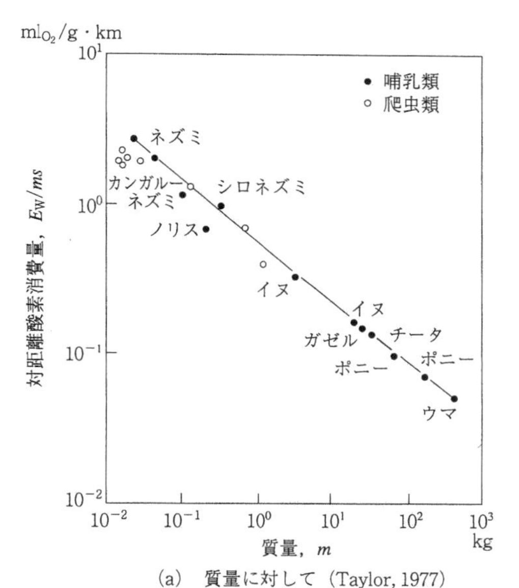

(a) 質量に対して (Taylor, 1977)

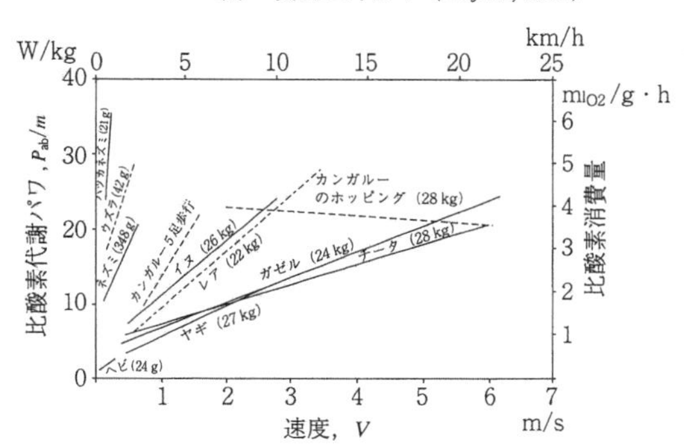

(b) 速度に対して (Goldspink, 1977a)

図 **6.2-15** 比酸素代謝パワ

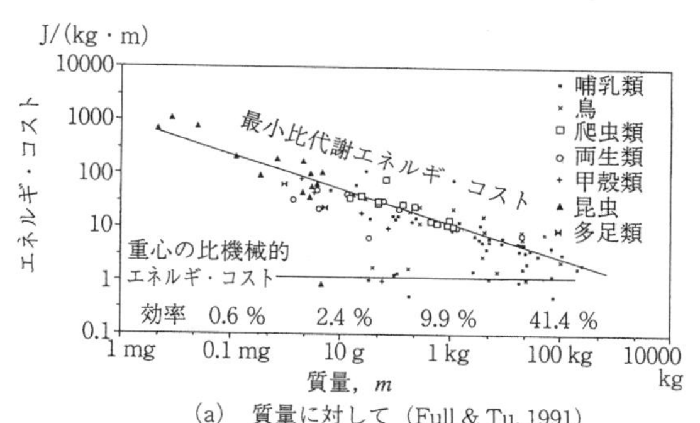

(a) 質量に対して (Full & Tu, 1991)

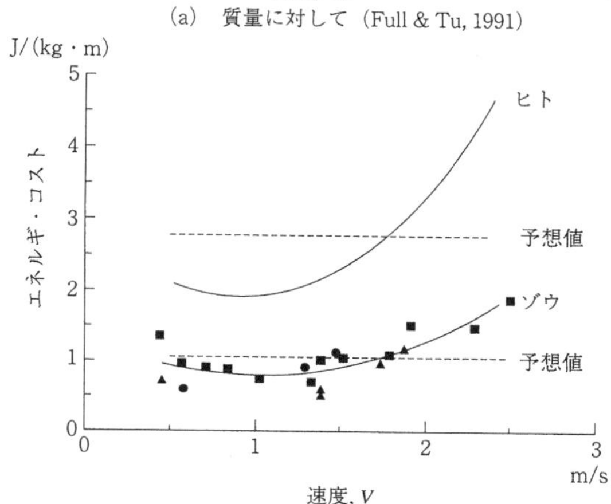

(b) 速度に対して (Langman ら, 1995)

図 **6.2-16** 輸送コスト

スト(1.1.2 で"エネルギ・コスト"または"輸送コスト"と呼んだ)と，重心の上下移動や水平方向の加減速に伴う比機械的エネルギ・コストとを質量に対して示す．後者は動物の大きさに無関係にほぼ一定値であるので，2 つのエネルギ・コストの比である代謝を含めた全効率は，動物の大きさとともに増大することがわかる．

図 6.2-16b には速度に対するゾウの歩行実験 (Langman ら，1995) から求めた輸送コストをヒトの場合と比較して示した．ただし酸素消費量とエネルギとの関係は 20.1 J/mlO$_2$ で計算してある．最小値は，ヒトの場合と同じ 1 m/s の速度で 0.78 J/kgm となっている．この値はヒトの約 40% で，ここでも大型の生物ほど単位質量・単位距離当りの輸送コストが低いことがわかる．

6.2.4 相 似 則

幾何学的相似則

相似形で物が大きくなった場合，例えば長さ l が 2 倍になると，面積 S は長さの 2 乗に比例し

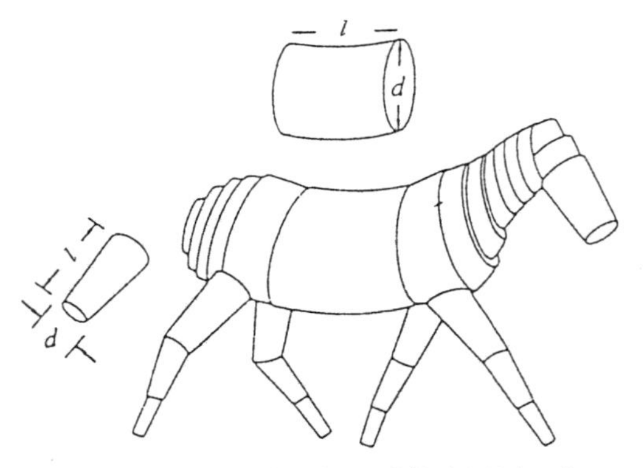

図 6.2-17　ウマの円柱要素への分解（McMahon & Bonner, 1983）

て（$S \propto l^2$）4倍となり，そして質量 m は長さの3乗に比例して（$m \propto l^3$）8倍となる．このことは，"2乗・3乗則"としてよく知られている．しかし多くの生物の大きさについての統計値は，必ずしもこの法則に従っているとは思われないことがある．そこで次の法則が考えられた．

弾性的相似則

図 6.2-17 に見られるように，馬を円柱形の木で作った玩具と考えてみよう．円柱の長手方向の軸荷重に対して，それに直角にたわむ量が長さ l に対して同じ割合を保ち続けるためには，直径 d は長さ l に比例するのではなくて，長さの 3/2 乗に比例（$d \propto l^{3/2}$）しなければならない（McMahon & Bonner, 1983）．したがって質量 m との関係は，

$$m \propto ld^2 \propto l^4 \quad \text{または} \quad l \propto m^{1/4} = m^{0.25} \tag{6.2-20a}$$

$$m \propto d^{8/3} \quad \text{または} \quad d \propto m^{3/8} = m^{0.375} \tag{6.2-20b}$$

また断面積 S_c と表面積 S_W はそれぞれ

$$S_c \propto d^2 \propto m^{3/4} = m^{0.75} \tag{6.2-21a}$$

$$S_W \propto dl \propto m^{5/8} = m^{0.63} \tag{6.2-21b}$$

となる．

以上の関係を示すよい例を図 6.2-18 に示す．(a) はサルの胸囲 d_c と質量 m との関係を示し，式（6.2-20b）がほぼ満たされ，また (b) は哺乳類一般の体表面 S_W と質量 m との関係を示し，式（6.2-21b）がほぼ満たされている．さらに面白い例として，哺乳類の膝関節の回転角が上げられる．図 6.2-19a に示されるように，筋肉の収縮

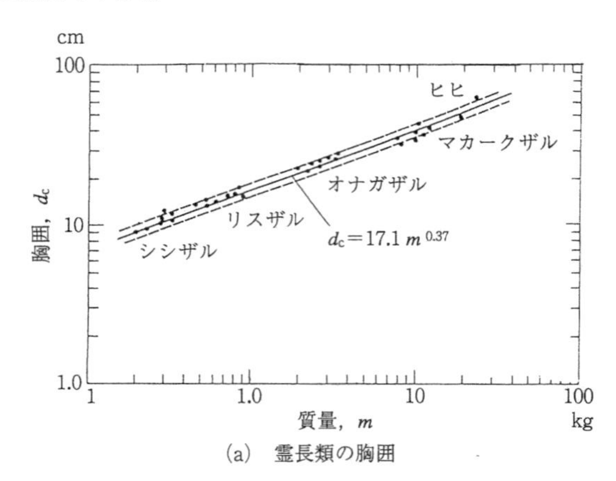

(a)　霊長類の胸囲

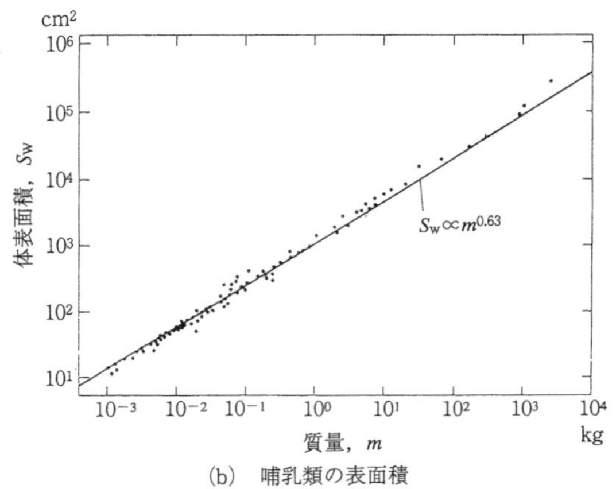

(b)　哺乳類の表面積

図 6.2-18　胸囲と表面積と質量との関係（McMahon & Bonner, 1983）

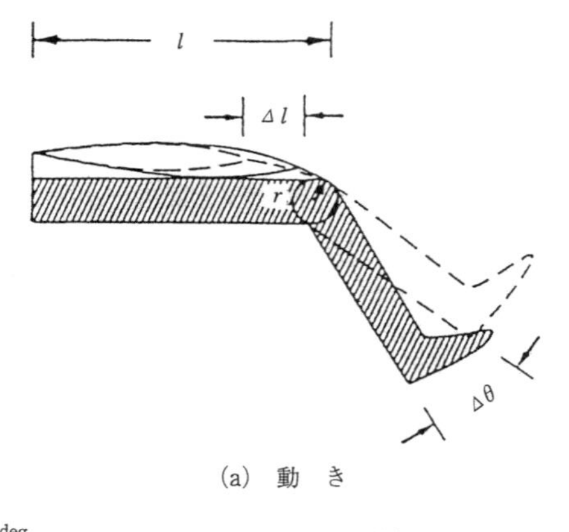

(a)　動　き

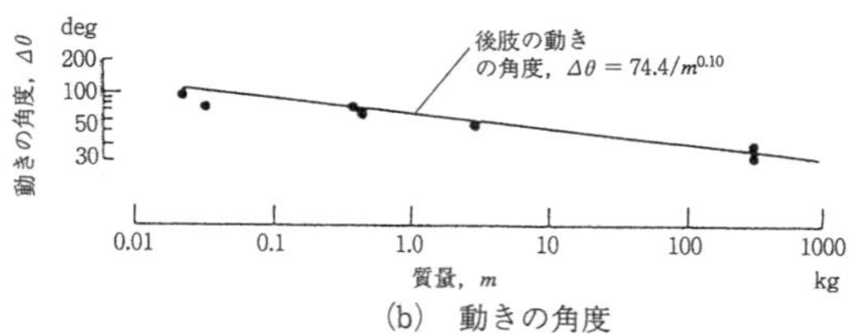

(b)　動きの角度

図 6.2-19　哺乳類の膝関節の回転角（McMahon & Bonner, 1983）

表 6.2-4 動物の助走なしの跳躍性能

項目	加速距離 s(cm)	高跳びの高度 h(cm)	幅跳びの距離 x(cm)	出典
ヒト(*Homo*)	–	120*	–	Dyson, 1962
ヒト(*Homo*)	–	–	370	Hill, 1950
カンガルー(*Macropus*)	100	270*	790	Hill, 1950
ネズミカンガルー(*Bettongia*)		240*		Hill, 1950
ガラゴ(*Galago*)	16	226		Hall-Craggs, 1965
トビハツカネズミ(*Zapus*)			370	Hill, 1950
カエル(*Rana*)	10		90	Gray, 1953
バッタ(*Schistocerca*)	4		80	
バッタ(*Schistocerca*)		30		Hoyle, 1955
イナゴ(*Oxya*)	2		75	
ノミ(*Spilopsyllus*)	0.04	6		Bennet-Clark & Lucey, 1967

* たぶん助走を伴ったもの. (Alexander, 1971)

距離Δlは，関節の半径をr，回転角を$\Delta\theta$としたとき，$\Delta l = r\Delta\theta$で与えられる．筋肉長をlとすれば，$\Delta\theta$が

$$\Delta\theta = (\Delta l/l)/(r/l) \qquad (6.2\text{-}22)$$

となる．筋肉の収縮率$\Delta l/l$は動物の大きさにかかわらず不変と見なされるが，r/lは上述の弾性相似則から，$r/l = m^{3/8}/m^{1/4} = m^{1/8}$である．このため，回転角$\Delta\theta$は体が大きくなると減少することになるが，実際の哺乳類でも，図 6.2-19b に見られるように，ネズミ，ウサギ，イヌおよびウマの後脚の膝関節の回転角が，大きさとともに減少して，$\theta = 74.41m^{0.10}$で表され，$m^{0.10} \cong m^{1/8}$となっていることがわかる(McMahon & Bonner, 1983).

歩行動物が体のたわみを防ぐためには，質量が増すほど骨格重量の割合を増さねばならない．例えばネズミの骨の割合は約 8 % であるのに対して，ガチョウやイヌでは 13～14 %，人間では 17～18 % と大きくなっている(Thompson, 1942).

6.2.5 跳　　躍

種子(たね)や昆虫といった微小生物の跳躍(ジャンプ)についてはすでに 2.1.2 で述べた．ここでは大型動物の幅跳びや高跳びを調べてみる．

幅跳びと高跳び

立ったままの幅跳びや高跳びに対して，助走を行った走り幅跳びや走り高跳びのほうが飛距離または飛高度が伸びるのは，助走の運動エネルギを利用できるからである．走り幅跳びでは，前後の速度が飛距離に影響するのは当然として，走り高跳びでそれが効くのは，踏み切りに当たって脚の靱帯が前後の運動量を上下のそれにうまく変換しているからであろう．

表 6.2-4 に哺乳類の跳躍性能(基本的には助走なしの)を両棲類や昆虫類のそれと比較して示した．助走を行った場合のヒトの例として，1996年のアトランタでのオリンピックにおける金メダリスト，カール・ルイス選手の走り幅跳びを解析してみよう．図 6.2-20 はその飛行経路と姿勢の合成写真からのスケッチで，飛距離 $X_{\max} = 8.50$ m を得たときの初速度 $\boldsymbol{V}_0 = (V_{X,0},\ V_{Y,0},\ V_{Z,0})^T$

図 6.2-20 走 り 幅 跳 び
アトランタ・オリンピックにおけるカール・ルイスの跳躍（讀売新聞，1996年7月30日誌よりスケッチ）.

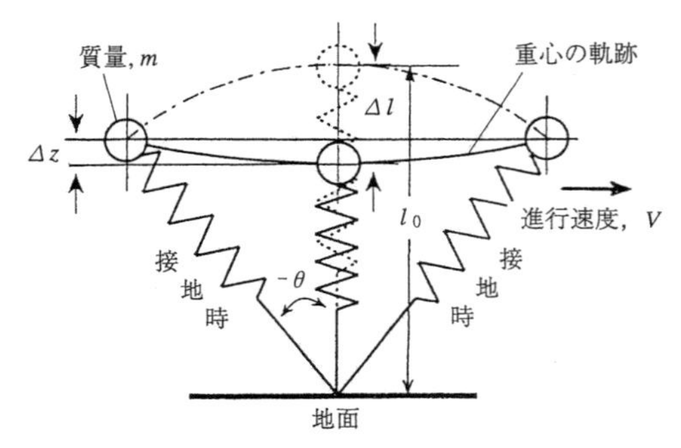

図 6.2-21　単純なばね・質量系で表した走行モデル

と最高高度 Z_{max} とを，式(2.1-4)に基づき，9点の位置での計測より最小自乗法で推定してみると，$V_{X,0} = 8.9\,\mathrm{m/s}$，$V_{Y,0} = 0$，$V_{Z,0} = 3.9\,\mathrm{m/s}$，$Z_{max} = 1.5\,\mathrm{m}$ が求まった．

筋骨格ばねシステム

トロットやホッピングをする動物は，筋肉，腱，および靱帯からなる"筋骨格ばねシステム"を使って地面を跳ねながら，そこに歪みエネルギを貯えたり，それを運動エネルギに変換したりして走行する．そこで本節ではその力学を，Farleyら(1993)の解析に従って解説する．

図6.2-21を参照して，ほぼ一定速度 V で図の右へ進行中の球で示した質量 m の動物が，足を接地してから離れるまでの間(接地角 2θ)に係数 k のばねの脚で走行するものとする．脚のばねは接地前は l_0 の長さであったものが，接地後縮んで，脚がちょうど垂直になったとき($\theta = 0$)に，その縮みが最大 Δl になるものとする．ここでは接地($-\theta$)と離地($+\theta$)とが対称的に行われるものとした．

このとき質量 m の沈み Δz は，図から

$$\Delta z = \Delta l - l_0(1-\cos\theta) \qquad (6.2\text{-}23)$$

で与えられる．また質量 m の生物の重力を含む慣性力を足1つで受ける最大の地面反力 F は

$$F = k\Delta l \qquad (6.2\text{-}24)$$

で与えられ，接地時間 τ は進行速度 V を一定とすると，

$$\tau = 2(l_0/V)\sin\theta \qquad (6.2\text{-}25)$$

で与えられる．

加速を大にし，走行速度を速めるには，F を大にすることが必要で，そのためには強いばね係数 k と大きい縮み Δl つまり長い脚が必要である．また高速であるためには，長い脚 l_0 に大きい接地角，それでいて短い接地時間 τ で跳ねなくてはいけない．

ばねが最大に縮まった $\theta = 0$ の時点での垂直方向の重心の沈み Δz に対して"等価ばね定数"k_e を導入すると，それは

$$k_e = F/\Delta z = k\Delta l / \{\Delta l - l_0(1-\cos\theta)\} \qquad (6.2\text{-}26)$$

で与えられる．足の接地時間 τ は，この等価ばねによる調和振動の半周期 $T/2$ に相当するもので，それは

$$T/2 = \pi\sqrt{m/k_e} \qquad (6.2\text{-}27)$$

で与えられる．

表6.2-5に与えられる各種動物の中の4種について，ばね係数 k と等価ばね係数 k_e および接地角 2θ の計測結果を図6.2-22に示す．ばね係数 k は質量とともに増加する($k \propto m^{0.67}$)が，速度に対してはほとんど変化しない(Farleyら，1993)．しかし等価ばね係数 k_e のほうは速度の増加に対して接地角 θ とともに増大していく．

表 6.2-5　走行動物の諸元

動　物	体の質量 m(kg)	脚長 l_0(m)	速度 V(ms^{-1})	フルード数 $Fr = V/\sqrt{l_0 g}$	接地時間比* τ/T_s
カンガルーネズミ	0.112	0.099	1.8	1.8	0.36
シロネズミ	0.144	0.065	1.1	1.4	0.50
タンマーワラビ	6.86	0.33	3.0	1.7	0.44
イヌ	23.6	0.50	2.8	1.3	0.39
ヤギ	25.1	0.48	2.8	1.3	0.44
アカカンガルー	46.1	0.58	3.8	1.6	0.43
ウマ	135	0.75	2.9	1.1	0.39

*　T_s は1ストライドの時間

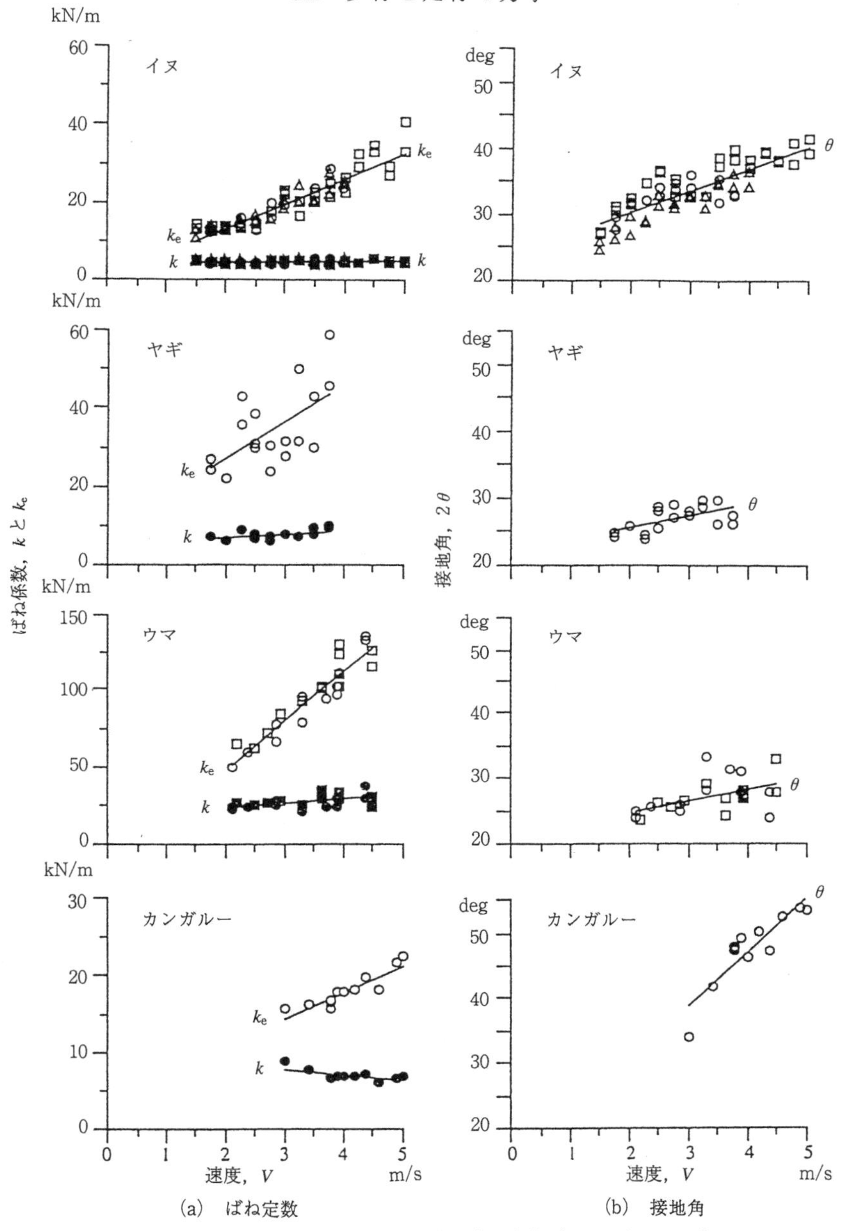

図 6.2-22 速度に対するばね定数と接地角の変化（Farley ら，1993）

接地時間 τ や周期 $T/2$ は，速度の増しとともに小さくなるが，質量とともに増大する．

6.3 水上走行

水面に吸着したり，そこを滑るように進んだり，あるいは水上に浮いて走行する生物の例をここにまとめておく．小型昆虫は水の表面張力を利用して水面に吸着するが，大型の生物は水の付加質量のつくる慣性力や抗力を利用して水上を走行する．

6.3.1 水面吸着

水面の空気と接する上側または水中の下側に吸着して生活する昆虫またはその幼虫がいる．図 6.3-1a に見られるように，水に濡れ難い“疎水性”の針を静かに水面に浮かせることができる．

(a) 浮く針

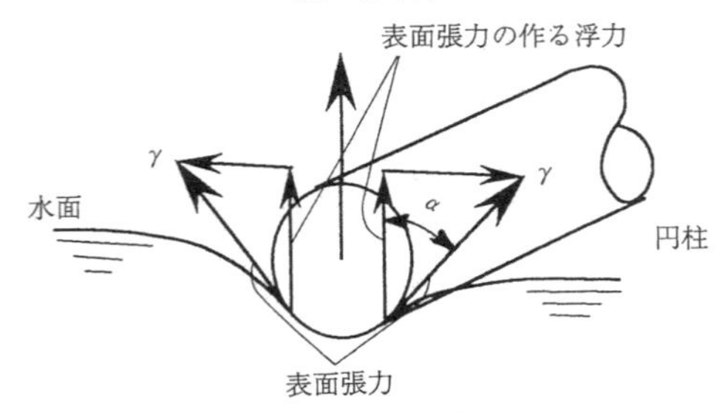

(b) 円柱に働く流体力

図 6.3-1 細い棒に働く表面張力

そして図 6.3-1b にはそのときの円柱状の針に働く流体力が示されている．単位長さ当たりの表面張力を γ とすると，その方向は接する水と空気との境界面(傾角 α)に沿っているので，表面張力のつくる上向き成分 L_s は

$$L_s = l\gamma\cos\alpha \qquad (6.3\text{-}1)$$

ここに l は円柱表面と水面とが接触する線の長さの全長で，角度 α はその全長にわたって一定と見なしている．針の場合，l は針の長さの2倍とみてよかろう．この上向きの力と，ほとんど無視できる浮力との和が，重力 $mg = W$ に釣り合う．当然 L_s の最大値 $L_{s,max}$ は $\alpha = 0$ で与えられ，それ以上 W が大きいと，この針は沈んでしまう．したがって $L_{s,max} = l\gamma$ と W の比 $l\gamma/W$ は最大浮力までの余裕を示し，“安全係数”と呼ばれる．

表面張力 γ は，境界面の流体(今の場合水と空気)の性質で決まるので，大きさに関係する量は $W \propto l^3$ として $l\gamma/W \propto \gamma/l^2$ で，長さの2乗に反比例して安全係数が減少する．つまり表面張力で浮くことのできる生物は，小型のもの，実際にはアメンボ程度と考えられる．例を図 6.3-2 に示した．

(a) アメンボの水上での活動は，図に見られるように，その長い脚が上述の針の役目をする．水上を動くときは，脚やその先の跗節や爪が，ボートのオールの漕ぎのように動かされて，推進力をつくる．(b) 蚊の幼虫のボウフラは，体長が5 mm くらいで，やはり表面張力を利用して，逆に水面からぶら下がっている．前に図 5.1-7b で示されたマツモムシも静止しているときは逆さに水面に吸着している．その他水中生活をする生物の幼生時代に水の表面からぶら下がっているものは多い．

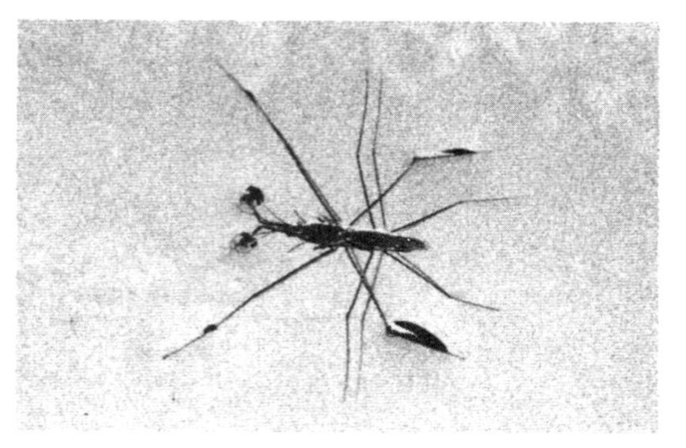

(a) アメンボ

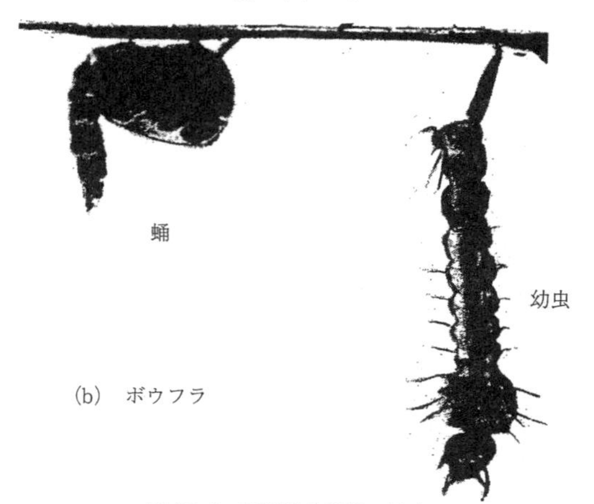

(b) ボウフラ

図 6.3-2 表面張力利用の昆虫

表面張力は，それを利用する側からみると大変ありがたい性質だが，小さい生物にとっては，水の粘性とともに，それは逃げ出すのに難しい鳥黐(とりもち)のような，自由を奪う枷(かせ)ともなる．ハエのような

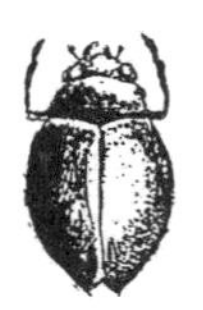

図 6.3-3 ミズスマシ

昆虫が水面に落ちると，姿勢のいかんでは，運悪く再び飛び立てなくなり，付近のアメンボの餌となる．とくに小さい生物が水に濡れやすい“親水性”の表皮をもっていると絶望的である．

水中に沈んでいる容積が大きいと，表面張力よりは排除した水のつくる浮力のほうが効いてくる．図 6.3-3 に示されるミズスマシは紡錘形の体長が数 mm から 1 cm 程度の大きさの生物であって，体の下半分を水につけて，毛の多いオールのような脚のパドリング(5.1.2)で水上を自由に泳ぎまわる．水中の微小生物を餌とするために，背と腹に各 1 対の複眼をもち，空中と水中とを同時に見ることができ，かつ機動性に富む．

6.3.2 水面走行

ここでは，表面張力よりは水の付加質量のつくる慣性力や抗力を利用した水上走行について解説する．基本的には，パドルで利用する水平方向の慣性力と抗力とを上下方向に用いて，水上走行を行うものである．ただ水中では，水面の影響は小さかったが，水上歩行でのパドルでは，水面との干渉は避けられず，その影響は大きい．それにもかかわらず，残念ながら，パドル状の足が水面を叩(たた)いて水中に入るときの流体力についての研究が少ないので，現時点での詳しい解説は不可能であり，ここでは水面との干渉のない場合を想定する．

バスィリスク

最も有名なのが，図 6.3-4 に示すバスィリスクのユーモラスな水上走行である．それこそ，片足が水中に十分潜って体が沈んでしまわないうちに，他方の足を水面に着け，それが体を支えているうちに，先の片足を水から抜いて，次のステップに備えるのである．そのような速い周期の歩行は，体が小さいからできるのであって，ヒトでは不可能である．ただし，忍者は大きい板状の下駄(“水蜘蛛”)を履いてこれを行ったという．下駄の沈みに時間がかかるので，水からの引き抜きに板が折れる構造にすると，次のステップが素早くできる．これを繰り返して水中に沈まずに水上を歩けるようになる．実際バスィリスクの後足もよく発達していて，大きい踵(かかと)と鱗(うろこ)で縁取られた長い指とをもっている．縁(ふち)の鱗は水中に沈むときに開いて足裏の面積を増し，引き上げでは閉じて面積を減らす(Snyder, 1949)．

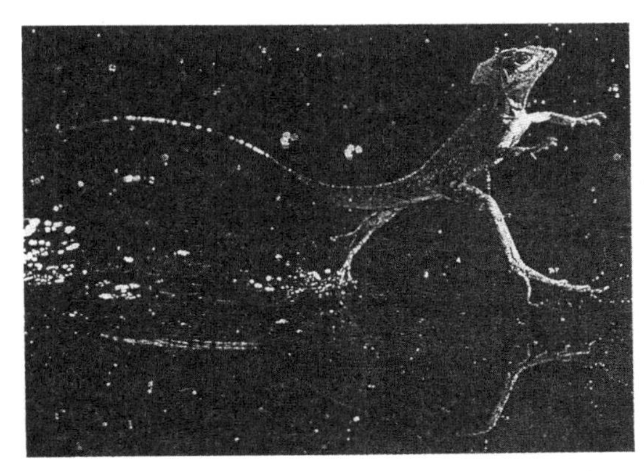

図 6.3-4　バスィリスクの水上歩行（Alexander, 1992）

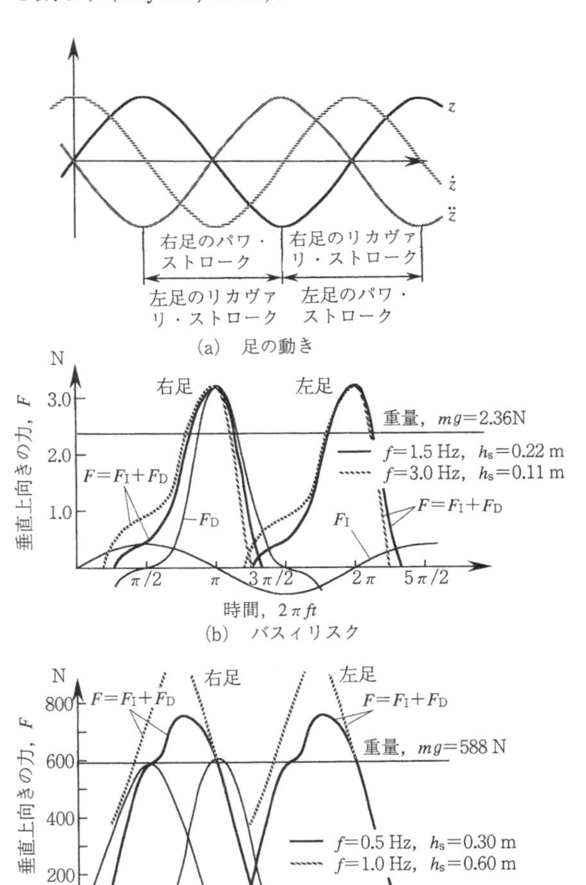

図 6.3-5　足の正弦波上下運動に対する垂直上向きの力

鳥類

すでに図4.2-12cにはペリカンの両脚を揃えた水上走行が，また図6.1-4bにはバンの両脚交互の水上走行が示された．このほかにも多くの水鳥が離水に当たって同じ動きをする．このとき，足の水搔きが有効に働いて上向きの垂直力を大きくし，下向きの垂直力を減らしている．

水面走行の力学

見とおしを容易にするために，いくつかの簡略化を行う．(i) 足はパワ・ストローク(踏み込み)で(等価)円板に広げられ，リカヴァリ・ストローク(引き抜き)ではすぼめられているものとする．パワ・ストロークでの足の面積 S と付加質量 A_{33} は，円板半径を a としたとき，それぞれ

$$S = \pi a^2 \quad (6.3\text{-}2a)$$

$$A_{33} = (8/3)\rho a^3 \quad (6.3\text{-}2b)$$

で与えられる．図6.3-5aを参照して，(ii) 足の上下の動き z が振幅 h_s で周波数 f の正弦波であるとすると

$$z = h_s \sin(2\pi ft) \quad (6.3\text{-}3a)$$

$$\dot{z} = h_s (2\pi f)\cos(2\pi ft) \quad (6.3\text{-}3b)$$

$$\ddot{z} = -h_s (2\pi f)^2 \sin(2\pi ft) \quad (6.3\text{-}3c)$$

となる．

(iii) 振幅 h_s は尾を除く体長 l に比例するものとする：

$$h_s = kl \quad (6.3\text{-}4)$$

このとき得られる上向きの正の動的流体力は

$$\text{慣性力}：F_I = -A_{33}\ddot{z} \quad (6.3\text{-}5a)$$

$$\text{抗　力}：F_D = -\frac{1}{2}\rho|\dot{z}|\dot{z}SC_D \quad (6.3\text{-}5b)$$

$$\text{合　力}：F = F_I + F_D = -A_{33}\ddot{z} - \frac{1}{2}\rho|\dot{z}|\dot{z}SC_D \quad (6.3\text{-}5c)$$

となる．式(6.3-1～4)を上式に代入すると次式を得る：

$$\left.\begin{aligned} F_I &= -A_{33}\ddot{z} = A_{33}kl(2\pi f)^2\sin(2\pi ft) \\ &= \frac{8}{3}\rho a^3 kl(2\pi f)^2 \sin(2\pi ft) \end{aligned}\right\} \quad (6.3\text{-}6a)$$

$$\left.\begin{aligned} F_D &= -\frac{1}{2}\rho|\dot{z}|\dot{z}SC_D = -\frac{1}{2}\rho(kl)^2 \\ &\quad \times (2\pi f)^2 SC_D|\cos(2\pi ft)|\cos(2\pi ft) \\ &= -\frac{1}{2}\rho(kl)^2(2\pi f)^2\pi a^2 C_D \\ &\quad \times |\cos(2\pi ft)|\cos(2\pi ft) \end{aligned}\right\} \quad (6.3\text{-}6b)$$

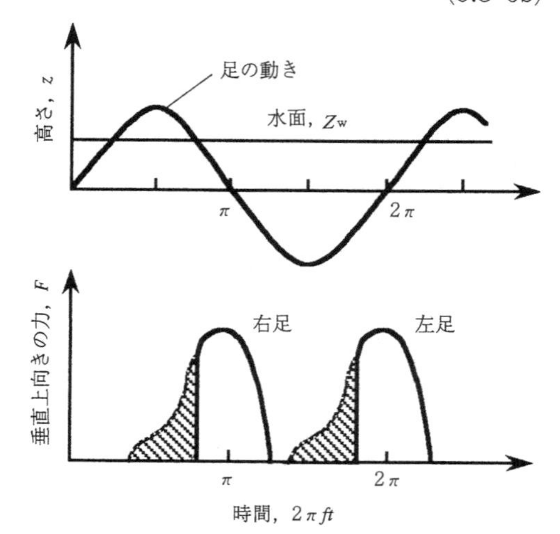

図6.3-6　水面高さの影響（斜線部で推力0）

表6.3-1　バスィリスクおよびヒトの計算例

項　目	記号	単位	バスィリスク	素足のヒト	下駄履きのヒト*
等価円板半径	a	m²	2.19×10^{-2}	5.64×10^{-2}	3.30×10^{-1}
面積	S	m²	1.50×10^{-3}	1.00×10^{-2}	3.45×10^{-1}
付加質量	A_{33}	kg	2.79×10^{-2}	4.80×10^{-1}	9.76×10^{1}
(ただし $\rho=1\times10^3$ kg/m³)					
体長	l	m	6.50×10^{-1}	1.60	1.60
振幅	$h_s=kl$	m	1.10×10^{-1} $(k=0.17)$	5.00×10^{-1}	6.00×10^{-1} $(k=0.37)$
			2.20×10^{-1} $(k=0.34)$		3.00×10^{-1} $(k=0.18)$
質量	m	kg	2.41×10^{-1}	6.00×10^{1}	6.00×10^{1}
重量	mg	N	2.36	5.88×10^{2}	5.88×10^{2}
足面荷重	mg/S	N/m²	1.57×10^{3}	5.88×10^{4}	1.70×10^{3}
$A_{33}kl$		N/s²	2.50×10^{-3} $(k=0.17)$	2.40×10^{-1}	5.86×10^{1} $(k=0.37)$
			4.89×10^{-3} $(k=0.34)$		2.93×10^{1} $(k=0.18)$
$(1/2)\rho(kl)^2SC_D$		N/s²	9.10×10^{-3} $(k=0.17)$	1.25	6.20 $(k=0.18)$
			3.36×10^{-2} $(k=0.34)$		1.55×10^{1} $(k=0.37)$

*　忍者の水蜘蛛の円板と同じ．

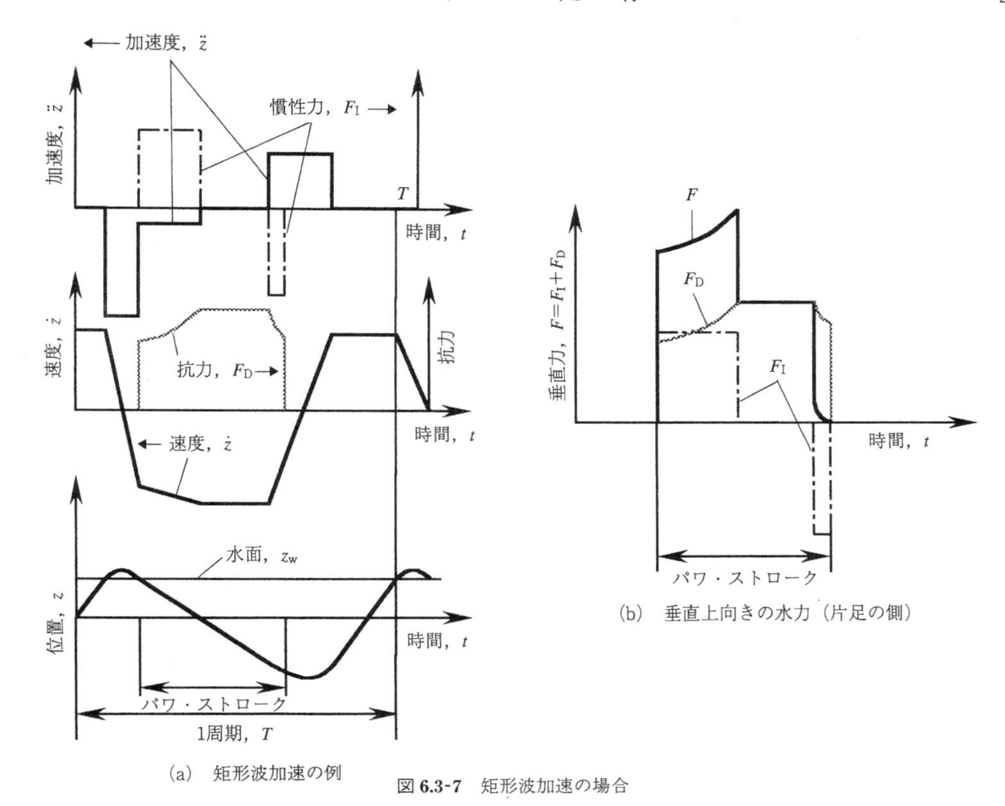

図 6.3-7　矩形波加速の場合

上式から次のことがわかる：(a)慣性力も抗力も動きの周波数の2乗に比例する．(b)慣性力は等価円板の半径の3乗と振幅との積に比例し，抗力は等価円板の半径の2乗と振幅の2乗との積に比例する．したがって(c)足裏の面積が大きいと主として慣性力成分に効き，振幅は主として抗力成分に効く．

さらに次の仮定を導入して計算の簡略化をはかる：(iv)パワ・ストローク($\dot{z} < 0$)では，足が水面下($z \leqq z_w$)で上式が使え，リカヴァリ・ストローク($\dot{z} > 0$)では，足をすぼめて水力を0とする．例えば足をすぼめたときの等価円板の半径が1/3になるとすると，慣性力は1/27，抗力は1/9になるので，1桁値が下がり，この仮定は無理なものではない．(v)水面の影響，例えば表面張力，表面波動，水の飛沫などの影響は無視する．(vi)等価円板の抵抗係数は $C_D = 1.0$ とする．

正弦波の場合の計算例

表 6.3-1 にバスィリスクとヒトの場合について具体的な計算例を上げる．また図 6.3-5 には(b)バスィリスクと(c)下駄履き(水蜘蛛使用)のヒトの垂直上向きの力を示す．この計算結果は足が全運動期間中ずっと水中にある場合を想定している．(b)のバスィリスクの場合，振幅 $h_s = 22$ cm ($k = 0.34$) なら周波数 $f = 1.5$ Hz で，また $h = 11$ cm ($k = 0.34$) なら $f = 3$ Hz で動くと垂直上向きの力がほぼ釣り合う．垂直上向きの力では，慣性力成分より抗力成分のほうがはるかに大きく，その傾向は振幅の増しとともにさらに強まる．

(c)の下駄履きのヒトの場合には，振幅 $h_s = 30$ cm ($k = 0.18$) なら周波数は $f = 1$ Hz で釣り合い，振幅を大きく $k = 60$ cm ($k = 0.37$) にすると $f = 0.5$ Hz でよい．このとき慣性力と抗力とがほぼ同値となり，それより振幅が大きいと抗力が主役となる．素足のヒトでは不可能な水上走行も，素足の足裏面積が36倍(等価円板半径で6倍)の面積可変の下駄を履くと周波数 $f = 0.5$～1.0 Hz で歩行が可能となることになる．

水面高さの影響

もし水面の高さ z_w が低く，足が空中にでることがある場合は，図 6.3-6 に見られるように，足が空中にある時間の水力が図の斜線部分で利用できなくなる．実際には足が水面を叩くときに水力が増すので，垂直力の減少は図より少ないであろう．

矩形波加速の場合の計算例

これまでの正弦波より大きい水力が利用できるように，足の加速度を矩形波で与える運動を考えてみよう．図6.3-7に，(a)足の動きの例が，そして(b)にはそのとき得られる垂直上向きの水力が示されている．この例の特色は，(i)空中では水力が小さいので大きい加速度(下向き)になる．(ii)水に入った途端に急激な加速度低下を起こす．(iii)体を支えるのに十分な速度になったら，それを一定に保つ．(iv)減速を開始(上向き加速)して元に戻す．このとき足をすぼめるので，大きい上向き加速度が使える．(v)位置zは前の正弦波と異なるが，水力は十分に利用できる経路となる．

得られた水力の特色は次の通り：(i)慣性力は下向きの加速度の働く前半で利用される．(ii)抗力は速度の大きい中ほどが利用される．(iii)後半の足の引き抜きでは，足はすぼめられて不利な水力は小さい．なお，図6.3-7bは片足に働く水力のみが画かれているが，もう一方の足の水力は，半周期遅れて表れる．

第 7 章　採餌・帰巣・渡り

生物は，食を漁り，子を作り，適地を求めて移動するという生活を営んでいくために，各種の検知器類と情報処理機能とそして運動制御システムとを，独自に発達させてきた．動かない花蜜や果実を餌にする採餌者と，逃げうる動物を餌にする捕食者とでは，基本的に体の機能や運動の仕方が異なる．また捕食を単独で行うか，あるいは集団で行うかによっても運動の仕方は変わってくる．

物を見分けるのに，空中では透過力も伝達速度も優れ，直進性も分解能も抜群の光が主に利用されるが，夜間または水中では，光に比べて他の面では劣るが，透過性のよい超音波が重宝に使われる．

運動にとって大事な加速度と角速度の検出には，哺乳類でいえば耳石と三半規管とがある．前者は直接空気力の制御に利用されるが，後者は直接安定増大のための減衰装置となるが，姿勢安定には1回積分しないといけない．多くの場合，視覚がそれにとって代わる．

航法に用いられるのは，昼間なら太陽，夜間なら星座で，グローバルな位置の決定に，体内時計は欠かせない．磁力線の検出も利用されているが，最終的には視覚，聴覚，それに嗅覚も加えた総合的な判断が，帰巣に利用されているようである．

オオカバマダラチョウの越冬
秋になって南方へ移動していったオオカバマダラチョウは，メキシコ湾岸地方やカリフォルニア沿岸の常緑樹に群集し，あまり動かないで冬を越す．メキシコ湾岸地方やカリフォルニア沿岸地方の森の中では，数億の個体からなるチョウの群，時には数十億にも達するチョウの群を見ることができる(ロビン・ベーカー編，桑原萬壽太郎訳，図説生物の行動百科，p.75，朝倉書店，1983)．

7.1　検　出　器

生物には，採餌あるいは捕食に当たって，餌を見つけ，それをつかまえるための検出器がいくつかある．すなわち彼らの検出器には光に反応する視覚，音を聞く聴覚，匂いを嗅ぐといった化学的検出器の嗅覚，物理的な接触を知覚する触覚などがある．

多くの動物が主として視覚に頼る．速い速度で直進する光により情報を得るのは当然であろう．しかし空中に比べて透過率の悪い水中では，ごく近くを見る場合を除いて，透過率のよい音波が有利である．ただし音は温度の違いで直進性が失われるので，正確な目標の位置は不確定となる．空中で有利な光も，例えば夜間とか，背丈の高い草木の茂る山野では背の低い動物にとって役立たない．そこで，再び音波が利用されるとともに嗅覚も大事な情報収集機能を果たす．前者は直進性の悪さに加えて，空中では(光に比べて)伝播速度がはるかに遅いので，例えば夜間を除いて，速く移動する鳥類にはあまり利用されない．後者は空気や水の流れに香りの道を作って伝播するので，限られた利用の仕方となる．ごく近辺の情報収集には触覚はきわめて有利であることはいうまでもない．植物さえもそれを利用する．

本節では，空中や水中で，それらの検出器がどういう働きをするかについて述べよう．

7.1.1　視　　覚

光波を含めて，電磁波を周波数fに対して分類した“スペクトル”は，図7.1-1に示されるように，周波数(f)別あるいは波長(λ)別にも，また媒体の単位分子量当たりのエネルギ(E)別にも表現される(Wald, 1959)．

電磁波は，真空中では速度$C_0 = 3\times10^8$ m/sで進行し，空中や水中では，その誘電率で速度Cが若干異なり，“屈折率”nの比となって，$C = C_0/n$となる．光の屈折と反射との関係は，図7.1-2に示される．“レンズ”は，よく知られているように，この屈折率の違いを利用して，光を集中させたり(“凸レンズ”)，拡散させたり(“凹レンズ”)することができる．

電磁波や光波は，媒質中に障害物があるとき，その幾何学的な影の部分に若干回り込んで伝播するという性質がある．これを“回折”というが，その程度は波長λが大きいほど大きい．また開口を通る波は，同様に，波長が大きいほど，そしてその開口直径が小さいほど，回折の広がりは大きい．音波が光ほど目標を細かく把握するのが難しい理由は，この波長の違いにある．

目

目は，基本的には，凸レンズを利用して光を集め，感光部に像を結んで，視野内の外界を認識する器官である．

最も簡単な視覚器官は“アイスポット”と呼ばれる下等動物のそれで，網膜状の受光部で光を電気

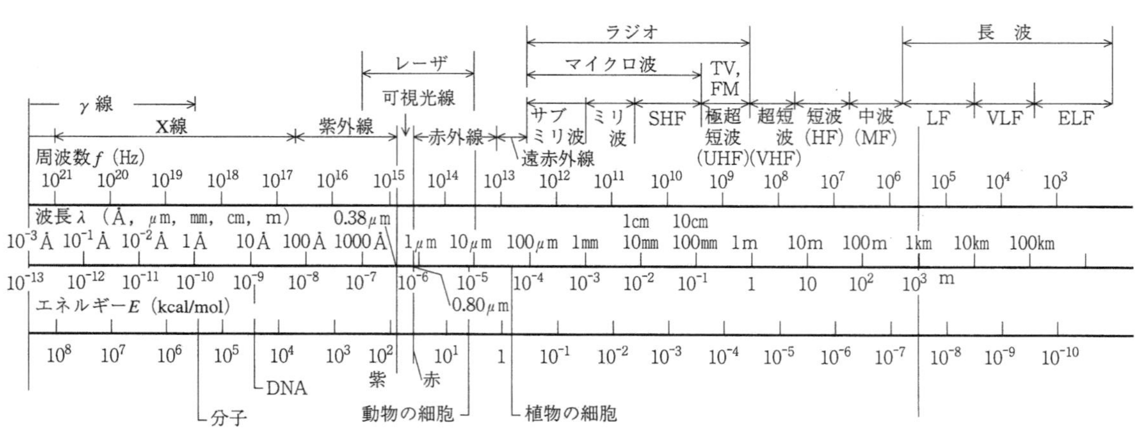

図7.1-1　電磁波のスペクトル (Wald,1959)

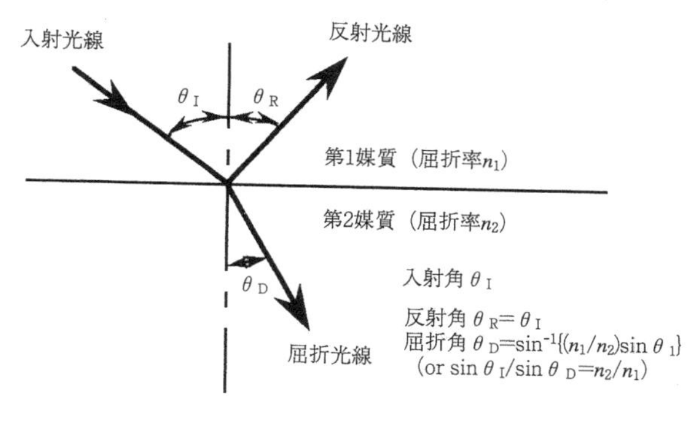

図 7.1-2　光の屈折と反射

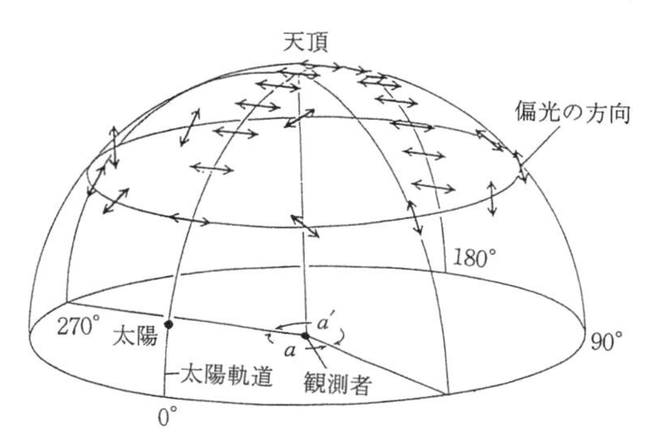

図 7.1-4　天球における偏光面（Wehner, 1975）

信号に変え，一般に光の来る方向に動物を向ける習性（“光走性”）を与えている．

目には，図 7.1-3 に示されるように，昆虫や蜘蛛といった節足動物の(a)“複眼と脊椎動物などに見られるような凸レンズで像を結ばせる(b)“レンズ眼”とがある．前者は，後者の目が小型のときに生ずる光の回折のための像の歪みを嫌って，多くの開口部の小さい“単眼”を寄せ集めて歪みを避けた結果といえよう．

目は一般に，地球に到達する太陽エネルギの約75％に相当する波長 300～1100 μm (3000～11000 Å) の光を検出する (1.3.2 参照)．動物は，太陽を始めとする各種光源からの“放射光”を見ることもできるが，それが物体に当たった後の“反射光”を検出することで，その物体の存在を認識する．

人間の場合でいえば，目が検出できる周波数域は，$f=(3.75\sim7.90)\times10^{14}$ Hz で，波長でいえばこれは，$\lambda=C/f=0.38\sim0.80\ \mu\mathrm{m}=3800\sim8800$ Å に相当する．ほかに人間は $1\times10^{12}\sim4\times10^{14}$ Hz の範囲の放射波を熱として検出する (Hertel, 1966)．

これに対して昆虫の複眼は，紫外線の 2540 Å から 7000 Å の可視光域まで検出できるうえに，光波の振動面（“偏光”）を判別したり，移動物体の像を目立たせる機能をもっている．図 7.1-4 に見られるように，天球上における光波の振動面は，太陽軌道からのずれによって変わっているので，例えば雲で太陽が直接見えなくても，昆虫は青空の一部を見ることで（後に 7.4.1 に詳述されるように），その軌道を知ることができる (Wehner, 1975)．このことは，後述されるように，“体内時計”から時刻を知れば，その時刻にあるべき太陽の位置を定めることができるので，自らの位置を確認し，帰巣あるいは渡りの際の飛行あるいは遊泳の航法に用いられる．なお，昆虫の単眼は，水平線を認識し，昆虫の姿勢検出器に使える．

図 7.1-3 の(b)に示された脊椎動物の目の結像システムはカメラのそれに似ているが，人間の目ではレンズの，そして鳥の目では“角膜”の曲率を変えることで，また魚の場合には，レンズの位置

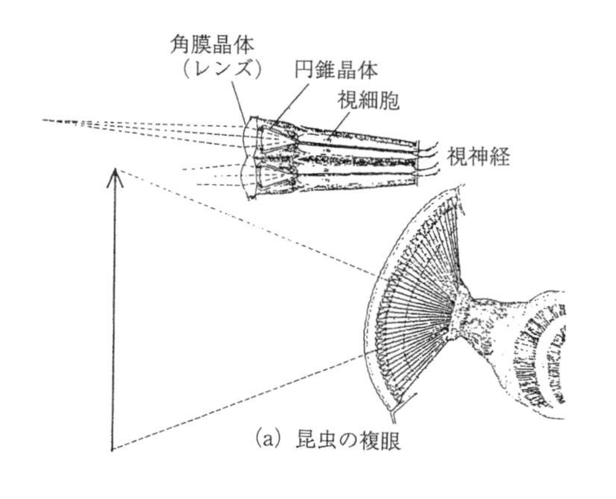

(a) 昆虫の複眼

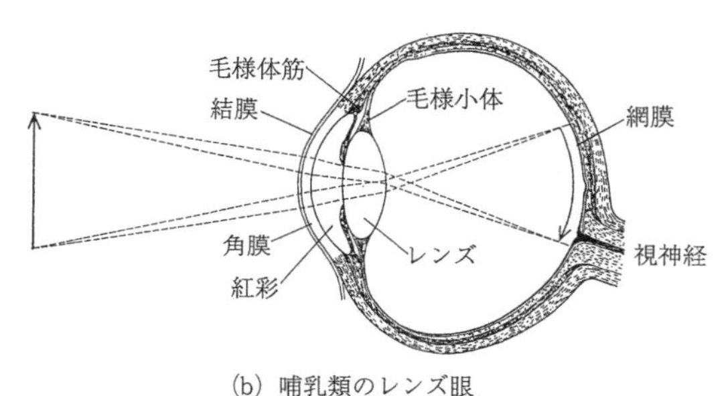

(b) 哺乳類のレンズ眼

図 7.1-3　眼の構造（Wald, 1959）

を前後させることで焦点距離が調節される．このことは水中ではレンズの屈折率の効果が空中の場合より少ないことに由来し，したがって魚は，球状のいわゆる“魚眼レンズ”を使って，視野の広い像を前記の調節法で得ることができる．

一方，鳥は他の動物よりも空中を高速で飛行するので，夜間時を除いて，きわめて鋭敏な視覚をもつばかりでなく，焦点を素早く変更しうる機構となっている．すなわち，鳥の目は，人間に比べて相対的に大きく，かつ“毛様体筋”が強力である．例えばタカの目は，前述のように，レンズばかりでなく角膜の曲率も変えられるうえに，“虹彩”は目に入る光量を十分に調節できるものとなっている(Perrins & Cameron, 1976)．加えて，2～3個ある“中心窩”のそれぞれの解像力は抜群である．なお，鳥の目は第3のまぶたと呼ばれる“瞬膜”をもち，目を濡らし，ごみを除き，強い光を弱めるなどの働きをする．

一方，鳥の目は，人間のように目玉だけが動くようなことはない．それは頭が小さく，われわれより首が相対的によく動くので，目を単独に動かす代わりに，頭全体を素早く動かせるようになっている．軟体動物の目は，脊椎動物の目よりも少し簡単な構造ではあるが，解像度は必ずしも悪くはないというイカの例もある(Attenborough, 1979)．

視距離

光はほぼ直進するので，地球が球体であることで，視距離(“視程”)に限度がある．図7.1-5に示されるように，大気の屈折率を一様と仮定すると，高度Hと距離dとの関係は，地球の半径をR=6370 kmとしたとき，次式で与えられる：

$$d=\sqrt{2RH}\sqrt{1+(H/2R)}\cong\sqrt{2RH}=3570\sqrt{H} \qquad (7.1\text{-}1)$$

例えば，高度2 mの目は，大気が澄んでさえいれば地表にある5 kmの遠方の目標を見ることができる．

昆虫以外の動物の目や耳は左右1対あって，両視線のなす角度によって，“立体視”として対象物の遠近を判断することができる．弾着点や敵状の観測に普通の双眼鏡より遠方まで立体感のもてる砲隊鏡のように，シュモクザメの両眼は横に長く張り出している．カニの有柄眼は柄の基部の関節があって，普通は柄ごと眼窩に収められているが，物に注目するときには柄を立てて，若干上方よりそれを立体視する．

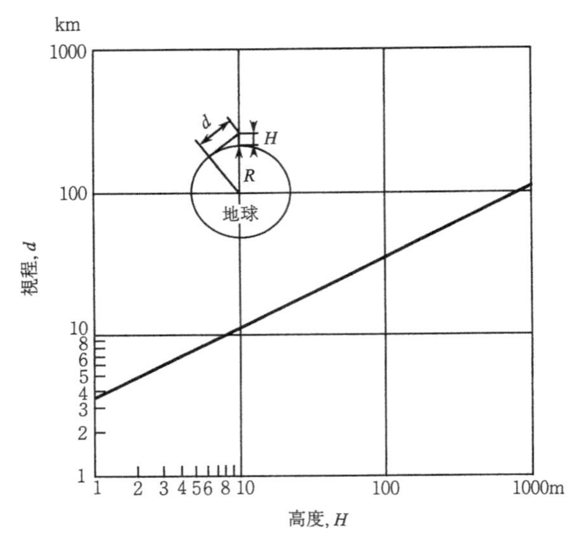

図7.1-5　鳥の視程（地球の半径R=6370km）

赤外線

可視光線以外の電波で検出されるのに赤外線がある．蛇はその餌となる動物(例えば鳥や哺乳類)が放射する赤外線(最も強い波長は10 μm前後)を検出することができる(Gamow & Harris, 1974)．

紫外線

前述のように，昆虫は紫外線を検出できる目をもっていて，われわれの可視光の目と違った配色で物を見ている．安定な飛行のために，必要な水平線を見分ける，前述の単眼のような，特殊な検出器あるいは検出法をもっているようである(Wehner, 1981；Osorio, 1986など)．

地磁気

鳥が渡りの航法に地磁気を利用しているという報告が古くからみられる(Grifin, 1969；Alerstam, 1987など)．地磁気検出器は通常小磁石(磁鉄鉱)で，例えばサケにもそれが見つかっている．ある種の海洋バクテリアが弱い磁界に反応して，泳ぎの方向を決めているという報告もある(Blakemore, 1975)．またWalkerら(1984)がキハダマグロから磁石(Fe_3O_4)を発見している．ただし“太陽フレア”による磁気嵐が発生すると方向探知能力は落ちるようである．

7.1.2 電 磁 波

空中で透過率の高い光も，水中では，とくに濁った河の中では，視覚は頼りにならない．そこで別の検出器が必要となる．ある種の魚は，餌となる動物の筋肉の変化に伴う弱い電磁波（0.01 μV/cm）を検出できるという．多くの他の動物，例えば昆虫，巻貝，蠕虫（ぜんちゅう），あるいは単細胞生物でも，電磁波に敏感である（Mathews, 1969）．

電気魚は，発電器のあるレーダ（電波探知）システムをもち，餌となる動物の存在で変化する電界を検出できる．そうなると，視覚は自然に弱くなる．レーダ発振は，周波数 2～1000 Hz の数 μV という弱い“インパルス”で（Hertel, 1966），電界の変化に敏感な探知能力を高めるために，彼らは遊泳に備えるフィンのような出っ張りを嫌う．

電気鰻（うなぎ）（*Bymnotidae* の仲間）は捕食や自衛のために電気衝撃を利用する．彼らの発生する電圧は，60 V から 350 V にまで達するという．

7.1.3 聴覚・嗅覚・味覚・触覚

聴 覚

ほとんどの動物は音を検出する器官をもっているが，最近は音楽で野菜や植木の成長を早めることができるという話があって，あらゆる生物が音を聞いているかもしれない．

昆虫の音検出器としては，毛状の“感覚子”，触覚”の2節にある“ジョンストン器官”，あるいは鼓膜があって，その可聴周波数は 0.2～3 kHz であるといわれる．哺乳類であるわれわれ人間（ヒト）の耳は，図 7.1-6a に見られるように，鼓膜が主で，その可聴範囲は 20 Hz～20 kHz である．また光の透過率の悪い水中生物にとっては，音が大事な情報伝達媒体であるので，圧力波の検出は大事である．魚は，体の両側を走る側線で 200 Hz 以下（黒木，1981 によればたぶん 1 Hz 以下）の低周波の圧力変動を検出し，また頭骨内の内耳で 150 Hz～7 kHz の高周波のそれをきくことができる．

海豚（いるか）や鯨（くじら）は超音波で情報交換を行うとともに，

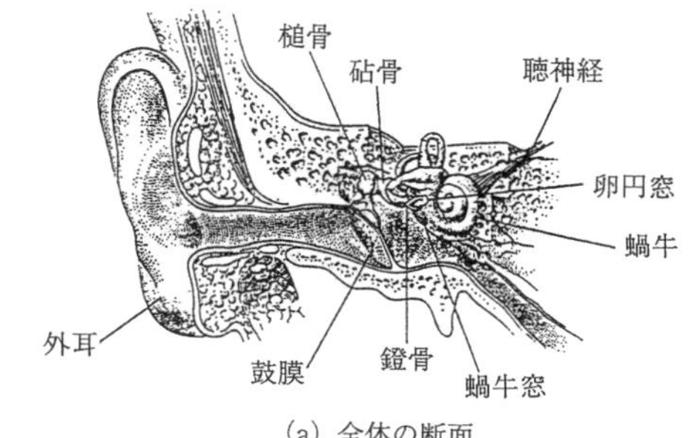

(a) 全体の断面

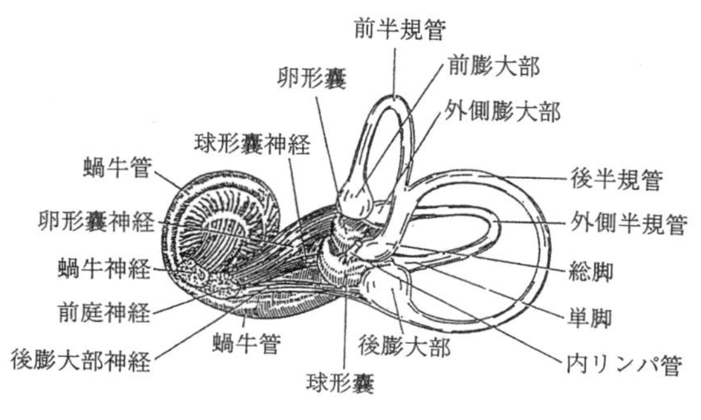

(b) 三半規管（右耳）

図 7.1-6 哺乳類（ヒト）の耳

それをレーダとして索餌にも使うので，高い周波数まで音を聞くことができ，例えばセミクジラで 25 kHz 以下，バンドウイルカの探索音では 3～170 kHz である（西脇・藪内，1965）．

嗅覚と味覚

嗅覚は臭気をある距離離れたところで嗅ぐことができるが，味覚は接触してわかるものである．電磁波と異なり，臭気はその源から発して，雰囲気に残されている微量の化学物質に由来するもので，多少の風があっても，匂（にお）いの道ができている．したがって，時間が経過しても検出でき，かつその道をたどることで，その源に到達できる．その距離は風の乱れにもよるが，1 km 離れていても可能な場合があるという．

例えば雄のガは，触覚の臭気検出用細毛で検出した匂いの道を，たぶん濃度の傾斜（勾配）からではなく，臭気があるかないかの，いわゆる“オン・オフ制御”でジグザグにたどりながら雌に到達することができる（Beroza & Knipling, 1972；Farkas & Shorey, 1972）．ウナギは，3×10^{-8} 以下の濃度，すなわち嗅覚器内に 2～3 個の分子の化学物質を検出できる（Mathews, 1969；

Schneider, 1974).

魚類の嗅覚と味覚もよく発達している．サケが故郷の川の匂いか味を見分けて戻ってくるのはよく知られている．多くの微生物も，そして精子も，微量の化学物質に反応することが知られている．

触 覚

多くの動物や植物が異物との接触に反応する．例えば朝顔の蔓(つる)は支持棒に接触すると，それに感応して棒に巻きついていく．またクラゲの“触手”は餌の魚の接触も検出して，毒針を放つことができる．われわれの指先は圧力や肌触りを微妙に検出するが，そのためには圧力に対抗する背後の爪の存在はきわめて重要である．

7.1.4 温度と湿度

自ら移動できない植物と必要に応じて移動できる動物とでは，気温や湿度の変化に対する対応が異なる．検出器のほうもそれだけ違った形式をとるであろう．

植 物

暑い乾燥地帯に育つ植物の多くが，葉を丸めて気孔をふさいだり（マラム・グラス），肉厚の葉にしたり（サボテン），種子のまま休眠することで気候の厳しさに耐え，わずかな霧の湿気から水分を得たり，たまに雨が降ると急激に葉を伸ばしたり発芽したりして，わずかな雨期に緑の野を作る．

逆に高緯度あるいは高山といった極寒の地の植物は，根や茎で地下に潜って寒さや強風に耐え，生育できる条件を検出すると，茎を伸ばして硬くて丈夫な蠟質で保護された緑の葉を広げる．

動 物

沙漠に棲む動物は，一般に暑く乾燥した時期は岩陰や穴に逃れ，降雨後の短時間だけ外部に出て餌を探し繁殖をはかる．

多くの動物の渡りによる季節ごとの移動は，気温または水温そのものの検出のみならず，後述の日照時間同様，その積分値を知って十分準備を整えたうえで移動を開始する．

生き餌を追う回遊魚は狭い温度範囲の適温帯を求めて移動する．磯づきの魚も水温が下がると食いが悪くなる．渓流魚の産卵は温度一定の湧水のあるところで行われる．

抱卵の鳥は，巣の温度と湿度の保持に気を使い，抗菌もかねて緑の葉を敷く．ハチも気温が高くなると羽ばたいて巣に風を送ることが知られている．

7.1.5 運動感覚

角速度および加速度感覚

多くの動物は，航空機の“慣性航法システム”と同様に，静止空間（“慣性空間”）に対する体の動き，すなわち角度変化と位置変換とを知るためのシステムをもっている．通常回転運動では，角速度検出器の出力を1回積分して角度が求められ，また線形運動では，加速度検出器の出力を1回積分して速度が，そしてそれを2回積分することで位置が求められる．したがって，慣性航法システムは，角速度および加速度検出器とそれらの出力を時間積分する時計と計算機とから成り立つ．ただし，6.2.2でも述べたように，加速度検出器の出力が重力の加速度も計測してしまうので，それを補正しないといけないということに注意を要する．また2回の積分は時間の経過とともに誤差を大きくするので，例えば視覚による位置の補正が必要である．

検出器の例として，哺乳類の各耳の内耳にある1個の“卵形嚢”と3個の“半規管”とを図7.1-6bに示した．角速度検出器としての“平均棍”についてはすでに4.4.2で述べたが，その力学については次節で述べる．

対気・対水速度

昆虫は触覚の細毛で，鳥はたぶん羽毛や露出した表皮で，そして魚もたぶん露出した頭部の表皮で，対気あるいは対水速度を検出しているようである．

時 計

時間の経過すなわち時刻を知るのは，“体内時計”による．この時計によって生物は日々の活動を順序立てて行うのみならず，季節に応じた生理的準備をするとともに，天体観測と合わせて航法にも利用する．時間間隔を何を基準に決めているかは現在のところ判然としないようである．ムササビはきわめて正確な時計をもっていて，例えば日没時刻に2分以内の誤差で同期しているという(桑原, 1974). 季節の変化は, 日中の長さで知ることができる(Saunders, 1976). さらに, 海岸に棲む生物は, 太陽時に加えて, 潮の干満に関わる24.8時間の月の運行のリズムを知っている.

情報処理システム

検出器で検知された情報は, コード化された電気信号となって神経を伝わって, 脳の中枢部に集められ, 処理される. そして必要な対応策が立てられ, 神経を通じて指令が送られ, 対抗する反応が起こる. その間の時間の遅れは, 昆虫の場合でも数十ms, そして人間の場合で数百ms(0.2〜0.3秒)といわれている.

7.2 加速度計と角速度計の力学

生物の運動に伴う身体の速度や角速度および加速度や角加速度の変化は, 前節に述べたように各種の検出器で計測され, 自身の安定の確保や航法に利用されている. 本節ではこのうち, とくに加速度と角速度の検出に注目する.

7.2.1 加速度計

身体に搭載されている加速度計は, 当然身体とともに動くので, 運動座標系で見た加速度を計測する. したがって, 運動座標系$(X,\ Y,\ Z)$に働く加速度がどんな形で表現されるかをまず見てみよう.

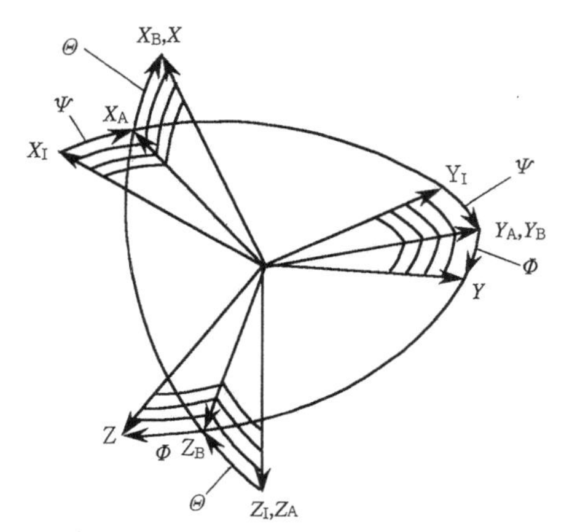

図 7.2-1 慣性座標系$(X_I,\ Y_I,\ Z_I)$と動座標系$(X,\ Y,\ Z)$との関係

図7.2-1を参照して, 慣性座標系$(X_I,\ Y_I,\ Z_I)$に対して, 次の順序で回転した動座標系$(X,\ Y,\ Z)$を考える:

Ψ; Z_I軸周りの回転

$$(X_I,\ Y_I,\ Z_I)\xrightarrow{T_A}(X_A,\ Y_A,\ Z_A)$$

Θ; Y_A軸周りの回転

$$(X_A,\ Y_A,\ Z_A)\xrightarrow{T_B}(X_B,\ Y_B,\ Z_B)$$

Φ; X_B軸周りの回転

$$(X_B,\ Y_B,\ Z_B)\xrightarrow{T_C}(X,\ Y,\ Z)$$

ここに角度$(\Psi,\ \Theta,\ \Phi)$は"オイラ角"と呼ばれる.

両座標系における位置の間の座標変換は, したがって

$$\left.\begin{aligned}\boldsymbol{R}&=\boldsymbol{T}_I\cdot\boldsymbol{R}_I=\boldsymbol{T}_C\cdot\boldsymbol{T}_B\cdot\boldsymbol{T}_A\cdot\boldsymbol{R}_I\\ \boldsymbol{R}_I&=\boldsymbol{T}_I^{-1}\cdot\boldsymbol{R}=\boldsymbol{T}_A^{-1}\cdot\boldsymbol{T}_B^{-1}\cdot\boldsymbol{T}_C^{-1}\cdot\boldsymbol{R}\end{aligned}\right\}\tag{7.2-1}$$

で与えられる. ここに$\boldsymbol{R}=(X,\ Y,\ Z)^T$, $\boldsymbol{R}_I=(X_I,\ Y_I,\ Z_I)^T$で, 各マトリックスは表7.2-1に与えられる.

同様に慣性座標系の速度$\boldsymbol{U}_I=(U_{XI},\ U_{YI},\ U_{ZI})^T$と動座標系表示の速度$\boldsymbol{U}=(U_X,\ U_Y,\ U_Z)^T$との間には,

$$\left.\begin{aligned}\boldsymbol{U}&=\boldsymbol{T}_I\cdot\boldsymbol{U}_I\\ \boldsymbol{U}_I&=\boldsymbol{T}_I^{-1}\cdot\boldsymbol{U}\end{aligned}\right\}\tag{7.2-2}$$

の関係がある.

動座標系の各軸回りの回転角速度 $\boldsymbol{\Omega}=(P,\ Q,\ R)^T$をオイラ角で表すと

$$\boldsymbol{\Omega}=\boldsymbol{T}_C\cdot\boldsymbol{T}_B\cdot\boldsymbol{T}_A\cdot\boldsymbol{\Omega}_1+\boldsymbol{T}_C\cdot\boldsymbol{T}_B\cdot\boldsymbol{\Omega}_2+\boldsymbol{T}_C\cdot\boldsymbol{\Omega}_3\tag{7.2-3}$$

ここに

$$\left.\begin{aligned}\boldsymbol{\Omega}_1&=(0,\ 0,\ \dot{\Phi})^T;\ (X_I,\ Y_I,\ Z_I)\text{系で}\\ \boldsymbol{\Omega}_2&=(0,\ \dot{\Theta},\ 0)^T;\ (X_A,\ Y_A,\ Z_A)\text{系で}\\ \boldsymbol{\Omega}_3&=(\dot{\Phi},\ 0,\ 0,)^T;\ (X_B,\ Y_B,\ Z_B)\text{系で}\end{aligned}\right\}\tag{7.2-4}$$

両座標系$(X,\ Y,\ Z)$内の位置$\boldsymbol{R}=(X,\ Y,\ Z)^T$にある質点の速度と加速度は次式で与えられる.

速　度: $\boldsymbol{v}=\boldsymbol{U}+\boldsymbol{\Omega}\times\boldsymbol{R}=\boldsymbol{T}_I\cdot\boldsymbol{U}_I+\boldsymbol{\Omega}\times\boldsymbol{R}$ (7.2-5)

表 7.2-1 座標変換のマトリックス

T_{I} の各成分	T_{C} T_{B} T_{A} $\begin{bmatrix} 1 & 0 & 0 \\ 0 & \cos\Phi & \sin\Phi \\ 0 & -\sin\Phi & \cos\Phi \end{bmatrix} \begin{bmatrix} \cos\Theta & 0 & -\sin\Theta \\ 0 & 1 & 0 \\ \sin\Theta & 0 & \cos\Theta \end{bmatrix} \begin{bmatrix} \cos\Psi & \sin\Psi & 0 \\ -\sin\Psi & \cos\Psi & 0 \\ 0 & 0 & 1 \end{bmatrix}$
T_{I}	$\begin{bmatrix} \cos\Theta\cos\Psi & \cos\Theta\sin\Psi & -\sin\Theta \\ -\cos\Phi\sin\Psi+\sin\Phi\sin\Theta\cos\Psi & \cos\Phi\cos\Psi+\sin\Phi\sin\Theta\sin\Psi & \sin\Phi\cos\Psi \\ \sin\Phi\sin\Psi+\cos\Phi\sin\Theta\cos\Psi & -\sin\Phi\cos\Psi+\cos\Phi\sin\Theta\sin\Psi & \cos\Phi\cos\Theta \end{bmatrix}$
T_{I}^{-1} の各成分	T_{A}^{-1} T_{B}^{-1} T_{C}^{-1} $\begin{bmatrix} \cos\Psi & -\sin\Psi & 0 \\ \sin\Psi & \cos\Psi & 0 \\ 0 & 0 & 1 \end{bmatrix} \begin{bmatrix} \cos\Theta & 0 & \sin\Theta \\ 0 & 1 & 0 \\ -\sin\Theta & 0 & \cos\Theta \end{bmatrix} \begin{bmatrix} 1 & 0 & 0 \\ 0 & \cos\Phi & -\sin\Phi \\ 0 & \sin\Phi & \cos\Phi \end{bmatrix}$
T_{I}^{-1}	$\begin{bmatrix} \cos\Theta\cos\Psi & -\cos\Phi\sin\Psi+\sin\Phi\sin\Theta\cos\Psi & \sin\Phi\sin\Psi+\cos\Phi\sin\Theta\cos\Psi \\ \cos\Theta\sin\Psi & \cos\Phi\cos\Psi+\sin\Phi\sin\Theta\sin\Psi & -\sin\Phi\cos\Psi+\cos\Phi\sin\Theta\sin\Psi \\ -\sin\Theta & \sin\Phi\cos\Theta & \cos\Phi\cos\Theta \end{bmatrix}$

表 7.2-2 速度と加速度および角速度と角加速度

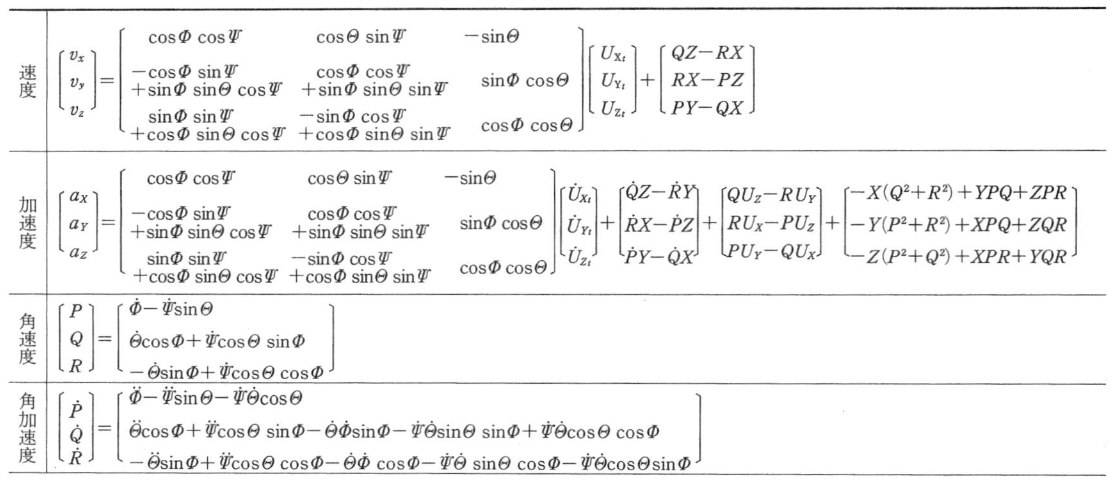

速度	$\begin{bmatrix} v_x \\ v_y \\ v_z \end{bmatrix} = \begin{bmatrix} \cos\Phi\cos\Psi & \cos\Theta\sin\Psi & -\sin\Theta \\ -\cos\Phi\sin\Psi+\sin\Phi\sin\Theta\cos\Psi & \cos\Phi\cos\Psi+\sin\Phi\sin\Theta\sin\Psi & \sin\Phi\cos\Theta \\ \sin\Phi\sin\Psi+\cos\Phi\sin\Theta\cos\Psi & -\sin\Phi\cos\Psi+\cos\Phi\sin\Theta\sin\Psi & \cos\Phi\cos\Theta \end{bmatrix} \begin{bmatrix} U_{X_t} \\ U_{Y_t} \\ U_{Z_t} \end{bmatrix} + \begin{bmatrix} QZ-RX \\ RX-PZ \\ PY-QX \end{bmatrix}$
加速度	$\begin{bmatrix} a_X \\ a_Y \\ a_Z \end{bmatrix} = \begin{bmatrix} \cos\Phi\cos\Psi & \cos\Theta\sin\Psi & -\sin\Theta \\ -\cos\Phi\sin\Psi+\sin\Phi\sin\Theta\cos\Psi & \cos\Phi\cos\Psi+\sin\Phi\sin\Theta\sin\Psi & \sin\Phi\cos\Theta \\ \sin\Phi\sin\Psi+\cos\Phi\sin\Theta\cos\Psi & -\sin\Phi\cos\Psi+\cos\Phi\sin\Theta\sin\Psi & \cos\Phi\cos\Theta \end{bmatrix} \begin{bmatrix} \dot{U}_{X_t} \\ \dot{U}_{Y_t} \\ \dot{U}_{Z_t} \end{bmatrix} + \begin{bmatrix} \dot{Q}Z-\dot{R}Y \\ \dot{R}X-\dot{P}Z \\ \dot{P}Y-\dot{Q}X \end{bmatrix} + \begin{bmatrix} QU_Z-RU_Y \\ RU_X-PU_Z \\ PU_Y-QU_X \end{bmatrix} + \begin{bmatrix} -X(Q^2+R^2)+YPQ+ZPR \\ -Y(P^2+R^2)+XPQ+ZQR \\ -Z(P^2+Q^2)+XPR+YQR \end{bmatrix}$
角速度	$\begin{bmatrix} P \\ Q \\ R \end{bmatrix} = \begin{bmatrix} \dot{\Phi}-\dot{\Psi}\sin\Theta \\ \dot{\Theta}\cos\Phi+\dot{\Psi}\cos\Theta\sin\Phi \\ -\dot{\Theta}\sin\Phi+\dot{\Psi}\cos\Theta\cos\Phi \end{bmatrix}$
角加速度	$\begin{bmatrix} \dot{P} \\ \dot{Q} \\ \dot{R} \end{bmatrix} = \begin{bmatrix} \ddot{\Phi}-\ddot{\Psi}\sin\Theta-\dot{\Psi}\dot{\Theta}\cos\Theta \\ \ddot{\Theta}\cos\Phi+\ddot{\Psi}\cos\Theta\sin\Phi-\dot{\Theta}\dot{\Phi}\sin\Phi-\dot{\Psi}\dot{\Theta}\sin\Theta\sin\Phi+\dot{\Psi}\dot{\Theta}\cos\Theta\cos\Phi \\ -\ddot{\Theta}\sin\Phi+\ddot{\Psi}\cos\Theta\cos\Phi-\dot{\Theta}\dot{\Phi}\cos\Phi-\dot{\Psi}\dot{\Theta}\sin\Theta\cos\Phi-\dot{\Psi}\dot{\Theta}\cos\Theta\sin\Phi \end{bmatrix}$

$$
\text{加速度}：\boldsymbol{a} = \dot{\boldsymbol{v}} + \boldsymbol{\Omega}\times\boldsymbol{v} = \dot{\boldsymbol{U}} + \dot{\boldsymbol{\Omega}}\times\boldsymbol{R} + \boldsymbol{\Omega}\times(\boldsymbol{U}+\boldsymbol{\Omega}\times\boldsymbol{R}) = \boldsymbol{T}_{\mathrm{I}}\cdot\dot{\boldsymbol{U}}_{\mathrm{I}} + \dot{\boldsymbol{\Omega}}\times\boldsymbol{R} + \boldsymbol{\Omega}\times(\boldsymbol{\Omega}\times\boldsymbol{R}) \quad (7.2\text{-}6)
$$

上記速度と加速度および角速度と角加速度の具体的な表式は表 7.2-2 に与えられている．

さて加速度計は，図 7.2-2 に見られるように，ある大きさの質量と，それを支えるばねと，動きを抑えるダンパとからなるので，すでに 6.2.2 で述べたように，重力の加速度 $-\boldsymbol{g}$ を含んだ加速度，$\boldsymbol{a}-\boldsymbol{g}$ を測っている．これはいいなおすと，

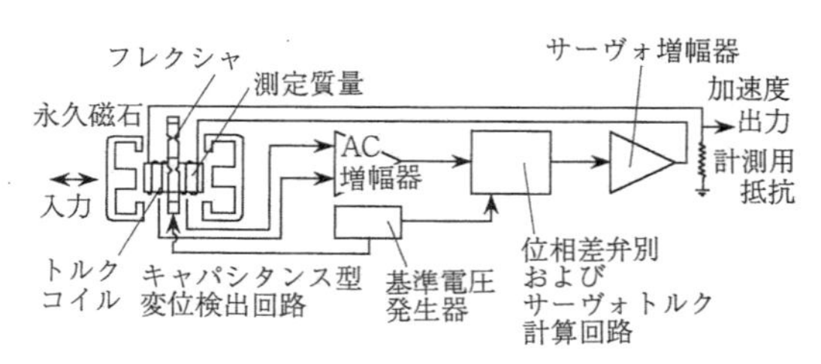

図 7.2-2 加速度計（フォース・リバランス型）（日本航空宇宙学会編，1992）

その加速度計を搭載している物体に働く単位質量当たりの外力 $\boldsymbol{f}=\boldsymbol{F}/\boldsymbol{m}$ を計っていることでもある．重力の方向が，慣性座標系の Z_{I} 軸の方向に

表 7.2-3 単位質量当たりの重力と外力

重力分	$\begin{bmatrix} g_X \\ g_Y \\ g_Z \end{bmatrix} = \begin{bmatrix} -g\sin\Theta \\ g\sin\Phi\cos\Theta \\ g\cos\Phi\cos\Theta \end{bmatrix}$
外力分（重力以外の分）	$\begin{bmatrix} f_X \\ f_Y \\ f_Z \end{bmatrix} = \begin{bmatrix} \dot{U}_X+\dot{Q}Z-\dot{R}Y \\ \dot{U}_Y+\dot{R}X-\dot{P}Z \\ \dot{U}_Z+\dot{P}Y-\dot{Q}X \end{bmatrix} + \begin{bmatrix} -X(Q^2+R^2)+YPQ+ZPR \\ -Y(P^2+R^2)+XPQ+ZQR \\ -Z(P^2+Q^2)+XPR+YQR \end{bmatrix} - \begin{bmatrix} -g\sin\Theta \\ g\sin\Phi\cos\Theta \\ g\cos\Phi\cos\Theta \end{bmatrix}$

向くように座標系の向きを定めておけば，$\boldsymbol{g}$ は

$$\boldsymbol{g} = \boldsymbol{T}_{\mathrm{I}} \cdot (0,\ 0,\ \mathrm{g})^T \qquad (7.2\text{-}7)$$

で与えられる．上の $\boldsymbol{g}$ および単位質量当たりの外力 $\boldsymbol{f}$ の動座標系における具体的な表示は表 7.2-3 に示されている．

水平面に静止した物体の加速度計の出力は，$-Z$ 軸方向で（すなわち上向きに）$-f_Z = \boldsymbol{g} = 9.80665\ \mathrm{m/s^2}$，通常これを重力の加速度 $\boldsymbol{g}$ で割って 1 G であるといい，物体の質量が $\boldsymbol{m}$ のとき地面反力は上向きに $\boldsymbol{mg}$ で与えられる．同様に一定速度で定常水平飛行中の航空機に働く空気力の進行方向に垂直な成分の揚力は，やはり $-f_Z = mg$ で上向きである．

次に外力が何も働かない自由落下状態では $\boldsymbol{f} = 0$ なので，$\dot{U}_Z = g$ となって，Z 方向（下向き）に重力の加速度で加速落下していくことになる．

身体，またはその他の運動物体の一部に搭載されている加速度計で計測された加速度からは，そこに働く重力を除いた外力 ($\boldsymbol{f}$) がわかるので便利ではあるが，それから物体の運動を推定するのは複雑である．

まず重力の影響を除くには，物体のオイラ角 (Θ と Φ) がわかっていないと除去できない．つまり加速度計には，オイラ角を測ることのできる角度計または角速度計の出力を積分して角度を求める装置の併設が必要である．

また，物体の移動（線形）加速運動と回転運動に基づく加速度も含まれているので，角速度や角加速度の計測も同時に行われていないと物体の移動加速度 $\dot{\boldsymbol{U}} = (\dot{U}_X,\ \dot{U}_Y,\ \dot{U}_Z)^T$ を求めることができない．慣性航法装置は加速度のほかに姿勢角（オイラ角）を計測する自由ジャイロか，角速度 Ω を計測するレイトジャイロを備えている．いずれにしろ，装置内に計算機を備え，微分または積分して他の諸量が同時に求められるようになっている．

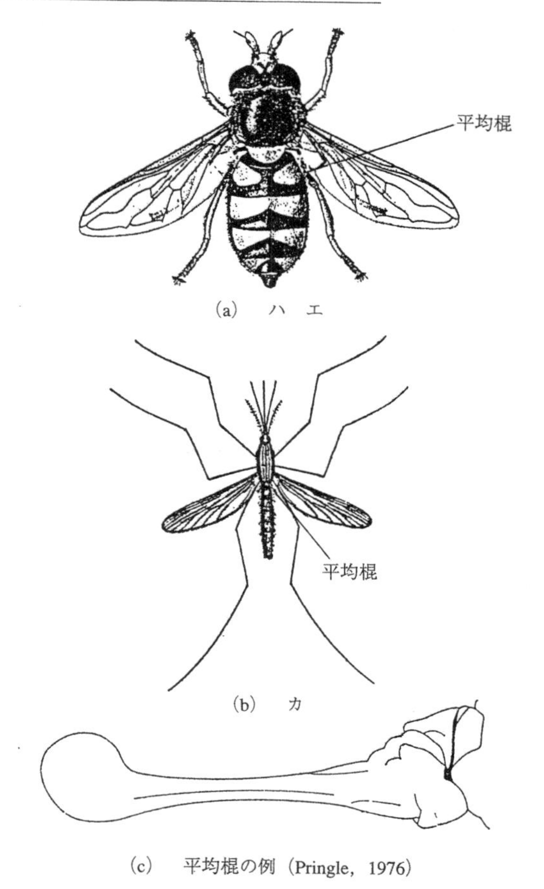

図 7.2-3 双翅類の平均棍（Borron ら，1976）

7.2.2 角 速 度 計

角速度を計測するには，回転体がその回転軸を慣性空間内の一定の向きに保持しようとする性質を利用した“回転ジャイロ”が用いられる．しかし，回転体の代わりに振動体がその振動面を保持する性質を利用して角速度を計測するのが“振動ジャイロ”である．

表 7.2-4　ハエとカの平均棍の例

項　目	ハエ(Pringle, 1948)	カ
慣性モーメント, I(kg・m²)	10^{-15}	10^{-16}
振幅 θ_s	1.3(75°)	1.3(75°)
周波数 f	150	500
後退角 Λ(deg)	30°	30°
駆動トルク Q(N・m)	10^{-9}	10^{-10}
ジャイロ・トルク(N・m)(検出される値)	10^{-12}	10^{-13}

平均棍

図 7.2-3 および表 7.2-4 に示されるように，(a)ハエや(b)カの平均棍は，きわめて小さい左右1対の棒が本来後翅のあった位置に多少体軸に対して斜め後方に突出していて，前翅の羽ばたきとともに，上下に振動していわゆる振動ジャイロを形成する．図の(c)に見られるように，平均棍の先端の質量は，支点周りの慣性モーメントを大きくし，その振動面は，体の姿勢変化に対して空間にとどまろうとする性質がある．しかし棍自体が体に固定されているので，後述されるように，結局は角速度検出器となる．すなわち斜交している1対の平均棍の付け根に働く曲げモーメントを検出すると，体の姿勢変化の3軸周りの角速度がわかるので，“レイトジャイロ”として平均棍を利用して角速度を検出し，それを羽ばたきの機構にフィードバックするのである．

曲げモーメント

図 7.2-4 に示されるように，身体に固定した座標系(X, Y, Z)に対して，平均棍に固定した座標系(x, y, z)を考える．平均棍の付け根が(x, y, z)系の座標原点であるが，それは近似的に(X, Y, Z)系の原点と一致しているものとする．

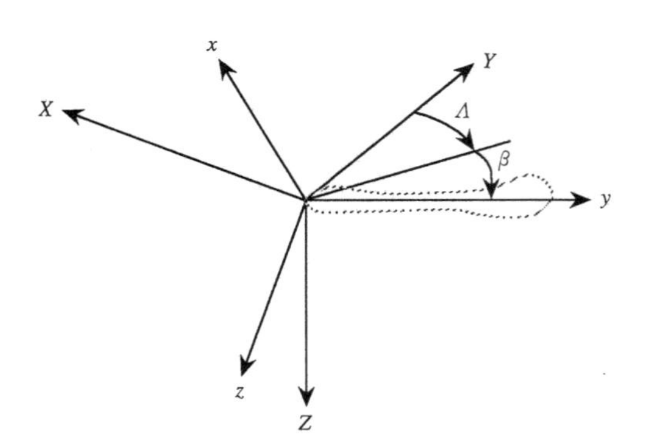

図 7.2-4　平均棍の運動を示す座標系

平均棍は一様な円柱と見なし，その中心軸は y 軸と一致しているが，それは Z 軸周りに後退角 Λ 回ったのち，x 軸の周りにフラッピング角 β 動いたものと考える．なお，図では右側の平均棍を示しているが，左側の平均棍には左手直交系の座標系が付属しているものとする．

身体の線形速度が $\boldsymbol{V}=(U,\ V,\ W)$，また角速度は $\boldsymbol{\Omega}=(P,\ Q,\ R)^T$ で，それに平均棍自身の角速度 $\boldsymbol{\omega}=(\dot{\beta},\ 0,\ 0)^T$ が加算されている場合，平均棍の根元に働く曲げモーメント $\boldsymbol{M}=(M_x,\ M_y,\ M_z)^T$ は表 7.2-5 に示されるものとなる．左右の平均棍の根元には曲げモーメント検出器が備えられているので(Pringle, 1948；Chapman, 1971)，その左右の出力を加減算できる“プロセッサ”があるものとして，混合出力を計算した結果($\boldsymbol{M}^R\pm\boldsymbol{M}^L$)も表 7.2-5 に示されている．

曲げモーメントとして M_z のみを取り出してみると，それは近似的に

$$\left.\begin{aligned} M_z^R+M_z^L &\cong -2I_x\{\dot{\beta}Q\cos\Lambda\cos\beta\} \\ M_z^R-M_z^L &\cong -2I_x\{-\dot{\beta}P\sin\Lambda\cos\beta \\ &\quad +\dot{\beta}R\sin\beta\} \end{aligned}\right\} \tag{7.2-8}$$

となる．上段は縦揺角速度 Q を，そして下段は横揺角速度 P と偏揺角速度 R を検出するのに用いられよう．平均棍のフラッピング角 β が調和振動をしているものとすると

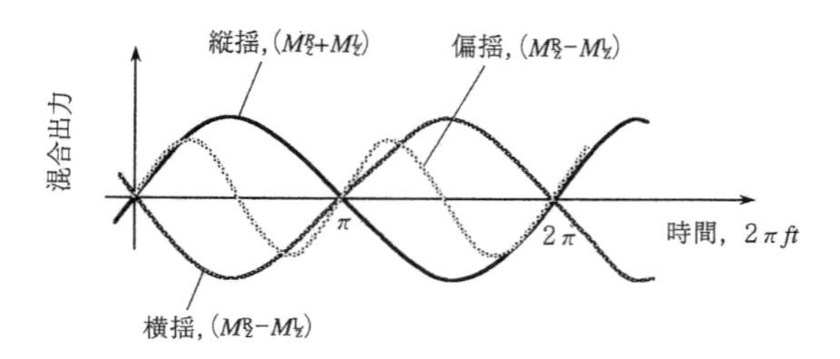

図 7.2-5　両平均棍の混合出力

表 7.2-5　平均棍の根元に働く曲げモーメント

単独の曲げモーメント $\boldsymbol{M}$	$\begin{bmatrix} \boldsymbol{M}_x \\ \boldsymbol{M}_y \\ \boldsymbol{M}_z \end{bmatrix} = \begin{bmatrix} I_x\{\pm\dot{P}\cos\Lambda+\dot{Q}\sin\Lambda+\ddot{\beta}\} \\ I_y\{\mp\dot{P}\sin\Lambda\cos\beta+\dot{Q}\cos\Lambda\cos\beta\pm\dot{R}\sin\beta+\dot{\beta}\{\pm P\sin\Lambda\sin\beta-Q\cos\Lambda\sin\beta\pm R\cos\beta)\} \\ I_z\{\pm\dot{P}\sin\Lambda\sin\beta-\dot{Q}\cos\Lambda\sin\beta\pm\dot{R}\cos\beta+\dot{\beta}(\pm P\sin\Lambda\cos\beta-Q\cos\Lambda\cos\beta\mp R\sin\beta)\} \end{bmatrix} + \begin{bmatrix} (I_z-I_y)\{(-(P\sin\Lambda\mp Q\cos\Lambda)^2+R^2)\cos\beta\sin\beta+(PR\sin\Lambda\mp QR\cos\Lambda)(\sin^2\beta-\cos^2\beta)\} \\ (I_x-I_z)\{(P^2-Q^2)\cos\Lambda\sin\Lambda\sin\beta\pm PQ\sin\beta(\sin^2\Lambda-\cos^2\Lambda)+(PR\cos\Lambda\pm RQ\sin\Lambda)\cos\beta+ \\ \quad\dot{\beta}(\pm P\sin\Lambda\sin\beta-Q\cos\Lambda\sin\beta\pm R\cos\beta)\} \\ (I_y-I_x)\{(Q^2-P^2)\cos\Lambda\sin\Lambda\cos\beta\pm PQ(\cos^2\Lambda-\sin^2\Lambda)\cos\beta+(PR\cos\Lambda\pm QR\sin\Lambda)\sin\beta+ \\ \quad\dot{\beta}(\mp P\sin\Lambda\cos\beta+Q\cos\Lambda\cos\beta\pm R\sin\beta)\} \end{bmatrix}$
2個の混合曲げモーメント* $\boldsymbol{M}^{\mathrm{R}}\pm\boldsymbol{M}^{\mathrm{L}}$	$\begin{bmatrix} M_x{}^{\mathrm{R}}\pm M_x{}^{\mathrm{L}} \\ M_y{}^{\mathrm{R}}\pm M_y{}^{\mathrm{L}} \\ M_x{}^{\mathrm{R}}\pm M_z{}^{\mathrm{L}} \end{bmatrix} = \begin{bmatrix} 2I_x\begin{Bmatrix} \dot{Q}\sin\Lambda+\ddot{\beta} \\ \dot{P}\cos\Lambda \end{Bmatrix} \\ 2I_y\begin{Bmatrix} \dot{Q}\cos\Lambda\cos\beta-\dot{\beta}Q\cos\Lambda\sin\beta \\ -\dot{P}\sin\Lambda\cos\beta+\dot{R}\sin\beta+\dot{\beta}(P\sin\Lambda\sin\beta+R\cos\beta) \end{Bmatrix} \\ 2I_z\begin{Bmatrix} -\dot{Q}\cos\Lambda\sin\beta-\dot{\beta}Q\cos\Lambda\cos\beta \\ \dot{P}\sin\Lambda\sin\beta+\dot{R}\cos\beta+\dot{\beta}(P\sin\Lambda\cos\beta-R\sin\beta) \end{Bmatrix} \end{bmatrix} + \begin{bmatrix} 2(I_z-I_y)\begin{Bmatrix} (-P^2\sin^2\Lambda-Q^2\cos^2\Lambda+R^2)\cos\beta\sin\beta \\ 2PQ\cos\Lambda\sin\Lambda\cos\beta\sin\beta-QR\cos\Lambda(\sin^2\beta-\cos^2\beta) \end{Bmatrix} \\ 2(I_x-I_z)\begin{Bmatrix} (P^2-Q^2)\cos\Lambda\sin\Lambda\sin\beta+PR\cos\Lambda\cos\beta-\dot{\beta}Q\cos\Lambda\sin\beta \\ PQ\sin\beta(\sin^2\Lambda-\cos^2\Lambda)+RQ\sin\Lambda\cos\beta+\dot{\beta}(P\sin\Lambda\sin\beta+R\cos\beta) \end{Bmatrix} \\ 2(I_y-I_x)\begin{Bmatrix} (Q^2-P^2)\cos\Lambda\sin\Lambda\cos\beta+PR\cos\Lambda\sin\beta+\dot{\beta}Q\cos\Lambda\cos\beta \\ PQ(\cos^2\Lambda-\sin^2\Lambda)\cos\beta+QR\sin\Lambda\sin\beta+\dot{\beta}(-P\sin\Lambda\cos\beta+R\sin\beta) \end{Bmatrix} \end{bmatrix}$

*　±は左右の平均棍の出力の和または差を示す．左側の平均棍の出力の向きは左ねじ回りに正になっている．また次の近似が成り立つ $I_y\cong 0$, $I_x\cong I_z$

$$\beta=\beta_1\cos(\kappa t) \tag{7.2-9}$$

式(7.2-7)は次のように書ける：

$$\left.\begin{aligned} M_z^{\mathrm{R}}+M_z^{\mathrm{L}} &= 2I_x\{\kappa\beta_1\sin(\kappa t)\}Q\cos\Lambda \\ M_z^{\mathrm{R}}-M_z^{\mathrm{L}} &= -2I_x\{\kappa\beta_1\sin(\kappa t)\} \\ &\qquad P\sin\Lambda+I_x\{\kappa\beta_1^2\sin(2\kappa t)\}R \end{aligned}\right\} \tag{7.2-10}$$

図 7.2-5 に上記の調和振動に対する左右平均棍の曲げモーメントを加減算した混合出力を画いた．これから次のことがわかる：(i) プロセッサ出力の各成分の最大値は慣性モーメント I_x と振動の角速度 $\kappa\beta_1$ との積に比例している，(ii) 横揺と縦揺の出力成分は 1 次の調和振動に同期して与えられるが，(iii) 偏揺の出力成分は 2 次の調和振動で与えられるので，他の成分と容易に弁別できるであろう．

7.3 採　　餌

採餌を行うには，何らかの方法で餌を見つけ，距離や方向や，彼我の速度差を測定するという"定位"を行い，そして単独または集団で餌を捕らえることになる．本節では，哺乳類，鳥類および昆虫類の採餌についてのみ概説する．その他の生物，例えば原生動物や無脊椎動物の多様な採餌法については，それらの専門書に譲ってここではふれない．

7.3.1　反響定位(エコロケイション)

超音波を発振して目標物に当て，その反響を受信してその間の時間遅れを計測することで彼我の距離を知るという方法を"反響定位"または"エコロケイション"という．耳は単独でもある程度音源の方向を知ることができるが，1 対(2 個)の耳を備えることでさらに位置決めは正確になる．

以下に具体例を示そう．

蝙　蝠

食虫蝙蝠は，暗闇で飛行中に餌物，例えばガを，おのれの発振する超音波で発見できる．体がわれわれよりはるかに小さいので，われわれの発信できない，したがってわれわれに聞こえない超音波が利用できるのである．

その場合，コウモリの種類により，図 7.3-1 に示されているように，次の 2 つの方法のいずれ

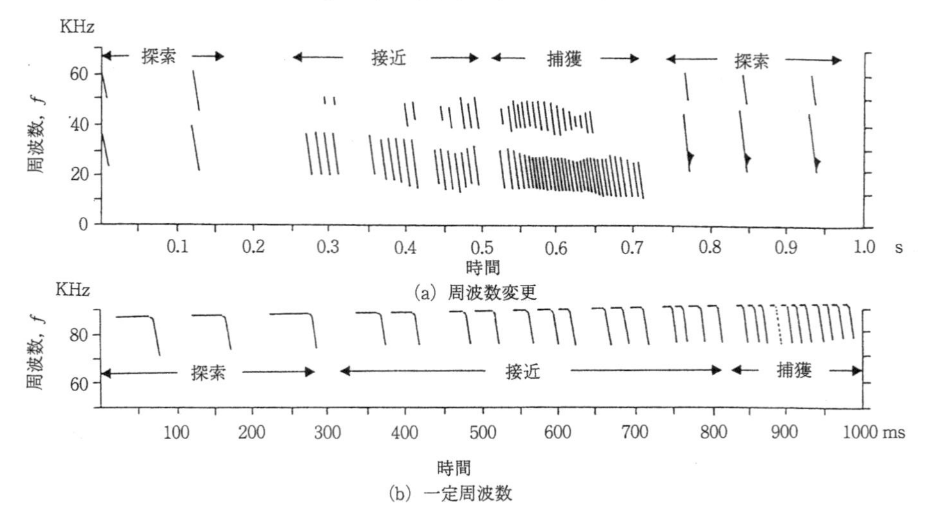

図 7.3-1 エコロケイションの発信音（マクドナルド編, 1986）

かが用いられる.(a)はオオクビワコウモリやホオヒゲコウモリで使われるもので，1～10 ms の間に周波数を $f=75$ kHz から 30 kHz に変えた超音波の周波数変調音のパルスを1秒間に数回発信し，次第にその頻度を高めて 200 回程度繰り返して放射する．他方(b)はキクガシラコウモリにみられるように 60～120 kHz の中の一定周波数かそれと調和振動の混じった超音波を発振する．この種はしばしば木の葉が密生する中で捕食するので，風の中に揺らぐ樹木の葉や枝の出す反響と，昆虫の翅のそれをどのように区別するかが大事である．密生した葉の出すランダムな反響音に対して，比較的安定した周波数で羽ばたく翅の反響音はくっきりと区別されて認識されるであろう．餌に接近するにつれて，各パルスの定周波部分の幅が 10 ms 以下に短縮されてきて，最終的には周波数変調が用いられる．

いずれの方法にしろ，大きな耳で反響音を聞くが，発見しうる最小の餌の大きさは，波長 $\lambda=C/f=3$～12 mm の数分の1程度までである．

餌になるのは，夕方から夜にかけて，ほぼ同じころ活躍する昆虫，例えばガなどである．しかしガだってただ黙って食べられてしまうわけではない．彼らは，コウモリの探索音を遠くから聞く聴音器官をもち，たぶん反射音を弱めるとともに羽ばたき音を消すために，体表面は波長と同じオーダの長さの細毛でおおわれている．

コウモリは，ガより高速でかつ運動性にも優れている．大きい耳はよく動いて，運動による姿勢の変化にもかかわらず反響音がよく聞こえるようにできる．このためガがその魔手から逃れるには，天敵が近づくのを感知したら素早く茂みに入るなどの退避行動を起こさねばいけない．茂みに入り損ねたときは地面に落下する．また自らも超音波を発振して，反響音と混信させ，位置の計測を混乱させる．これは“ジャミング”と呼ばれ，戦闘用航空機の妨害電波の発振に相当する．さらに悪臭ガスを放出したり，死んだ真似をするガもいる．もっとも，追うコウモリだって安全ではなく，フクロウの餌になるのもいるのである．

鳥では，暗い洞窟に棲むアブラヨタカやアナツバメが反響定位を行う(Griffin, 1954).

哺乳類

先にも述べた鯨(くじら)類や鰭脚(ひれあし)類といった水中に棲む哺乳類も反響定位を行う．見とおしの悪い水中では，ありがたいことに音速 C が空気の 340 m/s に対して，水は約 1500 m/s と速いので，音波はきわめて有効に使われる．通常，地形を知るには透過率の高い 10 kHz 以下の低周波の“クリック”と呼ばれるパルス音が，仲間どうしの連絡にはより高い周波数の“フイッスル”が，そして餌の探索には 100 kHz 以上の高周波の“クリック”が利用される(Coffey, 1977)．餌を見付けるには，波長が(例えばオキアミのような小さい)餌の長さより，さらに短かくないといけないからである．クリックのパルス列の間隔は短く 1 ms から

25 ms までが使われる (Backus & Schevill, 1966；Norris, 1969).

7.3.2　狩　猟　法

狩猟には単独で行う“単独狩猟”と集団で行う“集団狩猟”とがある．もっともある種の動物は，状況に応じてその両方法を使い分ける．

単独狩猟

鳥は，前述したように頭が小さいので，目標を見極めるときは，頭を左右に素早く動かしてしっかりと定位する．

空中から水中の餌物を狙うときは，図 7.3-2 に見られるように，水の空気に対する“屈折率”n が $n = \sin\theta_D / \sin\theta_I = 1.333$ で与えられるので，真下にいる魚はその深度は変わらないで見えるが，斜め下方の魚は浅く見える．このため，水中に突入する際，通常，魚の真上から突っ込んでミスを減らす．また空中から水中への突入では，水の密度 ρ_w と空気の密度 ρ との比が，標準状態で，

$$\rho_w / \rho = 820 \cong 10^3 \qquad (7.3\text{-}1)$$

と約 1000 倍も異なるので，同じ速度で水へ突っ込んだとき，大変な衝撃を受ける．そこで，図 7.3-3 に例がいくつか示されているように，突入時に，体を槍のように細長くしたり，細長い嘴をもったり，全面に空気を含んだ弾性空間を設けたり (Smith, 1968 a, b) している．アジサシの場合には，いったん空中でホヴァリング飛行をして餌を見定めてから突っ込む (Nicolai, 1974).

夜間狩猟をするフクロウは，音に敏感な餌の動物に対して，消音飛行をする．そのために，翼面荷重が小さく低速飛行 ($V = 6$ m/s) に向くうえに，図 7.3-4 に示されるように，彼らの翼の羽は，前縁には鋸歯状の細毛が，上面の一部は短い細毛でおおわれ，そして後縁には長い細毛があっ

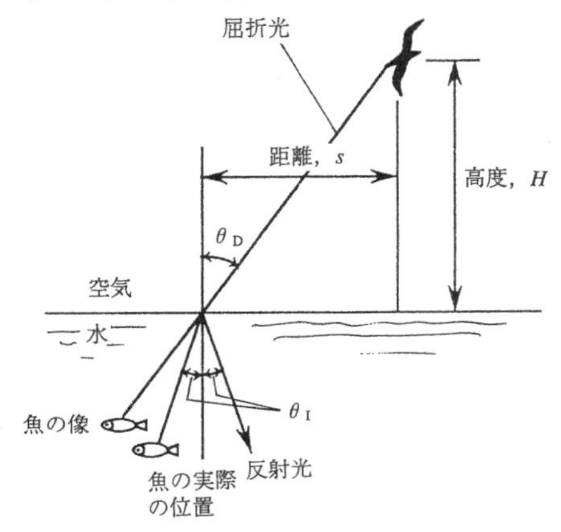

図 7.3-2　水中の餌の見え方

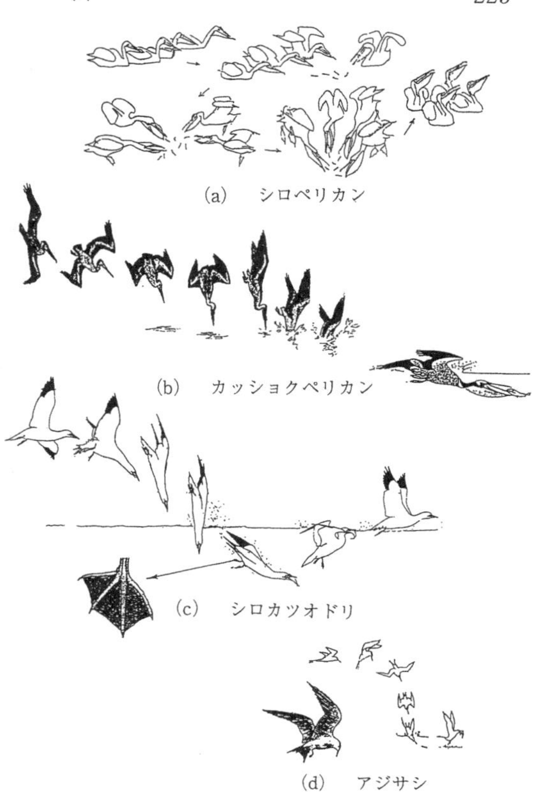

図 7.3-3　海鳥の狩猟 (Nelson, 1980；Whitfield & Orr, 1978)

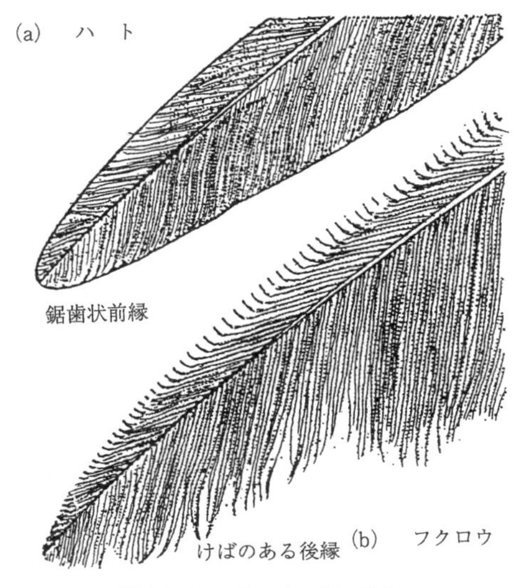

図 7.3-4　フクロウの羽の特色 (Whitfield & Orr, 1978)

て(Graham, 1934)，羽ばたきに伴う細かい"層流剥離泡"を分断して整流し(図1.2-4aを参照して，$Re < 30$)，その泡の振動に伴う圧力変動や，後流内の渦粒による騒音を減らしている(Hershら，1974)．なおフクロウでは目も大事なセンサとして使われる．精度のよい餌の位置決めのために，彼らの目は，われわれと同じように，鳥としては異例なほどに顔の前面に着いていて，立体視に向いている．

鳥によっては，例えばオオジシギなどは，急降下をしながらその羽を揺(ゆす)って大きい音を立てて威嚇する．日本では冬山で猟をするまたぎは，ウサギを狩るとき，藁で編んだ円板を投げる．その飛行音がタカの羽音に似ていることからウサギは畏縮して動きが鈍り捕らえられるという．

クモの巣を張っての待ちぶせ猟も，ガの雌の匂いに似た玉を振り回して雄を魅きつけての投げ縄捕りも，昆虫にとって脅威である．

クロミノサギは浅い水中に入っていき，翼を傘のように広げて，水面に影をつくりじっと待つ．水上のおおいに安心して寄ってくる小魚がこの鳥の餌となるのである．

ササゴイは川岸でただ魚の寄ってくるのを待つのではなく，何と，水棲昆虫やミミズといった"生き餌"あるいは小さい枝や板切れを"疑似餌"として水に流し，それに寄ってくる小魚をパクリと採る，いわば"ルアー・フィッシング"を行う．同じく海で釣りをするのがアンコウの仲間のチョウチンアンコウやイザリウオ．背びれの第1棘が変形した釣り竿の先の疑似餌を振って小魚を目の前におびき寄せ，突然，大口を開けてそれをくわえ込む．

大型のジンベエザメやクジラの仲間の多くは，プランクトンや小型の魚の群れを餌にする．それを口に入れるときは，大口を開けて水とともに吸い込み，鬚(ひげ)などで魚を濾(こ)して水は排出する．同じことをフラミンゴが藻を採ったりオタマジャクシが餌を漁るのに利用している．このときは舌が水を送るポンプの役目をする．

スクーリング

多くの小さい動物，とくに小魚は群れ集まって集団を作って生活する．これを"スクーリング"と

図7.3-5　ゴンズイ玉（撮影者不明）

いう．通常スクーリングでは同一種で同一寸法のものどうしが集団を形成し，互いの間隔を等距離に保って(魚の場合身長の0.6～1.0倍)，同一速度(速さも方向も同じ)の運動をする(Breder, 1965；Partridge, 1982)．スクーリングの効果は，(i)無作為に餌を探すのに適している(Weihs, 1973b)，(ii)餌として襲われる確率が少ない．(iii)敵に巨大な生物と思わせ，突っ込みを受けてからも個々の目標を混乱させる．ここでは，5.3.4で述べたような編隊を組んだときに省エネルギたりうるという説(Zurev & Belyanyev, 1977；Weihs, 1973 b；Childress, 1981)はとらない．餌を見つけるときのスクーリングの集団は互いの間隔が広いが，敵に襲われるときは集団の密度を濃くして発見される容積を減らす．

魚の場合，スクーリングの集団速度は，単独での巡行速度の0.7～0.8倍となる(Hertel, 1966)．図7.3-5はゴンズイの子魚の集団，いわゆる"ゴンズイ玉"を示したものである．大事なことは，これらの集団は一般に小魚の群れで，何かの攪乱に対してきわめて早く応答し，1匹のちょっとした反応がただちに全体に波及することである．これは，彼らの互いの間隔が素早い情報伝達に適していることと，小さいがゆえに応答時間が早く，同一行動が取りやすいことに由来する．

集団狩猟

鳥の集団狩猟では，例えば図 7.3-2 に見られたペリカンやカツオドリのそれがよく知られている．また魚では，クロマグロが放物線になって前進し，その凹部に餌の魚を追い込む(Partridge, 1982)．

哺乳類では，鯨類のイルカやクジラが集団で，互いに超音波の叫びで連絡を取りあいながら餌を見つける．ただし魚のほうも，探索や情報交換の超音波音をキャッチするや否や，いっせいに深部に潜るのか，その付近には，いなくなってしまう．

ペリカン類(3.2.2)に似て，より広い海域で集団繁殖し長寿生活をする大型の海鳥のカツオドリ類は，前述のようにどの種も水中に突入し，潜水して魚を捕らえるのに適した体形をしている．すなわち，突入に当たっては，図 7.3-3 に見られたように，海洋性独特の翼端の尖った細長い(アスペクト比の大きい)翼を器用に折り畳んで，鋭い嘴を先頭に頭，胴体と続いて矢のような形になるのである．嘴の縁は鋸歯状で，鼻はふさがり，水からの衝撃を緩和する気嚢すらもっている．

給　水

乾燥した沙漠や草原に棲む大きさがハト程度のサケイ類は，もっぱら乾燥した種子を餌とするので，水を飲まないといけない．巣にいる幼鳥に対する給水は雄が行う．その方法が面白い．

まず雄は羽繕(はづくろ)いで塗った脂を羽毛から落とすために腹を乾いた砂や土にこすりつける．その後水場で腹まで水につかり，腹の乾いて縮れた羽毛(小羽枝)に，スポンジのように水を泌み込ませる．幼鳥はこうして水を運んできた直立姿勢の雄の腹の羽毛から水を飲むのである(Perrins & Middleton, 1985)．ある種のハトでは嗉嚢(そのう)に水を貯えて運ぶ．

7.4 帰　　巣

遠出をした動物が巣に戻ることを“帰巣”という．汽車で運ばれた伝書鳩が，数百 km 離れた巣へ速度約 80 km/h (22 m/s) で，1 日で戻って来てしまうとか，ミツバチが 2〜3 km 離れたお花畠から，休むことなく速度 22 km/h (6 m/s) で蜜を持って帰ってくるという話(Keeton, 1974)など，ただただ驚くばかりである．とくに前者の場合は，たぶん視覚情報のみではなく，他の情報が航法に用いられていることを想像させるものである．

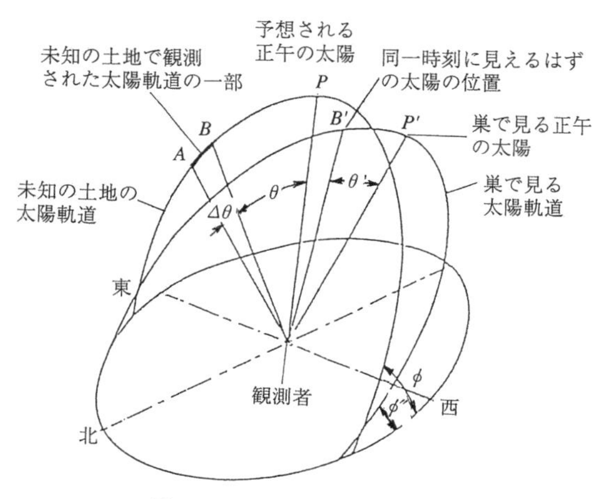

図 7.4-1　太陽軌道航法システム

7.4.1 航法システム

太陽軌道

動物の移動で，最も用いられると思われるのは，太陽を利用した航法であろう．太陽を直接見るか，あるいは後述されるように，偏光を見て間接的に，天球上における太陽の位置を知ることができる．図 7.4-1 を参照して，例えばある動物が，自分の巣において見る太陽の軌道と，ある時刻の太陽の位置を記憶していれば，違った場所で見た太陽の軌道と体内時計の示す同じ時刻の太陽の位置とを知ることで，緯度の違い，$\varDelta\phi=\phi-\phi'$ と経度の違い $\varDelta\theta=\theta-\theta'$ を求めることができる．これを“太陽軌道航法”という(Mathews, 1969)．磁極がわかっているときに，ある時刻の太陽の位置(仰角と偏角)を知って，自分の位置を推定する場合には，“太陽コンパス”に頼るという．いずれも時刻を知る体内時計はきわめて重要な役割を果たす．

すでに図 7.1-4 に示されたように，中心の観測者が青空(天空)を見上げたとき，太陽光は回折しているので波動の振動方向がある平面内に限られ，“偏光”される．その方向は，太陽と天頂を結ぶ太陽軌道に沿っては水平であるが，その他では，図に見られるように，ある一定の緯度上で1回りする間に垂直にまで2回変化する(aとa'の両方において)．そこで，どちらか一方の側でその偏光面の角度がわかれば，太陽が(例えば空が曇っていて)直視できなくても，その軌道を決定することができる．そうすれば上述の方法で位置の決定が可能になる(Wehner, 1975)．

星　座

太陽以外の星，とくに夜間の星座を利用する場合は，“星座航法”という．太陽コンパスの利用も含めて，広く“天測航法”とも呼ばれる．時刻がわかっていれば，ある地点のその時刻における星座は決まっている．したがってその星座が違って見えれば自分の位置のずれがわかることになる．しかし実際に，この方法で位置決めをするというより，渡りの際に飛んで行く方位を定めるのに使われるのが主となろう(Emlen, 1975)．

地磁気など

全天が雲でおおわれているときに，伝書鳩の頭に磁石を載せて鳩を飛ばすと方向を見失うが，太陽があるとちゃんと目的地に向かえること，また太陽のフレヤで地磁気に攪乱が起こると，鳩の初めの定位が怪しくなるということから，鳩は航法に地磁気や太陽を利用していることがわかる(Keeton, 1974)．こうした帰巣の仕方から，鳥は一般に複数の方法を航法に利用していることが理解される．

巣に近づいて最終接近はたぶん見慣れた地形に対する視覚情報に頼ることになろう．場合によっては，匂い，味，あるいはそこにおける騒音，または発生音に対する反響の仕方が巣を見きわめる確認法となろう．

慣　性

外部の情報に頼らない自立の航法システムに慣性を利用する“慣性航法”がある．7.2で述べたように，慣性としては，並進運動の加速度と回転の角速度とが検出できるので(Barlow, 1966)，前者は2回，後者は1回積分することで，それぞれ位置と姿勢の情報が得られる．時計や計算システムの誤差のために，たぶん視覚情報が，積分誤差を較正してくれるはずである．

7.4.2　蜜蜂の帰巣

ヒトとミツバチとのつきあいは古く，その巣から蜜を採集するという習慣は，石器時代からあったことが，壁画の絵からわかっている．

蜜は働き蜂によって見つけられ，集められる．彼らは巣作りや幼虫保育の訓練を受けたのち，巣の周りを飛行しての“定位飛行”を学ぶ(桑原, 1974)．数km離れたところからでも巣に帰れるようになると，2つのグループ；すなわち(i)花粉収集と(ii)蜜収集とに分けられる．第1のグループは，多少蜜を腹に入れて巣を飛び立ち，先輩から花のある場所を後述の“ダンス”で教わってそこへ向かう．花の上を歩きながら，体に蛋白質飼料の花粉をつけて飛び立ってから，帰途の飛行

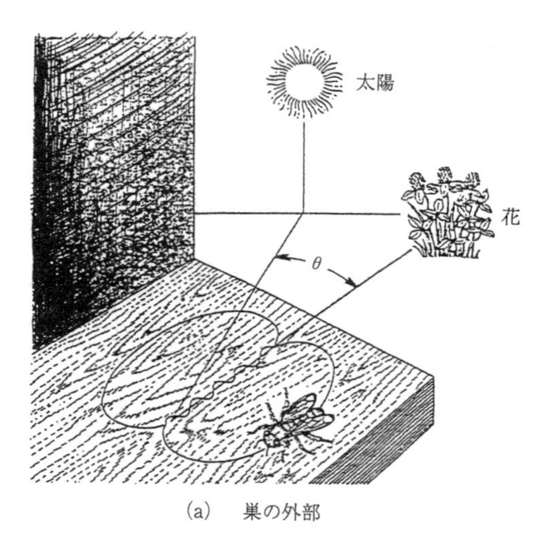

(a)　巣の外部

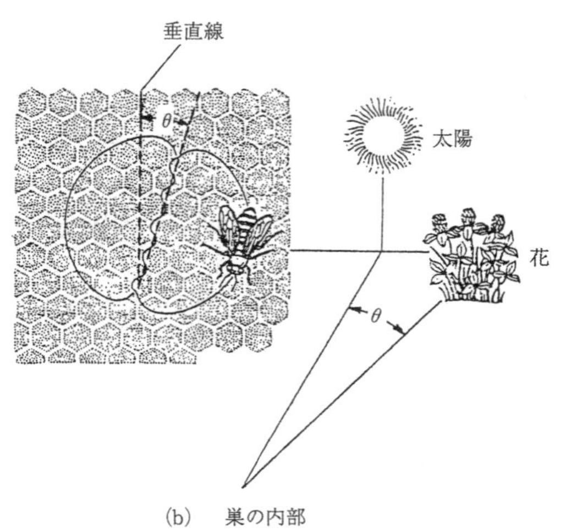

(b)　巣の内部

図7.4-2　ミツバチのダンス (Alcock, 1975)

中に，前肢と中肢を使って蜜で花粉をこね，2つの団子にしてそれらを後肢の側につけて持ち帰る(Heinrich, 1979)．第2グループは主として炭水化物でエネルギー源になる蜜を集める．ミツバチの胃は弁で2つの袋に仕切られていて，第1の袋は花から集めた蜜をためるところで巣に帰ってからそれは空けられる．第2の袋は自身の食用のためのものである．

ミツバチは，アリ同様，集団生活を営むので，仲間どうしの情報交換は大事である．集団の中心は1匹の女王蜂で，その周りに数百～数千の雄蜂と1万匹を越える働き蜂が1群を構成する．花を見つけた働き蜂は，巣に帰ってから，図7.4-2に示されるようなコースをダンスしながら回る．花の方向は太陽に対して図に示された方位にあって，そこまでの距離は，ダンスの早さ，つまり単位時間当たりの体の回転の数に比例する．他の働き蜂も花を見つけるとダンスに加わり，踊る蜂の数は徐々に増えていき，エキサイトしてくる．花までの距離は，風のあるとき一定の巡航速では飛行時間の差になるので，ダンスの早さは疲れに比例したものになっているらしい．

7.5 渡　　り

日本では昔から多くの鳥が季節に応じて姿を見せたり消したりすることで，人々は鳥に“渡り”の習性のあることを知っていた．例えばツバメは，春に南方からやってきて，巣を作り，雛を孵(かえ)し，秋には若鳥を連れて南へ帰ること，またハクチョウが冬に北国からやってきて，夏にはまた北へ飛んでいく．渡りを注意して見ると，鳥ばかりでなく昆虫も，魚も，哺乳類も，多くの動物がそれを行っていることがわかってきた．このように渡りは，動物がある棲息場所から，別の棲息場所へと，時期に応じて，周期的に移動することである．

このとき，移動で消費するエネルギ節約のために，季節風や海流が大いに利用される(Rainey, 1972；Vugts & Wingerden, 1976)．

7.5.1 渡りの特色

動物の渡りは，単独で行われることもあるが，多くの場合，それは集団で実施される．何のために，どういう目的で，途中で遭遇するかもしれない危険をおかしてまで，毎年移動するのであろうか．最もありふれた答えは，そうすることで，彼らが，季節に応じて餌が得やすく，子が育てやすいことが上げられよう(Dingle, 1972)．加えて，高緯度に向かうほど北の国の夏は，日中の活躍できる時間が長いことも理由になろう．

渡りに伴う多くの危険には，予想の難しい天候の変化，捕食者の存在，飛行コースの誤算，途中の採餌の不安定などがあって，長距離の移動に当たっては，それなりの準備が必要である．中でも体内へのエネルギの貯蔵とか，鳥なら羽のつくろい(換羽)とか，うまい季節風の選定といったことが大事である．

渡りの刺激

ある種が，彼らの棲む地域で，数が増えてくるということが，渡りの引き金になることがある(Johnson, 1963)．ある面積内にどのくらいの数が棲めるかということは，その種の大きさによって異なる．図7.5-1は，単位面積当たりの固体数である“固体密度”Nが(a)体長lおよび(b)質量mに対して通常どの程度の統計値になっているのかを示したものである．図から，Nはおおよそ

$$N \propto m^{-0.75} \propto l^{-2.25} \quad (7.5\text{-}1)$$

という関係にあることがわかる．この数を越えると，それぞれの種の生活環境が快適でなくなるようである．

すでに1.3.1に述べたように，太陽に対して地

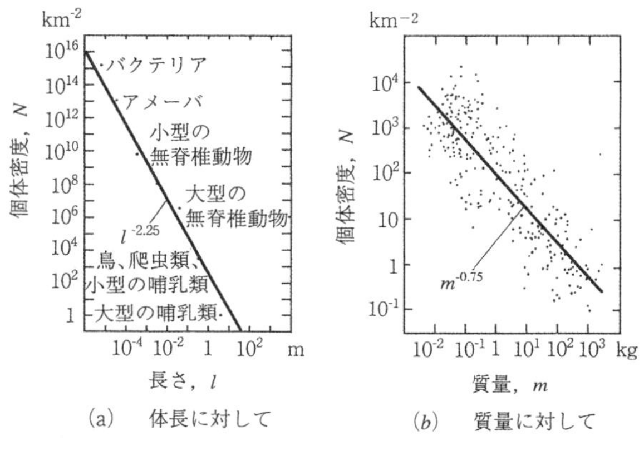

図7.5-1　個体密度（Damuth，1981参照）

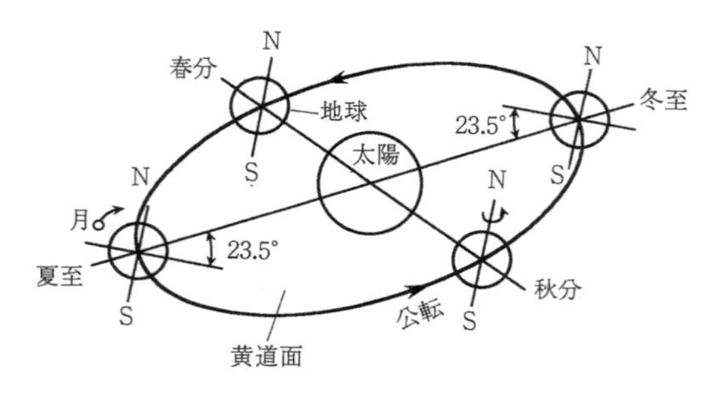

図 7.5-2 地球と月の公転と自転

球が約365日かけて回っていること（“公転”），地球自身が約24時間で“自転”していること，しかもその自転軸が公転面に対して，図7.5-2に示されるように，23.5°傾いていること，さらに衛星の月が，約1か月で地球の周りを回っていることなどが，生物の棲む地球の環境を周期的に変えている．すなわち四季の移り変わり，昼と夜の交替，その昼夜の時間の四季による違い，潮の干満などが，生物の日々の生活に対してあるリズムを与えている（Gwinner, 1975）．

通常の渡りのリズムは，したがって行きと帰りの年2回となる．ただし昆虫は一生に1度の例が多い．その時期を決める最も大事な因子は，やはり気候の変化，すなわち温度や季節風の変化ではなかろうか．昼夜の時間差がある基準に達しても，天候が適さない限り，渡りは実行されないようである．

7.5.2 渡りのコース

図7.5-3の典型例に示されるように，渡りのコースは，一般に季節の変化の進行する地球の経度に沿ったものとなる．そして局所的には，地形や気象，したがって気流や海流の影響を受ける．鳥や昆虫の巡行速度が10数m/s〜数m/sなのに対して，季節風の速度が数m/s，同様に回遊魚の速度がほぼ海流の速度と同じ程度の1m/s前後である．したがって，これらの流れに乗ることは，渡りにとって大変な省エネルギとなるのである．

鳥は，図にみられるように，海上を飛ぶことを嫌っているようである．例えばヨーロッパからアフリカへの渡りでは，地中海海上の渡りを避けて，狭いジブラルタル海峡を越えるか，中近東の陸地沿いに進む．日本では島伝いの渡りが好まれる．一方，北米から西インド諸島や南米へ行くのには，大西洋やメキシコ湾上空を飛んで行く小鳥のいることが，レーダで観察されている（Roffey, 1972；Williams & Williams, 1978）．たぶん陸地に多い猛禽類を避けるのであろう．なお，昆虫の場合は鳥よりも風に対する依存度が強いので，よい風が吹くかぎり洋上をいとわない．ただし不幸

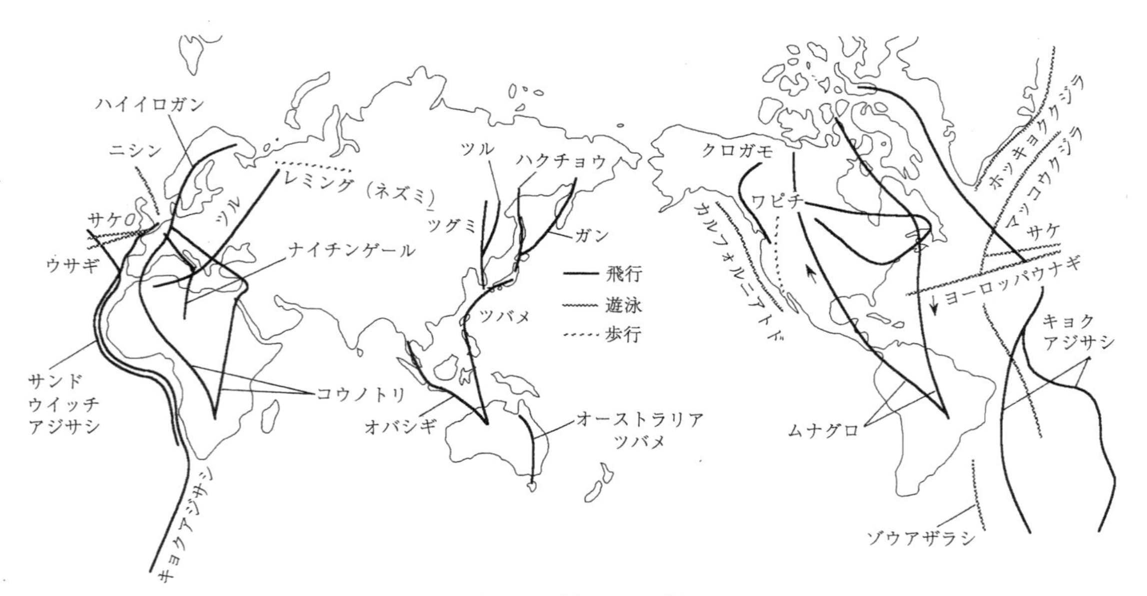

図 7.5-3 渡りのコース例

にして嵐のような異常気象でコースを誤ったとき，洋上の船にたくさんの鳥や昆虫が避難することが知られている．

7.5.3　渡りの例

鳥

鳥の渡りを知るには“足輪”による観察が有効である．最近では搭載無線機と衛星による追跡が利用されている．その長距離記録は，キョクアジサシのそれで，北半球と南半球との間を，15000 km は飛んでいるといわれる(Aymar, 1935)．こういう長距離飛行はまれな例としても，渡りに関していえば，鳥は3つのグループに分けられる．すなわち，(i)季節に応じて見られるいわゆる“渡り鳥”(すなわちツバメやホトトギスなど夏に見られる“夏鳥”，ガンやツグミなどの“冬鳥”，シギやチドリなどの一時的に停滞する“旅鳥”，台風などでコースを狂わされて本来来るはずのない“迷鳥”)，(ii)季節に応じて高地と低地との間の短距離を移動するウグイスやミソサザイのような“漂鳥”，(iii)そしてスズメやカラスのように渡りをしない“留鳥”である．

渡りのコースは，代々その種の先祖のたどるコースと同じであるが，例えば飛行機で別の経度に運ばれると，先祖伝来のニースと平行に飛行することが知られている(Emlen, 1975)．

サシバの渡りでは愛知県の伊良湖岬と鹿児島県の佐多岬とが本州からの集合・出発地として名高い．伊良湖岬を例にとると，9月末ごろまでに飛行高度に上限のある彼らは，本州の各地から高山に遮られて渥美半島に集まってくる．10月初旬，北に高気圧，南東に低気圧の現れる晴れた日に，岬の林の中で待っていたサシバの群れは，ときおりあちこちにポッカリと生まれる上昇気泡の中に，次々と飛び込んで数を増しながら旋回を続け，気泡とともに上昇していく．ちょうど蚊柱が立つように，上空に上った鳥の群れは，ころあいをみていっせいに西進を開始する．目的地または中継地とみられる沖縄県の宮古島に達したころには，彼らは疲れでフラフラになっているという．

鳴き声のやかましい小鳥の渡りは主に夜行われることがその声やレーダでの観察からわかっている(Williams & Williams, 1978)．これも猛禽類からの避難の1つであろう．

若鳥は親鳥にしたがって渡るが，1度も渡りの経験のない鳥(例えばルリノジコ)でも，時期がくると星を見て定位することから，そのような鳥には，星座が遺伝子に組み込まれているらしい(Emlen, 1975)．

真水の得られるオーストラリアの草原に棲む走鳥類のエミューは，雨後の植物を求めて歩行で移動する．このため彼らの方角の定位は雨をもたらす雲の姿を見て行われるといわれる(マクドナルド編，1986)．したがって西オーストラリアでは夏は北から南へ，冬は南から北へ，数百 km にも及ぶ移動が行われるが，移動速度は 7 km/h とゆっくりしている．ただしいざというときは，約 50 km/h の高速ダッシュが可能である．

南半球に棲息するペンギン類も歩行と遊泳とによる渡りを敢行する．

昆　虫

昆虫の渡りの観察については，個々の昆虫に出発地で“マーキング”をして，渡航先でそれを確認するというのは鳥に比べて容易でない．そこで船舶や航空機による捕獲とか，レーダ観察が主となる(Atlas, Harris & Richter, 1970；Roffey, 1972)．多くの昆虫が，成長過程のある時期，そろって一定方向に向かっての飛行を行うことが知られている．しかし通常は，昆虫のこの種の行動は数日内に限られ，しかも1方向である．つまり昆虫の渡りには帰りがないのが普通である．また飛行のエネルギは，一般に初めに体に貯えたものだけに頼る．

飛行高度はいろいろで，通常地面境界層内に限られるが(Nielsen, 1961；Baker, 1978)，渡洋の渡りでは積極的に季節風を利用するために高空を飛ぶ．

幼虫時の環境，例えば個体数が増え過ぎて飢餓が訪れると蛹から羽化するとき，例えば油虫類(*Aphididae*)では羽つきの成虫へと“相変異”する．羽なしの成虫と異なり，体がしっかりとした段階で青空に向かって垂直に舞い上がっていく(Johnson, 1963)．このとき上昇気流がうまく利用され，ある高さ(数百 m)からは風に乗って“空

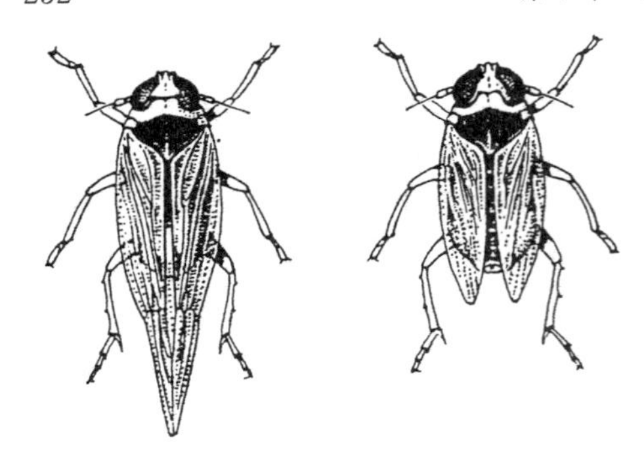

(a)　雌の相変異（左：長翅型、右：短翅型）

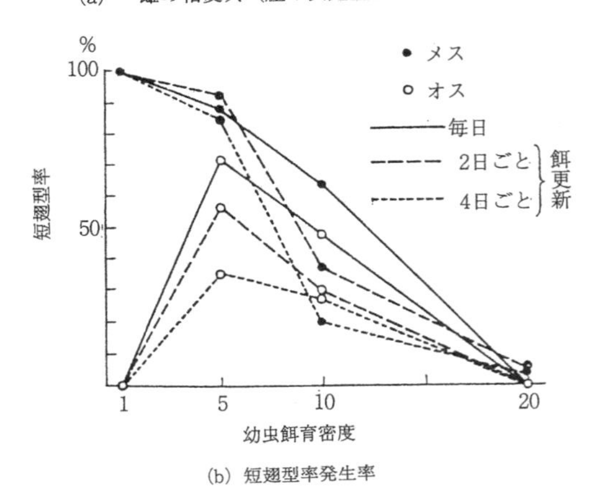

(b) 短翅型率発生率

図 7.5-4　トビイロウンカの相変異（岸本，1975）

中プランクトン”として，何 km も飛んでいく．

飛蝗（ばった）や蝶（ちょう）の一部にも翅の長い“長翅型”と翅の短い“短翅型”とがある．図 7.5-4 にトビイロウンカの例を示した．稲作地帯に棲み，豊富な食料を求めて移動するが，ときに東南アジアから季節風に乗って日本に渡来するらしい．飼育密度を上げていくと，メスでは 100 % の短翅型から全部が長翅型に変わるが，オスにとっては短翅型の出現率に最適密度があるらしい(岸本，1975)．

往復の渡りは，昆虫ではまれであるが，日本では赤蜻蛉がそれを行う．アキアカネは，6 月中旬ごろ羽化したのち低地から高地に移って，そこで夏を過ごし，秋に再び低地に戻って産卵する．豪州のヤガ科のガ(*Agrotis infusa*)はオーストラリアアルプスを越えて，同じ個体が元の出発地へと戻る(Common, 1954)．新大陸のオオカバマダラはさらに凝っている．春から秋，3～5 代にわたって北米のトウワタ地帯を北上したのち，渡りの世代はカナダからメキシコの湿った森林地帯へと

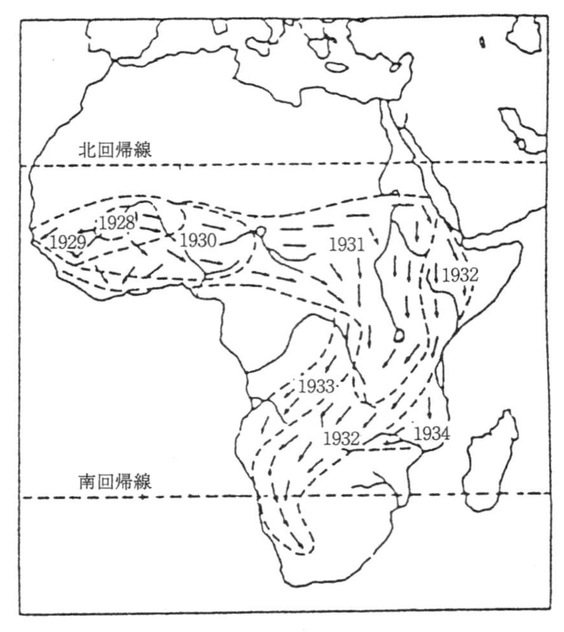

図 7.5-5　トノサマバッタの移動（Orr，1970）

3000 km 以上も飛行する．そこで果汁を吸って過ごした同じ個体で，春に再び北米に戻る．図 7.5-5 はアフリカにおけるトノサマバッタの世代を重ねての移動を示したものである．最近，彼らが何と大西洋を越えてバミューダ諸島に達しているらしいこともわかってきた．海では飛ばない甲虫の一種 *Myralymma marinum* が漂流する海藻に乗って移動する．

魚

微小生物のプランクトンが，海中の垂直方向に移動し，深度に応じた流れに乗って分散していくのを追って，魚も大きく移動する．種の好む水温は一般にきわめて限られているので，漁師は漁労のための水温調査を大切にする．

遠距離の渡りはウナギとウミヘビにみられる．例えばサルガッソー海のような深海で育った鰻類の幼魚は，陸地の川で成長し，再び海に戻る．図 7.5-6 に示されているように，彼らの移動距離は 5000 km から 10000 km にも及ぶ．ウナギの場合，海に入ってから産卵に向かっての旅では食物をとらないという．

鮭類の渡りは，海と川との間で行われる．例えば(a)大西洋のタイセイヨウサケもまた(b)太平洋のギンマスも，ともに真水で産まれ，海で成長

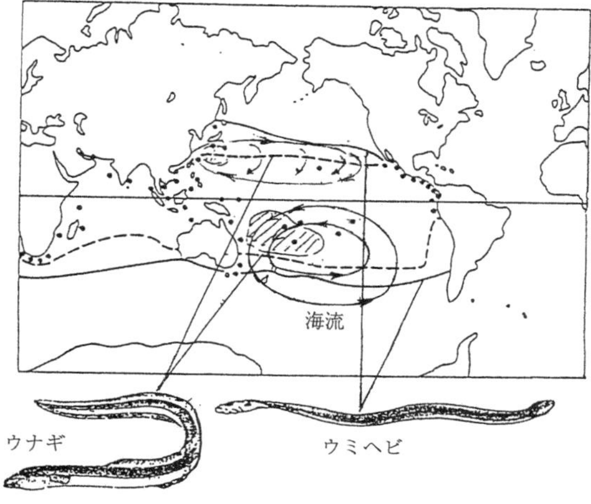

図 7.5-6　ウナギとウミヘビの移動 (Baker, 1978)

し，再び生まれ故郷の川へ帰る．海にあるとき，彼らは，偏光を見分けて太陽軌道航法で定位し，生まれ故郷の川を見つけ出すのは嗅覚による．前者は毎年川を遡り，後者は数年後一生に 1 度の遡上を実施し，そしてそこで雌雄ともに一生を終える．大洋における回遊はそこでの海流に乗ったものである (Hasler & Larsen, 1965；上田，1978)．

7.5.4　渡りの力学

移動の消費エネルギ

長い渡りの際，当然，その移動は省エネルギで行われる．1.1.2 で述べたように，移動に用いられるエネルギの評価として，シュミット・ニールセンは，単位質量の体が，単位距離移動するのに使われる燃料の量，つまり“エネルギ・コスト”または“輸送コスト”を提案した (Schmidt-Nielsen, 1972)．この値は無次元量ではないので，生物の大きさによって値は異なるのが普通である．ある質量 m または重量 $W = mg$ の生物が距離 s 移動するのにエネルギ E を消費したとき，エネルギ・コスト E_c は

$$E_c = E/ms \quad (\mathrm{J/kg \cdot m}) \quad \text{または}$$
$$= E/mgs \quad (\text{無次元量}) \qquad (7.5\text{-}2)$$

で定義される．ここに E は通常呼吸酸素の量で測られるので，単位時間当たりの消費量 $\mathrm{d}E/\mathrm{d}t$ は実は 4.2.2 で定義された必要パワである．そこで式 (7.5-2) の分子と分母を時間で微分して，E_c は

$$E_c = P_t/mV \quad (\mathrm{W/(kg \cdot m/s)}) \quad \text{または}$$
$$= P_t/mgV \quad (\text{無次元量}) \qquad (7.5\text{-}3)$$

とも与えられる．重力の加速度 g を $g \cong 10\ \mathrm{m/s^2}$ で近似したとき無次元量の値は有次元量の 1/10 となる．

すでに図 1.1-4 で，走行，飛行，および遊泳という 3 つの移動法について，生物のエネルギ・コストがどう変わるかを示した．走行生物は，地面に支えられているし，地面が水平である限りは垂直に動くことをしない．そこでこの場合に運動を伴ってする仕事は，関節における摩擦力に対する仕事に加えて，空気抗力，重心の上下動に伴う反力に対する仕事のみである．飛行生物は，重量を支えるためにも，抗力に逆らって前進するためにも，空気を動かすことで仕事をする．これに対して遊泳生物は，そもそも生物の比重が水の 1 に近いので，重量を支えるぶんの仕事はほとんど不要となる．

渡りのエネルギは，結局のところ体に貯えたエネルギを消費して得られるので，季節による体の質量の変化は，遠距離を一気に渡る生物ほどはげしい．ハチドリを例に上げると，貯蔵脂肪量は体の質量の 60 % も増すといった例が報告されている (Odum & Connell, 1956；Norris ら，1957；Wells, 1993)．体重が増えると当然飛行に必要な出力を増すが，それは羽ばたきの振幅を増すことで対応し，その周波数はほとんど一定のままである (Wells, 1993)．

高度と風

飛行に当たって大事なのは何といっても風の利用と高度の選定である．多くの鳥や昆虫が，渡りに当たって，季節風を利用していることはよく知られている．しかし飛行高度の選定も，そこにおける風の利用とともに，必要パワと供給パワのバランスを考えての大事な詰めとなる．

対気速度を U としたとき，水平風 u_w との和が対地速度 V を与えて，

$$V = U \pm u_w \qquad (7.5\text{-}4)$$

ここに ± は + が追い風，そして − が向かい風を示す．飛行生物の前後と上下の力の釣り合い式は，経路角 γ が小さいとき，推進力 T，抗力 D，揚力

L, そして重力 W との間に,

$$T = D + W\gamma = (1/2)\rho U^2 SC_D + W\gamma \quad (7.5\text{-}5\,\mathrm{a})$$

$$W = L = (1/2)\rho U^2 SC_L \quad (7.5\text{-}5\,\mathrm{b})$$

が成り立つ．そして，その飛行距離と高度については次式が用いられる．

$$\frac{\mathrm{d}}{\mathrm{d}t}\begin{pmatrix} X \\ Z \end{pmatrix} = V\begin{pmatrix} 1 \\ \gamma \end{pmatrix} = (U \pm u_{\mathrm{w}})\begin{pmatrix} 1 \\ \gamma \end{pmatrix} \quad (7.5\text{-}6\,\mathrm{a,\,b})$$

ここで抗力係数 C_D は飛行生物の胴部と，滑空しているものと考えた翼の抗力を合わせた全抗力係数である．そして推力 T は抗力の増加なしに羽ばたきで得られるものと考えたものである．

第4章の式(4.2-24～25)を参照して，必要パワと消費エネルギとの関係から，燐料消費率を c として

$$\begin{aligned} -\mathrm{d}m/\mathrm{d}t &= cP_{\mathrm{t}} = cP_{\mathrm{a}}/\eta_{\mathrm{F}} \\ &= c(P_{\mathrm{i}} + P_{\mathrm{p}} + P_{\mathrm{o}} + P_{\mathrm{c}})/\eta_{\mathrm{F}} \\ &\cong c[\sqrt{2/\rho S}(W/C_{\mathrm{L}})^{3/2}\{C_{D_0} + \\ &\quad C_{\mathrm{L}}^2/\mathit{AR}_{\mathrm{e}} + C_{\mathrm{L}}\gamma\} + P_{\mathrm{o}}]/\eta_{\mathrm{F}} \end{aligned} \quad (7.5\text{-}7)$$

が求まる．これを式(7.5-5～6)と一緒にして，次式が得られる(Azuma, 1992 b)．

$$\begin{pmatrix} X \\ Z \end{pmatrix} = -\frac{1}{g}\int_1^w [\frac{\eta_{\mathrm{F}}}{c}F(\gamma,\ \sigma,\ C_L;\ w) \begin{pmatrix} 1 \\ \gamma \end{pmatrix}\mathrm{d}w \quad (7.5\text{-}8)$$

ここに

$$F(\gamma,\ \delta,\ C_L;\ w) = \frac{\{1 \pm v\sqrt{\sigma}\sqrt{C_{\mathrm{L}}/w}\}}{w\{(C_L/\pi\mathit{AR}_{\mathrm{e}}) + (C_{D_0}/C_L) + \gamma\} + p\sqrt{\sigma C_L/w}} \quad (7.5\text{-}9)$$

$$\left.\begin{aligned} w &= m/m_{\mathrm{o}} = W/W_{\mathrm{o}} \\ w_{\mathrm{f}} &= W_{\mathrm{f}}/W_{\mathrm{o}} \\ p &= P_{\mathrm{o}}/W_{\mathrm{o}}V_{\mathrm{o}} \\ v &= u_{\mathrm{w}}/V_{\mathrm{o}} \end{aligned}\right\} \quad (7.5\text{-}10)$$

$$\left.\begin{aligned} \sigma &= \rho/\rho_{\mathrm{o}} \\ V_{\mathrm{o}} &= \sqrt{2W_{\mathrm{o}}/\rho_{\mathrm{o}}\,SC_L} \end{aligned}\right\} \quad (7.5\text{-}11)$$

飛行経路角 γ は，式(7.5-5)から

$$\gamma \cong \mathrm{d}Z/\mathrm{d}X = t/w - \{C_{D_0}/C_L) + (C_L/\pi\mathit{AR}_{\mathrm{e}})\} \quad (7.5\text{-}12)$$

と書ける．ここに t は無次元推力

$$t = T/W_{\mathrm{o}} \quad (7.5\text{-}13)$$

である．これから式(7.5-9)がさらに次のように書かれる．

$$F(\sigma,\ C_{\mathrm{L}},\ t;\ w) = \frac{\{1 \pm v\sqrt{\sigma C_L/w}\}}{\{t + p\sqrt{\sigma C_L/w}\}} \quad (7.5\text{-}14)$$

飛行高度で異なる風速は，空気の密度比 $\sigma = \rho/\rho_{\mathrm{o}}$ の関数であるが，飛行距離とは，無次元の風速 $v = u_{\mathrm{w}}/V_{\mathrm{o}} = u_{\mathrm{w}}/\sqrt{2W_{\mathrm{o}}/\rho_{\mathrm{o}}S}$ を通じて関係し，また飛行高度は効率と比燃料との比 η_{F}/c および密度比 σ を通じて飛行距離と関係している．その密度比は，すでに第1章の式(1.3-9)で与えられている．同式から，

$$Z = (T_{\mathrm{o}}/a)\{1 - \sigma^{1/(n-1)}\} \quad (7.5\text{-}15)$$

という表式が得られる．

肺で吸収される酸素の量は，高度とともに酸素の分圧が減ることで減少していくので，比 η_{F}/c は高度に対して次のように与えられるものとする：

$$\eta_{\mathrm{F}}/c = Ke^{-AZ} \quad (7.5\text{-}16)$$

ここに

$$\begin{aligned} K &= (\eta_{\mathrm{F}}/c)_{z=0} = 0.23/0.25 \times 10^{-7} \\ &\cong 10^7\ \mathrm{J/kg} \end{aligned} \quad (7.5\text{-}17)$$

$$A = 6.93 \times 10^{-5}\ \mathrm{m}^{-1}$$

上式の K は4.2.2から与えられるもので，また A は $Z = 10\ \mathrm{km}$ で η_{F}/c が半分になるというものである．

式(7.5-15)と式(7.5-16)とから

$$\eta_{\mathrm{F}}/c = K\exp[-A(T_{\mathrm{o}}/a)\{1 - \sigma^{1/(n-1)}\}] \quad (7.5\text{-}18)$$

これから，式(7.5-8)が次のように書かれる：

$$X = (1/g)\int_{w_{\mathrm{f}}}^1 G(\sigma,\ C_L,\ t;\ w)\,\mathrm{d}w \quad (7.5\text{-}19\,\mathrm{a})$$

$$Z = (1/g)\int_{w_{\mathrm{f}}}^1 H(\sigma,\ C_L,\ t;\ w)\,\mathrm{d}w \quad (7.5\text{-}19\,\mathrm{b})$$

$$G = (\eta/c)F = G(\sigma,\ C_L,\ t;\ w) = \frac{K\exp[-A(T_{\mathrm{o}}/a)\{1 - \sigma^{1/(n-1)}\}]\{1 \pm v\sqrt{\sigma C_L/w}\}}{[t + p\sqrt{\sigma C_L/w}]} \quad (7.5\text{-}20)$$

$$H = G\gamma = H(\sigma,\ C_L,\ t;\ w) = \frac{K\exp[-A(T_{\mathrm{o}}/a)\{1 - \sigma^{1/(n-1)}\}]\{1 \pm v\sqrt{\sigma C_L/w}\}}{w[t + p\sqrt{\sigma C_L/w}]/[t - w\{C_{D_0}/C_{\mathrm{L}} + C_L/\pi\mathit{AR}_{\mathrm{e}}\}]}$$

(7.5-21)

最大飛行距離を得るためには，与えられた P_o/W_o および u_w の下に，汎関数 X を最大ならしめることで，拘束条件としては，

$$\left.\begin{array}{l} 0 \leqq C_L \leqq C_{L\max} \\ w_f \leqq w \leqq 1.0 \\ 0 < \gamma << 1 \end{array}\right\} \qquad (7.5\text{-}22)$$

および $\bar{\sigma}$ について式(7.5-15)と(7.5-21)から

$$(T_o/a)\{1-\sigma^{1/(n-1)}\} = (1/g)\int_w^1 H(\sigma,\ C_L,\ T\ ;\ w)\,\mathrm{d}w \qquad (7.5\text{-}23)$$

が考えられる．また端末条件としては，$Z(w_f) = Z(1) = 0$ すなわち

$$\sigma(w_f) = \sigma(1) = 1 \qquad (7.5\text{-}24)$$

がある．以上のことから，この変分問題は，質量比 $w = m/m_o$ の関数である $\sigma(w)$，$C_L(w)$ および $t(w)$ からなる空間における最適軌道を見つけることで，ここに C_L と t は制御入力である．

さて，これらの式で渡りの飛行距離を最大ならしめるには，飛行高度 Z に対して風速分布 u_w がどうなっているかということと，体の熱効率を考えたシステム効率 η_F と比燃費 c との比 η_F/c が，高度に対してどう設計されているかによって異なる．通常高度を上げれば空気抵抗が減るので有利であるが，過給機なしでは有効パワも減るので高度選択は容易でない．

多くの鳥はそれほど高い距離を飛ぶことはないが，アネハヅルが高度約 7000 m でヒマラヤ山脈を越えていくことはすでに 4.2.5 で述べた．

風の高度方向の変化が無視できて一様であると仮定される場合には，上記の最適問題の軌道は容

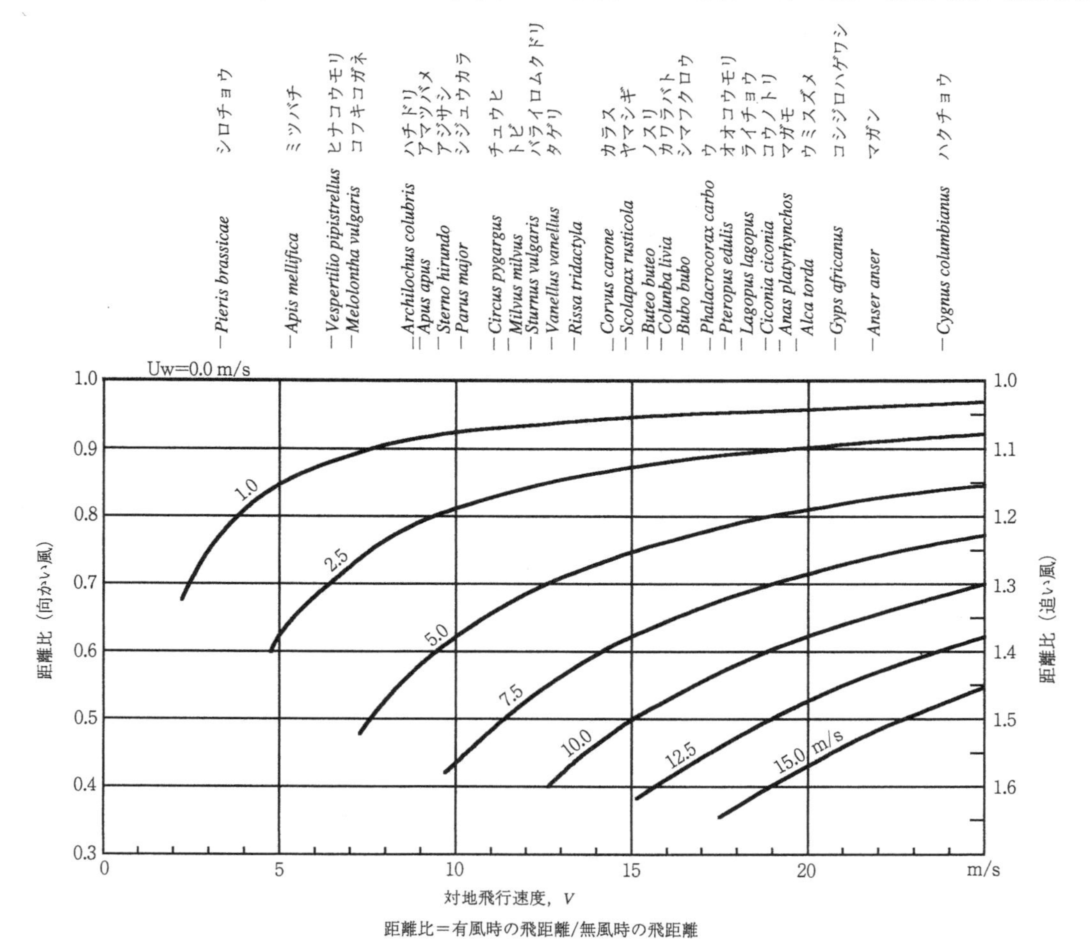

距離比＝有風時の飛距離/無風時の飛距離

図 7.5-7　飛距離に対する風の影響（Pennycuick，1969 の修正）

表 7.5-1　渡り鳥の諸元と上昇性能

渡り鳥の種		最小質量 m_0 (kg)	翼幅 b (m)	アスペクト比 $\mathcal{R}$	上昇速度 $-\dot{Z}$±S.D. ($\mathrm{ms^{-1}}$)	水平飛行速度 V±S.D. ($\mathrm{ms^{-1}}$)	平均高度 H(m)	上昇パワ P_c (W)	水平飛行時のパワ P_{ae} (W)	全パワ P_{tot} (W)	搭載燃料比 h_{max}	羽ばたき周波数 f (Hz)	上昇飛行中の** 筋肉のなすパワ (W/kg)
コブハクチョウ	*Cygnus olor*	9.6	2.23	9.2	0.32±0.15	16.7±1.2	259	33	241	274	1.28	3.5	144
ハイイロガン	*Anser anser*	3.25	1.64	8.5	0.46±0.11	15.9±1.3	351	16	64	80	1.43	3.8	122
ケワタガモ	*Somateria mollissima*	1.63	0.94	8.4	0.41±0.10	16.9±1.7	276	7.2	48	55	1.30	7.0	168
アビ	*Gavia stellata*	1.24	1.11	12.2	0.49±0.17	17.9±1.4	592	6.6	28	34	1.42	5.5	138
ガン	*Branta berinicla*	1.24	1.15	10.7	0.53±0.18	16.4±1.8	312	7.1	25	32	1.48	5.0	130
シギ	*Numenius arquata*	0.72	0.90	6.7	1.07±0.26	14.9±1.1	770	8.3	15	23	1.79	5.5	160
ヒドリガモ	*Anas penelope*	0.65	0.80	8.2	0.90±0.32	20.3±2.3	451	6.3	20	26	1.52	6.5	202
モリバト	*Colunba palumbus*	0.49	0.78	6.5	0.68±0.18	15.5±1.4	322	3.6	11	14	1.55	5.8	145
ミヤコドリ	*Haematopus ostralegus*	0.48	0.83	8.7	0.86±0.20	13.6±0.8	704	4.5	8.8	13	1.74	5.7	137
キョクアジサシ	*Sterna paradisaea*	0.11	0.80	11.2	1.24±0.22	9.9±1.4	1074	1.5	1.0	2.5	2.75	4.1	115
ウタツグミ	*Turdus philomelos*	0.061	0.34	6.0	1.00±0.21	12.4±1.5	733	0.65	1.3	2.0	1.72	10.1	162
ハマシギ	*Calidris alpina*	0.042	0.40	11.0	1.63±0.41	13.9±1.4	717	0.80	1.0	1.8	2.22	8.1	211
アマツバメ	*Apus apus*	0.037	0.45	13.2	1.34±0.30	10.0±0.8	783	0.40	0.43	0.83	2.56	6.8	109
ズアオアトリ	*Fringilla coelebs*	0.019	0.26	5.3	1.02±0.33	11.2±1.2	387	0.22	0.38	0.60	1.94	9.8*	157
マヒワ	*Carduelis spinus*	0.010	0.21	5.9	0.84±0.23	13.4±1.2	529	0.094	0.31	0.40	1.53	11.2*	202

*　パウンディング飛行時から推定した有効羽ばたき周波数を使用.　　(Hedenström & Alerstam, 1992)

**　原典ではさらにこれを周波数 f で割ったエネルギで与えられているが，ここでは f で割らない一般的なパワを示した.

易に定まる．すなわち必要パワ P_n が式(4.2-22)から近似的に

$$P_n=\left(\frac{1}{2}\rho SC_{D_0}\right)U^3+(2W^2/\rho\pi\mathcal{R}_e S)/U \tag{7.5-25}$$

で与えられるとき，これを対地速度 $V=U\pm u_v$ で割った P_n/V が最小になる対気速度は，$\partial(P_n/V)/\partial U=0$ を満たすものとして，

$$U=U_{opt}[\{1\pm\frac{1}{2}(u_w/U)\}/\{1\pm\frac{3}{2}(u_w/U)\}]^{1/4} \tag{7.5-26}$$

となる．ここに

$$U_{opt}=(2W/\rho S)^{1/2}/(\pi\mathcal{R}_e C_{D0})^{1/4} \tag{7.5-27}$$

もし，風速が対気速度に比べて十分小さいとき，$u_w/U<1$，式(7.5-26)は次式で近似される：

$$U/U_{opt}=1\mp(u_w/U)/4 \tag{7.5-28}$$

したがって，対地速度 V に対しては

$$V/U_{opt}=1\pm(3/4)(u_w/U) \tag{7.5-29}$$

となる．

追い風と向かい風の影響を，有風時の飛行距離と無風時の飛行距離の比の“距離比”で表すと，これまでの近似の範囲では，速度比 V/U_{opt} で与えられ，それを図7.5-7に示す．この図は式(7.5-29)で明らかなように，Pennycuick (1969) により求められたもの $V=U_{opt}=1\pm(u_w/U)$ とは若干異なる(彼は必要パワ曲線の風速による左右シフトを無視)．いずれにしろ，向かい風に対して追い風がいかに有利であるかが如実に示されている．

上昇飛行の実例

Hedenström & Alerstam (1992) は何種かの渡り鳥の上昇飛行をレーダで観測している．水平風の矯正は行っているが垂直風はなかったものとして扱っている．結果が表7.5-1に与えられている．表から次のことが看取される：(i) 上昇率は小型の鳥ほど，そしてアスペクト比の大きい鳥ほど高い．(ii) パワ最大時の最大質量 m は最小質量 m_0 に燃料分の質量をもっていると考えると，質量比 $h=m/m_0$ は最大燃料搭載率と見なせる．この値は質量が大きくなるほど有効パワに余裕がなくなるので減少していく．(iii) 単位質量当たりの筋肉の出せるパワの最大値は最大出力時の全パワ P_{tot} と筋肉の質量 m_m との比で与えられるので，P_{tot}/m_m を求めてみると，それは体の質量に関係なくほぼ100～200 W/kg の範囲にあることがわかる．

文　　献

Abbott, I. H. and von Doenhoff, A. E. (1949): Theory of Wing Sections. Dover Publications, Inc., New York.

Abbott, B. C., Bigland, B. and Ritchie, J. M. (1952): The Physiological Cost of Negative Work. *J. Physiol.* **117**, 380-390.

阿部友三郎(1975): 海水の科学, NHK ブックス 231, 日本放送出版協会, 東京.

Achenbach, E. (1974): Vortex Shedding from Sphere. *J. Fluid Mech.* **62** (2), 209-221.

Alcock, J. (1975): Animal Behavior. Sinauer Associates, Inc. Publishers, Sunderland, Mass.

Aldridge, H. D. J. N. (1986): Kinematics and Aerodynamics of the Greater Horseshoe Bat, *Rhinolophus ferrumequinum*, in Horizontal Flight at Various Speeds. *J. exp. Biol.* **126**, 479-497.

Aldridge, H. D. J. N. (1987a): Body Accelerations during the Wingbeat in Six Bat Species; The Function of the Upstroke in Thrust Generation. *J. exp. Biol.* **130**, 275-293.

Aldridge, H. D. J. N. (1987b): Turning Flight of Bats. *J. exp. Biol.* **128**, 419-425.

Aldridge, H. D. J. N. (1988): Flight Kinematics and Energetics in the Little Brown Bat, *Myotis lucufugus* (Chiroptera; Vespertilionidae), with Reference to the Influence of Ground Effect. *J. Zool., Lond.* **216**, 507-517.

Alerstam, T. (1987): Bird Migration Across a Strong Magnetic Anomaly. *J. exp. Biol.* **130**, 63-86.

Alexander, R. McN. (1971): Animal Mechanics. Lecture in Zoology at the University College of North Wales, Bangor, Sidgwich & Jackson, London.

Alexander, R. McN. (1977a): Terrestrial Locomotions. In "Mechanics and Energetics of Animal Locomotion", ed. by Alexander, R. McN. and Goldspink, G., London Chapman and Hall, John Wiley & Sons, New York.

Alexander, R. McN. (1977b): Mechanics and Scaling of Terrestrial Locomotion. In "Scale Effect in Animal Locomotion", Part II, ed. by Pedley, T. J., Academic Press, London.

Alexander, D. E. (1986): Wind Tunnel Studies of Turns by Flying Dragonflies. *J. exp. Biol.* **122**, 81-98.

Alexander, R. McN. (1988): Elastic Mechanisms in Animal Movement. Cambridge Univ. Press, Cambridge.

Alexander, R. McN. (1991): How Dinosaurs Ran. *Scientific American*, April 62-68.

Alexander, R. McN. (1992): Exploring Biomechanics. Scientific American Library, New York, または東　昭(訳) (1992): 生物と動物. バイオメカニックスの探究, 日経サイエンス社, 東京.

Altenbach, J. S. (1979): Locomotor Morphology of the Vampire Bat, *Desmodus rotundus*. *Spec. Publs. Am. Soc. Mammal.* **6**, 1-75.

Anderson, R. F. (1936): Determination of the Characteristics of Tapered Wings. NACA Rep. 572

Anikouchine, W. A. and Sternberg, R. W. (1973): The World Ocean. An Introduction to Oceanography. Prentice-Hall, Inc., Englewood Cliffs, New Jersey.

Anon (1970): World of Wildlife: Life in the Ocean. Orbis Publishers, London.

Archer, S. D. and Johnston, I. A. (1989): Kinematics of Labriform and Subcarangiform Swimming in the Antarctic Fish *Notothenia neglecta*. *J. exp. Biol.* **143**, 195-210.

Asmussen, E. (1952): Positive and Negative Muscular Work. *Acta Phys. Scand.* **28**, 364-382.

Atlas, D., Harris, F. I. and Richter, J. H. (1970): The Measurement of Point Target Speeds with Incoherent Non-Tracking Radar: Insect Speeds in Atmospheric Waves. Radar Met. Conf. 73-78, Tucson, Arizona.

Attenborough, D. (1979): Life on Earth. A Natural History. Collins British Broadcasting Corporation, London.

Aymer, G. C. (1935): Bird Flight. Dodd, Mead.

東　昭 (1979): 生物の飛行. ブルーバックス, B-378, 講談社, 東京.

東　昭 (1980a): 生物の泳法. ブルーバックス, B-412, 講談社, 東京.

東　昭 (1980b): 回転翼や羽ばたき翼等にまつわる非定常空気力学. 日本航空宇宙学会第11期年会講演会, 講演集, 昭和 55 年 4 月, 90-95.

東　昭, 吉良幸世 (1980): 鳥の飛行性能に関係ある形態上の統計値. 日本航空宇宙会誌 **28** (323), 578-581.

東　昭 (1981): イカの滑空行動を推理する. 科学朝日. 81-85, 東京.

Azuma, A., Nasu, K. and Hayashi, T. (1981): An Extension of the Local Momentum Theory to the Rotors Operating in Twisted Flow Field. Seventh European Rotorcraft and Powered Lift Aircraft Forum. Paper No. 5, Garmish-Partenkirchen, Germany, Sept. 8-11, or *Vertica* **7** (1), 1983, 45-59.

Azuma, A., Azuma, S., Watanabe, I. and Furuta, T. (1985): Flight Mechanics of a Dragonfly. *J. exp. Biol.* **116**, 79-107.

Azuma, A., Onda, Y. and Ichikawa, R. (1986): Falling Behaviour of Sterilized and Slept Fruitfly and Melonfly. 3rd International Conference on Aerobiology, August 6-9, Basel, Switzerland.

東　昭 (1986): 生物・その素晴らしい働き. 共立出版, 東京.

Azuma, A. and Okuno, Y. (1987): Flight of Samara, *Alsomitra macrocarpa*. *J. Theor. Biol.* **129**, 263-274.

Azuma, A. and Watanabe, T. (1988): Flight Performance of a Dragonfly. *J. exp. Biol.* **137**, 221-252.

東 昭，安田邦男 (1989)：鳥人間コンテストと人力機の発達．日本機械学会誌 **92** (851)，890-897.

Azuma, A., Furuta, T., Iuchi, M. and Watanabe, I. (1989): Hydrodynamic Analysis of the Sweeping of a "Ro"-an Oriental Scull. *J. Ship Res.* **33** (1), 47-62.

東 昭 (1989a)：航空工学（Ｉ）．航空流体力学．裳華房，東京．

東 昭 (1989b)：航空工学（Ⅱ）．航空機の性能と飛行力学．裳華房，東京．

Azuma, A. and Yasuda, K. (1989): Flight Performance of Rotary Seeds. *J. exp. Biol.* **138**, 23-54.

Azuma, A. (1992a): Aero- and Flight-Dynamics of Flying Seeds. Society of Experimental Biology, Lancaster Meeting, April 5-10.

Azuma, A. (1992b): The Biokinetics of Flying and Swimming. Springer-Verlag, Tokyo.

東 昭 (1992c)：生物と運動．Alexander 1992の日本語訳．日経サイエンス，東京．

東 昭 (1993)：流体力学．機械系基礎工学３，朝倉書店，東京．

東 昭 (1994)：航空を科学する．上巻，酣燈社，東京．

東 昭 (1995)：航空を科学する．下巻，酣燈社，東京．

Baba S. A. (1974): Developmental Changes in the Pattern of Ciliary Response and the Swimming Behavior in Some Invertebrate Larvae. In "Swimmming and Flylng in Nature", ed. by Wu, T.Y.T., et al., Vol. 1, Plenum Press, New York, 317-323.

Backus, R. H. and Scheville, W. E. (1966): Physeter Clickes. In "Whales, Dolphines and Porpoises", ed. by Norris, K. S., 510-528, Univ. of Calif. Press, Berkley.

Bainbridge, R. (1958): The Speed of Swimming of Fish as Related to Size and the Frequency and Amplitude of the Tail Beat. *J. exp. Biol.* **35**, 109-133.

Bainbridge, R. (1960): Speed and Stamina in Three Fishes. *J. exp. Biol.* **37**, 129-153.

Bainbridge, R. (1961): Problems of Fish Locomotion. Symposia Zool, Soc. London, No. 5, Vertebrate Locomotion, 13-32.

Baker, R. R. (1978): The Evolutionary Ecology of Animal Migration. Hodder and Stoughton, London.

Baker, P. S. and Cooper, R. J. (1979): The Natural Flight of the Migratory Locust, *Locusta migratoria* L., I. Wing Movements and Gliding. *J. Comp. Physiol.* **131**, 79-87 and 89-94.

Balasubramanian, R. (1980): Analytical and Design Techniques for Drag Reduction Studies on Wavy Surfaces. NASA CR 3225, January.

Barlow, J. S. (1966): Inertial Navigation in Relation to Animal Navigation. *J. Inst. Nav.* **19** (3), 302-316.

Barlow, D. and Sleigh, M. A. (1993): Water Propulsion Speeds and Power Output by Comb Plates of the Ctenophore *Pleurobrachia pilius* Under Different Conditions. *J. exp. Biol.* **183**, 149-163.

Bascom, W. (1959): Ocean Waves. In "Oceanic Science", Sci. Am. 1977, W. H. Freeman and Company, San Francisco.

Bayler, E. R., Bayler, M. B, Blanchard, D. C., Syzdek, L. D. and Appel, C. (1977): Virus Transfer from Surf to Wind. *Science* **198**, 575-580.

Beamish, F. W. H. (1978): Swimming Capacity. In "Fish Physiology", Vol. Ⅷ, Locomotion, ed. by Hoar, W.S., and Randall, D.J., Academic Press, New York.

Bennet-Clark, H. C. and Lucey, E. C. A. (1967): The Jump of the Flea; a Study of the Energetics and a Model of the Mechanism. *J. exp. Biol.* **47**: 59-76.

Bennet-Clark, H. C. (1977): Scale Effects in Jumping Animals. In "Scale Effects in Animal Locomotion", ed. by Pedley, T. J., Academic Press, New York.

Bennet-Clark, H. C. (1980): Aerodynamics of Insect Jumping. In "Aspects of Animal Movement", ed. by Elder, H. Y., Trueman, E. R., Cambridge University Press, Cambridge.

Bernstein, M. H., Thomas, S. P. and Schmidt-Neilsen, K. (1973): Power Input During Flight of the Fish Crow, *Corvus ossifragus*. *J. exp. Biol.* **58**, 401-410.

Berg, C. V. D. and Rayner, J. M. V. (1995): The Moment of Inertia of Bird Wings and the Inertial Power Requirement for Flapping Flight. *J. exp. Biol.* **198**, 1655-1664.

Berger, A. J. (1961): Bird Study. Dover, New York.

Beroza, M. and Knipling, E. F. (1972): Gypsy Moth Control with the Sex Attractant Pheromone. *Science*, **177** (7), 19-26.

Bisplinghoff, R. L., Ashley, H. and Halfman, R. L. (1955): Aeroelasticity. Addison-Wesley Publishing Company, Inc., Reading, Mass.

Blake, R. W. (1979): The Mechanics of Labriform Locomotion. *J. exp. Biol.* **82**, 255-271.

Blakemore, R. (1975): Magnetotactic Bacteria. *Science* **190**, 377-379.

Blasius, H. (1908): Grenzschichten in Flüssigkeiten mit Kleiner Reibung. *Z. Math. Phys.* **56**, 1-37 (Translated as the Boundary Layers in Flüids with Little Friction. NACA TM No. 1256, 1956).

Blick, E. F. and Walter, R. R. (1968): Turbulent Boundary Layer Characteristics of Compliant Surfaces. *J. Aircraft* **5** (1), 11-16.

Blickham, R. and Cheng, J.-Y. (1994): Energy Strong by Elastic Mechanisms in the Tail of Large Swimmers—a Reevaluation. *J. Theor. Biol.* **168**, 315-321.

Blickham, R. and Full, R. J. (1987): Locomotion Energetics of the Ghost Crab. Ⅱ. Mechanics of the Centre of Mass During Walking and Running. *J. exp. Biol.* **130**, 155-174.

Bone, Q. (1975): Muscular and Energetic Aspects of Fish Swimming. In "Swimming and Flying Nature", Vol. 2, ed. by T. Y. T. Wu and C. Brennen, 493-528, Plenum Press, New York.

Borror, D. J., Delong, D. M. and Triplehorn, C. A. (1976): An Introduction to the Study of Insects. 4th ed., Holt, Rinehart and Winston, New York.

Bramwell, C. D. and Whitfield, G. R. (1974): Biomechanics of Pteranodon. *Phil. Trans. R. Soc. Lond.* **B267**, 503-581.

Breder, C. M. Jr. (1924): Respiration as a Factor in Locomotion of Fishes. *Am. Nat.* **58**, 145-155.

Breder, C. M. Jr. (1926): The Locomotion of Fishes. Zoologica, New York.

Breder, C. M. Jr. (1965): Vortices and Fish Schools. *Zoologica* **50**, 97-114.

Brett, J. R. (1963): The Energy Required for Swimming by Young Sockeye Salmon with a Comparison of the Drag Force on a Dead Fish. *Trans. Roy. Soc. Canada,* **Ser. IV** (1), 441-457.

Bretscher, M. S. (1984): Endocytosis: Relation to Capping and Cell Locomotion. *Science* **224** (May 18), 681-685.

Brody, S. (1945): Bioenergetics and Growth. Reinhold, New York.

Broecker, W. S. (1995): Chaotic Climate. *Sci. Am.* (Nov.), 44-50.

Brooks, J. D. and Lang, T. G. (1967): Simplified Methods for Estimating Torpedo Drag. In "Underwater Missile Propulsion", ed. by Greiner, Compaso-Publications, Inc., Arlington, Virginea, 117-146.

Brown, R. H. J. (1963): Jumping Arthropods. *Times Sci. Rev.* (Summer), 6-7.

Brown, C. E. and Muir, B. S. (1970): Analysis of Ram Ventilation of Fishgills with Application to Skipjack Tuna (*Katsuonus pelamis*). *J. Fish Res. Board Can.* **27**, 1637-1652.

Brown, R. E. and Fedde, M. R. (1993): Air Flow Sensors in the Avian Wing. *J. exp. Biol.* **179**, 13-30.

Buckus, R. H. and Scheville, W. E. (1966): Physeter Clickes. In "Whales, Dolphins and Porpoises", ed. by K. S. Norris, 510-528, University of California Press, Berkley, Calf.

Burg, C. V. D. and Rayner, J. M. V. (1995): The Moment of Inertia of Bird Wings and the Inertial Power Requisemnt for Flapping Flight. *J. exp. Biol.* **198**, 1655-1664.

Bushnell, D. M., Helner, J. N. and Ash, R. L. (1977): Compliant Wall Drag Reduction for Turbulent Boundary Layers. *Phys. Fluids* **20**, 531-548.

Byrne, D. N., Buchmann, S. L. and Spangler, H. G. (1988): Relationship Between Wing Loading, Wing-beat Frequency and Body Mass in Homopterous Insects. *J. exp. Biol.* **135**, 9-23.

Carr, L. W., McAlister, K. W. and McCroskey, W. J. (1977): Analysis of the Development of Dynamic Stall Based on Oscillating Airfoil Experiments. NASA TN D-8382, January.

Chapman, R. F. (1971): The Insects. Structure and Function. Second ed., Hodder and Stoughton, London.

Cheng, J.-Y., Zhuang, L.-X. and Tong, B.-G. (1991): Analysis of Swimming Three-Dimensional Waving Plates. *J. Fluid Mech.* **232**, 341-355.

Cheng, J.-Y. and Blickhan, R. (1994a): Bending Moment Distribution along Swimming Fish. *J. Theor. Biol.* **168**, 337-348.

Cheng, J.-Y. and Blickhan, R. (1994b): Note on the Calculation of Propeller Efficiency Using Elongated Body Theory. *J. exp. Biol.* **192**, 169-177.

Childress, S. (1981): Mechanics of Swimming and Flying. Cambridge University Press, Cambridge.

Chinery, M. et al. (Contributors) (1979): Insects. An Illustrated Survery of the Most Successful Animals on Earth. Hamlyn, London.

Chwang, A. T. and Wu, T. Y. T. (1974): Hydromechanics of Flagellar Movememts. In "Swimming and Flying in Nature", Vol. 1, ed. by Wu, T. Y. T., et al., Plenum Press, New York.

Clark, B. D. and Bemis, W. (1979): Kinematics of Swimming of Penguins at the Detroit Zoo. *J. Zool. Lond.* **188**, 411-428.

Cloud, P. (1983): The Biosphere. *Sci. Am.* **249**, 132-144.

Coakley, C. J. and Holwill, M. E. J. (1972): Propulsion of Micro-Organisms by Three-Dimensional Flagellar Waves. *J. Theor. Biol.* **35**, 525-542.

Coffey, D. J. (1977): Dolphins, Whales and Porpoises. An Encyclopedia of Sea Mammals. Collier Books, A Division of Macmillan Publishing Co., New York.

Common, I. F. B. (1954): A Study of the Ecology of the Adult Bogong Moth, *Agrotis infusa* (Boisd.) (Lepidoptera: Noctuidae), with Special Reference to Its Behaviour During Migration and Aestivation. *Aust. J. Zool.* **2** (2), 223-263.

Cone, C. D. (1962): The Theory of Induced Lift and Minimum Induced Drag of Nonplaner Lifting Systems. NASA TR R-139.

Cox, R. G. (1970): The Motion of Long Slender Bodies in a Viscous Fluid. Part 1 General Theory. *J. Fluid Mech.* **44** (4), 791-810.

Culic, B. and Wilson, R. D. (1991): Swimming Energetics and Performance of Instrumented Adelie Penguins (Pygoscelisadeliae). *J. exp. Biol.* **158**, 355-368.

Currey, J. D. (1980): Skeletal Factors in Locomotion. In "Animal Movement", ed. by Elder, H. Y. and Trueman, E. R., Cambridge University Press, Cambridge.

Dalton, S. (1977): The Miracle of Flight. Sampson Low, New York.

Dam, C. P. van (1987a): Efficiency Characteristics of Crescent-Shaped Wings and Caudal Fins. *Nature* **325**, 435-437.

Dam, C. P. van (1987b): Induced-Drag Characteristics of Crescent-Moon-Shaped Wings. *J. Aircraft* **24**, 115-119.

Dam, C. P. van and Holmes, B. J. (1991a): Aerodynamic Characteristics of Crescent and Elliptic Wings at High Angles of Attack. *J. Aircraft* **28** (4), April, 253-260.

Dam, C. P. van and Holmes, B. J. (1991b): Experimental Investigation on the Effect of Crescent Planform on Lift and Drag. *J. Aircraft* **28** (11), November, 713-720.

Damuth, J. (1981): Population Density and Body Size in Mammals. *Nature* **290**, 699-700.

Daniel, T. L. and Meyhöfer, E. (1989): Size Limits in Escape Locomotion of Carridean Shrimp. *J. exp. Biol.* **143**, 245-246.

Daugherty, R. L. (1961): Fluid Property. In Section 1 of

"Handbook of Fluid Dynamics", ed. by Streeter, V. L., McGraw-Hill Book Co., New York.

Davenport, A. G. (1960): Rational for Determining Design Wind Velocities. *Prov. A. S. C. E.* **86** (5), 39-68.

Dawson, T. J. and Taylor, C. R. (1973): Energetic Cost of Locomotion in Kangaroos. *Nature* **246**, 313-314.

DeMont, M. E. and Gosline, J. M. (1988a, b, c): Mechanics of Jet Propulsion in the Hydromedusan Jellyfish, *Polyorchis penicillatus*. I. Mechanical Properties of the Locomotor Structure, Ⅱ. Energetics of the Jet Cycle, Ⅲ. A Natural Resonating Bell; The Presence and Importance of a Resonant Phenomenon in the Locomotor Structure. *J. exp. Biol.* **134**, 313-332, 333-345, 347-361.

Dewar, H. and Graham, J. B. (1994): Studies of Tropical Tuna Swimming Performance in a Large Water Tunnel. *J. exp. Biol.* **192**, 13-31.

Dickinson, M. H., Lehmann, F.-D., Gotz, K. G. (1993): The Active Control of Wing Rotation by *Drosophila*. *J. exp. Biol.* **182**, 173-189.

Dingle, H. (1972): Migration Strategies of Insects. *Science* **175**, 1327-1335.

Drela, M. (1988): Low-Reynolds Number Airfoil Design for the M. I. T. Daedalus Prototype: A Case Study. *J. Aircraft* **25** (8), 724-732.

Dyson, G. H. G. (1962): The Mechanics of Athletics. University of London Press, London.

EA (1963): The Encyclopedia Americana. International Edition, American Corporation, New York.

Eisentraut, M. (1936): Beitrag zur Mechanik des Fledermausfluges. A. Wiss, Zool-24, 95-104.

Eisner, T. and Wilson, E. O. (1977): The Insects. Sci. Am., W. H. Freeman and Company, San Francisco.

Ekman, V. W. (1905): On the Influence of the Earth's Rotation on Ocean-Currents. *Arkiv. Mat. Astr. Fys.* (11).

Ellington, C. P. (1984): The Aerodynamics of Hovering Insect Flight. B. Biological Sciences, ISSN 0080-4622. *Phil. Trans. of the Roy. Soc. of London* **305** (1122), 1-181.

Ellington, C. P. (1991): Limitations on Animal Flight Performance. *J. exp. Biol.* **160**, 71-91.

Emlen, S. T. (1975): The Stellar-Orientation System of a Migratory Bird. *Sci. Am.*, (August), 102-111.

Ennos, A. R., Hickson, J. R. E. and Roberts, A. (1995): Functional Morphology of the Vanes of the Flight Feathers of the Pigeon *Columba livia*. *J. exp. Biol.* **198**, 1219-1228.

Farkas, S. R. and Shorey, M. H. (1972): Chemical Trail-Following by Flying Insects: A Mechanism for Orientation to a Distant Odor Source. *Science* **178** (6), 67-68.

Farley, C. T., Glasheen, J. and McMahon, T. A. (1993): Running Springs: Speed and Animal Size. *J. exp. Biol.* **185**, 71-86.

Farrand, J. Jr. (1988): Eastern Birds. McGraw-Hill Book Co., New York.

Fejer, A. A. and Backus, R. H. (1960): Porpoises and Bow-Riding of Ships Under Way. *Nature* **188** (November), 700-703.

Fish, F. E. (1993): Power Output and Propulsive Efficiency of Swimming Bottlenose Dolphines (*Tursiops truncatus*). *J. exp. Biol.* **185**, 179-193.

Fisher, D. H. and Blick, E. F. (1966): Turbulent Damping by Flabby Skins. *J. Aircraft* **3** (2), 163-164.

Francis, M. S. and Keesee, J. E. (1985): Airfoil Dynamic Stall Performance with Large-Amplitude Motions. *AIAA J.* **23** (11), November, 1653-59.

Friedmann, P. P. and Yuan, C. H. (1977): Effects of Modified Aerodynamic Strip Theories on Rotor Blade Aeroelastic Stability. *AIAA J.* **5** (7), July, 932-940.

福永哲夫 (1978)：ヒトの絶対筋力．杏林書院，東京．

Full, R. J. and Tu, M. S. (1990): The Mechanics of Six-Legged Runners. *J. exp. Biol.* **148**, 129-146.

Full, R. J. and Tu, M. S. (1991): Mechanics of a Rapid Running Insects: Two-, Four- and Six-Legged Locomotion. *J. exp. Biol.* **156**, 215-231.

学研 (1994)：恐竜の生態図鑑．大自然のふしぎ，Nature Library，学習研究社，東京．

Gambaryan, P. P. (1974): How Animals Run. John Wiley & Sons, New York.

Gamow, R. I. and Harris, J. F. (1974): The Infrared Receptors of Snakes. In "Animal Engineering", ed. by Griffin, D. R., Sci. Am., W. H. Freeman and Company, San Francisco.

Gero, D. R. (1952): The Hydrodynamic Aspects of Fish Propulsion. American Museum Novitates. The American Museum of Natural History, City of New York; No. 1601, 1-32.

Gibb, A. C., Jayne, B. C. and Lauder, G. V. (1994): Kinematics of Pectoral Fin Locomotion in the Bluegill Sunfish *Lepomis macrochirus*. *J. exp. Biol.* **189**, 133-161.

Goldspink, G. (1977a): Energy Cost of Locomotion. In "Mechanics and Energetics of Animal Locomotion", ed. by Alexander, R. McN. and Goldspink, G., Chapman and Hall, London.

Goldspink, G. (1977b): Design of Muscles in Relation to Locomotion. In "Mechanics and Energetics of Animal Locomotion", ed. by Alexander, R. McN. and Goldpink, G., Chapman and Hall, London.

Goldspink, G. (1977c): Muscle Energetics and Animal Locomotion. In "Mechanics and Energetics of Animal Locomotion", ed. by Alexander, R. McN. and Goldpink, G., Chapman and Hall, London.

Goldspink, G. (1977d): Mechanics and Energetics of Muscle in Animals of Different Sizes, with Particular Reference to the Muscle Fibre Composition of Vertebrate Muscle. In "Scale Effects in Animal Locomotion", ed. by T. J. Pedley, Academic Press, London.

Goldspink, G. (1980): Locomotion and the Sliding Filament Mechanism. In "Animal Movement", ed. by H. Y. Elder and E. R. Trueman, Camridge University Press, Cambridge.

Gosline, J. M. and DeMont, M. E. (1985): Jet-propelled

Swimming in Squids. *Sci. Am.* **252** (1), 74-79.

Graham, J. B., Lowell, W. R., Rubinoff, I. and Motta, J. (1987): Surface and Subsurface Swimming of the Sea Snake *Pelamis platurus*. *J. exp. Biol.* **127**, 27-44.

Graham, J. B., Dewar, H., Lai, N. C., Lowell, W. R. and Arce, S. M. (1990): Aspects of Shark Swimming Performance Determined Using a Large Water Tunnel. *J. exp. Biol.* **151**, 175-192.

Graham, R. R. (1934): The Silent Flight of Owls. *J. Roy. Aero. Soc.* **38**, 837-843.

Gray, J. (1936): Studies in Animal Locomotion. *J. exp. Biol.* **13**, 192-199.

Gray, J. (1953): How Animal Move. Cambridge University Press, Cambridge.

Gray J, and Lissmann, H. W. (1964): The Locomotion of Nematodes. *J. exp. Biol.* **41**, 135-154.

Greenberg, J. M. (1947): Airfoil in Sinusoidal Motion in Pulsating Stream. NACA TN. No. 1326.

Greenewalt, C. H. (1960): Hummingbirds. Doubleday & Company, Garden City, N. Y.

Greenewalt, C. H. (1962): Dimensional Relationships for Flying Animals. Smithonian Miscellaneous Collections, Smithonian Institution, Washington, **144** (2), 1-46.

Griffin, D. R. (1954): Bird Sonar. Sci. Am., ed. by March, W. H., Freeman and Company, San Francisco.

Griffin, D. R. (1969): Bird Migration. Educational Services Incorporated, New York.

Gwinner, E. (1975): Circadian and Circannual Rhythms in Birds. In "Avian Biology", Vol. Ⅴ, ed. by Farner, D. S., et al., Academic Press, New York.

Gyorgyfalvy, D. (1967): Possibilities of Drag Reduction by Use of a Flexible Skin. *J. Aircraft* **4** (3), 186-192.

Hall-Craggs, E. C. B. (1965): An Analysis of the Jump of the Lesser Galago (*Galago-sene galansis*). *J. Zool. London* **147**, 20-29.

Hancock, G. J. (1953): Self-Propulsion of Microscopic Organisms through Liquids. *Proc. Roy. Soc.* **217A**, 96-121.

Harper, D. G. and Blake, R. W. (1990): Fast-Start Performance of Rainbow Trout *Salmo gairdneri* and Northern Pike *Esox lucius*. *J. exp. Biol.* **150**, 321-342.

Harper, D. G. and Blake, R. W. (1991): Prey Capture and the Fast-Start Performance of Northern Pike *Esox lucius*. *J. exp. Biol.* **155**, 175-192.

Harris, J. E. (1953): Fin Patterns and Mode of Life in Fish. Essays in Marine Biology, ed. by Marshall, S. A. and Orr, D., Oliver and Boyd, Edinburgh.

Hasler, A. D. and Larsen, J. A. (1965): The Homing Salmon. In "Animal Behavior", ed. by Eisner, T. and Wilson, E. O. Sci. Am., W. H. Freeman and Company, San Francisco.

Hazlehurst, G. A. and Rayner, J. M. V. (1992): Flight Characteistics of Triassic and Jarassic Pterosauria: An Appraisal Based on Wing Shape. *Paleobiology* **18** (4), 447-463.

Hedenström, A. and Alerstam, T. (1992): Climbing Performance of Migrating Birds as a Basis for Estimating Limits for Fuel Carrying Capacity and Mascle Work. *J. HP. Biol.* **164**, 19-38.

Heglund, N. C., Cavagna, G. A. and Taylor, C. R. (1982): Energetics and Mechanics of Terrestrial Locomotion. Ⅲ. Energy Changes of the Centre of Mass as a Function of Speed and Body Size in Birds and Mammals. *J. exp. Biol.* **97**, 41-56.

Heinrich, B. (1979): Bumble Bee Economics. Harvard Uniersity, Cambridge, Mass.

Hermansen, L., et al (1984): Oxygen Deficit During Maximal Exercise of Short Duration. *Acta Physiol Scand.* **121**: 39A.

Hersh, A. S., Soderman, R. T. and Hayden, R. E. (1974): Investigation of Acoustic Effects of Leading-Edge Serrations on Airfoils. *J. Aircraft* **11** (4), 197-202.

Hertel, H. (1966): Structure-Form-Movement. Reinhold Publishing Corporation, Translation editor; Katz, M. S., New York.

Hertel, H. (1969): Hydrodynamics of Swimming and Wave-Riding Dolphins. In "The Biology of Marine Mammals", ed. by Anderson, H. T., Academic Press, New York.

日高敏隆，監修・訳（1980）：水面スケーターたちの世界．ルネ・ボードワン著，アニマ **3**(84)，53-59.

Hill, A. V. (1950): The Dimensions of Animals and Their Muscular Dynamics. *Sci. Prog.* **38**, 209-230.

Hiramoto, Y. and Baba, S. A. (1978): A Qualitative Analysis of Flagellar Movement on Echinoderm Spermatozoa. *J. exp. Biol.* **76**, 85-104.

平本幸雄（1979）：鞭毛の運動．日本機械学会誌，**82** (732)，1003-1007.

Hoerner, S. F. (1965): Fluid Dynamic Drag. Dr. Ing. S. F. Hoerner, 148 Busteed Drive, Midland Park, N. J.

Hoerner, S. F. and Borst, H. V. (1975): Fluid-Dynamic Lift. Published by Mrs. Hoerner, L. A., Brick Town, N. J. 08723.

Hoff, K. von S. and Joel, R. (1986): The Kinematics of Swimming in Larvae of the Clawed Frog, *Xenopus laevis*. *J. exp. Biol.* **122**, 1-12.

Holberton, D. V. (1977): Locomotion of Protozoa and Single Cells. In "Mechanics and Energetics of Animal Locomotion", ed. by Alexander, R. McN. & Goldspink, G., Chapman and Hall, London.

Holwill, M. E. J. (1977): Low Reynolds Number Undulatory Propulsin in Organisms of Different Size. In "Scale Effects in Animal Locomotion", ed. by Pedley, T. J., Academic Press, London.

Holwill, M. E. J. and Sleigh, M. A. (1967): Propulsion by Hispid Flagella. *J. exp. Biol.* **47**, 267-276.

Horridge, A. (1956): The Flight of Very Small Insects. *Nature* (*Lond.*) **178**, 1334-1335.

Houghton, R. A. and Woodwell, G. M. (1989): Global Climatic Change. *Sci. Am.* **260** (4), April, 18-16.

Hoyl, G. (1955): Neuromuscular Mechanisms of a Locust Skeletal Muscle. *Proc. Roy. Soc.* **B143**, 343-367.

Hoyt, J. W. (1975): Hydrodynamic Drag Reduction Due to Fish Slimes. In "Swimming and Flying in Nature", Vol. 2, ed. by Wu, T. Y. T. and Brennen, C., Plenum Press, New York.

Hui, C. A. (1984): Swimming in Penguin, I. Wingbeat and II. Energetics and Behaviour. Code 521, Naval Ocean System Center, San Diego, Ca.

Hui, C. A. (1987): The Porpoising of Penguins: An Energy-Conserving Behavior for Respiratory Ventilation? *Can. J. Zool.* **65**, 209-211.

Hui, C. A. (1988): Penguin Swimming. I. Hydrodynamics. *Physiol. Zool.* **61** (4), 333-343.

Hummel, D. (1978): Recent Aerodynamic Contributions to Problems of Bird Flight. 11th ICAS Congress, Lisbon, Sept 10-16, A1-05 pp. 115-129.

Hunter, J. R. and Zweifel, J. R. (1971): Swimming Speed, Tail Beat Frequency, Tail Beat Amplitude and Size in Mackerel Trachurus Symmetricus and Other Fishes. *Fish. Bull. U. S.* **69**, 253-266.

ICAO (1964): Manual of the ICAO Standard Atmosphere. Doc. 7488/2, International Civil Aviation Organization, Second Ed., Montreal.

Isaacs, J. D. (1969): The Nature of Oceanic Life. In "Ocean Science". Scientific American (1975), W. H. Freemen and Company, San Francisco.

井田俊明(1984)：バンの繁殖生活．アニマ No. 133.

磯崎行雄 (1994)：古生代末の「超酸欠事件」で最大の大絶滅が起きた．科学朝日，Feb. 106-110, 132-133, 東京.

岩波洋造(1977)：花と花粉の世界．玉川大学出版部，東京.

Jex, H. B. and Mitchell, D. G. (1982): Stability and Control of the Gossamer Human-Powered Aircraft by Analysis and Flight Test. NASA CR-3627.

Johnson, C. G. (1963): The Aerial Migration of Insects. In "The Insects" ed. by Eisner, T. and Wilson, E. O., Sci. Am., W. H. Freeman and Company, San Francisco, 1975, 188-194.

Jones, R. T. (1946): Properties of Low Aspect-Ratio Pointed Wings at Speeds Below and Above the Speed of Sound. NACA Rep. 835.

蒲原稔治(1976)：標準原色図鑑全集 4，魚，保育社，東京.

科学朝日 (1991)：1 億8000万年前大陸は移動し分裂し始めた．諏訪兼位記，Jan, p. 19, 東京.

Kandil, O. A., Mook, D. T. and Nayfeh (1976): Nonlinear Prediction of Aerodynamic Loads on Lifting Surfaces. *J. Aircraft* **13** (1), January, 22-28.

河内啓二，東　昭 (1988)：魚の尾びれの推進メカニズム．第26回飛行機シンポジウム，日本航空宇宙学会，仙台，昭和 63 年 10 月 19～21 日.

河内啓二，稲田喜信，東　昭 (1989)：最適制御理論を用いたトビウオの滑空行動に関する一考察．日本生物物理学会，第27回年会，10月 7 日.

Kawachi, K. Inada, Y. and Azuma, A. (1993): Optimal Flight Path of Flying Fish. *J. Theor. Biol.* **163**, 145-159.

Keefe, R. T. (1961): Investigation of the Fluctuating Forces Acting on a Stationary Circular Cylinder in a Subsonic Stream and of the Associated Sound Field. Univ. of Toronto. *UTIA Rept.* 76 (1961) or *J. Acoustical Soc. America*, **34** (November), 1962, 1711-1714.

Keeton, W. T. (1974): The Mystery of Pigeon Homing. *Sci. Am.*, Decemer, 96-107.

木村秀政，内藤　晃 (1984)：人力飛行機．日本航空宇宙学会誌 **32** (360), 15-22.

木村秀政，柚原直弘 (1976)：人力飛行機の飛行特性について．昭和51年度飛行機シンポジウム，日本航空宇宙学会 60-63.

吉良幸世・叶内拓哉(1983)：鳥・空をとぶ．岩崎書店，東京

岸本良一 (1975)：ウンカ海を渡る．自然選書，中央公論社，東京.

Knauss, J. A. (1978): Introduction to Physical Oceanography. Prentice-Hall, Englewood Cliffs, New Jersey.

Knite, M. and Hefner, R. A. (1941): Analysis of Ground Effect on the Lifting Airscrew. NACA TN 835.

小泉清明 (1978)：川と湖の生態．生態学への招待 5，共立出版，東京.

小林　昭 (1986)：入門複合材料．日本経済新聞社，東京.

小林桂助 (1973)：野山の鳥．保育社，東京.

小堀　巌 (1973)：沙漠．NHK ブックス187，日本放送協会，東京.

駒林　誠 (1976)：気象の科学．NHK ブックス196，日本放送出版協会，東京.

Kovasznay, L. S. G. (1949): Hot-Wire Investigation of the Wake Behind Cylinders at Low Reynolds Numbers. *Proc. Roy. Soc. London, Series A.* **198** (Aug.), 174-190.

Kramer, M. D. (1957): Boundary-Layer Stabilization by Distributed Damping. *J. Aero. Sci.* (June), 459-460.

Küchemann, D. FRS (1978): The Aerodynamic Design of Aircraft. Pergamon Press, Oxford.

Kuethe, A. M. (1974): On the Mechanics of Flight of Small Insects. Invited Paper Presented at the Symposium on Swimming and Flying in Nature. Calif. Inst. of Tech., July 8-12.

Kuhlman, J. M. and Liaw, P. (1988): Winglets on Low-Aspect Ratio Wings. *J. Aircraft* **25** (10), 932-941.

Kumer, D. S. (1972): Flow Near an Accelerated Porous Flat Plate. *Revue Roumaine de Mathematiques Pures et Appliquees* **17** (5), 651-659.

栗林　慧 (1991)：The Moment—自然の瞬間—．日経サイエンス，東京.

黒木敏雄 (1981)：海に於ける超低周波数振動．海洋音響研究会，**8** (2), 34-35.

桑原萬寿太郎 (1974)：帰巣本能．NHK ブックス，128，日本放送出版協会，東京.

Lamb, H. (1932): Hydrodynamics. 6th edition, Camridge University Press, London.

Landahl, M. T. (1961): On the Stability of Lamiar Incompressible Boundary Layer Over a Flexible Surface. *J. Fluid Mech.* **13**, 609-632.

Landweber, L. (1956): On a Generalization of Taylor's Virtual Mass Relation for Rankine Bodies. *Quart. Appl. Math.* **XIV** (1), 51-56.

Landweber, L. and Macagno, M. (1959): Added Mass of Three Parameter Family of Two-Dimensional Forces Oscillating in a Free Surface. *J. Ship Research* **2** (4).

Lang, T. G. (1966): Hydrodynamic Analysis of Cetacean Performance. In "Whales, Dolphins, and Porpoises", ed. by Norris, K. S., University of California Press, Berkeley.

Lang, T. G. and Pryor, K. (1966): Hydrodynamic Performance of Porpoises (*Stennella attenuata*). *Science* **152**, 531-533.

Lang, T. G. (1975): Speed, Power, and Drag Measurements of Dolphines and Porpoises. In "Swimming and Flying in Nature", Vol. 2, ed. by Wu, T. Y. T., 553-572, Plenum Press, New York.

Langford, J. S. (1989): The Daedalus Project: A Summary of Lessons Learned. AIAA-89-2048, 1～10.

Langman, V. A., Roberts, T. J., Black, J., Maloiy, G. M. O., Meglund, N. C., Beber, J.-M., Kram, R. and Taylor, C. R. (1995): Moving Chieply: Energetics of Walking in the African Elephant. *J. exp. Biol.* **198**, 629-632.

Langmuir, I. (1938): Surface Motion of Water Induced by Wind. *Science* **87**, 119-123.

Langston, W., Jr. (1981) : Pterosaurs. *Sci. Am.* **244** (2), 92-102.

Lasiewski, R. C. and Dawson, W. R. (1967) : A Reexamintion of the Relation between Standard Metabolic Rate and Body Weight in Birds. *Condor* **69**, 13-23.

Lawrence, H. R. (1951): The Lift Distribution on Low Aspect Ratio Wings at Subsonic Speeds. *J. Aero. Sci.* **18** (10), 683-695.

Lewis, F. M. (1929): The Inertia of Water Surrounding a Vibrating Ship. *Trans. Soc. Naval Arch. Marine Engrs.* **37** (1).

Lewis, W. H., Vinay, P. and Zenger, V. E. (1983): Airborne and Allergenic Pollen of North America. The Johns Hopkins Univ. Press, Baltimore.

Liebeck, R. H. (1978): Design of Subsonic Airfoils for High Lift. *J. Aircraft* **15** (9), September, 547-561.

Lighthill, M. J. (1960): Note on the Swimming of Slender Fish. *J. Fluid Mech.* **9**, 305-317.

Lighthill, M. J. (1969): Hydrodynamics of Aquatic Animal Propulsion. *Ann. Rev. Fluid Mech.* **1**, 413-446.

Lighthill, M. J. (1970): Aquatic Animal Propulsion of High Hydromechanical Efficiency. *J. Fluid Mech.* **44** (2), 265-301.

Lighthill, M. J. (1971): Large-Amplitude Elongated-Body Theory of Fish Locomotion. *Proc. Roy. Soc. London* **B. 179**, 125-138.

Lighthill, J. (1975): Mathematical Biofluiddynamics. Society for Industrial and Applied Mathematics, Philadelphia.

Lighthill, J. (1976) : Flageller Hydrodynamics. The John von Newman Lecture (1975), SIAM Review 18, 161-230.

Lighthill, M. J. (1979): Introduction to the Scaling of Aerial Locomotion. In "Scale Effects in Animal Locomotion", ed. by T. J. Pedley, Academic Press, London.

Lighthill, J. (1983): Mathematical Biofluiddynamics. Society for In dustrial and Applied Mathematics, Philadelphia.

Lighthill, J. and Blake, R. (1990): Biofluiddynamics of Balistiform and Gymnotiform Locomotion: Biological Background and Analysis by Elongated-Body Theory. *J. Fluid Mech.* **212**, 183-207.

Lilienthal, O. and Lilienthal, G. (1911): Bird Flight. As the Basis of Aviation. Translated by Isenthai, A. W., Longmans, Green, and Co., New York.

Lin, J. C. and Walsh, M. J. (1984): Turbulent Roughness Drag due to Surface Waviness at Low Roughness Reynolds Numbers. *J. Aircraft* **21** (December), 978-979.

Lindsey, C. C. (1978): Form, Function, and Locomotion Habits in Fish. In "Fish Physi"., Vol. Ⅷ, Locomotion, ed. by Hoar, W. S., and Randall, D. J., Academic Press, New York.

Lissaman, P. B. and Shollenberger, C. A. (1970): Formation Flight of Birds. *Science* **168**, 1003-1005.

Loftin, L. K., Jr. and Bursnall, W. J. (1946): The Effects of Variations in Reynolds Number Between 3.0×10^6 and 25.0×10^6 Upon the Aerodynamic Characteristics of a Number of NACA 6-Series Airfoil Sections. NACA TR 964.

Mace, A. E. et al. (1986): The Birds Around Us. Ortho Books, San Francisco.

マクドナルド編 (1986)：動物大百科．平凡社，東京 (The Encyclopedia of Animals, ed. by McDonald, D. W.)

Magnuson, J. J. and Prescott, J. H. (1966): Courtship Feeding and Miscellaneous Behavior of Pacific Bonito (*Sarda chiliensis*). *Animal Behav.* **14**, 54-67.

Magnuson, J. J. (1970): Hydrostatic Equilibrium of *Euthynus affinis* a Pelagic Teleost Without a Gas Bladder. *Copeia* **1**, 50-85.

Margaria, R. (1978): Biomechanics and Energetics of Muscular Exercise. Clarendon Press, Oxford.

Mandel, P. (1969): Water, Air and Interface Vehicles. MIT, NSF, Sea Grant Projection, GH-1, The MIT Press, Cambridge, Mass.

Mann, R. A. (1982): Biomechanics of Running. In "American Academy of Orthopaedic Surgeons Symposium on the Foot and Leg in Running Sports", ed. by Mach, R. P., The C. V. Mosby Co., St. Louis, 1-29.

Manton, S. M. (1965): The Evolution of Arthropodan Locomotory Mechanisms. Part 8. Function Requirements and Body Design in *Chilopoda*. *T. Linn. Soc.* (*Zool.*) **45**, 251-484.

Marey, E. J. (1894): Le Mouvement. G. Masson, Editeur, Librire de L'academie de Medecine, 120, Boulevard Sait-Germain, Paris, English Trans. Printchard, E., Movement. Heinemann, London.

Maskew, B. (1982): Prediction of Subsonic Aerodynamic Characteristics: A Case for Low Order Panel Methods. *J. Aircraft* **19**, 157-163.

Mather, A. S. (1990) : Global Forest Resources. Pinter Publisher, London.

Mathews, G. V. T. (1969): Navigation in Animals. *J. Inst.*

Navigation **22**, 118-126.
May, M. L. (1981a): Wingstroke Frequency of Dragonflies (Odonata: Anisoptera) in Relation of Temperature and Body Size. *J. Comp. Physiol* **144**, 229-240.
May, M. L. (1981b): Allometric Analysis of Body and Wing Dimensions of Male Anisoptera. *Odonatologica* **10** (4), 279-291.
May, M. L. (1991): Dragonfly Flight: Power Requirements at High Speed and Acceleration. *J. exp. Biol.* **158**, 325-341.
McMasters, J. H. (1984): Reflections of a Paleoaerodynamicist (Invited paper). AIAA-84-2167, AIAA 2nd Appl. Aerodynamics Conf., August, Seattle.
McMahon, T. A. and Bonner, J. T. (1983): On Size and Life. Sci. Am. Library, An Inprint of Scientific American Books, New York.
Menier, D. R. and Pugh, L. G. C. E. (1968): The Relation of Oxygen Intake and Velocity of Walking and Running, in Competition Walkers. *J. Physiol.* **197**, 717-721.
Mertens, R. (1960): Fallschirmspringer und Gleitflieger unter den Amphibien und Reptilien. In "Der Flug der Tiere", ed. by H. Schmidt, Kramer, Frankfurt am Main.
Miller, N., Tang, J. C. and Perlmutter, A. A. (1968): Theoretical and Experimental Investigation of the Instantaneous Induced Velocity Field in the Wake of a Lifting Rotor. USAACLABS. Tech. Rep. 67-68.
Milson, F. (1985): Birds of Rivers, Lakes and Streams. Marshall Cavendish Ltd., London.
水野寿彦，ほか (1979)：四季の水辺．地人書館，東京．
本川達夫 (1985)：サンゴ礁の生物たち．中公新書766，中央公論社，東京．
Munk, M. M. (1921): The Minimum Induced Drag of Airfoils. NACA Rep. 121.
Munk, M. M. (1963) : The Aerodynamic Forces on Airship Hulls. NACA Rep. No. 184
Munson, B. R., Young, D.F. and Okiishi, T.H. (1994) : Fundamentals of Fluid Mechanics. 2nd Ed., John Wiley & Sons, Inc., New York.
Nachtigall, W. (1979): Der Taubenflügel in Gleitflugstallung: Geometriche Kenngrössen der Flügelprofile und Lunftkrafterzeugung. *J. Orn.* **120**, 30-40.
Nachtigall, W. (1980a): Mechanics of Swimming in Water Beetles. In "Aspects of Animal Movement", ed. by Elder, H. Y. and Trueman, E. R., Cambridge University Press, Cambridge.
Nachtigall, W. (1980b): Some Aspects of the Kinematics of Wing Beat Movements in Insects. In "Aspects of Animal Movement", ed. by Elder, H. Y. and Trueman, E. R., Cambridge University Press, Cambridge, 169-175.
Nachtigall, W. (1985): Warum die Vögel Fliegen. Rasch und Röhring Verlag, Hamburg.
Neiburger, M., Edinger, J. G. and Bonner, W. D. (1971): Understanding Our Atmospheric Environment. W. H. Freeman and Company, San Francisco.
Nelson, B. (1980): Seabirds. Their Biology and Ecology. Hamlyn, London.
Newman, J. N. (1977): Marine Hydrodynamic. MIT, Cambridge, Massachusetts.
Newman, J. N., Savage, S. B. and Schouella, D. (1977): Model Tests on a Wing Section of an Aeschna Dragonfly. In "Scale Effects in Animal Locomotion", ed. by Pedley, Academic Press, London.
Nicolai, J. (1974): Bird Life. G. P. Putnum's Sons, New York.
Nielsen, E. T. (1961): On the Habits of the Migratory Butterfly, *Ascia monuste. L. Biol. Meddr.* **23**, 1-81.
Nilson, S. ed. (1983) : Atlas of Airborne Fugal Spores in Europe, Springer-Verlag, Berlin.
日本機械学会，編 (1987)：機械工学便覧，東京．
日本航空宇宙学会，編 (1992)：航空宇宙工学便覧，第2編．丸善，東京．
錦　三郎 (1972)：飛行蜘蛛．丸の内出版，東京．
西脇昌治，藪内正幸 (1965)：鯨類・鰭脚類．東京大学出版会，東京．
Nonweiler, T. (1963): Qualitative Solution of the Stability Equation for a Boundary Layer in Contact with Various Forms of a Flexible Surface. *Aero. Res. Council Rep.* C-P. 622.
Norberg, R. A. (1972): The Pterostigma of Insect Wings and Inertial Regulator of Wing Pitch. *J. Comp. Physiol.* **81**, 9-22.
Norberg, U. M. (1976a): Aerodynamics, Kinematics and Energetics of Horizontal Flight in the Long-Eared Bat *Plecotus auritus. J. exp. Biol.* **65**, 179-212.
Norberg, U. M. (1976b): Aerodynamics of Hovering Flight in the Long-Eared Bat *Plecotus auritus. J. exp. Biol.* **65**, 459-470.
Norris, K. S. (1969): The Echolocation of Marine Mammals. In "The Biology of Marine Mammals", Chapt. 10, ed. by Andersen, H. T., Academic Press, New York.
Norris, R. A., Connell, C. E. and Johnston, D. W. (1957): Notes on Fall Plumages Weights and Fat Condition in the Ruby-Throated Hummingbird. *Wilson Bull.* **69**, 155-163.
Odum, E. P. and Connell, C. E. (1956): Lipid Levels in Migrating Birds. *Science* **123**, 892-894.
大道　等，高下充正 (1981)：歩行の基本変数と体幹上下動．体育の科学 **31**，562-567.
大道　等 (1984)：歩行の運動分析．*J. J. Sports Sci.* **3** (8), August, 573-588.
大道　等 (1991)：バイオメカニクス．高文堂出版社，東京．
大道　等 (1992)：乗り物と身体運動のバイオメカニクス—人力・馬力の移動速度—．*J. J. Sports Sci.* **11-1**, 1-12.
大道　等 (1994)：床反力(1)—圧力板とバイオメカニクス—．*J. J. Sports Sci.* **13-1**, 51-68.
Okamoto, M., Yasuda, K. and Azuma, A. (1996): Aerodynamic Characteristics of the Wings and Body of a Dragonfly. *J. exp. Biol.* **199**, 281-294.
Orr, R. T. (1970): Animals in Migration. The Macmillan

Company. New York.

Orszag, S. A. (1977): Prediction of Compliant Wall Drag Reduction. Part I, NASA CR-2911.

Orszag, S. A. (1979): Prediction of Compliant Wall Drag Reduction. Part I, NASA CR-3071.

Osborne M. F. M. (1951): Aerodynamics of Flapping Flight with Application to Insects. *J. exp. Biol.* **28**, 221-245.

Osorio, D. (1986): Ultraviolet Sensitivity and Spectral Opponency in the Locust. *J. exp. Biol.* **122**, 193-208.

Pankhurst, R. C. (1964): Dimensional Analysis and Scale Factors. Chapman and Hall, London.

Parrott, G. C. (1970): Aerodynamics of Gliding Flight of a Black Vulture, *Coragyps atratus*. *J. exp. Biol.* **53**, 363-374.

Partridge, B. L. (1982): The Structure and Function of Fish Schools. *Sci. Am.*, **246** (6), June, 90-99.

Paturi, F. R. (1974) : Nature, Mother of Invention, The Engineering of Plant Life. Translated by C. Margaret, Penguin Books, New York.

Payne, A. H., Slater, W. J. and Telford, T. (1968): The Use of a Force Platform in the Study of Athletic Activities. A Preliminary Investigation. *Ergonomics* **11** (2), 123-143.

Pennycuick, C. J. (1968): A Wind-Tunnel Study of Gliding Flight in the Pigeon *Columba livia*. *J. exp. Biol.* **49**, 509-526.

Pennycuick, C. J. (1969): The Mechanics of Bird Migration. *IBIS* **111**, 525-556.

Pennycuick, C. J. (1971): Gliding Flight of the White-Backed Vulture Gyps Africanus. *J. exp. Biol.* **55**, 13-38.

Pennycuick, C. J. (1972): Animal Flight. The Institute of Biology's Studies in Biology No. 33, Edward Arnold, London.

Pennycuick, C. J. (1975): Mechanics of Flight. In "Avian Biology", Vol. 5, ed. by Farner, D. S., King, J. R. & Parkes, K. C. 1-73, Academic Press, London.

Pennycuick, C. J., Obrecht, H. H., Ⅲ and Fuller, M. R. (1988): Empirical Estimates of Body Drag of Large Water Fowl and Raptors. *J. exp. Biol.*, **137**, 253-264.

Perrins, C. and Cameron, A. D. (1976): Birds—Their Life, Their Ways, Their World. Harry N. Abrams, New York.

Perrins, C. M. and Middleton, A. L. A. (1985): The Encyclopedia of Birds. Facts on File Publications, New York.

Poisson-Quinton, Ph. and Werle, H. (1967): Water Tunnel Visualization of Vortex Flow. Astronautics and Aeronautics, June.

Polhamus, E. C. (1966): A Concept of the Vortex Lift of Sharp-Edge Delta Wings Based on a Leading-Edge-Suction Analogy. NASA TN D-3767, December.

Polhamus, E. C. (1971): Predictions of Vortex-Lift Characteristics by a Leading-Edge Suction Analogy. *J. Aircraft* **8** (4), April, 193-199.

Pope, A. and Harper, J. J. (1966): Low-Speed Wind Tunnel Testing. John Wiley & Sons, New York.

Popular Science (1964) : The Book of Populer Science, Grolier, New York.

Prampero, P. E, Di, Cortili, G., Celentano, F. and Cerretelli, P. (1971): Physiological Aspects of Rowing. *J. Appl. Phys.* **31** (6), 853-857.

Prandtl, L. (1921): Application of Modern Hydrodynamics to Aeronautics. *NACA Rep.* 116

Pringle, J. W. S. (1948): The Gyroscopic Mechanism of the Halters of Diptera. *Phil. Trans. Roy. Soc.* **233** (602), 347-384.

Pringle, J. W. S. (1957): Insect Flight. Cambridge at the University Press, Cambridge.

Pringle, J. W. S. (1976): The Muscles and Sense Organs Involved in Insect Flight. In "Insect Flight", ed. by Rainey, R. C., The Roy. Entomo. Soc., Blackwell Soc. Pub. Oxford, 3-15.

Prior, N.C. (1984) : Flight Energetics and Migration Performance of Swans. PhD dissertation, University of Bristol.

Pyatetsky, V. Y. (1970): Kinematic Swimming Characteristics of Some Fast Marine Fish. *Bionika* **4**, 11-20 (Translation from Russian Hydrodynamic Problems of Bionics, 4, 12-23, JPRS 52605, NTIS.)

Rainey, R. C. (1972): Effects of Atmospheric Conditions on Insect Movement. *Quant. J. Roy. Met. Soc.* **95**, 424-434.

Ralston, H. J. (1958): Energy-Speed Relation and Optimal Speed During Level Walking. *Int. Z. Angew. Physiol.* **17**, 277-283.

Ramsey, R. W. and Street, S. F. (1949): The Isometric Length-Tension Dyagram of Isorated Skeletal Muscle Fibers of Frog. *J. Cell. Comp. Physiol.* **15**, 11-34.

Raspet, A. (1950): Performance Measurements of a Soaring Bird. *Aero. Eng. Rev.* **9** (12), 14-17.

Raspet, A. (1960): Biophysics of Bird Flight. *Soaring*, Aug. 12-20.

Rayleigh, J. W. S. (1892): On the Instability of a Cylinder of Viscous Liquid, etc. *Phil. Mag.* (5), XXXIV.

Rayner, J. M. V. (1985): Bounding and Undulating Flight in Birds. *J. Theor. Biol.* **117**: 47-77.

Reiss, E. (1984): A Nonlinear Structural Concept for Drag-Reducing Compliant Walls. *AIAA J.* **22** (3), 399-402.

Repetto, R. (1990): Deforestation in the Tropics. *Sci. Am.*, **262** (4), April, 18-24.

理科年表(1993)：国立天文台編，机上版，第66冊，丸善，東京.

ロビン・ベーカー編，桑原萬壽太郎訳(1983)：図説生物の行動百科，朝倉書店，東京.

Roffey, J. (1972): Radar Studies of Insects. In "Tropical Pest Investigation", PANS 18 (3), September, Center for Overseas Pest Research, 303-309.

Rosen, M. W. and Cornford, N. E. (1970): Fluid Friction of the Slime of Aquatic Animals. *Naval Undersea Research and Development Center Tech. Rep.* **183**, 1-45.

Rosen, M. W. and Cornford, N. E. (1971): Fluid Friction of Fish Slimes. *Nature* **234**, 49-51.

Roshko, A. (1960): Experiments on the Flow Past a

Circular Cylinder at Very High Reynolds Numbers. *J. Fluid Mechanics* **10**, 345-356.

Rüppel, G. (1977): Bird Flight. Van Nostrand Reinhold, New York.

Rüppel, G. (1985): Kinematic and Behavioural Aspects of the Male Agrion, Calopteryx (Agrion) splendens L, In "Insect Locomotion", Banded ed. by Geweck and Wendler, Paul Parey.

Rüppel, G. (1989): Kinematic Analysis of Symmetrical Flight Manoeuvers of Odonata. *J. exp. Biol.* **144**, 13-42.

Ryder, H. W., Carr, H. J. and Herget, P. (1976): Future Performance in Footracing. *Sci. Am.*, June, 109-119.

笹川昭雄 (1995)：日本の野鳥羽根図鑑．世界文化社，東京．

佐々木恵彦 (1990)：森林と環境．東京大学第73回公開講座，東京大学，東京．

佐藤眞知子 (1980)：生物の飛行に見られる翼運動の解析．東京大学工学部博士論文．

Sato, M. and Azuma, A. (1997): The Flight Perforance of a Damselfly, *Ceriagrion melanurum* Selys. (Accepted and published in *J. Exp. Biol*)

Sarpkaya, T. (1974): On the Performance of Hydrofoils in Dilute Polyox Solutions. September, Cambridge.

Saunders, H. F. (1957): Hydrodynamics in Ship Design. 2 (62), The Soc. Naval Architects and Marine Engineers, Jersey City, N. Y.

Saunders, D. S. (1976): The Biological Clock of Insects. *Sci. Am.*, February, 114-121.

Schmidt-Nielsen, K. (1971): How Birds Breathe. *Sci. Am.* **225**, 72-79.

Schmidt-Nielsen, K. (1972): Locomotion: Energy Cost of Swimming. Flying and Running. *Science* **177**, 222-226.

Schmidt-Nielsen, K. (1975): Recent Advances in Avian Respiration. Symposia of the Zoological Society of London, No. 35, 33-47, In "Avian Physiology", ed. by Malcolm Peaker, Academic Press, London.

Schmidt-Nielsen, K. (1977): Problems of Scaling: Locomotion and Physical Correlates. In "Scale Effects in Animal Locomotion", ed. by Pedley, T. J., 1-2, Academic Press, London.

Schneider, D. (1974): The Sex-Attractant Receptor of Moths. In "The Insects", ed. by Eisner, T. and Wilson, T. O., Scientific American, 1979, 28-35.

Schoenherr, K. E. (1932): Resistance of Flat Surfaces Moving Through a Fluid. *Trans. Soc. Naval Archi. and Marine Eng.* **40**, 279-313.

Scott, S. P. (as consultant editor) (1974): The World Atlas of Birds. Crescent Books, New York.

Sherwin, K. (1975): Man Powered Flights. Argus Book, New York.

Siefer, W. and Kriner, E. (1991): Soaring Bats. Naturwissenschaften 78, 185, Springer-Verlag.

Sinnarwalla, A. M. and Sundaram, T. R. (1978): Lift and Drag Effects Due to a Polymer Injections on a Symmetric Hydrofoils. *J. Hydronautics* **12** (2), 71-77.

Smith, R. L. and Blick, E. F. (1969): Mathematical Ideas in Biology. Cambridge at the University Press, Cambridge.

Smith, J. W. and Walmsley, R. (1959): Factors Affecting the Elasticity of Bone. *J. Anat.* **93**, 503-523.

Smith, D. S. (1965): The Flight Muscles of Insects. In "The Insects", ed. by Eisner, T. and Wilson, E. O., Scientific American, W. H. Freeman and Company, 1977.

Smith, J. M. (1968a): Mathematical Ideas in Biology. Cambridge at the University Press, Cambridge.

Smith, J. M. (1968b): Mathematical Biology. Cambridge at the University Press, Cambridge.

Smith. S. C. and Kroo, I. M. (1993): Computation of Induced Drag for Elliptical and Crescent-Shaped Wings. *J. Aircraft* **30** (4), 446-452.

Snyder, R. C. (1949): Bipedal Locomotion of the Lizard *Basiliscus basiliscus*. *Copeia* **2** (June 30), 129-137.

Soemmerring, S. T. von (1812): Über einen Ornithocephalus oder über das unbekannten Thier der Vorwelt, dessen Fossiles Gerippe Colini im 5. Bande der Actorum Academiae Theodoro-Palatinae nebst einer Abbildung in natürlicher Grösse im Jahre 1784 beschrieb, und welches Gerippe sich gegenwärtig in der Naturalien-Sammlung der königlichen Akademie der Wissenschaften zu München befindet. Denkschriften der köningliche bayerische Akademie der Wissenschaften. *Mathematische-Physische Klasse* **3**: 89-158.

Sommer, A. (1976) : Attempt at an Assessment of the World's Tropical Moist Forests. Unasylva, 28, 5-24.

Spedding, G. R. and Maxworthy, T. (1986): The Generation of Circulation and Lift in a Rigid Two-Dimensional Flying. *J. Fluid Mech.* **165**, 247-272.

Spreiter, J. R. (1948): Aerodynamic Properties of Slender Wing-Body Combinations at Subsonic, Transonic, and Supersonic Speeds. NACA TN 1662.

Stephenson, R., Lovvorn, J. R., Heicis, M. R. A., Jones, H. D. R. and Blake, R. W. (1989): A Hydromechanical Estimates of the Power Requirements of Diving and Surface Swimming in Lesser Scaup (*Aytha affinis*). *J. exp. Biol.* **147**, 507-519.

Stewart, R. E. (1969): The Atmosphere and the Ocean. In "Ocean Science", Reading from Sci. Am., W. H. Freeman and Company, 1977.

Strickland, J. H., Rosemary, R. M. and Bregory, H. B. (1980): Vortex Shedding from Square Plates Perpendicular to a Ground Plane. *AIAA J.* **18** (6), 715-716.

須川　力 (1978)：地球の回転．NHK ブックス324，日本放送出版協会，東京．

砂田　茂 (1992)：昆虫の羽ばたき飛行における非定常流体力の研究．東大・工・航空．博士論文．

Sunada, S., Kawachi, K., Watanabe, I. and Azuma, A. (1993a): Fundamental Analysis of Three-Dimensional 'Near Flying'. *J. exp. Biol.* **183**, 219-248.

Sunada, S., Kawachi, A., Watanabe, I. and Azuma, A. (1993b): Performance of a Butterfly in Take-off Flight. *J. exp. Biol.* **183**, 249-277.

竹内　均，上田　誠也 (1975)：地球の科学．NHK ブックス６，第48刷，日本放送出版協会，東京．

Tani, I. (1988): Drag Reduction by Riblet Viewed as Roughness Problem. *Proc. Jan Aca* **647**, 21-24.

Tani, I. (1989): Drag Reduction by Sand Grain Roughness. 2nd IUTAM Symposium on Structure of Turbulence and Drag Reduction. July 25-28, Zurich.

Taylor, C. (1953): The Action of Waving Cylindrical Tails in Propelling Microscopic Organisms. *Proc. Roy. Soc.* **211A**, 225-239.

Taylor, C. R. (1977): The Energetics of Terrestrial Locomotion and Body Size in Vertebrates. In "Scale Effects in Anical Locomotion", ed. by Pedley, T. J., Academic Press, London.

Thomas, J. (as general editor) (1984): Flight in Birds and Bats. Unit 14 of Animal Biology, The Open University, S324, The Open Univ. Press, Milton Keynes, G. B.

Thompson, D. W. (1942): On Growth and Form. Vol. 1 and 2, Cambridge at the Univ. Press, Cambridge.

冨山一郎，ほか (1963)：原色動物大図鑑．北隆館，東京．

Trueman, E. R. and Jones, H. D. (1977): Crawling and Burrowing. In "Mechanics and Energetics of Animal Locomotion", ed. by Alexander, R. McN. and Goldspink, G, London Chapman and Hall, John Wiley & Sons, New York.

Tucker, V. A. and Parrott, G. C. (1970): Aerodynamics of Gliding Flilght in a Falcon and Other Birds. *J. exp. Biol.* **52**, 345-367.

Tucker, V. A. (1972): Metabolism During Flight in the Laughing Gull, *Larus atricilla*. *Am. J. Physiol.* **222** (2), 237-245.

Tucker, V. A. (1973): Bird Metabolism During Flight: Evaluation of a Theory. *J. exp. Biol.* **58**, 689-709.

Tucker, V. A. (1974): Energetics of Natural Avian Flight. In "Avian Energetics", ed. by Paynter, R. A. Jr., Publ. Nattall Ormithol. Club., No. 15, Cambridge, Cambridge, Mass.

Tucker, V. A. (1975a): Flight Energetics. Symposia of the Zoological Society of London. No. 35, In "Avian Physiology", ed. by Peaker, M., Academic Press, London, 49-63.

Tucker, V. A. (1975b): Aerodynamics and Energetics of Vertebrate Fliers. In "Swimming and Flying in Nature", Vol. 2, ed. by Wu, T. et al., Plenum Press, New York, 845-867.

Tucker, V. A. (1977): Scaling and Avian Flight. In "Scale Effects in Animal Locomotion", ed. by Pedley, Y. J., Academic Press, London.

Tucker, V. A. (1987): Gliding Birds: The Effect of Variable Wing Span. *J. exp. Biol.* **133**, 33-58.

Tucker, V. A. (1990): Body Drag, Feather Drag and Interference Drag of the Mounting Strut in a Peregrine Falcon, *Falco peregrnus*. *J. exp. Biol.* **149**, 449-468.

Tucker, V. A. (1993): Gliding Birds: Reduction of Induced Drag by Wing Tip Slots Between the Primary Feathers. *J. exp. Biol.* **180**, 285-310.

Tucker, V. A. (1995): Drag Reduction by Wing Tip Slots in a Gliding Harris' Hawk, *Parabuteo unicinctus*. *J. exp. Biol.* **198**, 775-781.

内嶋善兵衛 (1989)：地球環境・太陽エネルギー．人間活動．IRI 産業技術懇談会 No. 136，産業創造研究所，東京．

上田一夫 (1978)：サケの母川回帰のナゾ．科学朝日，Jan., 53-63.

内田　博 (1983)：喧嘩ずきの鳥—セグロセキレイ．アニマ (Amima)，Mugagine of Natural History, No. 121, 平凡社，東京．

Ursinus, O. (1936) : Grundung des Muskelflug-Institute Frankfurt a. M., etc., Flugsport, 1.

Videler, J. J. and Hess, F. (1984): Fast Continuous Swimming of Two Pelagic Predators, Saithe (*Pollachius virens*) and Macharel (*Scomber scomber*): A Kinematic Analysis. *J. exp. Biol.* **109**, 209-228.

Vinogradov, I. N. (1951): The Aerodynamics of Soaring Bird Flight (in Russian). Dosarm, Moscow.

Vugts, H. F. and Van Wingerden, W. K. R. F. (1976): Meteorological Aspects of Aeronautics Behaviour of Spiders OIKOS. 27, Copenhagen, 433-444.

和達清夫，監修 (1989)：新版気象の事典．東京堂出版，東京．

Wald, G. (1959): Life and Light. In "Animal Behavior", ed. by Eisner and Wilson, E. O., Sci. Am., 1975, W. H. Freeman and Company, San Fransisco.

Walker, M. M., Kirschvink, J. L., Chand, S. B. R. and Dizon, A. E. (1984): A Candidate Magnetic Sense Organ in the Yellowfin Tuna, *Thunnus albacares*. *Science* **224** (May 18), 751-753.

Walsh, M. J. and Weinstein, L. M. (1978): Drag and Heat Transfer on Surfaces with Small Longitudinal Fins. AIAA paper 78-1161, AIAA 11th Fluid and Plasma Dynamics Conference, Seattle.

Walsh, M. J. (1982): Turbulent Boundary Layer Drag Reduction Using Riblets. AIAA. Paper 82-0169.

Walsh, M. J. and Lindemann, A. M. (1984): Optimization and Application of Riblets for Turbulent Drag Reduction. AIAA Paper, 84-0347.

Walsh, M. J., Sellers, W. L. Ⅲ and McGinley, C. B. (1989): Riblet Drag at Flight Conditions. *J. Aircraft* **26**, 570-575.

Walter, H. (1985) : Vegetation of the Earth. Springer-Verlag, New York.

Walters, V. (1962): Body Form and Swimming Performance in Scombroid Fishes. *Am. Zool.* **2**, 143-149.

Wardle, C. S. (1977): Effects of Size on the Swimming Speeds of Fish. In "Scale Effects in Animal Locomotion", ed. by Pedley, T. J., Academic Press, New York.

Washburn, J. and Washburn, L. (1984): Active Aerial Dispersal of Minute Wingless Arthropods: Exploitation of Boudary-Layer Velocity Gradients. *Science* **223** (March 9), 1088-1089.

Waterhouss, D. F. ed. (1967) : The Insects of Australia. Melbourne Univ. Press, Australia.

Webb, P. W. (1971a): The Swimming Energetics of Trout. I, Thrust and Power Output at Cruising Speeds. *J. exp. Biol.* **55**, 489-520.

Webb, P. W. (1971b): The Swimming Energetics of Trout. Ⅱ, Oxygen consumption and Swimming Efficiency. *J. exp. Biol.* **55**, 521-540.

Webb, P. W. (1973): Effects of Partial Caudal-Fin Amputation on the Kinematics and Metabolic Rate of Under-Yearling Sockeye Salmon (*Oncorbynchus nerka*) at Steady Swimming Speed. *J. exp. Biol.* **59**, 565-581.

Webb, P. W. (1992): Is the High Cost of Body/Caudal Fin Undulatory Swimming due to Increased Furiction Drag or Inertial Recoil? *J. exp. Biol.* **162**, 205-224.

Webber. D. M. and O'Dor, R. K. (1986) : Monitoring the Metabolic Rate and Activity of Free-Swimming Squid with Telemetered Jet Pressure. *J. exp. Biol* **126**, 205-224.

Weber, J., Kirby, D. A. and Kettle, D. J. (1951): An Extension of Multhopp's Method of Calculating the Spanwise Loading of Wing-Fuselage Combinations. British A. R. C., R & M 2872.

Wegener, A. (1915): Die Entstehung der Kontinente und Ozeane. Fried. Vieweg und Sohn, Braunschweig.

Wehner, R. (1975): Polarized-Light Navigation by Insects. *Sci. Am.*, July 1, 106-115.

Wehner, R. (1981): Spatial Vision in Arthropods. Incomparative Physiology and Evolution of Vision. In "Invertebrates Handbook of Sensory Physiology", Vol. Ⅶ, 16c. ed. by Antrum, H., 287-616, New York.

Weihs, D. (1973a): The Mechanism of Rapid Starting of Slender Fish. *Biarheology* **10**, 343-50.

Weihs, D. (1973b): Hydrodynamics of Fish Schooling. *Nature* **241**, 290-291.

Weihs, D. (1977): Effects of Size on Sustained Swimming Speeds of Aquatic Organisms. In "Scale Effects in Animal Locomotion", ed. by Pedley, T. J., Academic Press, New York, 333-338.

Weis-Fogh, T. (1964) : Biology and Physics of Locust Flight, Ⅷ. Lift and Metabolic Rate of Flying Locusts. *J. exp. Biol.* **41**, 257-271.

Weis-Fogh, T. and Jensen, M. (1956): Biology and Physics of Locust Flight I. Basic Principles in Insect Flight. A Critical Review. Phylosophical Transactions of the Royal Society of London, Series B. *Biological Science* **239**, (667) July, 415-458.

Weis-Fogh, T. (1973): Quick Estimates of Flight Fitness in Hovering Animals, Including Novel Mechanisms for Lift Production. *J. exp. Biol.* **59**, 169-230.

Weis-Fogh, T. (1975): Flapping Flight and Power in Birds and Insects, Conventional and Novel Mechanisms. In "Swimming and Flying in Nature", Vol. 2, ed. by Wu, T. Y. T. et al., Plenum Press, New York, 729-762.

Weis-Fogh, T. (1977): Dimensional Analysis of Hovering Flight. In "Scale Effects in Animal Locomotion", ed. by Pedley, T. J., Academic Press, London.

Wellnhofer, P. (1975): Die Rhamphorhynchoidea (Pterosauria) der Oberjura-Plattenkalke Süddeutschlands. Ⅱ. Systematische beschreibung. *Palaontographica* **A148**: 132-186.

Wellnhofer, P. (1990): Archaeopteryx. *Sci. Am.* May, 42-49.

Wells, D. J. (1993): Ecological Correlates of Hovering Flight of Hummingbirds. *J. exp. Biol.* **178**, 59-70.

Wendel, K. (1950): Hydrodynamische Massen und Hyerodynamische Massentragheightsmomente. Jahrb. d. Schiffbautechn. Ges. 44, 207-255.

Weyle, P. K. (1970): Oceanography. An Introduction to the Marine Environment. John Wiley & Sons, New York.

Whipp, B. J. and Wassermann, K. (1969): Efficiency of Muscular Work. *J. Appl. Phys.* **26** (5), May, 644-648.

Whitefield, P. and Orr, R. (1978): The Hunters. Simon and Schulter, New York.

Whitt, F. R. and Wilson, D. G. (1982): Bicycling Science. Ergonomics & Mechanics, The MIT Press.

Wilkie, D. R. (1959): The Work Output of Animals: Flight by Birds and by Man Power. *Nature* **183** (4674), May 30, 1515-1516.

Wilkie, D. R. (1960): Man as an Aero Engine. *J. Roy. Aero. Soc.* **64** (596), 477-481.

Wilkie, D. R. (1977): Metabolism and Body Size. In "Scale Effects in Animal Locomotion", ed. by Pedley, T. J. 23-36, Academic Press, London.

Williams, G. M. (1974): Viscous Modelling of Wing-Generated Trailing Vortices. *Aero. Quarterly* **25** (May), 143-154.

Williams, T. G. and Williams, J. M. (1978): An Oceanic Mass Migration of Land Birds. *Sci. Am.*, October, 138-145.

Wootton, R. J. (1993): Leading Edge Section and Asymmetric Twisting in the Wings of Flying Butterflies (Insecta, Papilionoidea). *J. exp. Biol.* **180**, 105-117.

Wu, T. Y. T. (1961): Swimming of a Waving Plate. *J. Fluid Mech.* **10**, 321-344.

Wu, T. Y. T. (1971): Hydrodynamics of Swimming Propulsion. Part 2. Some Optimum Shape Problems. *J. Fluid Mech.* **46** (3), 521-544.

Wu, T. Y. T. (1977): Flagella and Cilia Hydromechanics.In "Biomechanics Symposium" ed. by Schulz, S. R., presented Joint Applied Mechanics Fluids Engineering and Bioengineering Conference. Am. Soc. Mech. Eng., New York.

山名正夫，中口 博 (1968)：飛行機設計論．養賢堂，東京．

柳田友造，ほか (1973)：生物のかたち．東京大学出版会，東京．

Yasuda, K. and Azuma, A. (1992): The Autorotation Boundary in Samaras. Society for Experimental Biology, Lancaster Meeting, April 5-10.

Yamada, K. and Azuma, A. (1997) : The Autorotation Boundary in the Fight of Samaras. *J. Theor. Biol.* **185**, 313-320.

山田常雄，ほか編 (1983)：岩波生物学辞典（第 3 版）．岩波書店，東京．

Yates, G. T. (1983): Hydromechanics of Body and Caudal Fin Propulsion. In "Fish Biomechanics", ed. by Webb, P. W. and Weihs, D., Pragaeyer, Special

Studies, Pragaeyer Scientific, New York.

吉田耕作，ほか編（1958）：応用数学便覧．丸善，東京．

Young, A. D. (1939): The Calculation of the Total and Skin Friction Drags of Bodies of Revolution at Zero Incidence. British A. R. C., R & M 1874.

湯浅精二（1992）：生物科学概論，裳華房，東京．

Zanker, J. M. (1990): The Wing Beat of *Drosophila melanogaster*. I. Kinematics Phil. *Trans. R. Soc. Lond.* **B327**, 1-18.

Zarrugh, M. Y., Todd, F. N. and Ralston, H. J. (1974): Optimization of Energy Expenditure During Level Walking. *Europ. J. Appl. Physiol.* **33**, 293-306.

Zarrugh, M. Y. and Radcliffe, C. W. (1978): Predicting Metabolic. Cost of Level Walking. *Europ. J. Appl.Physiol.* **38**, 215-223.

〔追加〕

Azuma, A. (2000)：A View on the Way of Locomotion and Their Biomechanical Characteristics. The First Internat. Symp. on Agua Bio-Mech. Aug 28-30, Tokai Univ. Pacific Center, Honolulu, Hawaii.

Zbrozek, J. (1950): Ground Effect on the Lifting Rotor. Aero. Res. Counc. Rep. and Memo. No. 2347, London.

Zbrozek, J. K. (1953): Gust Alleviation Factor. British A. R. C. R & M No. 2970.

Zimmer, H. (1979): The Significance of Wing End Configuration in Airfoil Design for Civil Aviation Aircraft. NASA TM-75711.

Zimmer, H. (1987): The Aerodynamic Optimisation of Wings at Subsonic Speeds and the Influence of Wingtip Design. NASA TM-88534.

Zuyev, G. V. and Belyanyev, V. V. (1977): An Experimental Study of the Swimming of Fish in Groups as Exemplified by the Horsemakerel (*Trochurus mediterraneus ponticus* Alow). *J. Ichthyol.* (USSR) **10**, 545-549.

索　　引

事 項 索 引

ア

イ

ウ

エ

オ

カ

サ

シ

ス

セ

ソ

タ

チ

ツ

生物名索引

〔注〕生物名称では，その使用頁において個別種名が明確なものは，英文名か学術名を記入した．また特定の種を定めない一般名称には適当な英文名か，その仲間の学術名を記入した．両者が一致しない場合には，当該頁にふさわしいものを書いた．

ア

イ

ウ

エ

オ

カ

キ

ク

ケ

コ

ソ

タ

チ

ツ

テ

ト

ナ

ニ

ネ

ノ

ハ

ヒ

フ

ヘ

ホ

著者略歴

東（あずま） 昭（あきら）

1927年 神奈川県に生まれる
1953年 東京大学工学部応用数学科卒業
現　在 東京大学名誉教授，工学博士．
主な著者 『生物・その素晴らしい動き』共立出版，1986.
『航空工学 I，II』裳華房，1989.
『模型航空機と凧の科学』電波実験社，1992.
"The Biokinetics of Flying and Swimming", Springer-Verlag, 1992.
『流体力学』（機械系基礎工学3），朝倉書店，1993.

生物の動きの事典（新装版） 定価はカバーに表示

1997年 6月 5日 初 版第1刷
2018年 7月 20日 新装版第1刷

著 者 東 昭
発行者 朝 倉 誠 造
発行所 株式会社 朝 倉 書 店
東京都新宿区新小川町 6-29
郵 便 番 号 162-8707
電 話 03(3260)0141
F A X 03(3260)0180
http://www.asakura.co.jp

〈検印省略〉

ISBN 978-4-254-10282-6 C 3540